KB153270

시퀀스 제어 이론 교재와
기술자격 · 필기/실기대비

시퀀스 제어 회로

《릴레리 · 로직 · PLC 이론》

윤 대 용 著

동일출판사

머리말

　사람이 하는 일을 기계가 대신 할 수 있다면, 또 사람이 하는 일이 수동식이고 기계가 대신
하는 일이 자동화라면, 각종 산업 설비의 자동화 특히 공장 자동화는 자동 제어의 명제요 현대
산업의 중추이다. 이러한 자동 제어를 시퀀스 제어와 되먹임 제어로 나눈다면 전력 전자 및 시
퀀스 제어 이론에 전문 지식이 적은 전기 기술자들은 물론 실무 경험이 적은 전기 공학도들과
특히 기술 자격 시험을 준비하는 수험생들이 이 시퀀스 제어 부분에 많은 어려움이 있으리라
생각한다.

　따라서 이 책은 시퀀스 제어 회로의 이론과 실제를 폭넓게 다루어 대학생들에게는 교재로,
실무자에게는 참고서로, 수험생들에게는 수험서로 사용할 수 있도록 체계적이고 쉽게 풀어서
다음과 같이 구성하였다.

1. 시퀀스 제어 회로의 개념 이해와 더불어 체계적인 학습을 위하여 회로의 기초에서부터
   응용에 이르기까지 단계적으로 구성하였다.
2. 시퀀스 제어의 종류인 릴레이 시퀀스, 로직 시퀀스, PLC 시퀀스를 서로 연계하여 이해
   가 쉽도록 하였다.
3. 논리 해석과 회로 작성을 상세히 설명하여 초보자들의 독학이나 학생들의 교재와 참고
   서로 활용하도록 이해가 쉽도록 하였다.
4. 회로 이론을 폭넓게 설명하고 이에 따른 예제와 연습 문제를 많이 수록하여 학생과 실무
   자는 물론 수험생들이 쉽게 접근하도록 하였다.
5. 이 책은 논리 구성상 3장으로 구성하였는 데 제1장에서는 시퀀스의 개념 및 구성 요소와
   기구에 대하여, 제2장에서는 기본 회로에 대하여, 제3장에서는 전동기 운전 회로와 응
   용 및 기타 제어 회로에 대하여 각각 폭넓게 소개하였다.

　이 책은 보다 많은 독자들에게 바라는바 더욱 많은 도움이 되기를 바라며 특히 독자 여러님
들의 아낌없는 충고를 바랍니다.

　끝으로 이 책의 집필과 출간에 많은 편의와 도움을 주신 주위 선생님들과 특히 동일 출판사
관계자 여러분께 감사를 드립니다.

편 · 저자 씀

차 례

제 1 편 제어 요소와 기초 논리

제 2 편 기본 논리와 제어 회로

제 3 편 전동기 제어와 응용 회로

제 1 편

제어 요소와 기초 논리

제 ① 장

시퀀스 제어

1. 제어 Control

기기의 현재 상태를 사람이 원하는 상태로 조작하는 것을 제어(control)라고 하며 제어의 필요성 즉 힘든 일, 사람이 하기 싫은 일 등을 사람 대신에 기기가 일을 하였으면 하는 욕구 충족에서 제어가 생겼다.

① 사람의 욕구를 충족시키기 위하여 기기를 조작하는 것을 제어라고 하고,

② 또 방이 어두우면 불을 켜고, 실내가 더우면 에어컨을 켜는 등 기기의 상태 변환을 제어라고 한다. 여기서

③ 기기의 상태 변환은 정지 상태(복구 상태)와 운전 상태(기동 동작 상태)의 2가지 안정 상태로 나눈다.

제어는 수동 제어와 자동 제어로 나눈다.

① 수동 제어 manual control : 형광등을 켠다거나 TV의 모니터를 조작하는 등 사람이 직접 대상 기기를 조작하는 것을 수동 제어라고 하며 일반적으로 제어라고 하지 않는다.

② 자동 제어 automatic control : 세탁기 등과 같이 기기 조작의 일부 또는 전부를 기기 스스로가 행하는 제어를 자동 제어라고 하고, 공장 자동화의 공정 제어와 같이 사람 대신에 대부분을 제어 장치에 의하여 대상 기기를 조작하는 제어로서 보통 제어라고 한다.

2. 자동 제어

자동 제어는 일반적으로 시퀀스(Sequence)제어와 되먹임(Feed-back)세어로 나눈다.

① 되먹임 제어 feedback control : 보일러 온도 조정, 기기의 주파수를 60 [Hz]로 조정하는 것 등과 같이 목표값을 정하고 출력을 입력으로 되돌려 출력이 목표값과 항상 같도록 연속적으로 조정하는 제어로서

　　1 아날로그(Analog) 신호에 의한 정량 제어, 닫힌 루프 제어(closed loop control)이고

　　2 프로세스(process) 제어, 서보(ser-bo) 기구 제어, 자동 조정 등이 있다.

② 시퀀스 제어 sequence control : 엘리베이터, 세탁기, 교통 신호기, 커피 자동 판매기 등과 같이 미리 정해진 순서에 따라 차례로 단계적으로 조작되는 제어로서

　　1 디지털(Digital)신호에 의한 정성 제어, 열린 루프 제어(open loop control), 논리 판단 제어.

　　2 기기의 동작 순서나 방법 등을 미리 정해놓고 정해진 데로 조작되는 제어,

　　3 세탁기, 엘리베이터 등과 같이 동작 순서와 방법을 미리 정해놓고 차례로 조작하는 제어,

　　4 로버트 등과 같이 같은 일을 되풀이하여 계속 반복하는 제어,

　　5 스위치의 개폐(ON, OFF)와 같이 불연속(단속)적인 제어 등을 시퀀스 제어라고 한다.

3. 시퀀스 제어

시퀀스 제어는 접점 기구의 직·병렬로 기기가 조작되는 논리 판단 제어이고, "0"과 "1"로 대표되는 디지털 신호로 제어되는 정성 제어이며 신호의 흐름이 한 방향으로만 행해지는 열린 루프 제어(open loop control) 이다.

시퀀스 제어는 사용 기구와 발달 과정에 따라 일반적으로 릴레이 시퀀스(Relay Sequence), 로직 시퀀스(Logic Sequence), PLC 시퀀스(Programmable Logic Controller)로 구분한다.

① 릴레이 시퀀스(relay sequence) :

　　유접점 전자 릴레이(계전기 ⓧ)의 접점으로 구성되는 기계적 제어 즉 유접점 시퀀스이다.

　　1 부하 전류 용량과 과부하 내량이 크고 높은 온도에 견딘다.

　　2 입출력이 분리되는 절연 결합이 되지만 접점 수에 따라 회로 수가 제한된다.

　　3 소비 전력이 크고 회로와 제어반의 외형이 크다.

　　4 접점의 동작 속도(mSec)가 느리고 진동 충격 등에 약하다.

　　5 수명이 짧고 고장 수리 및 보수가 번거롭다.

② 로직 시퀀스(logic sequence) :

반도체 IC(집적 회로)의 논리 소자 등을 사용한 무접점 시퀀스 회로로서 H 입력형의 양 논리 회로와 L입력형의 로직 시퀀스(음논리 회로)가 있다.

① 동작 속도(μSec)가 빠르고 정밀하며 수명이 길다.

② 진동 충격에 강하고 장치가 소형화되지만 신뢰도가 떨어진다.

③ 온도에 약하며 전류 용량이 적고 입출력 결합 회로가 필요하다.

③ PLC 시퀀스(Programmable Logic Controller) :

컴퓨터 PC의 CPU로 시퀀스를 프로그램화(soft ware)한 것으로 CPU에 시퀀스의 자료를 기억시키고 명령어를 사용하여 시퀀스를 작성한다. 현재의 PLC 시퀀스는 특수 명령어의 개발과 컴퓨터 및 통신 등과 연계(link)되어 공장 자동화(FA) 설비에 널리 사용된다

① 기기의 소형화, 고 기능화, 저렴화, 고속화(μSec)가 쉽고 신뢰도가 높다.

② 보수, 수리, 유지가 용이하고, 또 프로그램 수정이 쉽다.

시퀀스 제어는 입력을 주면 보조 기구의 도움을 받아 출력을 얻는다. 따라서 시퀀스는 그림 1-1(a)와 같이 입력 기구, 보조 기구, 출력 기구의 3단계로 구성된다. 여기서 로직 회로와 PLC 시퀀스에서는 입·출력 기구와 입·출력 회로를 나누면 그림 1-1(b)와 같이 된다.

① 입력 기구로는 수동 스위치, 검출 스위치(센서 sensor)가 있고

② 출력 기구로는 MC(전자 접촉기), SV(전자 벨브), 솔레노이드(sol), 표시 램프, 경보 기구(Bell, Buzzer), 전동기 등이 있으며.

③ 보조 기구로는 제어 회로를 구성하는 보조 릴레이, 논리 소자, 타이머, 카운터, 입·출력 회로, PLC 장치 등이 있다.

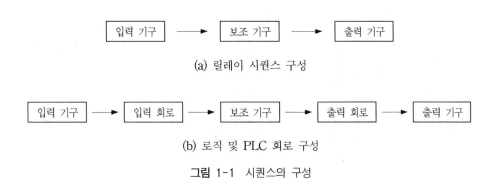

(a) 릴레이 시퀀스 구성

(b) 로직 및 PLC 회로 구성

그림 1-1 시퀀스의 구성

4. 신호의 표현

그림 1-2와 같이 시퀀스 제어에서 물리량으로 나타내는 것으로 다음과 같은 용어들이 사용된다.

① 정보(information) : 제어하고 싶은 내용, 즉 "전등을 1시간 동안 켜고 싶다"고 할 때 이 것이 정보이고 상태 결정 내용이 된다.

② 신호(signal) : 정보를 전달하는 물리량을 신호라고 하며 전압, 전류, 온도, 빛, 적외선 등의 물리량의 크기 및 변화 상태만을 생각한다.

③ 입력 신호(input signal) : 기기의 운전, 정지 등의 상태 변화를 주는 신호를 입력 신호라고 한다. 즉 제어의 원인, 기기의 운전을 위하여 전기(신호)를 주는 깃을 말한다.

④ 출력 신호(output signal) : 상태 변화(제어)의 결과(운전, 정지)를 출력 신호라고 한다.

⑤ 상태 신호 : 정보와 같은 신호이고, 출력 신호의 표시로 사용된다.

⑥ 변화 신호 : 정보의 변화(운전, 정지)를 나타내는 입력 신호이고 기동 신호와 정지 신호의 2개가 항상 쌍으로 사용된다.

  ① 기동 입력 신호 : 전등이 켜지는 등의 일을 시작하는 변화를 주는 신호

  ② 정지 입력 신호 : 전등이 꺼지는 등의 일이 끝나는 변화를 주는 신호

⑦ 타임 차트(time chart) : 정보 즉 시퀀스의 내용을 신호와 같이 그림으로 나타내는 것으로 그림 1-2와 같이 표현한다. 즉 전기의 유·무 상태로 나타낸다.

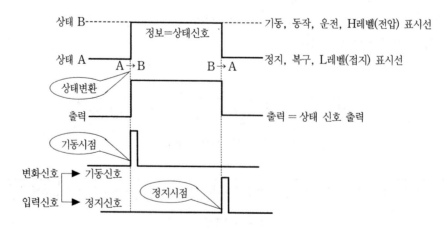

그림 1-2 타임 차트

⑧ 아날로그 신호(analog signal) : 온도 변화 등과 같이 제어 신호의 크기가 연속적으로 변화하는 신호로서 되먹임 제어에 사용된다. − 그림 1-3(b)

⑨ 디지털 신호(digital signal) : 그림 1-3(a)와 같이 전류를 흘리던가 차단시키는 등 2개의 상태로 구별되는 신호로만 되는 것을 2값 신호(binary signal), 디지털 신호라 한다.

☞ 디지털 신호는 논리 "0" 과 "1",   스위치의 "on-off",
                       접점의 "열고 닫음",   펄스의 "있다, 없다",
                       반도체의 "동작 유무"   전압이 "있다(5〔V〕), 없다(0〔V〕−접지)"

등으로 아래와 같이 신호 처리한다.

H 신호 : 1 , ↑ , ⊓ , ON , 5〔V〕 전압 , (+), High Level(전압 상태)
L 신호 : 0 , ↓ , ⊔ , OFF , 0〔V〕 접지 , (−), Low Level(접지 상태)

(a) 디지털 신호

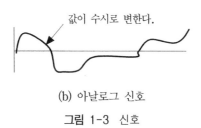

(b) 아날로그 신호

그림 1-3 신호

☞ **FA** ; Factorial Automation − 공장 자동화.

  OA ; Official Automation − 사무 자동화.

※ 전압, 전류, 변위, 온도 등의 제어량에서

• 제어량 : 제어계에서의 출력 신호로서 제어 대상에 속하는 양이다.

• 제어 명령 : 장치 내부에서 제어량을 원하는 상태로 하기 위한 입력 신호 명령이다.

• 작업 명령 : 기동, 정지 등과 같이 장치 외부에서 주어지는 입력 신호 명령이다.

유접점 기구

1. 접점 contact

전기 회로를 열고 닫는(OFF, ON) 스위치 기능을 가지는 개폐 기구를 접점이라고 하고 시퀀스의 회로 상태를 결정하는 요소가 된다. 접점에는 그림 1-4와 같이 a접점과 b접점이 있다.

① a접점(a-contact) : 원래는 열려(open)있고 조작할 때 닫히는(on) 접점으로 메이크 접점(make contact-arbeit contact)이라고도 한다.

② b접점(b-contact) : 원래는 닫혀(on)있고 조작할 때 열리는(open) 접점으로 브레이크 접점(break contact)이라고도 한다.

③ c접점 : a, b 전환 접점으로 평시 b접점 상태이고 조작하면 a접점으로 바뀐다.

(a) a접점   (b) b접점

그림 1-4 접점

시퀀스 제어는 일반적으로 여러 접점의 직·병렬로 구성된다고 할 수 있고 접점의 종류, 접속과 개폐 방법에 따라 여러 가지로 구분한다.

① 버튼 스위치, 센서 등의 각종 스위치 류의 입력 기구는 접점 기구이다.

② 릴레이, 논리 소자 등의 보조 기구는 접점을 이용하는 접점 기구이다.

③ 유접점 기구 : 릴레이 접점과 같이 기계적인 접점으로 접점이 눈에 보이는 접점 기구이다.

④ 무접점 기구 : 논리 소자와 같이 접점이 눈에 보이지 않는 접점 기구이다.

2. 스위치 switch

회로의 개폐, 또는 접속 변경 등의 작업 명령용의 입력 접점 기구로서 전기를 주고, 또 끊는 기능의 입력 신호 기구이고, 수동 스위치(복귀형과 유지형)와 검출 스위치(센서)가 있다.

① 복귀형 : 조작하고 있을 때만 조작 상태가 변하고 조작을 중지하면 원래 상태로 복귀하는 스위치. 즉 사람이 손으로 누르면 접점 상태가 변하고(a → b, 혹은 b → a), 손을 놓으면 원래의 상태로 복귀하는 수동 조작 자동 복귀형 스위치로서 푸시 버튼 스위치(push-button switch : 이하 BS로 통일한다)와 foot sw가 입력 기구로 사용된다. (그림 1-5)

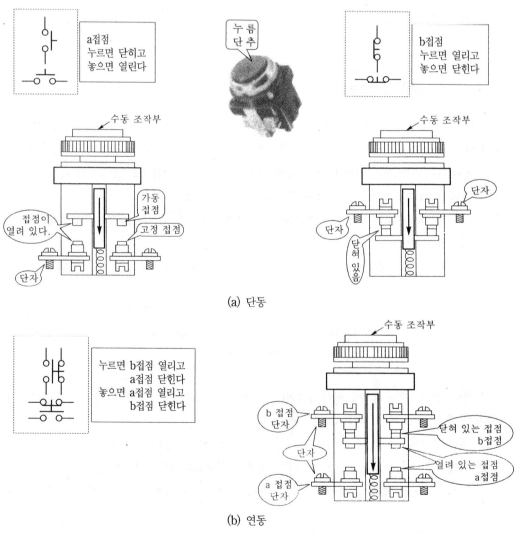

그림 1-5 버튼 스위치 BS

② 유지형 : 조작하면 다시 조작할 때까지 상태가 유지되는 스위치, 즉 조작할 때에만 접점
　 의 개폐 상태가 변하는 접점 기구로서 스냅 스위치, 셀렉터 스위치, 마이크로 스위치, 나
　 이프 스위치 등이 사용된다. (그림 1-6)

스냅 sw　　　　　　　　셀렉터sw

그림 1-6　유지형 스위치

③ 검출 스위치 : 그림 1-7과 같이 여러 가지 물리량을 검출하고 그것을 전기 신호로 변환하
　 는 기능을 갖고 있는 입력 기구이다. 즉 제어 대상 기기의 상태, 또는 변화를 검출하고
　 전기량으로 변환하는 입력 기구이다. 검출 대상이 빛, 온도, 속도, 위치, 압력, 접촉 등
　 과 같이 넓은 범위에 걸쳐있고, 인간의 5감인 눈, 코, 귀, 입, 손과 같이 기기의 주변 상
　 태나 환경을 감지하는 기능을 갖는다.

그림 1-7　검출기

검출 스위치는 그림 1-8과 같이 그림 기호에 문자 기호를 붙이며 원은 액체를 표시한다.

　　LS　　　　　　　　PS　　　　　　　　FS

그림 1-8　검출 스위치

검출 스위치는 회로 외부에서 작업 명령을 주는 일반 검출용 스위치가 있다.

① 리밋(limit)스위치 LS : 물체가 접촉할 때 그 힘으로 접점이 개폐된다. 그림 1-9(a)의
　 예와 같이 엘리베이터의 벽면에 리밋 스위치 LS를 부착하여 승강기(cage)가 오르내릴
　 때 승강기 벽면에 작동편 롤러(actuator)가 눌려서 b접점은 열리고 a접점은 닫혀 엘리
　 베이터를 운전 정지시킨다.

② 액면(float)스위치 FS : 수면위에 떠서 수위의 높고 낮음에 따라 접점이 개폐된다. 그

림 1-9(b)의 예와 같이 양수 펌프의 수조속의 플로트와 같이 수면위에 떠서 수위가 높으면 한계 수위점 H에서 b접점 FS_H가 열려서 펌프가 정지하고, 또 수위가 너무 낮으면 한계 수위점 L에서 a접점 FS_L이 닫혀서 펌프가 동작한다.

③ 빛의 작용에 의한 광전 스위치 PhS, 물체의 접근에 의한 근접 스위치 PxS, 열에 의한 온도 스위치 ThS, 레벨 스위치 등이 있다.

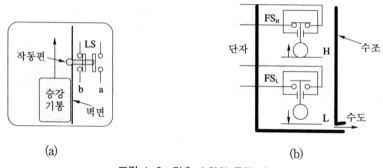

그림 1-9　검출 스위치 동작 예

검출 스위치는 회로 내부에서 제어 명령을 주는 접점 역할을 하는 센서(sensor)가 있다.

① 서미스터, 열전쌍, 바이메탈 등으로 온도 변화를 검출하여 접점을 개폐시키든가, 전압 출력을 얻는다.

② CdS, 포토 다이오드, 포토 트랜지스터 등으로 빛을 검출하여 전압 출력을 얻어 접점을 개폐한다.

③ 포텐셔미터, 차동 변압기 등으로 위치를 검출하여 전압 출력을 얻는 센서 등이 있다.

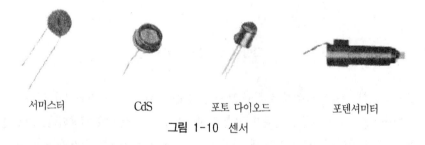

서미스터　　　　CdS　　　　포토 다이오드　　　　포텐셔미터

그림 1-10　센서

3. 릴레이 (relay)

릴레이는 시퀀스를 구성하는 유접점(기계적 접점) 기구로서 전자 계전기(electro-magnetic relay)의 준말이며 보통 "릴레이"라고 부른다.

철심에 코일을 감고 전류를 흘리면 철심은 전자석이 되는데 이 전자석의 전자력으로 접점을 열고 닫는 기능을 가진 기구를 릴레이라고 하며 전자석의 전자력으로 접점을 열고 닫는 스위치 기능의 접점 제어 장치로서 아래와 같이 사용된다.

① 보조 릴레이 X : 소형 및 극소형으로 용량이 작고 접점수가 많으며 유지 회로와 신호 처리용으로 주로 쓰인다

② 타이머 릴레이 T : 시간 지연 회로를 넣어 타이머(timer)로 쓰인다.(제 2~3장 참조)

③ 전자 접촉기 MC : 용량을 크게 하여 전동기 구동 회로 등 제어용 출력기구로 쓰인다. 또 여기에 열동 계전기 Thr을 첨부한 전자 개폐기 MS가 제어용 출력기구로 쓰인다.

④ 접점을 사용하지 않고 단순히 전자력만을 이용하여 가동편을 움직이게 하는 출력기구인 솔레노이드(solenoid sol)와 여기에 실린더를 첨부한 전자 밸브(solenoid valve SV)가 있다.

1) 보조 릴레이 X

그림 1-11은 보조 릴레이의 구조와 기호 및 8핀(pin) 베이스(base)의 예이다.

① 전기를 줄 때 전자석을 만드는 코일부 Ⓧ와 회로를 열고 닫는 스위치 기능의 a, b 접점부 ($X_{(1)}$, $X_{(2)}$ 등)로 구성되고 그림 (b)와 같이 코일과 접점을 구분하여 각각 따로 표기한다.

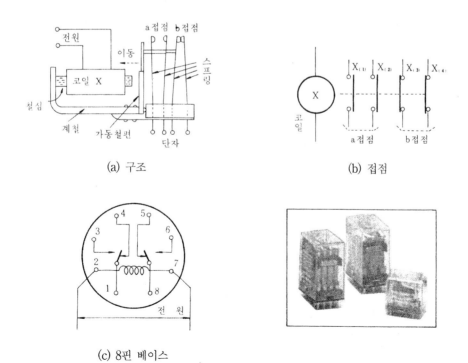

(a) 구조 (b) 접점

(c) 8핀 베이스

그림 1-11 릴레이

② 그림(a)에서 전기를 공급하지 않은 정지 상태에서 릴레이 ⓧ는 복구 상태이며, a접점은 열려있고 b접점은 닫혀있다.

③ 코일 ⓧ에 전기를 가하면 전자석이 되고 이를 여자한다고 한다, 이 때 전자석이 가동 철편을 끌어당기면 b접점은 열리고 a접점은 닫히는데 이 상태를 릴레이가 "동작"한다고 한다.

④ 코일 ⓧ에 전기를 끊으면 전자석의 흡인력이 없어져 스프링의 힘으로 가동 철편이 원래 상태로 되돌아가므로 a접점은 열리고 b접점은 닫힌다. 이 상태를 릴레이가 "복구"한다고 한다.

⑤ 그림 (b)에서 릴레이는 코일ⓧ와 접점($X_{(1)}$, $X_{(2)}$ 등)으로 구분하여 각각 따로 표기하고 릴레이 수와 접점 수에 따라 번호를 부여한다. 여기서 접점 수는 4~32개 정도이고, 교류 및 직류 6~200〔V〕, 15〔A〕 이하가 제어용으로 쓰인다. 또 접점 수의 표기는 a접점 수와 b접점 수로 나누어 나타낸다. 그림(c)에서는 (2a, 2b)가 된다.

⑥ 그림 (c)는 용량이 비교적 큰 교류용 보조 릴레이의 8핀용 단자의 예로서 소켓(socket)을 사용하여 배선하고 핀(pin-단자)을 소켓에 삽입하도록 한다. 소켓과 핀은 홈에서 시계 방향으로 번호가 정해지며 교류용으로 8핀 및 11핀용이 많다.

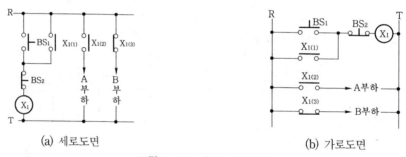

(a) 세로도면   (b) 가로도면

그림 1-12 시퀀스 작성 예

그림 1-12는 시퀀스 작성의 보기인데 접점들의 직·병렬로 회로가 구성되어 있다.

① 릴레이의 문자 기호는 ⓧ로 표기하기로 한다. 또 여러 개의 릴레이 표기는 X_1, X_2, X_3 등으로 한다

② 접점 기호는 a접점, b접점 구분 없이 ( )에 접점 번호를 쓰기로 한다. 즉 X_1 릴레이의 2번째 접점은 $X_{1(2)}$로, X_3 릴레이의 4번째 접점은 $X_{3(4)}$ 등으로 한다

③ 코일 ⓧ와 접점 $X_{(1)}$, $X_{(2)}$, 등은 회로 내에서 분리하여 그린다.

④ 전원은 생략하고 세로도면에서 위선 R을 전원선(전압선, +선, P선), 아래선 T를 접지선 (-선, N선)으로 하며, 가로 도면에서 왼쪽 선을 전압선, 오른쪽 선을 접지 선으로 한다.

⑤ 접점 기구는 전원선 쪽에 그리고, 코일 표기와 출력 기구는 접지선 쪽에 그린다. 이는 기구의 소손과 합선 사고를 방지하기 위함이다.

2) 전자 개폐기 MS

전자 접촉기(magnetic contact MC)에 열동 계전기(thermal relay Thr)를 접속한 것을 전자 개폐기(magnetic switch MS)라고 하고 보통 MS보다는 MC와 Thr로 구분하여 표기한다.

근래에는 MS대신에 PR(power relay)와 EOCR을 조합하여 사용되고 있다.

가) 전자 접촉기 MC

릴레이의 접점 용량을 크게 한 것으로 전동기 구동 등의 대전력 제어용 릴레이를 MC라고 하고 주회로 개폐용 기기 즉 제어용 출력 기구로 사용된다. 500〔V〕, 3φ(3a), 600〔A〕, 보조 접점(2a, 2b)의 것이 표준형으로 시판되고 있다. 그림 1-13에서

① MC 코일에 전기를 주면 MC는 전자석이 되어

② 3상 주접점(3상, 3a)이 닫혀 부하에 전기를 공급하고(전원 R S T를→U V W로 접속)

③ 보조 접점(2a, 2b)이 개폐(a접점은 닫히고, b접점은 열림)되어 유지용 및 감시용 회로 등으로 사용된다.

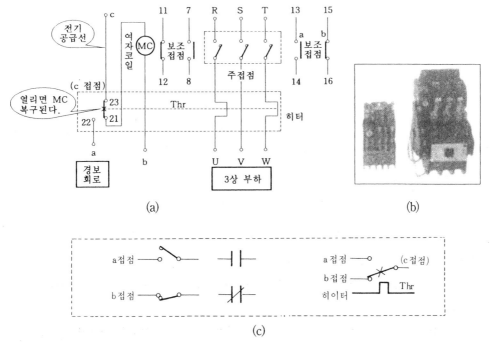

(a)   (b)

(c)

그림 1-13 MC 회로

나) 열동 계전기 Thr

① 그림 1-13에서와 같이 히터(heater, 바이메탈 포함)와 접점으로 구성되고

　　① 히터는 주 접점과 부하 사이의 R T선에 2개 접속하고

　　② b접점은 코일 MC앞에 직렬로, 혹은 제어 회로의 전원선 R에 접속하며

　　③ a접점은 경보 회로에 접속한다.

② 부하의 이상(고장)에 의하여 전류가 정상보다 크게 증가하면

　　④ 주접점과 직렬로 접속된 열동 계전기(thermal relay)의 히터가 가열되어 바이메탈(bimetal)
　　　이 완곡 팽창되어 Thr 접점을 밀어낸다. 이를 Thr의 트립(trip 동작)이라고 한다.

　　⑤ Thr의 b접점은 열려서 코일 MC의 전기를 끊어 전자 접촉기 MC를 복구시키고 a접점
　　　은 닫혀 경보 회로를 구성한다.

　　⑥ Thr의 복구는 수동형(누른다)과 자동형이 있다.

3) 타이머(시한) 릴레이(timer, timer relay)

시퀀스 제어에 주로 사용되는 시간 제어 기구에는 종래에는 전동기식, 공기식, 오일식 등의 기계식 타이머가 사용되었으나 지금은 전자 회로에 CR의 시상수를 이용하여 동작 시간을 조정하는 전자식 릴레이와 반도체 IC 타이머(1-3장의 9 참조)가 주로 사용되고 있다.

보통 릴레이는 코일에 전기를 주는 순간 동작하고 코일에 전기를 끊는 순간 복구하는 순시 동작 순시 복구형이다. 그러나 시한 릴레이는 코일에 전기를 준 후 일정한 시간이 지난 후에 동작하던가, 또는 코일에 전기를 끊은 후 일정한 시간이 지난 후에 복구하는 형이다. 즉 시한 릴레이는 입력(기동, 정지)과 출력간에 동작의 시간적 차이를 둔 릴레이이다. 여기서 입력 신호의 변화 시간보다 정해진 시간만큼 뒤져서 출력 신호의 변화가 나타나는 회로를 시한 회로 (time delay circuit)라 하며 접점이 일정한 시간만큼 늦게 개폐된다.

시한 릴레이에는 동작 시간이 늦은 시한 동작 순시 복구형(on delay timer)과 복구 시간이 늦은 순시 동작 시한 복구형(off delay timer)이 있다.

그림 1-14는 타이머 릴레이의 접점 기호와 전자 타이머의 실물(그림 e)을 보인 것으로 교류 100/200〔V〕, 직류 24/48/100〔V〕, 3/5/10〔A〕, 0.05초~24시간용 등이 있다.

① 그림 (a)는 시한 동작 타이머의 기호인데 타이머 여자후 일정한 시간이 지난 후에 접점이 개폐 동작된다.

② 그림 (b)는 시한 복구 타이머의 기호이고 타이머에 전기를 끊은 후 일정한 시간이 지난 후에 접점이 개폐 복구된다.

③ 그림 (c)는 플리커(flicker) 릴레이의 기호인데 타이머를 여자하면 a, b 접점이 일정한 시간 간격으로 교대로 동작과 복구를 반복한다.

④ 그림 (d)는 시한 동작 타이머의 8편용 베이스의 결선으로 110/220〔V〕 겸용이고 지연 a, b 접점 이외에 유지용 순시 a접점이 있는 것이 특징이다.

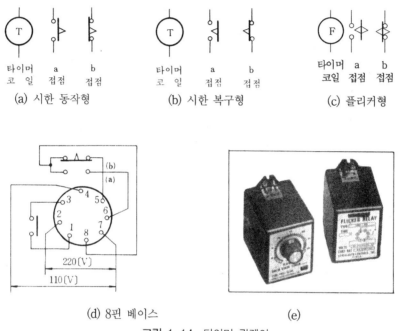

그림 1-14 타이머 릴레이

그림 1-15는 전자 타이머의 회로도와 타임 차트의 예이다.

① 시한 동작 회로 :

　① 타이머 설정 시간을 시상수 $t_1 = CR_1$ 〔sec〕, $t_2 = 0$ 〔sec〕로 설정하면 시한 동작 회로가 된다.

　② 입력 A에 전압을 가하면(논리 1, H레벨) Tr_1이 동작하고 $V_a = 0$〔V〕이므로 Tr_2는 차단되며 전압 $V_b = V_{cc}$가 된다.

　③ 전압 V_b는 컨덴서 C를 충전시키고 또 $V_d = V_{cc}$이므로 Tr_4가 동작하여 출력 전압은 $V_0 = 0$〔V〕가 되며 논리 0(L레벨)이 된다. 이 때 컨덴서의 충전 전압 V_c가 제너 다이오드(ZD)의 도통 전압 E가 될 때까지 (즉 t_1〔sec〕) Tr_3은 동작하지 못한다.

　④ 설정 시간 t_1〔sec〕에서 $V_c = E$〔V〕이고 이후 $V_c > E$에서 Tr_3은 동작하고 $V_d = 0$〔V〕가 된다. 따라서 Tr_4는 복구하고 출력 전압은 $V_0 = V_{cc}$〔V〕즉 논리 1(H레벨)이 되어 출력이 생긴다.

② 시한 복구 회로 :

⑤ 타이머 설정 시간을 시상수 $t_1=0$ [sec], $t_2=CR_2$ [sec]로 설정하면 시한 복구 회로가 된다.

⑥ 타이머 동작중 입력 A를 차단하면(논리 0, L레벨) Tr_1이 복구하고 $V_a=V_{cc}$ [V]가 되어 Tr_2가 동작하며 $V_b=0$ [V]가 된다. 따라서 컨덴서 C의 충전 전압이$(D_1-Tr_2-R_2-C)$의 회로로 방전을 시작한다.

⑦ 지연 복구 설정 시간 t_2 [sec]가 지나면 $V_c < E$가 되므로 Tr_3이 차단되고 $V_d=V_{cc}$가 된다. 따라서 Tr_4가 동작되어 출력 전압이 없어진다. 즉 $V_0=0$ [V], 논리 0(L레벨)이 된다.

⑧ 타이머 설정 시간을 시상수 $t_1=CR_1$ [sec], $t_2=CR_2$ [sec]로 설정하면 지연 동작 및 지연 복구를 하는 뒤진 회로의 기능을 갖는다.

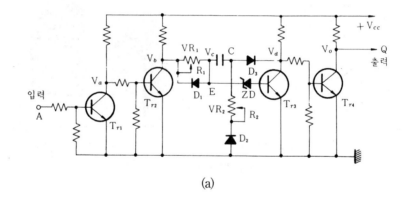

(a)

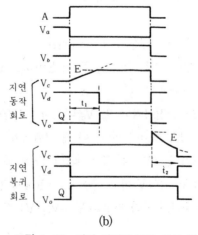

(b)

그림 1-15 전자 타이머 내부 회로 예

제③장

논리 회로

1. 스위칭 회로

다이오드(diode)나 트랜지스터(transistor)의 동작 특성을 이용하여 스위치의 기능을 갖게 한 회로를 스위칭 회로(switching circuit)라고 하고 IC(Integrated Circuit)화하여 논리 회로에 사용한다.

1) diode 스위칭 회로

그림 1-16에서 다이오드는 (→)방향으로만 전류가 흐르는 일방향 특성이 있다. 즉 PN 접합 다이오드는 순방향일 때에만 동작하고 전류가 잘 흐른다.

① P형에 (+)전압을 가하면 그림(a)와 같이 순방향 다이오드는 동작하여 전류가 잘 흐르므로 다이오드가 단락 상태(선으로 접속된 상태 – 동작 상태)가 되고 스위치 "ON" 상태와 같은 역할을 한다. 여기서 P형에 (+)전압을 가하는 것을 "순방향 forward"이라고 하고 순방향 전압 강하는 약 1〔V〕이다.

그림 1-16 다이오드 동작

② P형에 (−)전압, N형에 (+)전압을 가하면 그림(b)와 같이 역방향 다이오드는 동작하지 못하여 전류가 흐르지 못하므로 다이오드가 단선 상태(선이 끊어진 상태)와 같고 스위치 "OFF" 상태와 같은 역할을 한다. 여기서 N형에 (+)전압을 가하는 것을 "역방향 backward"이라고 하며 역방향 저항은 5000〔Ω〕 이상이 된다.

이와 같이 다이오드의 동작은 스위치 − ON 상태, 다이오드의 복구는 스위치 − OFF 상태와 같은 기능이 있으므로 이를 다이오드의 스위칭 작용이라고 한다.

그림 1-17(a)의 다이오드 로직 스위칭 회로에서

① 0〔V〕(접지-L레벨)의 입력을 가하면 다이오드에 순방향 전압이 가해지므로

② 다이오드는 스위치- ON 상태가 되고 회로에 전류가 흐른다.

③ 다이오드의 순방향 강하(1〔V〕)를 무시하면 전원 V_c는 전부 저항 R의 전압 강하로 나타나고 A점의 전위(전압)는 0〔V〕가 된다.

④ A점의 전위가 0〔V〕이므로 출력 전압 V_0는 0〔V〕(접지-L레벨)가 된다.

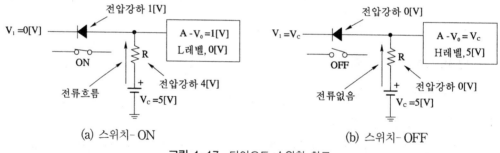

(a) 스위치- ON   (b) 스위치- OFF

그림 1-17 다이오드 스위칭 회로

그림(b)에서

① 5〔V〕(H레벨)의 전압을 입력으로 가하면 역방향 전압이 가해지므로

② 다이오드는 스위치- OFF 상태가 되고 전류가 흐를 수 없다. 즉

③ 입력이 5〔V〕인 경우 전원 V_c와 같으므로 회로의 전체 전압은 서로 상쇄되어 0〔V〕가 되므로 전류가 흐를 수 없고 저항 R의 전압 강하는 없다. 따라서

④ 출력 단에는 V_c가 그대로 나타나고 출력 전압은 5〔V〕(H레벨)가 된다.

2) transistor 스위칭 회로

NPN형 트랜지스터의 베이스에 ⊕전압을 가하면 트랜지스터는 동작하고 베이스 전류 I_b와 컬렉터 전류 I_c가 흐르며, 순방향 전압 강하는 1〔V〕이하이고 무시한다.

그림 1-18(a)의 트랜지스터 로직 스위칭 회로에서

① 베이스에 입력 H레벨(5〔V〕)을 가하면 트랜지스터가 동작하여

② 베이스 전류 I_b와 컬렉터 전류 I_c가 흐르고

③ 순방향 강하를 무시하면 컬렉터–에미터 간은 단락 상태 즉 스위치–ON 상태가 된다

④ 또 출력 V_o는 접지가 직접 걸리므로 0〔V〕가 된다

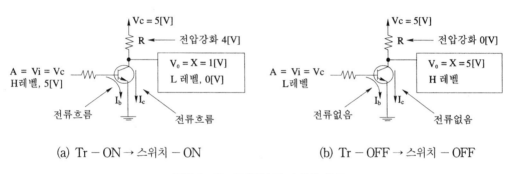

(a) Tr − ON → 스위치 − ON   (b) Tr − OFF → 스위치 − OFF

그림 1-18 트랜지스터 스위칭 회로

그림(b)에서

① 베이스에 입력 L레벨(접지-0〔V〕)을 가하면 트랜지스터가 동작하지 못하여

② 베이스 전류 I_b와 컬렉터 전류 I_c가 흐르지 못하고

③ 컬렉터-이미터간은 개방 상태 즉 스위치-OFF 상태가 된다

④ 또 출력 V_o는 저항 R을 통하여 전원 전압 V_c가 걸리므로 5〔V〕가 된다

이와 같이 트랜지스터의 동작은 스위치– ON 상태, 트랜지스터의 복구는 스위치– OFF 상태와 같은 기능이 있으므로 이를 트랜지스터의 스위칭 작용이라고 하고 다이오드와 같이 조합하여 논리 회로(DL, DTL, TTL 회로 등)에 이용되고 있다.

2. 입·출력 회로

1) 논리 회로

릴레이 접점, 스위치 접점, 반도체 스위칭 회로 등을 잘 조합하면 인간의 두뇌에 해당하는 판단 기능을 갖게 할 수 있는 회로를 만들 수 있다. 이 인간의 두뇌와 같이 판단 기능을 가진 전기 회로를 논리 회로(Logic Circuit)라고 하며 유접점 회로와 무접점 회로가 있고 반도체 스위칭 회로 등을 사용한 무접점 논리 회로를 보통 논리 회로라고 한다.

논리 회로는 입력 회로, 논리 제어 회로, 출력 회로로 구성되고, 무접점 논리(제어)회로에는 AND 회로, OR 회로, NOT 회로, NAND 회로, NOR 회로 등이 기본 회로로 사용되고 있다.

2) 입·출력 회로

로직 시퀀스나 PLC 시퀀스의 본체 즉 논리 회로는 릴레이 회로와는 달리 반도체 제어 기기로서 직류 5/12/24〔V〕에서 작동한다. 또 입·출력 신호는 대부분 직류 5〔V〕이다. 그러나 시퀀스 제어계의 입출력 기기는 교류 200〔V〕용이 많으므로 위 직류 회로와 결합할 결합 회로 즉 입력 회로와 출력 회로가 각각 필요하다. 따라서 입출력 회로(input/output circuit)는 전압 및 신호 레벨(크기)의 변환과 잡음 제거용 절연 결합 회로의 기능을 갖는다. PLC의 입출력 회로는 다음 장에서 소개하고, 여기서는 로직 회로의 입출력 회로만을 소개한다.

가) 5〔V〕전원 회로

그림 1-19는 논리 회로에 많이 사용하는 직류 5〔V〕용 전원 회로의 예이다.
① 교류 100/200〔V〕를 강압용 변압기로 5/12/24〔V〕로 내리고
② 브리지형 전파 정류 회로로 교류를 직류로 정류하고 콘덴서 평활 회로를 거친다
③ 정전압형 IC-7805(3입력-IN, G, OUT)의 안정화 회로를 거치면 직류 5〔V〕가 얻어진다.

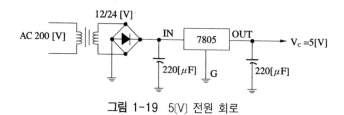

그림 1-19 5〔V〕전원 회로

나) 입력 회로

논리 회로의 입출력 신호는 H레벨(5〔V〕 전압) 혹은 L레벨(0〔V〕-접지)로 주어진다. (여기서 전원 V_c는 5〔V〕가 되도록 회로를 구성한다)

① 그림 1-20(a)는 H입력형 입력 회로이다.

　ⓘ 평소 저항 200〔Ω〕을 통하여 접지가 걸려 입력 신호 V_i는 0〔V〕의 L 레벨이다.(실제는 낮은 전압이 나타나고 이를 무시한다)

　ⓘ 입력 BS를 누르면 전원 V_c가 걸려 입력 신호 V_i는 5〔V〕 전압의 H레벨이 되고 H입력형이라고 한다.

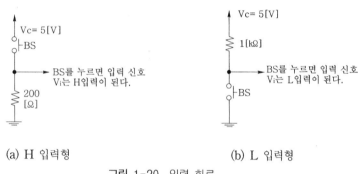

(a) H 입력형　　　　　　(b) L 입력형

그림 1-20　입력 회로

② 그림(b)는 L입력형 입력 회로이다

　ⓘ 평소 저항 1〔kΩ〕을 통하여 전원 V_c 가 걸려 입력 신호 V_i는 5〔V〕 전압의 H레벨이다.

　ⓘ 입력 BS를 누르면 접지가 직접 걸려 입력 신호 V_i는 0〔V〕의 L레벨이 되고 L입력형이라고 한다.

다) 출력 회로

그림 1-21은 로직 회로에서 많이 사용되는 출력 회로의 예들이다.

① 그림(a)는 논리 회로의 출력이 H 레벨(5〔V〕)일 때 트랜지스터가 동작(증폭)하여 부하가 동작한다. 보통 출력 5〔V〕를 증폭하여 직류 12/24〔V〕용 부하 회로에 사용된다.

② 그림(b)는 논리 회로의 출력이 H 레벨(5〔V〕)일 때 트랜지스터가 동작(증폭)하여 릴레이 ⓧ를 동작시켜 그 접점으로 부하를 동작시킨다. 이 회로를 릴레이 결합 절연 회로라고 하고 교류 200〔V〕용 부하 회로에 많이 사용한다.

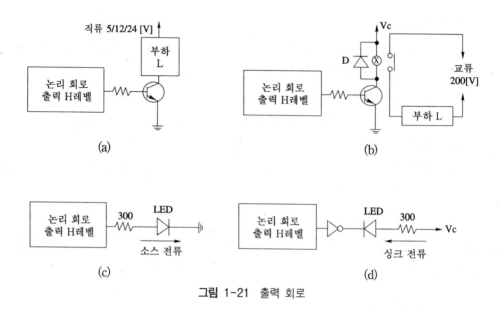

그림 1-21 출력 회로

③ 그림(c)는 LED 점등의 소스(source)전류 회로이고 많이 사용되지 않는다

　　▢ 논리 회로가 동작하여 출력이 H레벨(5〔V〕)이면 LED가 점등하고

　　▢ 논리 회로 쪽(전원 쪽)에서 보호 저항 300〔Ω〕을 통하여 LED쪽(부하 쪽)으로 전류(소스 전류)가 흘러 나간다.

　※ **소스(source) 전류** : 전원 쪽에서 부하 쪽으로 흐르는 전류를 소스 전류라고 하고 보통 전류라 함은 이 소스 전류를 말한다. 논리 회로에서는 논리 회로 출력 쪽(전원 쪽)에서 LED쪽(부하 쪽)으로 흐르는 전류가 소스 전류가 된다.

④ 그림(d)는 LED 점등의 싱크(sink) 전류 회로이고 회로가 경제적이므로 많이 사용된다.

　　▢ 논리 회로가 동작하여 출력이 H레벨(5〔V〕)이 되면

　　▢ 출력 단자에 NOT 회로가 접속되어 있으므로 이 NOT 출력은 L레벨로 변환된다.

　　▢ 전압 V_c 의 H(5〔V〕)레벨에서 300〔Ω〕과 LED를 거쳐 논리 회로 쪽 NOT 회로 출력의 L레벨로 싱크 전류가 흘러 LED가 점등한다. → NOT, NAND 회로 참조.

　※ **싱크(sink) 전류** : 부하 쪽(LED쪽)에서 전원 쪽(논리 회로 출력 쪽)으로 흘러 들어오는 전류를 싱크 전류라고 하고 소스 전류와는 방향이 반대이다. 즉 논리 회로 출력 단에 NOT 회로를 접속하여 전류가 논리 회로 쪽으로 흐르도록 전류 방향을 바꾼다.

3. AND 회로

그림 1-17과 1-18의 스위칭 회로에서 다이오드 2개를 그림 1-22의 (a), (b)와 같이 구성하면 접점 2개를 직렬로 접속한 그림 (c)와 같은 작용을 한다.

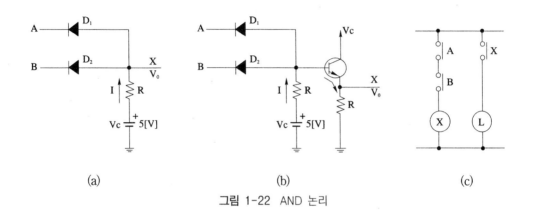

그림 1-22 AND 논리

① 그림(a)에서 입력 A=B=5〔V〕(논리 1, H레벨)이면 다이오드는 개방상태(스위치 off)이 므로 출력 X는 $V_0=V_c=5$〔V〕(논리 1, H레벨)이 된다.

② 또 입력 A=0, 혹은 B=0, 혹은 A=B=0〔V〕(논리 0, L레벨)이면 해당 다이오드가 동 작하여 스위치 on상태이고 순방향 전압 강하는 약 1〔V〕가 된다. 따라서

③ 저항 R의 전압 강하는 4〔V〕이고 출력 X는 $V_0=V_c-RI=1$〔V〕(논리 0, L레벨)이 된다.

④ 그림(b)는 DTL(diode transistor logic) 회로이고 이미터 폴로워의 특성에 의하여 이미터 와 베이스의 전압이 거의 같으므로 그림 (a)의 특성과 같다.

⑤ 그림(c)는 접점 A, B가 모두 닫히면(즉 A=B=H레벨) 릴레이 Ⓧ가 동작하고 접점 X가 닫혀서 출력 Ⓛ이 생긴다.(H레벨)

⑥ 정리하면 입력 A, B가 전부 있으면(H레벨) 출력 X가 생기고(H레벨), 입력이 1개라도 없으면(L레벨) 출력이 생기지 않는(L레벨) 판단기능을 갖는 회로가 되는데

⑦ 이와 같이 필요한 입력이 모두 동시에 주어질(H레벨)때 출력이 나타나는(H레벨) 판단 기 능을 가지는 논리 회로를 AND 회로(AND gate, logic product, 논리곱 회로)라고 한다.

☞ H 레벨 : 입·출력에 5〔V〕가 주어질 때 즉 논리 1일 때 이것을 H레벨로 표시하고
　　L 레벨 : 입·출력에 0〔V〕(접지)가 주어질 때 즉 논리 0일 때 이것을 L레벨로 표시한다.

그림 1-23은 2입력(A, B) AND 회로를 소자화하여 표시한 논리 기호와 논리식(논리곱) 표현 및 스위치 직렬 회로이다. 따라서 AND 회로는 접점의 "직렬 회로" 논리이고 "논리곱 회로"이다. ★ 입력 A→H레벨, B→H레벨 일 때만 출력 X→H레벨이 된다.

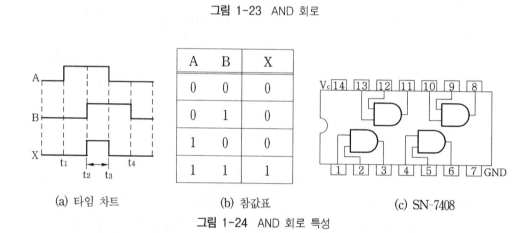

논리 기호 $X = AB$ 스위치 직렬

논리 기호   논리식   스위치 직렬

그림 1-23 AND 회로

A	B	X
0	0	0
0	1	0
1	0	0
1	1	1

(a) 타임 차트   (b) 참값표   (c) SN-7408

그림 1-24 AND 회로 특성

그림 1-24(a)는 동작 타임 차트이다. A, B 두 입력이 동시에 주어진(H레벨) $t_2 \sim t_3$ 구간에만 출력 X가 생긴다(H레벨)

그림(b)는 참값표(진리표, truth table)이다. 입력 A가 논리 1(H레벨), B가 논리 1(H레벨)인 구간에만 출력 X가 논리 1(H레벨)이 된다.

그림(c)는 하나의 패키지 내에 수납한 디지털 AND IC 칩 SN-7408의 예인데 2입력 AND 회로 4개가 들어있고 현재 시판되고 있다.

그림 1-25는 2입력 AND 회로의 동작 레벨 표시인데 두 입력이 모두 H레벨일 때에만 출력이 H레벨이 된다.

그림 1-25 AND 회로 레벨 표시

그림 1-26은 3입력 AND 회로의 예인데 입력 A, B, C의 전부가 논리 1(H레벨) 일 때에 만 출력이 논리 1(H레벨)이 됨을 알 수 있다.

입 력			출 력
A	B	C	X
L	L	L	L
L	L	H	L
L	H	L	L
L	H	H	L
H	L	L	L
H	L	H	L
H	H	L	L
H	H	H	H

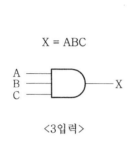

X = ABC

<3입력>

입 력			출 력
A	B	C	X
0	0	0	0
0	0	1	0
0	1	0	0
0	1	1	0
1	0	0	0
1	0	1	0
1	1	0	0
1	1	1	1

그림 1-26 3입력 AND 회로

그림 1-27은 2입력 AND 회로에 H입력 회로와 램프 드라이브 출력 회로를 접속한 보기이다. 여기서 전원 V_c는 5〔V〕(H레벨)이다.

① 입력 BS_1, BS_2를 모두 누르지 않을 때

입력 A점과 B점은 각각 저항 200〔Ω〕을 통하여 접지가 걸리므로 각각 L레벨이 된다

출력 X점은 A와 B가 L레벨이므로 X점은 L레벨이 되고 LED는 소등 상태이다

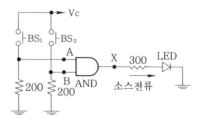

그림 1-27 AND 회로

② 입력 BS_1만을 누르고 있으면

입력 A점은 BS_1 닫혀있고 전원 V_c를 통하여 H레벨이 된다.

입력 B점은 BS_2 열려있고 저항을 통하여 접지가 걸리므로 L레벨이 된다

출력 X점은 B점이 L 레벨이므로 X점은 L 레벨이 되고 LED는 소등 상태이다.

③ 입력 BS₂만을 누르고 있으면

입력 A점은 BS₁ 열려있고 저항을 통하여 접지가 걸리므로 L레벨이 된다.

입력 B점은 BS₂ 닫혀있고 전원 V_c를 통하여 H 레벨이 된다.

출력 X점은 A점이 L 레벨이므로 X점은 L 레벨이 되고 LED는 소등 상태이다

④ 입력 BS₁과 BS₂를 동시에 누르고 있으면

입력 A점과 B점은 BS₁과 BS₂가 닫혀 있고 전원 V_c를 통하여 H레벨이 된다.

출력 X점은 A점과 B점이 모두 H레벨이므로 X점은 H 레벨이 되고 LED가 점등된다.

● 예제 1-1 ●

그림과 같이 AND 회로에 입력 A, B의 파형을 줄 때 출력 X의 파형을 그려보자.

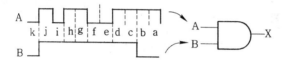

【풀이】

입력 A, B가 함께 H 레벨이 되는 구간이 c, d, g, h, j이므로

출력은 c, d, g, h, j의 구간만 H 레벨이 된다

4. OR 회로

그림 1-28은 하나의 입력만 있어도 출력이 생기는 회로이다.

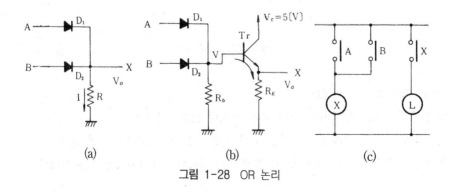

그림 1-28 OR 논리

① 그림(a)에서 입력 A=B=0〔V〕(논리 0, L레벨)이면 다이오드는 개방상태(스위치 off)이므로 출력 X는 V_0=X=0〔V〕(논리 0, L레벨)이 된다.

② 또 입력 A=5〔V〕, 혹은 B=5〔V〕, 혹은 A=B=5〔V〕(논리 1, H레벨)이면 해당 다이오드가 동작(단락)하여 스위치 on상태이고 순방향 전압 강하는 약 1〔V〕가 된다. 따라서

③ 저항 R의 전압 강하는 4〔V〕이고 출력 X는 V_0=X=RI=4〔V〕(논리 1, H레벨)이 된다.

④ 그림(b)는 DTL(diode transistor logic) 회로이고 이미터 폴로워의 특성에 의하여 이미터와 베이스의 전압이 거의 같으므로 그림 (a)의 특성과 같다.

⑤ 그림(c)는 접점 A, B가 모두 닫히던가(A=B=H레벨), 혹은 A만, 혹은 B만 닫힐 때(H레벨) 릴레이 ⓧ가 동작하고 접점 X가 닫혀서 출력 Ⓛ이 생긴다.(H레벨)

⑥ 정리하면 입력 A, B 중 1개라도 있을 때(H레벨) 출력 X가 생기고(H레벨), 입력이 하나도 없을 때(L레벨) 출력이 생기지 않는(L레벨) 판단기능을 갖는 회로가 되는데

⑦ 이와 같이 필요한 입력 중 하나만 주어져도(H레벨) 출력이 나타나는(H레벨) 판단기능을 가지는 논리 회로를 OR 회로(OR gate, logic sum, 논리합 회로)라고 한다.

☞ H 레벨 : 입·출력에 3~5〔V〕가 주어질 때 이것을 논리 1, 혹은 H레벨로 표시하고
  L 레벨 : 입·출력에 2~0〔V〕(접지)가 주어질 때 이것을 논리 0, 혹은 L레벨로 표시한다.

그림 1-29는 2입력(A, B) OR 회로를 소자화하여 표시한 논리 기호와 논리식(논리합) 표현 및 스위치 병렬 회로이다. 따라서 OR 회로는 접점의 "병렬 회로" 논리이고 "논리합" 회로이다.

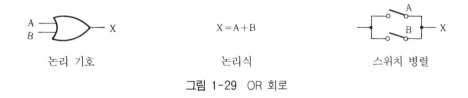

| 논리 기호 | 논리식 | 스위치 병렬 |

$$X = A + B$$

그림 1-29 OR 회로

그림 1-30(a)는 동작 타임 차트이다.
A, B 두 입력 중 하나만 주어져도(논리 1, H레벨) 출력 X가 생긴다.(논리 1, H레벨)
그림(b)는 참값표(진리표, truth table)이다.
입력 A, B 모두가 논리 0(L레벨)인 구간 이외의 구간에 출력 X가 논리 1(H레벨)이 된다.

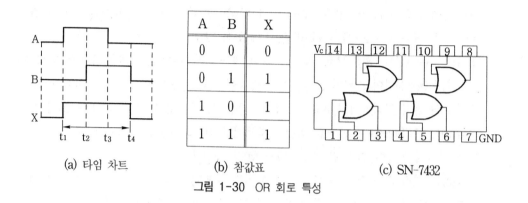

A	B	X
0	0	0
0	1	1
1	0	1
1	1	1

(a) 타임 차트   (b) 참값표   (c) SN-7432

그림 1-30 OR 회로 특성

그림(c)는 하나의 패키지 내에 수납한 디지털 OR IC 칩 SN-7432의 예인데, 2입력 OR 회로 4개가 들어있고 현재 시판되고 있다.

그림 1-31은 2입력 OR 회로의 동작 레벨 표시인데 두 입력이 모두 L레벨일 때에만 출력이 L레벨이 된다.

그림 1-31 OR 회로 레벨 표시

그림 1-32는 3입력 OR 회로의 예인데 입력 A, B, C 중 하나만 H레벨(논리 1)이 되어도 출력이 H레벨(논리 1)이 됨을 알 수 있다.

입 력			출 력
A	B	C	X
L	L	L	L
L	L	H	H
L	H	L	H
L	H	H	H
H	L	L	H
H	L	H	H
H	H	L	H
H	H	H	H

$X = A + B + C$

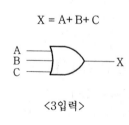

〈3입력〉

입 력			출 력
A	B	C	X
0	0	0	0
0	0	1	1
0	1	0	1
0	1	1	1
1	0	0	1
1	0	1	1
1	1	0	1
1	1	1	1

그림 1-32 3입력 OR 회로

그림 1-33은 2입력 OR 회로에 H입력 회로와 램프 드라이브(출력 회로)를 접속한 보기이다. 여기서 전원 V_c는 5[V](H레벨)이다.

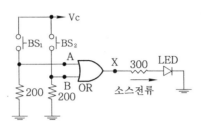

그림 1-33 OR 회로

① 입력 BS_1, BS_2를 모두 누르지 않을 때

입력 A점과 B점은 각각 저항 200[Ω]을 통하여 접지가 걸리므로 각각 L레벨이 된다.

출력 X점은 A점와 B점이 L레벨이므로 X점은 L레벨이 되고 LED는 소등 상태이다.

② 입력 BS_1만을 누르고 있으면

입력 A점은 BS_1 닫혀있고 전원 V_c를 통하여 H 레벨이 된다.

입력 B점은 BS_2 열려있고 저항을 통하여 접지가 걸리므로 L레벨이 된다.

출력 X점은 A점이 H 레벨이므로 X점은 H 레벨이 되고 LED는 점등된다.

③ 입력 BS_2만을 누르고 있으면

입력 A점은 BS_1 열려있고 저항을 통하여 접지가 걸리므로 L 레벨이 된다

입력 B점은 BS_2 닫혀있고 전원 V_c를 통하여 H 레벨이 된다.

출력 X점은 B점이 H 레벨이므로 X점은 H 레벨이 되고 LED는 점등된다.

④ 입력 BS_1과 BS_2를 동시에 누르고 있으면

입력 A점과 B점은 BS_1과 BS_2가 닫혀 있고 전원 V_c를 통하여 H 레벨이 된다.

출력 X점은 A점과 B점이 각각 H 레벨이므로 X점은 H 레벨이 되고 LED가 점등된다.

●예제 1-2●

그림과 같이 OR 회로에 입력 A, B의 파형을 줄 때 출력 X의 파형을 그려보자.

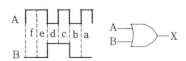

【풀이】

입력 A, B 중 하나라도 H레벨이 되는 구역이 a, c, d, e, f이므로 출력은 a, c, d, e, f의 구역이 H레벨이 된다, 즉 b 구역만 출력이 없다.(L레벨)

● 예제 1-3 ●

그림과 같은 입력 A, B의 파형을 줄 때 AND 출력 X_1과 OR 출력 X_2의 파형이 각각 H레벨이 되는 구간을 표시하자.

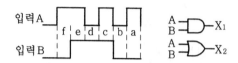

【풀이】

X_1 — 입력 A, B가 함께 H 레벨이 되는 구간이 c, e이므로

출력은 c, e 구간만 H 레벨이 된다

X_2 — 입력 A, B 중 하나라도 H 레벨이 되는 구역이 a, c, d, e, f이므로

출력은 a, c, d, e, f의 구역이 H 레벨이 된다, 즉 b 구역만 출력이 없다.(L레벨)

● 예제 1-4 ●

스위치(접점) A, B, C의 3개가 있다. 다음 각각의 경우에 출력이 생기는 유접점 회로, 무접점 회로, 논리식, 타임 차트를 각각 작성해보자. 단 여닫는 순서가 필요하면 A, B, C의 순서로 한다.

1. 스위치 3개를 모두 닫을 때에만 출력 X_1이 생긴다.
2. 스위치 3개 중 어느 한 개만을 닫아도 출력 X_2가 생긴다.
3. 스위치 3개 중 A와 B를 닫거나, 혹은 C만을 닫을 때 출력 X_3이 생긴다.
4. 스위치 3개 중 A를 닫고, B 혹은 C를 닫을 때 출력 X_4가 생긴다.
5. 스위치 3개 중 어느 2개만을 닫을 때 출력 X_5가 생긴다.

【풀이】

1. 3개를 모두 닫아야 출력이 생긴다면 3개 직렬의 AND 회로이고 논리식은 $X_1 = ABC$ 이다.

$$X_1 = ABC$$

2. 1개만 닫아도 출력이 생긴다면 3개 병렬 OR이고 논리식은 $X_2 = A + B + C$ 이다.

3. A와 B를 닫으면 AB 직렬의 AND 회로이고, 혹은 C를 닫으면 AB와 C의 병렬의 OR 회로가 되며 논리식은 $X_3 = AB + C$ 이다.

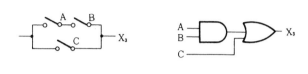

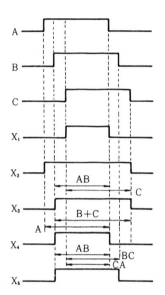

4. B 혹은 C는 B+C의 병렬 OR 회로이고, 여기에 A이면 A와 B+C의 직렬 AND 회로이다. 논리식 $X_4 = A(B+C)$

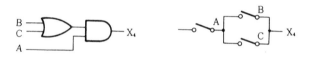

5. 2개만을 닫는 경우는 AB, BC, CA의 3가지로 각각 직렬 AND 회로이고, 이 3가지 경우에 각각 출력이 생기므로 3조 병렬 OR 회로가 되며 논리식은 $X_5 = AB + BC + CA$ 이다.

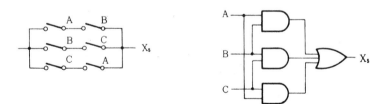

●예제 1-5●

그림과 같은 논리 회로들의 논리식을 쓰고, 유접점 회로를 그려보자.

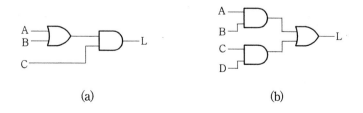

(a)   (b)

【풀이】

그림 (a)는 A+B 병렬 OR에 C 직렬 AND이고 L=(A+B)C이다.

그림 (b)는 AB 직렬 AND와 CD 직렬 AND의 병렬 OR이고 L=AB+CD이다.

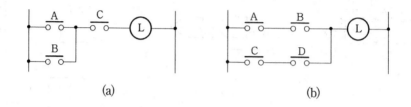

(a)　　　　　　　　　　　　　　(b)

● 예제 1-6 ●

그림과 같은 접점 회로들의 논리식을 쓰고, 무접점 논리 회로를 그려보자.

(a)　　　　　　　　　　　　　　(b)

【풀이】

그림 (a)는 BC 병렬 OR에 A 직렬 AND 이고 X = A(B+C)이다.

그림 (b)는 AB 직렬 AND에 C 병렬 OR 이고 X = AB+C이다.

(a)　　　　　　　　　　　　　　(b)

● 예제 1-7 ●

그림 (a), (b)의 회로에서 물음에 답해보자. 단, H는 전압 레벨이고 L은 접지 레벨이다. (답의 예 HLHL 등)

1. LED가 소등 상태에서 각각 A~C 점의 레벨을 차례로 쓰시오.

2. 각각 BS_1만 누르고 있을 때 각각 A~C 점의 레벨을 차례로 쓰시오.

3. 각각 BS_2만 누르고 있을 때 각각 A~C 점의 레벨을 차례로 쓰시오.

4. 각각 BS_1과 BS_2를 모두 누르고 있을 때 각각 A~C 점의 레벨을 차례로 쓰시오.

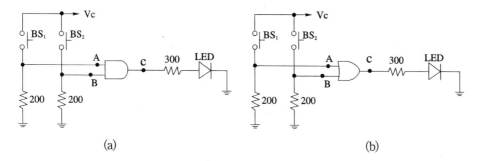

(a) (b)

【풀이】

1. 소등 상태에서 각 점이 모두 L레벨이므로 LED 소등 상태이고 LLL, LLL레벨이다.

2. A점이 H레벨이므로 (a)-HLL(소등), (b)-HLH(점등) 상태이다.

3. B점이 H레벨이므로 (a)-LHL(소등), (b)-LHH(점등) 상태이다.

4. A, B점 모두 H레벨이므로 (a)-HHH(점등), (b)-HHH(점등) 상태이다.

☞ **연습문제 1-1**

그림에서 (a)와 같은 입력 파형을 줄 때 로직 회로의 출력 X_1, X_2, X_3, X_4의 파형을 그리시오.

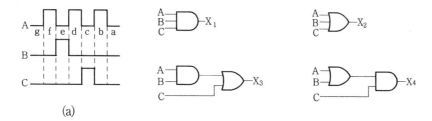

(a)

☞ **연습문제 1-2**

논리식 $X = ABC + D$의 유접점 회로와 2입력형의 무접점 회로를 그리시오.

☞ **연습문제 1-3**

그림 (a), (b)를 각각 2입력 논리 회로로 논리 회로를 그리시오.

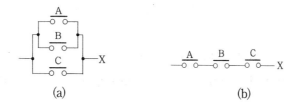

(a) (b)

🖑 **연습문제 1-4**

그림 (a), (b)에 (c)와 같은 입력을 가할 때 (d)란에 출력 타임 차트(H레벨)를 각각 그리시오.

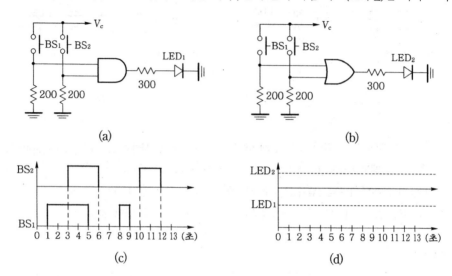

(a)

(b)

(c)

(d)

5. NOT 회로

그림 1-34 (a), (b)에서

① 그림(a)에서 입력 단자 A에 5〔V〕 전압 즉 H레벨을 주면 트랜지스터가 동작(단락 상태-스위치 on)하여 컬렉터 전류 I_c가 흐른다. 트랜지스터의 전압 강하를 무시하면 전원 V_c는 저항 강하 RI_c로 없어지고($RI_c = V_c$) 출력 X는 $X = V_o = 0$〔V〕, 즉 L레벨이 된다. 또

② 입력 단자 A에 0〔V〕 즉 L레벨을 주면 트랜지스터가 동작하지 못하고(단선 상태-스위치 off) 컬렉터 전류 I_c가 흐르지 못한다. 따라서 저항 강하는 없고 전원 전압 V_c가 그대로 출력에 나타나므로 출력 X는 $X = V_o = Vc = 5$〔V〕 즉 H레벨이 된다.

③ 그림(b)에서 입력 A가 없으면(L레벨) Ⓧ는 복구 상태이고 부하 Ⓛ은 동작(H레벨)하고 있다. 또 입력 A를 주면(H레벨), Ⓧ가 동작하여 $X_{(1)}$ 접점이 열려 부하 Ⓛ은 복구(L레벨)한다.

④ 이와 같이 입력과 출력의 상태를 반대로 하는 회로, 즉 입력이 논리 1(H레벨)이면 출력은 논리 0(L레벨)이 되고 입력이 논리 0(L레벨)이면 출력은 논리 1(H레벨)이 되는 상태

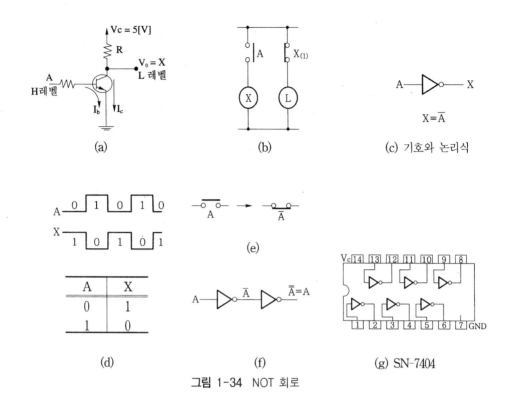

(a) (b) (c) 기호와 논리식

(d) (e) (f) (g) SN-7404

그림 1-34 NOT 회로

반전, 부정의 판단 기능을 갖는 회로를 NOT 회로, NOT gate, 인버터(inverter)라고 하며 유접점 회로에서는 b접점에 대응하여 사용한다.

⑤ 그림 (c)는 논리 기호와 논리식이고, (d)는 타임 차트와 참값표이다. 논리식은 입력 A위에 bar(선-부정의 뜻)를 붙여 $X = \overline{A}$ 로 표현한다.

⑥ 그림 (e)는 유접점 변환을 나타낸다. 즉 a 접점을 b 접점으로 변환함을 표시한다.

⑦ 그림 (f)는 NOT 회로 2개를 종속 접속한 것으로 상태 반전의 반전으로 원래의 상태로 되돌아간다. 즉 이중 부정은 부정이 아니고 선(−)과 같다.

⑧ 그림 (g)는 NOT-IC 칩 SN-7404의 예로서 NOT 회로 6개가 들어있다.

NOT 회로를 이용하여 입력과 출력을 모두 부정(NOT 회로)하면 AND 회로와 OR 회로의 기능을 서로 변환할 수 있으며 그림 1-35와 같이 표시된다(논리 변환 참조). 여기서 NOT 회로의 기호 (—▷○—)는 상태 변환 표시 기호(○)로 바꾸어 사용하면 편리하다.

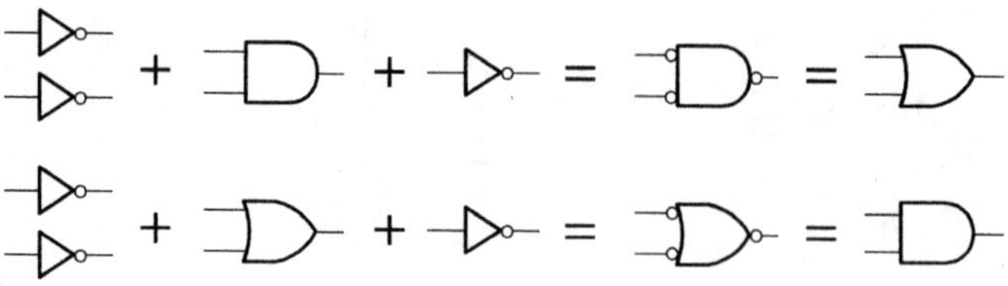

그림 1-35 회로 변환

유접점 회로에서 NOT는 b접점을 표시한다. 입력 A는 a접점이고 B는 b접점이고 직렬이면 그림 1-36과 같이 표시할 수 있다. 여기서 논리식은 $X = A\overline{B}$이다.

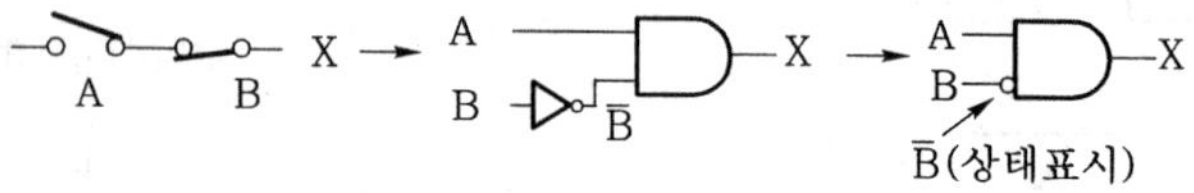

그림 1-36 NOT 회로와 b접점

그림 1-37은 NOT 회로에 L입력 회로와 램프 드라이브 출력 회로를 접속한 회로의 보기이다. 여기서 BS를 누르면 출력 램프 LED_1이 점등하고 LED_2가 소등된다.

① 입력 BS를 누르지 않을 때(정지 상태)

A점 : 저항 1[kΩ]을 통하여 V_c가 걸려 H 레벨이 되고

B점 : A점의 H 레벨이 NOT 회로를 통하므로 L레벨이 된다.

C점 : 전원 $V_c=5$[V]가 걸리므로 H레벨이 된다.

출력 LED_1 : A점과 C점이 같이 H 레벨이므로 소등 상태가 되며

출력 LED_2 : C점의 H레벨에서 B점의 L레벨로 싱크전류가 흘러 LED_2가 점등 상태이다.

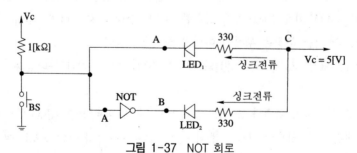

그림 1-37 NOT 회로

② 입력 BS를 누르고 있을 때(동작 상태)

　A점 : BS 닫혀있고 접지를 통하여 L레벨이 되고

　B점 : A점의 L레벨이 NOT 회로를 통하므로 H레벨이 된다.

　C점 : 전원 $V_c = 5[V]$가 걸리므로 H레벨이다.

　출력 LED₁ : A점이 L레벨이므로 C점의 H레벨에서 A점으로 싱크전류가 흘러 점등된다.

　출력 LED₂ : B점과 C점이 같이 H레벨이므로 전류가 흐르지 못하고 소등된다.

●예제 1-8●

　다음 유접점 시퀀스 회로의 논리식을 쓰고 무접점 논리 회로로 바꾸어 보자.

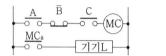　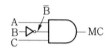

【풀이】

　MC는 A, B, C 3입력 직렬 AND이고 B는 b접점 $\overline{B}$이므로 NOT 회로를 포함한다.

　$MC = A\overline{B}C$, 　기기=MC 이다. ($\because MC = MCa$)

●예제 1-9●

　논리식 $X = AB\overline{C} + \overline{B}\,\overline{C}$를 논리 회로로 표시하자.

【풀이】

　$AB\overline{C}$ 3입력 AND, $\overline{B}\,\overline{C}$ 2입력 AND, 두 AND 회로의 OR 회로이고 $\overline{B}$, $\overline{C}$에 NOT 회로를 넣는다.

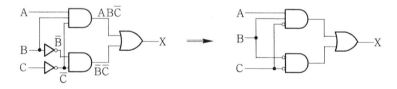

●예제 1-10●

　그림(a)의 유접점 회로를 무접점 논리 회로로 바꾸어 (b)란에 그리고 논리식을 쓰시오.

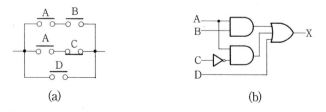

(a)　　　　　　　　　　　　(b)

【풀이】

AB 직렬, $A\overline{C}$ 직렬, D의 3입력 병렬 OR 회로이다.

$$X = AB + A\overline{C} + D = A(B + \overline{C}) + D$$

● 예제 1-11 ●

3입력 8출력 회로 즉 3×8 디코더(decoder)를 설계하자.

【풀이】

입력 A, B, C이면 출력은 표와 같이 8가지이다. 즉 8진수(0~7)가 된다.

$$X_1 = \overline{A}\,\overline{B}\,\overline{C} \qquad X_2 = \overline{A}\,\overline{B}C \qquad X_3 = \overline{A}B\overline{C} \qquad X_4 = \overline{A}BC$$

$$X_5 = A\overline{B}\,\overline{C} \qquad X_6 = A\overline{B}C \qquad X_7 = AB\overline{C} \qquad X_8 = ABC$$

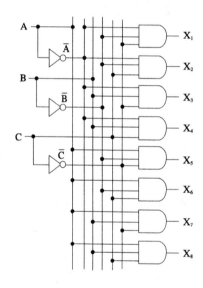

A	B	C	X
0	0	0	X_1
0	0	1	X_2
0	1	0	X_3
0	1	1	X_4
1	0	0	X_5
1	0	1	X_6
1	1	0	X_7
1	1	1	X_8

이고 그림과 같다.

✍ 연습문제 1-5

다음 논리식 X_1은 논리 회로와 진리표를 작성하고, 논리 회로 X_2는 논리식과 진리표를 작성하시오.

$$X_1 = A\overline{B} + \overline{B}C$$

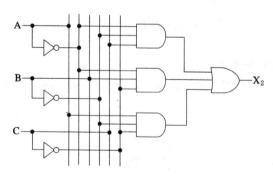

● 연습문제 1-6

다음 접점 논리 회로 (a), (b), (c)는 어떤 회로인가? 보기에서 찾으시오.

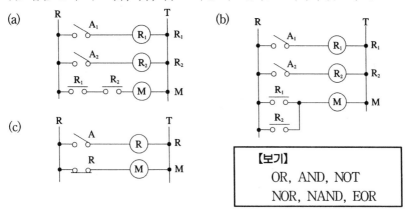

【보기】

OR, AND, NOT

NOR, NAND, EOR

6. NAND 회로

그림 1-38과 같이 NAND 회로는 AND 회로의 부정(NOT) 회로이다.

$$NAND = AND + NOT$$

즉 모든 입력이 있을 때에만 출력이 없는 회로이며 디지털 회로에서 전형적인 만능 게이트로 사용되고 있다.

① 그림(a)는 DTL NAND gate인데 AND+NOT 회로의 조합으로 구성되어 있다.

② 그림(b)는 진리표, (c)는 타임 차트인데 출력 X는 AND 회로(X_1)를 상태 반전한 것으로 두 입력 중 하나라도 L 레벨이 되면 출력이 H 레벨이 된다. 즉 AND 출력이 H레벨이면 NAND 출력은 L레벨이 되고, ·또 AND 출력이 L레벨이면 NAND 출력이 H레벨이 된다.

③ 그림(d)는 논리 기호인데 AND 회로의 출력을 부정(상태 기호 ○)한 기호를 주로 사용하며 OR 회로의 입력을 부정한 기호도 자주 사용한다.

④ 그림(e)는 하나의 패키지 내에 수납한 디지털 NAND IC 칩 SN-7400으로 NAND 회로 4개가 들어있고 디지털 회로에서 만능 회로로 많이 쓰인다

⑤ NAND 회로의 논리식(X)은 AND 회로(X_1)의 상태 반전이므로 다음과 같이 된다.

$$X = \overline{X_1} = \overline{AB}$$

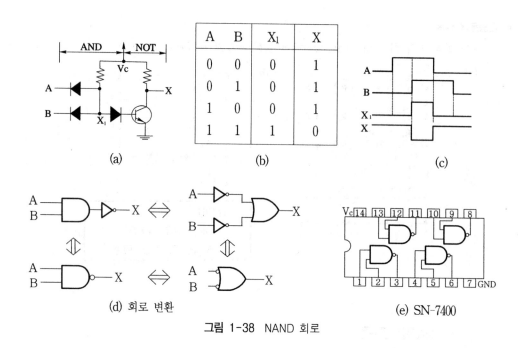

A	B	X_1	X
0	0	0	1
0	1	0	1
1	0	0	1
1	1	1	0

(a)   (b)   (c)

(d) 회로 변환   (e) SN-7400

그림 1-38 NAND 회로

그림 1-39는 NAND 회로의 동작 상태를 레벨로 나타낸 것인데 AND 기능과 OR 기능으로 구분하였다. 두 입력이 모두 H 레벨일 때에만 출력이 L 레벨이 된다. 즉 AND 회로의 부정 (반대) 회로가 되고 두 입력 중 하나라도 L 레벨이 되면 출력이 H 레벨이 되는 회로이다.

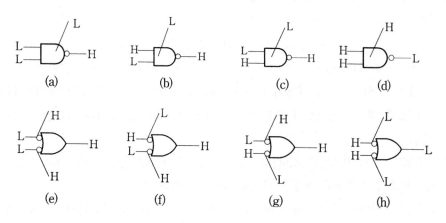

(a)   (b)   (c)   (d)

(e)   (f)   (g)   (h)

입 력		출 력 X		그림
A	B			참조
L	L	L	H	a
H	L	L	H	b
L	H	L	H	c
H	H	H	L	d

입 력		출 력 X	그림
$\overline{A}$	$\overline{B}$		참조
H	H	H	e
L	H	H	f
H	L	H	g
L	L	L	h

그림 1-39 NAND 회로 레벨 표시

NAND 회로에 NOT 회로를 접속하면 그림 1-40과 같이 AND 회로, OR 회로로 사용할 수 있고 또 입력 단자를 하나로 묶으면 NOT 회로가 된다. 실제로 NAND 회로를 가지고 AND 회로, OR 회로, NOT 회로로 변환하여 사용하면 회로가 간단해지므로 많이 사용한다.(회로 변환 참조)

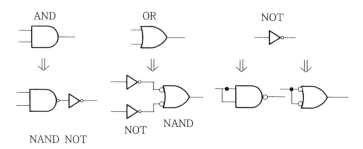

그림 1-40 회로 변환

그림 1-41은 2입력 NAND 회로에 L입력 회로와 LED 램프 출력 회로(싱크 전류 회로 적용)를 접속한 회로의 보기이다. 여기서 전원 V_c는 5〔V〕(H 레벨)이다.

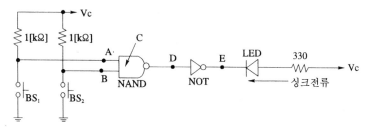

그림 1-41 NAND 회로

① 입력 BS₁, BS₂를 모두 누르지 않을 때(LED 소등 상태)

입력 A점 : 저항 1〔kΩ〕을 통하여 전원 V_c가 걸리므로 A점은 H레벨이 된다.

입력 B점 : 저항 1〔kΩ〕을 통하여 전원 V_c가 걸리므로 B점은 H레벨이 된다.

AND 회로 C : 점 A와 B가 H레벨이므로 AND 회로 C는 H레벨이 된다.

출력 D점 : AND 회로 C의 H레벨이 상태 표시(O→NOT) 회로를 통하므로 NAND 회로 출력 D점은 L레벨이 된다. 즉 NAND 회로는 복구 상태이다.

E점 : NAND 출력 D점의 L레벨이 NOT 회로를 통하므로 E점은 H레벨이 된다.

램프 LED : E점이 H레벨(5〔V〕)이고 또 전원 V_c가 H레벨(5〔V〕)이다. 즉 V_c와 E점의 전압이 같으므로 V_c에서 E점으로 싱크(sink) 전류가 흐를 수 없고 LED는 소등 상태가 된다.

② 입력 BS₁만을 누르고 있으면

입력 A점 : 입력 BS₁ 닫혀있고 접지가 직접 걸리므로 L레벨이 된다.

입력 B점 : 저항 1〔kΩ〕을 통하여 전원 V_c가 걸리므로 H레벨이 된다.

AND 회로 C : A점이 L레벨이므로 AND 회로 C는 L레벨이 된다.

출력 D점 : AND 회로 C의 L레벨이 상태 표시(NOT)회로를 통하므로 H레벨이 된다. 즉 NAND 회로가 동작 상태이고 H레벨이다.

E점 : NAND 출력 D점의 H 레벨이 NOT 회로를 통하므로 L레벨이 된다.

램프 LED : E점이 L레벨(접지)이고, 전원 V_c가 H레벨(5〔V〕)이므로 V_c에서 E점으로 싱크(sink) 전류가 흐르고 LED는 점등 상태가 된다.

③ 입력 BS₂만을 누르고 있으면 ②의 상태와 같다. 단 A점과 B점의 레벨 상태만 반대이다.

④ 입력 BS₁과 BS₂를 동시에 누르고 있으면 ②의 상태와 같다. 단 B점이 L레벨이다.

※ 〔참고〕 NAND 회로에는 H입력형보다 L입력형을 사용하는 것이 좋다.

●예제 1-12●

그림과 같이 입력 A ,B의 파형을 NAND 회로에 줄 때 출력 X의 파형을 그려보자.

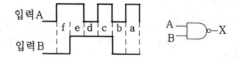

【풀이】

AND 출력 : 입력 A, B가 모두 H레벨이 되는 c, e 구간이므로

NAND 출력 : AND 출력의 부정(NOT)으로 a, b, d, f 구간이 H 레벨이 된다.

AND 출력   NAND 출력

🔥 **연습문제 1-7**

그림 (a), (b), (c)의 스위칭 회로의 논리식, 유접점 회로, 무접점 기호를 각각 그리시오.

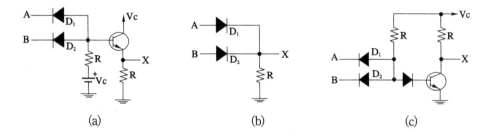

(a)   (b)   (c)

7. NOR 회로

그림 1-42와 같이 NOR 회로는 OR 회로를 부정하는 판단 기능을 가지는 회로이다.

$$NOR = OR + NOT$$

즉 입력이 하나라도 있으면 출력이 없는 회로이다.

A	B	X_1	X
0	0	0	1
0	1	1	0
1	0	1	0
1	1	1	0

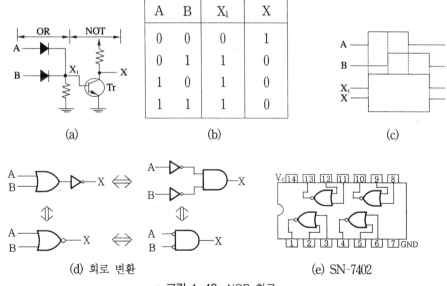

(a)   (b)   (c)

(d) 회로 변환   (e) SN-7402

그림 1-42 NOR 회로

① 그림(a)는 DTL NOR gate인데 OR와 NOT 회로의 조합으로 구성되어 있다.

② 그림(b)는 진리표, (c)는 타임 차트인데 출력 X는 OR 회로(X_1)를 상태 반전한 것으로 두 입력 중 하나라도 H레벨이 되면 출력이 L레벨이 된다. 즉 OR 출력이 H레벨이면 NOR 출력은 L레벨이 되고, 또 OR 출력이 L레벨이면 NOR 출력이 H레벨이 된다.

③ 그림(d)는 논리 기호인데 OR 회로의 출력을 부정(상태 기호 ○)한 기호를 주로 사용하며 AND 회로의 입력을 부정한 기호도 자주 사용한다.

④ 그림(e)는 하나의 패키지 내에 수납한 디지털 NOR IC 칩 SN-7402로 NOR 회로 4개가 들어있고 디지털 회로에서 많이 쓰인다.

⑤ NOR 회로의 논리식(X)은 OR 회로(X_1)의 상태 반전이므로 다음과 같이 된다.

$$X = \overline{X_1} = \overline{A + B}$$

그림 1-43은 NOR 회로의 동작 상태를 레벨로 나타낸 것인데 AND 기능과 OR 기능으로 구분하였다. 두 입력이 모두 L레벨일 때에만 출력이 H레벨이 된다. 즉 OR 회로의 부정(반대) 회로가 되고 두 입력 중 하나라도 H레벨이 되면 출력이 L레벨이 되는 회로이다.

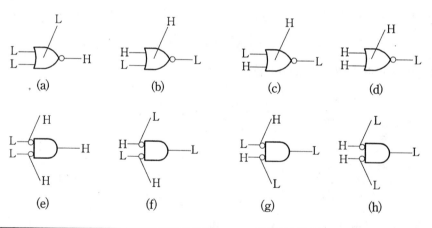

입　력		출　력 X		그림
A	B	⊐D○	⊐D○	참조
L	L	L	H	a
H	L	H	L	b
L	H	H	L	c
H	H	H	L	d

입　력		출　력 X	그림
$\overline{A}$	$\overline{B}$	⊐D	참조
H	H	H	e
L	H	L	f
H	L	L	g
L	L	L	h

그림 1-43　NOR 회로 레벨 표시

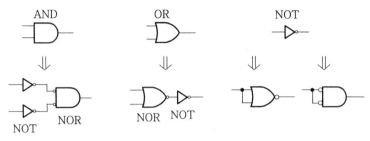

그림 1-44 회로 변환

NOR 회로에 NOT 회로를 접속하면 그림 1-44와 같이 AND 회로, OR 회로로 사용할 수 있고 또 입력 단자를 하나로 묶으면 NOT 회로가 된다. 실제로 NOR 회로를 가지고 AND 회로, OR 회로, NOT 회로로 변환하여 사용하고 있다.

그림 1-45는 2입력 NOR 회로에 L입력 회로와 LED 램프 출력 회로(싱크 전류 회로)를 접속한 회로의 보기이다. 여기서 전원 V_c는 5〔V〕(H 레벨)이다.

① 입력 BS_1, BS_2를 모두 누르지 않을 때(LED 소등 상태)

입력 A점 : 저항 1〔kΩ〕을 통하여 전원 V_c가 걸리므로 A점은 H레벨이 된다.

입력 B점 : 저항 1〔kΩ〕을 통하여 전원 V_c가 걸리므로 B점은 H레벨이 된다.

OR 회로 C : 점 A와 B가 H레벨이므로 OR 회로 C는 H레벨이 된다.

출력 D점 : OR 회로 C의 H레벨이 상태 표시(O → NOT) 회로를 통하므로 NOR 회로 출력 D점은 L레벨이 된다. 즉 NOR 회로는 복구 상태이다.

E점 : NOR 출력 D점의 L레벨이 NOT 회로를 통하므로 E점은 H레벨이 된다.

램프 LED : E점이 H레벨(5〔V〕)이고 또 전원 V_c가 H레벨(5〔V〕)이다. 즉 V_c와 E점의 전압이 같으므로 V_c에서 E점으로 싱크(sink) 전류가 흐를 수 없고 LED는 소등 상태가 된다.

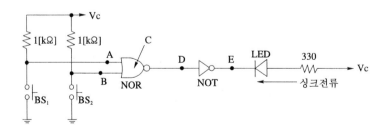

그림 1-45 NOR 회로

② 입력 BS₁만을 누르고 있으면

입력 A점 : 입력 BS₁ 닫혀있고 접지가 직접 걸리므로 L레벨이 된다.

입력 B점 : 저항 1 [kΩ]을 통하여 전원 V_c가 걸리므로 H레벨이 된다.

OR 회로 C : B점이 H레벨이므로 OR 회로 C는 H레벨이 된다.

출력 D점 : OR 회로 C의 H레벨이 상태 표시(NOT)회로를 통하므로 L레벨이 된다.

E점 : NOR 출력 D점의 L레벨이 NOT 회로를 통하므로 H레벨이 된다.

램프 LED : E점이 H레벨이고, 전원 V_c가 H레벨(5 [V])이므로 V_c에서 E점으로 싱크 전류가 흐를 수 없고 LED는 소등 상태가 된다.

③ 입력 BS₂만을 누르고 있으면 ②의 상태와 같다. 단 A점과 B점의 레벨 상태만 반대이다.

④ 입력 BS₁과 BS₂를 동시에 누르고 있으면

입력 A점 : 입력 BS₁ 닫혀있고 접지가 직접 걸리므로 L레벨이 된다.

입력 B점 : 입력 BS₂ 닫혀있고 접지가 직접 걸리므로 L레벨이 된다.

OR 회로 C : 점 A와 B가 L레벨이므로 OR 회로 C는 L레벨이 된다.

출력 D점 : OR 회로 C의 L레벨이 상태 표시(O→NOT) 회로를 통하므로 NOR 회로 D점은 H레벨이 된다. 즉 NOR 회로는 동작 상태이다.

E점 : NOR 출력 D점의 H레벨이 NOT 회로를 통하므로 E점은 L레벨이 된다.

램프 LED : E점이 L레벨(접지)이고 또 전원 V_c가 H레벨(5 [V])이다. 따라서 V_c에서 E점으로 싱크(sink) 전류가 흐르고 LED는 점등된다.

●예제 1-13●

그림과 같이 입력 A, B의 파형을 NOR 회로에 줄 때 출력 X의 파형을 그려보자.

【풀이】

OR 출력 : 입력 A, B 중 하나라도 H레벨이 되는 a, c, d, e, f 구간이고

NOR 출력 : OR 출력의 부정(NOT)이므로 b 구간만이 H 레벨이 된다.

f e d c   a

OR 회로   b

NOR 회로

● 예제 1-14 ●

그림과 같은 입력 펄스 A와 입력 B=1을 가할 때 NAND 회로 출력 X_1과 NOR 회로 출력 X_2의 파형을 그리자.

【풀이】

AND 출력 구역이 a, c, d이므로 NAND 출력 X_1의 구역은 b, e이다. OR 출력 구역이 a~e 즉 1이므로(B=1) NOR 출력 X_2의 구역은 없다. 즉 $X_2 = 0$

● 예제 1-15 ●

그림 (a), (b)의 회로에서 물음에 답해보자. 단, H는 전압 레벨이고 L은 접지 레벨이다.(답의 예 HLHL 등)

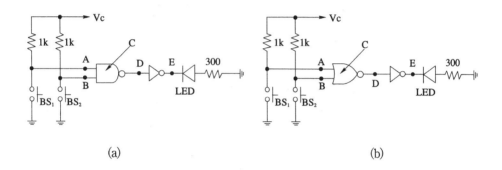

(a)   (b)

(1) LED가 소등 상태에서 각각 A~E 점의 레벨을 차례로 쓰시오.

(2) 각각 BS_1만 누르고 있을 때 각각 A~E 점의 레벨을 차례로 쓰시오.

(3) 각각 BS_2만 누르고 있을 때 각각 A~E 점의 레벨을 차례로 쓰시오.

(4) 각각 BS_1과 BS_2를 모두 누르고 있을 때 각각 A~E 점의 레벨을 차례로 쓰시오.

(5) 그림에서 LED가 점등할 때 흐르는 전류를 무슨 전류라고 하느냐?

【풀이】

(1) 소등 상태에서 A, B점에는 V_c(H레벨)가 걸리므로 AND(OR) 회로 C가 동작(H레벨)한다. 따라서 NAND(NOR) 회로 D는 L레벨이고 NOT 회로를 통한 E점은 H레벨이므로 LED는 소등 상태이고 각각 HHHLH레벨이다.

(2) A점이 L레벨이므로 (a) - LHLHL(점등), (b) - LHHLH(소등) 상태이다.

(3) B점이 L레벨이므로 (a) - HLLHL(점등), (b) - HLHLH(소등) 상태이다.

(4) A, B점 모두 L레벨이므로 (a) - LLLHL(점등), (b) - LLLHL(점등) 상태이다.

(5) 싱크 전류

● **예제 1-16** ●

그림에서 입력이 A, B일 때 출력 $L_1 \sim L_4$의 논리식을 쓰고, 같은 기능의 무접점 논리 소자의 이름을 쓰시오.

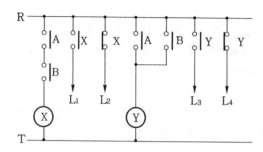

【풀이】

$$L_1 = X = AB \rightarrow \text{AND 회로}$$

$$L_3 = Y = A + B \rightarrow \text{OR 회로}$$

$$L_2 = \overline{X} = \overline{AB} \rightarrow \text{NAND 회로}$$

$$L_4 = \overline{Y} = \overline{A + B} \rightarrow \text{NOR 회로}$$

💣 **연습문제 1-8**

그림과 같은 유접점식 시퀀스 회로를 무접점 시퀀스 회로로 바꾸어 그리고 논리식을 쓰시오. 단 전원 $V_c = 5$ [V]이고 저항 200 [Ω] 3개, 300 [Ω] 1개를 사용한다.

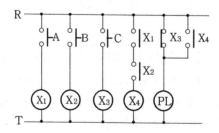

💣 **연습문제 1-9**

논리 회로를 보고 논리식을 쓰고 진리표를 완성(Z)하시오.

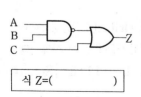

식 Z=(   )

A	B	C	Z
0	0	0	
0	0	1	
0	1	1	
0	1	0	
1	1	1	

다음 논리 회로의 출력(X)에 대한 진리표와 타임 차트를 완성하시오.

A	L	L	L	L	H	H	H	H
B	L	L	H	H	L	L	H	H
C	L	H	L	H	L	H	L	H
X								

8. 논리 회로 변환과 연산

1) 회로 변환

AND 회로, OR 회로, NAND 회로, NOR 회로에 NOT 회로를 접속하면 서로 다른 기능의 회로를 만들 수 있고 그림 1-47과 같이 IC 논리 회로 소자의 변환이 가능하여 회로를 간단히 할 수가 있다. 회로 소자의 변환은 표와 같이 진리표를 이용하면 증명된다.

입 력		AND		NAND		OR		NOR	
A	B								
0	0	0	0	1	1	0	0	1	1
0	1	0	0	1	1	1	1	0	0
1	0	0	0	1	1	1	1	0	0
1	1	1	1	0	0	1	1	0	0

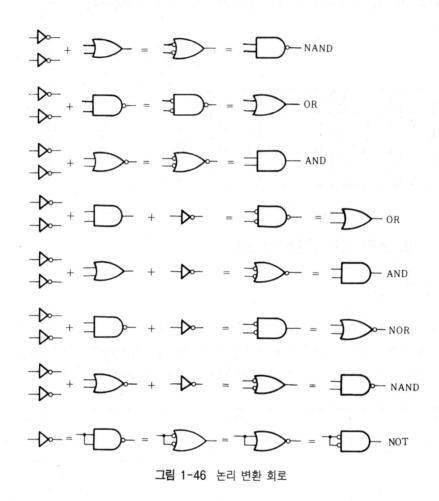

그림 1-46 논리 변환 회로

●예제 1-17 ●

　그림의 로직 회로에 대한 논리식을 쓰고 NAND
회로 만으로, 또 NOR 회로만으로 된 회로로 바
꾸어보자.

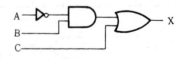

※ 복잡한 논리 회로를 NAND(혹은 NOR) 회로만으로 바꾸던가 여기에 NOT 회로를 조합
　하면 사용 IC 수를 줄일 수 있어서 회로를 간단히 할 수 있다. 그림은 AND-IC 1개,
　OR-IC 1개, NOT-IC 1개 등 IC 3개를 사용한 회로인데 이 회로를 NAND 회로만의 회
　로로 바꾸면 NAND-IC 1개만 사용하면 된다.

【풀이】

A NOT인 $\overline{A}$와 B의 AND 회로에 C의 OR 회로이므로 $X = \overline{A}B + C$ 이다.

① NOT 회로 : NAND 회로의 입력 단자를 하나로 묶는다.(참고도)

② AND 회로 : 참고도와 같이 출력 단에 NOT 회로 2개를 접속하여 NAND 회로와 NOT 회로의 직렬 회로로 한다.

③ OR 회로 : 입력 단에 각각 NOT 회로 2개 식을 종속 접속하여 NAND 회로 1개와 NOT 회로 2개를 참고도와 같이 만든다.

④ 조합하면 그림과 같이 NAND-IC 1개(회로 4개)만 소요된다.

⑤ NOR 만의 회로 변환도 같은 방법으로 한다.

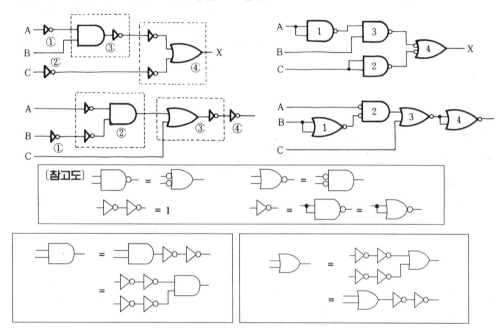

● 예제 1-18 ●

출력 릴레이 X가 보조 릴레이 접점 A, B, C의 함수로서 다음 논리식으로 주어진다. 릴레이 시퀀스, 로직 시퀀스, 및 NOR 회로 또는 NAND 회로만을 사용한 로직 회로를 각각 그려보자.

$$X = (A + B)(C + \overline{B}\,\overline{C})$$

【풀이】

① A+B는 a접점 A, B의 병렬 OR 접속이고

② $\overline{B}\,\overline{C}$는 b접점 B, C의 직렬 AND 접속이며

③ $C + \overline{B}\,\overline{C}$는 a접점 C와 ②항의 병렬 OR 접속이므로

④ 식 X는 ①항과 ③항의 직렬 AND 접속의 출력이다.

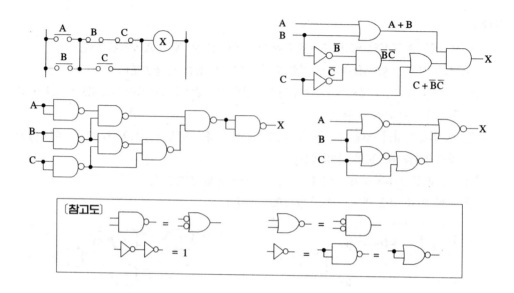

2) 논리 연산

논리 구성과 식을 간단히 하기 위하여 불(Boolean) 대수, 카르노 도표 등을 이용한다. 2진수 0과 1, 접점 a와 b, 레벨 H와 L, 전기선의 단락과 단선, 스위치의 ON, OFF 등은

① "1" "a" "H" "ON" "단락" 등은 다같이 전기를 가한다는 뜻으로 통하고
② "0" "b" "L" "OFF" "단선" 등은 다같이 전기를 끊는다는 뜻으로 통한다.

2진수 "0, 1" 및 논리 변수 A, B 일 때 다음이 성립한다.

① 부정(상태반전 NOT) : $\overline{0}=1$ ─o─o─　　　　　　　　　$\overline{1}=0$ ─o　o─

② 직렬(논리곱 AND) : $0 \cdot 0 = 0$ ─o⁰o─o⁰o─ ⟶ 0

$$0 \cdot 1 = 0$$

$$1 \cdot 1 = 1$$ ─o¹o─o¹o─ ⟶ 1　　─o⁰o─o¹o─ ⟶ 0

③ 병렬(논리합 OR) : $0+0=0$　　　　　$0+1=1$　　　　　$1+1=1$

⟶ 0　　　　　⟶ 1　　　　　⟶ 1

④ a접점 ─o o─ ⇒ $A \cdot 1 = A$(AND)　　　　　$A \cdot A = A$

─o—A—o—¹—o─A　　　　　─o—A—o—A—o─A

$$A + 0 = A(OR) \qquad\qquad A + A = A$$

⑤ 단선 —○ ○— ⇒ $A \cdot 0 = 0(AND)$ $\qquad\qquad A\,\overline{A} = 0(AND)$

⑥ 단락 —○─○— ⇒ $A + 1 = 1(OR)$ $\qquad\qquad A + \overline{A} = 1(OR)$

⑦ 2중 부정(NOT)은 부정(NOT)이 아니고 긍정 즉 원래의 것이다.

$$\overline{\overline{1}} = 1 \qquad\qquad \overline{\overline{0}} = 0 \qquad\qquad \overline{\overline{A}} = A$$

$$\overline{\overline{A} \cdot B} = A \cdot B \qquad \overline{\overline{A + B}} = A + B \qquad \overline{\overline{A \cdot \overline{B}}} = A \cdot \overline{B}$$

A, B, C가 논리 변수일 때 다음 식이 성립한다.

① 교환 법칙 : $A \cdot B = B \cdot A$ — 입력의 순서에 관계없다.

$\qquad\qquad\qquad A + B = B + A$ — 입력의 순서에 관계없다.

② 결합 법칙 : $(A \cdot B) \cdot C = A \cdot (B \cdot C)$ — 묶음 순서에 관계없다.

$\qquad\qquad\qquad (A + B) + C = A + (B + C)$ — 묶음 순서에 관계없다.

③ 분배 법칙 : 괄호 밖의 것을 괄호 안의 것에 각각 분배하여 식을 간단히 한다.

$$A \cdot (B + C) = A \cdot B + A \cdot C$$
$$A + (B \cdot C) = (A + B) \cdot (A + C)$$

● 예제 1-19 ●

다음 식들을 간단히 하는 과정을 보자.

$A(A+B) = A \rightarrow AA + AB = A + AB = A(1+B) = A \cdot 1 = A$ (∵ $AA = A$, $1 + B = 1$, $A \cdot 1 = A$)

$A(\overline{A} + B) = AB \rightarrow A\overline{A} + AB = 0 + AB = AB$ (∵ $\overline{A}A = 0$)

$A+AB=A \rightarrow (A+A)(A+B) = A(A+B) = AA+AB = A+AB = A(1+B) = A$
$(\because A+A=AA=A, \ 1+B=1)$

$A+\overline{A}B=A+B \rightarrow (A+\overline{A})(A+B)=1 \cdot (A+B)=A+B \ (\because \overline{A}+A=1)$

De-Morgan의 정리는 쌍대 원리(3-4장 참조)를 적용하여 회로를 간단히 한다.

① NAND 회로에서 AND 기능 회로를 OR 기능 회로로 변환한다.

$\overline{AB} = \overline{A} + \overline{B}$:

$AB = \overline{\overline{A}+\overline{B}}$:

② NOR 회로에서 OR기능 회로를 AND 기능 회로로 변환한다.

$\overline{A+B} = \overline{A}\,\overline{B}$:

$A+B = \overline{\overline{A}\,\overline{B}}$:

③ 적용 방법 : 다음 4단계로 정리한다.

　1 회로 : AND 회로는 OR 회로로, 또 OR 회로는 AND 회로로 바꾼다.
　　수식 : 논리합(+)은 논리곱(·)으로, 또 논리곱은 논리합으로 바꾼다.
　2 회로 : 입력을 개별로 부정(상태 변환 - NOT 회로를 각각 접속)한다.
　　수식 : 각 변수마다 부정 표시 Bar(-)를 붙인다.
　3 회로 : 출력을 부정(NOT 회로 접속)한다.
　　수식 : 식 전체에 Bar(-)를 붙인다.
　4 2중 부정(2중 NOT 회로, 또는 2중 Bar(-))이 있으면 2중 부정을 제거한다.

●예제 1-20●

　　$AB = \overline{\overline{A} + \overline{B}}$ 를 증명하자.

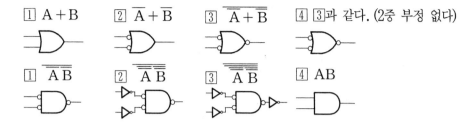

카르노 도표(Karnaugh map)에서 논리식이 주어지면(진리표가 주어지면 논리식으로 바꾼다)

① 논리식에서 논리곱의 식, 또는 논리곱의 식 대신에 논리 1을 도표에 기입한다. 그림 1-47과 같이 도표에 논리식 중 논리곱의 식(또는 논리 1)을 써넣은 것을 카르노 도표라고 한다.

A \ B	0	1
0		1
1	1	1

A \ BC	$\overline{B}\,\overline{C}$	$\overline{B}C$	BC	$B\overline{C}$
$\overline{A}$			$\overline{A}BC$	$\overline{A}B\overline{C}$
A		$A\overline{B}C$		$AB\overline{C}$

그림 1-47 2변수 및 3변수 카르노 도표 예

② 도표에서 서로 이웃된 식 또는 논리 1을 2, 4, 8개 등으로 가능한 한 크게 묶어 묶음원(subcube)을 그린다. 이때 중복이 적을수록 식이 간단해진다.

③ 묶음원 중에서 변하지 않는 변수만을 골라 더하면(논리합) 된다. 즉 묶음원내에 논리 변수와 그 부정(예, A와 $\overline{A}$)이 동시에 존재할 때 그 논리 변수를 삭제하면 나머지가 변하지 않는 변수가 된다.

④ 묶음원에 포함되지 않는 논리곱식은 그대로 ③항에 더한다.

● 예제 1-21 ●

OR 회로의 진리표에서 논리식을 쓰고 간단히 해보자.

A	B	X	논리곱식
0	0	0	−
0	1	1	$\overline{A}B$
1	0	1	$A\overline{B}$
1	1	1	AB

논리식

$$X = \overline{A}B + A\overline{B} + AB$$

$$= \overline{A}B + A(\overline{B} + B) \leftarrow (\because \overline{B} + B = 1)$$

$$= (A + \overline{A})(A + B) \leftarrow (\because A + \overline{A} = 1)$$

$$= A + B$$

① 진리표와 논리식에서 도표를 작성한다.

A\B	$\overline{B}$	B
$\overline{A}$		$\overline{A}B$
A	$A\overline{B}$	AB

혹은

A\B	0	1
0		1
1	1	1

② 묶음원으로 묶는다. 여기서는 가로 묶음원 $A\overline{B}$와 AB의 1개가 있고
세로 묶음원 $\overline{A}B$와 AB의 1개가 있다.

A\B	$\overline{B}$	B
$\overline{A}$		$\overline{A}B$
A	$A\overline{B}$	AB

혹은

A\B	0	1
0		1
1	1	1

③ 변하지 않는 변수를 골라 더한다. 즉 변하는 변수를 제외하고 나머지를 더한다.
가로 묶음원 $A\overline{B}$와 AB에서 $\overline{B}$, B는 변하는 변수이므로 없에고 A만 남는다.
세로 묶음원 $\overline{A}B$와 AB에서 $\overline{A}$, A는 변하는 변수이므로 없에고 B만 남는다.
따라서 A와 B를 더하면 구하는 식은 A + B가 된다. 즉

$$X = \overline{A}B + A\overline{B} + AB = A + B$$

● 예제 1-22 ●

식 $X = A\overline{B}C + \overline{A}BC + \overline{A}B\overline{C} + AB\overline{C}$ 를 간단히 하여보자.

① 논리식에서 도표를 작성한다.

A\BC	$\overline{B}\,\overline{C}$	$\overline{B}C$	BC	$B\overline{C}$
$\overline{A}$			$\overline{A}BC$	$\overline{A}B\overline{C}$
A		$A\overline{B}C$		$AB\overline{C}$

혹은

A\BC	00	01	11	10
0			1	1
1		1		1

② 묶음원으로 묶는다. 여기서 가로 묶음원 $\overline{A}BC$와 $\overline{A}B\overline{C}$의 1개가 있고 세로 묶음원
$\overline{A}B\overline{C}$와 $AB\overline{C}$의 1개가 있으며 $A\overline{B}C$는 독립이다.

A\BC	$\overline{B}\,\overline{C}$	$\overline{B}C$	BC	$B\overline{C}$
$\overline{A}$			$\overline{A}BC$	$\overline{A}B\overline{C}$
A		$A\overline{B}C$		$AB\overline{C}$

혹은

A\BC	00	01	11	10
0			1	1
1		1		1

③ 변하지 않는 변수를 골라 더한다. 즉 변하는 변수를 없애고 나머지를 더한다.

가로 묶음원 $\overline{A}\overline{B}C$와 $\overline{A}\overline{B}\overline{C}$에서 C, $\overline{C}$는 변하는 변수이므로 없애고 $\overline{A}\overline{B}$가 남는다.

세로 묶음원 $\overline{A}B\overline{C}$와 $AB\overline{C}$에서 $\overline{A}$, A는 변하는 변수이므로 없애고 $B\overline{C}$만 남는다.

④ 따라서 $\overline{A}\overline{B}$와 $B\overline{C}$를 더하고 여기에 어떤 묶음원에도 속하지 않는식 $A\overline{B}C$를 더하면 구하는 식은 아래와 같다.

$$X = \overline{A}\overline{B} + B\overline{C} + A\overline{B}C$$

$$※ \quad X = \overline{A}\overline{B}(C + \overline{C}) + A\overline{B}C + AB\overline{C}$$

$$= B(\overline{A} + A\overline{C}) + A\overline{B}C$$

$$= B\{(\overline{A} + A)(\overline{A} + \overline{C})\} + A\overline{B}C$$

$$= B(\overline{A} + \overline{C}) + A\overline{B}C$$

$$= \overline{A}B + B\overline{C} + A\overline{B}C$$

● 예제 1-23 ●

다음 회로들의 논리식을 각각 쓰고 A단자에 H레벨을, B단자에 L레벨을 줄 때 X가 H레벨이 되는 번호를 찾아 쓰시오. 단, H는 전압 레벨이고 L은 접지 레벨이다.

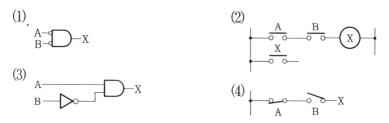

【풀이】

(1) $X = \overline{A}\,\overline{B} = \overline{A+B}$, NOR 회로이고 A−L, B−L일 때 $\overline{A}$ − H, $\overline{B}$ − H, X − H 이다.

(2) $X = AB$, 직렬 AND 회로이고 A−H, B−H일 때 X−H이다.

(3) $X = A\overline{B}$, A−H, B−L이면 $\overline{B}$ − H의 AND 기능 회로이고 X−H이다.

(4) $X = \overline{A}B$, A−L, B−H이면 $\overline{A}$ − H의 AND 기능 회로이고 X−H이다

(5) A가 H레벨이고 B가 L레벨일 때 X가 H레벨이 되는 것은 (3)번이다.

● 예제 1-24 ●

다음의 진리표를 완성하시오.

A	B	A·B	A+B	AB+A	A(A+B)	A+$\overline{A}$B	A$\overline{B}$+$\overline{A}$B	$\overline{\overline{A}+\overline{B}}$
0	0							
0	1							
1	0							
1	1							

【풀이】

　　AB : AND 회로이고 0001

　　A+B : OR 회로이고 0111

　　AB+A=A(B+1)=A로 B에 관계없이 A가 논리 1이면 출력은 논리 1이고 0011(B+1=1)

　　A(A+B)=AA+AB=A+AB=A(1+B)=A이고 위와 같다. 0011(∵ AA=A, B+1=1)

　　A+$\overline{A}$B : A가 논리 1, 혹은 B가 논리 1일 때 출력이 논리 1이고 0111

　　여기서 (A+$\overline{A}$)(A+B)=A+B이다.

　　A$\overline{B}$+$\overline{A}$B : EOR 회로이고 한 입력만 있을 때 출력이 생기고 0110

　　$\overline{\overline{A}+\overline{B}}$=AB : AND 회로이고 0001

● 예제 1-25 ●

다음 논리식을 유접점 회로와 무접점 회로로 바꾸시오.

　(1) X=A$\overline{B}$+($\overline{A}$+B)$\overline{C}$ 　　　　　　(2) X=(A+B)(C+D)$\overline{B}$

【풀이】

　(1) ① A와 $\overline{B}$의 직렬 AND, ② $\overline{A}$와 B의 병렬 OR에 $\overline{C}$ 직렬 AND, ③, ①,②의 병렬

　(2) A, B 병렬 OR와 C, D 병렬 OR 및 $\overline{B}$의 3입력 직렬 AND

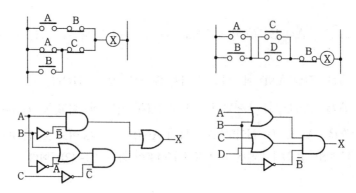

● 예제 1-26 ●

(1) 유접점 회로는 논리식을 쓰고 식을 간단히 한 후 무접점 회로로 바꾸시오.

(2) 무접점 회로는 유접점 회로를 그리고, 또 논리식을 쓰고 식을 간단히 한 후 유접점 회로
를 다시 그리시오. 순서가 필요하면 A, B, C순으로 한다.

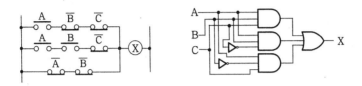

【풀이】

(1) $X = A\overline{B}\overline{C} + AB\overline{C} + \overline{A}\overline{B} = A\overline{C}(\overline{B} + B) + \overline{A}\overline{B} = A\overline{C} + \overline{A}\overline{B}$

즉 $X = A\overline{C} + \overline{A}\overline{B}$이고 $A\overline{C}$ 직렬 AND와 $\overline{A}\overline{B}$ 직렬 AND와의 병렬 OR 회로이다.

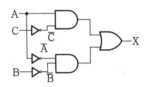

(2) ABC AND 직렬, $AB\overline{C}$ AND 직렬, $A\overline{B}C$ AND 직렬의 3입력 OR 회로이고 정리
하면 $X = ABC + AB\overline{C} + A\overline{B}C = AB(C + \overline{C}) + A\overline{B}C = A(B + \overline{B}C)$이다.

● 예제 1-27 ●

그림의 유접점 회로의 논리식을 쓰고 로직 회로로 바
꾼 후 이 로직 회로를 NAND 회로만의 회로로 바꾸
시오.

【풀이】

AB 직렬 AND에 CD 직렬 AND의 병렬 OR이므로 논리식은 X=AB+CD이다.

●예제 1-28●

논리식 $X = A\overline{B} + \overline{B}C$를 그대로 유접점 회로와 무접점 논리 회로를 그리고 이 로직 회로를 NAND 회로만으로 된 논리 회로, NOR 회로만으로 된 논리 회로로 각각 바꾸시오.

【풀이】

$A\overline{B}$ 직렬 AND에 $\overline{B}C$ 직렬 AND의 병렬 OR이다.

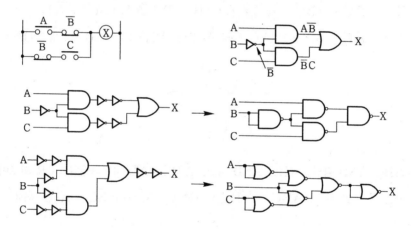

※ 식을 간단히 하면 $X = A\overline{B} + \overline{B}C = \overline{B}(A + C)$이므로 NOR 회로 2개면 된다.

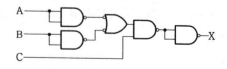

●예제 1-29●

그림의 회로의 논리식을 쓰고 논리식에 따른 유접점 회로와 무접점 회로를 각각 그린 후 NOR 회로만을 사용한 회로로 바꾸시오.

【풀이】

▷○ ▷○ =1 을 적용하면 A와 B의 병렬 OR에 C의 직렬 AND 이고 X=(A+B)C이다.

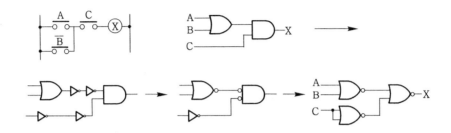

● **연습문제 1-11**

그림 (a)의 출력 $X_1 \sim X_6$를 (b)의 타임 차트에 각각 그려 넣고 논리식을 각각 쓰시오.

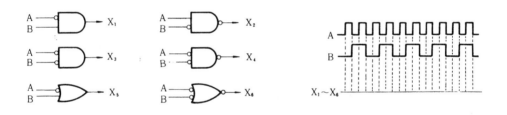

● **연습문제 1-12**

다음 ( )에 등가 회로인 AND, OR, NAND, NOR중에서 골라 적으시오.

① ▷○ ▷○ + =D○ + ▷○ = ( )회로

② ▷○ ▷○ + =D○ = ( )회로

③ ▷○ ▷○ + =D + ▷○ = ( )회로

④ ▷○ ▷○ + =DO○ + ▷○ = ( )회로

✒ 연습문제 1-13

다음 논리식들과 같은 유접점 회로도를 그리시오.

(1) $X_1 = A\overline{B} + (\overline{A} + B)\overline{C}$ (2) $X_2 = \overline{A}B + A\overline{B} + C$

(3) $X_3 = ABC$ (4) $X_4 = \overline{A} + \overline{B} + \overline{C}$

✒ 연습문제 1-14

버튼 스위치 BS_a, BS_b, BS_c에 의하여 직접 제어되는 릴레이 A, B, C가 있고 출력으로 전등 R, Y, G가 있다. 동작표와 논리식을 참조하여 최소 접점수로 회로를 답란의 점선 내에 완성하시오. 여기서 릴레이 접점수는 A(1a, 1b), B(2a, 2b), C(2a, 2b)이다.

$R = AC + AB = A(B + C)$

$Y = \overline{A}BC + A\overline{B}\,\overline{C}$

$G = \overline{A}(\overline{B} + \overline{C})$

동 작 표

입 력			출 력		
A	B	C	R	Y	G
0	0	0	0	0	1
0	0	1	0	0	1
0	1	0	0	0	1
0	1	1	0	1	0
1	0	0	0	1	0
1	0	1	1	0	0
1	1	0	1	0	0
1	1	1	1	0	0

✒ 연습문제 1-15

다음 논리식에 대한 로직 회로를 그리시오. 또 논리식을 간단히 하시오.

$$X = \overline{A}\,\overline{B}\,\overline{C} + \overline{A}\,\overline{B}C + \overline{A}BC + \overline{A}B\overline{C}$$

✒ 연습문제 1-16

다음 논리식을 간단히 하시오.

(1) $X = (A + B + C)A$

(2) $Y = AB + \overline{A}C + BCD$

(3) $Z = \overline{A}C + BC + AB + \overline{B}C$

✒ 연습문제 1-17

다음 논리식을 카르노 도표에 의하여 간단히 하시오.

(1) $X = \overline{A}\,\overline{B}\,\overline{C} + A\overline{B}\,\overline{C} + \overline{A}B\overline{C} + AB\overline{C}$

(2) $Y = \overline{A}BC + \overline{A}B\overline{C} + \overline{A}\,\overline{B}C + \overline{A}\,\overline{B}\,\overline{C}$

🎧 **연습문제 1-18**

그림의 두 논리 회로에서

(1) 각각 논리식을 쓰고 간단히 하시오.

(2) (a)는 NOR 회로만으로 구성하고, (b)는 NAND 회로만으로 구성하시오.

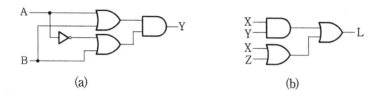

(a)   (b)

🎧 **연습문제 1-19**

논리식 $X = \overline{A}BC + A\overline{B}C + AB\overline{C}$에 대한 로직 회로를 그리고 또 NAND 회로만을 사용한 로직 회로로 바꾸시오.

🎧 **연습문제 1-20**

3개의 입력 신호 A, B, C에 의한 조건이 (a)~(c)와 같을 때 이 조건을 이용하여 다음 각 물음에 답하시오.

    (a) 입력 신호 A, B 중 어느 하나의 신호로 동작하거나(이 때 다른 신호는 소멸 상태임) 혹은 C의 신호가 소멸하면 동작

    (b) A, C 양쪽의 신호가 들어가고 B의 신호가 소멸하면 동작

    (c) A, B 양쪽의 신호가 들어가고 C의 신호가 소멸하면 동작

(가) (a)~(c)에 대한 논리식을 쓰고 논리 회로를 그리시오.

(나) (a)의 조건과 (b)의 조건 ((a)+(b)), (a)의 조건과 (c)의 조건 ((a)+(c))가 만족할 때 각각의 출력이 나타나는 논리식을 쓰고 논리 회로를 그리시오.

※ (a)~(c)를 직접 합성하는 경우(즉 간략화하는 경우)와 이것을 최소화하여 3개의 논리 수치로 구성되는 경우로 답하도록 한다.

🎧 **연습문제 1-21**

논리식 $Z = (A + B + \overline{C})(A\overline{B}C + AB\overline{C})$를 가장 간단한 식으로 변형하고 그 식에 따른 논리 회로를 구성하시오.

9. 타이머 기구와 IC 소자

타이머 기구로는 전자 타이머 릴레이와 IC-타이머 소자가 많이 사용된다.

1) 논리 기호와 특성

그림 1-48은 타이머 소자의 논리 기호와 동작 타임 차트이다. 그림(a)는 시한 동작 타이머 (on delay timer TON)의 기호와 특성으로 T여자 t초 후에 동작(T_a 닫힘)한다, 그림(b)는 시한 복구 타이머(off delay timer TOFF)의 기호와 특성으로 T무여자 t초 후에 복구(T_a 열림) 한다, 또 (c)는 뒤진 회로(time delay circuit)의 기호와 특성으로 T여자 t초 후에 동작하고 T 무여자 t초 후에 복구한다, 여기서 b접점(T_b) 기호는 a접점 기호에 NOT 회로를 접속한다.

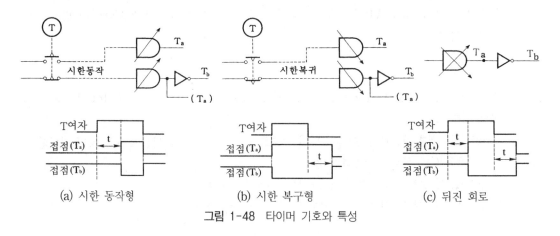

(a) 시한 동작형 (b) 시한 복구형 (c) 뒤진 회로

그림 1-48 타이머 기호와 특성

2) 단안정 멀티 바이브레이터

단안정 멀티 바이브레이터(Single or Mono Multivibrator-SMV)는 하나의 안정된 상태와 또 하나의 준안정 상태를 가진 스위칭 회로이다. 이 회로는 트리거(Trigger)시킴으로서 설정된 시간 동안만 준안정 상태(동작 상태)에 머무르게 하는 것이 정상적인 동작 형태이며, 다음은 원래의 상태(복구상태-안정상태)로 되돌아와서 새로운 트리거 펄스가 들어올 때까지 그대로 유지한다. 즉 이 회로는 하나의 안정된 상태만을 가지고 있으므로 단안정 회로라고 하며 한 번의 트리거로 한번만 안정상태가 변하므로 원 쇼트(one shot)라고도 한다. 여기서 트리거는 논리 IC소자를 기동(set)시키는 것을 말한다.

그림 1-49는 단안정 멀티 바이브레이터의 원리를 나타낸 회로이다. 그림 (a)에서

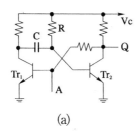 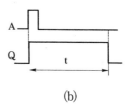

| (a) | (b) |

그림 1-49 단안정 회로

① 입력 A를 주지 않으면(논리 0, L레벨) Tr_1은 복구(차단, off)되고 Tr_2는 동작(단락, on) 되므로 출력 Q의 전압은 0〔V〕(논리 0, L레벨)이다.

② 입력 A에 펄스를 주면(논리 1, H레벨로 트리거한다) Tr_1이 동작(on)하고 콘덴서 C의 역바 이어스(-Vc)로 Tr_2가 차단(복구, off)되어 출력 Q에 전압 V_c(논리 1, H레벨)가 나타난다.

③ 다음 순간 펄스 입력 A가 없어져도 타이머의 설정 시간인 시상수 t=CR〔초〕동안은 Tr_1 이 동작을 계속하며 이후 콘덴서 C의 방전으로 그 역바이어스가 없어지면 Tr_2가 동작되 고 Tr_1이 차단되어 출력 Q의 전압은 없어진다(논리 0, L레벨).

④ 이와 같이 입력 펄스 A를 주면 설정 시간(t) 동안만 출력 Q가 생기고 자동적으로 원래의 상태(복구)로 되돌아가는 그림 (b)와 같은 단안정 특성을 얻는다.

3) IC-타이머 단안정 소자 SMV-74123

그림 1-50은 단안정 멀티 바이브레이터의 원리를 이용한 IC 타이머의 단안정 소자인 SMV-SN-74123의 예인데 적분 회로를 응용하여 시간적인 요소를 갖게 한 것이다. 그림에서 IC 1개 에 회로 2개가 있고 1A, 2A 등 1, 2로 구분한다

A : L 입력 단자(①, ⑨번 단자)

B : H 입력 단자(②, ⑩)

CLR : clear 정지(reset) 단자(③, ⑪)

Q : 출력 단자(⑬, ⑤)

$\overline{Q}$: 출력 Q의 상태 변환(④, ⑫)

Cext : 외부 콘덴서 C의 접속단자(⑥, ⑭)

Rext/Cext : 외부 저항 R과 콘덴서
　　　　　　　C의 공통 접속 단자(⑦, ⑮)

V_c : 전원 5〔V〕단자(⑯)

GND : 접지 단자(⑧번)

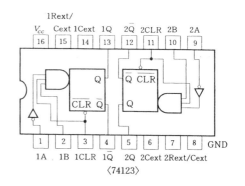

그림 1-50 SN-74123 구성

그림 1-51은 단안정 소자의 동작 원리를 보인다.

① 펄스 입력을 주면 출력이 일정한 시간(설정 시간)동안만 생기고 자동적으로 없어지는 단안정 특성을 갖는다.

② SMV는 그림(a), (b)와 같이 한 회로에 입력 단자가 2개(1A와 1B, 2A와 2B)식 있다.

　　①　L 입력 A와 H 입력 B가 동시에 주어질 때

　　②　트리거 입력인 AND 회로 A가 동작하여 소자를 트리거(동작 - set)시키며 이때

　　③　출력 Q가 생기고 단안정 동작 설정 시간 t초후 Q가 없어진다.

　　④　설정 시간은 약 t ≒ 0.7 CR [Sec]로 주어지고 C와 R은 외부에서 접속한다.

　　⑤　실제로는 L입력 A와 H입력 B 중 하나는 미리 접속하여두고 한 입력만 사용한다.

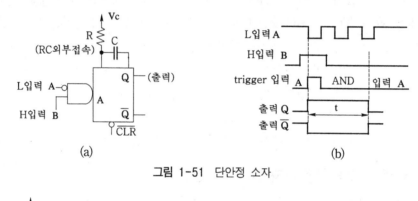

그림 1-51　단안정 소자

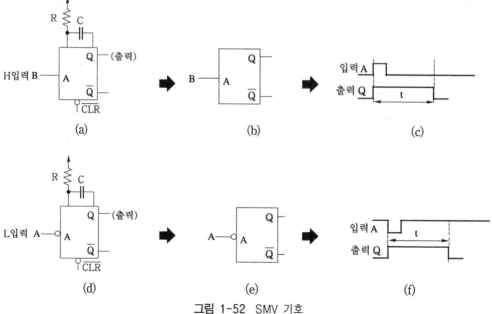

그림 1-52　SMV 기호

그림 1-52는 SMV의 기호이다.

① 그림(a)는 입력 A단자를 접지 GND 단자에 미리 접속하여두고 외부 입력으로 B단자를 사용한 H 입력형의 기호이다.

② 그림(d)는 입력 B단자를 전원 V_c 단자에 미리 접속하여두고 외부 입력으로 A단자를 사용한 L 입력형의 기호이다.

③ 그림 (b)(e)와 같이 외부 접속 CR과 CLR 단자를 생략하고 기호를 그리는 경우도 많다.

④ 그림 (c)(f)와 같이 set 입력 A, 혹은 B를 주는 순간(B - 상승연↑순간, A - 하강연↓순간) SMV는 Set(동작)되고 출력 Q가 생기며 설정시간 t초 동안만 유지한다. 여기서 출력 $\overline{Q}$는 출력 Q의 상태 반전이고 많이 사용하지 않는다.

그림 1-53은 LED 점등 회로의 예이다. 여기서 단안정 동작 설정 시간 t는 약 4.2초이다. 즉 <t = 0.7CR = 0.7 × 20 μ × 300 k = 약 4.2초>.

① 그림(a)는 L 입력을 줄 경우이고 그림 1-50의 IC 단자를 참고하여 아래와 같이 접속한다.

　① 1번 단자 : L 입력 회로에 접속한다.

　② 2번 단자 : 입력을 하나로 하기 위하여 H입력 단자 2번을 전원 V_c 즉 16번 단자에 미리 접속한다.

　③ 3번 단자 : 동작 안정상 CLR 입력 3번을 전원 V_c(16번) 단자에 접속한다.

　④ 4번 단자 : 접속하지 않는다(NC - 접속하지 않는 표시).

　⑤ 8번 단자 : 접지(GND)시킨다(전원의 (−)단자에 접속).

　⑥ 13번 단자 : 싱크 전류용 NOT 회로를 통하여 출력 LED를 접속한 후 보호저항 300〔Ω〕을 직렬로 접속한 후 전원 V_c를 접속한다.

　⑦ 14번 단자 : 14번과 15번 사이에 외부 콘덴서 C (20〔μF〕)를 접속한다.

　⑧ 15번 단자 : 외부저항 R (300〔kΩ〕)을 접속한 후 전원 V_c(16번)에 접속한다.

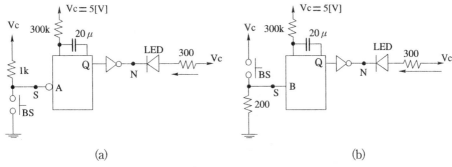

그림 1-53 SMV 회로

⑨ 16번 단자 : 전원 $V_c = 5$ [V]에 접속한다.

② 그림(a)에서 동작 과정은 다음과 같다.

① 정지 상태에서 입력 BS는 열려있고 S점은 저항을 통하여 전원 V_c(H레벨)가 걸려있다.

② SMV는 reset(복구)상태이므로 출력 Q는 L레벨이다

③ N점은 Q의 L레벨이 NOT를 통하므로 H레벨이고 V_c와 동전위로 LED는 소등상태이다.

④ 입력 BS를 누르면 S점은 접지를 통하여 L레벨이 걸리므로 L 입력의 순간 하강연($\downarrow$)에서 SMV가 set(동작)한다.

⑤ SMV 동작(set) 상태에서 출력 Q는 H레벨(5[V])이다.

⑥ N점은 Q의 H레벨이 NOT를 통하므로 L레벨이 되어 V_c에서 NOT로 싱크 전류가 흐르고 LED는 점등된다.

⑦ 설정 시간 약 4초 후에 SMV는 자동 reset되므로 출력 Q는 L레벨(0[V])이 되고 LED는 소등된다. 즉 소등 상태(원래 상태)로 되돌아간다.

③ 그림(b)는 H입력을 줄 경우이며 L입력 단자 1번을 접지(GND) 8번 단자에 미리 접속하고 2번 단자를 H 입력 회로에 접속한다. 그 외는 ①의 경우와 같다.

④ 정지 상태에서 S점은 L레벨이고 입력 BS를 누르면 전원 V_c를 통하여 H레벨이 걸리므로 H 입력의 순간 상승연($\uparrow$)에서 SMV가 set(동작)한다. 그 외는 (a)의 경우와 같다.

4) IC-타이머 소자 NE 555

그림 1-54는 IC-NE-555 타이머 소자의 일반적인 구성이다. 2개의 비교기에 의하여 V_c 전압의 1/3 및 2/3에서 플립-플롭 FF를 set, reset하여 출력 상태를 정하며 외부 회로 RC의 접속에 따라 단안정, 비안정, 시간 지연 등의 특성을 얻는다. 설정 시간은 t=1.1CR[sec]이다.

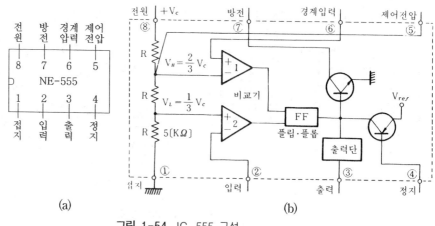

그림 1-54 IC-555 구성

1번 : 접지(GND) 단자   2번 : 트리거 입력 단자

3번 : 출력 단자   4번 : reset 단자(보통 전원 V_c에 접속)

5번 : 제어 전압 단자(NC)   6번 : threshold(동작 경계점) 단자

7번 : 방전 단자   8번 : 전원 V_c 단자(5~15〔V〕)

가) 단안정 동작 접속

1 그림 1-55와 같이 RC를 접속하고 1번은 접지, 4번과 8번은 전원에 접속한다.

2 2번 단자에 L 입력을 가하면(BS를 눌렀다 놓으면) 펄스의 하강연에서 555는 set되고

3 3번 단자에 설정 시간동안만 출력이 생기고(H 레벨) 자동 리셋된다.

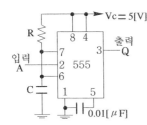 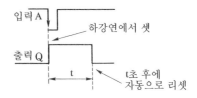

그림 1-55 단안정 접속

나) 비안정 동작 접속

1 그림 1-56과 같이 회로를 접속하고 전원을 가하면 CR의 방전 전압 $V_L = \frac{1}{3}V_c$에서 IC가 동작하여 출력이 H레벨이 되며 C를 충전시킨다. 여기서 전원 V_c가 입력으로 작용한다.

2 충전 전압이 $V_H = \frac{2}{3}V_c$가 되면 IC가 복구하여 출력이 L레벨이 되며 C가 방전된다.

3 이것이 되풀이되어 3번 단자에 구형파 펄스가 발생하는 비안정 특성을 얻는다.

4 전원 V_c를 끊으면 555는 복구한다.

5 주기 T와 주파수 f는 다음 식에 의한다.

$$T_H = 0.7C(R_A + R_B) \text{〔Sec〕} \qquad\qquad T_L = 0.7CR_B \text{〔Sec〕}$$

$$T = 0.7C(R_A + 2R_B) = T_H + T_L \text{〔Sec〕} \qquad f = 1/T \text{〔Hz〕}$$

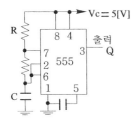 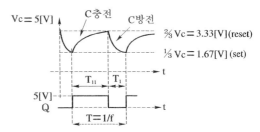

그림 1-56 비안정 접속

다) 시한 동작 접속

① 그림 1-57과 같이 회로를 접속하고 전원을 가하면 C가 충전되고 R 양단의 전압이 설정 시간 t=1.1CR [sec]에서 $V_L = \frac{1}{3}V_c$ 가 되고 이 때 IC가 동작하여 출력이 H레벨이 된다. 여기서 전원 V_c 가 입력으로 작용한다.

② 3번 단자에 설정 시간 후에 출력이 생기(H레벨)는 시한 동작 특성을 얻는다.

③ 전원 V_c 를 끊으면(정지 신호 기능) 555는 복구하고 출력이 없어진다 (L레벨).

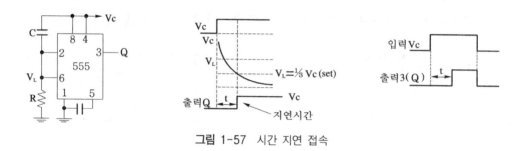

그림 1-57 시간 지연 접속

라) 일정 시간 동작 접속

① 그림 1-58과 같이 회로를 접속하고 전원을 가하면 IC는 셋되고 출력이 H레벨이 된다. 여기서 전원 V_c 가 입력으로 작용한다.

② C가 충전되어 C 양단의 전압이 설정 시간 t=1.1CR [sec]에서 $V_L = \frac{2}{3}V_c$ 가 되고 이 때 IC가 리셋하여 출력이 L레벨이 된다.

③ 3번 단자에 설정 시간동안 출력이 생기고(H 레벨) 자동 리셋된다.

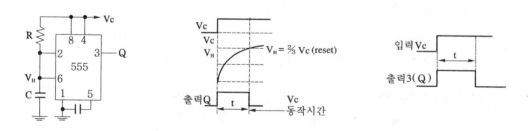

그림 1-58 일정 시간 동작 접속

● 예제 1-30 ●
그림 (a), (b)에서 각 LED의 동작 특성을 그리고 시간을 쓰시오.

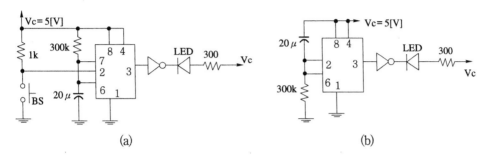

(a)   (b)

【풀이】

$$T = 1.1CR = 1.1 \times 20\mu \times 300k = 6.6초$$

(a)는 단안정 특성으로 L입력 BS를 주면 동작하고 t=6.6초 후에 자동 복구한다.

(b)는 시간 지연 특성으로 전원을 투입하면 t=6.6초 후에 동작하고 전원을 제거하면 복구한다.

(a)   (b)

● 예제 1-31 ●
답지의 빈칸에 릴레이 접점, 로직 기호, 타임 차트를 각각 그리시오.

【풀이】

종류	릴레이 접점	로직 기호	(타임차트)	출력
(1) 시한 동작 a 접점			여자	
(2) 시한 복구 a 접점			(1)출력	
(3) 시한 동작 b 접점			(2)출력	
			(3)출력	

PLC 회로

PLC는 제어 회로부를 컴퓨터의 CPU로 대체시키고 시퀀스를 프로그램화(soft ware)하여 기억시킨 자동화 설비로서 CPU에 시퀀스의 자료를 기억시키고 명령어를 사용하여 시퀀스를 작성한다. 즉 Computer를 사용하여 시퀀스, 혹은 프로그램을 작성하고 실행한다

종래에 사용하던 제어반 내의 릴레이, 타이머, 카운터 등의 기능을 논리 연산용 IC, 트랜지스터 등의 반도체 소자로 대체시킨 것이 로직 시퀀스인데 여기에 수치 연산 기능을 추가하여 프로그램 제어가 되도록 한 것이 PLC 시퀀스이며 특수 명령어의 개발과 컴퓨터 및 통신 등과 연계(link)되어 공장 자동화(FA) 설비의 핵심 기기로 발전하고 있다.

PLC 시퀀스 설비는 설비의 자동화와 고능률화의 요구, 즉 기기의 소형화, 고기능화, 저렴화, 고속화(μSec)가 쉽고 신뢰도가 높으며 보수, 수리, 유지가 용이하고, 또 프로그램 수정이 쉽다. 따라서 소규모 공작 기계에서 대규모 공장 자동화 시스템 설비에 이르기까지 널리 적용되고 있다.

종래에는 PC(Programmable Controller)라고 하였으나 개인용 컴퓨터(Personal Computer)의 PC와 구분하여 근래에는 PLC(Programmable Logic Controller)로 약칭하고 있다.

1. PLC의 구성

PLC는 시퀀스 회로의 입력부의 입력 신호 상태를 CPU가 판단하여 그 결과를 출력 신호로 하여 출력부가 PLC의 출력으로 동작하도록 되어있다. 따라서 PLC 본체는 그림 1-59와 같이 입력 회로, CPU, 출력 회로로 구성되고 전원 장치가 내장되어 있으며 여기에 입력 기기, 출력 기기, 주변 기기가 접속된다.

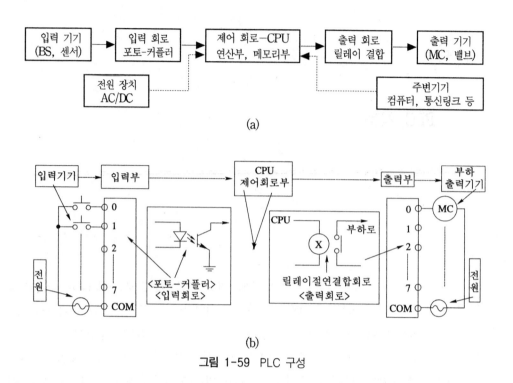

(a)

(b)

그림 1-59 PLC 구성

그림 1-60은 K200형 PLC 외형의 일예인데 전원부, CPU부, 입력부, 출력부의 순으로 설치하고 유닛(unit)화하여 슬롯(slot)에 입·출력 카드를 넣고 뺄 수 있도록 한 구조로 되어 있다.

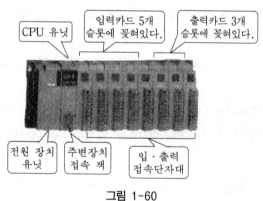

그림 1-60

1) CPU

CPU는 연산부(microprocessor)와 메모리부(memory)로 구성된다.

① 연산부 : PLC의 두뇌에 해당하는 부분으로서 데이터 메모리에 저장되어 있는 자료를 사용하여 프로그램 메모리의 지시에 따라 그 내용인 시퀀스를 작성하고 출력한다. 이 때 실행된 시퀀스는 내장된 연산 레지스터(register)에 1bit씩 대응되어 기록된다. 모든 정보는 2진수로 또 로직 회로로 처리되며 H레벨 즉 5〔V〕출력을 얻는다.

② 메모리부 : 데이터 메모리, 프로그램 메모리, 시스템 메모리로 구분된다.

   ① **데이터 메모리**(data memory) : 시퀀스를 구성하는 각종 입출력 기구, 릴레이, 타이머, 카운터 등의 기구를 a접점으로 기억시켜 시퀀스 구성의 연산용 자료로 사용한다. 정보가 수시로 변하므로 휘발성 IC-RAM 영역이 사용된다.

   ② **프로그램 메모리**(program memory) : 사용자가 작성한 시퀀스 프로그램이 저장되는 RAM 영역이고 프로그램이 완성되면 불휘발성 IC-ROM으로 바꾼다. 시퀀스의 순서 명령 등의 회로 내용을 기억시켜 연산부에 실행을 지령한다.

   ③ 시스템(system)메모리 : PLC 제작사에서 작성한 시스템 프로그램이 저장되는 ROM 영역으로 이 프로그램은 PLC의 기능과 성능을 결정한다

2) 입·출력 카드

보통 입력부를 입력 회로, 입력 카드(input card), 입력 모듈(module), 입력 인터페이스(interface) 등으로 부르고, 또 출력부를 출력 회로, 출력 카드(output card), 출력 모듈, 출력 인터페이스 등으로 부르며 이를 합하여 I/O card라고도 한다.

가) 사용 전원

① 입력 기기로는 버튼 스위치, 센서 등이 사용되며 직류 12/24〔V〕, 교류 110/220〔V〕가 주로 사용된다.

② 출력 기기로는 전자 접촉기, 벨브, 솔레노이드, 램프 등이 사용되며 직류 12/24〔V〕, 교류 110/220〔V〕가 주로 사용된다.

③ PLC 장치 자체의 사용 전원은 직류 12/24〔V〕와 교류 110/220〔V〕이지만 PLC의 입출력 신호 전압은 직류 5〔V〕가 대부분이다.

나) 사용 목적과 기능

① 높은 전압(12/220〔V〕)의 입출력 기기와 낮은 전압(5〔V〕)의 PLC 회로를 결합(전기적으로 연결)시키는 전압 레벨 변환 회로의 기능을 갖는다.

② 외부 기기와 PLC 회로 사이의 잡음(noise) 전달을 차단하는 절연 결합 회로(포토 커플러, 릴레이 결합 회로 등)의 기능을 갖는다.

③ 외부 기기와 PLC 회로 사이의 접속이 쉽도록 접속 단자대를 설치한다.

④ 입출력의 각 접점 상태를 쉽게 감시할 수 있는 감시용 LED를 접속한다.

다) 입력 카드

① 외부 입력 기기로부터의 입력 신호를 PLC 내부의 신호 레벨로 변환시켜 CPU의 제어 연산부로 전달해주며 잡음(noise)과 서지(surge)를 제거하는 절연 결합 회로로 구성한다.

② 입력 회로에는 주로 포토 커플러 절연 결합 회로가 사용되며 릴레이 결합 회로도 있다.

③ 그림 1-61은 포토 커플러(photo-coupler) 절연 결합 회로의 예이다. 여기서 입력 기기의 입력은 직류 12/24〔V〕, 혹은 교류 110/220〔V〕이고 이것을 CPU의 입력 신호인 직류 5〔V〕로 바꾸어 전달한다.

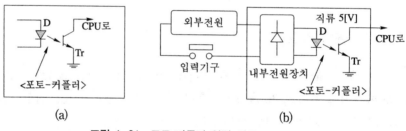

(a)   (b)

그림 1-61 포토 커플러 입력 회로

1 외부 입력 접점을 닫으면 교류를 정류하여 직류 5〔V〕를 만든다.

2 이 직류 5〔V〕가 발광 다이오드 D에 가해지면 다이오드는 빛을 발생시킨다.

3 이 빛이 포토 트랜지스터의 베이스 창에 쪼이면 트랜지스터 Tr이 동작한다.

4 Tr이 동작하면 5〔V〕의 출력 전압이 CPU로 출력된다.

5 포토 커플러의 다이오드와 트랜지스터는 빛으로 결합되고 전기적으로는 끊어진 상태 (절연 상태)가 되어 입력 기기쪽의 잡음이 CPU로 전달되지 않는다.

④ 그림 1-62는 8 bit형 PLC의 포토 커플러 절연 결합 입력 회로의 접속 예인데 8개(0~7)식 내장되어 있다.

그림(a)는 직류 전원을 사용할 때의 예이고,

그림(b)는 전원 장치를 내장하여 교류 전원을 정류하여 사용하는 회로이며

그림(c)는 단독 정류 회로를 내장한 입력 카드의 일예이다.

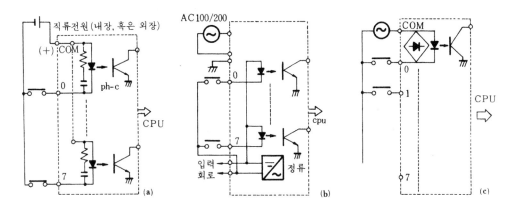

그림 1-62 포토 커플러 결합 절연 입력 회로

라) 출력 카드

① PLC의 내부 연산 결과 즉 CPU의 출력을 외부 출력 기기인 전자 접촉기(MC)나 램프 등에 전달해 주며 잡음(noise)과 서지(surge)를 제거하는 절연 결합 회로로 구성한다.

② 출력 회로에는 릴레이 결합 절연 회로, SSR(solid state relay) 출력 회로, 트랜지스터 출력 회로 등이 있고 릴레이 결합 회로가 주로 사용되고 있다.

③ 그림 1-63은 릴레이 결합 절연 회로의 예이다. CPU의 출력 신호는 직류 5〔V〕이고, 이 것을 외부 출력 기구의 직류 12/24〔V〕, 혹은 교류 110/220〔V〕용으로 바꾸어 전달한다.

　① CPU 내부의 5〔V〕 출력을 출력 회로에서 24〔V〕로 바꾸어 릴레이 ⓧ를 동작시킨다.

　② 릴레이 접점이 닫히면 부하에 전기가 공급되어 부하가 동작한다.

　③ CPU와 부하 기구는 릴레이 코일 ⓧ와 그 접점으로 절연되어 있어서 입출력간의 잡음 간섭이 적고 회로가 간단하여 많이 쓰인다. 여기서 CR 회로는 불꽃 소거 회로이다.

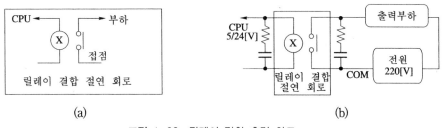

(a)　　　　　　　　　　　　　　　　　　(b)

그림 1-63 릴레이 결합 출력 회로

④ 그림 1-64는 8 bit형 PLC의 출력 회로의 접속 예인데 8개(0~7)식 내장되어 있다.

그림(a)는 릴레이 접점 출력 회로의 예이고, 그림 1-63과 같다.

그림(b)는 포토 커플러로 절연한 트랜지스터 출력 회로이고 직류 부하용 회로이다.

① PLC 내부 회로에서 5〔V〕 출력을 출력 회로의 포토 커플러의 발광 다이오드 D에 가하면 다이오드는 빛을 발생시킨다.

② 이 빛이 포토 트랜지스터 Tr_1의 베이스 창에 쪼이면 트랜지스터 Tr_1이 동작한다.

③ 포토 트랜지스터 Tr_1이 동작하면 콜렉터 전류는 트랜지스터 Tr_2를 동작시킨다.

④ Tr_2가 동작하면(단락 상태) 부하에 전기가 공급되어 부하가 동작한다.

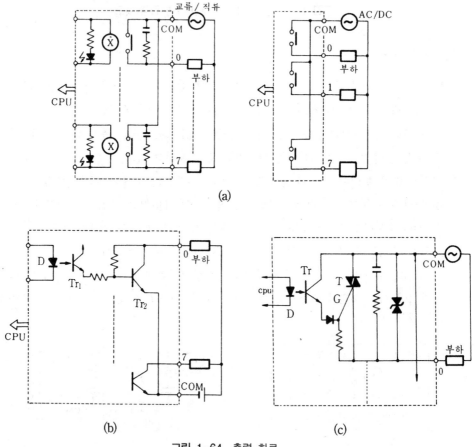

그림 1-64 출력 회로

그림(c)는 SSR 출력 회로이고 교류 전용 회로이다.

　① PLC 내부 회로에서 5〔V〕출력을 출력 회로의 포토 커플러의 발광 다이오드에 가하면
　　 다이오드는 빛을 발생시킨다.

　② 이 빛이 포토 트랜지스터의 베이스 창에 쪼이면 트랜지스터가 동작한다

　③ Tr이 동작하면 콜렉터 전류는 트라이액 T의 G를 트리거(동작)시킨다.

　④ 게이트 G에 직류가 가해지면(트리거) 트라이액 T가 동작하여 회로가 단락 상태가 되므
　　 로 부하에 전기가 공급되고 부하가 동작한다.

마) 입출력 회로의 단자 접속

그림 1-65는 입출력 카드와 외부 입출력 기구와의 접속 단자의 보기인데, 8 bit형으로 입출
력 기기 8개의 접속이 가능하다.

　① 0번 입출력 기구는 단자 1번에, 1번 입출력 기구는 단자 2번 등으로 각각 곧바로 접속
　　 된다.

　② 입출력 기구 각각 8점의 접속이 가능하고 9번이 공통 전원 단자(COM)이다.

　③ 단자 번호(1번부터 시작)와 기구 번호(0번부터 시작)의 다름에 유의한다. 즉 8 bit형은
　　 입출력 기구 번호 0~7번이 단자 번호 1~8번에 대응된다(16 bit형은 입출력 기구 번호
　　 0~F번이 단자 번호 1~17번에 대응되고 9번과 18번은 공통 전원 단자이다).

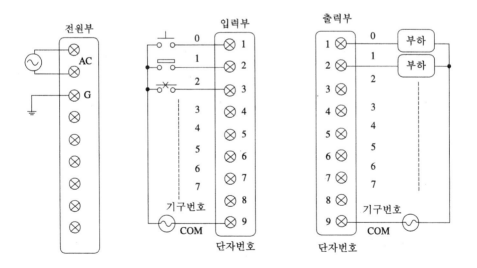

그림 1-65 입출력 회로의 단자 접속

그림 1-66은 전동기 운전 유지 회로의 입출력 회로의 예이다. 입력 회로는 직류 전원이 내장된 포토 커플러 절연 회로를 사용하고, 출력 회로는 릴레이 결합 절연 회로를 사용한 것이다.

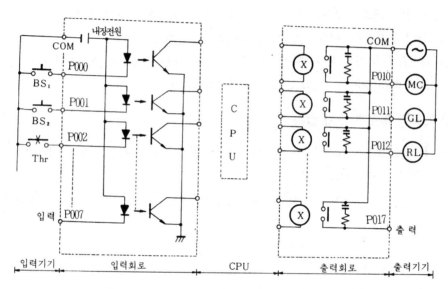

그림 1-66 입출력 회로 적용

3) 주변 장치

시퀀스의 내용을 CPU에 입력하는 프로그램 장치, 즉 PLC 메모리에 프로그램을 입력시키는 기구로서 소형에서는 핸디 로더(handy Loader-Consol)를 사용하고 그 이상은 주로 컴퓨터를 사용한다. 그 외에 PLC의 크기와 용도 등에 따라 정보용 컴퓨터, 모니터, 프린터, TV, 통신 접속용 링크, 다른 PLC, 보관용 메모리, 고속 카운터 유닛, A/D 및 D/A 변환 유닛, PID 유닛 등이 필요에 따라 접속된다.

4) PLC의 선정

PLC의 선정은 제어 대상의 제어 규모와 내용에 따라 몇가지 기준에 의하여 선정하는데 간단히 요약하면 아래와 같다.

가) I/O 점수

대부분의 PLC 시스템의 외형상 크기는 입·출력 점수에 좌우한다. PLC는 외부에서 주어진 입력 신호 조건에 의하여 내부에서 미리 짜여진 프로그램 내용에 따라 연산을 한 후에 이 결과를 외부로 신호를 보내게 되므로 입력부와 출력부에서 처리되는 신호의 각각, 혹은 합계의 수로서 입·출력 점수가 정해지며 대개 장치의 규모와 제어 기능에 따라 결정된다. 따라서 전체의 제어 시스템을 검토하여

① 버튼 스위치, 마이크로 스위치 등의 명령 지시 입력 기구와 리밋 스위치, 광전 스위치, 센서 등의 검출·경보 입력 기구의 수

② 전자 접촉기, 솔레노이드 등의 구동용 출력 기구와 램프, 부저 등의 표시 경보용 출력 기구의 수

등의 총 점수를 정확히 파악하고, 이것을 기초로 장래의 개조 및 증설을 고려하여 20[%] 정도의 여유를 갖게 선정한다.

또 입·출력 신호에는 여러 가지가 있으므로 입·출력용 전원이 교류인가, 직류인가, 전용 전원이 필요한가, PLC의 출력이 부하 용량에 정합이 되는가, 출력 방식이 접점 출력인가 무접점 출력인가, 절연 회로는 어떤 것이 좋은가 등의 여러 내용을 검토하여 선정하여야 한다.

나) 기억 용량

프로그램 메모리에는 IC 메모리로서 RAM(random access memory), EPROM(electrically programmable read only memory) 등이 사용되는데 RAM의 경우 정전시 프로그램의 내용을 보존할 컨덴서나 Battery back up 장치를 하여야 한다.

① 프로그램 메모리의 용량 수는 시퀀스 도면상의 각 접점 수와 코일 수와의 합계에 접속점 처리와 여기에 여유도로 약 50[%] 이하 정도를 고려하여 산정한 후에 표준 스탭의 기기를 선정한다. 따라서 시퀀스의 내용이 복잡하면 용량수인 스탭 수(워드 수)가 많아지므로 PLC가 커지게 된다. 표준 메모리의 용량에는 256 스탭, 512 스탭, 1024 스탭(1[kW]), 2048 스탭(2[kW]) --- 등이 있다.

② 데이터 메모리는 입·출력 신호, 보조 릴레이, 타이머, 카운터 등의 신호의 저장과 회로 구성을 위하여 사용되므로 이에 필요한 용량을 검토하여 선정하여야 한다.

다) 제어 기능 및 기타 사항

① PLC의 일반적인 제어 기능인 입·출력과 보조 릴레이의 기능 이외에 타이머, 카운터, 접속점 및 공통점 처리, shift resister, step controller, jump, CMP, MOV, A/D, D/A, computer interface, remote, data-link, I/O, BCD input, data trans, 논리 연산 등의 기능을 기종에 따라 갖추고 있으므로 이의 선정이 중요하다.

② 그 외 처리 속도, 확장성, 입·출력 유닛의 종류, 단독형, 블록형, 보드형, 캡슐형 등의
외형 구조, 온도, 습도, 진동, 충격, 먼지, 외부 잡음 등의 환경 조건과 접지 회로, 예비
품, 주변 기기, A/S, 가격 등의 조건도 고려의 대상이 된다.

③ 시퀀스 상에서 어느 부분까지를 PLC로 대체할 것인가 하는 문제가 있다.

이는 전 제어 장치를 PLC 제어로 할 경우 PLC의 고장시 수동 동작과 비상 정지 및 중
요 인터록 회로 등에 문제가 생긴다. 따라서 제어 장치 전체를 PLC 제어로 할 때 제어는
간단하지만 입·출력 수가 증가하고 비상 대책이 없다. 그러나 제어 장치의 일부를 릴레
이 회로로 대체할 때는 PLC의 효용이 떨어지게 되므로 제어 기능의 한계를 잘 파악하여
야 한다.

④ 표는 PLC CPU부의 사양의 일부를 보인 것이다. PLC 장치를 선정할 때 CPU 사양,
입·출력부 사양 등 각종 사양을 비교하여 선정한다.

표 1-1 K-200 CPU부의 사양 일부

항 목		내 용 (사 양)
제어 방식		내장 프로그램, 반복 연산
입·출력 제어 방식		일괄 처리 방식
명령어 종류		시스템 명령 14종, 기본 명령 15종, 응용 명령 151종
시스템 명령 처리 속도		$1.2\,\mu s$/step
프로그램 용량		4k step (4096 step)
데이터 종류	P 영역	입·출력 영역 P000~P11F(192점)
(1 card-16점)	M 영역	내부 relay 영역 M000~M63F(1024점)
이 하 생 략		

2. PLC 프로그램

프로그램 방법으로 래더 다이어그램(ladder diagram) 방식, 니모닉(mnemonic) 방식, 논리
연산 방식, 논리 기호 방식, 스탭 방식, 흐름선도(flow chart) 방식 등이 있다.

이장에서는 시퀀스형의 래더 다이어그램 방식과 코딩형의 니모닉 방식을 이용하여 프로그램
을 한다. 즉 PLC의 래더 다이어그램이 주어질 때 니모닉 프로그램을 작성하는 방법에 대하여
기초적인 명령 몇 가지만을 각 경우에 따라 상술하기로 한다.

1) 작성 순서

① 주어진 논리 조건 또는 타임 차트에서 회로 소자의 기억 번지를 설정한다. 이는 데이터 메모리에 각 접점과 소자의 기억 장소를 정해주는 것이다.

② 논리 조건에서 래더 다이어그램을 작성한 후 니모닉 프로그램을 작성한다.

③ 프로그램 장치(Loader)로 PLC의 본체인 CPU에 입력 기억시킨다. 또는

④ 컴퓨터로 래더 다이어그램을 작성하여 CPU에 입력시키면 니모닉 프로그램은 컴퓨터 내부에서 자동 작성된다. 또 컴퓨터로 니모닉 프로그램을 작성해도 래더 다이어그램이 자동으로 작성된다.

2) 명령어와 번지 설정

기호, 번지, 명령어는 PLC의 각 기종과 제조 회사마다 다르므로 여기서는 학생용으로 사용되는 LG 제품의 기초적인 몇 가지만을 표 1-2와 같이 이용하기로 한다.

① 기본 기호

a접점 : ─┤├─   b접점 : ─┤/├─   출력 : ─○─┤

② 기본 명령어 operation ⟨op⟩ : 표 1-2 참조

　① 회로시작 : LOAD

　② 출력과 내부 출력(회로끝) : OUT

　③ 직렬 : AND

　④ 병렬 : OR

　⑤ 부정(b접점) : NOT

　⑥ 기타 : AND LOAD, OR LOAD, MCS(MCR), TMR(TON), CNT(CTU)

③ 번지(address⟨add⟩ 기억장소)는 8 bit의 소형의 예로서 아래 이외는 생략한다.

　입력 기구 : P000~P007의 8점

　출력 기구 : P010~P017의 8점

　보조 기구(내부출력) : 릴레이 기능 : M000~

　　타이머 기능 : T000~, 설정 시간(DATA), 타이머 종류 기입

　　카운터 기능 : C000~, 설정 회수, 카운터 종류 기입 (종류 표시)

④ 차례 step : 0번, 혹은 사용중이 아닌 번부터 시작한다.

표 1-2 명령어와 부호

내 용	명 령 어	부 호	기 능
시작 입력	LOAD(STR)	⊣├ a	독립된 하나의 회로에서 a접점에 의한 논리 회로의 시작 명령
	LOAD NOT	⊣├ b	독립된 하나의 회로에서 b접점에 의한 논리 회로의 시작 명령
직렬 접속	AND	⊣├├ a	독립된 바로 앞의 회로와 a접점의 직렬 회로 접속, 즉 a접점 직렬
	AND NOT	⊣├├ b	독립된 바로 앞의 회로와 b접점의 직렬 회로 접속, 즉 b접점 직렬
병렬 접속	OR	(symbol) a	독립된 바로 위의 회로와 a접점의 병렬 회로 접속, 즉 a접점 병렬
	OR NOT	(symbol) b	독립된 바로 위의 회로와 b접점의 병렬 회로 접속, 즉 b접점 병렬
출 력	OUT	─○┤	회로의 결과인 출력 기기(코일)표시와 내부 출력(보조 기구 기능–코일)표시

내 용	명 령 어	부 호	기 능
직렬 묶음	AND LOAD	A B (symbol)	현재 회로와 바로 앞의 회로의 직렬 A, B 2회로의 직렬 접속, 즉 2개 그룹(group)의 직렬 접속
병렬 묶음	OR LOAD	A / B (symbol)	현재 회로와 바로 앞의 회로의 병렬, A, B 2회로의 병렬 접속, 즉 2개 그룹(group)의 병렬 접속
공통 묶음	MCS MCS CLR (MCR)	MCS (symbol)	출력을 내는 2회로 이상이 공동으로 사용하는 입력으로 공통 입력 다음에 사용,(마스터 콘트롤의 시작과 종료) MCS 0부터 시작, 역순으로 끝낸다
타이머	TMR(TIM)	(Ton) ○ T000 5초	기종에 따라 구분 ── TON, TOFF, TMON, TMR, TRTG 등 타이머 종류, 번지, 설정 시간 기입
카운터	CNT	⊣├─U CTU C000 / ⊣├─R 00010	기종에 따라 구분 ── CTU, CTD, CTUD, CTR, HSCNT 등 카운터 종류, 번지, 설정 회수 기입
끝	END	──────	프로그램의 끝 표시

※ 명령어와 부호는 기종에 따라 그림 표현에 차이가 있다.

3) 기본 명령에 의한 프로그램

기본 명령에는 회로시작(LOAD), 출력(OUT), 직렬(AND), 병렬(OR), 부정(NOT) 명령이 있다.

가) 입·출력 회로 — LOAD / OUT, LOAD NOT / OUT

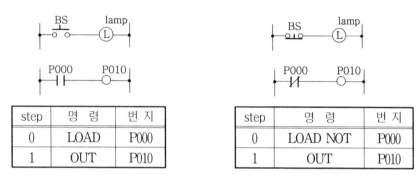

step	명 령	번 지
0	LOAD	P000
1	OUT	P010

step	명 령	번 지
0	LOAD NOT	P000
1	OUT	P010

그림 1-67 입출력 회로 예

0 step : 회로 시작 a접점 명령 LOAD와 기억 번지 P000 --- LOAD P000

회로 시작 b접점 명령 LOAD NOT와 번지 P000--- LOAD NOT P000

1 step : 출력 명령 OUT와 기억 번지 P010 --- OUT P010

※ PLC에서는 b 접점 입력 기구의 외부 접속은 a 접점 기구로 하고, b접점은 NOT 명령을 사용하여 a접점과 구분한다.

※ 번지 설정에서 P000은 입력 기구이고, P010은 출력 기구임을 알 수 있다.

나) 직렬 — AND / AND NOT, 병렬 — OR / OR NOT

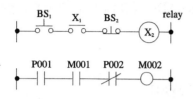

step	명 령	번 지
0	LOAD	P001
1	AND	M001
2	AND NOT	P002
3	OUT	M002

step	명 령	번 지
6	LOAD	P001
7	OR	M001
8	OR NOT	P002
9	OUT	M002

그림 1-68 직렬 병렬 접속

0 step : 회로 시작 a접점 명령 LOAD와 기억 번지 P001 ――― LOAD P001

 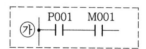

1 step : a접점 M001은 앞의 번지 P001과 직렬 명령 AND ――― AND M001

2 step : b접점(NOT) P002는 앞 회로 ㉮와 직렬 AND ―――AND NOT P002

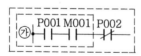 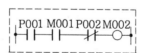

3 step : 출력 명령 OUT와 기억 번지 M002 ――― OUT M002

6 step : 회로 시작 a접점 명령 LOAD와 기억 번지 P001 ――― LOAD P001

7 step : a접점 M001은 위의 번지 P001과 병렬 OR ――― OR M001

8 step : b접점(NOT) P002는 위 회로 ㉮와 병렬 OR ――― OR NOT P002

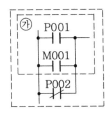 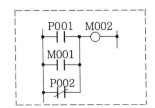

9 step : 출력 명령 OUT와 기억 번지 M002 --- OUT M002

☞ 번지 설정에서 P001과 P002는 입력 기구, M001과 M002은 내부 출력이다

☞ OUT 명령은 출력 기구와 내부 출력 기구(보조 기구)에 함께 사용한다.

4) 그룹 직병렬 명령에 의한 프로그램

직렬 회로들의 병렬, 또는 병렬 회로들의 직렬인 경우 즉 그룹 직렬일 때 AND LOAD, 그룹 병렬일 때 OR LOAD 명령어를 사용한다. 또 여러 회로에 공통으로 사용할 때 묶음 명령어(괄호 명령)로 MCS/MCS CLR이 사용된다.

가) 그룹 직렬 — AND LOAD, 그룹 병렬 — OR LOAD

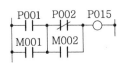

step	명 령	번 지
0	LOAD	P001
1	OR	M001
2	LOAD NOT	P002
3	OR	M002
4	AND LOAD	—
5	OUT	P015

step	명 령	번 지
6	LOAD	P001
7	AND	M001
8	LOAD NOT	P002
9	AND	M002
10	OR LOAD	—
11	OUT	P015

그림 1-69 그룹 직병렬 접속

0 step : 회로 시작 a접점 명령 LOAD와 기억 번지 P001 --- LOAD P001

1 step : a접점 M001은 앞의 번지 P001과 병렬 명령 OR ――― OR M001

2 step : 회로 시작 LOAD, b접점 NOT, 번지 P002 ――― LOAD NOT P002

3 step : M002는 P002와 병렬 OR 이므로 ――― OR M002

☞ P002는 M002와는 병렬이지만 P001, M001과는 직렬도, 병렬도 아니므로 P002를 직접 앞의 M001이나 P001에 접속할 명령어가 없고 독립 회로로 다시 시작한다 (LOAD 명령).

4 step : 회로 ㉮ 그룹과 ㉯ 그룹은 직렬 접속이므로 ――― AND LOAD

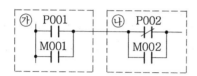 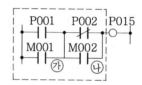

5 step : 출력 OUT와 번지 P015 ―――OUT P015

6 step : 회로 시작 a접점 명령 LOAD와 기억 번지 P001 ――― LOAD P001

7 step : a접점 M001은 앞의 번지 P001과 직렬 AND ――― AND M001

8 step : 회로 시작 LOAD, b접점 NOT, 번지 P002 ――― LOAD NOT P002

  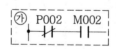

9 step : M002는 P002와 직렬이므로 ――― AND M002

☞ P002는 M002와는 직렬이지만 P001, M001과는 직렬도, 병렬도 아니므로 P002를 직접 앞의 M001이나 P001에 접속할 명령어가 없고 독립 회로로 다시 시작한다 (LOAD 명령).

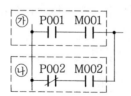 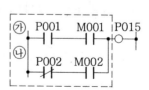

10 step : 회로 ㉮ 그룹과 ㉯ 그룹은 병렬 접속이므로 ――― OR LOAD

11 step : 출력 OUT와 번지 P015 ―――OUT P015

☞ 번지 설정에서 P001과 P002는 입력 기구, M001과 M002는 내부 출력이고 P015는 출력
기구임을 알 수 있다.

나) 유지 회로(예)

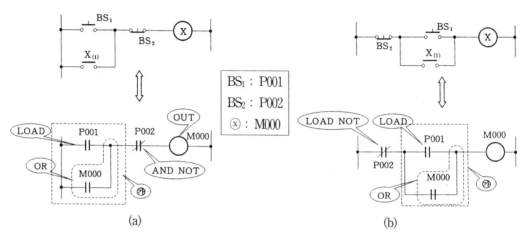

그림 1-70 유지 회로 예

step	명 령	번 지
0	LOAD	P001
1	OR	M000
2	AND NOT	P002
3	OUT	M000
―	―	―

step	명 령	번 지
6	LOAD NOT	P002
7	LOAD	P001
8	OR	M000
9	AND LOAD	―
10	OUT	M000

0 step : 회로 시작 a접점 명령 LOAD와 번지 P001 ――― LOAD P001

1 step : a접점 M000은 위의 번지 P001과 병렬 OR ――― OR M000

2 step : b접점(NOT) P002는 앞 회로 ㉮와 직렬 AND ―――AND NOT P002

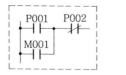
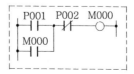

3 step : 출력 명령 OUT와 번지 M000 ――― OUT M000

6 step : 회로 시작 b접점 LOAD NOT와 번지 P002 ――― LOAD NOT P002

7 step : 회로 시작 a접점 LOAD와 번지 P001 ――― LOAD P001

☞ a접점 P001은 앞의 회로 P002와는 직렬도, 병렬도 아니므로 접속 명령어가 없다. 따라서 이 번지(접점)는 다시 독립 회로로 시작한다.

8 step : a접점 M000은 위의 번지 P001과 병렬 OR ――― OR M000

9 step : b접점 P002와 병렬 회로 ㉮는 그룹간 직렬이므로 ――― AND LOAD

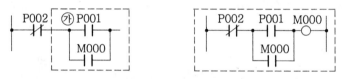

10 step : 출력 명령 OUT와 번지 M000 ――― OUT M000

※ 두 회로는 등가이므로 (a)회로가 1 step 적어 편리하다.

다) 직병렬 회로 순서 바꾸기

그림 (a)를 (b)로 바꾸어 프로그램하면 1 step이 줄어든다.

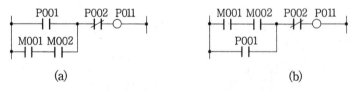

(a)	(b)

그림 1-71 직병렬 1

step	명 령	번 지
0	LOAD	P001
1	LOAD	M001
2	AND	M002
3	OR LOAD	―
4	AND NOT	P002
5	OUT	P011

step	명 령	번 지
0	LOAD	M001
1	AND	M002
2	OR	P001
3	AND NOT	P002
4	OUT	P011

그림 (a)에서

0 step : ㉮회로—회로 시작 a접점 LOAD P001

1, 2 step : ㉯회로—회로 시작 LOAD M001, 직렬 AND M002

3 step : ㉮, ㉯회로 병렬 OR LOAD———그룹 병렬

4 step : b접점(NOT) P002는 앞의 ㉮, ㉯ 병렬 회로와 직렬 AND NOT P002

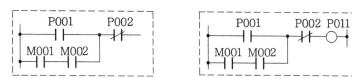

5 step : 출력 OUT P011

그림(b)에서

0 step : 회로 시작 LOAD M001

1 step : a접점 M002는 앞의 번지 M001과 직렬 AND ——— AND M002

2 step : P001은 0,1 step 회로(M001과 M002의 직렬)와 병렬 ——— OR P001

3 step : b접점(NOT) P002는 앞 회로 전체와 직렬 AND ———AND NOT P002

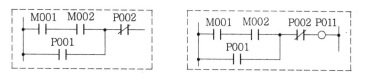

4 step : 출력 OUT P011

라) 그룹 직병렬 회로

이 회로는 2개 직렬의 2그룹 병렬이고 이 2그룹 병렬의 2조 직렬 회로이다.
각 직렬 회로를 ㉮, ㉯, ㉰, ㉱라고 하면

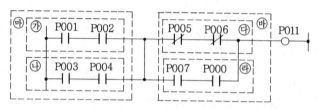

그림 1-72 그룹 직병렬

step	명 령	번 지
0	LOAD	P001
1	AND	P002
2	LOAD	P003
3	AND	P004
4	OR LOAD	—
5	LOAD NOT	P005

step	명 령	번 지
6	AND NOT	P006
7	LOAD	P007
8	AND	P000
9	OR LOAD	—
10	AND LOAD	—
11	OUT	P011

0~1 step : ㉮회로, 회로 시작 LOAD P001과 직렬 AND P002

☞ P002와 P003, P005간에는 직렬, 혹은 병렬이 아니므로 접속 명령어가 없다.

　이하 P004와 P005, P007 사이, P006과 P007 사이에도 같다 (새로 회로 시작).

2~3 step : ㉯회로, 회로 시작 LOAD P003과 직렬 AND P004

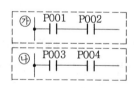
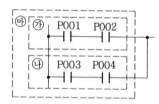

4 step : ㉮회로와 ㉯회로는 그룹간 병렬 회로 ㉰이고 ––– OR LOAD

5~6 step : ㉰회로, 회로 시작 b접점 LOAD NOT P005와 직렬 b접점 AND NOT P006

7~8 step : ㉱회로, 회로 시작 LOAD P007과 직렬 AND P000

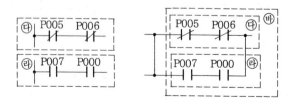

9 step : ㉰회로와 ㉱회로는 그룹간 병렬 회로 ㉲이고 ––– OR LOAD

10 step : 직병렬 회로 그룹 ㉳와 ㉲는 그룹간 직렬이므로 ––– AND LOAD

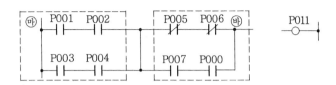

11 step : P011은 출력이고 ––– OUT P011

마) 직병렬 회로와 출력 병렬

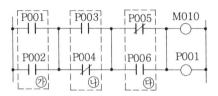

그림 1-73 직병렬과 출력 병렬

step	명 령	번 지
0	LOAD	P001
1	OR	P002
2	LOAD	P003
3	OR NOT	P004
4	AND LOAD	—
5	LOAD NOT	P005
6	OR	P006
7	AND LOAD	—
8	OUT	M010
9	OUT	P011

step	명 령	번 지
0	LOAD	P001
1	OR	P002
2	LOAD	P003
3	OR NOT	P004
4	LOAD NOT	P005
5	OR	P006
6	AND LOAD	—
7	AND LOAD	—
8	OUT	M010
9	OUT	P011

0~1 step : ㉠회로, 회로 시작 LOAD P001과 병렬 OR P002

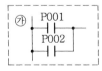 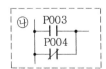

☞ P002와 P003간에는 직렬, 혹은 병렬이 아니므로 접속 명령어가 없다.

또 P004와 P005, P002, P004와 P006 사이에도 같다(새로 회로 시작).

2~3 step : ㉯회로, 회로 시작 LOAD P003과 병렬 b 접점 OR NOT P004

4 step : ㉮회로와 ㉯회로는 그룹간 직렬 회로 ㉰이고 ――― AND LOAD

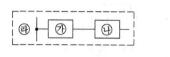 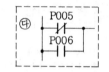

5~6 step : ㉱회로, 회로 시작 b접점 LOAD NOT P005와 병렬 OR P006

7 step : ㉲ 회로, ㉰회로와 ㉱회로의 그룹간 직렬 AND LOAD

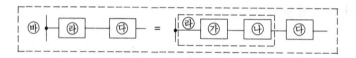

8~9 step : 병렬 출력은 얼마든지 허용한다. 즉 OUT M010, OUT P011

☞ 그룹간 병렬 처리는 오른쪽 프로그램과 같이 여러 그룹 회로를 모아서 처리하여도 된다.
　단 최대 처리 회로 수는 제조 회사마다 다르게 제한되어 있다.

0~1 step : ㉮회로, 회로 시작 LOAD P001과 병렬 OR P002

2~3 step : ㉯회로, 회로 시작 LOAD P003과 병렬 b 접점 OR NOT P004

4~5 step : ㉱회로, 회로 시작 b접점 LOAD NOT P005와 병렬 OR P006

6 step : ㉯회로와 ㉱회로는 그룹간 직렬 회로 ㉲이고 ――― AND LOAD

☞ 명령어는 바로 앞(위)의 회로와의 관계이므로 (4~5 step)인 ㉱회로의 바로 위의 회로는
　(2~3 step)인 ㉯회로가 되고 두 회로는 직렬이다.
　즉 6 step은 (2~3 step)인 ㉯회로와 (4~5 step)인 ㉱회로를 접속한 회로가 된다.

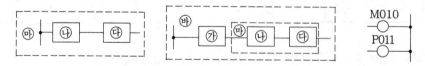

7 step : ㉲ 회로, ㉮회로와 ㉲회로의 그룹간 직렬이다. ――― AND LOAD

8~9 step : 병렬 출력은 2개이다. 즉 OUT M010, OUT P011

바) 공통 회로의 분리 코딩

그림(a)에서 번지 P001은 번지 P002, P004에 공동으로 사용되고, P004는 P005와 P007에 공동으로 사용되므로 그림(b)와 같이 분리 수정하여도 된다.

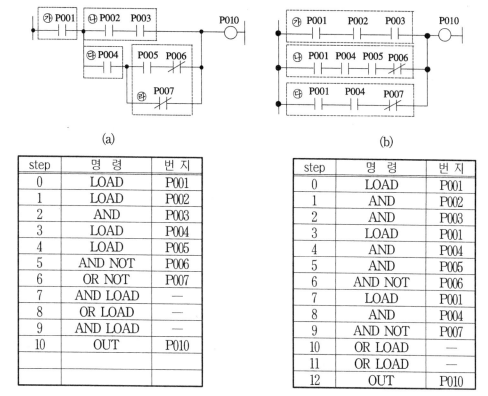

(a)　　　　　　　　　　　(b)

step	명 령	번 지
0	LOAD	P001
1	LOAD	P002
2	AND	P003
3	LOAD	P004
4	LOAD	P005
5	AND NOT	P006
6	OR NOT	P007
7	AND LOAD	—
8	OR LOAD	—
9	AND LOAD	—
10	OUT	P010

step	명 령	번 지
0	LOAD	P001
1	AND	P002
2	AND	P003
3	LOAD	P001
4	AND	P004
5	AND	P005
6	AND NOT	P006
7	LOAD	P001
8	AND	P004
9	AND NOT	P007
10	OR LOAD	—
11	OR LOAD	—
12	OUT	P010

그림 1-74 회로 분리 코딩

0 step : ㉮회로, 회로 시작 LOAD와 번지 P001 --- LOAD P001

1~2 step : ㉯회로, 회로 시작 LOAD P002, 직렬 AND P003

☞ 번지 P001은 번지 P002, P004에 공동으로 사용되므로 P001과 P002는 직렬이 아니다.

3 step : ㉰회로, 회로 시작 LOAD와 번지 P004 --- LOAD P004

☞ P004는 P005와 P007에 공동으로 사용된다.

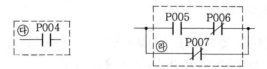

4~6 step : ㉣회로, P005, P006의 직렬과 여기에 P007의 병렬이고 P005는 회로 시작이다.
　　　　　LOAD P005,　AND NOT P006,　OR NOT P007

7 step : ㉢회로와 ㉣회로는 그룹간 직렬 회로이고 ――― AND LOAD

8 step : ㉡회로와 ㉢㉣회로는 그룹간 병렬 회로이며―― OR LOAD
9 step : ㉮회로와 ㉡㉢㉣회로는 그룹간 직렬이다 ――― AND LOAD

10 step : P010은 출력이고 ――― OUT P010

이 회로를 그림(b)와 같이 수정하면 아래와 같다 . 즉
그림(a)에서 출력 P010에 흐르는 신호(전류)의 통로는 (P001, P002, P003), (P001, P004, P005, P006), (P001, P004, P007)의 3 병렬 회로이므로 그림(b)와 같이 수정되고 P001은 3회로 공통, P004는 2회로 공통으로 사용된다

0~2 step : ㉮ 회로 ――― LOAD P001, AND P002, AND P003

3~6 step : ㉡ 회로―LOAD P001, AND P004, AND P005, AND NOT P006
7~9 step : ㉢ 회로―― LOAD P001, AND P004, AND NOT P007

10 step : ㉢ 회로와 ㉡ 회로는 그룹간 병렬 회로이며 ――― OR LOAD

※ 명령어는 현재 것과 그 바로 위의 것과의 관계이므로 ㉯와 ㉰가 먼저이고 ㉯㉰와 ㉮가 그 다음이며 ㉮와 ㉯, ㉮㉯와 ㉰간의 명령은 잘못이다.

11 step : ㉰,㉯ 회로(10 step)와 ㉮ 회로는 그룹간 병렬이다 ――― OR LOAD

12 step : P010은 출력이고 ――― OUT P010

사) 직렬 대표 회로 이용

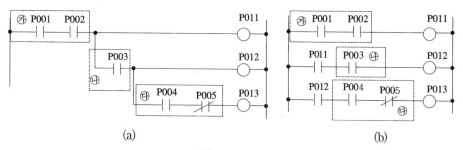

(a)   (b)

그림 1-75 대표 회로 이용

step	명 령	번 지
0	LOAD	P001
1	AND	P002
2	OUT	P011
3	AND	P003
4	OUT	P012
5	AND	P004
6	AND NOT	P005
7	OUT	P013

step	명 령	번 지
0	LOAD	P001
1	AND	P002
2	OUT	P011
3	LOAD	P011
4	AND	P003
5	OUT	P012
6	LOAD	P012
7	AND	P004
8	AND NOT	P005
9	OUT	P013

그림 (a)에서

① 0 step P001과 1 step P002가 성립하면 2 step의 출력 P011이 성립한다. 즉 논리식 P011 = P001 · P002 의 직렬 회로이고 또한 P011은 ㉮ 회로를 대표한다.

0~2 step : LOAD P001, AND P002, OUT P011

② ㉮회로(0,1 step)와 ㉯회로(P003)의 직렬로 출력 P012가 성립하고, ㉮회로는 P011로 대표되므로 출력 P012는 P011과 P003의 직렬과 같다. 따라서 3 step은 AND 명령이 된다. 또 논리식 P012 = P001 · P002 · P003 = P011 · P003이고 P012는 회로를 대표한다.

3~4 step : AND P003, OUT P012

③ ㉮, ㉯, ㉰의 3회로의 직렬로 출력 P013이 성립하고, ㉮,㉯의 직렬 회로는 P012로 대표되므로 출력 P013은 P012와 ㉰ 회로의 직렬과 같다. 따라서 5 step은 AND 명령이 된다. 또 논리식 P013 = P001 · P002 · P003 · P004 · $\overline{P005}$ = P012 · P004 · $\overline{P005}$ 이고 P013은 회로를 대표한다.

5~7 step : AND P004, AND NOT P005, OUT P013

그림(a)에서 대표 회로를 사용하여 그림 (b)로 바꾸면 프로그램이 간단해진다.

0~2 step : LOAD P001, AND P002, OUT P011.

 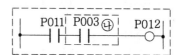

3~5 step : LOAD P011, AND P003, OUT P012

6~9 step : LOAD P012, AND P004, AND NOT P005, OUT P013

아) 출력 회로 분리

이 회로는 2개 직렬의 2그룹 병렬이고 이 회로를 공통으로 출력이 2개이다. 따라서 그림 (a)에서 대표 회로(P010)를 이용하여 그림 (b)와 같이 출력을 분리하여도 된다.

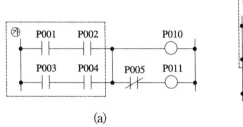

(a)   (b)

그림 1-76 출력 분리 회로

step	명 령	번지
0	LOAD	P001
1	AND	P002
2	LOAD	P003
3	AND	P004
4	OR LOAD	—
5	OUT	P010
6	AND NOT	P005
7	OUT	P011

step	명 령	번지
0	LOAD	P001
1	AND	P002
2	LOAD	P003
3	AND	P004
4	OR LOAD	—
5	OUT	P010
6	LOAD	P010
7	AND NOT	P005
8	OUT	P011

그림 (a)에서

0~1 step : ㉯회로, 회로 시작 LOAD P001과 직렬 AND P002

2~3 step : ㉰회로, 회로 시작 LOAD P003과 직렬 AND P004

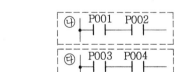 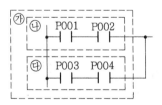

4 step : ㉯회로와 ㉰회로는 그룹간 병렬 회로 ㉮이고 --- OR LOAD

5 step : 출력 OUT P010

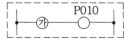 

6~7 step : 4 step과 직렬이고 AND NOT P005, 출력 OUT P011

그림 (b)에서 0~5 step은 (a)와 같고 6 step은 P010으로 ㉮회로의 대표 회로로 사용한다.

6~8 step : LOAD P010, AND NOT P005, OUT P011

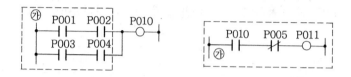

자) 공통점 회로, MCS, MCS CLR

공통 사용은 0번부터 시작하여 MCS 0, MCS 1, MCS 2 ―――――으로 하고
공통 사용 해제는 역순으로 하여 0번으로 끝난다. 즉

――― MCS CLR 3, MCS CLR 2, MCS CLR 1, MCS CLR 0으로 끝난다.

그림(a)에서 P001은 3 출력 회로에 공통으로 사용되고, 또 P003은 2 출력 회로에 공통으로
사용된다. 이 회로는 공통 번지를 각 출력 회로에 분리하여 수정하면 그림(b)와 같이 된다.

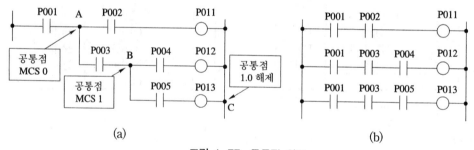

(a)   (b)

그림 1-77 공통점 회로

step	명 령	번 지
0	LOAD	P001
1	MCS	0
2	LOAD	P002
3	OUT	P011
4	LOAD	P003
5	MCS	1
6	LOAD	P004
7	OUT	P012
8	LOAD	P005
9	OUT	P013
10	MCS CLR	1
11	MCS CLR	0

step	명 령	번 지
0	LOAD	P001
1	AND	P002
2	OUT	P011
3	LOAD	P001
4	AND	P003
5	AND	P004
6	OUT	P012
7	LOAD	P001
8	AND	P003
9	AND	P005
10	OUT	P013
11	―	―

그림 (a)에서

0 step : P001 회로———LOAD P001

1 step : 첫 번째 공통점 ——— MCS 0

　　　이 점 A에서 P001이 출력 P011, P012, P013 회로에 공동으로 사용된다.

2~3 step : P011 회로 ——— LOAD P002, OUT P011

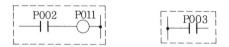

4 step : P003 회로 ——— LOAD P003

5 step : 2 번째 공통점 ——— MCS 1

　　　이 점 B에서 P003이 출력 P012, P013 회로에 공동으로 사용된다.

6~7 step : P012 회로 ——— LOAD P004, OUT P012

8~9 step : P013 회로 ——— LOAD P005, OUT P013

10 step : 2 번째 공통점 해제——— MCS CLR 1

　　　이 점 C에서 P003이 출력 P012, P013 회로에 공동 사용이 해제된다.

11 step : 첫 번째 공통점 해제 ——— MCS CLR 0

　　　이 점 C에서 P001이 출력 P011, P012, P013 회로에 공동 사용이 해제된다.

그림(b)에서

0~2 step : P011 회로 ——— LOAD P001, AND P002, OUT P011

3~6 step : P012 회로 ——— LOAD P001, AND P003, AND P004, OUT P012

```
┌ ─ ─ ─ ─ ─ ─ ─ ─ ─ ─ ─ ─ ─ ─ ┐
│  P001 P003 P005     P013   │
│ ├─┤├─┤├─┤├────○─────┤   │
└ ─ ─ ─ ─ ─ ─ ─ ─ ─ ─ ─ ─ ─ ─ ┘
```

7~10 step : P013 회로 ——— LOAD P001, AND P003, AND P005, OUT P013

차) 회로의 간단화

내부 출력을 대표 회로로 사용한다.

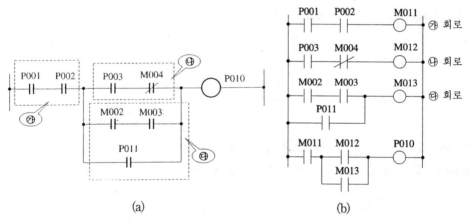

(a)   (b)

그림 1-78 대표 회로 이용

step	명 령	번 지
0	LOAD	P001
1	AND	P002
2	LOAD	P003
3	AND NOT	M004
4	LOAD	M002
5	AND	M003
6	OR	P011
7	OR LOAD	—
8	AND LOAD	—
9	OUT	P010

step	명 령	번 지
0	LOAD	P001
1	AND	P002
2	OUT ★	M011
3	LOAD	P003
4	AND NOT	M004
5	OUT ★	M012
6	LOAD	M002
7	AND	M003
8	OR	P011
9	OUT ★	M013
10	LOAD	M012
11	OR	M013
12	AND	M011
13	OUT	P010

그림 (a)에서

0~1 step : ㉮ 회로———LOAD P001, AND P002

2~3 step : ㉯ 회로———LOAD P003, AND NOT M004

4~6 step : ㉰회로———LOAD M002, AND M003, OR P011

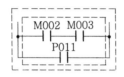

7 step : ㉯와 ㉰ 회로의 그룹 병렬 ——— OR LOAD

8 step : 회로 ㉮와 7 step 회로(㉯㉰의 그룹 병렬)는 그룹간 직렬– AND LOAD

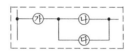

9 step : 출력 OUT P010

☞ PLC에서는 그림 (a)와 같은 복잡한 회로는 사용하지 않는다. 따라서 그림(a)의 ㉮㉯㉰를 사용하고 있지 않는 내부 출력 M011, M012, M013으로 대표 회로로 대체하면 그림 (b)와 같은 회로가 되고 스텝수는 많아지지만 회로가 간단 명료해지고 프로그램이 쉬워진다.

0~2 step : ㉮ 회로———LOAD P001, AND P002, OUT M011

3~5 step : ㉯ 회로———LOAD P003, AND NOT M004, OUT M012

6~9 step : ㉰ 회로———LOAD M002, AND M003, OR P011, OUT M013

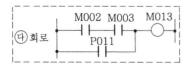 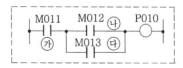

10~13 step : 출력 P010은 ㉯, ㉰의 병렬에 ㉮의 직렬로 되고 ㉯(M012)부터 입력한다.
　　　　　　　LOAD M012, OR M013, AND M011, OUT P010

5) 신호의 방향과 처리

PLC 회로의 신호의 흐름(전류의 흐름)은 좌에서 우로 한 방향으로만 흐른다. 따라서 그림 (a)의 C 소자는 신호가 양방향으로 흐르므로 한 방향으로 수정해야 한다.

① 그림(b)는 C 소자를 2곳으로 분리한 후 소자 A, B를 다시 분리한 것이다.

⟨X_1 및 X_2에 전류가 흐를 수 있는 통로를 생각하면 된다.⟩

② 그림(c)는 C 소자 다음에 역방향 저지 다이오드 D_0를 접속하여 방향을 정해준다.

③ 그림(d)는 (c)의 회로에서 소자 B를 분리하여 다이오드 D_0를 제거하였다.

④ 그림 (a), (c)는 프로그램이 복잡하므로 각각 (b), (d)로 수정하여 사용한다. 여기서 A~ D ; P001~P004, X_1 : M001, X_2 : M002의 번지로 프로그램하면 아래와 같다.

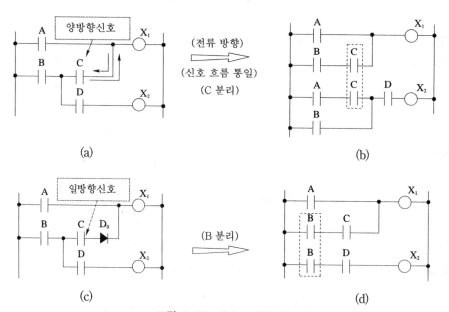

(a) (b)

(c) (d)

그림 1-79 신호 흐름 처리

step	명 령	번 지
0	LOAD	P001
1	LOAD	P002
2	AND	P003
3	OR LOAD	—
4	OUT	M001
5	LOAD	P001
6	AND	P003
7	OR	P002
8	AND	P004
9	OUT	M002

step	명 령	번 지
0	LOAD	P001
1	LOAD	P002
2	AND	P003
3	OR LOAD	—
4	OUT	M001
5	LOAD	P002
6	AND	P004
7	OUT	M002

6) 타이머 회로의 프로그램

PLC용 타이머에는 TON, TOFF, TMON, TMR, TRTG 등이 있다. 여기서는 Ton, Toff, Tmon만을 소개한다.

가) Ton : 시한 동작 타이머(on delay timer)

동작(기동) 입력을 준 후 설정 시간 t초가 지나면 타이머 접점이 동작하고 복구(정지) 입력을 주면 곧바로 타이머가 복구하고 접점도 복구한다. 즉 전기를 주면 t초 후 접점이 동작하고 전기를 끊으면 곧바로 접점이 복구하는 시한 동작 순시 복구형이다.

① 그림 1-80에서 기동 입력 P000을 주면 타이머 T000이 여자되고 설정 시간 t초 후 타이머 접점 T000이 동작한다. 즉 t초 후 a접점은 닫히고 b접점은 열린다.

② 타이머 T000의 a접점 T000이 닫혀 부하 출력에 전기를 가한다.

③ 정지 입력을 주면(P000을 연다) 타이머가 복구하고 접점도 복구한다. 따라서 T000의 a접점이 열려 부하에 전기가 끊어져 부하가 복구한다.

④ 설정 시간⟨DATA⟩의 설정값은 0.1초 단위이고 2 step이 소요된다.

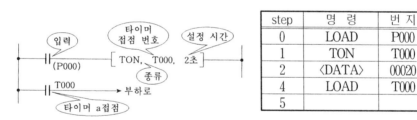

step	명 령	번지
0	LOAD	P000
1	TON	T000
2	⟨DATA⟩	00020
4	LOAD	T000
5		

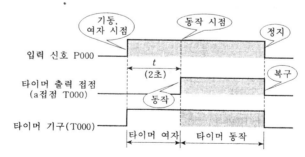

그림 1-80 시한 동작 타이머

나) Toff : 시한 복구 타이머(off delay timer)

기동 입력을 주면 곧바로 타이머가 동작하고 접점도 동작하며 정지 입력을 준 후 설정 시간 t초가 지나면 타이머 접점이 복구한다. 즉 전기를 주면 곧바로 접점이 동작하고 전기를 끊으면 t초 후 접점이 복구하는 순시 동작 시한 복구형이다.

① 그림 1-81에서 기동입력 P000을 주면 타이머 T000이 동작되고 a접점 T000이 닫혀서 부하 출력에 전기가 가해지므로 출력이 동작한다.

② 정지 입력을 주면(P000을 연다) 타이머에 전기는 끊어지지만 접점은 복구되지 않고 설정 시간 t초(여기서는 2초)후에 타이머 접점이 복구한다. 즉 t초 후에 a접점은 열리고 b접점은 닫힌다. 따라서 T000의 a접점이 열리므로 이 때 부하에 전기가 끊어지고 부하는 복구한다.

③ 설정 시간〈DATA〉의 설정값은 0.1초 단위이고 2 step이 소요된다.

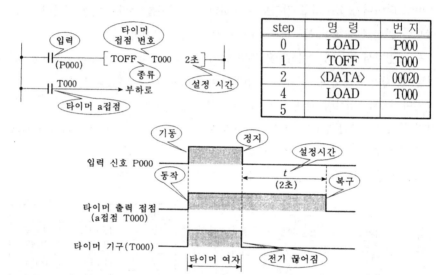

step	명 령	번 지
0	LOAD	P000
1	TOFF	T000
2	〈DATA〉	00020
4	LOAD	T000
5		

그림 1-81 시한 복구 타이머

다) Tmon : 단안정 타이머(one shot, monostable timer)

기동 입력을 주면 곧바로 타이머가 동작하고 접점도 동작하며 설정 시간 t초가 지나면 복구 (정지) 입력이 없이 타이머와 접점이 복구한다. 즉 전기를 주면 곧바로 접점이 동작 유지하고 이후 입력에 관계없이 t초 후에 접점이 자동 복구하는 형으로 설정 시간 동안만 동작을 유지하는 단안정형이다

① 그림 1-82에서 기동입력 P000을 주면 타이머 T000이 동작되고 a접점 T000이 닫혀서 부하 출력에 전기를 가하여 부하 출력이 동작한다.

② 설정 시간 t초 후에 타이머 접점이 자동 복구한다. 따라서 T000의 a접점이 열리므로 부하에 전기가 끊어지고 부하는 복구한다.

③ 설정 시간 이내에 기동 입력이나 정지 입력을 주어도 동작에는 영향이 없다. 따라서 단안 정형의 입력은 단일 펄스로 만족하고 유지 회로가 필요없다.

④ 설정 시간〈DATA〉의 설정 값은 0.1초 단위이고 2 step이 소요된다.

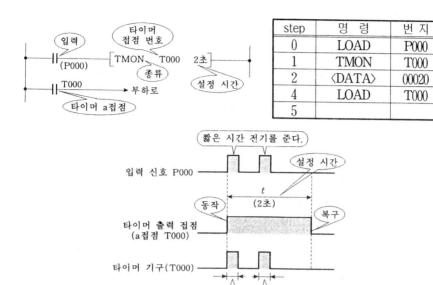

step	명 령	번 지
0	LOAD	P000
1	TMON	T000
2	〈DATA〉	00020
4	LOAD	T000
5		

그림 1-82 단안정 타이머

7) 카운터 회로의 프로그램

카운터에는 CTU, CTD, CTUD, CTR 등이 있다. 카운터의 입력 신호는 기동(set) 신호와 정지(reset) 신호로 되어있고, 펄스형 신호이며 상승 펄스의 수로 카운트(가산, 감산)한다. 여기서 상승 펄스는 펄스의 상승연(rise edge)(↑, ⎍⎍) 즉 전압이 가해지는 순간, H 레벨형을 말한다.

가) CTU : UP COUNTER이고 1, 2, 3, …… 즉 1부터 수를 헤아린다

① 셋 입력(count pulse)을 주면 입력 수를 카운트하고 설정치에 도달하면 카운터가 동작하여 출력이 얻어지고(ON) 최대 설정치까지 카운트한다

② 리셋 입력을 주면 카운터가 복구하여 출력이 없어지고(OFF) 카운터의 현재값을 0으로 한다.

③ 그림 1-83에서 카운터의 설정값이 4이면

ⓐ 셋 입력 P000을 4번 누르면(상승 펄스가 4번째 들어오면 ⎍⎍) 카운터 C000이 동작하며 카운터의 출력 접점 C000이 닫혀(ON) 부하에 전기를 공급한다.

ⓑ 리셋 입력 P001을 누르면(⎍⎍) 카운터가 복구하고 접점 C000이 열려 부하의 전기를 끊는다. 이 때 카운터의 현재값은 0이 된다.

④ 프로그램은 기동 입력 번지, 정지 입력 번지. 카운터 번지, 설정값 순서로 한다.

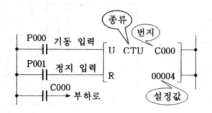

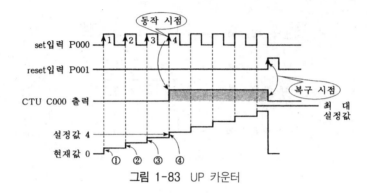

그림 1-83 UP 카운터

나) CTD : DOWN COUNTER이고 10, 9, 8, …… 즉 큰 수부터 내리 헤아린다.

① 셋 입력(count pulse)을 주면 입력 수를 카운트다운(하나씩 감산)하여 설정값에서 0에 도
달하면 출력이 얻어진다(ON).

② 리셋 입력을 주면 출력이 없어지고(OFF) 카운터의 현재값을 설정값으로 한다.

③ 그림 1-84에서 카운터의 설정값이 3이면

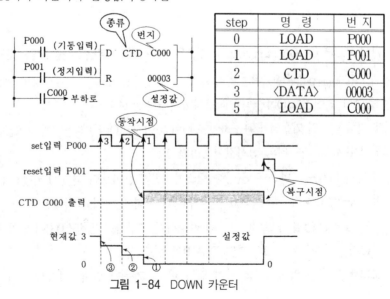

그림 1-84 DOWN 카운터

ⓐ 셋 입력 P000을 3번 누르면(상승 펄스가 3번째 들어오면 ⌐↑⌐) 카운터 C000이 동작하며 카운터의 출력 접점 C000이 닫혀(ON) 부하에 전기를 공급한다.

ⓑ 리셋 입력 P001을 누르면(⌐↑⌐) 카운터가 복구하고 접점 C000이 열려 부하의 전기를 끊는다. 이 때 카운터의 현재값은 설정값이 된다.

④ 프로그램은 기동 입력 번지, 정지 입력 번지, 카운터 번지, 설정값 순서로 한다.

다) CTUD : UP-DOWN COUNTER

① UP의 셋 입력(count pulse)을 주면 입력 수를 카운트 업(하나씩 가산)하여 설정값에 도달하면 출력이 얻어지고(ON) 최대 설정치까지 카운트한다

② DOWN의 셋 입력(count pulse)을 주면 입력 수를 카운트 다운(하나씩 감산)하여 설정값에서 0에 도달하면 출력이 얻어진다(ON).

③ 리셋 입력을 주면 출력이 없어지고(OFF) 카운터의 현재값을 설정값으로 한다

④ UP, DOWN의 두 입력이 동시에 들어오면 현재값은 변하지 않는다.

⑤ 그림 1-85에서 카운터의 설정값이 3이면

ⓐ 가산 입력 P000과 감산 P001을 동시에 누르면 현재값 변화는 없다

ⓑ 가산 입력 P000을 눌렀다 놓았다를 반복한다, 3번째에서 카운터 C000이 동작하여 카운터의 출력 접점 C000이 닫혀(ON) 부하에 전기를 공급한다.

ⓒ 다음 감산 입력 P001을 2번 누르면 다운 카운터로 현재값 2가 되며

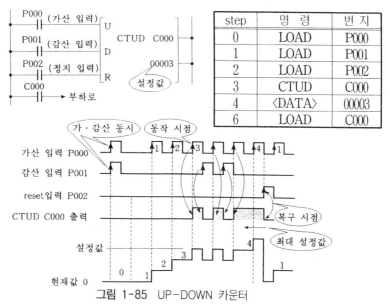

step	명 령	번 지
0	LOAD	P000
1	LOAD	P001
2	LOAD	P002
3	CTUD	C000
4	〈DATA〉	00003
6	LOAD	C000

그림 1-85 UP-DOWN 카운터

　　ⓓ 정지 입력 P002를 누르면 카운터가 복구하고 접점 C000이 열려 부하의 전기를 끊는다.
　　　이 때 카운터의 현재값은 0이 된다.

　⑥ 프로그램은 가산 입력, 감산 입력, 정지 입력 번지. 카운터 번지, 설정값 순서로 한다.

라) CTR : RING COUNTER

① 셋 입력(count pulse)을 주면 입력 수를 카운트하여 설정치에 도달하면 카운터가 동작하
　여 출력이 얻어진다(ON).

② 카운터가 동작 상태(설정값에 도달한 상태)에서 셋 입력이 하나 더 주어지면 카운터는 복
　구하여 출력이 없어지며(OFF) 현재값은 0이 된다.

③ 리셋 입력을 주면 출력이 없어지고(OFF) 카운터의 현재값을 0으로 한다.

④ 그림 1-86에서 카운터의 설정값이 4 이면
　ⓐ 기동 입력 P000을 눌렀다 놓았다를 반복한다, 4번째에서 카운터 C000이 동작하여 카
　　운터의 출력 접점 C000이 닫혀(ON) 부하에 전기를 공급한다.
　ⓑ 기동입력 P000을 다시 1번 누르면 카운터는 복구하고 출력이 없어지며 현재값은 0이
　　되며
　ⓒ 정지 입력 P001을 누르면 카운터가 복구하고 접점 C000이 열려 부하의 전기를 끊는다.
　　이때 카운터의 현재값은 0이 된다.

⑤ 프로그램은 기동 입력 번지, 정지 입력 번지. 카운터 번지, 설정값 순서로 한다.

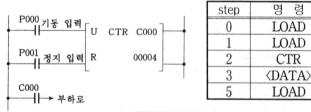

step	명 령	번 지
0	LOAD	P000
1	LOAD	P001
2	CTR	C000
3	⟨DATA⟩	00004
5	LOAD	C000

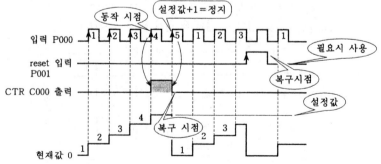

그림 1-86　RING 카운터

3. 컴퓨터의 S/W를 이용한 PLC 프로그램

PLC에서 프로그램 작성이 끝나면 PLC CPU의 메모리에 프로그램을 저장시키는데 이 때
사용하는 장치로 주변장치인 핸디 로더, 그래픽 로더 등이 있다.

그래픽 로더는 PC에 PLC용 소프트웨어 패키지를 설치한 것으로 컴퓨터로 PLC용 프로그
램을 저장시키고 또 운전 정지시킬 수 있다. 여기에는 프로그램 장치인 핸디 로더의 기능 이외
에 래더 편집과 니모닉 편집의 상호 변환이 되고, 인쇄(주석 포함) 기능, 파일 관리 기능 및
운용 환경 설정 기능 등의 기능이 있다. 이 방법은 제조 회사마다 S/W의 이용 방법이 다르므
로 사용 설명서를 참조하여야 한다. 여기서는 교육용(LG 제품, S/W-GSIKGL) 프로그램의
기본 방법의 일부만을 예를 들어 소개한다.

그림 1-87의 예를 실행하여 보자. 그림에서 번호 ①~⑫는 그리는 순서이다.

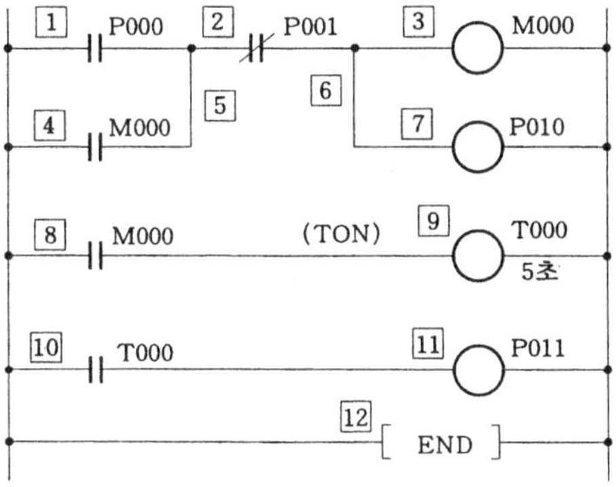

step	명 령	번 지
0	LOAD	P000
1	OR	M000
2	AND NOT	P001
3	OUT	M000
4	OUT	P010
5	LOAD	M000
6	TMR	T000
7	⟨DATA⟩	00050
9	LOAD	T000
10	OUT	P011

그림 1-87 시퀀스 예

1) 초기 조작 방법

① 전원을 투입(starting MS-DOS)한다.

② 초기 화면에서 PLC(SubDir)를 선택한 후 Enter Key를 누른다.

③ 화면에서 GSIKGL EXE를 선택한 후 Enter Key를 누르면 로고 화면이 나온다.

④ 로고 화면(GSIKGL)에서 Enter Key를 누른다.

⑤ 화면(Configuration Select)에서 Loader Configuration을 선택한 후 Enter Key를 누른다.

⑥ 위의 추가 화면(PLC Type)에서 종류(예-Master K50)를 선택한 후 Enter Key를 누른
다. 계속하여 COM1을 선택한 후 Enter Key를 누른다.

⑦ 이 상태에서 래더도 방식의 Alt와 L Key(혹은 니모닉 방식의 Alt와 N Key)를 동시에
누르면 프로그램 작성용 초기 화면(그림 1-88, 혹은 1-91)이 나타난다.

2) 래더 회로 방식의 프로그램

초기 조작의 ⑦ 상태에서 ALT Key와 문자 L을 동시에 누르면 래더형의 프로그램 작성용 초기 화면이 그림 1-88과 같이 나타난다.

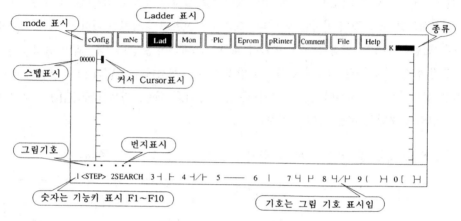

그림 1-88 래더 회로의 초기 화면

① 0000번 스텝의 커서(cursor)의 위치(▮ 표시)에서 화면 하단의 기능키 표시(3 ─┤├─) 즉 F3 Key를 누르면 a접점 표시(─┤├─)가 나타난다. 계속하여 번지 P000을 누른 후 Enter Key를 누른다.

이때 화면 상단과 하단에 그림 기호와 문자 기호가 나타난다. 이하 전부 같다.

☞ ① Key In : F3 P 0 0 0 Enter┘   ☞ ② Key In : F4 P 0 0 1 Enter┘

② 커서 위치(▮ 표시)에서 기능키 F4(b접점 ─┤/├─ 기호, 화면 하단 표시), 번지 P001, Enter Key를 차례로 누르면 위의 2번째 그림이 나타난다.

③ 커서의 위치(▮ 표시)에서 기능키 F9(출력 표시 기호 ( )──┤ 화면 하단 표시), 번지 M000, Enter Key를 차례로 누르면 아래 그림이 나타난다.

☞ ③ Key In : F9 M 0 0 0 Enter┘   ☞ ④ Key In : F3 M 0 0 0 Enter┘

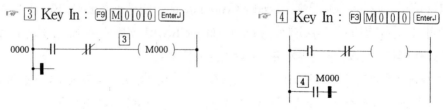

④ 커서의 위치(▮ 표시)에서 기능키 F3(a접점 기호-화면 하단 표시), 번지 M000, Enter Key를 차례로 누르면 위의 두 번째 그림이 나타난다.

⑤ 커서의 위치(▮ 표시)를 그림과 같이 위로 옮기고 기능키 F6(세로선 기호, 병렬 접속, 화면 하단 표시), Enter를 차례로 누르면 아래와 같다.

☞ ⑤ Key In : F6 EnterↃ   ☞ ⑥ Key In : F6 EnterↃ

⑥ 커서의 위치(▮ 표시)를 위 그림과 같이 옆으로 옮기고 기능키 F6(세로선 기호, 병렬 접속, 화면 하단 표시), Enter를 차례로 누르면 위 두 번째 그림과 같다.

⑦ 커서의 위치(▮ 표시)를 아래 그림과 같이 아래로 옮기고 기능키 F9(출력표시 기호), 번지 P010, Enter Key를 차례로 누르면 아래 그림과 같다

☞ ⑦ Key In : F9 P 0 1 0 EnterↃ   ☞ ⑧ Key In : F3 M 0 0 0 EnterↃ

⑧ 커서의 위치(▮ 표시)에서 기능키 F3(a접점 기호-화면 하단 표시), 번지 M000, Enter Key를 차례로 누르면 위 그림이 나타난다.

⑨ 커서의 위치(▮ 표시)에서 기능키 F10(타이머 표시 기호 ─┤├ 화면 하단 표시), 종류 TON, SP, 번지 T000, SP, 시간 00050, Enter Key를 차례로 누르면 아래 그림이 나타난다. (SP는 spacer 키의 표시이다. 이하 같다.) 여기서 TON 대신에 Shift키와 기능키 F1을 동시에 눌러도 된다. Shift Key를 누르면 기능키 표시 자리가 타이머, 카운터의 기능키로 변환된다. 즉 Shift와 F1을 누르면 TON 표시가 나타난다.

☞ ⑨ Key In : F10 T O N SpaceBar T 0 0 0 SpaceBar 0 0 0 5 0 EnterↃ

☞ ⑨ 다른 Key In 방법 : F10 Shift F1 T 0 0 0 SpaceBar 0 0 0 5 0 EnterↃ

☞ ⑩ Key In : F3 T 0 0 0 EnterↃ

⑩ 커서의 위치(■ 표시)에서 기능키 F3(a접점 기호−화면 하단 표시), 번지 T000, Enter Key를 차례로 누르면 위 두 번째 그림이 나타난다.

⑪ 커서의 위치(■ 표시)에서 기능키 F9(출력 표시 기호−화면 하단 표시), 번지 P011, Enter Key를 차례로 누르면 아래 그림이 나타난다.

⑫ 커서의 위치(■ 표시)에서 기능키 F10(화면 하단 표시), 문자 END, Enter Key를 차례로 누르면 위 2번째 그림이 나타난다.

⑬ Alt와 F7 키를 동시에 누르면 [Are You Sure? <Y/N>] 가 나타나고 Y를 누르면 회로에 스텝이 나타나고 하단에 Completed가 나타난다. 즉 스텝 실행(Program Convert)이 완료되고 그림 1-89와 같은 완성된 도면이 된다.

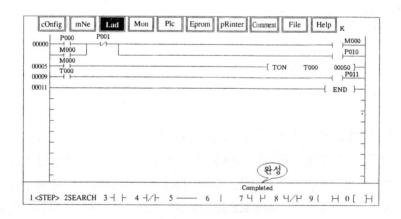

그림 1-89 래더도의 완성도

※ 삽입 : 삽입할 장소에 커서(cursor)를 옮기고 내용을 Key In한다.

　수정 : 수정할 장소에 커서를 옮기고 내용을 Key In한다.

　삭제 : 삭제할 장소에 커서를 놓고 Ctrl D Key In하면 1스텝이 삭제되고, 또 삭제할 장소에 커서를 놓고 Ctrl L Key In하면 1줄이 삭제된다.

⑭ Alt와 N을 동시에 누르면 그림 1-90과 같은 완성된 니모닉 프로그램으로 변환된다. 즉 니모닉 방식(Alt N)과 래더도 방식(Alt L)은 완성된 회로로 상호 변환된다.

| cOnfig | **mNe** | Lad | Mon | Plc | Eprom | pRinter | Comment | File | Help |

```
00000    LOAD         P000
00001    OR           M000
00002    AND NOT      P001
00003    OUT          M000
00004    OUT          P010
00005    LOAD         M000
00006    TON          T000
00007    <DATA>       00050
00009    LOAD         T000
00010    OUT          P011
00011    END<001>
▶ 00012    NOP<000>
00013    NOP<000>
00014    NOP<000>
00015    NOP<000>
00016    NOP<000>
00017    NOP<000>
00018    NOP<000>
NOP
```

1 <STEP> 2SEARCH 3 LOAD 4 AND 5 OR 6 NOT 7 OUT 8 SET 9 RST 0 OP SCH

그림 1-90 완성된 니모닉 프로그램

3) 니모닉 방식의 프로그램

초기 조작의 ⑦ 상태에서 ALT Key와 문자 N을 동시에 누르면 니모닉 프로그램 작성용 초기 화면이 그림 1-91과 같이 나타난다.

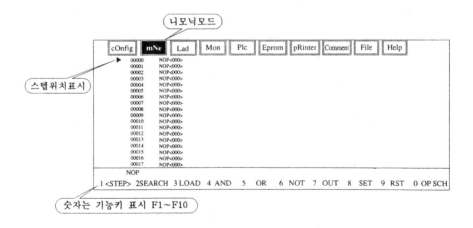

그림 1-91 니모닉 프로그램의 초기화면

① 0000 스텝 : P000번지부터 입력, F3 P 0 0 0 Enter↵ — LOAD P000

② 0001 스텝 : 병렬, 유지, F5 M 0 0 0 Enter↵ — OR M000

③ 0002 스텝 : 직렬 b접점, 정지, F4 F6 P 0 0 1 Enter↵ — AND NOT P001

④ 0003 스텝 : 내부 출력, F7 M 0 0 0 Enter↵ — OUT M000

⑤ 0004 스텝 : 출력, F7 |P|0|1|0| Enter↵ — OUT P010

⑥ 0005 스텝 : 회로 시작, F3 |M|0|0|0| Enter↵ — LOAD M000

⑦ 0006 스텝 : 타이머, |T|O|N| Space Bar |T|0|0|0| Space Bar |0|0|0|5|0| Enter↵ 하면 6스텝 — TON T000, 7스텝 — ⟨DATA⟩ 00050이 코딩된다.

☞ 종류 TON 대신에 Shift F1 키를 동시에 눌러도 된다.

⑧ 0009 스텝 : 회로 시작, F3 |T|0|0|0| Enter↵ — LOAD T000.

⑨ 0010 스텝 : 출력, F7 |P|0|1|1| Enter↵ — OUT P011.

⑩ 0011 스텝 : 끝, |E|N|D| Enter↵ — END(001).

☞ 이 상태가 프로그램이 완료된 상태이고 그림 1-90과 같이 된다.

⑪ Alt L을 동시에 누르면 그림 1-89와 같이 래더 회로 방식으로 변환된다.

● 예제 1-32 ●

그림의 PLC 시퀀스에 대한 프로그램에 번지를 적으시오. 단, 회로시작(LOAD), 출력(OUT), AND, OR, NOT 명령을 사용한다.

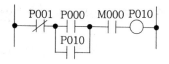

step	op	add	step	op	add
0	LOAD NOT	①	3	AND LOAD	—
1	LOAD	②	4	AND	④
2	OR	③	5	OUT	⑤

【풀이】

P001은 P000과 P010의 병렬 회로와 그룹 직렬이다. P000을 먼저 입력하면 3 step의 AND LOAD는 필요없다.

① P001　　② P000　　③ P010　　④ M000　　⑤ P010

● 예제 1-33 ●

그림의 PLC 시퀀스에 대한 프로그램을 완성하시오. 단, 회로시작(LOAD), 출력(OUT), AND, OR, NOT 및 그룹간은 AND LOAD, OR LOAD 명령을 사용한다.

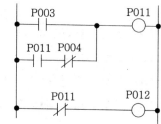

step	op	add	step	op	add
0	LOAD	P011	3	OUT	P011
1	①	②	4	⑤	P011
2	③	④	5	⑥	P012

【풀이】

P003은 P011과 P004의 직렬 회로와 그룹 병렬이고 P011을 먼저 입력하였으므로

①~②번 : AND NOT P004　　　　　　　　③~④번 : OR P003

⑤번 : 회로 시작 b접점 LOAD NOT　　　　⑥번 : 출력 OUT

● 예제 1-34 ●

그림의 PLC 시퀀스에 대한 프로그램을 완성하시오. 단, 회로시작(LOAD), 출력(OUT), AND, OR, NOT 및 그룹간은 AND LOAD, OR LOAD 명령을 사용한다.

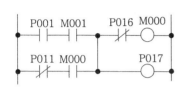

step	op	add	step	op	add
0	LOAD	P001	4	②	—
1	AND	M001	5	OUT	③
2	①	P011	6	④	P016
3	AND	M000	7	OUT	⑤

【풀이】

0~1 step과 2~3 step의 직렬 회로는 그룹 병렬이고 그 출력은 P017이 되며 여기에 P016이 직렬이 된다.

① LOAD NOT　　　② OR LOAD　　　③ P017　　　④ AND NOT　　　⑤ M000

● 예제 1-35 ●

그림의 PLC 시퀀스의 프로그램에서 잘못된 곳이 3군데 있다. 찾아서 스텝을 밝히고 답란에 수정하시오. 단, 회로시작(STR), 출력(OUT), AND, OR, NOT 및 그룹간은 AND STR, OR, STR 명령을 사용한다.

step	op	add	step	op	add
0	STR	170	5	AND	174
1	OR	171	6	OR	175
2	AND	172	7	AND STR	—
3	OR NOT	173	8	OUT	175
4	OR	—	9	OUT	20

【풀이】

(STR-170, OR-171) (STR-172, OR NOT-173) (STR-174 OR-175)의 3그룹이 직렬 (AND STR)이다. 따라서 2스텝은 회로 시작 STR, 4스텝은 앞의 두 그룹의 직렬(AND STR)이고 5스텝은 회로 시작 STR가 된다.

● 예제 1-36 ●

그림의 PLC 시퀀스에 대한 프로그램을 완성하시오. 단, 회로시작(LOAD), 출력(OUT), AND, OR, NOT, 타이머(TMR), 설정값(〈DATA〉)의 명령어을 사용한다.

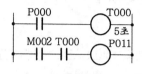

step	op	add	step	op	add
0	LOAD	①	4	④	M002
1	②	③	5	⑤	⑥
2	〈DATA〉	00050	6	⑦	P011

【풀이】

설정값은 0.1초 단위이고 2스텝이 소요된다. 차례로 프로그램하면

LOAD P000, TMR T000, 〈DATA〉 00050,

LOAD M002, AND T000, OUT P011,

① P000　② TMR　③ T000　④ LOAD
⑤ AND　⑥ T000　⑦ OUT

● 예제 1-37 ●

그림의 로직 회로의 논리식을 쓰고 프로그램을 완성하시오. 또 래더 다이어그램과 유접점 회로를 각각 그리시오. 단 회로 시작(STR), 출력(OUT), AND, OR, NOT의 명령어을 사용한다.

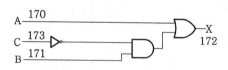

step	op	add
10	STR	①
11	②	③
12	④	⑤
13	⑥	172

【풀이】

논리식 $X = A + B\overline{C} = 170 + 171 \cdot \overline{173} = 172$ 이고 스텝수가 4개이므로 171부터 프로그램한다. STR 171, AND NOT 173, OR 170, OUT 172

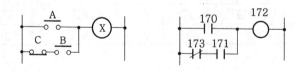

● 예제 1-38 ●

표의 PLC 프로그램을 보고 물음에 답하시오.

(1) 번지로 논리식을 쓰시오.

(2) 논리 회로를 그리고 NAND만의 회로로 바꾸
시오.

(3) 래더 다이어그램을 그리시오. 단, 회로시작
(STR), 출력(OUT), AND, OR, NOT의
명령어을 사용한다.

step	op	add
10	STR NOT	170
11	AND	171
12	OR	170
13	OUT	172

【풀이】

170(b접점)에 171이 직렬이고 여기에 170이 병렬로 되어 출력 172가 된다.

논리식 $172 = \overline{170} \cdot 171 + 170$

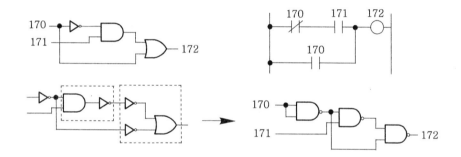

● 예제 1-39 ●

논리식 $X = (A + B)(C + \overline{B}\,\overline{C})$ 에 대한 PLC 래더 다이어그램을 그리고 프로그램하시
오. 단, 번지 A—M001, B—M002, C—M003, X—M005이고 회로시작—LOAD, 출력—
OUT, AND, OR, NOT, 그룹 직렬—AND LOAD, 그룹 병렬—OR LOAD의 명령을 사용
한다.

【풀이】

A, B의 병렬 회로, b접점 B,C 직렬에 C의 병렬 회로, 이 두 회로(그룹)의 직렬(AND
LOAD)이다.

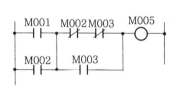

step	op	add	step	op	add
0	LOAD	M001	4	OR	M003
1	OR	M002	5	AND LOAD	—
2	LOAD NOT	M002	6	OUT	M005
3	AND NOT	M003	7	—	

● 예제 1-40 ●

그림은 서로 등가이다. 물음에 답하시오.

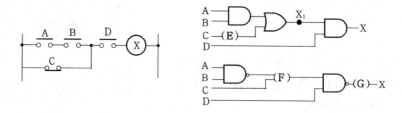

(1) (E)에 알맞은 논리 회로의 기호와 이름을 쓰시오.

(2) X_1과 X의 논리식을 쓰시오.

(3) (F)(G)에 알맞은 논리 회로를 각각 예와 같이 그리시오. (예 : ⊐D–)

(4) PLC 래더 다이어그램을 그리고 표에 프로그램하시오. 단, 번지는 ⊗–P010, A~ D–P011~P014이며 명령어는 회로 시작–LOAD, 출력–OUT, AND, OR, NOT를 사용하고 0스텝부터 코딩한다.

【풀이】

(1) C는 b접점이므로 NOT를 포함한다. NOT –▷–

(2) AB 직렬 AND에 b접점 C의 병렬 OR, 여기에 D의 직렬 AND이다.

$$X_1 = AB + \overline{C} \qquad X = (AB + \overline{C})D \leftarrow X_1 D$$

(3) NAND 회로만으로 구성된다.

(4) A(P011), B(P012) 직렬 AND에 b접점(NOT) C(P013)의 병렬 OR, 여기에 D(P014)의 직렬 AND가 출력 X(P010)이다.

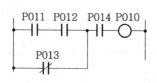

step	op	add	step	op	add
0	LOAD	P011	3	AND	P014
1	AND	P012	4	OUT	P010
2	OR NOT	P013	5	–	–

● 예제 1-41 ●

그림 (a)와 같은 PLC 시퀀스가 있다. (1), (2)의 물음에 답하시오. 여기서 D는 역방향 저지
다이오드이다.

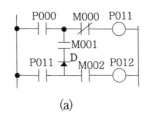 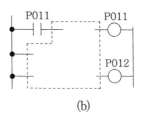

(a)   (b)

(1) 다이오드를 제거하기 위하여 시퀀스를 수정해야
한다. 그림 (b)란에 P011부터 시작하는 수정된
그림을 완성하고 번지를 적어 넣으시오.

(2) 표의 PLC 프로그램을 완성하시오.
명령어는 LOAD, AND, OR, NOT, OUT을
사용한다.

【풀이】

(1) PLC에서는 좌에서 우로의 한 방향으로만 신호가
흐른다. 따라서 P011과 M001의 직렬에 P000을
병렬로 하고 여기에 M000을 직렬로 출력 P011이
생기고 출력 P012는 P011과 M002의 직렬로 생
긴다.

(2) ① AND   ② P000   ③ AND NOT
④ OUT   ⑤ P011   ⑥ P012

step	op	add
10	LOAD	P011
11	①	M001
12	OR	②
13	③	M000
14	④	P011
15	LOAD	⑤
16	AND	M002
17	OUT	⑥

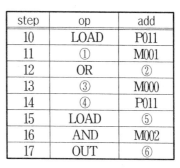

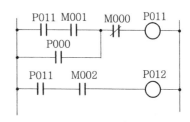

🖉 연습문제 1-22

그림의 PLC 래더 회로에서 1번지부터 코딩
하여 0~9스텝으로 프로그램하시오. 단, 회
로 시작(STR), 출력(OUT), AND, OR,
NOT 및 그룹간은 AND STR, OR STR 명
령어를 사용한다.

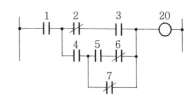

🎵 **연습문제 1-23**

다음 논리식을 간단히 한 후에 그 식에 대한 유접점 회로, 무접점 회로, PLC 래더 회로와 니모닉 프로그램을 각각 작성하시오. 단, 명령어는 회로시작 LOAD, 출력 OUT, AND, OR, NOT를 사용하고 번지는 A-M001, B-M002, C-M003, X-M005로 한다.

$$X = \overline{A}\,\overline{B}C + \overline{A}BC + A\overline{B}C + A\overline{B}\,\overline{C} + AB\overline{C} + ABC$$

🎵 **연습문제 1-24**

그림에서 Ⓐ의 논리식을 쓰고 답지에 PLC 프로그램의 (03~13스텝)을 보기에서 골라 완성하시오.

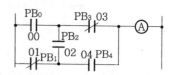

〔보기〕

1. STR : 입력 a접점 신호
2. STRN : 입력 b접점 신호
3. OR : OR gate
4. AND : AND gate
5. ORN : OR b접점
6. ANDN : AND b접점
7. OB : 병렬 접속점
8. OUT : 출력
9. X : 외부 신호(접점)
10. Y : 내부 신호(접점)
11. END : 끝
12. W : 각 번지 끝

차례	명령어	데이터	비고	차례	명령어	데이터	비고
01	STR	X, 00(PB0)	W	09			W
02	ANDN	X, 03(PB3)	W	10			W
03			W	11			W
04			W	12			W
05			W	13			W
06			W	14	OUT	A	W
07			W	15	END	—	W
08			W	—	—	—	—

🎵 **연습문제 1-25**

다음 프로그램을 보고 물음에 답하시오.

단, 1. STR : 입력 a접점 신호
2. STRN : 입력 b접점 신호
3. OR : OR a접점
4. AND : AND a접점
5. ORN : OR b접점
6. ANDN : AND b접점
7. OB : 병렬 접속점
8. OUT : 출력
9. END : 끝
10. W : 각 번지 끝

차례	명령어	데이터	비고	차례	명령어	데이터	비고
01	STR	001	W	07	ANDN	002	W
02	STR	003	W	08	OR	003	W
03	ANDN	002	W	09	OB		W
04	OB		W	10	OUT	200	W
05	OUT	100	W	11	END		W
06	STR	001	W	12			

(1) PLC 래더도와 무접점 논리 회로를 답지에 완성하시오.

(2) 001, 002, 003의 각각 1개의 번지만를 사용하여 답지의 회로도를 완성하시오. 단, 양방향 신호의 흐름을 인정한다.

🖙 인습문제 1-26

릴레이 X가 접점 A, B, C의 함수로서 PLC 시퀀스의 일부가 그림과 같을 때 물음에 답하시오.

(1) 입력 A,B,C를 사용하여 논리식을 표시하시오.

(2) PLC 프로그램을 완성하시오. 단 명령어는 LOAD, AND, OR, NOT, OUT를 사용한다.

(3) 릴레이 회로를 답지에 완성하시오.

(4) AND, OR, NOT 기호를 사용하여 로직 회로를 답지에 완성하시오.

(5) 위 로직 회로에서 2입력 NOR 회로만의 등가 로직 회로를 답지에 완성하시오.

step	op	add
10	LOAD	M001
11	①	M002
12	②	M002
13	③	M003
14	④	M003
15	AND LOAD	—
16	OUT	⑤
17	LOAD	M000
18	이하생략	

💣 연습문제 해답

【1-1】

$X_1 = 0$ – ABC 3입력이 동시에 H레벨인 구역은 없다.

$X_2 = $ g ⌐f~b a – ABC 3입력 중 하나라도 H레벨인 구역은 b~f이다.

$X_3 = $ ⌐c⌐ – AB 2입력이 동시에 H레벨인 구역은 없고 입력 = 출력인 c구역뿐이다.

$X_4 = 0$ – 입력 A 혹은 B가 입력 C와 동시에 H레벨이 되는 구역은 없다.

【1-2】

A, B, C 직렬 AND에 D 병렬 OR이고, 3입력 AND 회로는 2입력 AND 회로 2개로 한다.

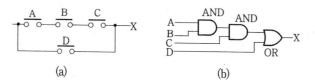

(a)　　　　　　　　　　　　　　　(b)

【1-3】

2입력 회로 2개로 3입력 회로 1개를 얻는다.

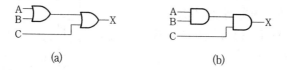

(a)　　　　　　　　　　　　　　　(b)

【1-4】

AND 회로는 2 입력이 동시에 주어진 3~5 구간에만 출력이 생긴다.

OR 회로는 하나의 입력만 주어도 출력이 생기므로 1~6, 8~9, 10~12 구간이 된다.

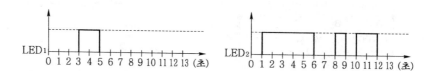

【1-5】

X_1은 A$\overline{\text{B}}$ AND와 $\overline{\text{B}}$C AND의 OR이고 $\overline{\text{B}}$는 NOT 회로를 포함한다.

진리표는 A$\overline{\text{B}}$ AND의 (1,0)과 $\overline{\text{B}}$C AND의 (0,1)에서 X_1은 각각 1이 된다. 즉 B가 없을 때 A, C 중 하나만 있어도 출력이 생긴다.

X_2는 3입력 AND 3개의 OR이고 $\overline{\text{A}}\,\overline{\text{B}}$C – 001, $\overline{\text{A}}$B$\overline{\text{C}}$ – 010, A$\overline{\text{B}}\,\overline{\text{C}}$ – 100에서 각각 1이 된다. 즉 A, B, C 중 하나만 있을 때 출력이 생긴다.

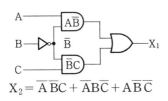

A	B	C	X_1	X_2	A	B	C	X_1	X_2
0	0	0	0	0	1	0	0	1	1
0	0	1	1	1	1	0	1	1	0
0	1	0	0	1	1	1	0	0	0
0	1	1	0	0	1	1	1	0	0

$$X_2 = \overline{A}\,\overline{B}C + \overline{A}B\overline{C} + A\overline{B}\,\overline{C}$$

【1-6】

(a) AND – M은 R_1, R_2의 직렬   (b) OR – M은 R_1, R_2의 병렬

(c) NOT – M은 $\overline{R}$로 동작한다.

【1-7】

(a) $X = AB$ (b) $X = A + B$ (c) $X = \overline{AB}$

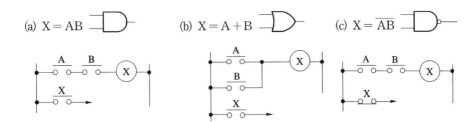

【1-8】

$$\begin{aligned} PL &= \overline{X_3} + X_4 \\ &= \overline{X_3} + X_1 X_2 \\ &= \overline{C} + AB \end{aligned}$$

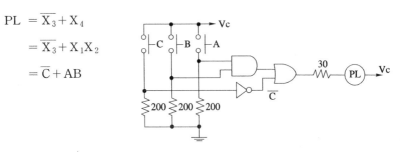

【1-9】

식 $Z = \overline{AB} + C$ 이고 위에서 차례로 11111이다.

(A가 1, B가 1이고 C가 0일 때에만 출력이 0이고 그 외는 1이다)

【1-10】

$X = ABC + \overline{A}\,\overline{B}$, 즉 ABC 모두 H이거나 AB 모두 L일 때 X가 H레벨이 된다.

A	L	L	L	L	H	H	H	H
B	L	L	H	H	L	L	H	H
C	L	H	L	H	L	H	L	H
X	H	H	L	L	L	L	L	H

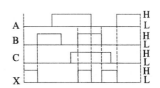

【1-11】

$$X_1 = \overline{A}B$$

$$X_2 = \overline{A\overline{B}}$$

$$X_3 = \overline{A\,B} = \overline{A+B}$$

$$X_4 = \overline{\overline{A\,\overline{B}}} = A+B$$

$$X_5 = \overline{A}+B$$

$$X_6 = \overline{A+\overline{B}} = AB$$

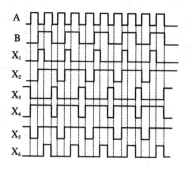

【1-12】

① NOR 회로

② OR 회로

③ AND 회로

④ AND 회로

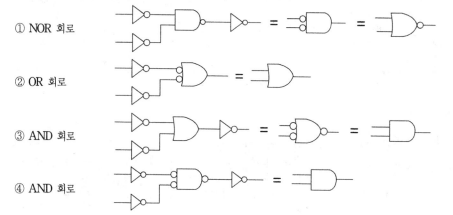

【1-13】

(1) A B(b접점) 직렬, A(b접점) B 병렬과 C(b접점) 직렬, 두 직렬의 병렬

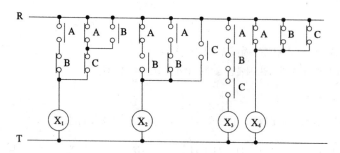

(2) A(b접점) B 직렬, A B(b접점) 직렬, C의 3입력 병렬

(3) A, B, C의 3입력 직렬

(4) 각각 b접점 A, B, C의 3입력 병렬

【1-14】

$$R = AC + AB + ABC = AC + AB(1+C) = AC + AB = A(B+C)$$

$$Y = \overline{A}BC + A\overline{B}\,\overline{C}$$

$$G = \overline{A}\,\overline{B}\,\overline{C} + \overline{A}\,\overline{B}C + \overline{A}B\overline{C} = \overline{A}\,\overline{B}(\overline{C}+C) + \overline{A}B\overline{C}$$

$$= \overline{A}(\overline{B}+B\overline{C}) = \overline{A}(\overline{B}+B)(\overline{B}+\overline{C}) = \overline{A}(\overline{B}+\overline{C})$$

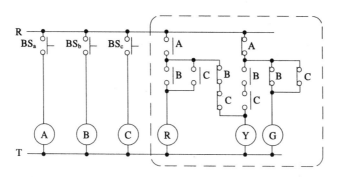

【1-15】

3입력 AND 회로 4개의 OR 회로이다.

$$X = \overline{A}\,\overline{B}\,\overline{C} + \overline{A}\,\overline{B}C + \overline{A}BC + \overline{A}B\overline{C}$$

$$= \overline{A}\,\overline{B}(\overline{C}+C) + \overline{A}B(C+\overline{C})$$

$$= \overline{A}\,\overline{B} + \overline{A}B = \overline{A}(\overline{B}+B) = \overline{A}$$

$$(\because\ C+\overline{C} = B+\overline{B} = 1)$$

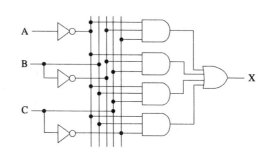

【1-16】

(1) $X = A(A+B+C) = AA + AB + AC$

$\qquad = A(1+B+C) = A \quad (\because\ AA=A,\ 1+B+C=1)$

(2) $Y = AB + \overline{A}C + BCD$

$\qquad = AB + \overline{A}C + BCD(A+\overline{A}) \quad (\because\ A+\overline{A}=1)$

$\qquad = AB + \overline{A}C + ABCD + \overline{A}BCD$

$\qquad = AB(1+CD) + \overline{A}C(1+BD) \quad (\because\ 1+CD=1+BD=1)$

$\qquad = AB + \overline{A}C$

(3) $Z = \overline{A}C + BC + AB + \overline{B}C = \overline{A}C + AB + C(B+\overline{B})$

$\qquad = \overline{A}C + AB + C = C(\overline{A}+1) + AB = C + AB$

【1-17】

(1) $X = \overline{A}\,\overline{B}\overline{C} + A\overline{B}\overline{C} + \overline{A}B\overline{C} + AB\overline{C} = \overline{B}\,\overline{C}(\overline{A} + A) + B\overline{C}(\overline{A} + A)$

$= \overline{B}\,\overline{C} + B\overline{C} = \overline{C}(\overline{B} + B) = \overline{C}$ 　 $(\because A + \overline{A} = B + \overline{B} = 1)$

그림에서 묶음원이 하나이고 변하지 않는 식은 $\overline{C}$ 뿐이다.

(2) $Y = \overline{A}BC + \overline{A}B\overline{C} + \overline{A}\,\overline{B}C + \overline{A}\,\overline{B}\,\overline{C} = \overline{A}B(C + \overline{C}) + \overline{A}\,\overline{B}(C + \overline{C})$

$= \overline{A}B + \overline{A}\,\overline{B} = \overline{A}(B + \overline{B}) = \overline{A}$

그림에서 묶음원이 하나이고 변하지 않는 식은 $\overline{A}$ 뿐이다.

A\BC	$\overline{B}\,\overline{C}$	$\overline{B}C$	BC	$B\overline{C}$
$\overline{A}$	1			1
A	1			1

A\BC	00	01	11	10
0	1	1	1	1
1				

【1-18】

(1) $Y = (A + B)(\overline{A} + B) = A\overline{A} + AB + B\overline{A} + BB = 0 + B(A + \overline{A}) + B$

$= B + B = B$ 　 $(\because A\overline{A} = 0, \; BB = B + B = B)$

(2) $L = XY + X + Z = X(1 + Y) + Z = X + Z$ 　 $(\because 1 + Y = 1)$

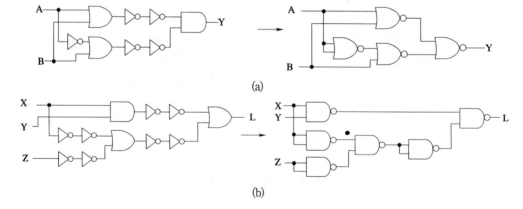

(a)

(b)

【1-19】

3입력 AND 회로 3개의 OR 회로이다.

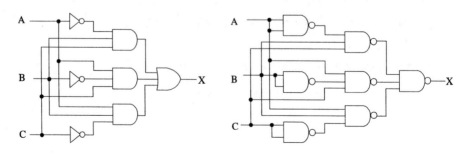

【1-20】

(가) (a) $X = A\overline{B} + \overline{A}B + \overline{C}$

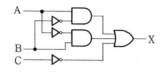

(b) $X = A\overline{B}C$

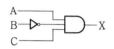

(c) $X = AB\overline{C}$

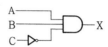

(나) (a)+(b) $X = A\overline{B} + \overline{A}B + \overline{C} + A\overline{B}C$

$\qquad = A\overline{B}(1 + C) + \overline{A}B + \overline{C}$

$\qquad = A\overline{B} + \overline{A}B + \overline{C}$

(a)+(c) $X = A\overline{B} + \overline{A}B + \overline{C} + AB\overline{C}$

$\qquad = A\overline{B} + \overline{A}B + \overline{C}(1 + AB)$

$\qquad = A\overline{B} + \overline{A}B + \overline{C}$

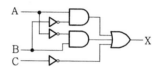

【1-21】

$Z = (A + B + \overline{C})(A\overline{B}C + AB\overline{C})$

$\quad = (A + B + \overline{C})A(\overline{B}C + B\overline{C})$

$\quad = (AA + AB + A\overline{C})(\overline{B}C + B\overline{C}) \quad (\because AA = A)$

$\quad = A(1 + B + \overline{C})(\overline{B}C + B\overline{C}) \quad (\because 1 + B + \overline{C} = 1)$

$\quad = A(\overline{B}C + B\overline{C})$

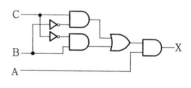

【1-22】

5, 6 직렬에 7 병렬, 이것과 4 직렬, 여기에 2,3 직렬과 그룹 병렬, 또 이것과 1은 그룹 직렬이 된다. (1), (2, 3), (5, 6, 7, 4) 순으로 프로그램하면 아래와 같다.

step	op	add	step	op	add
0	STR	1	5	OR NOT	7
1	STR NOT	2	6	AND	4
2	AND	3	7	OR STR	—
3	STR	5	8	AND STR	—
4	AND NOT	6	9	OUT	20

【1-23】

$$X = \overline{A}C(\overline{B}+B) + A\,\overline{B}(C+\overline{C}) + AB(\overline{C}+C)$$

$$= \overline{A}C + A(B+\overline{B})$$

$$\doteqdot \overline{A}C + A \quad (별해 : A\overline{C}+C)$$

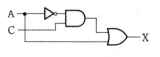

step	op	add
10	LOAD NOT	M001
11	AND	M003
12	OR	M001
13	OUT	M005

【1-24】

PLC에서 신호의 흐름은 좌에서 우로의 한 방향이므로 02 번지는 분리 수정해야 한다. 즉 그림과 같이 출력 A에 대한 신호의 흐름이 4회로로 된다.

논리식은 그림(a)에서 구하고. 프로그램은 그림 (b)의 회로로 한다. 여기서 버튼 스위치 PB는 외부신호(X)임에 유의한다.

$$A = (00 + \overline{01} \cdot 02)\,\overline{03} + (00 \cdot 02 + \overline{01})04$$

03 - STRN X, 01(PB₁)   04 - AND X, 02(PB₂)   05 - ANDN X, 03(PB₃)

06 - OB   07 - STR X, 00(PB₀)   08 - AND X, 02(PB₂)

09 - AND X, 04(PB₄)   10 - OB   11 - STRN X, 01(PB₁)

12 - AND X, 04(PB₄)   13 - OB

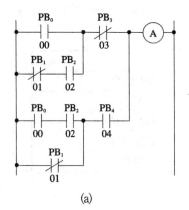

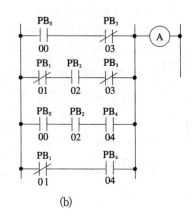

(a)   (b)

【1-25】

출력 100은 003과 002(b접점)의 직렬에 001의 병렬(OB) 회로이고

출력 200은 001과 002(b접점)의 직렬에 003의 병렬(OB) 회로이다.

002가 두 출력 회로에 직렬 공통으로 넣으면 2)번이 해결된다.

1)

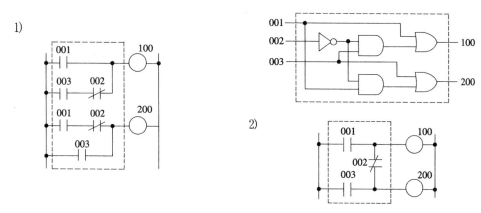

2)

【1-26】

a접점 A와 B의 병렬 OR 회로, b접점 B와 C의 직렬 AND에 a접점 C의 병렬 OR 회로, 이 두 회로의 직렬
(그룹 직렬 AND LOAD)로 출력 X가 생긴다.

NOR 회로는  를 이용한다.

1) $X = (A + B)(\overline{B}\,\overline{C} + C)$

2) ① OR　　　② LOAD NOT　　　③ AND NOT　　　④ OR　　　⑤ M000

3)

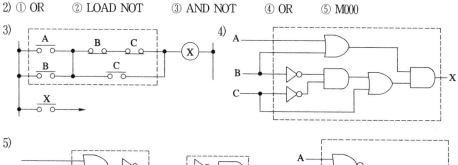

4)

5)

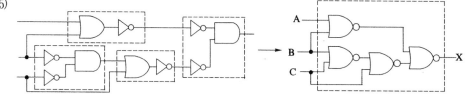

제 2 편

기본 논리와 제어 회로

유지 회로

기기를 동작 운전시킬 때 운전 상태가 계속 유지될 수 있도록 하는 시퀀스를 유지 회로 self holding circuit 라고 하고 아래와 같이 설명된다.

① 릴레이 회로의 자기 유지 회로 : 릴레이 자신의 접점으로 회로를 유지한다.

② 되먹임 유지 회로 : 출력 신호를 Logic-OR 회로의 입력 신호로 되먹임(feed back)하여 회로를 유지한다.

③ 플립 플롭 : 기동 입력(set)을 주면 출력이 생기고 정지 입력(reset)을 주면 출력이 없어지는 회로를 플립 플롭(FF flip flop) 회로라고 하고 쌍안정 회로와 같다.

④ 기억 회로 : 현재의 신호 상태를 기억해 둘 수 있는 회로를 말한다.

⑤ 변화 입력 신호를 상태 출력 신호로 변환하는 회로 등을 유지 회로라고 한다.

1. 릴레이 시퀀스 relay sequence

그림 2-1(a)는 입력 스위치 SW를 닫으면 출력 램프 Ⓛ이 점등되고 계속 유지된다. 그러나 시퀀스에서는 입력 기구로 유지형 스위치를 사용하지 않고 푸시 버튼 스위치 BS를 사용한다.

그림 (b)는 버튼 스위치 BS를 누르면 램프 Ⓛ이 점등되고 스위치 BS를 놓으면 램프 Ⓛ이 소등되어 램프의 점등이 유지되지 못한다.

그림 (c)는 보조 릴레이 Ⓧ를 사용한 회로이다. BS를 누르면 릴레이 Ⓧ가 동작하여 접점 X가 닫히므로 램프 Ⓛ이 점등되고, BS를 놓으면 릴레이 Ⓧ가 복구하여 램프 Ⓛ이 소등되어 램프의 점등이 역시 유지되지 못한다. 그러나 그림 (d)는 BS를 누르면 릴레이 Ⓧ가 동작하여 접점 X가 닫히고 램프 Ⓛ이 점등되며, BS를 놓아도 접점 X에 의하여 릴레이 Ⓧ에 전기가 계속 공급되므로 릴레이 Ⓧ가 동작을 계속하고 램프 Ⓛ의 점등이 유지된다.

그림 (d)와 같이 릴레이 자신의 접점에 의하여 동작 회로를 구성하고 스스로 동작을 유지하는 회로를 유지 회로라고 하며 복구(정지) 신호를 주어야 비로소 복구한다. 이 회로는 미완성 유지 회로이고 접점 X를 자기 유지 접점이라고 하며 BS와 병렬로 접속한다.

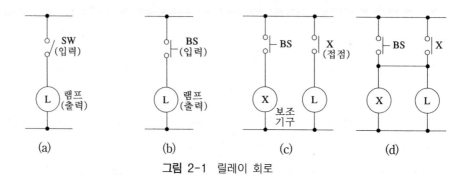

그림 2-1 릴레이 회로

그림 2-2는 일반적인 유지 회로와 그 타임 차트이다. 참고도를 참조하면

① 기동 입력 BS_1을 주면(눌렀다 놓는다)

② 유지용 보조 릴레이 Ⓧ가 동작하고,

③ 자기 접점 $X_{(1)}$로 유지하며, 동시에

④ 출력 접점 $X_{(2)}$로 출력 램프 Ⓛ이 동작(점등)한다.

⑤ 정지 입력 BS_2를 주면(눌렀다 놓는다) 보조 릴레이 Ⓧ가 복구하고 접점 $X_{(1)}$이 열려 유지가 해제되며 접점 $X_{(2)}$가 열려 램프 Ⓛ이 복구(소등)한다.

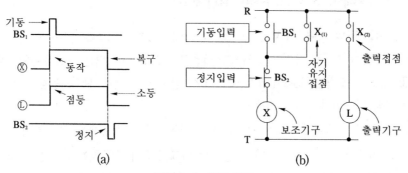

그림 2-2 유지 회로

※ 그림 2-2와 참고도에서

① 기동 입력 신호 BS_1을 누르면 Ⓧ에 전기가 통하고 BS_1을 놓으면 전기가 끊어진다. 즉 기동이란 BS_1을 잠시동안 눌렀다 놓는 것과 같다. 따라서 BS_1을 누르는 순간 릴레이 Ⓧ에 전기가 통하여 Ⓧ가 동작(여자)하고 자기 접점($X_{(1)}$)이 닫혀서 유지(전기를 계속 공급받는다)한다.

　기동 : ≪ 전원 R − BS_1 닫힘 − BS_2 − Ⓧ − 전원 T ≫

　유지 : ≪ 전원 R − 접점 $X_{(1)}$ 닫힘 − BS_2 − Ⓧ − 전원 T ≫

② 접점 $X_{(2)}$는 닫혀서 출력 램프 Ⓛ에 전기를 공급하여 램프가 점등된다.

　출력 : ≪ 전원 R − 접점 $X_{(2)}$ 닫힘 − Ⓛ − 전원 T ≫

③ 정지 입력 신호 BS_2를 누르면 Ⓧ에 전기가 끊어지고 BS_2를 놓으면 전기선이 통한다. 즉 정지 신호란 BS_2를 잠깐 동안 눌렀다 놓는 것과 같다. 따라서 BS_2를 누르는 순간 릴레이 Ⓧ에 전기가 끊어져 Ⓧ가 복구한다.

　정지 : ≪ 전원 R − 접점 $X_{(1)}$ 닫혀있음 − BS_2 열림 − Ⓧ복구 − 전원 T ≫

④ 보조 릴레이 Ⓧ는 BS_1을 누르면 전기를 공급받아 순간 동작하고 자기 접점($X_{(1)}$)으로 유지하며(전기를 계속 받아 동작 중) BS_2를 누르면 전기가 끊겨 순간 복구한다.

⑤ 릴레이가 동작한다는 것은 릴레이 몸체가 전자석이 되어(여자) 접점을 열고 닫는 것을 말한다. 즉 접점의 개폐 동작이 릴레이의 동작(복구)이 된다.

⑥ 릴레이 Ⓧ는 입력(BS_1, BS_2)을 주어 출력(램프 Ⓛ)을 얻는데 도와주는(유지시키는) 역할을 하므로 보조기구, 유지기구, 보조 릴레이라고 한다. 즉 릴레이 Ⓧ의 사용 목적은 회로

참고도

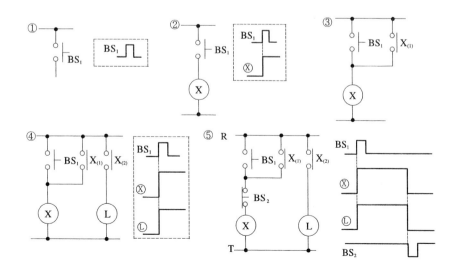

를 유지하는데 있다. 따라서 릴레이 시퀸스는 입력 기구(BS₁, BS₂), 보조 기구(Ⓧ), 출력 기구(Ⓛ)로 구성됨을 알 수 있고 또 보조 기구로 릴레이가 사용됨을 알 수 있다.

⑦ BS₁을 누르면 릴레이 Ⓧ에 전기가 공급되므로 H 입력(_⎍_)형이 되고 전기를 통하는 시간은 대단히 짧은 순간이 된다. 또 BS₂를 누르면 릴레이 Ⓧ에 전기가 끊어지므로 L 입력(⎍_⎍)형이 되며 전기가 끊어지는 시간은 대단히 짧은 순간이 된다.

⑧ 기동 입력은 램프를 점등시키고, 정지 입력은 램프를 소등시키므로 두 입력은 점등과 소등의 상태 변화를 나타내는 변화 신호가 된다. 또 램프는 일정 시간 점등되어 있으므로 상태 신호가 된다. 따라서 유지 회로는 변화 신호 입력(기동, 정지 BS)을 주어 상태 신호 출력(Ⓛ)을 얻는 것이 된다.

그림 2-2에서 출력 기구와 정지 입력 기구의 접속을 각각 그림 2-3과 같이 하여도 된다.

① 그림(a), (b), (c)와 같이 출력 램프 Ⓛ을 릴레이 Ⓧ에 병렬로 접속하면 회로가 간단하여 많이 사용된다.

② 그림(c)는 정지 신호 BS₂로 전원선 R의 전기를 끊어 정지시키는 경우로서 회로 전체를 정지시키는 비상 정지, 긴급 정지를 겸하므로 복잡한 회로에 많이 사용된다..

③ 그림(d)는 유지 접점(회로)에 직렬로 정지 신호 BS₂를 접속한 것으로 기동 우선 유지 회로라고 하고 특별한 경우에만 사용한다. 이에 대하여 그림 2-2는 정지 우선 유지 회로이고 보통 유지 회로라고 한다.

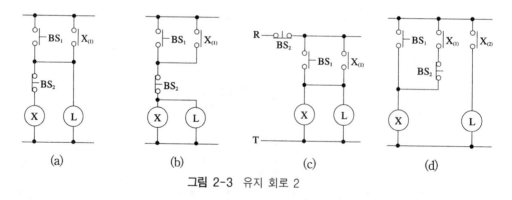

(a)　　　　　(b)　　　　　(c)　　　　　(d)

그림 2-3 유지 회로 2

●예제 2-1●

다음 문장의 ( )속에 적당한 말을 넣어 문장을 완성하시오.

　그림 (a)에서 스위치 BS₁을 ON 조작한 후 손을 떼어도 램프는 (①)등이 계속된다. 이러한 회로를 (②) 회로라 하고 BS₁이 일단 ON이 된 것을 기억하는 기능이 된다. 스위치 BS₂를 OFF 조작하면 릴레이가 (③)되어 (④)가 해제된다.

그림 (b)와 같은 타이밍으로 BS₁, BS₂를 ON, OFF 조작한 경우에 램프는 시간(t) (⑤)~
(⑥) 동안만 점등한다.

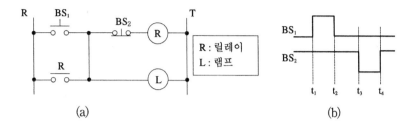

(a)   (b)

【풀이】

t₁초에 BS₁을 ON 조작하면 릴레이 Ⓡ이 동작(여자)하여 유지 접점 R이 닫히고 램프 Ⓛ이 점
등한다. t₃초에 BS₂를 OFF 조작하면 릴레이 Ⓡ이 복구(무여자)하여 유지 접점 R이 열리고
램프 Ⓛ이 소등한다.

① 점   ② (자기)유지   ③ 복구(무여자)   ④ (자기)유지   ⑤ t₁   ⑥ t₃

● 예제 2-2 ●

아래 그림과 같은 회로에서 릴레이 Ⓡ과 램프 Ⓛ의 동작을 타임 차트에 완성하시오. 단 BS는
버튼 스위치, LS는 리밋 스위치이다.

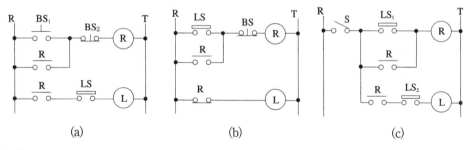

(a)   (b)   (c)

【풀이】

(a) 릴레이 Ⓡ은 BS₁로 동작하고 BS₂로 복구한다. Ⓛ은 R접점과 LS의 직렬로 점등한다.

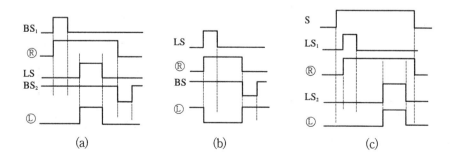

(a)   (b)   (c)

(b) 릴레이 ®은 LS로 동작하고 BS로 복구한다. ⓛ은 ®이 동작하면 소등한다.

(c) 릴레이 ®은 S 투입후 LS₁로 동작한다. ⓛ은 R접점과 LS₂, S의 3입력 직렬로 점등한다.

♨ 연습문제 2-1

다음 조건에 따른 릴레이 시퀀스를 그리시오. 단 사용 기구로 버튼 스위치 2개, 램프 1개, 보조 릴레이 1개(2a 사용)를 사용한다.

[조건] 버튼 스위치 BS₁을 누르면 램프 ⓛ이 점등되고 BS₁을 놓아도 계속 점등한다.

다음 버튼 스위치 BS₂를 누르면 램프 ⓛ이 소등되고 BS₂를 놓아도 소등 상태가 계속된다.

♨ 연습문제 2-2

타임 차트와 같은 동작의 릴레이 시퀀스를 그리시오. 단 BS는 버튼 스위치. ⓛ은 램프, Ⓧ는 보조 릴레이이고 a 접점이 1개뿐이다.

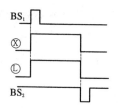

2. PLC 시퀀스

그림 2-2의 릴레이 시퀀스를 참고하면 그림 2-4와 같이 PLC의 타임 차트(b), 래더 회로(c)를 그릴 수 있고 표와 같이 니모닉 프로그램이 된다. 참고도를 참고하면

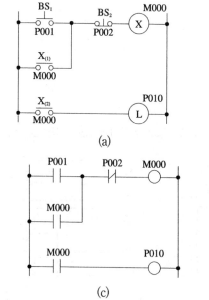

(a)

(c)

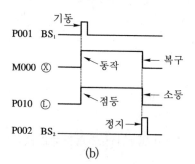

(b)

차례	명령	번지
0	LOAD	P001
1	OR	M000
2	AND NOT	P002
3	OUT	M000
4	LOAD	M000
5	OUT	P010

그림 2-4 PLC 래더도

① 기동 입력 P001(BS₁)을 주면(눌렀다 놓는다)

② 내부 출력(유지 기구, 보조 릴레이) M000(ⓧ)이 동작하고,

③ 내부 출력 M000(X₍₁₎)으로 유지하며, 동시에

④ 내부 출력 M000(X₍₂₎)으로 출력 P010 (램프 ⓛ)이 동작(점등)한다.

⑤ 정지 입력 P002(BS₂)를 주면 내부 출력 M000(보조 릴레이 ⓧ)이 복구하여 회로가 전부 복구한다. 여기서 기동 입력 BS₁과 정지 입력 BS₂는 모두 H입력임에 유의한다.

참고도

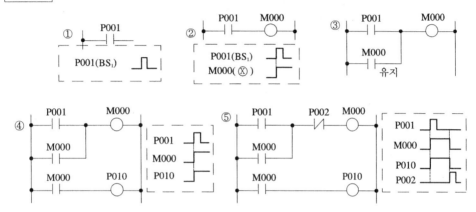

그림 2-4(c)의 래더 다이어그램에서 프로그램하면 다음과 같다.

⓪ 0 step : 회로 시작 〈 LOAD P001 〉

① 1 step : M000은 P001에 병렬 〈 OR M000 〉

② 2 step : b접점(NOT) P002는 앞의 병렬 회로 1 step과 직렬 〈 AND NOT P002 〉

③ 3 step : M000은 내부 출력 〈 OUT M000 〉

④ 4 step : 회로 시작 〈 LOAD M000 〉

⑤ 5 step : P010은 출력 〈 OUT P010 〉

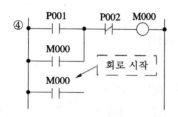
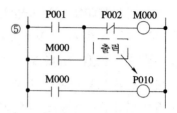

그림 2-4의 래더도를 이용하여 컴퓨터 프로그래밍한다.

① 컴퓨터의 초기 조작 방법 :

□ 전원을 투입(starting MS-DOS)한다.

② 초기 화면에서 PLC[SubDir]를 선택한 후 Enter Key를 누른다.

③ 화면에서 GSIKGL EXE를 선택한 후 Enter Key를 누르면 로고 화면이 나온다.

④ 로고 화면(GSIKGL)에서 Enter Key를 누른다.

⑤ 화면(Configuration Select)에서 Loader Configuration을 선택한 후 Enter Key를 누른다.

⑥ 위의 추가 화면(PLC Type)에서 종류(예-Master K50)를 선택한 후 Enter Key를 누른다. 계속하여 COM1을 선택한 후 Enter Key를 누른다.

⑦ 이 상태에서 래더도 방식의 Alt와 L Key(혹은 니모닉 방식의 Alt와 N Key)를 동시에 누르면 프로그램 작성용 초기 화면(그림 1-88, 혹은 1-91)이 나타난다.

② 래더도 방식의 프로그램 작성

□ 0000번 스텝에서 화면 하단의 기능키 표시(3 ⊣ ├), 즉 F3 Key를 누르면 a접점 표시 (⊣ ├)가 나타난다. 또 번지 P001을 누른 후 Enter Key를 누른다. 이때 화면 상단과 하단에 그림 기호와 문자 기호가 나타난다(이하 같다).

☞ □ Key In : F3 P 0 0 1 Enter↵   ☞ ② Key In : F4 P 0 0 2 Enter↵

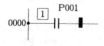

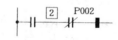

② 커서(cursor)의 위치(■ 표시)에서 기능키 F4(b접점 기호-화면 하단 표시), 번지 P002, Enter Key를 차례로 누르면 위의 2번째 그림이 나타난다.

③ 커서의 위치(■ 표시)에서 기능키 F9(출력 표시 기호-화면 하단 표시), 번지 M000, Enter Key를 차례로 누르면 아래 1번째 그림이 나타난다.

☞ ③ Key In : F9 M 0 0 0 Enter┘   ☞ ④ Key In : F3 M 0 0 0 Enter┘

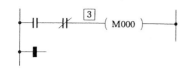   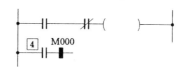

, ④ 커서의 위치(▌ 표시)에서 기능키 F3, 번지 M000, Enter Key를 차례로 누르면 위의 2번째 그림이 나타난다.

⑤ 커서의 위치(▌ 표시)를 아래 1번째 그림과 같이 위로 옮기고 기능키 F6(세로선 기호-병렬 접속 - 화면 하단 표시), Enter Key를 차례로 누르면 아래와 같다.

☞ ⑤ Key In : F6 Enter┘   ☞ ⑥ Key In : F3 M 0 0 0 Enter┘

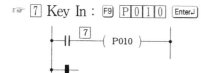   

⑥ 커서의 위치(▌ 표시)를 아래 스텝으로 이동하고 기능키 F3, 번지 M000, Enter Key를 차례로 누르면 위 2번째 그림이 나타난다.

⑦ 커서의 위치(▌ 표시)에서 기능키 F9, 번지 P010, Enter Key를 차례로 누르면 아래 1번째 그림이 나타난다.

☞ ⑦ Key In : F9 P 0 1 0 Enter┘   ☞ ⑧ Key In : F10 E N D Enter┘

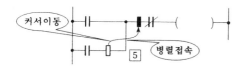

⑧ 커서의 위치(▌ 표시)에서 기능키 F10, 문자 END, Enter Key를 차례로 누르면 위 2번째 그림이 나타난다.

⑨ Alt와 F7 키를 동시에 누르면 ｜ Are You Sure? <Y/N> ｜ 가 나타나고 Y를 누르면 회로에 스텝이 나타나고 하단에 Completed가 나타난다. 즉 스텝 실행(Program Convert)이 완료되고 그림 2-5와 같은 완성된 도면이 된다.

⑩ Alt와 N을 동시에 누르면 그림 2-6과 같은 완성된 니모닉 프로그램으로 변환된다. 즉 니모닉 방식(Alt N)과 래더도 방식(Alt L)은 완성된 회로로 상호 변환된다.

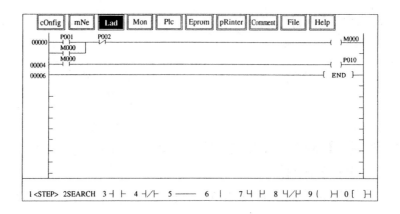

그림 2-5 래더 회로

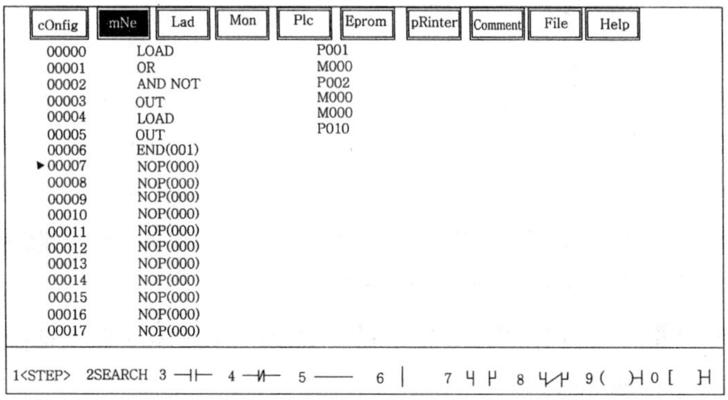

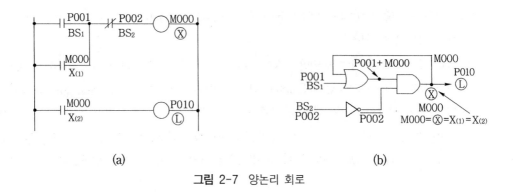

그림 2-6 니모닉 프로그램도

로직 회로 중 양논리 회로는 PLC 회로의 H/W나 디지털 회로에 사용되며 출력 신호를

(a) (b)

그림 2-7 양논리 회로

Logic-OR 회로의 입력 신호로 되먹임(feed back)하여 회로를 유지한다. 초보자는 로직 회로를 논리 조건에서 직접 그리기는 어렵고, PLC 래더도 혹은 프로그램이나 릴레이 회로에서 그리는 것이 쉽다. 따라서 그림 2-4에서 그림 2-7과 같이 그릴 수 있다.

1 H입력형 기동 입력 BS$_1$을 주면(set) 로직 회로(Ⓧ)가 동작하여 출력(Ⓛ)이 생기고(점등)

2 H입력형 정지 입력 BS$_2$를 주면(reset) 로직 회로(Ⓧ)가 복구하여 출력 Ⓛ이 없어진다 (소등).

3 입력 BS$_1$과 BS$_2$는 모두 H 레벨(Level)(전압 5[V]를 가하는 것) 입력 회로를 사용한다.

4 기동 입력 P001(BS$_1$)과 유지 번지 M000(접점 X$_{(1)}$)이 병렬이므로 OR 회로이다 (참고도).

5 정지 입력 P002(BS$_2$)는 b접점(L레벨)이므로 NOT 회로를 포함한다.

6 내부 출력 M000(릴레이 Ⓧ)은 4의 OR 회로와 5의 NOT 회로의 직렬이므로 AND 회로로 출력이 생긴다. 또 내부 출력 M000(Ⓧ)와 유지 번지 M000(X$_{(1)}$)은 같은 번지이므로 접속하면 출력을 입력으로 되먹인 유지선이 된다.

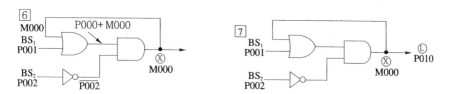

7 내부 출력 M000(Ⓧ)와 번지 M000(X$_{(2)}$)은 같은 번지이므로 M000(Ⓧ)에 출력 단자를 내고 (→) 이 단자에 부하 출력 Ⓛ(출력 회로를 통하여)을 접속한다.

따라서 논리식은 Ⓧ=Ⓛ, 즉 X=L(램프)이 되고 논리 회로와 릴레이 Ⓧ의 기능은 같다.

또 논리출력 X는 BS$_1$과 (X$_{(1)}$=X)의 병렬 OR에 $\overline{BS_2}$ 의 직렬이 된다. 즉

$$L = X$$

$$X = (X + BS_1) \cdot \overline{BS_2}$$

여기서 Ⓧ=X=X$_{(1)}$=X$_{(2)}$이고 논리식에서 모두 X로 표현한다. 이것은 릴레이를 사람과 비교하면 코일 Ⓧ는 몸체이고 접점 X$_{(1)}$, X$_{(2)}$는 손발과 같기 때문이다.

※ 논리 조건(타임 차트)과 그림 2-7에서

1 기동(BS$_1$)과 유지(Ⓧ)는 OR 회로를 사용한다. OR 회로를 통하여 기동 입력 BS$_1$을 준다.

AND 회로의 출력을 OR 입력으로 되먹임하여 유지 회로를 구성한다.

② 운전(OR 출력)과 정지(BS₂)는 AND 회로를 사용한다. AND 회로를 통하여 출력 ⓛ이 점등한다.

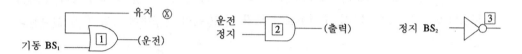

③ 정지 입력 BS₂는 회로의 전기를 끊는(b접점)기능이므로 NOT 회로를 포함하며 NOT 회로를 통하여 AND 회로에 접속한다.

그림 2-8은 입력 BS₁과 BS₂는 모두 H레벨 입력 회로를 사용하고, 출력 램프 ⓛ은 LED를 사용하고 싱크(Sink) 전류 회로를 채용한 회로의 예이다.

① 그림 2-8에서 BS₁과 BS₂는 열려있고 램프 LED는 소등 상태이다.

[1] 점Ⓐ와 점Ⓑ : 입력 BS₁과 BS₂가 열려있고 200 [Ω]을 통하여 접지 상태 L레벨이다.

[2] 점Ⓒ : 점Ⓑ의 L레벨이 NOT 회로를 통하므로 전압 상태 H레벨이다.

[3] 점Ⓓ : 정지 상태에서 입력Ⓐ점과 출력(X), 즉 Ⓔ점이 L레벨이므로 Ⓓ점은 L레벨이다.

[4] 점Ⓔ : 점Ⓒ가 H레벨이고, 점Ⓓ가 L레벨이므로 AND 출력 점Ⓔ는 L레벨이다 (출력이 없다).

[5] 점Ⓕ : 출력점 Ⓔ의 L레벨이 NOT 회로를 통하므로 점Ⓕ는 H레벨이 된다.

[6] $V_c = 5$ [V] 즉 H레벨이고 점Ⓕ가 H레벨이므로 전류가 흐르지 못하고 LED는 소등 상태이다.

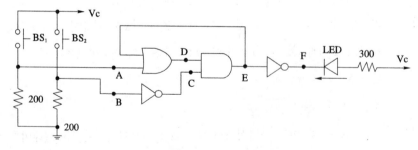

그림 2-8 유지 회로

② 그림 2-8에서 기동 입력 BS₁을 눌렀다 놓으면 LED가 점등한다.

[1] 점Ⓐ : 입력 BS₁을 누르면 전압 $V_c = 5$ [V]를 통하여 H레벨이 된다. 이후 BS₁을 놓으

면 다시 L레벨로 돌아온다.

② 점Ⓓ : 점Ⓐ가 H레벨이므로 OR 회로 출력 점Ⓓ는 H레벨이 된다. 이후 점Ⓔ의 H레벨로 점Ⓓ는 H레벨이 유지된다.

③ 점Ⓔ : AND 입력 점Ⓒ와 Ⓓ가 모두 H레벨이므로 점Ⓔ는 H레벨이 되고 X 출력이 생긴다.

④ 점Ⓕ : 출력 점Ⓔ의 H레벨이 NOT 회로를 통하므로 점Ⓕ는 L레벨이 된다

⑤ 전원 V_c의 H레벨에서 점Ⓕ의 L레벨로 싱크(sink) 전류가 흘러 램프 LED가 켜진다

③ 그림 2-8에서 정지 입력 BS$_2$을 눌렀다 놓으면 LED가 소등한다.

① 점Ⓑ : 입력 BS$_2$를 누르면 전압 $V_c = 5[V]$를 통하여 H레벨이 된다. 이후 BS$_2$를 놓으면 다시 L레벨로 돌아온다.

② 점Ⓒ : 점Ⓑ의 H레벨이 NOT 회로를 통하므로 점Ⓒ는 접지 상태 L레벨이 된다.

③ 점Ⓔ : 점Ⓓ가 H레벨이지만 점Ⓒ가 L레벨이므로 AND 출력 점Ⓔ는 L레벨이 된다.(출력이 없어진다). 또 되먹임 OR의 유지 입력도 L레벨이 되어 유지가 해제된다.

④ 점Ⓕ : 점Ⓔ의 L레벨이 NOT 회로를 통하므로 점Ⓕ는 H레벨이 된다

⑤ $V_c = 5[V]$ H레벨과 점Ⓕ는 전위(전압)가 같으므로 전류가 흐르지 못하고 LED는 소등된다.

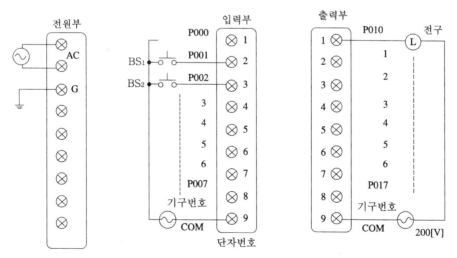

그림 2-9 PLC 회로의 단자 접속

그림 2-9는 8 bit용 PLC의 입출력 회로의 접속예이다. 여기서 LED 대신에 200 [V]용 전구를 사용하였다.

① PLC 본체의 입력 카드 단자대의 ②번에 BS₁(P001), ③번에 BS₂(P002)를 접속하고, 또 출력 카드 단자대의 ①번에 전구 Ⓛ(P010)을 접속한 예이다.

② 외부 입력 BS₁을 누르면 PLC가 작동하여(P001이 닫혀 − M000동작 − P010 동작) 외부 출력 전구 Ⓛ이 동작(점등) 유지하고, 이후 BS₁을 놓는다.

③ 외부 입력 BS₂를 누르면 PLC가 작동하여(P002가 열려 − M000복구 − P010 복구) 외부 출력 전구 Ⓛ이 복구(소등)하고, 이후 BS₂를 놓는다.

● 예제 2-3 ●

다음 릴레이 회로에서 아래 물음에 답하시오.

1) 회로 이름을 쓰고 논리식을 쓰시오.

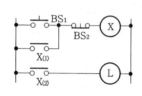

번지 BS₁ : P001	사용명령어
BS₂ : P002	회로 시작 명령 : LOAD
Ⓧ : M000	출력 명령 : OUT 병렬 명령 : OR
Ⓛ : P010	직렬 명령 : AND 부정 명령 : NOT

2) 타임 차트를 완성하시오.

3) AND, OR, NOT의 기본 논리 회로를 각각 1개씩 사용하여 무접점 논리 회로를 그리시오.

4) PLC 래더 회로와 니모닉 프로그램을 작성하시오

【풀이】

1) 유지 회로, $Ⓛ = Ⓧ = (BS_1 + Ⓧ)\overline{BS_2}$

3) BS₁과 X₍₁₎(Ⓧ)의 병렬에 BS₂(b접점)의 직렬로 로직 회로 Ⓛ=Ⓧ가 성립한다.

2)

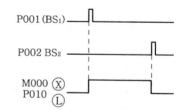

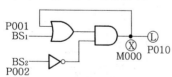

4)

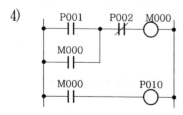

차 례	명 령	번 지
0	LOAD	P001
1	OR	M000
2	AND NOT	P002
3	OUT	M000
4	LOAD	M000
5	OUT	P010

●예제 2-4●

아래 그림은 램프 회로의 일부이고 서로 등가이다. 물음에 답하시오.

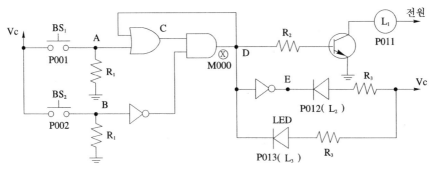

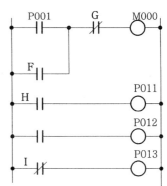

차례	명령어	번지	차례	명령어	번지
0	LOAD	P001	5	OUT	P011
1	㉮	㉯	6	LOAD	㉵
2	㉰	㉱	7	㉶	P012
3	OUT	M000	8	㉷	㉸
4	㉲	㉳	9	OUT	P013

(1) X의 논리식을 찾으시오.

   ① $(A+D)\overline{B}$
             ② $\overline{A}\,\overline{D}+B$

   ③ $AD+\overline{B}$
             ④ $B+C$

(2) 램프 L_3이 동작하는 논리식을 (1)번 식에서 찾으시오.

(3) PLC 래더 그림에서 F, G, H, I의 번지를 차례로 적으시오.

(4) 니모닉 프로그램을 완성하시오. 단 명령은 LOAD(회로 시작), OUT(출력), AND, OR,
NOT를 사용한다.

   ※ 전압 상태를 H레벨로, 접지 상태를 L레벨로 각각 표기할 때 (5)~(8)번에 H, L등의
형태로 답하시오.

(5) BS_1을 눌렀다 놓으면 램프 L_1, L_2가 점등한다. C, E점의 레벨을 차례로 쓰시오.
   (예 LH 등)

(6) 전원을 넣은 상태(정지 상태)에서 A~E 중 H레벨인 점을 찾으시오.

(7) 램프 L_1, L_2가 점등 상태에서 A~E 중 H레벨인 점을 찾으시오.

(8) 램프 L_1, L_2가 점등 중 BS_2를 눌렀다 놓았다. 이후 C, D, E점의 레벨을 차례로 쓰시오.

(9) BS₁을 눌렀다 놓은 후 다시 BS₂를 눌렀다 놓았다. 점등되는 램프는 어느 것이냐?

(10) LED 램프(L₂, L₃)에 흐르는 전류를 무슨 전류라고 하느냐?

【풀이】

(1) ①

(2) ② 즉 $X = C\overline{B} = (A+D)\overline{B} = \overline{\overline{A}\,\overline{D} + B}$, $L_3 = \overline{X} = \overline{A}\,\overline{D} + B$

(3) (4) M000(Ⓧ)의 유지로 램프 L₁, L₂가 점등되고 L₃이 소등되므로 G는 정지 신호 P002이
고, F, H, I는 유지 기구 M000이 된다. 따라서 번지는 차례로 M000, P002, M000,
M000 이고

   ㉮ OR   ㉯ M000   ㉰ AND NOT   ㉱ P002   ㉲ LOAD
   ㉳ M000   ㉴ M000   ㉵ OUT   ㉶ LOAD NOT   ㉷ M000 이다.

(5)~(9) A~E의 차례로 정지 상태에서 LLLLH이고 운전 상태에서 LLHHL이다. 따라서
(5)는 운전 상태이므로 H, L. (6)은 E점이 H, (7)은 C, D점이 H, (8)은 정지상태이므로
LLH이다.

(9) 정지 상태에서 L₃ 램프가 점등된다.

(10) 부하(LED)쪽에서 제어 회로 쪽으로 흐르는 전류를 싱크(sink) 전류라고 한다.

   ※ 이 회로는 L입력 회로에, L₁은 트랜지스터 결합 출력 회로를, L₂와 L₃은 LED drive
   싱크 전류 출력 회로를 사용한 예이다.

🔥 연습문제 2-3

그림을 보고 물음에 답하시오.

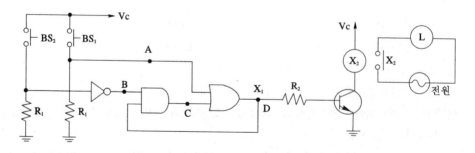

(1) 릴레이 회로를 그리고 회로의 이름을 쓰시오. 단 릴레이 X₁이 유지용이고 a접점 2개를 사
용한다.

(2) PLC 래더 회로를 그리고 니모닉 프로그램하시오. 단 BS₁(1), BS₂(2), X₁(170), L(20)의
번지를 사용하며 명령어는 회로 시작(STR), 출력(OUT), AND, OR, NOT를 사용하고
0번 스텝부터 시작하고 BS₂를 먼저 프로그램한다.

(3) D점의 논리식을 A~D로 표시하시오.

(4) BS₁을 눌렀다 놓으니 램프 L이 점등했다. A~D 중 H(전압)레벨이 되는 곳을 쓰시오.

(5) BS₂를 눌렀다 놓았다. A~D 중 L(접지)레벨이 되는 곳을 쓰시오.

✎ 연습문제 2-4

그림과 같은 무접점 논리 회로의 PLC 래더 회로의 미완성(점선)부분을 그리시오.

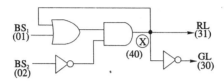

3. 로직 회로 $\overline{R}\,\overline{S}$-latch

set하면 출력이 생기고(H레벨), reset하면 출력이 없어지는(L레벨) 회로를 플립-플롭(flip-flop, FF)회로라고 한다. 이때 기동 입력을 주는 것을 set(S, $\overline{S}$)한다고 하고, 정지 입력을 주는 것을 reset(R, $\overline{R}$)한다고 한다.

플립-플롭 회로는 두개의 안정된 상태(동작과 복구)를 갖는 쌍안정 회로 특성으로서 한 입력 상태에서 출력 상태가 그대로 유지(기억)되는 회로이며 일반적으로 로직 회로라고 한다. 이장에서는 FF 중에서 많이 사용되는 $\overline{R}\,\overline{S}$-latch와 JK-FF에 대하여 간단히 소개한다.

1) $\overline{R}\,\overline{S}$-latch (FF)

그림 2-3(d)의 기동 우선 유지 회로를 논리 회로로 바꾸면 그림 2-10(a)와 같이 된다. 즉 X₍₁₎(Ⓧ)과 BS₂(NOT)의 직렬 AND에 BS₁의 병렬 OR로 Ⓧ=Ⓛ 출력이 생긴다. 이것을 (b)와 같이 수정하여 그리고 H입력형 RS-latch라고 한다(그림 2-11).

그림 (b)에 이중 부정 회로(2중 NOT)를 넣으면 (c)와 같이 되고 NAND 회로로 변환하면 (d)와 같다. 여기서 NOT 회로를 없애면 (e)와 같이 L입력형이 되므로 L입력형 $\overline{R}\,\overline{S}$-latch라고 하며 이를 IC화하여(예 SN-74279) 많이 사용한다(그림 2-12).

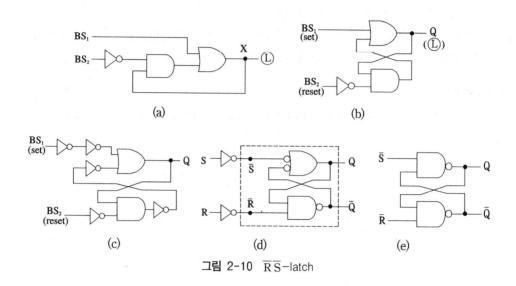

그림 2-10 $\overline{R}\overline{S}$-latch

그림 2-11은 그림 2-10(b)의 H입력형 RS-latch의 기호, 타임 차트 및 진리표이다. 이것은 비동기형이고 H입력으로 set(S)하면 출력이 생기고(Q-H레벨), H입력으로 reset(R)하면 출력이 없어진다(Q-L레벨). 여기서 $\overline{Q}$는 Q의 상태 반전 출력이다.

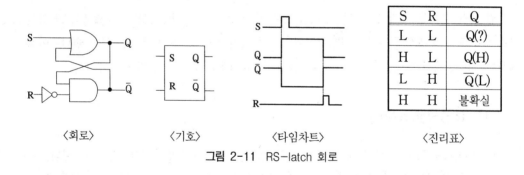

S	R	Q
L	L	Q(?)
H	L	Q(H)
L	H	$\overline{Q}$(L)
H	H	불확실

〈회로〉　〈기호〉　〈타임차트〉　〈진리표〉

그림 2-11　RS-latch 회로

그림 2-12는 그림 2-10(e)의 L입력형 $\overline{R}\overline{S}$-latch의 기호, 타임 차트 및 진리표이다.

① 비동기형이고 L입력형 L레벨로 set ($\overline{S}$)하면 출력(Q)이 생기고(H레벨), L입력형 L레벨로 reset ($\overline{R}$)하면 출력(Q)이 없어지는(L레벨) 회로이다(그림 (b)(c)(d)).

② 그림(b)는 그림 기호이고 입력 단자($\overline{S}$, $\overline{R}$)의 상태 표시(O)는 L입력을 요구하는 표시로서 L레벨 입력으로 set, reset됨을 나타낸다.

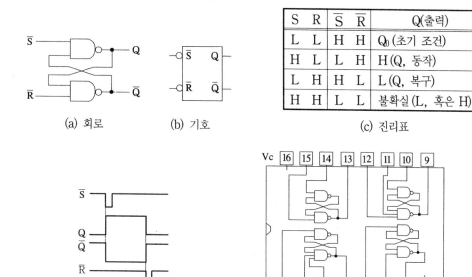

S	R	$\overline{S}$	$\overline{R}$	Q(출력)
L	L	H	H	Q_0 (초기 조건)
H	L	L	H	H(Q, 동작)
L	H	H	L	L(Q, 복구)
H	H	L	L	불확실(L, 혹은 H)

(a) 회로 (b) 기호 (c) 진리표

(d) 타임차트 (e) IC-74279 예

그림 2-12 $\overline{R}\,\overline{S}$-latch 회로

③ 그림(c)에서 초기 조건이란 회로에 전원을 가할 때 나타나는 출력의 상태를 말한다. 또 set와 reset 입력을 동시에 줄 때 출력 Q의 상태가 불확실한 점이 단점이다. (출력 Q가 H 레벨 일 때도 있고, L레벨일 때도 있다.)

④ 그림(e)는 반도체 논리 소자 IC-74279인데 IC 한 개에 회로가 4개 들어있고 S_1 (단자 2, 3)과 S_2(단자 11, 12)는 필요시 묶어서 각각 하나로 사용하면 된다.

$\overline{R}\,\overline{S}$-latch의 동작 복구 상태를 레벨로 표시하면 그림 2-13과 같다.

  ① 정지 상태   ② set(운전) 상태   ③ reset(정지) 상태

  $\overline{S}-H, \overline{R}-H, Q-L$ $\overline{S}-L, \overline{R}-H, Q-H$ $\overline{S}-H, \overline{R}-L, Q-L$

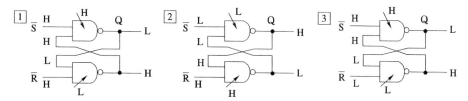

그림 2-13 $\overline{R}\,\overline{S}$-latch의 동작 레벨 표시

그림 2-14는 입력 BS_1과 BS_2는 모두 L레벨 입력 회로를 사용하고, 출력 램프 $Ⓛ$은 200 [V]용 전구를 사용한 릴레이 결합 출력 회로의 예이다.

① 그림 2-14에서 BS_1과 BS_2는 열려있고 램프 LED는 소등 상태이다.

  ⅰ 점Ⓐ, 점Ⓑ : 입력 BS_1과 BS_2는 열려있고 저항 1 [kΩ]을 통하여 V_c가 걸려 H레벨이다.

  ⅱ 점Ⓠ : Ⓐ점이 H레벨이므로 FF가 set 되지 않고 출력 Q가 L레벨(출력 없음)이다.

  ⅲ Ⓠ점이 L레벨이므로 트랜지스터 Tr이 동작하지 못하고 출력 전구 Ⓛ은 소등 상태이다.

② 그림 2-14에서 기동 입력 BS_1을 눌렀다 놓으면 전구 Ⓛ이 점등한다.

  ⅰ 점Ⓐ : 입력 BS_1을 누르면 접지 상태가 되어 L레벨이 되므로 FF가 set된다. 이후 BS_1을 놓으면 다시 H레벨로 돌아온다.

  ⅱ 점Ⓠ : Ⓐ점이 L레벨이 되는 순간 FF가 set되고 출력 Q가 H레벨(5 [V] 전압)이 된다.

  ⅲ Ⓠ점이 H레벨이므로 트랜지스터 Tr이 동작하여 릴레이 Ⓧ가 동작되며 접점 X가 닫혀서 출력 전구 Ⓛ이 점등한다.

③ 그림 2-14에서 정지 입력 BS_2를 눌렀다 놓으면 전구 Ⓛ이 소등한다.

  ⅰ 점Ⓑ : 입력 BS_2 누르면 접지 상태의 L레벨이 되므로 FF가 reset된다. 이후 BS_2를 놓으면 다시 H레벨로 돌아온다.

  ⅱ 점Ⓠ : Ⓑ점이 L레벨이 되는 순간 FF가 reset되어 출력 Q가 L레벨(0 [V])이 된다.

  ⅲ Ⓠ점이 L레벨이 되므로 트랜지스터 Tr이 복구하여 릴레이 Ⓧ가 복구되며 접점 X가 열려서 출력 전구 Ⓛ이 소등한다. 즉 정지 상태로 된다.

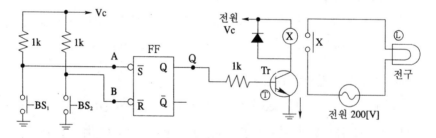

그림 2-14 $\overline{R}\overline{S}$-latch 회로

※ 그림 2-15는 쌍안정 멀티 바이브레이터(bistable multivibrator) 회로의 일 예이다. set 입력 S가 논리 1(H레벨)이면 Tr_1이 동작하고 Tr_2가 복구되어 출력 전압은 Q=V_c, 즉 논리 1(H레벨)이 되며 $\overline{Q}$는 논리 0(L레벨)이 된다. 또 reset 입력 R이 논리 1(H레벨)이면 Tr_1이 복구하고 Tr_2가 동작되어 출력 전압은 $\overline{Q}$ = V_c, 즉 논리 1(H레벨)이 되며 Q는 논리 0(L레벨)이 된다. 따라서 이 회로는 2개의 입력 단자(S, R)를 가지고 그들의 입력 상태

에 따라 2개의 출력 상태$(Q, \overline{Q})$가 정해지며, 또 출력 상태가 결정되면 입력이 없어도 (펄스 입력) 출력이 그대로 유지되는 회로이며 이것이 플립 플롭(flip flop) 회로의 기본 원리가 된다.

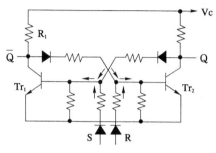

그림 2-15　쌍안정 회로

2) $\overline{R}\,\overline{S}$-latch의 initial reset 회로

그림 2-14에서 전원 V_c를 투입할 때 $\overline{R}\,\overline{S}$-latch의 출력이 H레벨인지, L레벨인지가 불확실하다. 즉 V_c를 주는 초기 상태에서 FF가 reset 상태로 되어 출력 Q가 L레벨이 되어야 하는데 만일 출력 Q가 H레벨이 되면 부하가 급격하게 동작되어 위험한 상태가 된다. 따라서 초기 상태에서 reset 상태 즉 출력 Q가 L레벨이 되도록 initial-reset 회로를 사용한다.

initial-reset 회로는 CR 회로의 충전 특성을 이용하여 H레벨이 되는 시간을 지연시킨다. 즉 그림 2-16에서 회로에 전원 V_c를 넣을 때 $\overline{S}$단자에는 저항을 통하여 곧바로 H레벨이 되지만 $\overline{R}$단자에는 저항을 통하여 콘덴서 C가 충전되므로 곧바로 H레벨이 되지 않고 L레벨이 걸

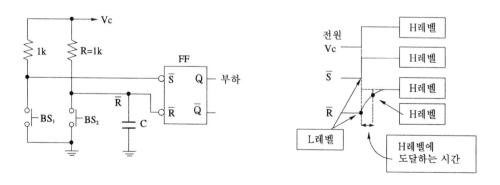

그림 2-16　$\overline{R}\,\overline{S}$-latch의 initial-reset 회로

리고 C가 충전됨에 따라 그림과 같이 서서히 H레벨로 변한다. 따라서 회로에 전원 V_c를 주는 순간 $\overline{S}$단자에는 H레벨이 되지만 $\overline{R}$단자에는 L레벨이 되므로 $\overline{R}\overline{S}$-latch는 reset 상태가 되어 출력 Q가 L레벨이 된다.

3) reset 우선 $\overline{R}\overline{S}$-latch

그림 2-12(c)의 진리표에서 set, reset 입력을 동시에 줄 때 출력이 H레벨인지, L레벨인지가 불확실하다. 따라서 $\overline{R}\overline{S}$-latch에 set, reset 입력을 동시에 줄 때 $\overline{R}\overline{S}$-latch가 reset 상태가 되어 출력 Q가 L레벨이 되도록 reset 우선 회로를 사용한다.

그림 2-17과 같이 set, reset 입력을 동시에 줄 때 $\overline{S}$단자에는 H레벨이 되지만 $\overline{R}$단자에는 L레벨이 되어 $\overline{R}\overline{S}$-latch가 reset상태가 되도록 한다.

① 상태 Ⓐ : set와 reset를 동시에 줄 때 $\overline{S}$단자에는 H레벨이 되고 $\overline{R}$단자에는 L레벨이 되어 $\overline{R}\overline{S}$-latch는 reset상태가 되며 출력 Q는 L레벨이 된다.

② 상태 Ⓑ : set 상태로서 $\overline{S}$단자에는 L레벨이 되고 $\overline{R}$단자에는 H레벨이 되어 $\overline{R}\overline{S}$-latch는 set되며 출력 Q는 H레벨이 된다.

③ 상태 Ⓒ : reset 상태로서 $\overline{S}$단자에는 H레벨이 되고 $\overline{R}$단자에는 L레벨이 되어 $\overline{R}\overline{S}$-latch는 reset되며 출력 Q는 L레벨이 된다.

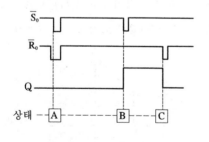
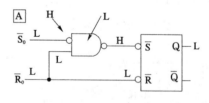
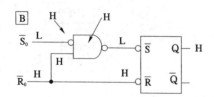
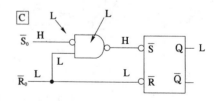

그림 2-17 reset 우선 $\overline{R}\overline{S}$-latch 회로

4) 클록형 RS-latch

동기화 클록 clock 신호 입력 C를 부가한 RS-latch로서 그림 2-18 (b), (c)와 같이 동기화 클록 신호 C가 H 일 때 set, reset 된다. 즉 C입력이 있을 때 set하면 출력이 생기고, reset하면 출력이 없어진다.

그림 (a)는 기호이고 (d)는 회로도이며 정지 상태에서의 레벨 표시를 보인 것이다. 또 그림 (e)는 set 상태의 레벨 표시이며 그림 (f)는 reset 상태에서의 레벨 표시이다.

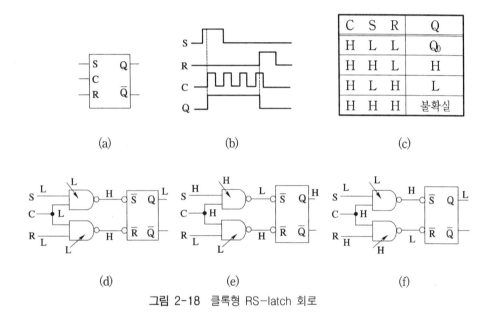

C	S	R	Q
H	L	L	Q_0
H	H	L	H
H	L	H	L
H	H	H	불확실

(a)	(b)	(c)
(d)	(e)	(f)

그림 2-18 클록형 RS-latch 회로

5) 클록형 RS-FF

동기화 클록 신호 펄스가 L레벨 상태(논리 0, 접지 상태)에서 H레벨(논리 1, 전압 상태) 상태로 전환하는 부분의 순간을 상승연(rising or leading edge, positive edge trigger, ↑표시)이라고 한다. 또 클록 신호 펄스가 H레벨 상태(논리 1, 전압 상태)에서 L레벨(논리 0, 접지 상태)상태로 전환하는 부분의 순간을 하강연(falling or trailing edge, negative edge trigger, ↓표시)이라고 한다. 즉 상승연(↑)이란 전기(전압)가 생기는 순간(◰)을 표시하고 H레벨이며 하강연(↓)이란 전기(전압)가 없어지는 순간(◳)을 표시하고 L 레벨을 의미한다.

 그림 2-18의 클록형 RS-latch 회로를 수정하여 그림 2-19와 같이 클럭 입력 C의 상승연 (↑)(그림a), 혹은 하강연(↓)(그림b)에서 set, reset되도록 한 것을 클록형 RS-FF라고 한다.
 그림(a)에서 set 입력 S와 클럭 입력 C를 동시에 주면 C 입력의 상승연↑(H레벨)에서 출력이 생기고(Q-H레벨), reset 입력 R과 클럭 입력 C를 동시에 주면 C 입력의 상승연↑(H레벨)에서 출력이 없어진다(Q-L레벨).
 그림(b)에서 set 입력 S와 클럭 입력 C를 동시에 주면 C 입력의 하강연↓(L레벨)에서 출력이 생기고(Q-H레벨), reset 입력 R과 클럭 입력 C를 동시에 주면 C 입력의 하강연↓(L레벨)에서 출력이 없어진다(Q-L레벨).

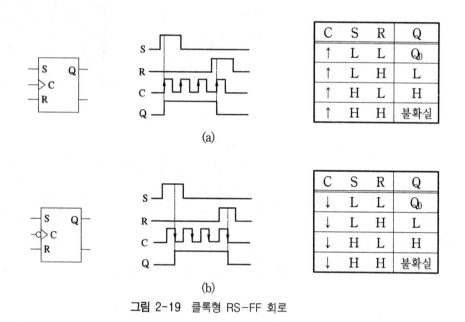

C	S	R	Q
↑	L	L	Q_0
↑	L	H	L
↑	H	L	H
↑	H	H	불확실

(a)

C	S	R	Q
↓	L	L	Q_0
↓	L	H	L
↓	H	L	H
↓	H	H	불확실

(b)

그림 2-19 클록형 RS-FF 회로

● 예제 2-5 ●
 그림은 기동 우선 유지 회로의 일부이다. 물음에 답하시오.

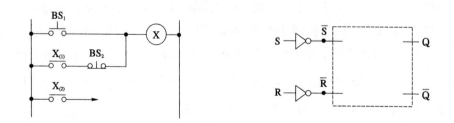

(1) 타임 차트의 X를 그리시오.

(2) AND, OR, NOT 회로를 하나씩 사용하여 논리 회로를 그리시오.

(3) 그림의 점선 내에 NAND 회로 2개로 $\overline{R}\,\overline{S}$-latch 회로를 그리시오.

【풀이】

그림 2-10과 같이 기동 우선 유지 회로이다.

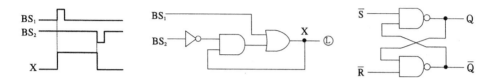

●예제 2-6●

그림은 $\overline{R}\,\overline{S}$-latch를 사용한 LED 점등 회로이고 전원(V_c)을 접속한 상태에서 소등 상태이다. 물음에 답하시오. 단, 그림에서 F, G는 AND 회로이고, H는 전압(5[V]) 레벨이고 L은 접지 레벨이다.

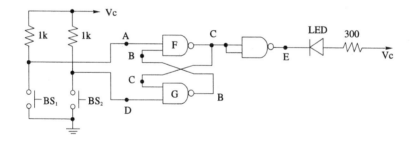

(1) 전원(V_c)을 접속한 상태에서 소등 상태이다. A~G 중 L레벨인 곳을 쓰시오.

(2) BS₁을 누르고 있으니 LED가 점등했다. A~G 중 H레벨인 곳을 쓰시오.

(3) BS₁을 눌렀다 놓으니 LED가 점등했다. A~G 중 H레벨인 곳을 쓰시오.

(4) BS₂를 누르고 있으니 LED가 소등했다. A~G 중 L레벨인 곳을 쓰시오.

(5) BS₂를 눌렀다 놓으니 LED가 소등했다. A~G 중 L레벨인 곳을 쓰시오.

(6) $\overline{R}\,\overline{S}$-latch의 기호를 그리시오.

【풀이】

(1) A~E의 차례로 소등 상태에서 HHLHHHL,

(2) BS₁을 누르고 있으면 set(점등) 상태이고 LLHHLLH,

(3) BS₁을 눌렀다 놓으면 set(점등) 상태이고 HLHHLLH,

(4) BS₂를 누르고 있으면 reset(소등) 상태이고 HHLLHHL,

(6)

(5) BS₂를 눌렀다 놓으면 reset(소등) 상태이고 HHLHHHL

🐌 연습문제 2-5

그림은 $\overline{R}\,\overline{S}$-latch를 사용한 LED 점등 회로이고 전원(Vc)을 접속한 상태에서 소등 상태이다. 물음에 답하시오. 단, H는 전압(5 [V]) 레벨이고 L은 접지 레벨이다.

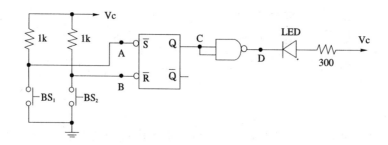

(1) 전원(V_c)을 접속한 상태에서 소등 상태이다. A~D 중 L레벨인 곳을 쓰시오.

(2) BS₁을 누르고 있으니 LED가 점등했다. A~D 중 H레벨인 곳을 쓰시오.

(3) BS₁을 눌렀다 놓으니 LED가 점등했다. A~D 중 H레벨인 곳을 쓰시오.

(4) BS₂를 누르고 있으니 LED가 소등했다. A~D 중 L레벨인 곳을 쓰시오.

(5) BS₂를 눌렀다 놓으니 LED가 소등했다. A~D 중 L레벨인 곳을 쓰시오.

🐌 연습문제 2-6

A, B 두 곳에서 램프 Ⓛ을 점등하고 소등하는 회로를 설계하고자 한다. 입력 버튼 스위치 BS₁~BS₄의 4개, 출력 램프(Ⓛ) 1개를 사용한다. 물음에 답하시오.

(1) 보조 릴레이 1개(a접점 2개 사용)를 사용하여 릴레이 시퀀스를 그리시오.

(2) $\overline{R}\,\overline{S}$-latch 1개, 기호 (─┤ ▷○─)를 2개 사용하여 로직 회로를 그리시오. 단, L입력형으로 하고 입출력 회로는 생략한다.

(3) 3입력 AND 회로와 3입력 OR 회로 각 1개, NOT 회로 2개를 사용하여 논리 회로를 그리시오. 단, H입력형으로 하고 입출력 회로는 생략한다.

(4) PLC 프로그램을 보기를 참고하여 (03~08)을 완성하시오.

[보기]

1. STR : 입력 a접점 신호	2. STRN : 입력 b접점 신호
3. OR : OR gate	4. AND : AND gate
5. ORN : OR b접점	6. ANDN : AND b접점
7. OB : 병렬 접속점	8. OUT : 출력
9. X : 외부 신호(접점)	10. Y : 내부 신호(접점)

11. END : 끝   12. W : 각 번지 끝

차례	명령어	데이터	비고	차례	명령어	데이터	비고
01	STR	X, BS_1	W	05			W
02	OR	X, BS_2	W	06			W
03			W	07			W
04			W	08			W
				09	END		W

♣ 연습문제 2-7

그림을 보고 물음의 ( )에 램프의 이름을 예와 같이 적으시오(예, 녹색, 적색).

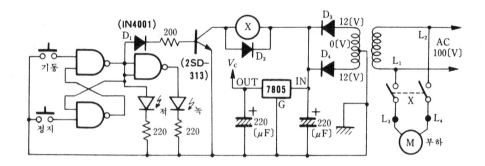

(1) 전원을 넣으면 ( )램프가 점등한다.

(2) 기동 BS를 누르면 ( )램프가 점등하고 X와 M이 동작하며 ( )램프가 소등한다.

(3) 정지 BS를 누르면 ( )램프가 점등하고 X와 M이 복구하며 ( )램프가 소등한다.

4. 로직 회로 JK-FF

1) JK-FF

그림 2-19의 RS-FF의 타임 차트에서와 같이 set, reset의 두 입력을 동시에 주면 출력 Q가 H레벨인지, L레벨인지가 불확실하다. JK-FF는 이런 불확실성을 없애고 J와 K단자에 동시에 H입력을 가할 때 출력 Q가 상태 반전($Q \leftrightarrow \overline{Q}$)을 하도록 RS-FF 회로를 수정한 것으로 만능형 FF이다.

① 그림 2-20은 기호(a), 타임 차트(b), 진리표(c), IC-SN-7476(d)을 나타낸 것으로 H입력
  형 J(set) 입력과 H입력형 K(reset)입력 및 L입력형 C(clock-클록)입력으로 되어있다.

② J입력으로 set하면 C 입력의 하강연(↓)에서 출력(Q)이 생기고(H레벨), 또 K입력으로
  reset하면 C 입력의 하강연(↓)에서 출력(Q)이 없어진다(L레벨).

③ 두 입력 J와 K를 동시에 줄 때 출력(Q)은 상태 변화가 나타난다. 즉 출력이 없을 때는
  출력이 생기고($\overline{Q} \rightarrow Q$), 출력이 있을 때는 출력이 없어지는($Q \rightarrow \overline{Q}$) NOT 회로의
  기능을 갖는다.

④ 그림(e)와 같이 $\overline{PR}$과 $\overline{CLR}$은 각각 $\overline{R}\,\overline{S}$−latch의 $\overline{S}$, $\overline{R}$의 기능을 갖는다.

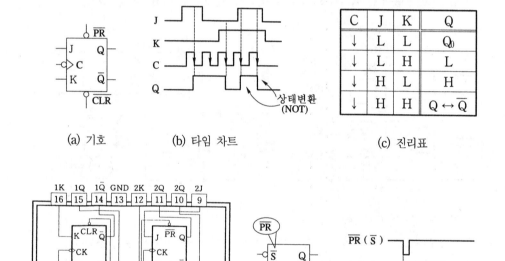

C	J	K	Q
↓	L	L	Q_0
↓	L	H	L
↓	H	L	H
↓	H	H	$Q \leftrightarrow \overline{Q}$

(a) 기호 (b) 타임 차트 (c) 진리표

(d) IC-SN-7476 (e) preset

그림 2-20 JK−FF 회로

그림 2-21은 입력 BS_1, BS_2, BS_3이 모두 H레벨 입력 회로를 사용하고, 출력 램프 Ⓛ은
LED를 사용한 싱크(Sink) 전류 회로를 채용한 회로의 예이다.

① 정지 상태 : 그림 2-21에서 입력 $BS_1 \sim BS_3$이 모두 열려있고 램프 LED는 소등 상태이다.

  ① 점Ⓐ, 점Ⓑ, Ⓒ점 : 입력 $BS_1 \sim BS_3$이 모두 열려있고 $200\,[\Omega]$을 통하여 접지 상태 L레
    벨이다.

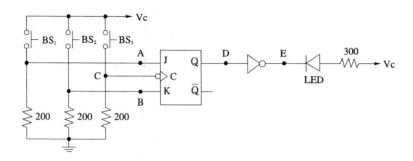

그림 2-21 JK-FF 회로

② 점Ⓓ : Ⓐ점이 L레벨이므로 FF가 set 되지 않고 Ⓓ점은 L레벨(출력 없음-정지 상태)이다.

③ 점Ⓔ : Ⓓ점의 L레벨이 NOT 회로를 통하므로 Ⓔ점은 H레벨이 된다.

④ 점Ⓔ와 V_c가 다같이 H레벨이므로 전류가 흐르지 못하고 LED는 소등 상태이다.

※ 입력 BS_3이 H 입력일 때는 BS_3을 눌렀다 놓는 순간(⎍)에 출력이 생기고, 입력

BS_3이 L 입력일 때는 BS_3을 누르는 순간(⎚)에 출력(Q)이 생김에 유의한다.

② 그림 2-21에서 BS_1을 누른. 상태에서 BS_3을 눌렀다 놓는 순간 FF가 set된다.

　① 점Ⓐ, 점Ⓒ : 입력 BS_1과 BS_3을 누르면 전원 V_c가 걸려 H레벨이 되고 BS_1과 BS_3을 놓으면 다시 L레벨로 돌아온다.

　② 점Ⓓ : BS_1을 누른 상태(H)에서 BS_3을 눌렀다 놓으면 C 입력이 L레벨이 되는 순간(↓: 하강연)에 FF가 set(Q-Ⓓ-H레벨)되고 출력이 생긴다.

　③ 점Ⓔ : Ⓓ점의 H레벨이 NOT 회로를 통하여 L레벨이 된다.

　④ 전원 V_c의 H레벨에서 점Ⓔ의 L레벨로 싱크 전류가 흘러 LED가 점등한다(동작 상태).

③ 그림 2-21에서 BS_2를 누른 상태에서 BS_3을 눌렀다 놓는 순간 FF가 reset된다.

　① 점Ⓑ, 점Ⓒ : 입력 BS_2와 BS_3을 누르면 전원 V_c가 걸려 H레벨이 되고 BS_2와 BS_3을 놓으면 다시 L레벨로 돌아온다.

　② 점Ⓓ : BS_2을 누른 상태(H)에서 BS_3을 눌렀다 놓으면 C 입력이 L레벨이 되는 순간(↓: 하강연)에 FF가 reset(Q-Ⓓ-L레벨)되고 출력이 없어진다.

　③ 점Ⓔ : Ⓓ점의 L레벨이 NOT 회로를 통하여 H레벨이 된다.

　④ 점Ⓔ와 V_c가 다같이 H레벨이므로 전류가 흐르지 못하고 LED는 꺼진다(정지 상태).

④ 그림 2-21에서 LED가 점등 상태에서 BS_1과 BS_2를 동시에 누르고 BS_3을 눌렀다 놓는다. 이 때 출력은 상태가 반전(소등)된다.

1 점Ⓐ, 점Ⓑ, 점Ⓒ : 입력 BS_1~BS_3을 누르면 전원 V_c 가 걸려 H레벨이 되고 BS_1~BS_3을 놓으면 다시 각각 L레벨로 돌아온다.

2 점Ⓓ : BS_1과 BS_2를 누른 상태(H)에서 BS_3을 눌렀다 놓으면 C 입력이 L레벨이 되는 순간(↓ : 하강연)에 FF가 set(Q-Ⓓ-H레벨-점등) 상태에서 reset 상태(Q-Ⓓ-L-소등) (또 reset 상태에서는 set 상태로)로 상태 반전된다.

3 점Ⓔ : Ⓓ점이 L레벨이면 NOT 회로를 통한 Ⓔ점은 H레벨이 된다

4 Ⓔ점이 H레벨이므로 LED가 소등된다.

2) D-FF

클럭 입력 C의 하강연(↓)에서 D입력(H레벨)을 주면 Q출력(H)이 생기고 D입력이 L레벨이 되면 Q출력이 없어진다(L). 즉 클록 펄스에 동기되어 D입력 단자의 값을 펄스 시간만큼 지연시켜 출력을 얻는 시간 지연의 타이머(timer)용 FF이다. 보통 JK-FF의 JK 단자간에 NOT 회로를 연결하여 D입력으로 사용한다.

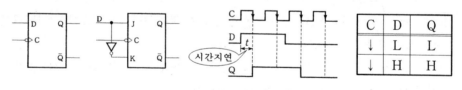

C	D	Q
↓	L	L
↓	H	H

그림 2-22 D-FF 회로

3) T-FF

그림 2-23과 같이 T입력이 H레벨일 때 C입력(↓)을 줄 때마다 상태 반전이 생기는 FF로서 타이머, 카운터용으로 사용된다. 보통 JK-FF의 JK단자를 묶어서 전원에 접속하여 T입력으로 사용한다.

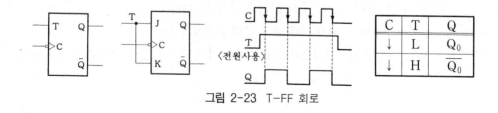

C	T	Q
↓	L	Q_0
↓	H	$\overline{Q_0}$

그림 2-23 T-FF 회로

4) 8비트 리플 카운터 counter의 구성

그림 2-24와 같이 JK-FF를 T-FF로 사용하고 종속으로 3개 접속한 것을 8비트 리플 카운터라고 한다. 그림에서 JK 단자를 묶어서 전원 V_c에 접속하면 JK에 H입력을 연속적으로 가하는 것과 같이 되므로 C입력 펄스의 하강연($\downarrow$)마다 출력 상태가 변화된다.

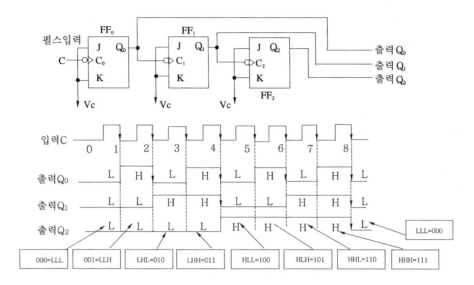

그림 2-24 카운터 회로

펄스 수	Q_2	Q_1	Q_0	8 진 수	
0	L	L	L	L L L	0 0 0
1	L	L	H	L L H	0 0 1
2	L	H	L	L H L	0 1 0
3	L	H	H	L H H	0 1 1
4	H	L	L	H L L	1 0 0
5	H	L	H	H L H	1 0 1
6	H	H	L	H H L	1 1 0
7	H	H	H	H H H	1 1 1
8	L	L	L	L L L	0 0 0

① Q_0 : C입력 펄스의 하강연($\downarrow$)마다 출력 펄스(Q_0, ⎍)가 1개씩 생기고 없어짐을 반복한다.

② Q_1 : Q_0 출력이 FF_1의 C_1 입력에 접속되어 있으므로 Q_0 출력이 없어질 때(하강연 $-\downarrow$)마다 출력 Q_1이 생기고 없어짐을 반복한다.

③ Q_2 : Q_1 출력이 FF_2의 C_2 입력에 접속되어 있으므로 Q_1 출력이 없어질 때(하강연 $-\downarrow$)마다 출력 Q_2가 생기고 없어짐을 반복한다.

④ JK-FF를 여러 개 접속하면 Q_3, Q_4, $---$ 등은 위와 같이 동작된다.

⑤ H $\leftrightarrow$ 1, L $\leftrightarrow$ 0으로 표시하면 펄스의 수에 따라 Q_2, Q_1, Q_0는 2진수(LLL $-$000, LLH $-$001 등)로 입력 펄스 수가 표와 같이 카운트된다.

그림 2-25는 T-FF(JK-FF) 3개를 사용한 리플 카운터 회로의 일부로서 BS를 눌렀다 놓았다를 반복할 때 L입력형 BS를 누르는 순간마다 램프 3개가 표와 같이 8가지 상태로 동작이 반복되어 0~7을 카운터한다.

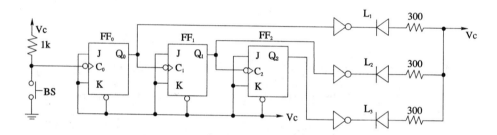

BS 누름 회수	0	1	2	3	4	5	6	7	0	1	...
램프 점등	·	L_1	L_2	L_1, L_2	L_3	L_1, L_3	L_2, L_3	L_1, L_2, L_3	·	L_1	...
8진수	000	001	010	011	100	101	110	111	000	001	...

그림 2-25 카운터 회로 예

● 예제 2-7 ●

그림의 JK-FF의 기호와 타임 차트에서 출력 파형(Q)을 그리시오.

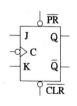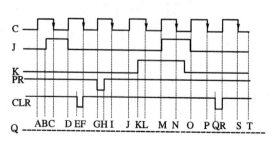

【풀이】

J, K 입력은 C입력에 동기되어 set, reset되고 PR, CLR 입력은 C 입력과 관계없이 set, reset된다. 즉 C점에서 J 입력과 C 입력이 동기되어 set되고 E점에서 CLR로 비동기 reset된다. 또 G점에서 PR로 비동기 set되고 L점에서 K입력과 C입력이 동기되어 reset된다. 그리고 N점에서 C, J, K입력이 동기되어 상태반전 set되며 Q점에서 CLR로 비동기 reset된다.

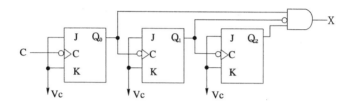

✐ 연습문제 2-8

그림은 카운터 회로의 일부이다. 입력 펄스 C의 몇번째에 출력 X가 H레벨이 되느냐?

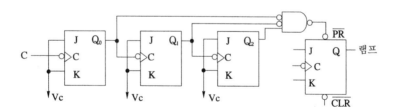

✐ 연습문제 2-9

그림은 카운터 회로의 일부이다. 입력 펄스 C의 몇 번째에 FF가 동작하여 램프가 점등되느냐? 기타 회로와 조건은 무시한다.

✐ 연습문제 2-10

다음 FF의 그림을 보고 타임 차트에 출력 $Q_1 \sim Q_4$의 파형을 각각 그려 넣으시오.

(1)

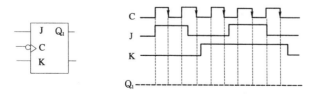

(2)

(3)

(4)

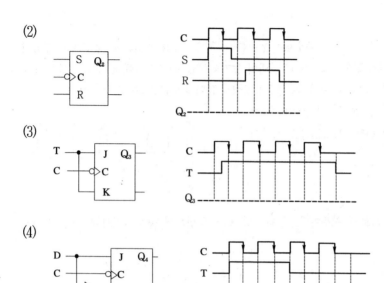

우선 회로

이 장에서는 인터록 회로, 순차 제어 회로, 동작 우선 회로, 신입 신호 우선 회로 등에 대하여 램프 2개(L_1, L_2)를 점등하는 회로를 설계하기로 한다.

1. 인터록(inter-lock) 회로

인터록 회로는 둘 이상의 기기 중 한 기기가 먼저 동작하면 다른 기기는 동작할 수 없는 회로로서 우선 동작과 안전 사고를 방지하기 위하여 자기 회로(또는 접점)로 상대방의 동작을 금지시킨다. 이 회로는 상대 동작 금지 회로, 선행 동작 우선 회로, 병렬 우선 회로라고도 하며 전동기의 정·역회전 운전 및 Y-⊿ 기동 회로 등 전동기 제어 회로에 많이 사용한다.

그림 2-26은 릴레이 시퀀스의 타임 차트를 그리는 과정으로 램프 2개 중 먼저 입력을 준 회로의 램프만 점등한다.

① L_1 동작 : H입력형 BS_1 조작(눌렀다 놓는다)을 먼저 그리고 다음 H입력형 BS_2 조작(눌렀다 놓는다)을 조금 늦게 그리면 L_1 우선 회로가 되고, BS_1을 누르는 순간에 X_1와 L_1이 동작하도록 그리고 X_2와 L_2는 동작하지 않는 것으로 그린다.

② L_2 동작 : BS_2 조작을 먼저 그리고 다음 BS_1 조작을 조금 늦게 그리면 L_2 우선 회로가 되고, BS_2를 누르는 순간에 X_2와 L_2가 동작하도록 그리고 X_1과 L_1은 동작하지 않도록 그린다.

③ 위 ①과 ②의 경우 각각 L입력형 BS_3을 주면 동작중인 릴레이와 램프가 복구한다.

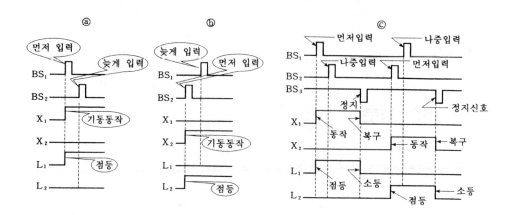

그림 2-26 타임 차트

릴레이 회로는 그림 2-27과 같이 램프 2개(L_1, L_2)를 점등하는 유지 회로 2개에 인터록 접점 2개로 구성하며 인터록 접점은 보조 릴레이 b접점으로 상대 회로 보조 릴레이의 동작 회로 선을 끊는다.

① 기동 입력 BS_1을 먼저 누르면 보조 릴레이 X_1이 동작하고 자기 유지 접점 $X_{1(1)}$로 유지하며 출력 접점 $X_{1(2)}$로 램프 L_1이 점등한다. 동시에 인터록 접점 $X_{1(3)}$으로 상대 쪽 릴레이 X_2 회로를 끊는다.

② 기동 입력 BS_2를 먼저 누르면 보조 릴레이 X_2가 동작하고 자기 유지 접점 $X_{2(1)}$로 유지하며 출력 접점 $X_{2(2)}$로 램프 L_2가 점등한다. 동시에 인터록 접점 $X_{2(3)}$으로 상대쪽 릴레이 X_1 회로를 끊는다.

③ 전원 R선에 접속된 공통 정지입력 BS_3을 누르면 동작중인 릴레이 X와 램프 L이 복구한다.

④ b접점 $X_{1(3)}$과 $X_{2(3)}$이 인터록 접점이 되고 릴레이 동작 회로 선을 끊는 역할을 한다.

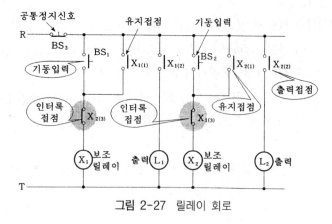

그림 2-27 릴레이 회로

⑤ 기동 입력 BS$_1$을 먼저 눌렀다 놓는다.

  1 기동 입력 BS$_1$을 누를 때 BS$_1$ 접점이 닫히는 순간 릴레이 X$_1$에 전기가 공급되어 X$_1$이 동작(여자)되고 접점 X$_{1(1)}$과 X$_{1(2)}$가 닫히며 접점 X$_{1(3)}$이 열린다.

    ≪ 전원 R − BS$_3$ − BS$_1$ 닫힘(기동) − X$_{2(3)}$ − X$_1$ − 전원 T ≫

  2 유지접점 X$_{1(1)}$이 닫혀서 BS$_1$을 놓아도 BS$_1$ 대신에 릴레이 X$_1$에 계속 전기를 공급 유지 한다.

    ≪ 전원 R − BS$_3$ − 접점 X$_{1(1)}$ 닫힘(유지) − X$_{2(3)}$ − X$_1$ − 전원 T ≫

  3 출력 접점 X$_{1(2)}$가 닫혀서 램프 출력 L$_1$에 전기를 공급한다.

    ≪ 전원 R − BS$_3$ − 접점 X$_{1(2)}$ 닫힘 − L$_1$ − 전원 T ≫

  4 인터록 접점 X$_{1(3)}$이 열려서 릴레이 X$_2$의 전기 공급(동작선)을 끊어 기동 입력 BS$_2$를 눌러도 릴레이 X$_2$가 동작할 수 없다.

    ≪ 전원 R − BS$_3$ − BS$_2$ 닫음 − X$_{1(3)}$ 열림(인터록) − X$_2$ − 전원 T ≫

  5 정지입력 BS$_3$을 눌렀다 놓는다. BS$_3$을 누르면 접점이 열리므로 릴레이 X$_1$에 전기가 끊어져 X$_1$이 복구된다. 또 접점 X$_{1(1)}$이 열려 유지가 해제되고 접점 X$_{1(2)}$가 열려 출력 램프 L$_1$에 전기가 끊어져 램프 L$_1$이 소등되며 또 인터록 접점 X$_{1(3)}$이 닫혀서 릴레이 X$_2$의 기동이 준비된다.

⑥ 기동 입력 BS$_2$를 먼저 눌렀다 놓는다.

  1 기동 입력 BS$_2$를 누를 때 BS$_2$ 접점이 닫히는 순간 릴레이 X$_2$에 전기가 공급되어 릴레이 X$_2$가 동작(여자)되고 접점 X$_{2(1)}$과 X$_{2(2)}$가 닫히며 접점 X$_{2(3)}$이 열린다.

    ≪ 전원 R − BS$_3$ − BS$_2$ 닫힘(기동) − X$_{1(3)}$ − X$_2$ − 전원 T ≫

  2 유지 접점 X$_{2(1)}$이 닫혀서 BS$_2$를 놓아도 BS$_2$ 대신에 릴레이 X$_2$에 계속 전기를 공급한다.

    ≪ 전원 R − BS$_3$ − 접점 X$_{2(1)}$ 닫힘(유지) − X$_{1(3)}$ − X$_2$ − 전원 T ≫

  3 출력 접점 X$_{2(2)}$가 닫혀서 램프 출력 L$_2$에 전기를 공급한다.

    ≪ 전원 R − BS$_3$ − 접점 X$_{2(2)}$ 닫힘 − L$_2$ − 전원 T ≫

  4 인터록 접점 X$_{2(3)}$이 열려서 릴레이 X$_1$의 전기 공급(동작선)을 끊어 기동 입력 BS$_1$을 눌러도 릴레이 X$_1$이 동작할 수 없다.

    ≪ 전원 R − BS$_3$ − BS$_1$ 닫음 − X$_{2(3)}$ 열림(인터록) − X$_1$ − 전원 T ≫

  5 정지입력 BS$_3$을 눌렀다 놓는다. BS$_3$을 누르면 접점이 열리므로 릴레이 X$_2$에 전기가 끊어져 X$_2$가 복구된다. 또 접점 X$_{2(1)}$이 열려 유지가 해제되고 접점 X$_{2(2)}$가 열려 출력 램프 L$_2$에 전기가 끊어져 램프 L$_2$가 소등되며 또 인터록 접점 X$_{2(3)}$이 닫혀서 릴레이 X$_1$의 기동이 준비된다.

●예제 2-8 ●

그림과 같은 인터록 회로의 일부를 보고 X_1, X_2, A, B에 대하여 다음에 답하시오.

(1) AND 회로 2개, NOT 회로 2개로 논리
   회로를 그리고 식을 쓰시오.

(2) 타임 차트의 A, B를 완성하시오.

(3) 진리표를 완성하시오.

(4) 회로 동작을 A, B에 대하여 설명하시오.

(5) 인터록 회로를 간단히 설명하시오.

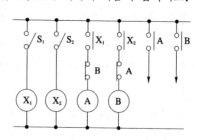

【풀이】

(1) $A = X_1\overline{B}$ $B = X_2\overline{A}$ (2)   (3)

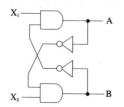

X_1	X_2	A	B
0	0	0	0
0	1	0	1
1	0	1	0
1	1	—	—

(4) X_1이 먼저 동작하면 출력 A가 동작하고 B회로를 끊어 이후 X_2가 동작하여도 B는 동작할
   수 없다. 또 X_2가 먼저 동작하면 출력 B가 동작하고 A회로를 끊어 이후 X_1이 동작하여
   도 A는 동작할 수 없다.

(5) 둘 이상의 출력이 있는 회로에서 둘 이상의 출력이 동시에 생기는 일이 없도록 하는 회로
   즉 한 회로가 먼저 동작하면 다른 회로는 동작 할 수 없는 회로이고 b접점으로 상대 회로
   의 동작선을 끊는다.

●예제 2-9 ●

그림의 릴레이 회로를 타임 차트와 같이 동작하도록 병렬 우선 회로로 수정하시오. 여기서
R_1, R_2, R_3은 보조 릴레이 이고 필요한 접점은 임의로 사용하되 그림과 같이 릴레이 명칭으
로 접점 명칭을 기입하시오.

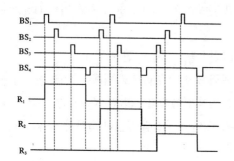

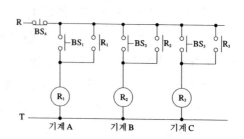

【풀이】

인터록 회로이고 릴레이 R_1은 b접점 R_2, R_3으로 끊고 릴레이 R_2는 b접점 R_1, R_3으로 끊고 릴레이 R_3은 b접점 R_2, R_1으로 끊는다.

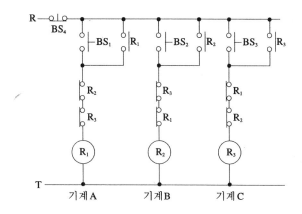

☛ **연습문제 2-11**

답지의 그림은 릴레이 금지 회로 응용의 일 예이다. 출력 A의 무접점 회로를 그리시오.

☛ **연습문제 2-12**

3입력 인터록의 유접점 제어 회로를 보고 물음에 답하시오.

(1) 아래의 3입력 AND 회로와 NOT 회로의 기호만 각각 3개씩 사용하여 무접점 회로를 그리시오.

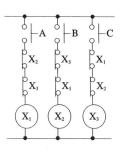

(2) 타임 차트를 완성하시오.

그림 2-28은 PLC용 래더 회로와 타임 차트이고 그림 2-26 및 2-27과 같이 램프 2개 중 먼저 입력을 준 회로의 램프만 점등한다. 이 회로가 릴레이 회로와 다른 점은 정지 신호 BS_3이 H입력형인 점이다. 타임 차트에서

① L_1 동작 : H입력형 BS_1(P001) 조작(눌렀다 놓는다)을 먼저 그린다. 다음 H입력형 BS_2 (P002) 조작(눌렀다 놓는다)을 조금 늦게 그리면 L_1(P011)우선 회로가 되고 BS_1을 누르는 순간에 L_1이 동작하도록 그린다. L_2는 동작하지 않도록 그린다.

② L_2 동작 : BS_2(P002)조작을 먼저 그린다. 다음 BS_1(P001)조작을 조금 늦게 그리면

L₂(P012) 우선 회로가 되고 BS₂를 누르는 순간에 L₂가 동작하도록 그린다. L₁은 동작하지 않는다.

③ 위의 경우 각각 H입력형 BS₃을(P003)을 주면 동작중인 회로와 램프가 복구한다.

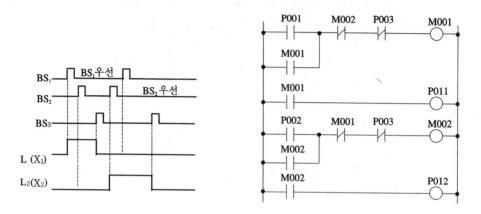

그림 2-28 인터록 회로

래더 회로는 타임 차트와 같이 유지 회로 2개에 인터록을 넣으며 그림 2-28과 같이 된다. 초심자는 릴레이 회로를 참고하면 쉽다.

① 기동 입력 P001(BS₁)을 먼저 주면 내부 출력 M001(보조 기구 X₁)이 동작하고 내부 출력 M001(X₁ 접점 X₁₍₁₎)로 유지한다 (유지 회로).

② 동시에 내부 출력 M001(X₁ 접점 X₁₍₂₎)로 출력 P011(램프 L₁)이 생긴다.

③ 같은 방법으로 출력 P012(램프 L₂)의 유지 회로를 연속하여 그린다.

④ 내부 출력 M001(X₁ 접점 X₁₍₃₎)로 M002 회로를 끊고, 또 M002(X₂ 접점 X₂₍₃₎)로 M001 회로를 각각 끊는다 (인터록).

⑤ 정지 입력 P003(BS₃)으로 내부 출력 M001과 M002의 회로를 각각 끊어 정지시킨다. 이때 정지 입력 P003은 2번 사용하여 회로를 분리하면 편리할 때가 많다.

그림 2-28의 래더 회로에서 아래와 같이 니모닉 프로그램하고 정리하면 표와 같다.

⓪ LOAD P001   ① OR M001   ② AND NOT M002

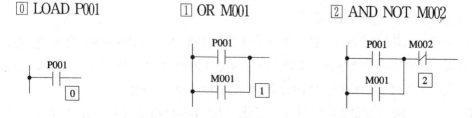

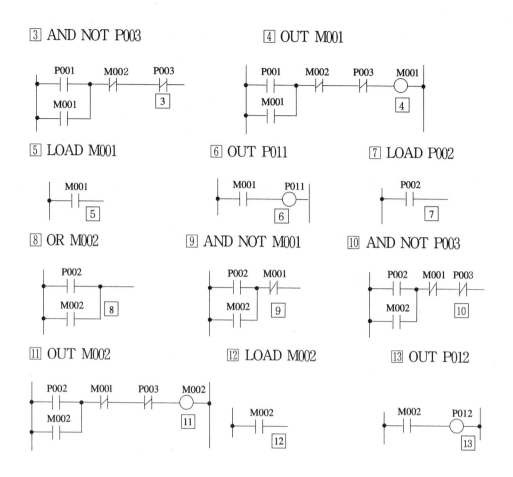

③ AND NOT P003   ④ OUT M001

⑤ LOAD M001   ⑥ OUT P011   ⑦ LOAD P002

⑧ OR M002   ⑨ AND NOT M001   ⑩ AND NOT P003

⑪ OUT M002   ⑫ LOAD M002   ⑬ OUT P012

차례(step)	명 령 어	번 지	차례	명 령 어	번 지
0	LOAD	P001	7	LOAD	P002
1	OR	M001	8	OR	M002
2	AND NOT	M002	9	AND NOT	M001
3	AND NOT	P003	10	AND NOT	P003
4	OUT	M001	11	OUT	M002
5	LOAD	M001	12	LOAD	M002
6	OUT	P011	13	OUT	P012

컴퓨터의 S/W를 이용한 프로그램은 그림 2-28의 래더 회로를 이용하여 프로그램한다.

⓪ 컴퓨터의 초기 조작은 유지 회로편을 참고한다.

① 0000번 스텝에서 화면 하단의 기능키 표시, 즉 F3 Key를 누르면 a접점 표시가 나타난

다. 또 번지 P001을 누른 후 Enter Key를 누른다. 이때 화면 상단과 하단에 그림 기호와 문자 기호가 나타난다(이하 같다).

☞ ① Key In : F3 P 0 0 1 Enter↵   ☞ ② Key In : F4 M 0 0 2 Enter↵

            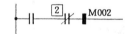

② 커서(cursor)의 위치(▮ 표시)에서 기능키 F4, 번지 M002, Enter Key를 차례로 누르면 위의 2번째 그림이 나타난다.

③ 커서(cursor)의 위치(▮ 표시)에서 기능키 F4, 번지 P003, Enter Key를 차례로 누른다.

☞ ③ Key In : F4 P 0 0 3 Enter↵   ☞ ④ Key In : F9 M 0 0 1 Enter↵

   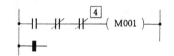

④ 커서의 위치(▮ 표시)에서 기능키 F9, 번지 M001, Enter Key를 차례로 누른다.

⑤ 커서(cursor)의 위치(▮ 표시)에서 기능키 F3, 번지 M001, Enter Key를 차례로 누른다.

☞ ⑤ Key In : F3 M 0 0 1 Enter↵   ☞ ⑥ Key In : F6 Enter↵

⑥ 커서의 위치(▮ 표시)를 위의 2번 그림과 같이 위로 옮기고 기능키 F6(세로선-병렬 접속), Enter를 차례로 누르면 위와 같다

⑦ 커서(cursor)의 위치(▮ 표시)를 아래 스텝으로 이동하고 기능키 F3, 번지 M001, Enter Key를 차례로 누른다.

☞ ⑦ Key In : F3 M 0 0 1 Enter↵   ☞ ⑧ Key In : F9 P 0 1 1 Enter↵

            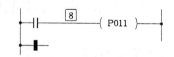

⑧ 커서의 위치(▮ 표시)에서 기능키 F9, 번지 P011, Enter Key를 차례로 누른다.

⑨ 커서(cursor)의 위치(▮ 표시)에서 기능키 F3, 번지 P002, Enter Key를 차례로 누른다.

☞ ⑨ Key In : F3 P 0 0 2 Enter↵   ☞ ⑩ Key In : F4 M 0 0 1 Enter↵

⑩ 커서(cursor)의 위치(▮ 표시)에서 기능키 F4, 번지 M001, Enter Key를 차례로 누른다.

⑪ 커서(cursor)의 위치(▮ 표시)에서 기능키 F4, 번지 P003, Enter Key를 차례로 누른다.

☞ ⑪ Key In : F4 P 0 0 3 Enter↵   ☞ ⑫ Key In : F9 M 0 0 2 Enter↵

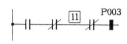   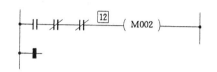

⑫ 커서의 위치(▮ 표시)에서 기능키 F9, 번지 M002, Enter Key를 차례로 누른다.

⑬ 커서(cursor)의 위치(▮ 표시)에서 기능키 F3, 번지 M002, Enter Key를 차례로 누른다.

☞ ⑬ Key In : F3 M 0 0 2 Enter↵   ☞ ⑭ Key In : F6 Enter↵

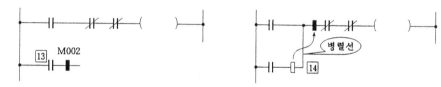

⑭ 커서의 위치(▮ 표시)를 위 그림과 같이 위로 옮기고 기능키 F6, Enter를 차례로 누른다.

⑮ 커서(cursor)의 위치(▮ 표시)를 아래 스텝으로 이동하고 기능키 F3, 번지 M002, Enter Key를 차례로 누른다.

☞ ⑮ Key In : F3 M 0 0 2 Enter↵   ☞ ⑯ Key In : F9 P 0 1 2 Enter↵

          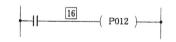

⑯ 커서의 위치(▮ 표시)에서 기능키 F9, 번지 P012, Enter Key를 차례로 누른다.

⑰ 커서의 위치(▮ 표시)에서 기능키 F10, 문자 END, Enter Key를 차례로 누른다.

☞ ⑰ Key In : F10 E N D Enter↵

⑱ Alt와 F7 키를 동시에 누르면 │ Are You Sure? <Y/N> │ 가 나타나고 Y를 누르면 회로에 스텝이 나타나며 하단에 Completed가 나타난다. 즉 그림 2-29와 같은 스텝 실행(Program Convert)이 완료된 도면이 된다. 또 ALT N 하면 그림 2-30의 니모닉 프로그램이 나타난다.

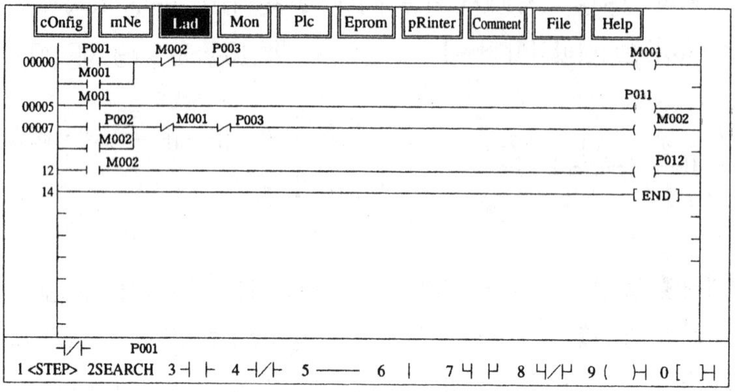

그림 2-29 래더 회로

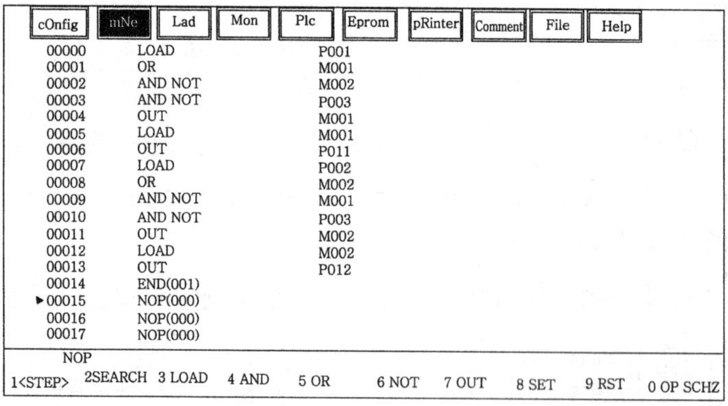

그림 2-30 니모닉 프로그램

양논리 회로는 그림 2-28의 래더 회로에서 그리면 그림 2-31과 같이 된다.

① M001은 기동 버튼 P001과 유지 M001의 OR(병렬) 회로에 인터록 M002와 정지 버튼 P003의 3입력 AND(직렬)이다. 또 P011은 M001에서 출력 회로를 통하여 접속한다.

② M002는 기동버튼 P002와 유지 M002의 OR(병렬) 회로에 인터록 M001과 정지버튼 P003

의 3입력 AND(직렬)이다(뒤집어 그린다). 또 P012는 M002에서 출력 회로를 통하여 접속한다.

③ 정리하면 그림 2-31과 같다.

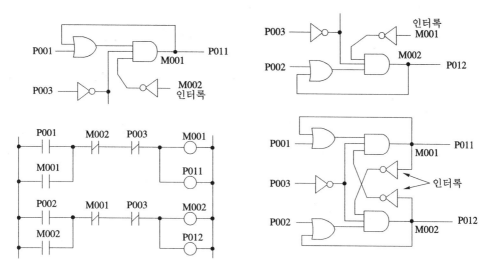

그림 2-31 양논리 회로

그림 2-32는 H입력형에 LED drive 싱크 전류 출력 회로를 접속한 회로이다.

④ 그림에서 BS_1과 BS_2, BS_3이 열려있고 램프(부하)는 소등 상태이다.

   ① 점Ⓐ, 점Ⓑ, 점Ⓒ : 입력 $BS_1 \sim BS_3$은 열려있고 $200\,[\Omega]$을 통하여 각각 접지 상태 L레벨이다.

   ② 점Ⓓ : 점Ⓒ의 L레벨이 NOT 회로를 통하므로 Ⓓ는 전압 상태 H레벨이다.

   ③ 점Ⓔ, 점Ⓖ : 정지 상태에서 L레벨이다.

   ④ 점Ⓕ, 점Ⓗ : 정지 상태에서 출력은 없고 L레벨이다.

   ⑤ 점Ⓘ, 점Ⓙ, 점Ⓚ, 점Ⓛ : 정지 상태에서 출력 L레벨이 NOT 회로를 통하므로 각각 전압 상태 H레벨이다.

   ⑥ 정지 상태에서 부하(램프) L_1과 L_2는 소등 상태이다.

⑤ 그림 2-32에서 기동 입력 BS_1을 먼저 눌렀다 놓으면 램프 L_1이 점등한다.

   ① 점Ⓐ : 입력 BS_1을 누르면 전압 $V_c = 5\,[V]$를 통하여 H레벨이 된다. 이후 BS_1을 놓으면 다시 L레벨로 돌아온다.

② 점Ⓔ : 점Ⓐ의 H레벨이 OR 회로를 통하여 H레벨이 된다. 이후 되먹임 점Ⓕ의 H레벨로 점Ⓔ는 H레벨이 유지된다.

③ 점Ⓕ : 점Ⓓ, 점Ⓔ, 점Ⓙ가 모두 H레벨이므로 AND 출력 점Ⓕ는 H레벨이 된다. 즉 운전 상태가 되고 출력 램프 L_1이 점등된다.

④ 점Ⓚ : 점Ⓕ의 H레벨이 NOT 회로를 통하므로 Ⓚ는 접지 상태 L레벨이다.

⑤ 전원 V_c의 H레벨에서 점Ⓚ의 L레벨로 싱크(sink) 전류가 흘러 램프 LED(L_1)가 켜진다.

⑥ 점Ⓘ : 점Ⓕ의 H레벨이 NOT 회로(인터록)를 통하므로 점Ⓘ는 L레벨이 되어 이후 BS_2를 눌러 점Ⓖ가 H레벨이 되어도 AND 회로는 동작할 수 없다.

⑦ 정지 입력 BS_3을 주면 점Ⓒ가 H레벨, 점Ⓓ가 L레벨이 되어 AND 회로가 복구하므로 점Ⓕ가 L레벨이 되며 점Ⓚ가 H레벨이 되어 램프 L_1이 소등한다. 이후 정지 상태로 된다.

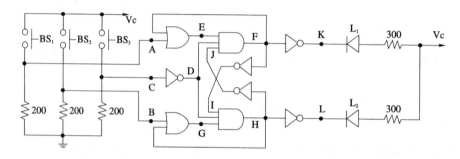

그림 2-32 양논리 회로

⑥ 그림 2-32에서 기동 입력 BS_2를 먼저 눌렀다 놓으면 램프 L_2가 점등한다.

① 점Ⓑ : 입력 BS_2를 누르면 전압 $V_c = 5[V]$를 통하여 H레벨이 된다. 이후 BS_2를 놓으면 다시 L레벨로 돌아온다.

② 점Ⓖ : 점Ⓑ의 H레벨이 OR 회로를 통하여 H레벨이 된다. 이후 되먹임 점Ⓗ의 H레벨로 점Ⓖ는 H레벨이 유지된다.

③ 점Ⓗ : 점Ⓓ, 점Ⓖ, 점Ⓘ가 모두 H레벨이므로 AND 출력 점Ⓗ는 H레벨이 된다. 즉 운전 상태가 되고 출력 램프 L_2가 점등된다.

④ 점Ⓛ : 점Ⓗ의 H레벨이 NOT 회로를 통하므로 Ⓛ은 접지 상태 L레벨이다.

⑤ 전원 V_c의 H레벨에서 점Ⓛ의 L레벨로 싱크(sink) 전류가 흘러 램프 LED(L_2)가 켜진다.

⑥ 점Ⓙ : 점Ⓗ의 H레벨이 NOT 회로(인터록)를 통하므로 점Ⓙ는 L레벨이 되어 이후 BS_1을 눌러 점Ⓔ가 H레벨이 되어도 AND 회로는 동작할 수 없다.

⑦ 정지 입력 BS_3을 주면 점Ⓒ가 H레벨, 점Ⓓ가 L레벨이 되어 AND 회로가 복구하므로 점

가 L레벨이 되며 점
이 H레벨이 되어 램프 L₂가 소등한다. 이후 정지 상태로 된다.

● 예제 2-10 ●

다음 그림들은 인터록 회로들이고 서로 등가이다. 물음에 답하시오.

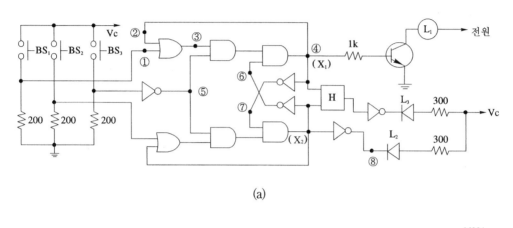

(a)

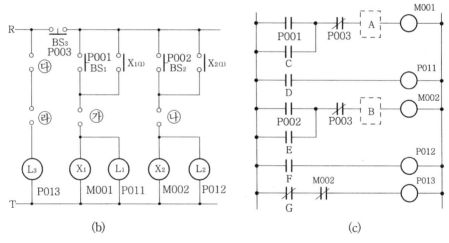

(b)   (c)

(1) 전원을 넣으면 L₃ 램프만이 점등한다. 그림 (a)의 H란에 알맞은 논리 기호를 보기에서 찾으시오.

[보기]

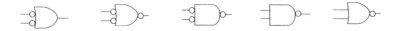

(2) 전원을 넣으면 L_3 램프만이 점등한다. 그림 (b)에서 ㉰, ㉱에 알맞은 릴레이 접점과 문자 기호를 넣으시오.

(3) 그림에서 ⑥, ⑦과 ㉮, ㉯와 A, B는 서로 같은 기능이다. 어떤 기능인가?

(4) 그림 (b)에서 ㉮, ㉯에 알맞은 릴레이 접점과 문자 기호를 넣으시오.

(5) 그림 (c)에서 A~G에 알맞은 번지를 쓰시오.

(6) 그림 (b)의 접점 $X_{1(1)}$과 같은 기능을 그림 (a)의 ①, ②, ③, ⑤, ⑥, ⑦에서 찾으시오.

(7) BS_1을 먼저 주면 L_1이 점등한다. 이후 BS_2를 주면 L_2가 점등하는가? (한다, 안한다로 대답)

(8) 그림(a)에서 램프 L_2가 점등중일 때 ⑧점의 레벨을 H(전압 레벨), L(접지 레벨)로 표시하시오.

(9) 그림(a)에서 램프 L_2가 점등중일 때 흐르는 전류를 무슨 전류라고 하느냐?

(10) 그림(a)에서 BS_1을 누르고 있을 때 ①~⑦중 L(접지)레벨인 곳은?

(11) 그림(a)에서 램프 L_1이 점등중일 때 ①~⑦중 L(접지)레벨인 곳은?

(12) 그림(a)에서 램프 L_2가 점등중일 때 ①~⑦중 H(전압)레벨인 곳은?

【풀이】

전원을 넣으면 램프 L_3이 점등한다. BS_1을 먼저 주면 L_1이 점등하고 L_3이 소등한다. 이후 BS_2를 주어도 L_2가 점등하지 않는다. 또 BS_2를 먼저 주면 L_2가 점등하고 L_3이 소등한다. 이후 BS_1을 주어도 L_1이 점등하지 못한다. 여기서 램프 L_1이나 L_2가 점등하면 L_3이 소등한다. 또 PLC 래더 회로에서 램프 회로를 내부 출력에서 분리 코딩하였다.

(1) 램프 L_1이나 혹은 L_2가 점등하면 L_3이 소등하므로 NOT AND 즉 NOR 회로(⎓◯─)이다.

(2) 위(1)과 같이 NOT(b접점) AND(직렬)이므로 ㉰ ─o o─$x_{1(3)}$ ㉱ ─o o─$x_{2(3)}$ 이다.

(3) 인터록 기능이고

(4) ㉮ ─o o─$x_{2(2)}$ ㉯ ─o o─$x_{1(2)}$ 이다.

(5) A, B는 인터록이고 A-M002, B-M001이다. C, E는 유지 회로이고 C-M001, E-M002 이다. D, F는 출력 접점이고 D-M001, F-M002 이며, G는 정지용 M001이다.

(6) ②번이 출력 되먹임 유지용 선이다.

(7) 인터록 회로이므로 먼저 입력한 회로의 출력만 동작한다. 답—안한다.

(8) 싱크 전류가 흐르려면 L레벨이 되어야 한다.

(9) 회로 쪽으로 흐르는 싱크 전류이다.

(10) BS_1을 누르고 있으면 ①번 H레벨이고 놓으면 L레벨, L_1이 점등 중이면 ②~⑥번 H레벨, ⑦은 NOT를 통하므로 L레벨, 따라서 ⑦번만 L레벨이다.

(11) ①, ⑦번이 L레벨이다.

(12) L_2가 점등중이면 L_1 쪽은 L레벨이고 정지용 ⑤와 인터록 ⑦만 H레벨이 된다.

그림 2-33은 로직 회로와 그 타임 차트인데 램프 2개 중 먼저 입력을 준 회로의 램프만 점등한다. 여기서 Logic 시퀀스는 기동 및 정지 입력이 모두 L입력형임에 유의한다. 그림(a)에서

① L_1 동작 : L입력형 BS_1 조작을 먼저 그리고 다음 L입력형 BS_2 조작을 조금 늦게 그리면 L_1 우선 회로가 되고 BS_1을 누르는 순간에 $\overline{R}\,\overline{S}$-latch-1($FF_1$)이 set하여 램프 L_1이 점등하도록 그린다. 또 FF_2와 L_2는 동작하지 않는 것으로 그린다.

② L_2 동작 : BS_2 조작을 먼저 그리고 다음 BS_1 조작을 조금 늦게 그리면 L_2 우선 회로가 되고 BS_2를 누르는 순간에 $\overline{R}\,\overline{S}$-latch-2($FF_2$)가 set하여 램프 L_2가 동작하도록 그린다. 또 FF_1과 L_1은 동작하지 않는 것으로 그린다.

③ ①과 ②의 경우 각각 L입력형 BS_3을 주면 동작(set)중인 FF가 reset하여 램프가 복구한다.

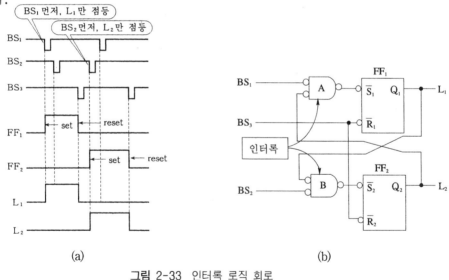

(a)   (b)

그림 2-33 인터록 로직 회로

로직 회로는 그림 (b)와 같이 유지 회로(FF) 2개에 인터록 회로 2개로 이루어진다. 즉

① 먼저 준 L입력(BS_1, BS_2)으로 $\overline{R}\,\overline{S}$-latch($FF_1$, FF_2)가 set하고 출력 Q로 램프 L(L_1, L_2)이 점등한다. 동시에 인터록 회로(A, B)로 상대쪽 $\overline{R}\,\overline{S}$-latch의 set을 금지시킨다. 또 공통 정지 L입력 BS_3을 주면 set된 $\overline{R}\,\overline{S}$-latch가 reset되고 부하 램프가 소등한다.

② BS₁을 먼저 주면 FF₁(L₁)이 set되는데 BS₁을 먼저 준다는 논리 조건은 FF₂ reset 상태(L 레벨)에서 BS₁을 준다(L레벨)는 것과 같은 2입력 AND 회로 조건이 된다. 또 AND 회로 는 H입력으로 동작하지만 BS를 주는 것과 FF의 set, reset는 모두 L레벨 상태이므로 NOT 회로를 통하여 H레벨로 바꾼다. 따라서 AND 회로는 L입력, L출력의 AND 회로 가 되고 이것이 인터록 회로가 된다.

③ 부하가 2개(L₁, L₂)이므로 유지 회로(FF) 2개에 인터록 회로 2개가 그림 2-34와 같이 되 며 공통 정지 신호를 주어 정리하면 그림 2-33과 같다.

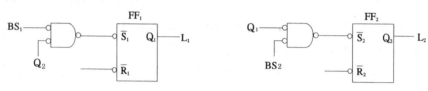

그림 2-34　로직 회로

그림 2-35는 L입력 회로에 LED drive 싱크 전류 출력 회로를 접속한 인터록 회로의 예이다.

① 그림 2-35에서 각 FF가 리셋 상태이고 램프 출력이 없는 정지 상태에서

　① 점Ⓐ, 점Ⓑ, 점Ⓒ : BS₁, BS₂, BS₃은 열려있고 저항 1[kΩ]을 통하여 Vc 가 걸려 H레 벨이다.

　② 점Ⓓ, 점Ⓔ : 점Ⓐ, 점Ⓑ의 H레벨이 NOT(상태 변환)를 통하므로 각각 L레벨이다.

　③ AND 회로 Ⓕ, Ⓖ : 점Ⓓ, 점Ⓔ의 L레벨로 AND 회로는 각각 L레벨이다.

　④ 점Ⓗ, 점Ⓘ : AND회로 Ⓕ, Ⓖ의 L레벨로 set 입력 Ⓗ, Ⓘ는 각각 H레벨이다.

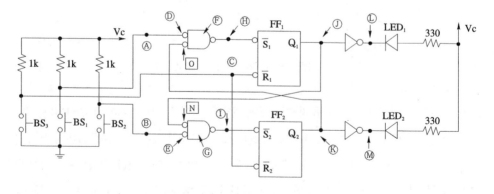

그림 2-35　인터록 로직 회로 예

⑤ 점J, 점K : set 입력 H, I가 각각 H레벨이므로 FF는 각각 reset 상태이고 각각 L 레벨이다.

⑥ 점L, 점M, 점N, 점O : FF 출력점J, 점K의 L레벨이 NOT를 통하므로 각각 H레 벨이다.

⑦ 점L, 점M이 H레벨이고 V_c와 전압이 같으므로 전류가 흐를 수 없고 LED는 소등 상 태이다.

② 그림 2-35에서 BS_1을 먼저 주면 FF_1이 set되고 램프 출력 LED_1이 점등한다.

　① 점A : 입력 BS_1을 누르면 접지를 통하여 L레벨이 되고, 이후 BS_1을 놓으면 다시 H레 벨로 돌아온다.

　② 점D : 점A의 L레벨이 NOT를 통하므로 점D는 H레벨이다.

　③ AND 회로 점F : 점D, 점O의 H레벨로 AND 회로는 동작하고 H레벨이다.

　④ 점H : AND회로 F의 H레벨로 set 입력 H는 L레벨이 되고 FF_1은 set된다.

　⑤ 점J : set 입력 H가 L레벨이므로 FF_1은 set되고 H레벨이다.

　⑥ 점L : FF_1 출력 점J의 H레벨이 NOT를 통하므로 L레벨이다.

　⑦ LED_1 : 점L이 L레벨이므로 V_c에서 점L로 싱크 전류가 흐르고 LED_1이 점등한다.

　⑧ 점N : FF_1 출력점J의 H레벨(FF_1 set)이 NOT를 통하므로 점N(NOT출력)은 L레벨 이 된다. 즉 인터록이 된다. 따라서 이후 BS_2를 주어도 AND 회로 G은 동작(H레벨) 하지 못하고 FF_2가 set하지 못한다.

　⑨ 정지 입력 BS_3을 누르면 접지를 통하여 C점이 L레벨이 되어 FF_1이 리셋하고 LED_1이 소등하며 ①번과 같은 정지 상태가 된다. 이후 BS_3을 놓으면 C점은 다시 H레벨로 돌 아온다.

③ 그림 2-35에서 BS_2를 먼저 주면 FF_2가 set되고 램프 출력 LED_2가 점등한다.

　① 점B : 입력 BS_2를 누르면 접지를 통하여 L레벨이 되고 이후 BS_2를 놓으면 다시 H레 벨로 돌아온다.

　② 점E : 점B의 L레벨이 NOT를 통하므로 점E는 H레벨이다.

　③ AND 회로 점G : 점E, 점N의 H레벨로 AND 회로는 동작하고 H레벨이다.

　④ 점I : AND 회로 G의 H레벨로 set 입력 I는 L레벨이 되고 FF_2는 set된다.

　⑤ 점K : set 입력 I가 L레벨이므로 FF_2는 set되고 H레벨이다.

　⑥ 점M : FF_2 출력 점K의 H레벨이 NOT를 통하므로 L레벨이다.

　⑦ LED_2 : 점M이 L레벨이므로 V_c에서 점M으로 싱크 전류가 흐르고 LED_2가 점등한다.

　⑧ 점O : FF_2 출력점K의 H레벨(FF_2 set)이 NOT를 통하므로 점O(NOT 출력)는 L레벨

이 된다. 즉 인터록이 된다. 따라서 이후 BS_1을 주어도 AND 회로 ⑤는 동작(H레벨)하지 못하고 FF_1이 set하지 못한다.

⑨ 정지 입력 BS_3을 누르면 접지를 통하여 ⓒ점이 L레벨이 되어 FF_2가 리셋하고 LED_2가 소등하며 ①번과 같은 정지 상태가 된다. 이후 BS_3을 놓으면 ⓒ점은 다시 H레벨로 돌아온다.

●예제 2-11●

그림은 인터록 회로의 일부이고 서로 등가이다. 물음에 답하시오.

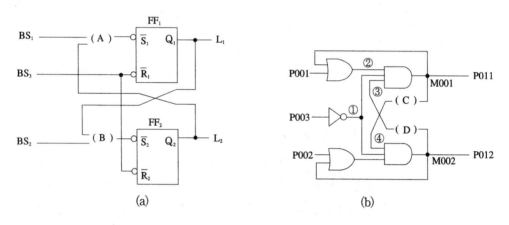

(a)   (b)

(1) 그림 (a)는 L입력형 $\overline{R}\,\overline{S}$-latch를 사용한 로직 회로이다. A, B에 알맞은 기호를 그리시오.

(2) 그림 (b)는 H입력형 양논리 회로이다. C, D에 알맞은 논리 기호를 그리시오.

(3) 그림 (b)에서 정지 상태에서 ①~④점 중 L(접지) 레벨인 곳을 찾으시오.

(4) 그림 (b)에서 L_1이 점등 중일 때 ①~④점 중 L(접지) 레벨인 곳을 찾으시오.

(5) PLC 래더 회로를 그리고 프로그램하시오. 단 0스텝에 P001을 시작으로 하여 11 스텝에 P012로 끝내고 명령어는 회로 시작 LOAD, 출력 OUT, AND, OR, NOT를 사용한다.

【풀이】

인터록 회로이다. 11 스텝이므로 BS_3은 분리하고 출력은 내부 출력에 병렬로 하면 된다.

(1)   (2)

(3) 차례로 HLHH이다.

(4) L_1이 점등중이면 인터록 ④만이
　　 L레벨이다.
　　 차례로 HHHL이다.

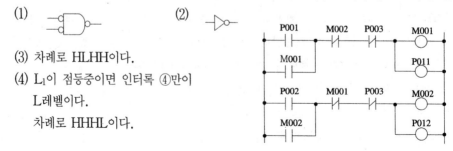

(5)

차례(step)	명령어	번지	차례	명령어	번지
0	LOAD	P001	6	LOAD	P002
1	OR	M001	7	OR	M002
2	AND NOT	M002	8	AND NOT	M001
3	AND NOT	P003	9	AND NOT	P003
4	OUT	M001	10	OUT	M002
5	OUT	P011	11	OUT	P012

✎ **연습문제 2-13**

TV의 퀴즈 놀이와 같이 3사람 중에서 버튼 스위치를 가장 먼저 누르는 쪽의 램프만 점등하고 다른 두 사람의 램프는 점등하지 않는다. 로직 회로용 타임 차트를 참조하여 물음에 답하시오.

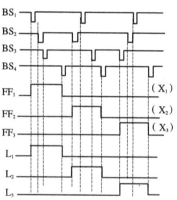

(1) 릴레이 회로를 그리시오. 단 릴레이 X의 접점은 각각 (1a, 2b)용이다.

(2) PLC 래더 회로를 그리고 프로그램하시오. 단 명령어는 LOAD, AND, OR, NOT, OUT를 사용하고 번지는 차례로 P001~P004, P011~P013, M001~M003으로 하고 0~20스텝으로 프로그램하며 그 외는 생략한다.

(3) 래더 회로를 보고 양논리 회로를 그리시오. 단 3입력 AND 회로, 2입력 AND 회로, 2입력 OR 회로 각 3개, NOT 회로 4개를 사용하고 기타는 생략한다.

(4) $\overline{R}\,\overline{S}$-latch 기호 3개, 3입력 논리소자의 인터록 회로(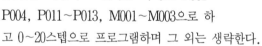) 3개를 사용하여 로직 회로를 그리시오. 그 외는 생략한다.

2. 우선 회로

우선 회로에는 순차 제어 회로, 동작 우선 회로, 신입 신호 우선 회로 등이 있다.

1) 순차 제어 회로

순차 제어 회로는 L_1-L_2의 차례로 동작하는 회로를 말한다.

릴레이 시퀀스는 그림 2-36과 같이 출력이 2개이므로 유지 회로 2개에 우선 회로 접점 1개로 이루어지며 유지용 X_1 릴레이의 a접점을 X_2 릴레이의 기동 조건(BS_2에 직렬)으로 한다.

① 기동 입력 BS_2를 BS_1보다 먼저 누르면 보조 릴레이 X_1의 접점 $X_{1(3)}$이 열려 있으므로 보조 릴레이 X_2는 기동되지 않는다.

② 기동 입력 BS_1을 누르면 보조 릴레이 X_1이 동작 유지하고 램프 L_1이 켜지며, 우선 동작 접점 $X_{1(3)}$이 닫혀서 보조 릴레이 X_2의 기동을 준비한다.

③ 보조 릴레이 X_1이 동작한 후에 기동 입력 BS_2를 주면 접점 $X_{1(3)}$이 닫혀있으므로 보조 릴레이 X_2가 동작 유지하고 램프 L_2가 점등한다.

④ 공통 정지 신호 BS_3을 주면 릴레이와 램프가 모두 복구한다.

⑤ 타임 차트에서는 $BS_2 - BS_1 - BS_2$의 순서로 기동 입력을 주면 $X_1 - X_2$의 순서로 릴레이가 동작하여 $L_1 - L_2$의 순서로 램프가 점등되며 BS_3을 주면 릴레이와 출력 램프가 소등된다. 즉

　① H입력형 BS_2 조작(눌렀다 놓는다)을 먼저 그린다. 이때 $X_2(L_2)$는 동작하지 않는다.

　② 다음 H입력형 BS_1 조작을 그린다. BS_1을 누르는 순간에 X_1과 L_1이 동작하도록 그린다.

　③ X_1 동작 후 다시 BS_2 조작을 그린다. BS_2를 누르는 순간에 X_2와 L_2가 동작하도록 그린다.

　④ L입력형 BS_3을 주면 릴레이와 램프가 모두 복구한다.

⑥ 동작 순서는 다음과 같다.

　① 기동 입력 BS_1을 먼저 눌렀다 놓으면 BS_1 접점이 닫히는 순간 릴레이 X_1에 전기가 공급되어 릴레이 X_1이 동작(여자)되고 접점 $X_{1(1)}$, $X_{1(2)}$ 및 접점 $X_{1(3)}$이 닫힌다.

　　≪ 전원 $R - BS_3 - BS_1$ 닫힘 $-$ 코일 $X_1 -$ 전원 T ≫

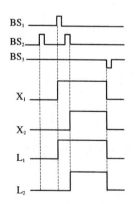
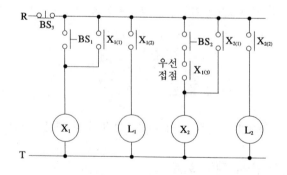

그림 2-36 릴레이 회로

② 유지 접점 $X_{1(1)}$이 닫혀서 BS_1 대신에 릴레이 X_1에 계속 전기를 공급하여 회로를 유지한다.

≪ 전원 R − BS_3 − 접점 $X_{1(1)}$ 닫힘 − 코일 X_1 − 전원 T ≫

③ 출력 접점 $X_{1(2)}$가 닫혀서 램프 출력 L_1에 전기를 공급한다.

≪ 전원 R − BS_3 − 접점 $X_{1(2)}$ 닫힘 − 램프 L_1 − 전원 T≫

④ 우선 동작 접점 $X_{1(3)}$이 닫혀서 릴레이 X_2의 기동을 준비한다.

⑤ 램프 L_1 점등 후 기동 입력 BS_2를 눌렀다 놓으면 BS_2 접점이 닫히는 순간 릴레이 X_2에 전기가 공급되어 릴레이 X_2가 동작(여자)되어 접점 $X_{2(1)}$과 $X_{2(2)}$가 닫힌다.

≪ 전원 R − BS_3 − BS_2 닫힘 − $X_{1(3)}$ 닫혀있음 − 코일 X_2 − 전원 T ≫

⑥ 접점 $X_{2(1)}$이 닫혀서 BS_2 대신에 릴레이 X_2에 계속 전기를 공급 유지한다.

≪ 전원 R − BS_3 − 접점 $X_{2(1)}$ 닫힘 − X_2 − 전원 T ≫

⑦ 출력 접점 $X_{2(2)}$가 닫혀서 램프 출력 L_2에 전기를 공급한다.

≪ 전원 R − BS_3 − 접점 $X_{2(2)}$ 닫힘 − L_2 − 전원 T ≫

⑧ BS_3을 눌렀다 놓으면 접점이 열리는 순간 릴레이 X_1과 X_2에 전기가 끊어져 X_1과 X_2가 복구한다. 유지 접점 $X_{1(1)}$과 $X_{2(1)}$이 열려 유지가 해제되고 접점 $X_{1(2)}$와 $X_{2(2)}$가 열려 램프 L_1과 L_2에 전기가 끊어져 L_1과 L_2가 소등되며 또 우선 접점 $X_{1(3)}$이 열려서 릴레이 X_2의 우선 기동을 금지한다.

PLC 회로는 그림 2-37과 같이 두 출력($P011$, $P012$)의 유지용 내부 출력 2개($M001$, $M002$)를 그린 후에 우선 회로 a접점 $M001$을 $M002(X_2)$의 기동 조건($P002$, BS_2에 직렬)으로 접속한다.

① 타임 차트에서는 $P002$ - $P001$ - $P002(BS_2$ - BS_1 - $BS_2)$의 순서로 기동 입력을 주면 $M001$ - $M002(X_1$ - $X_2)$의 순서로 내부 출력이 동작하여 $P011$ - $P012(L_1$ - $L_2)$의 순서로 램프가 점등되며 $P003(BS_3)$을 주면 내부 출력과 출력(램프)이 복구된다. 즉

① H입력형 $P002(BS_2)$ 조작을 먼저 그린다. 이때 $M002(X_2)$, $P012(L_2)$는 동작하지 않는다.

② H입력형 $P001(BS_1)$ 조작을 다음 그린다. $P001$을 누르는 순간에 $M001(X_1)$과 $P011(L_1)$이 동작하도록 그린다.

③ $M001$ 동작 후 다시 $P002(BS_2)$ 조작을 그린다. $P002$를 누르는 순간에 $M002(X_2)$와 $P012(L_2)$가 동작하도록 그린다.

④ H입력형 $P003(BS_3)$을 주면 내부 출력과 출력 램프가 모두 복구한다.

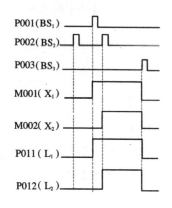

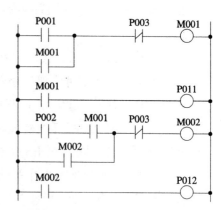

그림 2-37 PLC 우선 회로

② 동작 순서는 릴레이 회로와 비교하면 다음과 같다.

 ① 기동 입력 P002(BS₂)를 P001(BS₁)보다 먼저 누르면 P002와 직렬인 우선 회로 M001 ($X_{1(3)}$)이 열려 있으므로 내부 출력 M002(X_2)는 동작되지 않는다.

 ② 기동 입력 P001(BS₁)을 누르면 내부 출력 M001(X_1)이 동작하고 M001($X_{1(1)}$)로 유지하며 내부 출력 M001($X_{1(2)}$)로 출력 P011(L₁)이 동작(점등)함과 동시에 또 내부 출력 M001($X_{1(3)}$)로 내부 출력 M002(X_2)의 기동 회로를 준비한다.

 ③ 내부 출력 M001(X_1)이 동작한 후에 기동 입력 P002(BS₂)를 주면 우선 요소 M001 ($X_{1(3)}$)을 통하여 내부 출력 M002(X_2)가 동작하고 M002($X_{2(1)}$)로 유지하며 내부 출력 M002($X_{2(2)}$)로 출력 P012(L₂)이 동작(점등)한다.

 ④ 정지 입력 P003(BS₃)을 주면 동작중인 내부 출력 M001과 M002가 복구하고 출력 P011 과 P012가 없어진다. 여기서 정지 신호 P003은 두 유지 회로(M001, M002)에 각각 따로 넣었다.

③ 그림 2-37의 래더 회로에서 니모닉 프로그램을 하면 아래와 같고 정리하면 표와 같다.

 ⓪ LOAD P001   ① OR M001   ② AND NOT P003

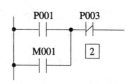

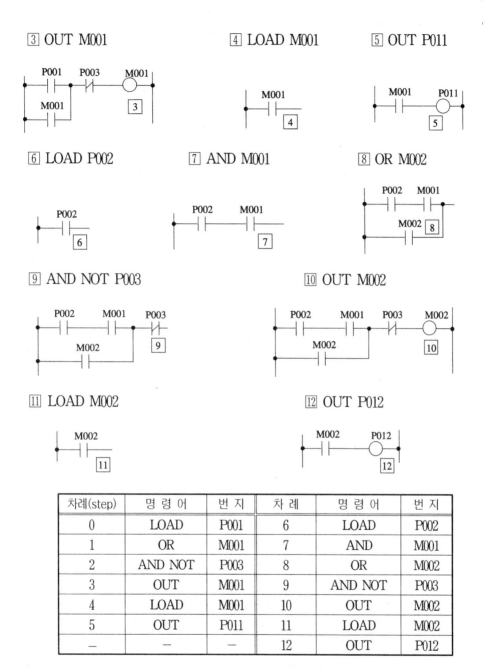

③ OUT M001   ④ LOAD M001   ⑤ OUT P011

⑥ LOAD P002   ⑦ AND M001   ⑧ OR M002

⑨ AND NOT P003   ⑩ OUT M002

⑪ LOAD M002   ⑫ OUT P012

차례(step)	명 령 어	번지	차 례	명 령 어	번지
0	LOAD	P001	6	LOAD	P002
1	OR	M001	7	AND	M001
2	AND NOT	P003	8	OR	M002
3	OUT	M001	9	AND NOT	P003
4	LOAD	M001	10	OUT	M002
5	OUT	P011	11	LOAD	M002
—	—	—	12	OUT	P012

④ 그림 2-37의 래더 회로에서 양논리 회로를 그리면 그림 2-38(c)와 같이 된다.

  ① P011은 유지 회로 M001에서 출력 회로를 통하여 접속하며 그림(a)와 같이 된다. 또

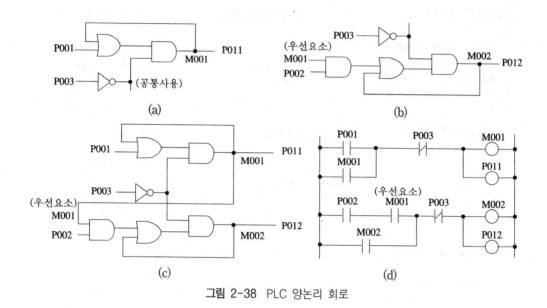

그림 2-38 PLC 양논리 회로

② P012는 유지 회로 M002에서 출력 회로를 통하여 접속하며 그림(b)와 같이 되고 정리하면 그림 (c)와 같다. 여기서 기동회로는 기동버튼 P002와 우선 요소 M001의 직렬 AND로 된다.

③ 그림 2-39는 그림 2-38에 H입력 회로와 LED drive 싱크 전류 출력 회로를 접속한 예이다. 그림에서 BS_1과 BS_2, BS_3이 열려있고 램프(부하)는 소등 상태이다.

㉮ 점Ⓐ, 점Ⓑ, 점Ⓒ : 입력 $BS_1 \sim BS_3$은 열려있고 200 [Ω]을 통하여 각각 접지 상태 L 레벨이다.

㉯ 점Ⓓ : 점Ⓒ의 L레벨이 NOT 회로를 통하므로 Ⓓ는 전압 상태 H레벨이다.

㉰ 점Ⓔ, 점Ⓖ : 정지 상태에서 L레벨이다.

㉱ 점Ⓕ, 점Ⓗ : 정지 상태에서 출력은 없고 L레벨이다.

㉲ 점Ⓘ : 점Ⓑ와 점Ⓕ가 L레벨이므로 AND 출력점Ⓘ는 L레벨이다.

㉳ 점Ⓙ, 점Ⓚ : 정지 상태에서 출력 L레벨이 NOT 회로를 통하므로 각각 전압상태 H 레벨이다

㉴ 정지 상태에서 부하(램프) L_1과 L_2는 소등 상태이다.

④ 그림 2-39에서 기동 입력 BS_1을 먼저 눌렀다 놓으면 램프 L_1이 점등한다.

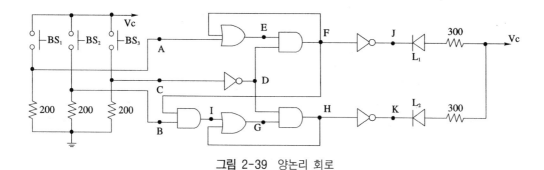

그림 2-39 양논리 회로

㉮ 점Ⓐ : 입력 BS_1을 누르면 전압 $V_c = 5\,[V]$를 통하여 H레벨이 된다. 이후 BS_1을 놓으면 다시 L레벨로 돌아온다.

㉯ 점Ⓔ : 점Ⓐ의 H레벨이 OR 회로를 통하여 H레벨이 된다. 이후 되먹임 점Ⓕ의 H레벨로 점Ⓔ는 H레벨이 유지된다.

㉰ 점Ⓕ : 점Ⓓ, 점Ⓔ가 모두 H레벨이므로 AND 출력점Ⓕ는 H레벨이 된다. 즉 운전 상태가 되고 출력 램프 L_1이 점등된다.

㉱ 점Ⓙ : 점Ⓕ의 H레벨이 NOT 회로를 통하므로 Ⓙ는 접지 상태 L레벨이다.

㉲ 전원 V_c의 H레벨에서 점Ⓙ의 L레벨로 싱크(sink) 전류가 흘러 램프 $LED(L_1)$가 켜진다.

㉳ 점Ⓘ : 점Ⓑ의 L레벨로 점Ⓘ는 L레벨이다. 그러나 점Ⓕ가 H레벨이므로 이후 BS_2를 눌러 점Ⓑ가 H레벨이 될 때 AND 회로를 동작할 수 있도록 준비한다.

㉴ 정지 입력 BS_3을 주면 점Ⓒ가 H레벨, 점Ⓓ가 L레벨이 되어 AND 회로가 복구하므로 점Ⓕ가 L레벨이 되며 점Ⓙ가 H레벨이 되어 램프 L_1이 소등한다. 이후 정지 상태로 된다.

⑤ 그림 2-39에서 L_1 점등 중에 기동 입력 BS_2를 눌렀다 놓으면 램프 L_2가 점등한다.

㉮ 점Ⓑ : 입력 BS_2를 누르면 전압 $V_c = 5\,[V]$를 통하여 H레벨이 된다. 이후 BS_2를 놓으면 다시 L레벨로 돌아온다.

㉯ 점Ⓘ : 점Ⓑ와 점Ⓕ의 H레벨로 AND 회로는 동작하고 점Ⓘ는 H레벨이 된다.

㉰ 점Ⓖ : 점Ⓘ의 H레벨이 OR 회로를 통하여 H레벨이 된다. 이후 되먹임 점Ⓗ의 H레벨로 점Ⓖ는 H레벨이 유지된다.

㉱ 점Ⓗ : 점Ⓓ, 점Ⓖ가 모두 H레벨이므로 AND 출력 점Ⓗ는 H레벨이 된다. 즉 운전 상태가 되고 출력 램프 L_2가 점등된다.

맛 점K : 점H의 H레벨이 NOT 회로를 통하므로 점K은 접지 상태 L레벨이 된다.

뱀 전원 V_c의 H레벨에서 점K의 L레벨로 싱크(sink) 전류가 흘러 램프 LED(L_2)가 켜진다.

샘 정지 입력 BS_3을 주면 점C가 H레벨, 점D가 L레벨이 되어 AND 회로가 복구하므로 점H와 점F가 L레벨이 되며 점J와 점K가 H레벨이 되어 램프 L_1, L_2가 소등한다. 이후 정지 상태로 된다.

● 예제 2-12 ●

(1) 그림 (a), (b)는 어떤 회로인가. 단답형으로 답하시오.

(2) 그림 (b)에서 BS_2를 먼저 누르면 X_2가 동작하느냐? 한다, 안한다로 답하시오.

(3) 그림 (b)에서 $BS_1 \sim BS_4$의 순으로 조작하면 회로는 어떻게 동작하느냐? 간단히 쓰시오.

(4) 그림 (b)의 무접점 논리 회로(AND, OR, NOT 사용)를 그리고 X_3에 대한 논리식을 쓰시오.

(5) 그림 (b)의 $X_1 \sim X_3$의 동작 타임 차트를 답지에 완성하시오.

(6) 그림 (a), (b)의 래더 회로 (c), (d)를 보고 프로그램을 완성하시오.

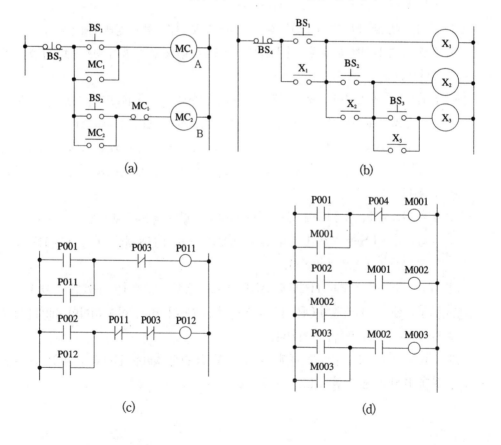

차례	명령어	번지
50	LOAD	P001
51	( )	( )
52	AND NOT	P003
53	( )	( )
54	( )	( )
55	OR	P012
56	AND NOT	P011
57	( )	( )
58	OUT	P012

차례	명령어	번지	차례	명령어	번지
50	LOAD	P001	56	AND	M001
51	( )	( )	57	( )	( )
52	AND NOT	P004	58	( )	( )
53	( )	( )	59	( )	( )
54	( )	P002	60	( )	( )
55	OR	M002	61	OUT	M003

【풀이】

(1) (a) A기계가 동작하면 B기계가 동작할 수 없으므로 A기계 우선 회로이다.

  (b) $X_1 \sim X_3$ 순으로 동작하는 순차 동작 회로이고 우선 접점 없이 종속으로 접속한 것이다.

(2) $X_1 \sim X_3$ 순으로 동작하는 순차 동작 제어 회로이므로 X_2가 먼저 동작할 수 없다.

(3) $X_1 \sim X_3$ 순으로 동작하고 BS_4를 주면 전부 복구한다.

(4) BS_3과 X_3 병렬에 BS_4, X_1, X_2의 4입력 직렬이다. $X_3 = \overline{BS_4} \cdot X_1 \cdot X_2 \cdot (BS_3 + X_3)$

(6) 차례로 OR P011, OUT P011, LOAD P002, AND NOT P003,
  OR M001, OUT M001, LOAD, OUT M002, LOAD P003, OR M003, AND M002

(5)

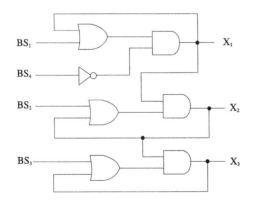 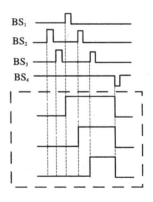

그림 2-41은 로직 시퀀스이다.

① 타임 차트는 그림 2-36과 그림 2-37에서 입력을 L입력으로 바꾸면 그림 2-41과 같다.

② 출력 램프가 2개이므로 유지용 FF ($\overline{R}\,\overline{S}$-latch)를 그림 2-40과 같이 2개 그린다. 여기서

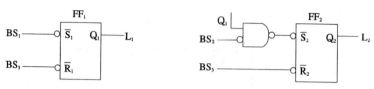

그림 2-40 로직 회로

③ FF$_2$ set(L$_2$ 기동) 조건은 FF$_1$ set(L$_1$ 점등)의 H레벨과 기동 입력 BS$_2$를 누르는 L레벨과의 2입력 AND 회로 조건이고 이 AND 회로의 L레벨 출력으로 FF$_2$가 set된다.

④ 정리하면 그림 2-41과 같다.

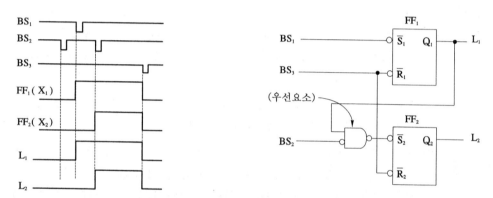

그림 2-41 우선 회로

① 기동 L입력형 BS$_1$을 누르면 FF$_1$ ($\overline{R}\,\overline{S}$-latch-1, X$_1$)이 set하여 램프 L$_1$이 켜진다.

② FF$_1$이 set한 후(램프 L$_1$이 동작한 후)에 기동 L입력형 BS$_2$를 주면 우선 요소 AND 회로를 통하여 FF$_2$ ($\overline{R}\,\overline{S}$-latch-2, X$_2$)가 set하여 램프 L$_2$가 점등한다.

③ 공통 정지 신호 L입력형 BS$_3$을 주면 FF$_1$과 FF$_2$가 reset하여 램프 L$_1$과 L$_2$가 복구한다.

⑤ 그림 2-42는 L입력 회로에 LED drive 싱크 전류 출력 회로를 접속한 회로의 예이다.

① 그림 2-42에서 각 FF가 리셋 상태이고 램프 출력이 없는 정지 상태에서

㉮ 점Ⓐ, 점Ⓑ, 점Ⓒ : BS$_1$, BS$_2$, BS$_3$은 열려있고 저항 1[kΩ]을 통하여 V$_c$가 걸려 H레벨이다.

㉯ 점Ⓓ, 점Ⓔ : set 입력 점Ⓐ, 점Ⓙ가 각각 H레벨이므로 FF는 각각 reset 상태이고 각각 L레벨이다.

㉰ 점Ⓕ, 점Ⓖ : 점Ⓓ, 점Ⓔ의 L레벨이 NOT(상태 변환)를 통하므로 각각 H레벨이다.

라 점F, 점G가 H레벨이고 V_c와 전압이 같으므로 전류가 흐를 수 없고 LED는 소등
    상태이다.

마 점H : 점B의 H레벨이 NOT(상태 변환)를 통하므로 L레벨이다.

바 AND 회로 I : 점D와 점H의 L레벨로 AND 회로 출력 I는 L레벨이다.

사 점J : AND 회로 I의 L레벨이 NOT 회로를 통하므로 NAND 출력J는 H레벨
    이다.

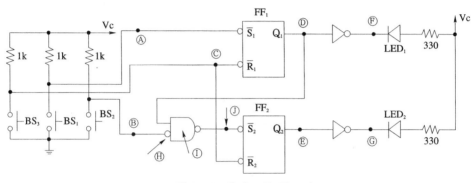

그림 2-42 우선 로직 회로 예

② 그림 2-42에서 BS_1을 주면 FF_1이 set되고 램프 출력 LED_1이 점등한다.

가 점A : 입력 BS_1을 누르면 접지를 통하여 L레벨이 되고, BS_1을 놓으면 H레벨이
    된다.

나 점D : set 입력 점A가 L레벨이 되는 순간 FF_1이 set되고 출력점D가 H레벨이
    된다.

다 점F : 점D의 H레벨이 NOT 회로를 통하므로 L레벨이 된다.

라 V_c의 H레벨에서 점F의 L레벨로 싱크 전류가 흘러 LED_1이 점등된다.

마 AND 회로 I : 점D H레벨로 AND 회로의 동작을 준비한다.

바 정지 입력 BS_3을 누르면 접지를 통하여 C점이 L레벨이 되어 FF_1이 리셋하고 D점
    이 L레벨, F점이 H레벨이 되어 LED_1이 소등하며 ①번과 같은 정지 상태가 된다.
    이후 BS_3을 놓으면 C점은 다시 H레벨로 돌아온다.

③ 그림 2-42에서 LED_1의 점등 상태에서 BS_2를 주면 FF_2가 set되고 출력 LED_2가 점등
  한다.

카 점B : 입력 BS₂를 누르면 접지를 통하여 L레벨이 되고 이후 BS₂를 놓으면 다시 H 레벨로 돌아온다.

나 점H : BS₂를 누르는 동안 점B의 L레벨이 NOT를 통하므로 점H는 H레벨이다.

다 AND 회로 I : 점D, 점H의 H레벨로 AND 회로 I는 동작하고 H레벨이다.

라 점J : AND 회로 I의 H레벨이 NOT를 통하므로 set 입력 J는 L레벨이 된다.

마 점E : set 입력 J가 L레벨이므로 FF₂는 set되고 H레벨이다.

바 점G : FF₂ 출력 점E의 H레벨이 NOT를 통하므로 L레벨이다.

사 LED₂ : 점G가 L레벨이므로 V_c에서 점G로 싱크 전류가 흐르고 LED₂가 점등한다.

아 정지입력 BS₃을 누르면 접지를 통하여 C점이 L레벨이 되어 FF₁과 FF₂가 리셋하고 D, E점이 L레벨, F, G점이 H레벨이 되어 LED₁과 LED₂가 소등하며 I번과 같은 정지상태가 된다.

● 예제 2-13 ●

그림을 보고 답란의 타임 차트(L₁~L₄)를 완성하고 또 그림(a)의 릴레이 회로를 그리시오.

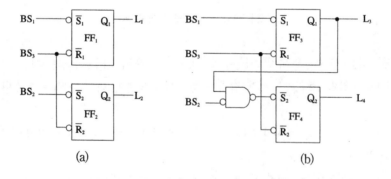

(a)　　　　　　　　　(b)

【풀이】

그림 (a)에서 BS₁을 주면 L₁(FF₁)이 점등하고, 또 BS₂를 주면 L₂(FF₂)가 점등한다.

그림 (b)에서 BS₁을 주면 L₃(FF₃)이 점등하고, 이후에 BS₂를 주면 L₄(FF₄)가 점등한다.

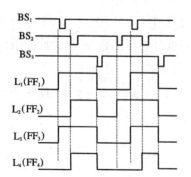

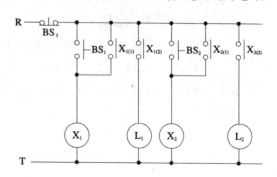

연습문제 2-14

그림의 PLC용 타임 차트와 래더 회로를 보고 물음에 답하시오. 기타 조건은 무시한다.

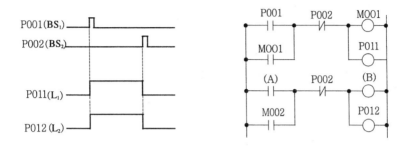

(1) 래더 회로의 (A), (B)란에 번지를 넣으시오.

(2) 보조 릴레이 $X_1(3a)$, $X_2(2a)$의 2개를 사용하여 릴레이 회로를 그리시오.

(3) $\overline{R}\,\overline{S}$-latch 기호 2개와 NOT 회로 1개로 L입력형 로직 회로를 그리시오.

(4) 2입력 AND 회로 2개, 2입력 OR 회로 2개, NOT 회로 1개로 H입력형 논리회로를 그리시오.

2) 우선 동작 회로

그림 2-43에서 램프 L_1이 먼저 동작하면 L_2가 동작할 수 없다. 그러나 램프 L_2가 먼저 동작한 후에는 L_1이 동작할 수 있다. 즉 $L_2 \sim L_1$의 순으로 동작이 되는 회로이다. 이 회로는 그림 2-36에서 접점 $X_{1(3)}$이 b접점이면 되므로 유지 회로 2개에 우선 요소인 b접점 1개가 X_2 릴레이의 기동 조건(BS_2에 직렬)으로 된다.

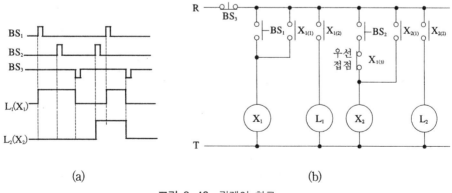

그림 2-43 릴레이 회로

① 그림(a)의 타임 차트에서

   1 BS_1-BS_2의 순서로 조작하면 $L_1(X_1)$만 동작하고 정지 신호 BS_3을 주면 복구한다.

   2 다음 BS_2-BS_1의 순서로 조작하면 $L_2(X_2)$-$L_1(X_1)$ 순서로 동작하고 정지 신호 BS_3을 주면 모두 복구한다

② 그림(b)에서 동작 순서는 다음과 같다.

   1 기동 입력 BS_1을 먼저 눌렀다 놓으면 BS_1 접점이 닫히는 순간 릴레이 X_1이 동작되고 접점 $X_{1(1)}$, $X_{1(2)}$가 닫히며 접점 $X_{1(3)}$이 열린다.

     《 전원 R - BS_3 - BS_1 닫힘 - 코일 X_1 - 전원 T 》

   2 접점 $X_{1(1)}$이 닫혀서 BS_1 대신에 릴레이 X_1에 계속 전기를 공급(유지)한다.

     《 전원 R - BS_3 - 접점 $X_{1(1)}$ 닫힘 - 코일 X_1 - 전원 T 》

   3 접점 $X_{1(2)}$가 닫혀서 램프 출력 L_1에 전기를 공급한다.

     《 전원 R - BS_3 - 접점 $X_{1(2)}$ 닫힘 - 램프 L_1 - 전원 T 》

   4 우선 동작 접점 $X_{1(3)}$이 열려서 릴레이 X_2의 기동을 금지한다.

     《 전원 R - BS_3 - BS_2 - 우선 동작 접점 $X_{1(3)}$ 열림 - 코일 X_2 - 전원 T 》

   5 기동 입력 BS_2를 먼저 눌렀다 놓으면 BS_2 접점이 닫히는 순간 릴레이 X_2가 동작되어 접점 $X_{2(1)}$과 $X_{2(2)}$가 닫힌다.

     《 전원 R - BS_3 - BS_2 닫힘 - $X_{1(3)}$ 닫혀있음 - 코일 X_2 - 전원 T 》

   6 접점 $X_{2(1)}$이 닫혀서 BS_2 대신에 릴레이 X_2에 계속 전기를 공급(유지)한다.

     《 전원 R - BS_3 - 접점 $X_{2(1)}$ 닫힘 - 코일 X_2 - 전원 T 》

   7 접점 $X_{2(2)}$가 닫혀서 램프 출력 L_2에 전기를 공급한다.

     《 전원 R - BS_3 - 접점 $X_{2(2)}$ 닫힘 - 램프 L_2 - 전원 T 》

   8 X_2 동작 중에 입력 BS_1을 눌렀다 놓으면 BS_1 접점이 닫히는 순간 릴레이 X_1이 동작되고 램프 L_1이 점등됨은 위 1-4와 같다.

   9 BS_3을 눌렀다 놓으면 접점이 열리는 순간 릴레이 X_1과 X_2가 복구한다. 유지 접점 $X_{1(1)}$과 $X_{2(1)}$이 열려 유지가 해제되고 접점 $X_{1(2)}$와 $X_{2(2)}$가 열려 램프 L_1과 L_2가 소등되며 또 우선 접점 $X_{1(3)}$이 닫혀서 릴레이 X_2의 기동을 준비한다.

PLC 회로는 그림 2-43의 릴레이 회로를 참조하면 그림 2-44와 같이 된다.

① 그림 (a)에서 정지 입력 신호 BS_3을 H입력형으로 한다.

② 그림 (b)의 래더 회로에서

① 기동 입력 P001(BS$_1$)를 먼저 주면 내부 출력 M001(X$_1$)이 동작하고 M001(X$_{1(1)}$)로 유지하며 내부 출력 M001(X$_{1(2)}$)로 출력 P011(L$_1$)이 동작(점등)함과 동시에 또 내부 출력 M001(X$_{1(3)}$)로 내부 출력 M002의 기동 회로를 끊는다(우선 요소). 이후에 P002(BS$_2$)를 주어도 우선 요소 M001(X$_{1(3)}$)이 끊어져 있으므로 내부 출력 M002(X$_2$)가 동작할 수 없다.

② 기동 입력 P002(BS$_2$)를 먼저 주면 우선 요소 M001(X$_{1(3)}$)을 통하여 내부 출력 M002(X$_2$)가 동작하고 M002(X$_{2(1)}$)로 유지하며 내부 출력 M002(X$_{2(2)}$)로 출력 P012(L$_2$)가 동작(점등)한다. 이후에 P001(BS$_1$)을 주면 내부 출력 M001(X$_1$)이 동작하여 출력 P011 (L$_1$)이 동작함은 ①과 같다.

③ H입력형 정지 입력 P003(BS$_3$)을 주면 동작중인 내부 출력 M001과 M002가 복구하고 출력 P011과 P012가 없어진다.

③ 그림(b)의 래더 회로에서 프로그램하면 표와 같다.

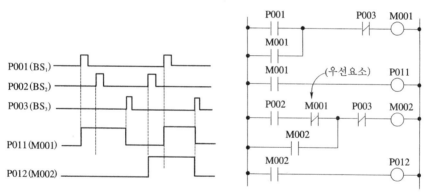

그림 2-44 PLC 회로

차 례	명 령 어	번 지	차 례	명 령 어	번 지
0	LOAD	P001	6	LOAD	P002
1	OR	M001	7	AND NOT	M001
2	AND NOT	P003	8	OR	M002
3	OUT	M001	9	AND NOT	P003
4	LOAD	M001	10	OUT	M002
5	OUT	P011	11	LOAD	M002
−	−	−	12	OUT	P012

④ 그림 2-45의 양논리 회로는 우선 요소에 NOT(b접점)가 포함되는 것이 그림 2-38과 다르다. 그림 (c)는 입출력 회로를 접속한 보기이다.

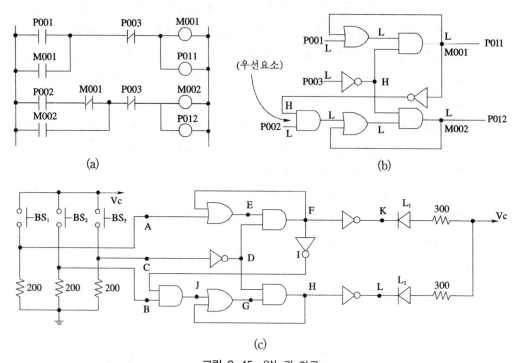

(a)　　　　　　　　　　　　　　(b)

(c)

그림 2-45 양논리 회로

① 그림에서 BS_1과 BS_2, BS_3이 열려있고 램프(부하)는 소등 상태이다.

　㉮ 점Ⓐ, 점Ⓑ, 점Ⓒ : 입력 $BS_1 \sim BS_3$은 열려있고 200[Ω]을 통하여 각각 접지 상태 L 레벨이다.

　㉯ 점Ⓓ : 점Ⓒ의 L레벨이 NOT 회로를 통하므로 Ⓓ는 전압 상태 H레벨이다.

　㉰ 점Ⓔ, 점Ⓖ : 정지 상태에서 L레벨이다.

　㉱ 점Ⓕ, 점Ⓗ : 정지 상태에서 출력은 없고 L레벨이다.

　㉲ 점Ⓘ : 점Ⓕ의 L레벨이 NOT 회로를 통하므로 Ⓘ는 전압 상태 H레벨이다.

　㉳ 점Ⓙ : 점Ⓑ의 L레벨, 점Ⓘ의 H레벨로 AND 출력 점Ⓙ는 L레벨이 된다.

　㉴ 점Ⓚ, 점Ⓛ : 정지상태에서 출력 L레벨이 NOT 회로를 통하므로 각각 전압상태 H 레벨이다.

② 그림 2-45(c)에서 기동 입력 BS_1을 눌렀다 놓으면 램프 L_1이 점등한다.

　㉮ 점Ⓐ : 입력 BS_1을 누르면 전압 $V_c = 5[V]$를 통하여 H레벨이 된다. 이후 BS_1을 놓으면 다시 L레벨로 돌아온다.

　㉯ 점Ⓔ : 점Ⓐ의 H레벨이 OR 회로를 통하여 H레벨이 된다. 이후 되먹임 점Ⓕ의 H레

2장 우선 회로 **213**

벨로 점E는 H레벨이 유지된다.

    다 점F : 점D, 점E가 모두 H레벨이므로 AND 출력 점F는 H레벨 즉 운전 상태가 된다.

    라 점K, 점I : 점F의 H레벨이 NOT 회로를 통하므로 점I, 점K는 각각 L레벨이다.

    마 전원 V_c의 H레벨에서 점K의 L레벨로 싱크(sink) 전류가 흘러 램프 L_1이 켜진다.

    바 점J : 점I의 L레벨로 점J는 L레벨이다. 따라서 이후 BS_2를 눌러 점B가 H레벨이 되어도 AND 회로 J는 동작할 수 없고 램프 L_2가 점등할 수 없다.

    사 정지 입력 BS_3을 주면 점C가 H레벨, 점D가 L레벨이 되어 AND 회로가 복구하므로 점F가 L레벨이 되며 점K가 H레벨이 되어 램프 L_1이 소등한다. 이후 정지 상태로 된다.

③ 그림 2-45(c)에서 기동 입력 BS_2를 BS_1보다 먼저 눌렀다 놓으면 램프 L_2가 점등한다.

    가 점B : BS_2를 누르면 전압 V_c를 통하여 H레벨이 되고 BS_2를 놓으면 다시 L레벨로 된다.

    나 점J : 점B와 점I의 H레벨로 AND 회로는 동작하고 점J는 H레벨이 된다.

    다 점G : 점J의 H레벨이 OR 회로를 통하여 H레벨이 된다. 이후 되먹임 점H의 H레벨로 점G는 H레벨이 유지된다.

    라 점H : 점D, 점G가 모두 H레벨이므로 AND 출력 점H는 H레벨 즉 운전 상태가 된다.

    마 점L : 점H의 H레벨이 NOT 회로를 통하므로 점L은 접지 상태 L레벨이 된다.

    바 전원 V_c의 H레벨에서 점L의 L레벨로 싱크(sink) 전류가 흘러 램프 LED(L_2)가 켜진다.

    사 L_2가 점등한 후에 BS_1을 주면 위의 ②항과 같이 L_1이 점등한다.

    아 정지 입력 BS_3을 주면 점C가 H레벨, 점D가 L레벨이 되어 AND 회로가 복구하므로 점H, F가 L레벨이 되며 점K, L이 H레벨이 되어 램프 L_1, L_2가 소등한다. 이후 정지상태로 된다.

그림 2-46은 로직 시퀀스이다.

① 타임 차트는 그림 2-43과 그림 2-44에서 입력을 L입력으로 바꾸면 그림 2-46과 같이 된다.

② 출력 램프가 2개이므로 유지용 FF ($\overline{R}\,\overline{S}$-latch)를 그림 2-46(c), (d)와 같이 2개 그린다. 여기서 FF_2의 set(L_2 동작)조건은 FF_1 reset(L_1 소등)의 L레벨과 기동 입력 BS_2를 누르

는 L레벨과의 2입력 AND 회로 조건이고 이 AND 회로의 L레벨 출력으로 FF$_2$가 set되므로 그림 (c), (d)와 같고 이것을 정리하면 그림 (b)와 같이 된다.

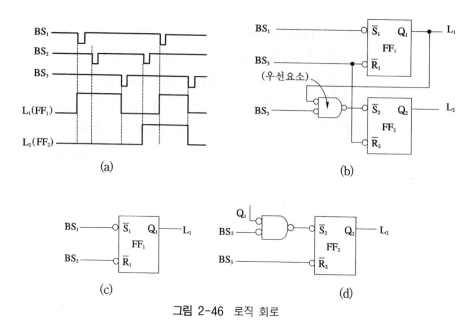

그림 2-46 로직 회로

① 기동 L입력형 BS$_1$을 먼저 누르면 FF$_1$ ($\overline{R}\overline{S}$-latch-1, X$_1$)이 set하여 램프 L$_1$이 켜진다.

② FF$_1$이 set하면 우선 요소 AND 회로의 위 단자에 L레벨이 걸리므로 AND 회로는 동작할 수 없다. 따라서 BS$_2$를 주어도 우선 요소 AND 회로를 통하여 FF$_2$ ($\overline{R}\overline{S}$-latch-2, X$_2$)가 set 할 수 없으며 램프 L$_2$가 점등할 수 없다.

③ 공통 정지 신호 L입력형 BS$_3$을 주면 FF$_1$이 reset하여 램프 L$_1$이 복구한다.

④ 기동 L입력형 BS$_2$를 먼저 주면 우선 요소 AND 회로를 통하여 FF$_2$가 set하여 램프 L$_2$가 점등한다.

⑤ L$_2$가 점등한 후에 BS$_1$을 누르면 FF$_1$이 set하여 램프 L$_1$이 켜진다.

⑥ 공통 정지 신호 L입력형 BS$_3$을 주면 FF$_1$과 FF$_2$가 reset하여 램프 L$_1$과 L$_2$가 복구한다.

③ 그림 2-47은 L입력 회로에 LED drive 싱크 전류 출력 회로를 접속한 회로의 예이다.

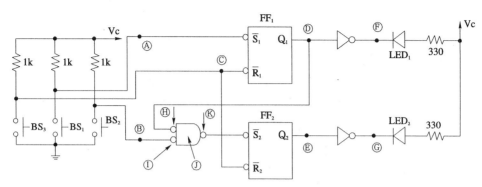

그림 2-47 우선 동작 로직 회로 예

1 그림 2-47에서 각 FF가 리셋 상태이고 램프 출력이 없는 정지 상태에서

   ㉮ 점Ⓐ, 점Ⓑ, 점Ⓒ : BS_1, BS_2, BS_3은 열려있고 저항 1[kΩ]을 통하여 V_c가 걸려 H 레벨이다.

   ㉯ 점Ⓓ, 점Ⓔ : set 입력 점Ⓐ, 점Ⓚ가 각각 H레벨이므로 FF는 각각 reset 상태이고 L레벨이다.

   ㉰ 점Ⓕ, 점Ⓖ : 점Ⓓ, 점Ⓔ의 L레벨이 NOT(상태변환)를 통하므로 각각 H레벨이다.

   ㉱ 점Ⓕ, 점Ⓖ가 H레벨이고 V_c와 전압이 같으므로 전류가 흐를 수 없고 LED는 소등 상태이다.

   ㉲ 점Ⓗ : 점Ⓓ의 L레벨이 NOT 회로를 통하므로 H레벨이다.

   ㉳ 점Ⓘ : 점Ⓑ의 H레벨이 NOT(상태변환)를 통하므로 L레벨이다.

   ㉴ AND 회로 Ⓙ : 점Ⓗ의 H레벨과 점Ⓘ의 L레벨로 AND 회로 출력 Ⓙ는 L레벨이다.

   ㉵ 점Ⓚ : AND 회로 Ⓙ의 L레벨이 NOT 회로를 통하므로 NAND 출력Ⓚ는 H레벨 이다.

2 그림 2-47에서 BS_1을 주면 FF_1이 set되고 램프 출력 LED_1이 점등한다.

   ㉮ 점Ⓐ : 입력 BS_1을 누르면 접지를 통하여 L레벨이 되고, 이후 BS_1을 놓으면 다시 H 레벨로 돌아온다.

   ㉯ 점Ⓓ : set 입력 점Ⓐ가 L레벨이므로 FF_1이 set되고 출력점Ⓓ가 H레벨이 된다.

   ㉰ 점Ⓕ : 점Ⓓ의 H레벨이 NOT 회로를 통하므로 L레벨이 된다.

   ㉱ V_c의 H레벨에서 점Ⓕ의 L레벨로 싱크 전류가 흘러 LED_1이 점등된다.

   ㉲ 점Ⓗ : 점Ⓓ의 H레벨이 NOT 회로를 통하므로 L레벨이 되어 AND 회로의 동작을 금지한다.

ⓑ 정지 입력 BS_3을 누르면 접지를 통하여 ⓒ점이 L레벨이 되어 FF_1이 리셋하고 점ⓓ 가 L레벨, 점ⓕ가 H레벨이 되어 LED_1이 소등하며 ①번과 같은 정지 상태가 된다.

③ 그림 2-47에서 BS_2를 먼저 주면 FF_2가 set되고 출력 LED_2가 점등한다.

㉮ 점ⓑ : 입력 BS_2를 누르면 접지를 통하여 L레벨이 되고 BS_2를 놓으면 H레벨로 돌아 온다.

㉯ 점Ⓘ : 점ⓑ의 L레벨이 NOT를 통하므로 점Ⓘ는 H레벨이 된다.

㉰ AND 회로 점Ⓙ : 점Ⓗ, 점Ⓘ의 H레벨로 AND 회로는 동작하고 점Ⓙ는 H레벨이 다.

㉱ 점Ⓚ : AND 회로 Ⓙ의 H레벨이 NOT를 통하므로 set 입력 Ⓚ는 L레벨이 된다.

㉲ 점ⓔ : set 입력 Ⓚ가 L레벨이므로 FF_2는 set되고 출력 점ⓔ는 H레벨이 된다.

㉳ 점ⓖ : FF_2 출력 점ⓔ의 H레벨이 NOT를 통하므로 L레벨이다.

㉴ LED_2 : 점ⓖ가 L레벨이므로 V_c에서 점ⓖ로 싱크 전류가 흐르고 LED_2가 점등한다.

㉵ LED_2가 점등한 후 BS_1을 주면 위 ②와 같이 FF_1이 set되고 램프 출력 LED_1이 점등 한다.

㉶ 공통 정지 입력 BS_3을 누르면 접지를 통하여 ⓒ점이 L레벨이 되어 FF_1과 FF_2가 reset하고 점ⓓ와 점ⓔ가 L레벨, 점ⓕ와 점ⓖ가 H레벨이 되어 램프 LED_1과 LED_2 가 복구하며 ①번과 같은 정지 상태가 된다. 이후 BS_3을 놓으면 ⓒ점은 다시 H레벨 로 돌아온다.

●예제 2-14●

그림(a)~(e)와 표는 우선 회로의 일부로서 서로 등가이다. 그림 (a)는 L입력형 로직 회로의 타임 차트이다. 물음에 답하시오.

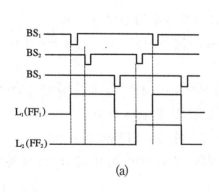

(a)

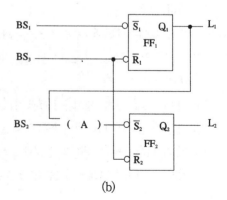

(b)

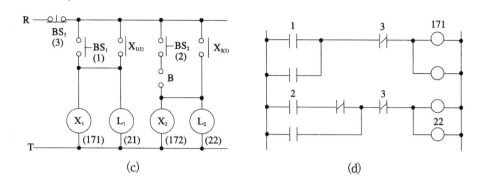

(c) (d)

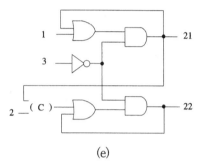

(e)

차 례	명 령	번 지	차 례	명 령	번 지
0	STR	1	5	⑭	2
1	㉮	㉯	6	㉰	㉱
2	AND NOT	㉲	7	㉳	㉴
3	OUT	171	8	㉵	㉶
4	㉷	㉸	9	㉹	㉺
—	—	—	10	OUT	22

(1) 그림 (b)의 (A)에 접속할 로직 기호를 예와 같이 그리시오. (예 ⎓⎓)

(2) 그림 (c)의 (B)에 접속할 접점 기호와 문자 기호를 예와 같이 그리시오. (예 ⎯o o⎯$X_{2(3)}$)

(3) 그림 (e)의 (C)에 접속할 논리 기호를 예와 같이 그리시오.(예 ⎓⎓)

(4) 그림 (c)에서 (B)는 어떤 기능의 조건인가? 보기에서 고르시오.

   [**보기** - 기동, 유지, 운전, 정지, 인터록]

(5) 그림 (c)에서 접점 기구 중 기동 기능, 유지 기능, 정지 기능을 각각 1개씩만 예와 같이 적으시오.(예 기동 - $X_{1(1)}$ 등)

(6) BS_1-BS_2 순서로 입력을 주면 어떤 램프들이 점등되느냐?

(7) BS_2-BS_1 순서로 입력을 주면 어떤 램프들이 점등되느냐?

(8) 표의 PLC 프로그램을 완성하시오. 번지는 그림 (c)에 있고 명령어는 STR, AND, OR, NOT, OUT을 사용한다. 또 정지 신호는 각 부하에 분리 코딩한다.

【풀이】

   BS_2-BS_1 순서로 입력을 주면 L_2-L_1의 순서로 부하가 점등하지만, BS_1을 먼저 주면 L_1만 점등하므로 (A, B, C)는 기동 조건이 되고 회로를 끊는 b접점형이 된다.

(1) ⎓⎓   (2) ⎯o o⎯ $X_{1(3)}$ (3) ⎓⎓   (4) 기동

(5) 기동 기능 — BS_1, BS_2, B   유지 기능 — $X_{1(1)}$, $X_{2(1)}$ 정지 기능 — BS_3

(6) L_1 (7) L_1 L_2

(8) 차례로 OR, 171, 3, OUT, 21, STR, AND NOT, 171, OR, 172, AND NOT, 3, OUT, 172

● 예제 2-15 ●

다음 조건에 따른 PLC용 타임 차트를 그리고, 릴레이 회로, 로직 회로, PLC 래더도와 양논리 회로 및 프로그램을 하시오.

[조건]

(1) 램프 L_1~L_3의 3개, 버튼 스위치 BS_1~BS_4의 4개를 사용하고 입출력 회로 등은 생략한다.

(2) L_1이 점등한 후에 L_2가 점등할 수 있고 L_2가 먼저 점등할 수 없다.

(3) L_1이 점등한 후에 L_3이 점등할 수 없고 L_3이 점등한 후에 L_1은 점등할 수 있다.

(4) 릴레이 접점 수는 X_1(2a, 1b), X_2(1a), X_3(1a)이고, 번지는 X_1~X_3(M001~M003), L_1~L_3(P011~P013), BS_1~BS_4(P001~P004)이며, 명령어는 LOAD, AND, OR, NOT, OUT를 사용하고 0~16 스텝을 사용한다. 또 로직 회로는 $\overline{R}\,\overline{S}$-latch 기호 3개를 사용한다.

【풀이】

(1) L_1이 점등한 후에 L_2가 점등할 수 있고 L_3이 점등할 수 없는 조건에서 입력 순서는 BS_2–BS_1–BS_3–BS_2–BS_3이고 램프는 L_1–L_2 순서로 점등된다.

(2) L_3이 점등한 후에 L_1은 점등할 수 있는 조건에서 입력 순서는 BS_3–BS_2–BS_1–BS_2이고 램프는 L_3–L_1–L_2 순서로 점등된다. 따라서 PLC용 타임 차트는 (a)와 같이 된다.

(3) BS_1을 주면 X_1, FF_1, M001이 동작하여 L_1이 점등된다.

(4) L_1이 점등한 후에 L_2가 점등할 수 있으므로 L_2의 기동 조건은 X_1(FF_1, M001)의 a접점(H 레벨)이 BS_2와 직렬로 된다.

(5) L_3이 L_1보다 먼저 점등하여야 하므로 L_3의 기동 조건은 X_1(FF_1, M001)의 b접점(L레벨)이 BS_3과 직렬로 된다.

(6) 릴레이 접점 수와 프로그램 스텝 수에 따라 출력은 보조 기구(내부 출력)에 병렬로 하고 또 정지 신호는 분리 코딩한다. 따라서 그림 (b)~(e) 및 표와 같이 된다.

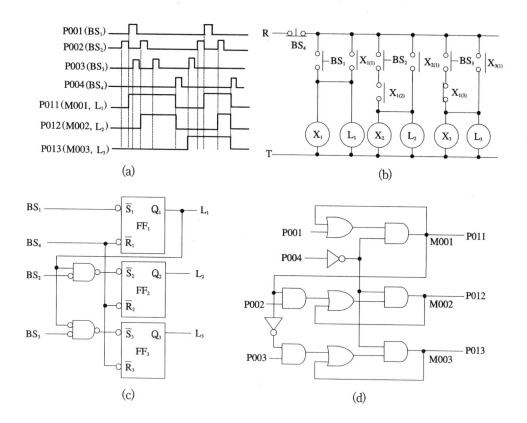

(a)

(b)

(c)

(d)

차례	명 령	번지	차례	명 령	번지
0	LOAD	P001	9	OUT	M002
1	OR	M001	10	OUT	P012
2	AND NOT	P004	11	LOAD	P003
3	OUT	M001	12	AND NOT	M001
4	OUT	P011	13	OR	M003
5	LOAD	P002	14	AND NOT	P004
6	AND	M001	15	OUT	M003
7	OR	M002	16	OUT	P013
8	AND NOT	P004	—	—	—

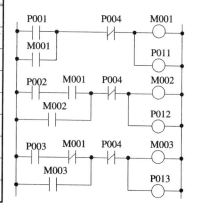

(e)

♪ **연습문제 2-15**

그림의 타임 차트를 보고 물음에 답하시오.

(1) 릴레이 회로를 그리시오. 단, 릴레이의 접점
    수는 X_1(2a), X_2(2a), X_3(1a)이다.

(2) $\overline{R}\,\overline{S}$-latch의 기호를 사용한 로직 회로를 그
    리시오.

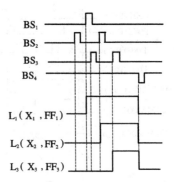

♪ **연습문제 2-16**

그림 (a), (b)는 같은 기능의 회로이고 L_1이 먼저 점등되면 L_2가 점등할 수 없고, 또 L_2가 먼
저 점등되면 L_1이 점등할 수 없다. 그리고 L_1이 점등한 후에 L_3이 점등할 수 있다. 물음에 답
하시오. 단 (b)는 L입력형이고 L은 접지 레벨, H는 전압 레벨을 나타낸다.

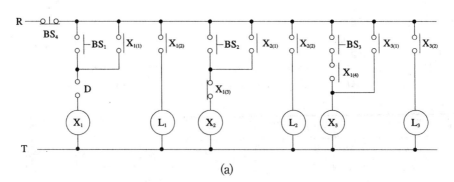

(a)

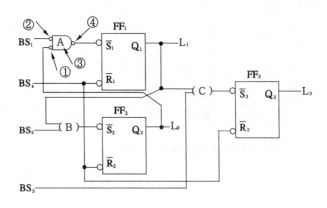

(b)

(1) 그림 (a)의 (D)에 알맞은 접점 기호와 문자 기호를 예와 같이 그리시오.(예 $\underset{X_{1(2)}}{\underline{\circ\,\,\circ}}$)

(2) 그림 (a)에서 접점 $X_{1(4)}$의 기능을 예와 같이 쓰시오.(예, 유지)

(3) 그림 (a)에서 유지 접점을 모두 쓰시오.(3개)

(4) 그림 (b)의 (A)의 기능을 예와 같이 쓰시오.(예, 유지)

(5) 그림 (b)의 (B)와 (C)의 알맞은 기호를 예와 같이 그리시오.(예, ⟞⟩—)

(6) 그림 (a), (b)에서 인터록 기능의 것을 모두 쓰시오.

(7) 그림 (b)의 정지 상태에서 ①~④ 중 H레벨인 번호는?

(8) 그림 (b)의 정지 상태에서 BS_1을 누르고 있을 때 ①~④ 중 H레벨인 번호는?

(9) 그림 (b)의 정지 상태에서 BS_1을 눌렀다 놓았을 때 ①~④ 중 H레벨인 번호는?

(10) 그림 (a), (b)에서 BS_1을 먼저 눌렀다 놓은 후 BS_2를 눌렀다 놓았다. 그 후 BS_3을 눌렀다 놓으면 어떤 램프가 점등되고 있는가?

(11) 램프 L_2가 점등 중에 BS_1을 누르고 있다. ①~④의 레벨 상태를 차례로 쓰시오.

(12) 그림 (a)에서 $X_3(L_3)$ 부분의 회로를 AND, OR, NOT 기호를 사용하여 논리 회로를 그리시오. 단, BS_4를 포함한다.

☞ 연습문제 2-17

그림의 논리 회로를 보고 물음에 답하시오.

(1) 릴레이 회로를 그리시오. 단 램프는 X의 a접점으로 각각 점등한다.

(2) 램프 L_3의 프로그램을 완성하시오.

(3) BS_3만 누를 때 어떻게 동작하는가?

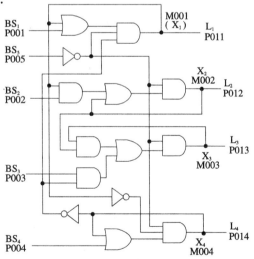

명령	번지	명령	번지
LOAD	P003	AND NOT	⑥
①	②	OUT	⑦
③	④	⑧	M003
⑤	M003	⑨	P013
OR LOAD	—	—	—

☞ 연습문제 2-18

아래 도면을 보고 각각 물음의 ( )에 $L_1 \sim L_4$ 중에서 골라 넣으시오. 단, 전원이 투입된 상태이다.

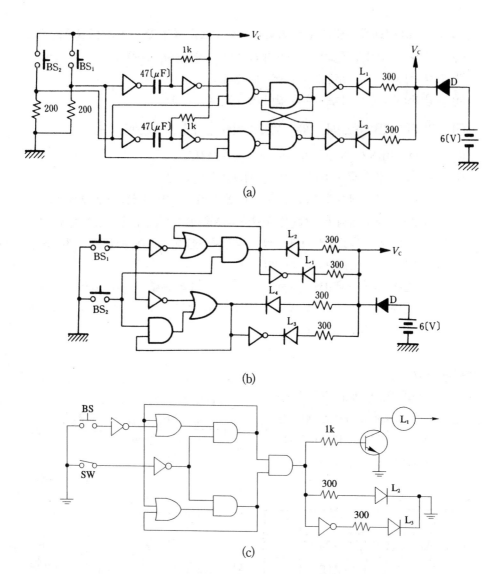

(a)

(b)

(c)

(1) 그림(a)에서 BS₁을 누른 상태에서 BS₂를 누르면 (①) 램프가 점등하고 (②) 램프가 소등한다. 또 BS₂를 누른 상태에서 BS₁을 누르면 (③) 램프가 점등하고 (④) 램프가 소등한다.

(2) 그림(b)에서 BS₁을 누르면 (⑤) 램프와 (⑥) 램프가 점등하고 (⑦) 램프와 (⑧) 램프가 소등한다. 또 BS₂를 누르면 (⑨) 램프와 (⑩) 램프가 소등하고 (⑪) 램프와 (⑫) 램프가 점등한다.

(3) 그림(c)에서 토글 스위치 OFF 상태에서 (⑬) 램프가 점등하고 또 토글 스위치 ON 상태에서 BS를 ON하면 (⑭) 램프와 (⑮) 램프가 점등하고 (⑯) 램프가 소등한다.

3) 신입 신호 우선 회로

BS$_1$을 주면 램프 L$_1$이 점등하고 램프 L$_2$가 소등하며 BS$_2$를 주면 램프 L$_2$가 점등하고 램프 L$_1$이 소등하는 것을 반복 동작할 수 있는 회로를 신입 신호 우선 회로라고 하며 뒤에 주는 신호 즉 새로운 신호 우선 회로이다. 여기서 자기 회로를 동작시키면서 상대 쪽 회로를 복구시키는 방법으로는 자기 접점(b접점, NOT회로)으로 상대 쪽의 유지 회로를 차단시키는 방법뿐이다. 따라서 유지 회로 2개에 우선 b접점(NOT) 2개를 유지 접점에 직렬로 접속하면 된다.

① 그림 2-48(a)에서 타임 차트는 BS$_1$-BS$_2$-BS$_1$의 순서로 조작한다.

 ⓵ H입력형 BS$_1$ 조작을 먼저 그린다. BS$_1$을 누르는 순간에 X$_1$과 L$_1$이 동작하도록 그린다.

 ⓶ X$_1$ 동작 후 BS$_2$ 조작을 그린다. BS$_2$를 누르는 순간에 X$_2$와 L$_2$가 동작하도록 그린다. 동시에 X$_1$과 L$_1$이 복구하도록 그린다.

 ⓷ BS$_1$ 조작을 다시 그린다. BS$_1$을 누르는 순간에 X$_1$과 L$_1$이 동작하도록 그린다. 동시에 X$_2$와 L$_2$가 복구하도록 그린다.

 ⓸ L입력형 BS$_3$을 주면 동작중인 릴레이와 램프가 복구하도록 그린다.

② 릴레이 회로는 유지 회로 2개에 우선 b접점 2개를 각각 유지 접점에 직렬로 접속한다. 그림 2-48(b)에서 BS$_1$-BS$_2$-BS$_1$의 순서로 조작하면 L$_1$-L$_2$-L$_1$의 순서로 점등되며 b접점 X$_{1(3)}$과 X$_{2(3)}$이 우선 요소 접점이 되고 유지 회로 선을 끊는 역할을 한다.

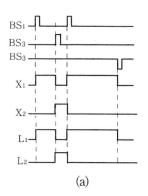

(a)

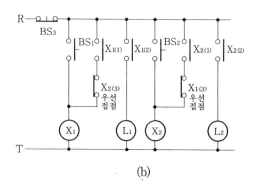

(b)

그림 2-48 릴레이 회로

① BS₁을 먼저 눌렀다 놓는다. BS₁을 누르는 순간 릴레이 X₁이 동작되고 접점 $X_{1(1)}$, $X_{1(2)}$가 닫히며 접점 $X_{1(3)}$이 열린다.

《 전원 R − BS₃ − BS₁ 닫힘 − X₁ 동작 − 전원 T 》

② 접점 $X_{1(1)}$이 닫혀서 BS₁을 놓아도 BS₁ 대신에 릴레이 X₁에 계속 전기를 공급 유지한다.

《 전원 R − BS₃ − 접점 $X_{1(1)}$ 닫힘 − 접점 $X_{2(3)}$ 닫혀있음 − 코일 X₁ − 전원 T 》

③ 접점 $X_{1(2)}$가 닫혀서 램프 출력 L₁에 전기를 공급하여 L₁이 켜진다.

《 전원 R − BS₃ − 접점 $X_{1(2)}$ 닫힘 − L₁ − 전원 T 》

④ 우선 동작 접점 $X_{1(3)}$이 열려서 릴레이 X₂의 동작 회로를 끊는다 .

《 전원 R − BS₃ − $X_{2(1)}$ − $X_{1(3)}$ 열림 − X₂ − 전원 T 》

⑤ 램프 L₁ 점등 후 BS₂를 눌렀다 놓는다. BS₂를 누르는 순간 릴레이 X₂가 동작되고 접점 $X_{2(1)}$과 $X_{2(2)}$가 닫히고 $X_{2(3)}$이 열린다.

《 전원 R − BS₃ − BS₂ 닫힘 − X₂ 동작 − 전원 T 》

⑥ 접점 $X_{2(2)}$가 닫혀서 램프 출력 L₂에 전기를 공급하여 L₂가 점등한다.

《 전원 R − BS₃ − 접점 $X_{2(2)}$ 닫힘 − L₂ 점등 − 전원 T 》

⑦ 우선 요소 접점 $X_{2(3)}$이 열려 릴레이 X₁과 램프 L₁이 복구한다.

《 전원 R − BS₃ − 접점 $X_{1(1)}$ − 접점 $X_{2(3)}$ 열림 − X₁ 복구 − 전원 T 》

《 전원 R − BS₃ − 접점 $X_{1(2)}$ 열림 − L₁ 소등 − 전원 T 》

⑧ 접점 $X_{2(1)}$과 $X_{1(3)}$이 닫혀서 BS₂ 대신에 릴레이 X₂에 전기를 계속 공급 유지한다.

《 전원 R − BS₃ − 접점 $X_{2(1)}$ 닫힘 − 접점 $X_{1(3)}$ 닫힘 − X₂ − 전원 T 》

⑨ BS₁을 다시 눌렀다 놓는다. BS₁을 누르는 순간 ①과 같이 릴레이 X₁이 동작되고 접점 $X_{1(1)}$, $X_{1(2)}$가 닫히며 접점 $X_{1(3)}$이 열린다. 그리고 ③과 같이 L₁이 켜진다.

⑩ 우선 요소 접점 $X_{1(3)}$이 열려 릴레이 X₂와 램프 L₂가 복구한다.(이하 반복 동작된다.)

《 전원 R − BS₃ − $X_{2(1)}$ 열림 − $X_{1(3)}$ 열림 − X₂ 복구 − 전원 T 》

《 전원 R − BS₃ − 접점 $X_{2(2)}$ 열림 − L₂ 소등 − 전원 T 》

⑪ 접점 $X_{1(1)}$과 $X_{2(3)}$이 닫혀서 BS₁ 대신에 릴레이 X₁에 계속 전기를 공급 유지한다.

《 전원 R − BS₃ − 접점 $X_{1(1)}$ 닫힘 − 접점 $X_{2(3)}$ 닫힘 − 코일 X₁ − 전원 T 》

⑫ 정지 : BS₃을 눌렀다 놓는다. BS₃을 누르는 순간 릴레이 X₁(혹은 X₂)이 복구된다. 접점 $X_{1(1)}$(혹은 $X_{2(1)}$)이 열려 유지가 해제되고 접점 $X_{1(2)}$(혹은 $X_{2(2)}$)가 열려 램프 L₁(혹은 L₂)이 소등되며, 또 우선 접점 $X_{1(3)}$(혹은 $X_{2(3)}$)이 닫혀서 각 릴레이(X₁, X₂)의 재 기동을 준비한다.

PLC 시퀀스는 그림 2-48의 릴레이 시퀀스를 참고하면 그림 2-49와 같이 된다. 여기서 정지 입력 신호 BS_3을 H입력형으로 한다.

① 유지 접점 $X_{1(1)}(M001)$과 우선 요소 $X_{2(3)}(b접점)(M002)$을 직렬로 그리고, 이것과 입력 $BS_1(P001)$을 병렬로 그리고, 또 이것과 입력 $BS_3(b접점)(P003)$을 직렬로 그리면 $X_1(M001)$이 된다.

② 유지 접점 $X_{2(1)}(M002)$과 우선 요소 $X_{1(3)}(b접점)(M001)$을 직렬로 그리고, 이것과 입력 $BS_2(P002)$를 병렬로 그리고, 또 이것과 입력 $BS_3(b접점)(P003)$을 직렬로 그리면 $X_2(M002)$가 된다.

※ 그림에서 $P003(BS_3)$을 각 유지 회로($M001-X_1$, $M002-X_2$)에 분리하여 2번 사용하면 공통 명령어가 필요 없고 회로가 간단하여 많이 사용한다. 또 $X_1=X_{1(1)}=X_{1(2)}=X_{1(3)}$, $X_2=X_{2(1)}=X_{2(2)}=X_{2(3)}$임을 유의한다.

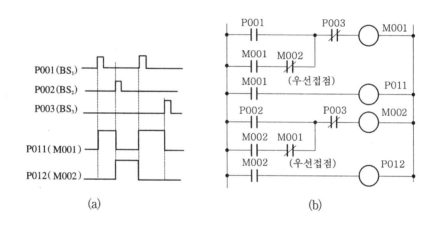

(a)   (b)

차례	명 령 어	번지	차례	명 령 어	번지
0	LOAD	P001	8	LOAD	P002
1	LOAD	M001	9	LOAD	M002
2	AND NOT	M002	10	AND NOT	M001
3	OR LOAD	–	11	OR LOAD	–
4	AND NOT	P003	12	AND NOT	P003
5	OUT	M001	13	OUT	M002
6	LOAD	M001	14	LOAD	M002
7	OUT	P011	15	OUT	P012

그림 2-49 PLC 회로

③ 기동 입력 P001(BS₁)을 주면 내부 출력 M001(X₁)이 동작한다. 우선 요소 M001($X_{1(3)}$)(유지 M002($X_{2(1)}$)와 직렬)이 열려 M002(X_2)를 복구시키고 램프 L₂를 소등시킨다. 동시에 M001($X_{1(2)}$)이 닫혀서 출력 P011(L₁)이 점등한다. 또 M001($X_{1(1)}$)이 닫혀 우선 요소 M002($X_{2(3)}$)(닫힘)와 직렬로 회로를 유지한다.

④ 기동 입력 P002(BS₂)를 주면 내부 출력 M002(X_2)가 동작한다. 우선 요소 M002($X_{2(3)}$)(유지 M001($X_{1(1)}$)과 직렬)가 열려 M001(X_1)을 복구시키고 램프 L₁을 소등시킨다. 동시에 M002($X_{2(2)}$)가 닫혀서 출력 P012(L₂)가 점등한다. 또 M002($X_{2(1)}$)가 닫혀 우선 요소 M001($X_{1(3)}$)(닫힘)과 직렬로 회로를 유지한다.

⑤ 정지 입력 P003(BS₃)을 주면 동작중인 내부 출력 M001(X₁), 혹은 M002(X₂)가 복구한다. 동작중인 유지용 M001, 혹은 M002가 열려 유지가 해제되고 동시에 동작중인 출력용 M001, 혹은 M002가 열려 출력 P011(L₁) 혹은 P012(L₂)가 소등한다. 동시에 동작중인 M001, 혹은 M002의 b접점이 닫혀서 내부 출력 M001(X₁), 혹은 M002(X₂)의 유지 회로가 준비된다.

그림 2-49의 래더 회로에서 양논리 회로를 그리면 그림 2-50과 같이 된다.

① P011는 내부 출력 M001에서 출력 회로를 통하여 접속한다. M001은 그림 (a)와 같이 유지 M001과 우선 요소 M002(NOT 포함)의 직렬 AND 회로에 기동 버튼 P001과의 OR(병렬) 회로, 여기에 정지 버튼 P003의 2입력 AND(직렬) 회로로 된다.

② P012는 내부 출력 M002에서 출력 회로를 통하여 접속한다. M002는 그림 (b)와 같이 유지 M002와 우선 요소 M001(NOT 포함)의 직렬 AND 회로, 여기에 기동 버튼 P002와의 OR(병렬) 회로, 여기에 정지 버튼 P003의 2입력 AND(직렬) 회로로 된다. 따라서 ②를 뒤집어서 ①과 접속하면 그림 (c), (d)와 같이 된다.

③ 그림 (d)에서 BS₁, BS₂, BS₃이 열려있고 램프(부하) L₁, L₂는 소등상태이다.

　［1］ 점Ⓐ, 점Ⓑ, 점Ⓒ : 입력 BS₁~BS₃은 열려있고 200[Ω]을 통하여 각각 접지 상태 L레벨이다.

　［2］ 점Ⓓ : 점Ⓒ의 L레벨이 NOT 회로를 통하므로 Ⓓ는 전압 상태 H레벨이다.

　［3］ 점Ⓔ, 점Ⓖ : 정지 상태에서 점Ⓐ, 점Ⓑ가 L레벨이므로 OR 출력 점은 각각 L레벨이다.

　［4］ 점Ⓕ, 점Ⓗ : 정지 상태에서 출력은 없고 L레벨이므로 AND 출력 점은 각각 L레벨이다.

　［5］ 점Ⓘ, 점Ⓙ, 점Ⓜ, 점Ⓝ : AND 출력 점의 L레벨이 NOT 회로를 통하므로 각각 H레벨이다.

　［6］ 점Ⓚ, 점Ⓛ : 되먹임 출력 점Ⓕ, Ⓗ가 L레벨이므로 우선 요소 AND 출력점은 각각 L레벨이다.

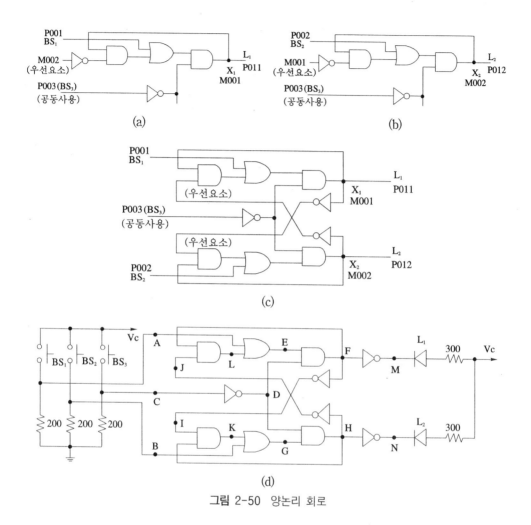

그림 2-50 양논리 회로

④ 그림 (d)의 정지상태에서 기동 입력 BS_1을 눌렀다 놓으면 램프 L_1이 점등한다.

  ① 점Ⓐ : 입력 BS_1을 누르면 V_c를 통하여 H레벨이 되고 이후 BS_1을 놓으면 L레벨로 된다.

  ② 점Ⓔ : 점Ⓐ의 H레벨이 OR 회로를 통하여 H레벨이 된다. 이후 유지용 점Ⓛ의 H레벨로 Ⓔ 점는 H레벨이 유지된다.

  ③ 점Ⓕ : 점Ⓓ, 점Ⓔ가 모두 H레벨이므로 AND 출력 점Ⓕ는 H레벨 즉 동작 상태가 된다.

  ④ 점Ⓜ : AND 출력 점Ⓕ의 H레벨이 NOT 회로를 통하므로 점Ⓜ은 L레벨이 된다.

  ⑤ 전원 V_c의 H레벨에서 점Ⓜ의 L레벨로 싱크(sink) 전류가 흘러 램프 L_1이 켜진다.

  ⑥ 점Ⓛ : 점Ⓙ와 되먹임 점Ⓕ의 H레벨로 우선 요소 AND 출력 점Ⓛ은 H레벨이 되어 유지 회로를 구성한다.

7 점I : AND 출력 점F의 H레벨이 NOT 회로를 통하므로 점I는 L레벨이 된다. 따라서 유지 회로 K점, G점을 L레벨로 하여 램프 L_2가 점등 중이라면 소등시킨다.

8 정지 입력 BS_3을 주면 점C가 H레벨, 점D가 L레벨이 되어 AND 출력 점F가 L레벨이 되고 회로가 복구되며 점M이 H레벨이 되어 램프 L_1이 소등한다. 이후 정지 상태로 된다.

⑤ 그림 (d)에서 L_1이 점등 중 입력 BS_2를 눌렀다 놓으면 램프 L_2가 점등하고 L_1이 소등한다.

1 점B : BS_2를 누르면 전압 V_c를 통하여 H레벨이 되고 BS_2를 놓으면 다시 L레벨로 된다.

2 점G : 점B의 H레벨이 OR 회로를 통하여 H레벨이 된다. 이후 유지용 점K의 H레벨로 점G는 H레벨이 유지된다.

3 점H : 점D, 점G가 모두 H레벨이므로 AND 출력 점H는 H레벨 즉 동작 상태가 된다.

4 점N : AND출력 점H의 H레벨이 NOT 회로를 통하므로 점N은 접지 상태 L레벨이 된다.

5 전원 V_c의 H레벨에서 점N의 L레벨로 싱크(sink) 전류가 흘러 램프 L_2가 켜진다.

6 점J : AND출력 점H의 H레벨이 NOT 회로를 통하므로 점J는 접지 상태 L레벨이 된다.

7 점F : 점J의 L레벨은 유지 회로 L점, E점을 L레벨로 하여 AND 회로가 복구하고 출력 점F가 L레벨이 된다. 따라서 점M이 H레벨이 되어 V_c와 동전위로 되므로 전류가 차단되고 램프 L_1이 소등된다.

8 점I : AND출력 점F의 L레벨이 NOT 회로를 통하므로 점I는 H레벨이 된다.

9 점K : 점I와 되먹임 점H의 H레벨로 우선 요소 AND 출력 점K는 H레벨이 되어 유지 회로를 구성한다.

10 정지 입력 BS_3을 주면 점C가 H레벨, 점D가 L레벨이 되어 AND 출력 점H가 L레벨이 되고 회로가 복구되며 점N이 H레벨이 되어 램프 L_2가 소등한다. 이후 정지 상태와 같다.

⑥ 그림(d)에서 L_2가 점등 중 BS_1을 다시 눌렀다 놓으면 L_1이 재 점등하고 L_2가 소등한다. 1~5는 위 ④와 같다.

⑥ 점Ⅰ : AND출력 점F의 H레벨이 NOT 회로를 통하므로 점Ⅰ는 접지 상태 L레벨이 된다.

⑦ 점H : 점Ⅰ의 L레벨은 유지 회로 K점, G점을 L레벨로 하여 AND 회로가 복구하고 출력 점H가 L레벨이 된다. 따라서 점N이 H레벨이 되어 V_c와 동전위로 되므로 전류가 차단되고 램프 L_2가 소등된다.

⑧ 점J : AND 출력 점H의 L레벨이 NOT 회로를 통하므로 점J는 H레벨이 된다.

⑨ 점L : 점J와 되먹임 점F의 H레벨로 우선 요소 AND 출력 점L은 H레벨이 되어 유지 회로를 구성한다.

⑩ 정지 입력 BS_3을 주면 점C가 H레벨, 점D가 L레벨이 되어 AND 출력 점F가 L레벨이 되고 회로가 복구되며 점M이 H레벨이 되어 램프 L_1이 소등한다. 이후 정지 상태와 같다.

그림 2-51은 로직 시퀀스이다. 타임 차트는 그림 2-48, 2-49에서 입력을 L입력으로 바꾸면 그림 (e)와 같이 되고 로직 회로는 유지용 FF 2개에 정지 요소 2개로 그림 2-51(f)와 같이 된다.

① BS_1을 주면 FF_1이 set(L_1 점등)하고 FF_2가 reset(L_2 소등)한다(그림 (a)).

② BS_2를 주면 FF_2가 set(L_2 점등)하고 FF_1이 reset(L_1 소등)한다.(그림 (b)).

③ BS_3을 주면 FF_1 혹은 FF_2가 reset(L_1 혹은 L_2가 소등)한다(그림 (c)).

④ 위의 ①~③에서 FF_1(램프 L_1)의 정지 신호는 BS_2 혹은 BS_3이 되고 또 FF_2(램프 L_2)의 정지 신호는 BS_1 혹은 BS_3이 된다. 즉 각각 2입력 OR 회로가 된다. 여기서 BS_1~BS_3은 L입력형이고, 또 FF_1과 FF_2는 L입력으로 set 및 reset되므로 모두 NOT 회로를 포함한다. 그리고 부하 램프가 2개이므로 정지 요소가 2개 필요하다(그림 (d)).

⑤ 위의 ①~④를 조합하면 그림 (f)와 같이 된다.

　① 기동 L입력 BS_1을 주면 유지 회로 $FF_1(X_1)$이 set하여 램프 L_1이 점등한다.

　② 이후 기동 L입력 BS_2를 주면 유지 회로 $FF_2(X_2)$가 set하여 램프 L_2가 점등하며, 동시에 정지 요소(OR 회로)를 통하여 FF_1이 reset하여 램프 L_1이 소등된다.

　③ 이후 다시 입력 BS_1을 주면 FF_1이 set하여 램프 L_1이 재 점등한다. 동시에 정지 요소(OR 회로)를 통하여 FF_2가 reset하여 램프 L_2가 소등된다.

　④ 공통 정지 L입력 BS_3을 주면 FF_1이 reset하여 램프 L_1이 복구한다.

⑥ 그림 (g)는 그림 (f)에 L입력 회로에 LED 싱크 전류 출력 회로를 접속한 보기이다.

① 그림에서 BS_1, BS_2, BS_3이 열려있고 램프 L_1, L_2는 소등 상태이다.

  ㉮ 점Ⓐ, 점Ⓑ, 점Ⓒ : BS_1, BS_2, BS_3은 열려있고 저항 $1[k\Omega]$을 통하여 V_c가 걸려 H 레벨이다.

  ㉯ 점Ⓓ, 점Ⓔ : set 입력 점Ⓐ, 점Ⓑ가 각각 H레벨이므로 FF는 각각 reset 상태이고 L레벨이다.

  ㉰ 점Ⓕ, 점Ⓖ : 점Ⓓ, 점Ⓔ의 L레벨이 NOT(상태변환)를 통하므로 각각 H레벨이다.

  ㉱ 점Ⓕ, 점Ⓖ가 H레벨이고 V_c와 전압이 같으므로 전류가 흐를 수 없고 LED는 소등 상태이다.

  ㉲ 점Ⓗ, 점Ⓘ, 점Ⓙ : 점Ⓒ, Ⓐ, Ⓑ의 H레벨이 각각 NOT 회로를 통하므로 각각 L레벨이다.

  ㉳ OR 회로 Ⓚ, Ⓛ : 점Ⓗ, Ⓘ, Ⓙ의 L레벨로 OR 회로 출력은 각각 L레벨이다.

  ㉴ NAND 회로 Ⓜ, Ⓝ : OR 회로 출력 Ⓚ, Ⓛ의 L레벨이 각각 NOT 회로를 통하므로 각각 H레벨이다.

② 그림에서 set 입력 BS_1을 눌렀다 놓으면 FF_1이 set하여 램프 L_1이 점등한다. 동시에 FF_2가 reset하여 램프 L_2가 소등한다.

  ㉮ 점Ⓐ : 입력 BS_1을 누르면 접지를 통하여 L레벨이 되고 BS_1을 놓으면 다시 H레벨이 된다.

  ㉯ 점Ⓓ : set 입력 점Ⓐ가 L레벨이 되는 순간 FF_1이 set되고 출력 점Ⓓ가 H레벨이 된다.

  ㉰ 점Ⓕ : 점Ⓓ의 H레벨이 NOT 회로를 통하므로 L레벨이 된다.

  ㉱ V_c의 H레벨에서 점Ⓕ의 L레벨로 싱크 전류가 흘러 L_1이 점등된다.

  ㉲ 점Ⓘ는 점Ⓐ의 L레벨이 NOT 회로를 통하여 H레벨이 되고 OR 회로 Ⓚ가 동작되어 NOT 회로를 통한 점Ⓜ이 L레벨이 되므로 FF_2가 리셋된다. 따라서 점Ⓔ가 L레벨, 점Ⓖ가 H레벨이 되므로 램프 L_2가 소등된다.

  ㉳ 정지 입력 BS_3을 누르면 접지를 통하여 Ⓒ점이 L레벨, Ⓗ점이 H레벨, OR 회로 Ⓛ이 동작 H레벨, Ⓝ점이 L레벨이 되어 FF_1이 리셋하고 점Ⓓ가 L레벨, 점Ⓕ가 H레 벨이 되어 L_1이 소등하며 ①번과 같은 정지 상태가 된다.

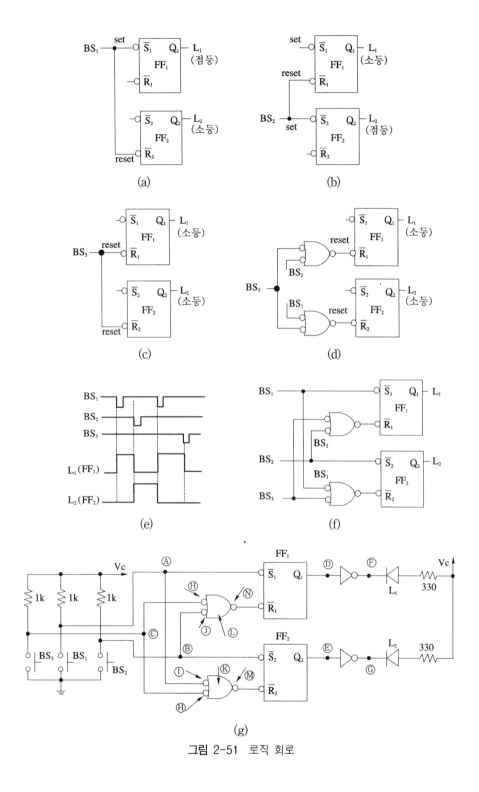

그림 2-51 로직 회로

③ 그림에서 L_1이 점등한 후 BS_2를 눌렀다 놓으면 램프 L_2가 점등하고 L_1이 소등한다.

  ⑦ 점B : 입력 BS_2를 누르면 접지를 통하여 L레벨이 되고 BS_2를 놓으면 다시 H레벨이 된다.

  ⑭ 점E : set 입력 B가 L레벨이 되는 순간 FF_2는 set되고 출력 점E는 H레벨이 된다.

  ⑮ 점G : 점E의 H레벨이 NOT 회로를 통하므로 L레벨이 된다.

  ⑯ V_c의 H레벨에서 점G의 L레벨로 싱크 전류가 흘러 L_2가 점등된다.

  ⑰ 점J는 점B의 L레벨이 NOT 회로를 통하여 H레벨이 되고 OR 회로L이 동작되어 NOT 회로를 통한 점N이 L레벨이 되므로 FF_1이 리셋된다. 따라서 점D가 L레벨, 점F가 H레벨이 되므로 램프 L_1이 소등된다.

  ⑱ 정지 입력 BS_3을 누르면 접지를 통하여 C점이 L레벨, H점이 H레벨, OR 회로 K가 동작 H레벨, M점이 L레벨이 되어 FF_2가 리셋하고 점E가 L레벨, 점G가 H레벨이 되어 L_2가 소등하며 ①번과 같은 정지 상태가 된다.

  ⑲ 그림에서 set 입력 BS_1을 다시 눌렀다 놓으면 FF_1이 set하여 램프 L_1이 점등한다. 동시에 FF_2가 reset하여 램프 L_2가 소등한다. 즉 ②와 ③이 반복된다.

● 예제 2-16 ●

다음은 BS_1을 주면 램프 L_1이 점등하고 램프 L_2가 소등하며 BS_2를 주면 램프 L_2가 점등하고 램프 L_1이 소등하는 신입 신호 우선 회로의 PLC 프로그램의 일부이다. 물음에 답하시오.

(1) 그림 (a)의 (A), (B)에 로직 기호를 예와 같이 그리시오.(예 ⊃〇├)

(2) 그림 (b)의 회로를 완성하시오. 단 OR, AND, NOT 기호를 사용한다.

(3) 그림 (c)의 릴레이 회로를 완성하시오(그림 기호에 문자 기호를 붙인다).

(4) 그림 (d)의 PLC 회로를 완성하시오(그림 기호에 문자 기호를 붙인다).

차례	명령어	번지	차례	명령어	번지
0	LOAD	P001	7	LOAD	P002
1	LOAD	M001	8	LOAD	M002
2	AND NOT	M002	9	AND NOT	M001
3	OR LOAD	–	10	OR LOAD	–
4	AND NOT	P003	11	AND NOT	P003
5	OUT	M001	12	OUT	M002
6	OUT	P011	13	OUT	P012

입력 기구 : P001~P003(BS_1~BS_3)
출력 기구 : P011(L_1), P012(L_2)
내부 출력 : M001(X_1), M002(X_2)
회로 시작 : LOAD   출력 : OUT
직렬 : AND   병렬 : OR
부정 : NOT
그룹 병렬 : OR LOAD

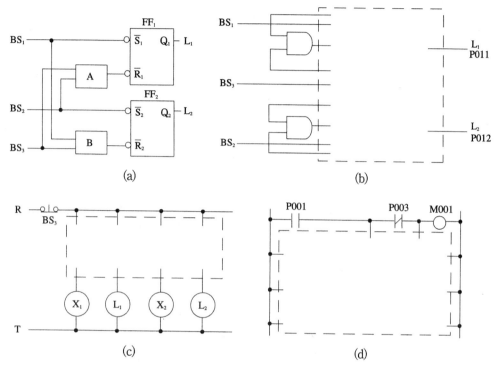

【풀이】

　　신입 신호 우선 회로이고 본문의 그림 2-48~2-51과 같다. 여기서 내부 출력과 출력은 병렬이고 BS_3은 분리 코딩한다.

⚜ 연습문제 2-19

　　아래 조건으로 릴레이 시퀀스를 그리시오. 단, 버튼 스위치 5개(BS_1~BS_5), 보조 릴레이 4개(X_1~X_4, 각각 (1a, 3b)), 램프 4개(L_1~L_4)를 사용한다.

　　[조건] L_1 점등 중 BS_2를 주면 L_2가 점등하고 L_1이 소등한다. 이후 BS_3을 주면 L_3이 점등하고 L_2가 소등한다, 이후 BS_4를 주면 L_4가 점등하고 L_3이 소등하며 또 BS_1을 주면 L_1이 점등하며 L_4가 소등함을 반복할 수 있으며 BS_5를 주면 동작중인 램프가 소등한다.

🔊 연습문제 2-20

그림은 L입력형 로직 회로이다. 물음에 답하시오.

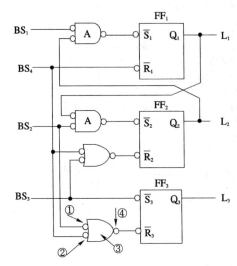

(1) 릴레이 회로를 그리시오. 단 X_1(1a, 1b), X_2(1a, 2b), X_3(1a, 1b)이다.

(2) 정지 상태에서 ①~④의 레벨을 H(전압), L(접지)로 차례로 표시하시오.

(3) BS_2를 누르고 있으면 램프 L_2가 점등된다. ①~④의 동작 레벨을 차례로 쓰시오.

(4) 램프 L_2가 점등 중 BS_4를 누르고 있으면 L_2가 소등한다. 이 때 ①~④의 레벨을 차례로 쓰시오.

(5) BS_2-BS_3-BS_1의 순서로 입력을 주면 어떤 램프가 점등되고 있는가?

제 ③ 장

시한 회로

설정 시간 t초 후에 출력 신호가 변화하는 회로를 시한(또는 한시) 제어(동작) 회로(time delay circuit-timer circuit)라고 한다. 즉 RC 회로의 충방전과 시상수를 이용하여 접점, 혹은 회로 출력을 설정 시간(t초)만큼 동작시키던가, 또는 설정 시간만큼 늦게 동작, 또는 복구시키는 등의 시간적 요소가 있는 회로를 말한다(1-2장 3절과 1-3장 9절 참고).

시간 제어 기구로는 동작 시간이 늦은 시한 동작 회로, 복구 시간이 늦은 시한 복구 회로, 일정한 시간만 동작하는 단안정 회로가 있고 제어 요소로는 타이머(전자) 릴레이, 반도체 IC 소자 NE-555, 단안정 소자 SN-74123 등이 사용된다. 이장에서는 유지 회로를 사용하여 타이머를 여자시키고 설정 시간 이외의 시간 늦음은 무시한다.

1. 시한 동작 회로

기동 입력을 주면 일정한 시간이 지난 후에 회로가 동작하여 출력이 생기고 정지 입력을 주면 곧바로 회로가 복구하여 출력이 없어진다. 즉 출력 기구의 동작이 일정한 시간(이하 설정 시간 t라 한다)만큼 늦은 회로를 시한 동작 순시 복구 회로(Ton-on delay timer)라고 한다.

그림 2-52는 릴레이 시퀀스인데 기동 입력을 주면 설정 시간 후에 램프가 점등하는 회로이다.

① 유지 회로 X를 사용하여 타이머 T를 여자시키고 t초 후에 접점 T_a로 출력 L이 점등한다.

② 기동 입력 BS_1을 누르는 순간 릴레이 X가 동작하고 릴레이 접점 $X_{(1)}$로 유지한다.

《 전원 R − BS_1 닫힘 − BS_2 − X − 전원 T 》

《 전원 R − $X_{(1)}$ 닫힘 − BS_2 − X − 전원 T 》

③ 릴레이 X의 동작과 동시에 타이머 T가 여자된다.

≪ 전원 R − BS₁ 닫힘(X₍₁₎ 닫힘 유지) − T − 전원 T ≫

④ 설정 시간 t초 후에 타이머 지연 접점 Tₐ가 닫히면 출력 램프 L이 점등한다.

≪ 전원 R − Tₐ 닫힘 − L 점등 − 전원 T ≫

⑤ 정지 입력 BS₂를 누르는 순간 릴레이 X가 복구하고 접점 X₍₁₎이 열려서 유지가 해제된다.

⑥ 접점 X₍₁₎이 열리면 타이머 T가 복구하고 지연 동작 순시 복구 접점 Tₐ가 열려서 램프 L이 소등된다.

⑦ 그림(c)는 타이머 T를 릴레이 X에 병렬로 접속한 것으로 많이 사용된다.

⑧ 그림(d)는 타이머 기구 T에 유지용 순시 동작 a접점(T₍₁₎)이 있을 때 이것을 유지 접점으로 하고 유지용 보조 릴레이 X를 생략한 것으로 학교 실습용으로 많이 사용된다

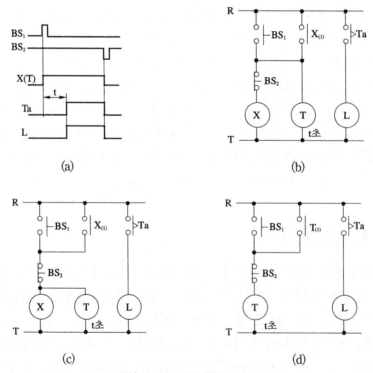

그림 2-52 시한 동작 회로

● 예제 2-17 ●

아래 동작 사항과 타이머, 릴레이의 내부 회로도를 참고하여 릴레이 시퀀스를 작성하시오.

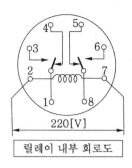
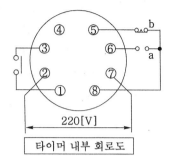

(1) 스위치 S를 ON하면 L_4가 점등된다.

(2) 스위치 S를 ON하고 BS_1을 ON하면 릴레이 X와 타이머 T가 여자되며 이어 L_4가 소등되고 L_1과 L_2가 점등된다. 시간 t초 후 L_2는 소등되고 L_3이 점등된다.

(3) BS_2를 누르면 X, T가 복구되고 $L_1 \sim L_3$이 소등되며 L_4가 점등된다. 스위치 S를 OFF하면 L_4가 소등된다.

(4) 타이머 T의 접점은 모두 사용하고 릴레이 X의 접점은 (1a, 1b)만 사용한다.

【풀이】

타이머 T의 접점을 모두 사용하므로 타이머의 순시 접점 $T_{(1)}$을 유지 접점으로 사용한다.

릴레이 X가 여자되면 이어 L_4가 소등되고 L_1과 L_2가 점등되므로 X의 a접점으로 L_1과 L_2가 점등되고 X의 b접점으로 L_4가 소등된다. 또 t초 후 L_2는 소등되고 L_3이 점등되므로 L_2는 T_b로 소등되고 L_3은 T_a로 점등된다.

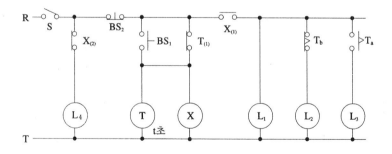

그림 2-53은 릴레이 회로를 이용하여 PLC 시퀀스를 그린 것이다.

① 타임 차트에서 BS_1과 BS_2는 모두 H입력형이고 래더 회로의 동작은 아래와 같다.

　▣ 기동 H입력 P001(BS_1)을 주면 유지 기구인 내부 출력 M000(보조 기구 X)이 동작하고 M000(접점 $X_{(1)}$)으로 유지한다.

② 내부 출력 M000(접점 $X_{(2)}$)으로 Ton 타이머 T000(T)이 독립 회로로 하여 여자된다.

③ t초 후 접점 T000(T_a)으로 출력 P010 (램프 L)이 생긴다.(여기서 t=5초로 한다).

④ 정지 H입력 P002(BS_2)로 내부 출력 M000(X)의 회로를 끊어 모두 정지시킨다. 즉 M000이 복구하면 유지용 접점 M000($X_{(1)}$)으로 유지가 해제되고 접점 M000($X_{(2)}$)이 열려 타이머 T000(T)이 복구되며 동시에 타이머의 시한 접점 T000(T_a)이 열려 출력 P010(L)이 소등한다.

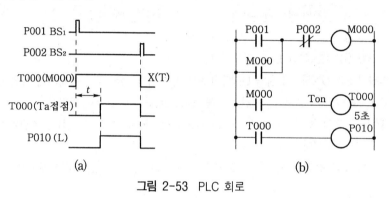

(a)   (b)

그림 2-53 PLC 회로

② 래더 회로에서 프로그램하면 아래표와 같다.

⓪ 0 step : LOAD P001

② 2 step : AND NOT P002

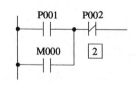

④ 4 step : LOAD M000

① 1 step : OR M000

③ 3 step : OUT M000

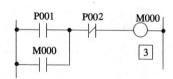

⑤ 5 step : TMR T000
⑥ 6 step : 〈DATA〉 50 (2 step 사용)

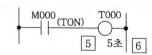

⑦ 8 step : LOAD T000 ⑧ 9 step : OUT P010

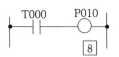

차례	명 령 어	번 지	차례	명 령 어	번 지
0	LOAD	P001	4	LOAD	M000
1	OR	M000	5	TMR	T000
2	AND NOT	P002	6	〈DATA〉	00050
3	OUT	M000	8	LOAD	T000
—	—	—	9	OUT	P010

③ 그림 2-53의 래더 회로에서 Computer의 S/W를 이용한 프로그램은 아래와 같다.

⓪ 컴퓨터의 초기 조작은 유지 회로편을 참고한다.

① 0000번 스텝(커서 위치 ▌)에서 기능키 F3, 번지 P001, Enter Key를 차례로 누른다.

☞ ① Key In : F3 P 0 0 1 Enter↵   ☞ ② Key In : F4 P 0 0 2 Enter↵

② 커서 위치(▌)에서 기능키 F4, 번지 P002, Enter Key를 차례로 누른다.

③ 커서 위치(▌)에서 기능키 F9, 번지 M000, Enter Key를 차례로 누른다.

☞ ③ Key In : F9 M 0 0 0 Enter↵   ☞ ④ Key In : F3 M 0 0 0 Enter↵

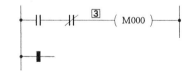

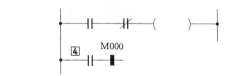

④ 커서 위치(▌)에서 기능키 F3, 번지 M000, Enter Key를 차례로 누른다.

⑤ 커서 위치(▌)를 아래 그림과 같이 위로 옮기고 기능키 F6, Enter를 차례로 누른다.

☞ ⑤ Key In : F6 Enter↵   ☞ ⑥ Key In : F3 M 0 0 0 Enter↵

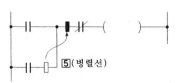

⑥ 커서 위치(■)를 아래 줄로 이동하고 기능키 F3, 번지 M000, Enter Key를 차례로 누른다.

⑦ 커서 위치(■)에서 기능키 F10(기호), Shift F1(종류 TON), T000(번지), SP(공란 spacer), 00050(시간), Enter Key를 차례로 누른다.

☞ ⑦ Key In : [F10] [Shift] [F1] [T][0][0][0] [Space Bar] [0][0][0][5][0] [Enter↵]

☞ ⑧ Key In : [F3] [T][0][0][0] [Enter↵]

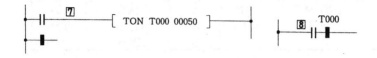

⑧ 커서 위치(■)에서 기능키 F3, 번지 T000, Enter Key를 차례로 누른다.

⑨ 커서 위치(■)에서 기능키 F9, 번지 P010, Enter Key를 차례로 누른다.

☞ ⑨ Key In : [F9] [P][0][1][0] [Enter↵]   ☞ ⑩ Key In : [F10] [E][N][D] [Enter↵]

⑩ 커서 위치(■)에서 기능키 F10, 문자 END, Enter Key를 차례로 누른다.

⑪ Alt와 F7 키를 동시에 누르면 | Are You Sure? <Y/N> | 가 나타나고 Y를 누르면 회로에 스텝이 나타나고 하단에 Completed가 나타난다. 즉 그림 2-54와 같은 완성된 도면이 된다. 여기서 Key를 ALT N하면 니모닉 프로그램이 된다.

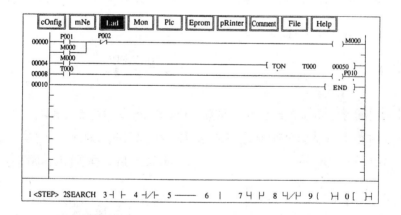

④ 그림 2-55는 래더 회로를 이용하여 양논리 회로를 그린 것이다.

① 타이머 여자와 그 유지용 유지 회로(M000)를 그린다.

② 유지 회로 출력으로 시한 동작 타이머(T000)가 동작하도록 기호를 그린다.

③ 타이머 출력(T_a)으로 출력 램프 P010(L)이 점등하도록 한다.

⑤ 그림 2-55 (b)에서 BS_1과 BS_2는 열려있고 램프 L은 소등 상태이다.

① 점Ⓐ, 점Ⓑ : 입력 $BS_1 \sim BS_2$는 열려있고 200 [Ω]을 통하여 각각 접지 상태 L레벨이다.

② 점Ⓒ : 점Ⓑ의 L레벨이 NOT 회로를 통하므로 Ⓒ는 전압 상태 H레벨이다.

③ 점Ⓓ : 정지 상태에서 점Ⓐ, 점Ⓔ가 L레벨이므로 OR 출력 점은 L레벨이다.

④ 점Ⓔ : 정지 상태에서 출력은 없고 L레벨이므로 AND 출력 점은 L레벨이다.

⑤ 점Ⓕ : 정지 상태에서 타이머 출력은 없고 L레벨이다.

⑥ 점Ⓕ의 L레벨로 Tr, X_2가 동작할 수 없고 램프 L이 소등 상태이다.

⑥ 그림 2-55(b)에서 기동 입력 BS_1을 눌렀다 놓으면 t초 후 램프 L이 점등한다.

① 점Ⓐ : 입력 BS_1을 누르면 V_c를 통하여 H레벨이 되고 이후 BS_1을 놓으면 L레벨로 된다.

② 점Ⓓ : 점Ⓐ의 H레벨로 OR 회로 출력 Ⓓ는 H레벨이 된다. 이후 유지용 되먹임 출력Ⓔ의 H 레벨로 Ⓓ점은 H레벨이 유지된다.

③ 점Ⓔ : 점Ⓓ, 점Ⓒ가 모두 H레벨이므로 AND 출력 점Ⓔ는 H레벨 즉 동작 상태가 된다.

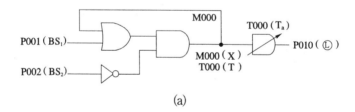

(a)

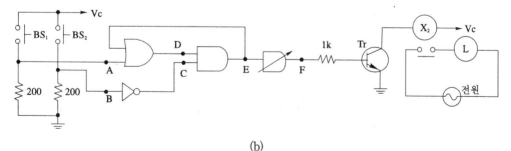

(b)

그림 2-55 시한 동작 회로

④ 점F : 점E가 H레벨 즉 타이머가 여자 상태이므로 t초 후에 시한 동작 타이머 출력 점F가 H레벨이 된다.

⑤ 점F가 H레벨이면 Tr이 동작하여 릴레이 X_2가 동작되고 그 접점으로 출력(램프) L이 점등한다.

⑦ 그림 2-55(b)에서 정지 입력 BS_2를 눌렀다 놓으면 램프 L이 소등한다.

  ① 점B : 입력 BS_2를 누르면 V_c를 통하여 H레벨이 되고 이후 BS_2를 놓으면 L레벨로 된다.

  ② 점C : 점B의 H레벨이 NOT 회로를 통하므로 접지 상태 L레벨이다.

  ③ 점E : 점D가 H레벨이지만 점C가 L레벨이므로 AND 출력 점E는 L레벨 즉 출력이 없어진다(정지 상태).

  ④ 점D : 정지상태에서 출력(X) 점E는 L레벨이고 OR 출력 D는 L레벨 즉 유지가 해제된다.

  ⑤ 점F : 출력 점E가 L레벨이므로 시한 동작 타이머 점F는 L레벨(복구)이 된다.

  ⑥ 점F가 L레벨이면 Tr이 복구하여 릴레이 X_2가 복구되므로 출력(램프) L이 소등한다.

그림 2-56은 로직 시퀀스이다.

① 그림에서 BS_1, BS_2를 L입력형으로, 단안정 특성 SMV를 타이머 소자로, FF(X)를 유지용 회로로 사용하였다.

  ① 그림 (a),(b)에서 L입력형 기동 입력 BS_1을 누르는 순간 단안정 특성 타이머인 SMV가 set하고 설정 시간 t초 후에 SMV가 reset하면 미분 회로의 방전 순간의 L레벨로 FF (X, 유지용)가 set하여 출력 램프 L이 점등한다. 그리고 L입력형 정지 입력 BS_2를 누르는 순간 FF가 reset하여 램프 L이 소등한다. 여기서 입·출력 회로를 추가하면 그림 (b)는 (e)와 같다.

  ② 그림(c)에서 SMV와 FF를 직접 접속하면 입력 BS_1을 주기 전에 SMV 출력 Q_0는 L레벨이고 이것이 FF의 입력으로 작용하여 FF가 즉시 set된다. 따라서 그림(b)와 같이 FF의 $\overline{S}$입력 단에 미분 회로(RC 회로)를 접속하여 전원 V_c를 충전시켜 평시에 H레벨이 유지되도록 한다.

  즉 그림(d)와 같이 FF의 $\overline{S}$입력 단에는 평시 및 SMV set시에는 RC 회로의 충전으로 H레벨이 되지만 SMV reset시에는 RC 회로의 방전으로 방전 순간에 L레벨이 되고 이 L레벨로 FF가 set된다.

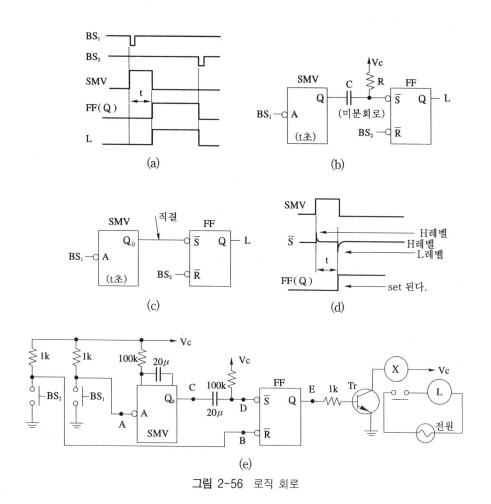

그림 2-56 로직 회로

② 그림 (e)의 정지 상태에서 BS₁과 BS₂는 열려있고 램프 L은 소등 상태이다.

　① 점Ⓐ, 점Ⓑ : 입력 BS_1, BS_2는 열려있고 저항 1[kΩ]을 통하여 V_c가 걸려 각각 H레벨이다.

　② 점Ⓒ : SMV가 reset 상태이므로 L레벨이다.

　③ 점Ⓓ : RC 미분 회로를 통하여 전원 V_c가 충전되어 있으므로 H레벨이다.

　④ 점Ⓔ : 점Ⓓ가 H레벨이고 FF가 reset 상태이므로 점Ⓔ는 L레벨이다.

　⑤ 점Ⓔ가 L레벨이므로 Tr, X가 동작할 수 없고 램프 L이 소등 상태이다.

③ 그림 (e)에서 입력 BS_1을 눌렀다 놓으면 t초 후 램프 L이 점등한다

⨋ 점Ⓐ : L입력 BS_1을 누르면 접지를 통하여 L레벨이 되고 SMV를 set시킨다. 이 후 BS_1을 놓으면 다시 H레벨로 돌아온다.

② 점Ⓒ : 점Ⓐ의 L레벨로 SMV가 set되므로 H레벨이 된다. 설정 시간 t초 후에 SMV가 리셋되면 L레벨이 된다.

③ 점Ⓓ : SMV가 리셋되면 RC 미분 회로가 순간 방전되어 점Ⓓ는 순간 L레벨이 된다. 이후 곧 H레벨이 된다.

④ 점Ⓔ : 점Ⓓ의 순간적인 L레벨로 FF가 set되어 점Ⓔ는 H레벨이 된다.

⑤ 점Ⓔ가 H레벨이면 Tr이 동작하여 릴레이 X가 동작되고 그 접점으로 출력 L이 점등한다.

④ 그림 (e)에서 입력 BS_2를 눌렀다 놓으면 램프 L이 소등한다.

⨋ 점Ⓑ : L입력 BS_2를 누르면 접지를 통하여 L레벨이 되고 BS_2를 놓으면 H레벨이 된다.

② 점Ⓔ : 점Ⓑ의 순간적인 L레벨로 FF가 reset되고 점Ⓔ는 L레벨이 된다.

③ 점Ⓔ가 L레벨이면 Tr이 복구하여 릴레이 X가 복구되고 출력(램프) L이 소등한다.

④ 간추림 : BS_1을 누르면 SMV가 set되고 t초 후 SMV가 reset되면 미분 회로를 통하여 FF가 set되어 램프 L이 점등된다. 그리고 BS_2를 주면 FF가 reset되어 램프 L이 소등된다.

$BS_1 \uparrow - SMV \uparrow - t초 후 - SMV \downarrow - FF \uparrow - Tr \uparrow - Ⓧ \uparrow - Ⓛ \uparrow$

$BS_2 \uparrow - FF \downarrow - Tr \downarrow - Ⓧ \downarrow - Ⓛ \downarrow$

● 예제 2-18 ●

그림에서 FF는 $\overline{R}\,\overline{S}$ -latch이고 555는 IC 타이머 소자이다. 타임 차트에서 출력 Q_1, Q_2의 동작 시간을 예와 같이 쓰시오 (예 $t_1 \sim t_3$).

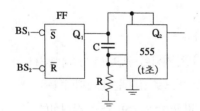
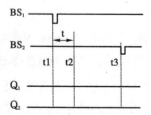

【풀이】

t_1 초에 BS_1로 FF가 셋되면 t초 후(설정 시간 $t_2 \sim t_1$)에 555가 셋된다. t_3초에 BS_2로 FF가 리셋되면 555도 리셋된다. 따라서 Q_1은 $t_1 \sim t_3$, Q_2는 $t_2 \sim t_3$ 동안 동작한다.

⊙ 연습문제 2-21

그림(a)의 로직 회로에서 SMV는 단안정 IC 타이머 소자이고 FF는 $\overline{R}\overline{S}$-latch이며 모두 L 입력형이다.

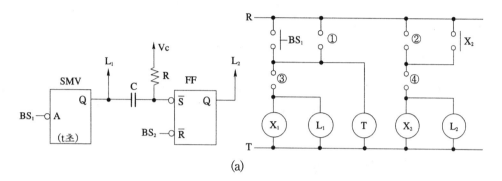

(a)

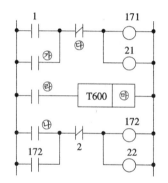

차례	명령	번지	차례	명령	번지
생략	STR	1		—	⑥
	Ⓐ	Ⓑ		STR TIM	Ⓗ
	AND NOT TIM	Ⓒ		OR	172
	OUT	171		Ⓘ	2
	Ⓓ	21		Ⓙ	172
	Ⓔ	Ⓕ		OUT	22
	TIM	600		—	—

(1) BS₁을 ON하면 출력 L₁, L₂는 어떻게 동작, 복구되는가? 2줄 이내로 쓰시오. 단, SMV의 상수는 0.7이고 CR=30(초)이다.

(2) CR의 회로 이름과 사용 목적을 1줄 이내로 쓰시오.

(3) PLC 시퀀스에서 ㉮~㉺에 번지를 쓰고 ㉱에 시간(초)을 쓰시오.

(4) 프로그램의 Ⓐ~Ⓙ에 알맞은 명령어를 쓰시오.

(5) 릴레이 회로의 ①~④를 완성하시오. 단, 타이머는 순시 접점이 없고 지연 접점은 독립 단자로 되어 있는 것으로 한다.

⊙ 연습문제 2-22

그림을 보고 회로 동작 설명의 ( )에 램프 L₁~L₃중 알맞은 것을 넣으시오.

(1) 전원을 넣으면 ( ) 램프가 점등한다.

(2) BS₁을 누르면 ( ) 램프가 점등하고 ( ) 램프가 소등하며 약 2.5초 후에 ( ) 램프가 점등한다.

(3) BS₂를 누르면 ( ) 램프와 ( ) 램프가 소등하고 ( ) 램프가 점등한다.

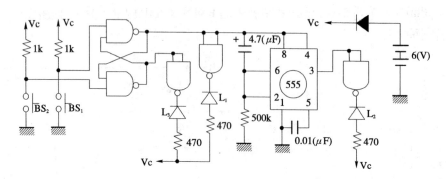

2. 시한 복구 회로

기동 입력을 주면 회로가 곧바로 동작하고 정지 입력을 주면 일정한 시간이 지난 후에 회로가 복구한다. 즉 복구 시간이 설정된 시간만큼 늦은 회로를 순시 동작 시한 복구 회로 (Toff-off delay timer)라고 한다.

그림 2-57은 릴레이 회로인데 기동 입력을 주면 곧바로 램프 L이 점등하고 정지 입력을 주면 설정 시간 t초 후에 램프 L이 소등한다.

① 기동 입력 BS₁을 누르는 순간 릴레이 X가 동작하고 릴레이 접점 $X_{(1)}$로 유지한다.

≪ 전원 R − BS₁ 닫힘 − BS₂ − X 동작 − 전원 T ≫

≪ 전원 R − $X_{(1)}$ 닫힘 − BS₂ − X 유지 − 전원 T ≫

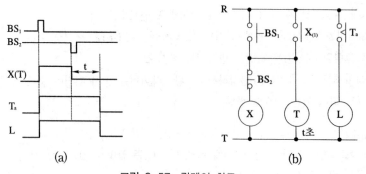

그림 2-57 릴레이 회로

② 릴레이 X의 동작과 동시에 타이머 T가 동작된다.

   《 전원 R − BS₁ 닫힘(X₍₁₎ 닫힘 유지) − T 동작 − 전원 T 》

③ 타이머 순시 동작 지연 복구 접점 Tₐ가 닫혀서 출력 램프 L이 점등한다.

   《 전원 R − Tₐ 닫힘 − L − 전원 T 》

④ 정지 입력 BS₂를 누르는 순간 릴레이 X가 복구하고 유지 접점 X₍₁₎이 열려서 유지가 해제된다.

⑤ 접점 X₍₁₎이 열리면 타이머 T는 복구한다 그러나 접점 Tₐ는 복구하지 않는다. 이것은 접점 Tₐ가 순시 동작 지연 복구 접점임으로 타이머 T가 복구한 후 t초 후에 열리기 때문이다.

⑥ 설정 시간 t초 후에 타이머의 지연 복구 접점 Tₐ가 열리면 출력 램프 L이 소등된다.

● 예제 2-19 ●

아래 유접점 타이머 회로의 타임 차트의 L₁, L₂의 동작을 그리시오.

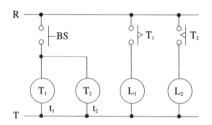 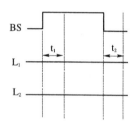

【풀이】

   T₁은 시한 동작 순시 복구 타이머이므로 t₁초 후에 L₁이 점등하고 T₂는 순시 동작 시한 복구 타이머이므로 t₂초 후에 L₂가 소등한다.

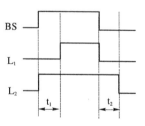

그림 2-58은 PLC 회로이다.

① 릴레이 회로와 비교하면 타임 차트는 모두 H입력형이고 래더 회로는 타이머 회로를 독립으로 하였다. 여기서 지연 시간은 7초로 한다.

   [1] 기동 H입력 P001(BS₁)을 주면 유지 기구인 내부 출력 M000(보조 기구 X)이 동작한다.

   [2] 내부 출력 M000(보조 기구 X접점 X₍₁₎)으로 유지한다.

   [3] 내부 출력 M000(접점 X₍₂₎)으로 Toff 타이머 T000(T)이 여자된다.

   [4] Toff 타이머 접점 T000(Tₐ)으로 출력 P010(램프 L)이 생긴다.

⑤ 정지 H입력 P002(BS₂)로 내부 출력 M000(X)의 회로를 끊어 정지시킨다. 즉 M000이 복구하면 유지용 접점 M000(X₍₁₎)으로 유지가 해제되고 접점M000(X₍₂₎)이 열려 타이머 T000(T)이 복구된다. 이 때 타이머의 시한 복구 접점 T000(Tₐ)은 복구(열림)되지 않는다.

⑥ 설정 시간 7초 후에 Toff용 T000(Tₐ)이 열려 출력 P010(램프 L)이 소등된다.

⑦ 래더 회로에서 프로그램하면 표와 같다. 여기서 Toff용 타이머의 명령어는 TMR TMR (2번)이다.

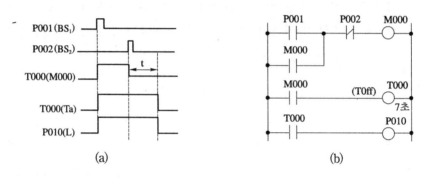

차 례	명 령 어	번 지	차 례	명 령 어	번 지
0	LOAD	P001	4	LOAD	M000
1	OR	M000	5	TMR TMR	T000
2	AND NOT	P002	6	DATA⟩	00070
3	OUT	M000	8	LOAD	T000
−	−	−	9	OUT	P010

그림 2-58 PLC 회로

② 릴레이 회로, 또는 래더 회로를 이용하여 양논리 회로를 그리면 그림 2-59와 같다.

　① 릴레이 X(M000)는 유지 회로로 동작 복구한다.

　② 시한 복구 타이머 T(T000)는 릴레이 X와 같은 유지 회로로 동작된다. 즉 유지 회로 출력으로 타이머가 동작한다.

　③ 시한 복구 타이머 접점(Tₐ, T000) 출력으로 램프 L이 점등한다.

　④ 입·출력 회로를 첨가하면 그림 (b)와 같다.

③ 그림 2-59(b)에서 BS₁과 BS₂는 열려있고 램프 L은 소등 상태이다.

　① 점Ⓐ, 점Ⓑ : 입력 BS₁, BS₂는 열려있고 200 [Ω]을 통하여 각각 접지 상태 L레벨이다.

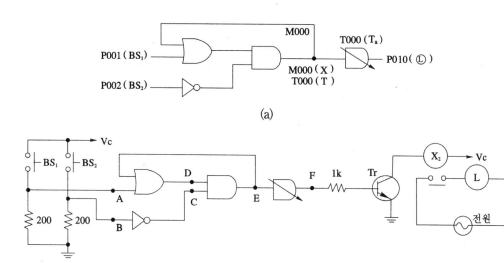

(a)

(b)

그림 2-59 시한 복구 회로

② 점ⒸⒸ : 점Ⓑ의 L레벨이 NOT 회로를 통하므로 Ⓒ는 전압 상태 H레벨이다.

③ 점Ⓓ : 정지 상태에서 점Ⓐ, 점Ⓔ가 L레벨이므로 OR 출력 점은 L레벨이다.

④ 점Ⓔ : 정지 상태에서 출력은 없고 L레벨이므로 AND 출력 점은 L레벨이다.

⑤ 점Ⓕ : 정지 상태에서 타이머 출력은 없고 L레벨이다.

⑥ 점Ⓕ의 L레벨로 Tr, X_2가 동작할 수 없고 램프 L이 소등 상태이다.

④ 그림 (b)에서 기동 입력 BS_1을 눌렀다 놓으면 램프 L이 점등한다.

① 점Ⓐ : 입력 BS_1을 누르면 V_c를 통하여 H레벨이 되고 이후 BS_1을 놓으면 L레벨로 된다.

② 점Ⓓ : 점Ⓐ의 H레벨로 OR 회로 출력 Ⓓ는 H레벨이 된다. 이후 유지용 되먹임 출력Ⓔ의 H레벨로 Ⓓ점은 H레벨이 유지된다.

③ 점Ⓔ : 점Ⓓ, 점Ⓒ가 모두 H레벨이므로 AND 출력 점Ⓔ는 H레벨 즉 동작 상태가 된다.

④ 점Ⓕ : 점Ⓔ가 H레벨이므로 시한 복구 타이머(Toff)가 동작하고 점Ⓕ가 H레벨이 된다.

⑤ 점Ⓕ가 H레벨이면 Tr이 동작하여 릴레이 X_2가 동작되고 그 접점으로 출력(램프) L이 점등한다.

⑤ 그림 (b)에서 정지 입력 BS_2을 눌렀다 놓으면 t초 후 램프 L이 소등한다.

① 점Ⓑ : 입력 BS_2를 누르면 V_c를 통하여 H레벨이 되고 이후 BS_2를 놓으면 L레벨로 된다.

② 점Ⓒ : 점Ⓑ의 H레벨이 NOT 회로를 통하므로 접지 상태 L레벨이다.

③ 점Ⓔ : 점Ⓒ가 L레벨이므로 AND 출력 점Ⓔ는 L레벨 즉 출력이 없어진다(정지 상태).

④ 점D : 정지 상태에서 출력 점E는 L레벨이므로 OR 출력 D는 L레벨 즉 유지가 해제된다.

⑤ 점F : 출력 점E가 L레벨이므로 시한 복구 타이머 점E는 L레벨(복구)이 된다. 그러나 시한 복구 접점은 t초 후에 복구되므로 t초 후에 점F는 L레벨이 된다.

⑥ 점F가 L레벨이면 Tr이 복구하여 릴레이 X_2가 복구되므로 출력(램프) L이 소등한다.

그림 2-60은 로직 시퀀스이다.

① 그림에서 BS_1, BS_2를 L입력형으로, 단안정 특성 SMV를 타이머 소자로, FF(X)를 유지용 회로로 사용하였다.

　① L입력형 기동 입력 BS_1을 누르는 순간 FF(X, 유지용)가 set하여 출력 램프 L이 점등한다.

　② L입력형 정지 입력 BS_2를 누르는 순간 단안정 특성 타이머인 SMV가 set하고

　③ 설정 시간 t초 후에 SMV가 reset하면 미분 회로의 방전 L레벨로 FF가 reset하여

　④ 출력 램프 L이 소등한다. 여기서 입·출력 회로를 추가하면 그림(c)와 같다.

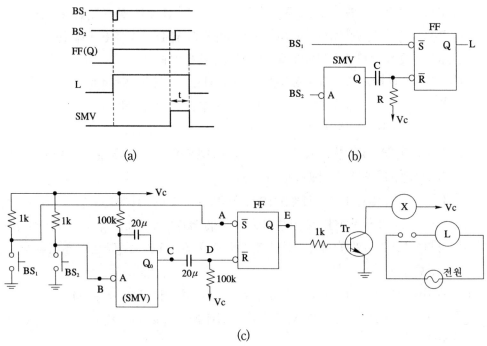

(a)

(b)

(c)

그림 2-60　로직 회로

② 그림 (c)에서 BS₁과 BS₂는 열려있고 램프 L은 소등 상태이다.

　① 점Ⓐ, 점Ⓑ : 입력 BS₁, BS₂는 열려있고 저항 1[kΩ]을 통하여 V_c가 걸려 각각 H레벨이다.

　② 점Ⓒ : SMV가 reset 상태이므로 L레벨이다.

　③ 점Ⓓ : RC 미분 회로를 통하여 전원 V_c가 충전되어 있으므로 H레벨이다.

　④ 점Ⓔ : 점Ⓐ가 H레벨이고 FF가 reset 상태이므로 점Ⓔ는 L레벨이다.

　⑤ 점Ⓔ가 L레벨이므로 Tr, X가 동작할 수 없고 램프 L이 소등 상태이다.

③ 그림 (c)에서 입력 BS₁을 눌렀다 놓으면 FF가 set하여 램프 L이 점등한다.

　① 점Ⓐ : L입력 BS₁을 누르면 접지를 통하여 L레벨이 되고 FF를 set시킨다. 이 후 BS₁을 놓으면 다시 H레벨로 돌아온다.

　② 점Ⓔ : 점Ⓐ의 순간적인 L레벨로 FF가 set되어 점Ⓔ는 H레벨이 된다.

　③ 점Ⓔ가 H레벨이면 Tr이 동작하여 릴레이 X가 동작되고 그 접점으로 출력 L이 점등한다.

④ 그림 (c)에서 입력 BS₂를 눌렀다 놓으면 t초 후에 램프 L이 소등한다.

　① 점Ⓑ : L입력 BS₂를 누르면 접지를 통하여 L레벨이 되고 BS₂를 놓으면 H레벨이 된다.

　② 점Ⓒ : 점Ⓑ의 순간적인 L레벨로 SMV가 set되므로 H레벨이 된다. 설정 시간 t초 후에 SMV가 리셋되면 L레벨이 된다.

　③ 점Ⓓ : SMV가 리셋되면 RC 미분 회로가 순간 방전되어 점Ⓓ는 순간 L레벨이 된다. 이후 곧 H레벨이 된다.

　④ 점Ⓔ : 점Ⓓ의 순간적인 L레벨로 FF가 reset되고 점Ⓔ는 L레벨이 된다.

　⑤ 점Ⓔ가 L레벨이면 Tr이 복구하여 릴레이 X가 복구되고 출력(램프) L이 소등한다.

　⑥ 간추림 : BS₁을 누르면 FF가 셋되어 램프 L이 점등된다. 그리고 BS₂를 주면 SMV가 셋되고 t초 후 SMV가 리셋되면 미분 회로를 통하여 FF가 리셋되어 램프 L이 소등된다.

　　BS₁↑ − FF↑ − Tr↑ − Ⓧ↑ − Ⓛ↑

　　BS₂↑ − SMV↑ − t초 후 − SMV↓ − FF↓ − Tr↓ − Ⓧ↓ − Ⓛ↓

3. 단안정 회로

기동 입력을 주면 설정된 시간 동안만 회로가 동작하고 정지 입력이 없이 자동으로 정지한다. 즉 출력이 생기는 시간이 5초, 10분, 1시간 등으로 정해져 있고 이 정해진 시간만 동작하는 회로를 단안정 회로(Tmon)라고 한다.

그림 2-61은 릴레이 시퀀스인데 기동 입력을 주면 t초 동안만 램프 L이 점등하는 회로이다.

① 유지 회로 X로 출력 L이 점등되고 타이머 T가 여자되며 t초 후에 타이머의 시한 동작 b 접점 T_b로 회로를 복구시킨다. 즉 시한 동작 b접점 T_b를 정지 신호 기구로 사용한 회로이다.

② 기동 입력 BS를 누르는 순간 릴레이 X가 동작하고 릴레이 접점 $X_{(1)}$로 유지한다.

　　《전원 R - BS 닫힘 - 접점 T_b - X - 전원 T》

　　《전원 R - $X_{(1)}$ 닫힘 - 접점 T_b - X - 전원 T》

③ 릴레이 X의 동작과 동시에 타이머 T가 여자된다.

　　《전원 R - BS 닫힘($X_{(1)}$ 닫힘 유지) - T - 전원 T》

④ 릴레이 접점 $X_{(2)}$로 출력 램프 L이 점등한다.

　　《전원 R - $X_{(2)}$ 닫힘 - L - 전원 T》

⑤ 설정 시간 t초 후에 타이머 지연 접점 T_b가 열린다(정지 기능).

⑥ T_b가 열리면 순간 릴레이 X가 복구하고 유지 접점 $X_{(1)}$이 열려서 유지가 해제된다.

　　《전원 R - $X_{(1)}$ - T_b(열림) - X(복구) - 전원 T》

⑦ 동시에 접점 $X_{(2)}$가 열려서 출력 램프 L이 소등된다.

⑧ 유지 접점 $X_{(1)}$이 열리면 타이머 T가 복구하고 지연 동작 순시 복구 접점 T_b가 닫힌다.

⑨ 그림(c)는 타이머 T를 릴레이 X에 병렬로 접속한 것으로 복구할 때에 문제가 있다. 즉

　1 동작 t초 후 접점 T_b가 동작(열림)하면 릴레이 X와 타이머 T가 동시에 복구한다.

　2 이때 접점 $X_{(1)}$의 복구(열림)와 접점 T_b의 복구(닫힘)가 동시에 이루어진다.

　3 여기서 접점 $X_{(1)}$의 복구(열림)가 빠르면 그림(b)와 같이 문제가 없으나

　4 접점 T_b의 복구(닫힘)가 접점 $X_{(1)}$의 복구(열림)보다 빠를 때는 릴레이 X가 재 동작한다.

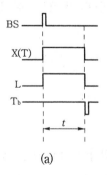
(a)

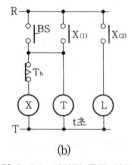
(b)

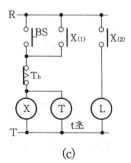
(c)

그림 2-61 단안정 동작 회로

5 즉 접점 X(1)이 열리기 전에 접점 Tb가 닫혀서 릴레이 X에 전기가 공급되어 X가 다시 동작하게 된다. 따라서

6 회로 접속을 그림(b)와 같이 하여 접점 X(1)이 열린 후 타이머 T가 복구하여 접점 Tb가 복구하도록 하여야 회로의 동작이 안전하다.

그림 2-62는 PLC 회로인데 PLC용 타이머 Tmon을 사용한 회로(그림 b)와 시한 동작 타이머(Ton)를 이용한 회로(그림 c)(그림 2-61 참조)가 있다.

① 그림 (b)에서 H입력형 기동 입력 P000(BS)을 누르는 순간 단안정 타이머(Tmon) T000(T)이 동작하여 설정 시간 7초 동안 유지하고 자동 복구한다. 따라서 T000으로 출력 P010(램프 L)이 점등하고 7초 후에 소등한다.

② 그림(c)는 그림 2-61 (b)의 시한 동작 타이머 회로를 이용한 것이다.

  1 입력 BS(P000)를 주면 내부 출력 M000(X)이 동작하고 M000(X(1))으로 유지하며

  2 M000(X(3))으로 타이머 T000(T)이 동작되며 동시에

  3 M000(X(2))으로 출력 P010(L)이 동작한다.

  4 설정 시간 7초 후에 타이머 접점 T000(Tb)이 열리면 내부 출력 M000(X)이 복구하며, M000으로 T000과 P010이 모두 복구한다.

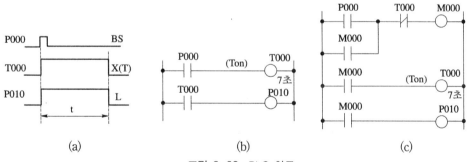

(a)   (b)   (c)

그림 2-62 PLC 회로

차 례	명 령 어	번 지
0	LOAD	P000
1	TMR *4번	T000
2	⟨DATA⟩	00070
4	LOAD	T000
5	OUT	P010

차 례	명 령 어	번 지	차 례	명 령 어	번 지
0	LOAD	P000	4	LOAD	M000
1	OR	M000	5	TMR	T000
2	AND NOT	T000	6	⟨DATA⟩	00070
3	OUT	M000	8	LOAD	M000
—	—	—	9	OUT	P010

⑤ 래더 회로에서 프로그램하면 각각 표와 같다. 여기서 Tmon용 타이머의 명령어는
TMR TMR TMR TMR(4번)이다.

③ 그림 2-61 (b) 및 그림 2-62 (c)에서 양논리 회로를 그리면 그림 2-63과 같다.

　①1 BS를 기동 입력으로, 시한 동작 타이머의 b접점 T_b를 정지 입력으로 하여 유지 회로
　(X)를 그린다.

　②2 유지 회로 출력으로 출력 램프 L을 점등시키고 또 시한 동작 타이머 T를 여자시킨다.
　여기서는 유지 회로 OR 출력점에 타이머를 접속한 예이다.

④ 그림 2-63(b)에서 BS는 열려있고 램프 L은 소등 상태이다.

　①1 점Ⓐ : 입력 BS는 열려있고 200 [Ω]을 통하여 접지 상태 L레벨이다.

　②2 점Ⓑ : 정지 상태에서 점Ⓐ, Ⓒ가 L레벨이므로 OR 출력 점Ⓑ는 L레벨이 된다.

　③3 점Ⓒ : 정지 상태에서 출력이 없으므로 AND 출력 점Ⓒ는 L레벨이 된다.

　④4 점Ⓒ가 L레벨이므로 Tr, X_2가 동작할 수 없고 램프 L이 소등 상태이다.

　⑤5 점Ⓓ : 정지 상태 즉 점Ⓑ가 L레벨이므로 점Ⓓ는 L레벨이다.

　⑥6 점Ⓔ : 점Ⓓ의 L레벨이 NOT 회로를 통하므로 점Ⓔ는 전압 상태 H레벨이다.

⑤ 그림 (b)에서 기동 입력 BS를 눌렀다 놓으면 램프 L이 t초 동안만 점등한다.

　①1 점Ⓐ : 입력 BS를 누르면 V_c를 통하여 H레벨이 되고 이후 BS를 놓으면 L레벨로 된다.

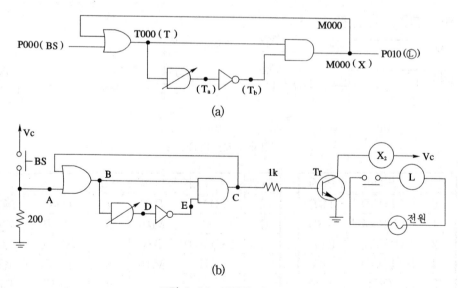

(a)

(b)

그림 2-63　단안정 회로

② 점Ⓑ : 점Ⓐ가 H레벨이면 OR 회로 점Ⓑ는 H레벨이 된다. 이후 출력 점Ⓒ의 H레벨로 점Ⓑ는 H레벨이 유지된다.

③ 점Ⓒ : AND 입력 점Ⓑ와 Ⓔ가 모두 H레벨이므로 점Ⓒ는 H레벨 즉 동작 상태가 된다.

④ 점Ⓒ가 H레벨이면 Tr이 동작하여 릴레이 X_2가 동작되고 그 접점으로 출력 L이 점등한다.

⑤ 점Ⓓ, 점Ⓔ : OR 출력 점Ⓑ가 H레벨이므로 타이머 T가 여자되어 있지만 t초 후에 동작하므로 지금의 점Ⓓ(T_a)는 L레벨이 유지되고 Ⓔ점 T_b도 H레벨이 유지된다.

⑥ 점Ⓓ : 설정 시간 t초 후 Ton 타이머가 동작하므로 점Ⓓ는 H레벨이 된다.

⑦ 점Ⓔ : 점Ⓓ의 H레벨이 NOT 회로를 통하므로 점Ⓔ는 L레벨이 된다.

⑧ 점Ⓒ : 점Ⓔ의 L레벨로 AND 회로가 복구되어 점Ⓒ는 L레벨이 된다. 즉 점Ⓒ가 L레벨이 되면 Tr, X_2가 복구하여 램프 L이 소등되며 또 점Ⓑ가 L레벨이 되어 타이머 (T)가 복구된다.

로직 회로는 단안정 소자 SN-74123, 혹은 NE-555를 사용하면 된다.

그림 2-64는 SN-74123을 이용한 예이다.

L입력형 BS를 주면 SMV가 set하여 출력 램프 L이 점등하고 설정 시간 t초가 지나면 SMV가 reset하여 출력 램프 L이 소등한다.

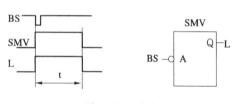

그림 2-64 단안정 회로

● 예제 2-20 ●

그림(a)의 타임 차트와 같은 단안정 특성을 얻기 위하여 그림과 같이 구성하였다. 그림의 ①~⑫에 각각 알맞은 그림 기호, 문자 기호, 번지, 명령어를 넣고 답란에 SMV-74123의 간단한 기호를 그리시오. 단 타이머(T600)의 명령어는 TIM이다.

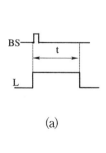

(a)

차례	명령어	번지
0	STR	④
1	⑧	⑤
2	⑨	600
3	OUT	170
4	⑩	⑦
5	⑪	⑫
6	—	7

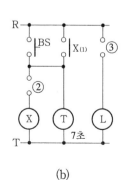

(b)

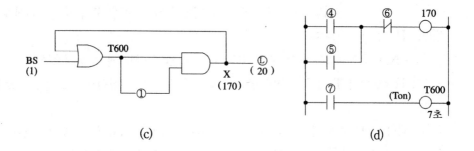

(c)   (d)

【풀이】

이 기종의 타이머 번지는 600번부터이고 명령어는 TIM, 접점 표시는 T600으로 한다.

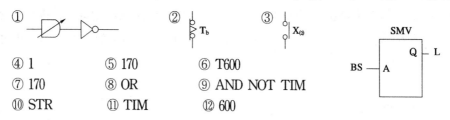

④ 1   ⑤ 170   ⑥ T600
⑦ 170   ⑧ OR   ⑨ AND NOT TIM
⑩ STR   ⑪ TIM   ⑫ 600

● 예제 2-21 ●

그림(a)는 단안정 SMV 회로 2개를 사용한 교대 제어 회로의 일부이다.

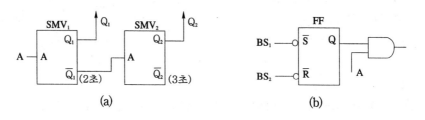

(a)   (b)

(1) 입력 A가 답란의 그림과 같이 주어질 때 Q_1, Q_2의 타임 차트를 점선내에 완성하시오.

(2) BS_1(A), BS_2를 추가하여 릴레이 회로를 그리시오. 단 릴레이 접점으로 출력 Q_1, Q_2를 얻는다. 여기서 타이머의 시한 접점은 독립 단자로 한다.

(3) 동작 사항을 2줄 이내로 쓰시오.

(4) 그림(b)와 같이 유지용 FF와 AND 회로를 추가하여 Q_1, Q_2의 교대 동작 회로를 그리고 타임 차트를 완성하시오.

(5) 위 (4)번에서 Q_2 출력을 램프 L로 할 때 L이 점멸을 반복하는 릴레이 회로를 그리시오.

【풀이】

(1) (2)

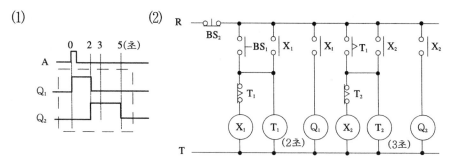

(3) BS₁(A)을 주면 출력 Q₁이 2초간 생기고 복구하며 Q₂가 3초간 생기고 복구한다(5번 참조).

(4) 유지 회로에서 계속 전원을 공급한다. AND회로 A를 통하여 SMV₁이 셋되어 Q₁ 출력이 생기고 2초 후에 SMV₁이 리셋하면 없어진다. 이때 $\overline{Q_1}$ 출력으로 SMV₂가 셋되어 Q₂ 출력이 생기고 3초 후에 SMV₂가 리셋되면 없어진다. 이때 $\overline{Q_2}$ 출력으로 AND 회로가 동작하여 SMV₁이 다시 셋함을 반복한다.

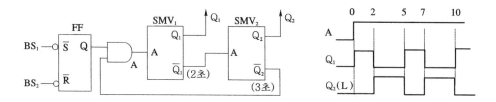

(5) 그림 (a),(b)는 같은 기능이고 BS₁(A)을 주면 X₁, T₁이 동작하여 출력 Q₁이 2초간 생기고 T₁접점으로 X₁, T₁이 복구하며 X₂, T₂가 동작하여 Q₂가 3초간 생기며 T₂접점으로 X₂, T₂가 복구한다. 또 T₂의 a접점으로 X₁, T₁이 재 동작하여 출력 Q₁이 2초간 생김을 반복한다.

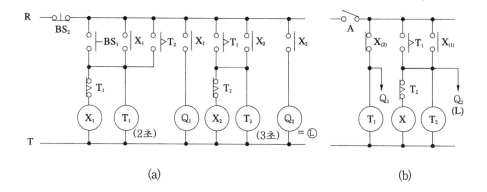

(a) (b)

●예제 2-22●

그림의 뒤진 회로의 L입력형 타임 차트와 미완성 논리 회로를 보고 물음에 답하시오.

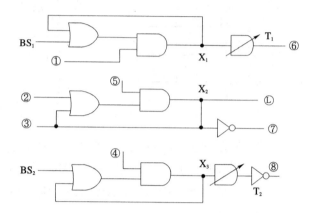

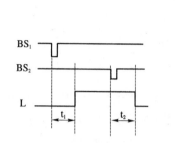

(1) 논리 회로를 예와 같이 번호를 연결하여 완성하시오(예 ①-⑧).

(2) 릴레이 회로를 그리시오. 단, 접점 수는 X₁(1a), X₂(2a, 1b), X₃(1a), T₁(지연 1a), T₂(지연 1b)이고 출력 L이며 기타는 무시한다.

(3) $\overline{R}\,\overline{S}$-latch 1개, L입력형 단안정 소자 SMV 2개(RC 회로 포함), 미분 회로 2개를 사용하여 로직 회로를 그리시오. 단, 입출력 회로는 생략하고 입력 BS₁, BS₂, 출력 L로 표기한다.

【풀이】

(1) ①-⑦, ②-⑥, ③-④, ⑤-⑧

(2) BS₁을 주면 X₁과 지연 동작형 T₁이 동작하여 t₁초 후에 T₁ 접점으로 X₂가 동작하고 L이 점등하며 X₂의 b접점으로 X₁과 T₁이 복구한다.

BS₂를 주면 X₃과 지연 동작형 T₂가 동작하여 t₂초 후에 T₂ 접점으로 X₂가 복구하고 L이 소등하며 X₂ a접점으로 X₃과 T₂가 복구한다.

(3) BS₁을 주면 SMV₁이 셋하고 t₁초 후에 리셋하면 FF가 셋하여 L이 점등한다.

BS₂를 주면 SMV₂가 셋하고 t₂초 후에 리셋하면 FF가 리셋하여 L이 소등한다.

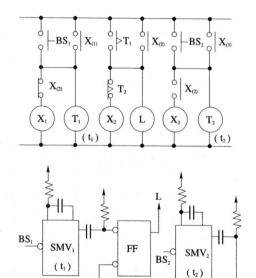

● 연습문제 2-23

그림은 카운터 회로의 일부이다. 펄스 C의 몇 개째에 램프가 점등하는가 ? 단 SMV는 단안정 IC 소자이다.

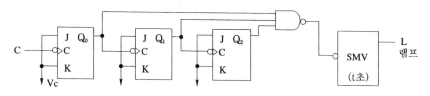

● 연습문제 2-24

다음 회로들의 타임 차트를 각각 완성하시오. 여기서 FF는 $\overline{R}\,\overline{S}$ − latch, SMV는 단안정 IC 소자, 555는 타이머용 IC 소자이다.

(1)

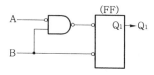
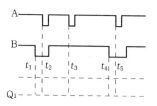

(2)

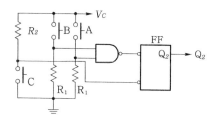
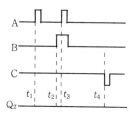

(3)

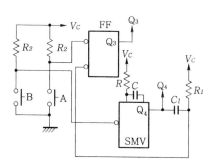
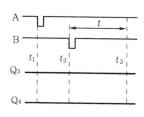

(4)

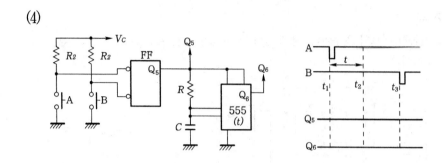

연습문제 해답

【2-1】

자기 유지 회로이다.(a)

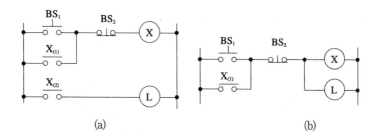

(a)   (b)

【2-2】

자기 유지 회로이고 a접점이 하나이므로 램프 Ⓛ은 릴레이 Ⓧ에 병렬로 한다.(b)

【2-3】

(1) 기동 우선 유지 회로이고 릴레이 X_1의 a접점이 2개이므로 램프 Ⓛ을 $X_{1(2)}$로 분리한다.

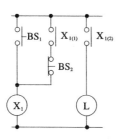

차 례	명 령	번 지
0	STR NOT	2
1	AND	170
2	OR	1
3	OUT	170
4	STR	170
5	OUT	20

(2) BS_2부터 프로그램하면 1스텝 줄어든다. X_1은 BS_2와 $X_{1(1)}$ 직렬에 BS_1 병렬이다.

(3) B점이 $\overline{B}$가 아니므로 D=A+BD 즉 B, D 직렬에 A병렬이다.

(4) A점만 L레벨이고 B,C,D점은 H레벨이다. (램프 점등 중 LHHH 레벨)

(5) B점만 H레벨이고 A,C,D점은 L레벨이다. (램프 소등 중 LHLL 레벨)

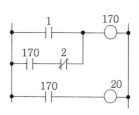

【2-4】

유지 회로이다.

【2-5】

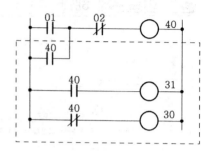

(1) 정지 상태에서 A, B점은 저항을 통하여 Vc가 접
속되어 H레벨이 된다. FF의 reset 상태에서 C점
의 출력 Q는 L레벨이고 NOT 회로를 통한 D점은
H레벨이 되어 LED 소등 상태이다.(C)

(2) BS₁을 누르고 있으면 A점이 접지를 통하여 L레
벨이 되어 FF가 set되고 출력 Q가 생긴다. 따라
서 C점은 H레벨, D점은 L레벨이 되어 LED가 점
등된다. B점은 H레벨 유지.(BC)

(3) BS₁을 눌렀다 놓으면 A점은 H레벨이 되고 그 외
는 (2)번과 같다.(ABC)

(4) BS₂를 누르고 있으면 B점이 접지를 통하여 L레벨이 되어 FF가 reset되고 출력 Q가 없어진다. 따라서 C
점은 L레벨, D점은 H레벨이 되어 LED가 소등된다. A점은 H레벨 유지.(BC)

(5) BS₂를 눌렀다 놓으면 B점은 H레벨이 되고 그외는 (1)번, (4)번과 같다.(C)

【2-6】

기동 입력 BS₁과 BS₂는 병렬이고 정지 입력 BS₃과 BS₄는 직렬이다.

(1)

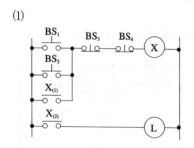

(2)

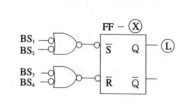

(3)

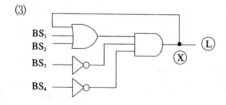

(4) 03 OR Y, Ⓧ
    04 ANDN X, BS₃
    05 ANDN X, BS₄
    06 OUT Y, Ⓧ
    07 STR Y, Ⓧ
    08 OUT X, Ⓛ

【2-7】

(1) 녹색   (2) 적색, 녹색   (3) 녹색, 적색

【2-8】

AND 회로의 입력이 Q_2, Q_1, Q_0 – H, L, H – 1, 0, 1 (숫자 5)에서 출력 X가 H레벨(동작)이 되므로 펄스
수는 5가 된다. 〈000, 001, 010, 011, 100, 101, 110, 111, 1000 참고〉

【2-9】

NAND 회로의 입력이 Q_2, Q_1, Q_0 – H, L, L – 1, 0, 0 (숫자 4)에서 출력 X가 L레벨이 되어 FF가 set되고 램프가 켜진다. 〈000, 001, 010, 011, 100, 101, 110, 111, 1000 참고〉

【2-10】

(1) C의 하강연에서 J에 동기되면 set되고 K에 동기되면 reset되며 J와 K에 동시에 동기되면 상태 반전이 생긴다.

(2) C의 하강연에서 S에 동기되면 set되고 R에 동기되면 reset된다.

(3) T입력이 있을 때 C의 하강연마다 T에 동기되어 상태 반전이 반복된다.

(4) C의 하강연에서 D에 동기되면 set되고 시간 늦음이 생긴 상태로 D입력을 Q출력으로 그대로 나타낸다.

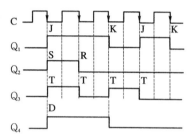

【2-11】

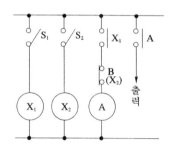

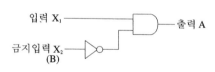

【2-12】

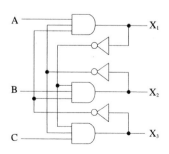

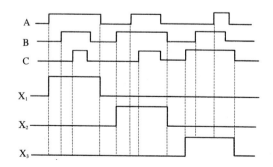

【2-13】

인터록 회로이다.

(1)

(2)

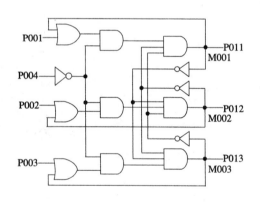

(3)

(4)

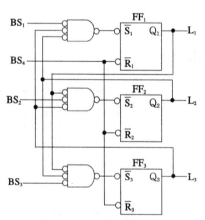

차례	명 령	번지	차례	명 령	번지	차례	명 령	번지
0	LOAD	P001	7	LOAD	P002	14	LOAD	P003
1	OR	M001	8	OR	M002	15	OR	M003
2	AND NOT	M002	9	AND NOT	M001	16	AND NOT	M001
3	AND NOT	M003	10	AND NOT	M003	17	AND NOT	M002
4	AND NOT	P004	11	AND NOT	P004	18	AND NOT	P004
5	OUT	M001	12	OUT	M002	19	OUT	M003
6	OUT	P011	13	OUT	P012	20	OUT	P013

【2-14】

(1) 순차 제어 회로이다.　　(A) M001,　　　(B) M002

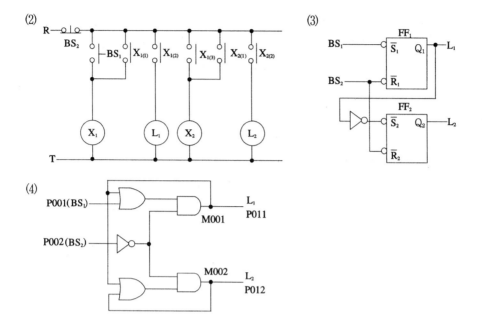

【2-15】

$L_1-L_2-L_3$의 차례로 동작하는 순차 동작 회로이다.

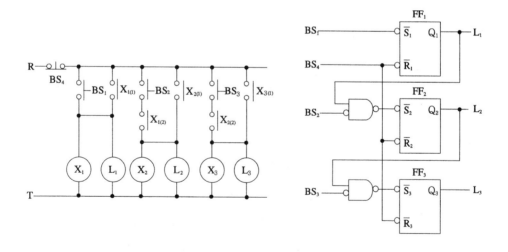

【2-16】

그림은 L_1과 L_2 회로는 인터록 회로이고 L_1과 L_3 회로는 우선 회로이다.

(1) ──o͡o── $X_{2(3)}$ (인터록)   (2) 기동   (3) $X_{1(1)}$, $X_{2(1)}$, $X_{3(1)}$ (4) 인터록

(5) B ⎯⊐D⎰o⎯ C ⊐D⎰o⎯   (6) D, $X_{1(3)}$, A, B   (7) 정지 상태에서 HLLH레벨

(8) BS_1을 누르고 있으면 HHHL   (9) BS_1을 눌렀다 놓으면 HLLH

(10) BS_1을 먼저 눌렀다 놓으면 L_1이 점등한다. 그 후 BS_2를 눌렀다 놓아도 인터록 $X_{1(3)}$ 때문에 L_2는 점등하지 않는다. 그 후 BS_3을 눌렀다 놓으면 우선 요소 $X_{1(3)}$이 닫혀서 L_3이 점등한다(L_1, L_3).

(11) L_2가 점등 중이면 ① L레벨, BS_1을 누르고 있으면 ②-H레벨이고 AND 회로 ③-L레벨, NOT를 통하여 ④-H레벨이 된다(LHLH).

(12)

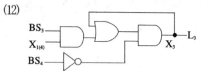

【2-17】

(1)

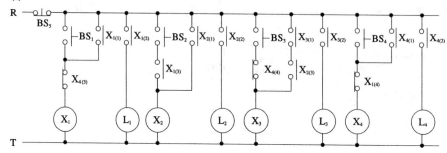

(2) 차례로 AND NOT M004, LOAD M002, AND, P005, M003, LOAD, OUT

(3) BS_3만 누르면 L_3이 점등하고 BS_3을 놓으면 L_3이 소등한다. 즉 유지 회로 접점 $X_{2(3)}$이 열려있어서 유지가 되지 않는다. 이 회로는 $L_1-L_2-L_3$ 순서로 동작하고 L_4는 동작할 수 없다(인터록 회로). 또 L_4가 동작하면 ($L_1-L_2-L_3$)는 동작할 수 없다.

【2-18】

유지 회로이다.

(1) ① L_1 ② L_2 ③ L_2 ④ L_1

(2) ⑤ L_1 ⑥ L_3 ⑦ L_2 ⑧ L_4 ⑨ L_1 ⑩ L_3 ⑪ L_2 ⑫ L_4

(3) ⑬ L_3 ⑭ L_1 ⑮ L_2 ⑯ L_3

【2-19】

신입신호 우선회로이고 유지접점에 직렬로 상대 쪽의 b접점을 접속한다.

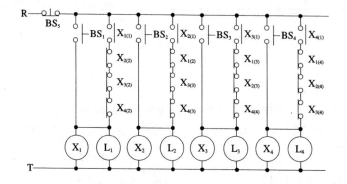

【2-20】

(1) L_1과 L_2는 인터록 회로이고, L_2와 L_3은 신입 신호 우선 회로이다.

(2) L입력형이므로 V_c가 NOT 회로를 통한 ①과 ②는 L레벨, OR 회로 ③은 L레벨, ④는 H레벨이 된다.

(3) BS_2를 누르고 있으면 L레벨이므로 ①은 H레벨, ②는 L레벨, ③은 H레벨, ④는 L레벨이 된다.

(4) BS_4를 누르고 있으면 L레벨이므로 ②는 H레벨, ①은 L레벨, ③은 H레벨, ④는 L레벨이 된다.

(5) BS_2를 주면 L_2가 점등한다. 이어 BS_3을 주면 L_3이 점등하고 L_2가 소등한다. 이어 BS_1을 주면 L_1이 점등한다. 즉 L_1, L_3이 점등한다.

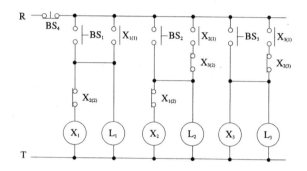

【2-21】

(1) BS_1을 주면 SMV가 셋하고 L_1이 점등하고 T=0.7CR=0.7×30=21(초)후에 SMV가 리셋하면 L_1이 소등하며 동시에 FF가 셋하여 L_2가 점등한다. BS_2를 주면 FF가 리셋하여 L_2가 소등한다.

(2) CR은 미분 회로이고 평시 H레벨로 FF의 셋을 금지시키고 SMV 리셋 순간 FF를 셋시키는 FF의 동작 안정화 회로이다.

(3) ⑦는 유지 기능 171, ④는 타이머로 기동하므로 T600, ④는 t초 후에 정지하는 기능이므로 타이머 접점 T600, ④는 타이머를 여자하므로 171이 되고 ⑭는 0.7×30=21(초)이다.

(4) 차례로 OR, 171, 600, OUT, STR, 171, 21, 600, AND NOT, OUT

(5) ① 유지 기능(171, ─○ ○─X_1) ② 타이머로 기동하므로 타이머 T600 ─○△○─T

　　③ t초 후에 정지하는 기능이므로 타이머 T600 ─○△○─T

　　④ 정지 기능이고 번지가 2이므로 BS_2 ─○ ○─이다.

【2-22】

예제 2-18과 같은 회로이다.

(1) 전원을 넣으면(L_3) 램프가 점등한다.

(2) BS_1을 누르면 FF가 셋하여(L_1) 램프가 점등하고 L_3이 소등하며 약 2.5초 후에 555가 셋하여(L_2) 램프가 점등한다.

(3) BS_2를 누르면 FF가 리셋하여(L_1) 램프와(L_2) 램프가 소등하고(L_3) 램프가 점등한다.

【2-23】

NAND 회로의 입력이 $Q_2Q_1Q_0$─HHH─111 즉 숫자 7일 때 출력이 L레벨이 되어 SMV가 셋되고 램프가 t초 동안 울린다 (2진수 111은 10진수 7에 해당된다).

【2-24】

(1) A—L, B—H인 t_3점에서 FF가 셋되어 Q_1이 생기고, B—L인 t_4점에서 리셋되어 Q_1이 없어진다.

(2) A—H, B—H인 t_3점에서 FF가 셋되어 Q_2가 생기고, C—L인 t_4점에서 리셋되어 Q_2가 없어진다.

(3) A—L인 t_1점에서 FF가 셋되어 Q_3이 생기고, B—L인 t_2점에서 SMV가 셋되어 Q_4가 생기며, t초 후인 t_3 초에 SMV가 리셋되면 Q_4가 없어지고 또 FF도 리셋되므로 Q_3이 없어진다.

(4) A—L인 t_1점에서 FF가 셋되고 Q_5가 생기며 555가 셋되어 Q_6이 생긴다. t초 후인 t_2초에 555가 리셋되면 Q_6이 없어지고 또 B—L인 t_3점에서 FF가 리셋되므로 Q_5가 없어진다.

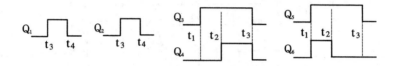

제 **3** 편

전동기 제어와 응용 회로

1. 전동기 제어 일반
2. 전동기 기동과 속도 제어
3. 전동기 응용 회로
4. 기타 제어 회로

제 1 장

전동기 제어 일반

1. 전전압 기동 제어 회로

전동기의 전 전압 기동 운전 회로는 전동기에 정격 전압을 가하여 기동하는 회로이고 직입 기동이라고도 하며 소형 유도 전동기에 사용되는 기동 방법이다.

그림 3-1은 단상 콘덴서 전동기 및 3상 전동기의 주회로를 보인 것이다. 어느 것이나 시퀀스 회로의 출력 MC가 동작하여 그 주접점 MC가 닫히면 전동기는 전기를 받아 기동 운전되고 또 주접점 MC가 열리면 전동기는 전기가 끊어져 정지한다.

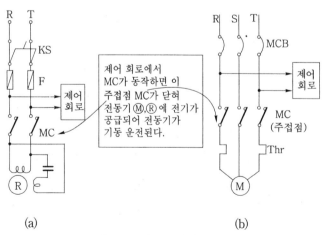

그림 3-1 전동기 운전의 주회로

① 시퀀스 제어에서 전동기, 전열기, 벨브 등을 직접 연결하여 운전시키는 회로를 주회로 또는 구동 회로라고 하며

② 주회로를 운전 제어하는 기구로는 대부분 전자 개폐기(MC)를 사용한다. 따라서 시퀀스 제어 회로의 주된 출력 기구는 MC가 되고 이 MC는 유지 회로로 동작 복구된다.

③ 시퀀스 제어 회로의 전원은 3상인 경우 R선을 전압선으로, T선을 접지선으로 이용한다. 그림(a)에서

④ 스위치 KS를 닫은 후 제어 회로가 동작하여 출력 MC가 동작하면 그 주접점 MC가 닫혀 전동기 R에 전기가 공급되어 전동기가 기동·운전된다.

⑤ 제어 회로의 출력 MC가 복구하면 그 주접점 MC가 열려 전동기 R은 전기가 끊어져 정지한다. 그림(b)에서

⑥ MCB를 닫은 후 제어 회로가 동작하여 MC가 동작하면 그 주접점 MC가 닫혀 전동기 M에 전기가 공급되어 전동기가 기동 운전된다.

⑦ 제어 회로의 출력 MC가 복구하면 그 주접점 MC가 열려 전동기 M은 전기가 끊어져 정지한다.

전동기 운전의 기본 논리 조건은 유지 회로와 경보 회로로 구성된다.

그림 3-2(a)의 타임 차트와 같이 유지 회로를 기본 회로로 하여 MC가 동작 유지하고 그 주접점으로 주회로의 전동기가 운전된다. 그림 3-3의 (a)와 (c)를 참고하면

① 정지시 : MCB를 투입하면 정지 표시 램프 GL이 점등된다.

② 기동 운전 : 기동 입력(BS₁)을 주면 출력 MC가 동작 유지하여 전동기 M이 기동 운전된다.

③ 표시 램프 : 정지 표시 램프 GL은 소등되고 운전 표시 램프 RL이 점등된다.

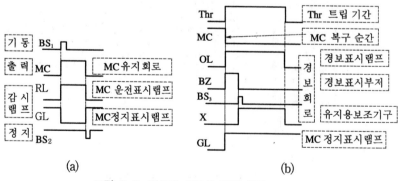

$$\qquad\text{(a)}\qquad\qquad\qquad\qquad\qquad\text{(b)}$$

그림 3-2 전동기 운전의 타임 차트

④ 정지 : 정지 입력(BS$_2$)을 주면 출력 MC가 복구하여 전동기 M이 정지한다. 동시에 정지 표시 램프 GL은 점등되고 운전 표시 램프 RL은 소등된다.

그림 3-2(b)의 경보 회로의 타임 차트는 운전중 과전류 등의 고장 전류가 흐르면 Thr이 트립되어 MC가 복구하여 전동기가 정지되며 경보 회로가 작동된다. 그림 3-3(b)와 (c)를 참고하면

⑤ Thr이 트립되면 그 b접점으로 제어 회로의 전원을 끊어 MC와 전동기를 복구시킨다. 이때 정지 표시 램프 GL이 점등된다. 또 a접점으로 경보 표시 램프 OL이 점등하고 경보용 부저 BZ가 울린다.

⑥ 버튼 스위치(BS$_3$)를 누르면 보조 기구(X)가 동작 유지하고 그 b접점으로 부저가 정지한다.

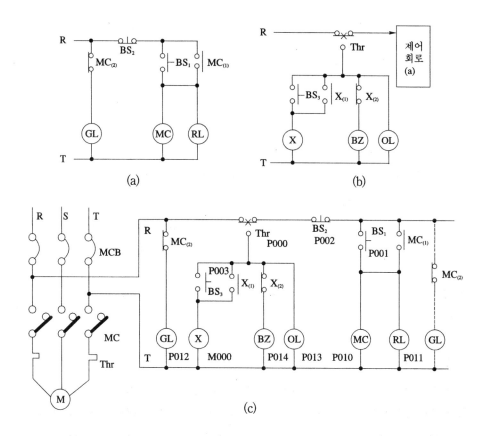

(a)

(b)

(c)

그림 3-3 릴레이 회로

⑦ 고장이 회복되어 Thr이 자동 복귀하거나 수동 복귀시키면 a접점으로 보조 기구(X)가 복구하며 경보 표시 램프 OL이 소등된다. 동시에 b접점으로 제어 회로에 전원 공급을 준비한다. 여기서 정지 표시 램프 GL은 계속 점등되어 있다.

그림 3-3은 3상 유도 전동기의 전 전압 기동 운전 회로의 예이다.

① 그림(a), (c)에서 기동 입력 BS_1을 주면 출력 기구 MC가 동작하고 MC의 a접점 $MC_{(1)}$이 닫혀 유지 회로를 구성함과 동시에 동작 표시 램프 RL이 점등하고 b접점 $MC_{(2)}$가 열려 정지표시 램프 GL이 소등하며 주회로에서 주접점 MC가 닫혀 전동기 M이 기동 운전된다.
   MC 동작 〈 전원 R − MCB − Thr − BS_2 − BS_1 닫힘 − MC 동작 − MCB − 전원 T 〉

② 정지 입력 BS_2를 주면 출력 기구 MC가 복구하여 $MC_{(1)}$이 열려 유지 회로를 해제함과 동시에 동작 표시 램프 RL이 소등하고 b접점 $MC_{(2)}$가 닫혀 정지 표시 램프 GL이 점등하며 주회로에서 주접점 MC가 열려 전동기 M이 정지한다.

③ 그림(b), (c)에서 Thr이 트립(trip)되면 b접점은 열려서 제어 회로의 전원을 차단하여 제어 회로를 복구시켜 출력 기구 MC와 전동기 M을 복구시킨다. 동시에 a접점은 닫혀서 경보 회로에 전원을 공급하여 경보 표시용 램프 OL이 점등하고 부저 BZ가 작동한다. 여기서 MC의 복구로 정지 표시 램프 GL이 점등된다

④ 기동 입력 BS_3을 주면 유지용 보조 기구 Ⓧ가 동작하고 $X_{(1)}$이 닫혀서 Ⓧ를 자기 유지하고 b접점 $X_{(2)}$가 열려서 부저 BZ를 복구시킨다.
   X 동작 〈 전원 R − MCB − Thr 닫힘 − BS_3 닫힘 − X 동작 − MCB − 전원 T 〉

⑤ 고장이 회복되어 Thr이 자동 복귀하거나 수동 복귀시키면(b접점으로 닫힌다) 경보 회로의 전원이 차단되므로 보조 기구 Ⓧ가 복구하며 경보 표시 램프 OL이 소등되고 동시에 제어 회로에 전원 공급을 준비한다. 여기서 정지 표시 램프 GL은 계속 점등된다.

⑥ 정리하면 그림 3-3(c)와 같다. 여기서 정지 입력 BS_2는 전원 공급선(R선)에 넣어 Thr과 직렬로 하여 비상 정지용을 겸하게 하고, 또 GL은 점선의 곳으로 옮겨도 운전에 지장이 없다.

그림 3-4는 PLC 시퀀스의 예이다.

① 그림(a)는 8 bit용 입출력 회로의 접속 예로서 PLC 본체의 입력 카드 단자대의 ①번에 Thr(P000), ②번에 BS_1(P001), ③번에 BS_2(P002), ④번에 BS_3(P003)을 접속하고, 또 출력 카드 단자대의 ①번에 MC(P010), ②번에 RL(P011), ③번에 GL(P012), ④번에 OL(P013), ⑤번에 BZ(P014)를 접속한 예이다.

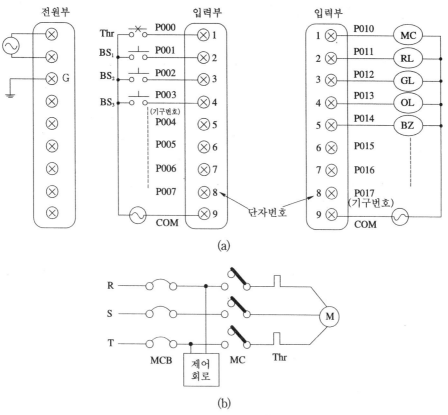

step	명 령	번 지
0	LOAD	P001
1	OR	P010
2	AND NOT	P002
3	AND NOT	P000
4	OUT	P010
5	OUT	P011
6	LOAD NOT	P010
7	OUT	P012
8	LOAD	P000
9	OUT	P013
10	AND NOT	M000
11	OUT	P014
12	LOAD	P003
13	OR	M000
14	AND	P000
15	OUT	M000

(c)

그림 3-4 PLC 회로와 단자 접속

② 그림(b)는 주회로이고 P010이 동작하면 출력 MC가 동작하여 주접점 MC가 닫혀 전동기 M이 기동 운전된다.

③ 그림(c)는 래더도와 프로그램이다. M000은 내부 출력(보조 기구 X)이고 Thr(P000)은 분리 코딩하였다.

④ 입력 P001(BS$_1$)을 주면 출력 P010(MC)이 동작하고 램프 P011(RL)이 점등하며 P010(a접점 MC$_{(1)}$) 번지로 유지 회로를 구성함과 동시에 P010(b접점 MC$_{(2)}$)으로 램프 P012 (GL)가 소등하고 주회로에서 MC의 주접점 MC가 닫혀 전동기 M이 기동 운전된다.

⑤ 입력 P002(BS$_2$)를 주면 출력 P010(MC)이 복구하고 램프 P011(RL)이 소등하며 P010(a접점 MC$_{(1)}$)로 유지 회로를 해제함과 동시에 P010(b접점 MC$_{(2)}$)으로 램프 P012(GL)가 점등하고 주회로에서 MC의 주접점 MC가 열려 전동기 M이 정지한다.

⑥ 경보 회로에서 P000(Thr)이 트립(trip, 동작)되면 P000(Thr b접점) 번지로 출력 P010이 복구하여 출력 MC가 복구되고 전동기 M이 정지된다. 동시에 P011(RL)이 소등되고 P012(GL)가 점등되며 P000(Thr a접점) 번지로 램프 P013(OL)이 점등하고 부저 P014(BZ)가 동작한다.

⑦ 입력 P003(BS$_3$)을 주면 내부 출력 M000(Ⓧ)이 동작하고 M000(a접점 X$_{(1)}$)으로 M000(Ⓧ)을 유지하고 M000(b접점 X$_{(2)}$)으로 부저 P014(BZ)를 복구시킨다.

⑧ 고장이 회복되어 P000(Thr)이 자동 복귀하거나 수동 복귀시키면 M000(Ⓧ)이 복구하고 램프 P013(OL)이 소등된다. 현재 P012 즉 GL이 점등 중에 있다.

그림 3-5는 로직 시퀀스의 예이다.

그림(a)의 양논리 회로는 그림 3-4의 PLC 래더도에서 그린다.

① 기동 H입력(BS$_1$)을 주면 유지 회로가 동작(H레벨) 유지하여 출력 MC가 동작하고 램프 RL이 점등하며 GL이 소등한다. 동시에 주회로에서 MC의 주접점 MC가 닫혀 전동기 M이 기동 운전된다.

② 정지 H입력(BS$_2$, 혹은 Thr)을 주면 NOT 회로를 통하여 유지 회로가 복구(L레벨)하므로 출력 MC가 복구하고 램프 RL이 소등하며 GL이 점등한다. 동시에 주회로에서 MC의 주접점 MC가 열려 전동기 M이 정지한다.

③ Thr이 트립되면(H입력 상태) 유지 회로가 복구(L레벨)하므로 MC 회로가 복구하고, 동시에 OL이 점등하고 BZ가 동작한다. 또 정지 표시 램프 GL이 점등된다. 여기서 경보 표시 램프 OL은 Thr로 점등하고, 또 소등하므로 1입력 AND회로로 출력하며 경보 기구 BZ는 Thr로 점등하고 유지 회로(보조 기구 X)로 소등하므로 2입력 AND 회로로 출력한다.

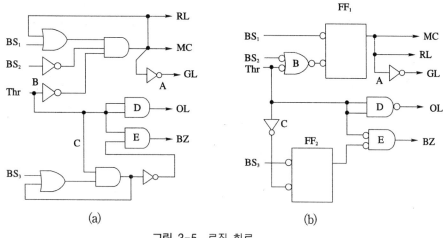

그림 3-5 로직 회로

④ BS_3을 주면 유지 회로(X)가 동작 유지하고 NOT를 통한 L출력으로 BZ를 정지시키며 Thr 복귀로 복구한다.

그림(b)의 로직 회로는 FF ($\overline{R}\,\overline{S}$-latch) 2개를 사용한 것이다.

⑤ 기동 L입력(BS_1)을 주면 FF_1이 셋하여 출력 MC가 동작하고 주접점 MC로 전동기가 기동 운전된다. 동시에 RL이 점등하고 NOT 회로를 통하여 GL이 소등된다.

⑥ 정지 신호는 BS_2와 Thr의 2개로서 둘 중 하나만 주어도(OR기능)되고 L입력으로 FF_1이 리셋되면 출력 MC가 복구하고 RL이 소등하며 NOT 회로로 GL이 점등한다. 또한 주접점 MC가 열려 전동기 M이 정지한다.

⑦ Thr이 트립되면 OR 기능 회로를 통하여 FF_1이 리셋되어 MC 회로가 복구한다. 동시에 OL이 점등하고 BZ가 동작하며 GL이 점등한다. 여기서 OL은 Thr로 점등하고, 또 소등하므로 1입력 NAND 회로로 출력하며 BZ는 Thr로 동작하고, 유지 회로(FF_2)로 복구하므로 2입력 AND 회로로 출력한다. (∵ 로직 회로는 L입력형이므로 NOT 회로를 첨가해야 한다.)

⑧ BS_3을 주면 FF_2가 셋하고 NOT 출력으로 BZ를 정지시키며 FF_2는 Thr 복귀로 리셋된다.

⑨ 간추리면 다음과 같다.

$BS_1\uparrow$ - $FF_1\uparrow$ - $MC_1\uparrow$, $RL\uparrow$, $A\uparrow$ - $GL\downarrow$

$BS_2\uparrow$ - $B\uparrow$ - $FF_1\downarrow$ - $MC_1\downarrow$, $RL\downarrow$, $A\downarrow$ - $GL\uparrow$

$$\text{Thr}\uparrow \begin{bmatrix} \text{B}\uparrow - \text{FF}_1\downarrow - \text{MC}_1\downarrow, \ \text{RL}\downarrow, \ \text{A}\downarrow - \text{GL}\uparrow \\ \text{D}\uparrow, \ \text{E}\uparrow - \text{OL}\uparrow, \ \text{BZ}\uparrow \end{bmatrix} \quad \begin{matrix} \text{BS}_3\uparrow - \text{FF}_2\uparrow - \text{E}\downarrow - \text{BZ}\downarrow \\ \text{Thr}\downarrow - \text{D}\downarrow, \ \text{C}\uparrow - \text{OL}\downarrow, \ \text{FF}_2\downarrow \end{matrix}$$

●예제 3-1●

그림들은 전동기 운전 회로로서 모두 등가이다. BS_1로 MC가 동작하고 BS_2로 복구한다. Thr이 트립되면 MC가 복구하고 경보 회로가 작동하며 BS_3으로 BZ가 정지한다. 단, 그림(b)는 L입력형이고 그림(c)는 H입력형이며 FF는 $\overline{\text{R}}\,\overline{\text{S}}$-latch이다.

(1) 그림(a)에서 G, H, I에 알맞은 기호를 보기에서 찾아 번호를 쓰시오.

(2) 그림(a)에서 유지 접점 이름을 모두 쓰시오.(예 $MC_{(2)}$, A 등)

(3) 그림(b)와 (c)에서 A~F에 알맞은 기호를 보기에서 찾아 번호를 쓰시오.

(4) 그림(d)와 표에서 ①~⑥에 알맞은 번지를 쓰시오.

(5) 그림(d)와 표에서 ⑦~⑫에 알맞은 명령어를 쓰시오.

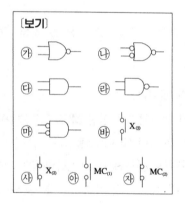

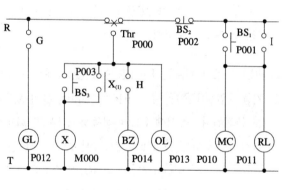

(a)

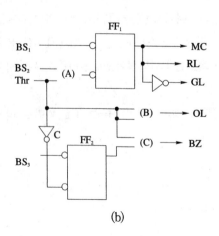

(b)

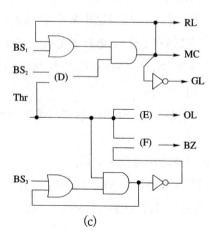

(c)

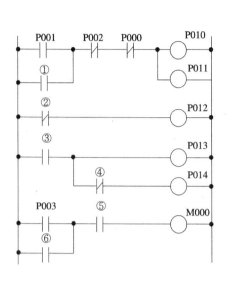

step	명령	번지
0	LOAD	P001
1	OR	①
2	⑦	P002
3	AND NOT	P000
4	OUT	P010
5	OUT	P011
6	⑧	②
7	OUT	P012
8	LOAD	③
9	OUT	P013
10	⑨	④
11	OUT	P014
12	LOAD	P003
13	⑩	⑥
14	⑪	⑤
15	⑫	M000

【풀이】

(1) GL은 정지 표시 램프이므로 MC의 b접점 ㉗, BZ는 경보 부저이고 정지용 접점이므로 X의 b접점 ㉘, I는 유지 접점이므로 MC의 a접점 ㉙이다.

(2) MC의 유지용 I, X의 유지용 $X_{(1)}$

(3) A, D는 정지용으로 A–㉕, D–㉓이고 B, E는 OL 점등용으로 B–㉖, E–㉔이며 C, F는 BZ 동작용으로 C–㉗, F–㉘이다.

(4) ① 유지용 P010   ② 정지용 P010   ③ 동작용 P000
    ④ 정지용 M000   ⑤ 운전용 P000   ⑥ 유지용 M000

(5) 차례로 AND NOT, LOAD NOT, AND NOT, OR, AND, OUT

◈ 연습문제 3-1

그림의 H입력형 논리 회로를 보고 릴레이 회로를 그리고 프로그램을 완성하시오. 단 보조 릴레이 X와 MC는 각각 (1a, 1b)의 접점만 사용하고 번지는 X(M000), Thr(P004), OCR(P005)이다.

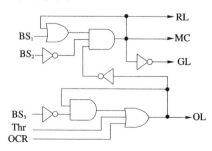

차례	명령	번지
11	LOAD NOT	P003
12		
13		
14		
15		
16	OUT	P013

🎵 **연습문제 3-2**

그림은 전동기 운전의 MC 회로의 일부를 그린 것이다.

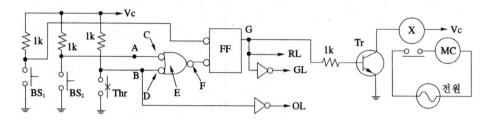

(1) 정지 상태에서 A~G의 레벨을 차례로 쓰시오.

(2) MC 동작 중 BS_2를 누르고 있으니 MC는 복구되었다. A~G의 레벨을 차례로 쓰시오.

(3) MC 동작 중 Thr이 트립되어 MC가 복구되었다. A~G의 레벨을 차례로 쓰시오.

🎵 **연습문제 3-3**

그림은 전동기 운전의 경보 회로의 일부를 그린 것이다.

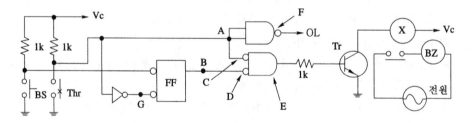

(1) 정지 상태에서 A~G의 레벨을 차례로 쓰시오.

(2) Thr 트립 중 OL과 BZ는 동작되었다. A~G의 레벨을 차례로 쓰시오.

(3) BZ 동작 중 BS를 눌렀다 놓으니 BZ가 복구되었다. A~G의 레벨을 차례로 쓰시오.

🎵 **연습문제 3-4**

그림은 버튼 스위치 1개로 전동기의 기동과 정지가 되는 릴레이 회로의 일부이다.

(1) 점선내의 X_1, X_2 회로의 PLC 프로그램을 완성하시오.

(2) 동작 설명의 ( )속에 알맞은 문자를 보기에서 골라 번호를 쓰시오. 단 ↑는 동작 표시이고 ↓는 복구 표시이다.

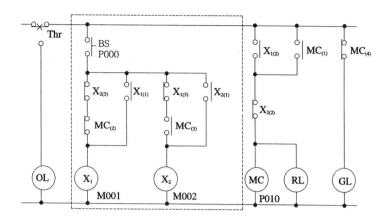

차례	명령	번지	차례	명령	번지
21	LOAD NOT	M002	26	LOAD	P010
22	①	⑦	27	④	⑩
23	②	⑧	28	⑤	⑪
24	③	P000	29	AND	⑫
25	OUT	⑨	30	⑥	M002

〔보기〕

① BS　　② MC　　③ RL　　④ GL　　⑤ X₁　　⑥ X₂

BS를 누르고 있으면 ( )↑--( )↑, ( )↑, ( )↓,　　BS를 놓으면 ( )↓

다시 BS를 누르고 있으면 ( )↑--( )↓, ( )↓, ( )↑,　　BS를 놓으면 ( )↓

2. 2개소 제어 회로

　그림 3-6은 1대의 전동기를 다른 2곳에서 각각 제어하도록 한 회로이다. 즉 전동기 가까이에 설치한 현장 제어반에서의 A장소 제어와 전동기에서 먼 거리에 있는 원격 제어실에서의 B장소 제어와 같이 현장 및 원격 제어용이다. 어느 것이나 MC 유지 회로에 기동과 정지용 스위치 및 감시 램프를 각각 2장소에 설치하여 어느 곳에서나 운전이 되도록 한 것이다.

　① 그림(a)는 현장에서 BS₁을 누르면 MC가 동작 유지하고 RL₁과 RL₂가 점등하며 GL₁과 GL₂가 소등한다. 즉 감시 램프는 동시 동작한다. 동시에 주회로에서 주접점 MC가 닫히므로 전동기가 기동 운전된다. 정지용 BS₃을 누르면 정지한다. 또 제어실 등의 원격 장

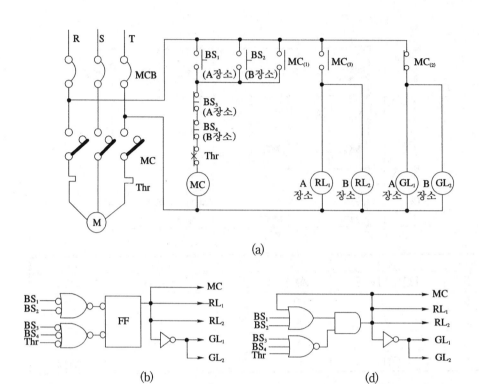

(a)

(b)   (d)

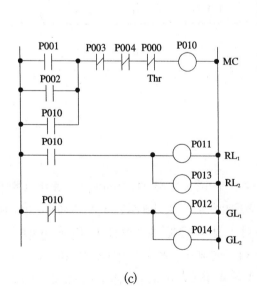

(c)

차례	명령	번지
0	LOAD	P001
1	OR	P002
2	OR	P010
3	AND NOT	P003
4	AND NOT	P004
5	AND NOT	P000
6	OUT	P010
7	LOAD	P010
8	OUT	P011
9	OUT	P013
10	LOAD NOT	P010
11	OUT	P012
12	OUT	P014

그림 3-6 2개소 제어 회로

소에서 BS₂를 누르면 MC가 동작 유지하고 RL₁과 RL₂가 점등하며 GL₁과 GL₂가 소등한
다. 동시에 주회로에서 주접점 MC가 닫히므로 전동기가 기동 운전된다. 정지용 BS₄를
누르면 정지한다.

② 그림(b)는 L입력용 FF를 사용한 로직 회로이다. BS₁ 혹은 BS₂로 FF가 셋하여 MC가
동작하면 전동기가 기동 운전되고 BS₃ 혹은 BS₄로 정지한다.

③ 그림(c)는 PLC 래더 회로와 프로그램이고 그림(d)는 H입력형 양논리 회로이다.

● 예제 3-2 ●

　그림은 제어실 및 현장의 2개소 제어 회로의 일부의 미완성 회로이다. 버튼 스위치 4개, MC
의 보조 a접점 1개를 사용하여 회로를 완성하시오.

【풀이】

　유지 회로를 그린다.

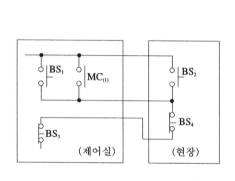

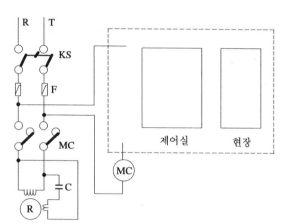

⟡ 연습문제 3-5

　그림은 2개소 제어 회로의 일부이다.
　AND 회로, OR 회로, NOT 회로를 각각
　2개씩 사용하여 논리 회로를 그리시오.

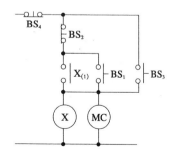

3. 2개소 수전 회로

전원을 2개소 이상에서 수전하여 전동기를 운전할 때에는 각각 MC를 2개이상 설치하여 수전 전원을 변환시킨다. 그림 3-7은 2개소 수전의 수동식 회로의 일예이다.

그림(a)는 주회로이고 전자 개폐기(MC+Thr) 2개를 사용한다.

그림(b)의 릴레이 회로에서 연동 버튼 스위치를 사용하여 수전 개소 변환과 동시에 인터록 기능을 겸하도록 하고 BS_3을 공통 정지용으로 한다. 즉 연동 스위치 BS_1을 주면 MC_2가 복구하고 MC_1이 동작하며 또 연동 스위치 BS_2를 주면 MC_1이 복구하고 MC_2가 동작한다. 여기서 MC_1과 MC_2의 둘 중의 하나만 동작하면 GL은 소등되고 RL은 점등된다.

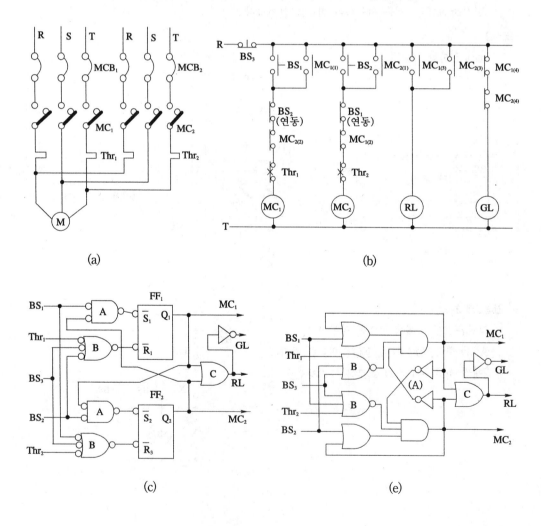

(a)

(b)

(c)

(e)

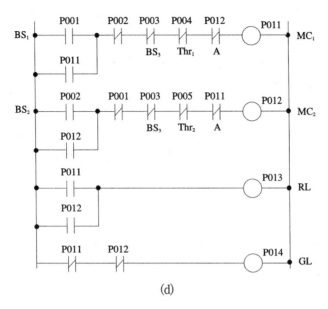

(d)

차례	명령	번지	차례	명령	번지
0	LOAD	P001	10	AND NOT	P003
1	OR	P011	11	AND NOT	P005
2	AND NOT	P002	12	AND NOT	P011
3	AND NOT	P003	13	OUT	P012
4	AND NOT	P004	14	LOAD	P011
5	AND NOT	P012	15	OR	P012
6	OUT	P011	16	OUT	P013
7	LOAD	P002	17	LOAD NOT	P011
8	OR	P012	18	AND NOT	P012
9	AND NOT	P001	19	OUT	P014

그림 3-7 수전 회로

MC_1 동작 〈전원 R − BS_3 − BS_1 닫힘($MC_{1(1)}$유지) − BS_2 − $MC_{2(2)}$ −Thr_1 − MC_1 동작 − 전원 T〉

MC_2 동작 〈전원 R − BS_3 −BS_2 닫힘($MC_{2(1)}$유지) − BS_1 − $MC_{1(2)}$ − Thr_2 − MC_2 동작 − 전원 T〉

그림(c)의 로직 회로에서 A는 인터록 회로이고 B는 정지 회로이며 C는 램프 회로이다. 여기서 연동 스위치 BS_1을 주면 B회로를 통하여 FF_2가 리셋하여 MC_2가 복구하고, A회로를 통하여 FF_1이 셋하여 MC_1이 동작된다. 또 연동 스위치 BS_2를 주면 B회로를 통하여 FF_1이 리셋하여 MC_1이 복구하고 A회로를 통하여 FF_2가 셋하여 MC_2가 동작한다. 또한 MC_1과 MC_2

의 둘 중의 하나만 동작하면 C회로를 통하여 GL은 소등되고 RL은 점등된다. 공통 정지 신호 BS$_3$이나 Thr이 트립되면 정지된다.

그림(d)의 래더도는 공통 정지 신호 P003(BS$_3$)을 분리하여 그렸고 릴레이 회로와 비교되며 표와 같이 프로그램된다.

그림(e)의 논리 회로는 (d)의 래더도에서 유지 회로 2개에 인터록 A가 추가된 것이다. 정지 회로 B는 각각 연동 b접점용과 공통 P003(BS$_3$) 및 해당 Thr의 3입력 NOR(NOT-AND)회로 이고 램프 회로 C에서 RL은 두 MC의 OR 회로이고, GL은 두 MC의 NOR(OR-NOT)회로 이다.

●예제 3-3●

그림은 예비 전원과 상용 전원으로 전동기를 운전하는 릴레이 회로의 일부이다. BS$_1$로 MC$_1$ 이 동작하여 상용 전원으로 전동기가 기동 운전되고 BS$_2$(Thr$_1$)로 정지한다. 정전시 발전기 G 를 운전한 후 BS$_3$으로 MC$_2$가 동작하여 예비 전원으로 전동기가 운전되며 BS$_4$(Thr$_2$)로 정지 한다. FF 2개를 사용한 로직 회로를 그리고 또 니모닉 프로그램하시오. 명령어는 회로 시작 LOAD, 출력 OUT, AND, OR, NOT를 사용한다.

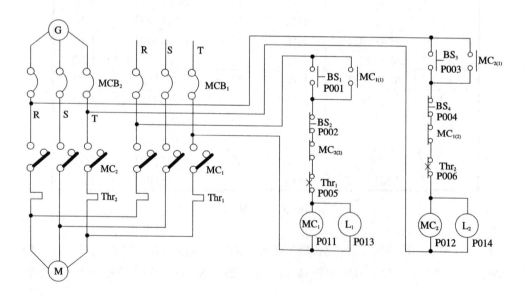

【풀이】

유지 회로 2개에 인터록을 부가한 회로가 2개이다.

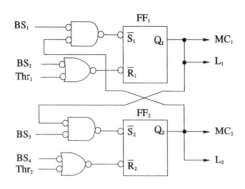

차 례	명 령	번 지	차 례	명 령	번 지
0	LOAD	P001	7	LOAD	P003
1	OR	P011	8	OR	P012
2	AND NOT	P002	9	AND NOT	P004
3	AND NOT	P005	10	AND NOT	P006
4	AND NOT	P012	11	AND NOT	P011
5	OUT	P011	12	OUT	P012
6	OUT	P013	13	OUT	P014

4. 촌동 운전 제어 회로

전동기의 촌동(inching) 운전은 버튼 스위치를 누를 때에만 MC가 동작하여 전동기가 기동하고 버튼 스위치를 놓으면 MC가 복구하여 전동기가 정지한다. 즉 잠깐 동안만 전동기를 기동시키는 것을 말하며 전동기의 회전 방향 조사, 공작 기계의 위치 조정 등에 사용된다.

그림 3-8은 촌동 운전 제어 회로의 일 예인데 전동기 기본 운전 회로에 촌동용 연동 버튼 스위치를 접속한 것이다.

그림(a)의 릴레이 회로에서 BS_1을 누르면 전전압 기동 운전 회로가 된다. 그러나 연동형 BS_3을 누르면 촌동 운전이 된다. 즉 BS_3을 누르면 a접점으로는 X가 동작하여 MC가 동작되고 b접점으로는 유지 회로가 차단된다. 그리고 BS_3을 놓으면 X와 MC가 복구된다. 따라서 a접점이 닫혀있는 짧은 시간동안만 MC가 동작하여 전동기가 촌동 운전된다. 여기서 BS_3의 a접점을 접점 $X_{(2)}$에 병렬로 하여도 되고(그림 (c)참조) 또 ⓧ를 생략하고 MC만 사용하여도 된다.

그림(b)의 로직 회로에서 L입력형 BS_3을 누르면 OR 회로 B를 통하여 FF를 리셋 상태로 하면서 OR 회로 A를 통하여 MC가 동작하며 BS_3을 놓으면 MC가 복구한다.

그림(c)에서 P003을 주면 a접점으로는 P010이 동작되고 b접점으로는 유지 회로가 차단되며 표와 같이 프로그램된다. 또 논리 회로 그림(d)에서 H입력 BS₃을 누르면 OR 회로 B를 통하여 유지 회로가 차단되면서 OR 회로 A를 통하여 MC가 동작하며 BS₃을 놓으면 MC가 복구한다.

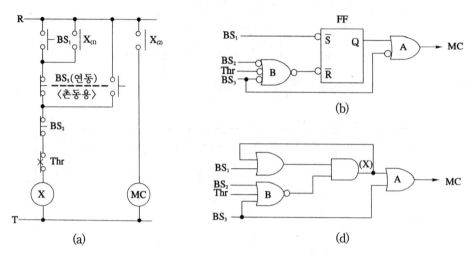

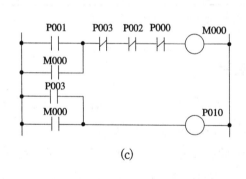

차례	명령	번지
0	LOAD	P001
1	OR	M000
2	AND NOT	P003
3	AND NOT	P002
4	AND NOT	P000
5	OUT	M000
6	LOAD	M000
7	OR	P003
8	OUT	P010

그림 3-8 촌동 운전 회로

📌 **연습문제 3-6**

그림의 PLC 래더도는 촌동 운전 회로의 일부이다. 릴레이 회로를 그리고 추가 사항이 필요하면 간단히 설명하시오. 여기서 MC-P010, Thr-P000, BS₁~BS₂-P001~P003이다.

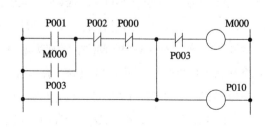

5. 시간 제어 회로

이 장에서는 3개의 시한 기구에 대한 간단한 동작 회로만을 다루기로 한다.

그림 3-9는 설정 시간동안만 운전되는 간단한 회로의 일예로서 전전압 기동 회로에 시한 동작 타이머의 b접점 T_b를 정지 신호로 사용한 것으로 BS_2는 긴급 정지용이 된다.

그림(a)의 타임 차트에서와 같이 타이머에 의하여 MC가 일정 시간($t=7$초) 동안만 동작하고 자동 복구하며 Thr 혹은 BS_2로 임의 정지시킨다.

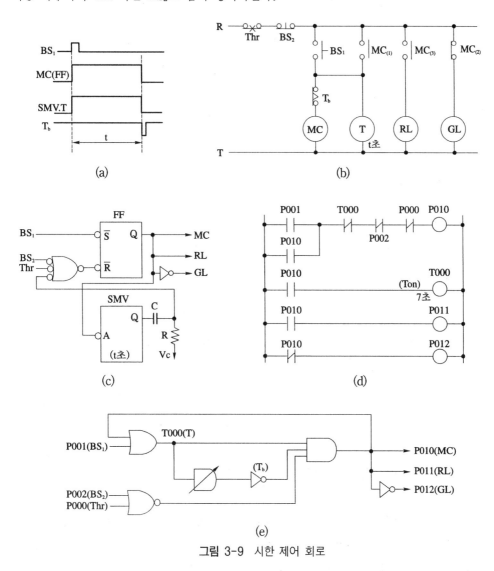

그림 3-9 시한 제어 회로

차례	명 령	번지	차례	명 령	번지	차례	명 령	번지
0	LOAD	P001	5	OUT	P010	11	OUT	P011
1	OR	P010	6	LOAD	P010	12	LOAD NOT	P010
2	AND NOT	T000	7	TMR	T000	13	OUT	P012
3	AND NOT	P002	8	〈DATA〉	00070	14	—	—
4	AND NOT	P000	10	LOAD	P010	15	—	—

그림(b)의 릴레이 시퀀스에서 BS_1을 주면 MC가 동작 유지하고 전동기가 기동 운전된다. 동시에 타이머 T가 여자되며 RL이 점등하고 GL이 소등한다. 설정 시간 후에 타이머 접점 T_b가 열리면 MC가 복구하여 전동기는 정지하고 T가 복구하며 RL이 소등하고 GL이 점등한다.

그림(c)의 로직 시퀀스에서 BS_1을 주면 FF가 셋하여 MC가 동작하고 전동기가 기동 운전된다. 동시에 단안정 소자 SMV가 셋되며 RL이 점등하고 GL이 소등한다. 설정 시간 후에 SMV가 리셋되면 OR 회로를 통하여 FF가 리셋하고 MC가 복구하여 전동기는 정지하며 RL이 소등하고 GL이 점등한다.

그림(d)의 래더 회로에서 P001(BS_1)을 주면 P010(MC)이 동작 유지하고 전동기가 기동 운전된다. 동시에 타이머 T000이 여자되며 P011(RL)이 점등하고 P012(GL)가 소등한다. 7초 후에 타이머 접점 T000이 열리면 P010이 복구하여 전동기는 정지하고 T000이 복구하며 P011이 소등하고 P012가 점등한다. 프로그램은 표와 같다.

그림(e)의 양논리 회로는 그림(d)의 래더 회로와 비교된다. BS_1을 주면 MC가 동작 유지하고 전동기가 기동 운전된다. 동시에 타이머 T가 여자되며 RL이 점등하고 GL이 소등한다. 설정 시간 후에 타이머 접점 T_b가 열리면 MC가 복구하여 전동기는 정지하고 T가 복구하며 RL이 소등하고 GL이 점등한다. 여기서 T는 OR 회로(P010의 유지)로 여자되도록 함이 일반적이다.

그림 3-10은 설정 시간 후에 운전되는 시한 동작형의 간단한 예이다.

그림(a)와 (b)에서 BS_1을 주면 유지용 X가 동작하고 타이머 T가 여자된다. t초 후 접점 T_a가 닫히면 MC가 동작하여 전동기가 기동 운전되며 RL이 점등하고 GL이 소등된다. BS_2(Thr)를 주면 X(T)가 복구하여 MC(RL)가 복구하고 GL이 점등한다.

그림(c)와 (d)에서 BS_1을 주면 단안정 타이머 소자 SMV가 셋하고 t초 후 리셋하면 FF가 셋하여 MC가 동작하고 전동기가 기동 운전되며 RL이 점등하고 GL이 소등된다. BS_2(Thr)를 주면 FF가 리셋하여 MC와 RL이 복구하고 GL이 점등한다.

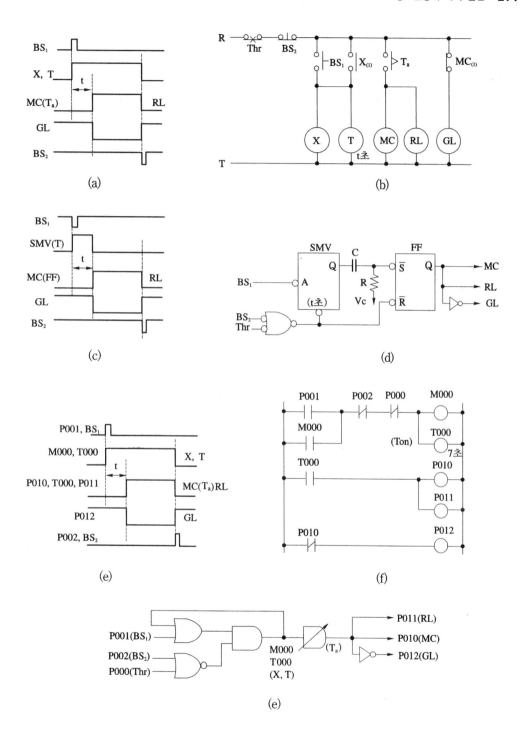

(a)

(b)

(c)

(d)

(e)

(f)

(e)

차례	명 령	번지	차례	명 령	번지	차례	명 령	번지
0	LOAD	P001	4	OUT	M000	9	OUT	P010
1	OR	M000	5	TMR	T000	10	OUT	P011
2	AND NOT	P002	6	〈DATA〉	00070	11	LOAD NOT	P010
3	AND NOT	P000	8	LOAD	T000	12	OUT	P012

그림(e)~(g)에서 P001(BS₁)을 주면 유지용 M000이 동작하고 타이머 T000이 여자된다. t초
후 T000(Tₐ)이 닫히면 P010(MC)이 동작하여 전동기가 기동 운전되며 P011이 점등하고 P012
가 소등된다. P002(BS₂)를 주면 전부 복구하고 P012가 점등한다. T000을 M000에 병렬로 여
자하면 프로그램은 표와 같다.

● 예제 3-4 ●

그림의 양논리 회로는 전동기 운전 회로의 일부이다. 이를 참조하여 릴레이 회로에 접점을
그려 넣으시오. 여기서 문자 기호는 MC, BS₁ 등으로 쓴다.

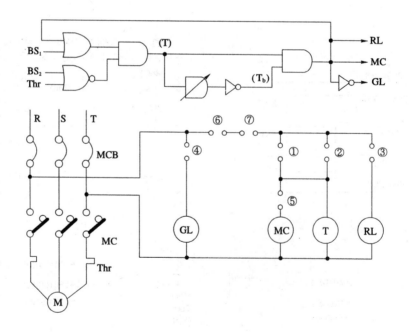

【풀이】

① BS₁을 누르면 MC가 동작 유지②하고 T가 여자되며 RL이 점등③하고 GL이 소등④한다.
일정한 시간 후에 Tᵦ⑤가 열려 MC가 복구하고 RL이 소등하고 GL이 점등한다. 또 설정 시

간전에 정지용 BS$_2$⑥를 주던가 고장용 Thr⑦이 트립되면 역시 MC가 복구한다. 즉 일정한 시간 동안만 MC가 동작하는 회로이다.

●예제 3-5●

그림은 기동 입력 BS$_1$을 준 후 일정 시간이 지난 후에 전동기 Ⓜ이 기동 운전되는 회로의 일부이다. 여기서 전동기 Ⓜ이 기동하면 릴레이 Ⓧ와 타이머 Ⓣ가 복구되며 RL이 점등하고 GL이 소등되는 회로로 수정하시오. 또 Thr이 트립되면 OL 램프가 점등하도록 그리시오. 단 MC의 보조 접점(2a, 2b)을 모두 사용한다.

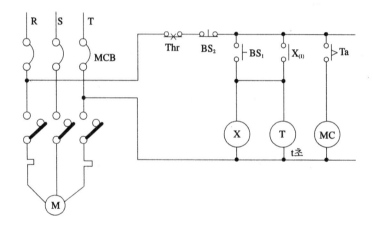

【풀이】

Ⓧ와 Ⓣ를 운전 중에 복구시킬려면 MC에 유지 접점을 두고 Ⓧ 회로를 MC의 b접점으로 끊으면 된다. RL은 MC의 a접점으로, OL은 Thr의 a접점으로 각각 점등하고 또 GL은 MC의 b접점으로 소등하며 점선의 곳에 접속하여도 운전에 지장이 없다.

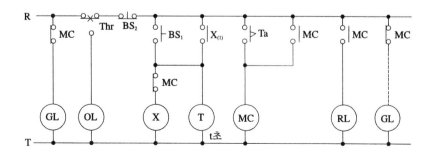

❤ **연습문제 3-7**

그림은 BS_1을 누르면 MC가 동작하고 BS_2를 누르면 일정 시간이 지난 후에 MC가 복구하는 전동기 회로의 일부이다. 그림(a)의 타임 차트(BS 2개, MC, T, T_a)를 그리고 그림(b)의 ( )에 로직 기호를 그리시오. 또 $\overline{R}\overline{S}$-latch와 단안정 소자 SMV를 사용하여 로직 회로를 그리시오.

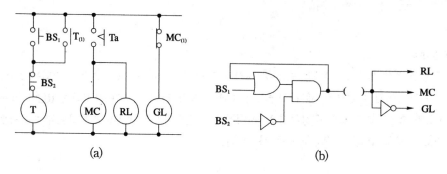

(a)   (b)

❤ **연습문제 3-8**

그림(a)의 타임 차트는 전동기 운전 회로의 일부이다. 물음에 답하시오.

(1) 그림(b),(c)의 A~G의 ( )에 알맞은 기호를 보기에서 번호로 고르시오

(2) 그림(c)의 접점 D와 F는 어떻게 다른가 1줄 이내로 쓰시오.

(3) 그림(b),(c)를 참고하여 PLC 래더 회로를 그리고 번지를 적어 넣으시오. 또 니모닉 프로그램을 하시오. 단 명령어는 회로 시작 LOAD, 출력 OUT, AND, OR, NOT, TMR를 사용하고 0번부터 프로그램하며 6번 스텝은 〈DATA〉 00050, 14번 스텝은 〈DATA〉 00200으로 한다.

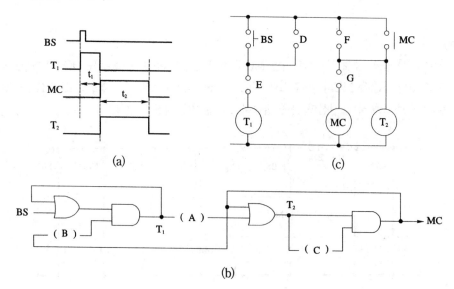

(a)   (c)

(b)

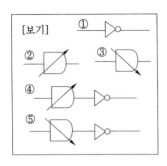

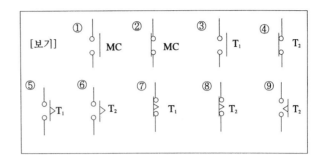

⚓ 연습문제 3-9

그림(a)의 타임 차트와 같은 전동기 제어 회로의 동작을 (b)의 PLC 래더 회로로 그렸다.

(1) 그림(b)의 B~H에 번지를 쓰고, 니모닉 프로그램을 하시오. 단 명령어는 회로 시작 LOAD, 출력 OUT, AND, OR, NOT, TMR를 사용하고 0번부터 프로그램하며 6번 스텝은 〈DATA〉 00050, 14번 스텝은 〈DATA〉 00200으로 한다.

(2) 그림(a)의 타임 차트의 기구로 릴레이 회로를 그리시오.

(3) $\overline{R}\,\overline{S}$-latch 1개, 단안정 타이머 소자 SMV 2개(미분 회로 포함)를 사용하여 로직 회로를 그리시오.

(4) 릴레이 회로를 참고하면 기동 기구, 유지 기구, 정지 기구가 각각 2개씩 있다. 래더 회로의 A~H로 각각 답하시오.

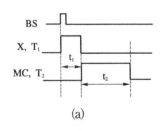

(a)

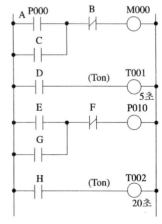

(b)

BS : P000	T_1 : T001
MC : P010	T_2 : T002
X : M000	

전동기의 기동과 속도 제어

1. 정·역회전 운전 회로

전동기의 정회전 및 역회전 운전을 보통 정·역 운전이라고 하고 전동기의 회전 방향을 바꾸는 방법으로는 회전 자장의 방향을 바꾼다. 3상 유도 전동기에서는 전원의 3단자 중 2단자의 접속을 바꾸는데 보통 R선과 T선을 바꾼다. 또 단상 전동기에서는 주로 기동 권선의 접속을 바꾼다. 따라서 전자 접촉기(MC) 2개를 사용하여 전동기의 회전 방향을 바꾸며 제어 회로 자체로서는 단지 MC 2개의 동작 회로에 지나지 않는다.

그림 3-11은 단상 콘덴서 전동기 및 3상 전동기의 주회로를 나타낸 것이다. 어느 것이나 시퀀스 회로의 출력 MC가 동작하여 그 주접점 MC가 닫히면 전동기는 전기를 받아 정회전, 또는 역회전 기동 운전된다. 그림에서

① 제어 회로가 동작하여 MC_1이 동작하면 그 주접점 MC_1이 닫혀 전동기 M에 전기가 공급되어 전동기 M이 정회전 기동 운전된다.

  (a), 전원 RST − MCB(닫혀있음) − 주접점 MC_1(닫힘) − Thr − 전동기 M

  (b), 전원 RT − MCB(닫혀있음) − Thr − 주접점 MC_1(닫힘) − 전동기 M

② 제어 회로의 출력 MC_1이 복구하면 주접점 MC_1이 열려 전동기 M은 전기가 끊어져 정지한다.

③ 제어 회로가 동작하여 MC_2가 동작하면 그 주접점 MC_2가 닫혀 전동기 M에 전기가 공급되어 전동기 M이 역회전 기동 운전된다.

  (a), 전원 RST − MCB(닫혀있음) − 주접점 MC_2(닫힘) − Thr − 전동기 M

  (b), 전원 RT − MCB(닫혀있음) − Thr − 주접점 MC_2(닫힘) − 전동기 M

④ 제어 회로의 출력 MC₂가 복구하면 주접점 MC₂가 열려 전동기 M은 전기가 끊어져 정지한다.

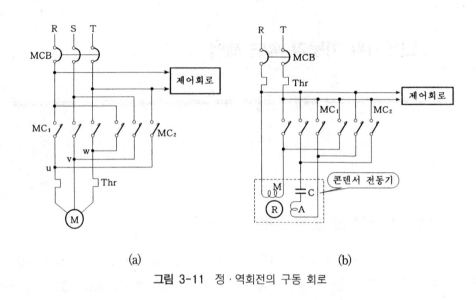

(a)   (b)

그림 3-11 정·역회전의 구동 회로

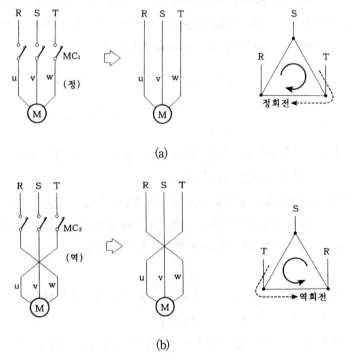

(a)

(b)

그림 3-12 정·역회전 원리

⑤ 그림 3-12의 참고도의 (a)에서 MC_1이 닫히면 전원 단자가 $R \rightarrow U$, $S \rightarrow V$, $T \rightarrow W$로 접속되어 전동기 M에 전기가 공급되므로 회전 자장의 방향이 RST 순의 정회전(시계 방향)이 된다. 또 그림(b)에서 MC_2가 닫히면 전원 단자가 $R \rightarrow W$, $S \rightarrow V$, $T \rightarrow U$로 접속되어 전동기 M에 전기가 공급되므로 회전 자장의 방향이 RST 순의 역회전(TSR순의 정회전)이 된다.

전동기의 정·역회전 논리는 유지 회로와 인터록 회로 및 경보 회로로 구성된다. 즉 전전압 기동 회로(그림 3-3)에 인터록 회로를 첨부한다.

① MC 2개로 각각 정회전 및 역회전 운전 유지 회로를 구성하고 표시 램프(RL, GL), 경보 회로(Thr, OL, BZ)를 부가한다.

② 인터록 회로를 두어 MC 2개가 동시에 동작하여 전원 R, T선이 합선됨을 방지한다. 즉 그림 3-11과 3-12에서 정회전시 $R \rightarrow U$, $T \rightarrow W$로 접속되고 역회전시 $R \rightarrow W$, $T \rightarrow U$로 접속되므로 MC 2개가 동시에 동작하면 R - MC_1 - U - MC_2 - T - MC_1 - W - MC_2 - R 로 전기 합선 사고가 난다.

그림 3-13은 수동 조작의 간단한 정·역 회로의 보기인데 MC 2개의 유지 회로에 인터록 회로와 감시 램프가 접속되어 있다.

① 정역 회로의 유지 회로 2개와 인터록 접점 회로를 그린다. 여기에 정지 신호 BS_3은 공통으로 하여 R선에 넣는다. 또 운전 표시 램프 RL은 각 MC에 병렬로 접속하고 정지 표시 램프 GL은 정역의 두 MC중 하나만 동작하여도 소등되므로 두 MC의 b접점의 직렬 회로로 한다. 그리고 열동 계전기 Thr은 공통 정지 신호 BS_3과 직렬로 R선에 접속하고, 그 a접점으로 고장 표시 램프 OL이 점등되도록 한다.

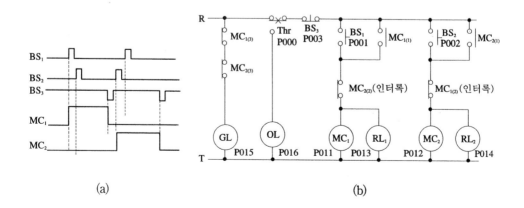

(a)   (b)

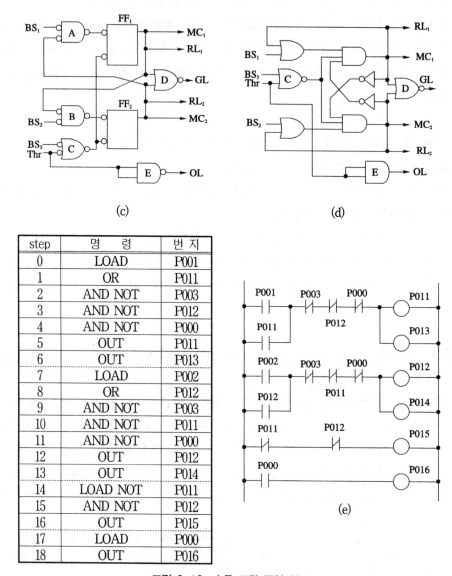

step	명 령	번지
0	LOAD	P001
1	OR	P011
2	AND NOT	P003
3	AND NOT	P012
4	AND NOT	P000
5	OUT	P011
6	OUT	P013
7	LOAD	P002
8	OR	P012
9	AND NOT	P003
10	AND NOT	P011
11	AND NOT	P000
12	OUT	P012
13	OUT	P014
14	LOAD NOT	P011
15	AND NOT	P012
16	OUT	P015
17	LOAD	P000
18	OUT	P016

그림 3-13 수동 조작 정역 회로

② 그림(a)의 타임 차트에서 BS_1(정회전) 혹은 BS_2(역회전) 중 먼저 누르는 쪽이 동작하고 (인터록 원리) 정지 신호 BS_3을 준 후 다음 운전에 들어간다.

③ 그림(b)의 릴레이 회로에서

① 정회전 기동 입력 BS_1을 먼저 주면 출력 기구 MC_1이 동작 유지하고 RL_1이 점등하며 b 접점 $MC_{1(3)}$이 열려 GL이 소등한다. 동시에 b접점 $MC_{1(2)}$가 열려 인터록 회로(MC_2 동

작 금지)를 구성하며 주회로에서 주접점 MC_1이 닫혀 전동기 M이 정회전 기동 운전된다. 공통 정지 입력 BS_3을 주면 MC_1이 복구하여 전동기가 정지하고 GL이 점등한다.

〈전원 R - Thr(b) - BS_3 - BS_1 닫힘($MC_{1(1)}$ 닫힘 - 유지) - $MC_{2(2)}$ - MC_1 동작 - 전원 T〉

〈전원 R - $MC_{1(3)}$ 열림 - $MC_{2(3)}$ - GL 소등 - 전원 T〉

② 역회전 기동 입력 BS_2를 먼저 주면 출력 기구 MC_2가 동작 유지하고 RL_2가 점등하며 b접점 $MC_{2(3)}$이 열려 GL이 소등한다. 동시에 $MC_{2(2)}$가 열려 인터록 회로(MC_1 동작 금지)를 구성하며 주회로에서 주접점 MC_2가 닫혀 전동기 M이 역회전 기동 운전된다. 그리고 BS_3을 주면 MC_2가 복구하여 전동기가 정지하고 GL이 점등한다.

〈전원 R - Thr(b) - BS_3 - BS_2 닫힘($MC_{2(1)}$ 닫힘 - 유지) - $MC_{1(2)}$ - MC_2 동작 - 전원 T〉

③ 전동기 운전 중 Thr이 트립되면 b접점으로 제어 회로에 전기가 끊어져 MC가 복구하고 전동기는 정지하며 a접점으로 램프 OL이 점등한다. 그리고 Thr이 회복되면 그 a접점으로 OL이 소등되고 b접점으로 제어 회로의 전원 선이 접속된다

〈전원 R - Thr(a) 닫힘 - OL 점등 - 전원 T〉

④ 그림(c)의 로직 회로에서

① 로직 회로는 L입력 회로이므로 타임 차트는 모두 L입력으로 바꾼다.

② 유지 회로는 $\overline{R}\,\overline{S}$-latch(FF) 2개로 하고 인터록 회로를 접속한다.

③ 정지 신호는 공통 정지용 BS_3과 고장 정지용 Thr 중 어느 하나만으로도 정지되므로 2 입력 OR 회로 논리이고 L입력 및 L출력 회로가 된다.

④ 출력 MC는 각 FF의 출력 Q에 접속하고(출력 회로 생략) RL은 각각 MC에 병렬로, GL은 RL과는 반대 논리이므로 NOT 회로를 통하여 접속하되 두 MC중 하나만 동작하여도(OR 논리) 소등(NOT 부정)되는 OR−NOT 논리(혹은 NOT AND 논리) 즉 NOR 논리가 된다.

⑤ OL은 Thr이 트립되어 L레벨이 되면 점등되므로 NOT 회로를 통하여(H레벨) 접속한다. 보통 NAND 회로의 입력을 묶어서 사용한다.

⑥ BS_1을 먼저 주면 인터록 A를 통하여 FF_1이 셋하여 MC_1이 동작하고 RL_1이 점등하며 GL이 소등하고 인터록 B의 입력을 L레벨로 한다.

⑦ BS_2를 먼저 주면 인터록 B를 통하여 FF_2가 셋하여 MC_2가 동작하고 RL_2가 점등하며 GL이 소등하고 인터록 A의 입력을 L레벨로 한다.

⑧ BS_3(혹은 Thr)을 주면 정지용 C를 통하여 FF_1(FF_2)이 리셋하여 MC_1(MC_2)이 복구하고 RL_1(RL_2)이 소등하며 GL이 점등한다. 정리하면 아래와 같다.

$BS_1(L레벨)\uparrow - A\uparrow - FF_1\uparrow - MC_1(RL_1)\uparrow$, $B\uparrow$(인터록), $D\uparrow - GL\downarrow$

$BS_2(L레벨)\uparrow - B\uparrow - FF_2\uparrow - MC_2(RL_2)\uparrow$, $A\uparrow$(인터록), $D\uparrow - GL\downarrow$

$BS_3(L레벨)\uparrow - C\uparrow - FF_1(FF_2)\downarrow - MC_1(MC_2)\downarrow$, A, $B\downarrow$(인터록해제), $D\downarrow - GL\uparrow$

※ $Thr\uparrow$(L레벨) - $E\uparrow$(H레벨) - $OL\uparrow$

⑤ 그림(d)의 논리 회로는 H입력형이므로 그림(c)에 비교되고 그림(e)의 논리와 같다. 즉 유지 회로와 인터록 회로를 대칭으로 그리고 회로 C, D, E는 그림(c)와 같다.

⑥ 그림(e)의 래더 회로에서

① 유지 회로 2개와 인터록 회로를 그린 후에 정지 신호 P003(BS₃)을 정역 회로에 각각 분리하여 그리고 또 RL은 각 MC에 병렬로 접속한다.

② P015(GL)은 정역의 두 MC중 하나만 동작하여도 소등되므로 각각 b접점의 직렬 회로로 한다.

③ P000(Thr)은 P003(BS₃)과 직렬로 하고, 그 a접점으로 P016(OL)이 점등되도록 한다.

④ 정리하면 기동 입력 P001(BS₁)을 주면 출력 P011(MC₁)이 동작 유지하고 P013(RL₁)이 점등하고 P015(GL)가 소등하며 P012 회로에 P011으로 인터록 회로를 구성한다. 동시에 주회로에서 MC₁의 주접점 MC₁이 닫혀 전동기 M이 정회전 기동 운전된다. P003 (BS₃) 혹은 P000(Thr)을 주면 P011이 복구하고 P013이 소등하고 P015가 점등한다. 또 전동기 M이 정지한다.

⑤ P002(BS₂)를 주면 P012가 동작 유지하고 P014가 점등하고 P015가 소등하며 P012로 P011에 인터록을 건다. 동시에 주회로에서 MC₂의 주접점 MC₂가 닫혀 전동기 M이 역회전 기동 운전된다. P003 혹은 P000을 주면 P012가 복구하고 P014가 소등하고 P015가 점등한다. 또 전동기 M이 정지한다.

그림 3-14는 시한 회로를 사용하여 정회전 중 곧바로 역회전시키는 소형 전동기용 회로의 예이다.

그림(a)의 타임 차트에서 정회전 t초 후 접점 T_b로 MC₁을 복구시키고 접점 T_a로 MC₂를 동작 시킨다.

그림(b)의 릴레이 회로에서 BS₁을 주면 타이머 T가 여자하고 MC₁(RL₁)이 동작하여 전동기는 정회전 기동하며 GL이 소등한다. 설정 시간 후 접점 T_b가 열려 MC₁(RL₁)이 복구하여 전동기는 정지한다. 이때 접점 T_a가 닫히고 인터록 접점 MC₁₍₂₎가 닫히면 MC₂(RL₂)가 동작하여 전동기는 역회전하기 시작한다. BS₂(혹은 Thr)로 T와 MC₂가 복구하여 전동기는 정지하고

GL이 점등한다. 여기서 타이머 회로는 순시 접점 $T_{(1)}$로 유지 기능을 겸한다.

〈전원 R - Thr(b) - BS_2 - BS_1닫힘($T_{(1)}$닫힘 - 유지) - T_b - $MC_{2(2)}$ - MC_1 동작 - 전원 T〉

〈전원 R - Thr(b) - BS_2 - ($T_{(1)}$ 유지) - T_a($MC_{2(1)}$ 유지) - $MC_{1(2)}$ - MC_2 동작 - 전원 T〉

그림(c)의 로직 회로에서 BS_1을 주면 SMV가 셋하여 MC_1(RL_1)이 동작하며 전동기가 정회전하고 GL이 소등한다. 설정 시간 후에 SMV가 리셋하면 MC_1(RL_1)이 복구하여 전동기가 정지한다. 동시에 FF가 셋하면 MC_2(RL_2)가 동작하여 전동기가 역회전한다. BS_2로 FF가 리셋하면 MC_2(RL_2)가 복구하여 전동기가 정지한다.

그림(d), (e)와 표에서 PLC는 타이머 자체는 유지가 되지 않으므로 내부 출력(M000, 보조기구 X)을 유지 회로로 사용한다. 따라서 BS_1로 유지 회로 M000(X)가 동작 유지하고 타이머 T000이 여자되며 P011(P013)이 동작하여 주회로에서 전동기가 정회전 기동한다. 이때 P015

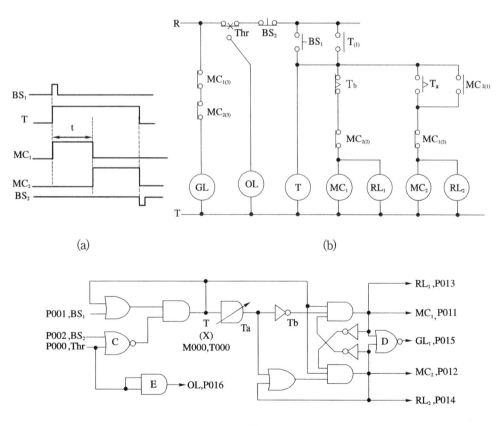

(a)

(b)

(d)

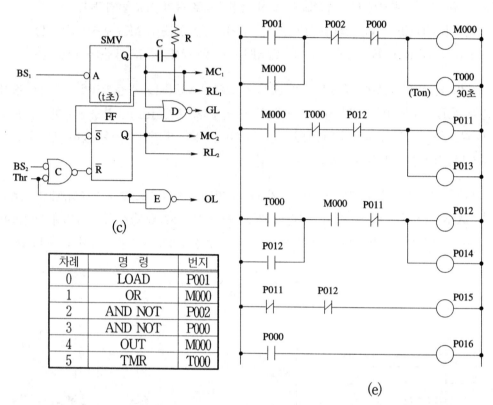

차례	명 령	번지
0	LOAD	P001
1	OR	M000
2	AND NOT	P002
3	AND NOT	P000
4	OUT	M000
5	TMR	T000

차례	명령	번지	차례	명령	번지	차례	명령	번지
6	〈DATA〉	00300	13	LOAD	T000	19	LOAD NOT	P011
8	LOAD	M000	14	OR	P012	20	AND NOT	P012
9	AND NOT	T000	15	AND	M000	21	OUT	P015
10	AND NOT	P012	16	AND NOT	P011	22	LOAD	P000
11	OUT	P011	17	OUT	P012	23	OUT	P016
12	OUT	P013	18	OUT	P014	24	—	—

그림 3-14 자동 정역 회로

※ 그림에서 로직 회로와 PLC 회로는 직접 인터록이 되지 않으므로 실제로는 각 MC 혹은 보조 릴레
이로 기계적 인터록 회로를 만들거나, 타이머 회로를 추가하여 MC_1 복구 후 짧은 시간 후 MC_2가
동작하도록 한다(예제 참조). 이는 반도체 IC의 동작 속도(μs)는 빠르고 MC의 동작 속도(ms)는
느리기 때문이다. 이하 모든 인터록 회로에 유의한다.

는 소등된다. 설정 시간 후 T000으로 P011은 복구하고 P012가 동작하여 전동기는 역회전한다. 여기서 P012의 유지 접점은 없어도 된다.

그림 3-15는 그림 3-13과 3-14의 회로를 수정하여 정회전 전동기를 완전히 정지시킨 후에 역회전 기동시키는 전동기 운전 회로의 예이다. 즉 타이머로 정지 시간을 수초 정도로 한 회로이다.

그림(a)의 타임 차트에서 BS_1을 주면 MC_1이 동작하여 전동기가 정회전한다. 연동형 BS_2를 주면 MC_1이 복구하여 전동기는 정지하고 타이머 T가 여자된다. t초 후에 MC_2가 동작하여 전동기가 역회전하고 T는 복구한다. BS_3을 주면 MC_2가 복구하여 전동기가 정지한다. 정회전 운전만 정지시킬려면 BS_3을 주면 된다.

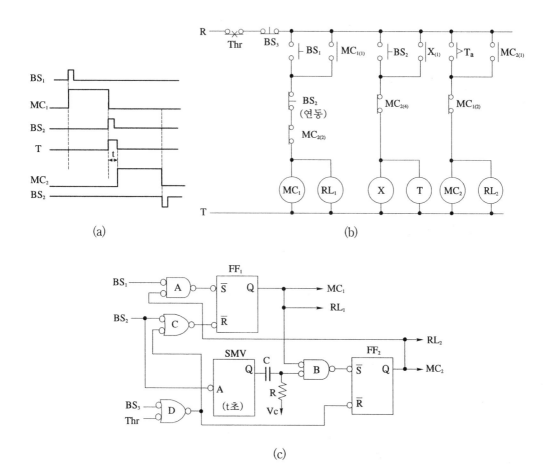

(a)

(b)

(c)

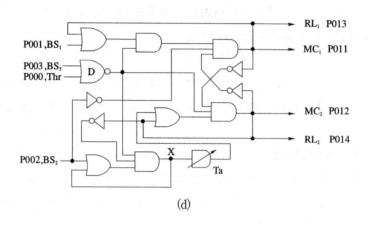

(d)

차례	명령	번지	차례	명령	번지
0	LOAD	P001	12	AND NOT	P012
1	OR	P011	13	OUT	M001
2	AND NOT	P000	14	TMR	T000
3	AND NOT	P003	15	〈DATA〉	00100
4	AND NOT	P002	17	LOAD	T000
5	AND NOT	P012	18	OR	P012
6	OUT	P011	19	AND NOT	P000
7	OUT	P013	20	AND NOT	P003
8	LOAD	P002	21	AND NOT	P011
9	OR	M001	22	OUT	P012
10	AND NOT	P000	23	OUT	P014
11	AND NOT	P003	24	—	—

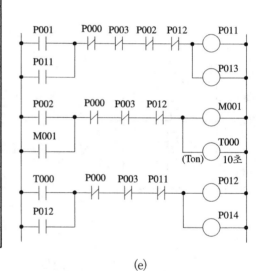

(e)

그림 3-15 전동기 정역회로

그림(b)의 릴레이 시퀀스에서 BS_1을 누르면 MC_1이 동작 유지하여 전동기가 정회전하며 BS_2 혹은 BS_3을 누르면 MC_1이 복구하고 전동기가 정지한다.

〈전원 R - Thr - BS_3 - BS_1닫힘($MC_{1(1)}$닫힘 - 유지) - BS_2 - $MC_{2(2)}$ - MC_1 동작 - 전원 T〉

MC_1이 동작하여 전동기가 정회전 중에 연동형 BS_2를 주면 MC_1이 복구하여 전동기는 정지하고 유지용 보조 릴레이 X가 동작하며 타이머 T가 여자된다.

〈전원 R - Thr - BS_3 - BS_2닫힘($X_{(1)}$닫힘 - 유지) - $MC_{2(4)}$ - X(T) 동작 - 전원 T〉 t초 후에 접점 T_a로 MC_2가 동작하여 전동기가 역회전하며 접점 $MC_{2(4)}$로 X(T)는 복구한다.

〈전원 R - Thr - BS_3 - T_a닫힘($MC_{2(1)}$닫힘 - 유지) - $MC_{1(2)}$ - MC_2 동작 - 전원 T〉

BS_3을 주면 MC_2가 복구하여 전동기가 정지한다. 여기서 접점 $MC_{1(2)}$와 $MC_{2(2)}$는 인터록이다.

그림(c)의 로직 시퀀스에서 L입력 BS_1을 주면 인터록 A를 통하여 FF_1이 셋하여 MC_1이 동작하고 전동기는 정회전하며 BS_2 혹은 BS_3을 누르면 정지 회로 C 혹은 D를 통하여 FF_1이 리셋되어 MC_1이 복구하고 전동기가 정지한다.

MC_1이 동작(전동기 정회전) 중에 연동형 BS_2를 주면 정지 회로 C를 통하여 FF_1이 리셋하여 MC_1이 복구하고 전동기는 정지하며 또한 단안정 소자 SMV가 셋한다. t초 후에 SMV가 리셋하면 인터록 B를 통하여 FF_2가 셋하여 MC_2가 동작하고 전동기가 역회전하며 BS_3을 주면 정지 회로 D를 통하여 FF_2가 리셋하여 MC_2가 복구하고 전동기가 정지한다.

그림(d), (e)와 표는 PLC 시퀀스이다. 그림에서 공통 정지 기구 Thr(P000)과 BS_3(P003)은 각각 3회로에 분리 코딩하였다. P011은 기동 P001과 유지용 P011의 병렬에 정지용 P000과 P003의 유지 회로와 여기에 연동 P002 및 인터록 P012의 5입력 AND 회로이고 M001(T000)은 기동 P002와 유지용 M001의 병렬에 정지 P000과 P003 및 P012의 4입력 AND 회로이며 P012는 기동 T000과 유지용 P012의 병렬에 정지 P000와 P003 및 인터록 P011의 4입력 AND 회로로 된다.

P001을 주면 P011이 동작 유지하고 P003으로 복구한다. P011 동작 중 P002를 주면 P011이 복구하며 동시에 내부 출력 M001이 동작 유지하고 T000이 여자된다. 10초 후에 T000으로 P012가 동작 유지하며 P003으로 복구한다. 여기서 M001은 P012로 복구한다.

● 예제 3-6 ●

그림 3-14에서 정회전이 완전히 정지한 후에 역회전 기동하고 역회전 운전 중에 타이머 T가 복구하는 시퀀스 회로를 타이머를 추가하여 수정하시오. 단 감시 회로와 경보 회로는 생략한다.

【풀이】

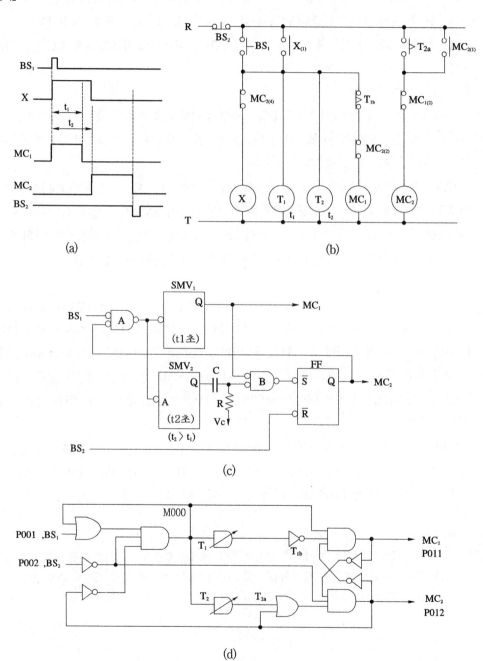

(a)

(b)

(c)

(d)

차례	명령	번지	차례	명령	번지	차례	명령	번지
0	LOAD	P001	7	⟨DATA⟩	00030	16	LOAD	T002
1	OR	M000	9	TMR	T002	17	OR	P012
2	AND NOT	P002	10	⟨DATA⟩	00040	18	AND NOT	P002
3	AND NOT	P012	12	LOAD	M000	19	AND NOT	P011
4	OUT	M000	13	AND NOT	T001	20	OUT	P012
5	LOAD	M000	14	AND NOT	P012	21	−	
6	TMR	T001	15	OUT	P011	22	−	

그림(a)의 타임 차트와 같이 유지 회로 X를 사용하여 MC₁과 타이머를 동작시키고 MC₂ 동작 후에 접점 MC₂(4)로 X와 타이머를 복구시킨다. 또 t₁초에 MC₁이 복구하여 전동기가 정회전을 정지한 후(정지하는 시간 t₂~t₁초) t₂초에 MC₂가 기동하도록 한다.

그림(b)의 릴레이 회로는 유지 회로 X로 MC₁과 두 타이머를 여자시키고 MC₂의 b접점으로

X가 복구하도록 하며 MC₁은 T₁로 복구하고 MC₂는 T₂로 동작하고 BS₂로 복구하도록 한다. 타이머는 전동기의 정회전 정지 시간을 t₂~t₁으로 한다.

그림(c)의 로직 회로는 BS₁로 두 타이머(SMV)를 여자시키고 MC₁은 인터록

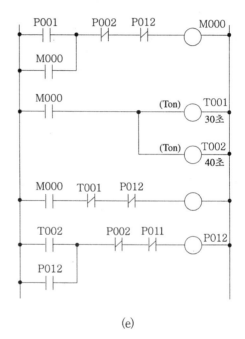

(e)

A를 통하여 SMV₁ 출력으로 동작 복구하고, MC₂는 SMV₂ 출력으로 인터록 B를 통하여 FF가 셋하여 동작하고 BS₂로 복구하도록 한다.

그림(d),(e)와 표의 PLC 회로는 내부 출력 M000로 유지 회로를 구성하고 타이머는 M000으로 여자하고 또 복구하도록 한다. 또 P011은 M000으로 동작하고 T001로 복구하도록 하며, P012는 T002로 동작하고 P002로 복구하도록 P002를 각각 분리하였다. 여기서 타이머의 시간은 편의상 각각 30초와 40초로 하였다.

● 예제 3-7 ●

예제 3-6을 이용하여 1시간 정회전 운전 후 자동 정지하고 1분 후에 자동으로 역회전 운전하며 1시간 후에 자동으로 정지하는 회로를 그리시오. 단 BS₂를 비상 정지 기구로 하고 주회로와 Thr 및 램프 회로는 생략하며 기타 조건은 무시한다.

【풀이】

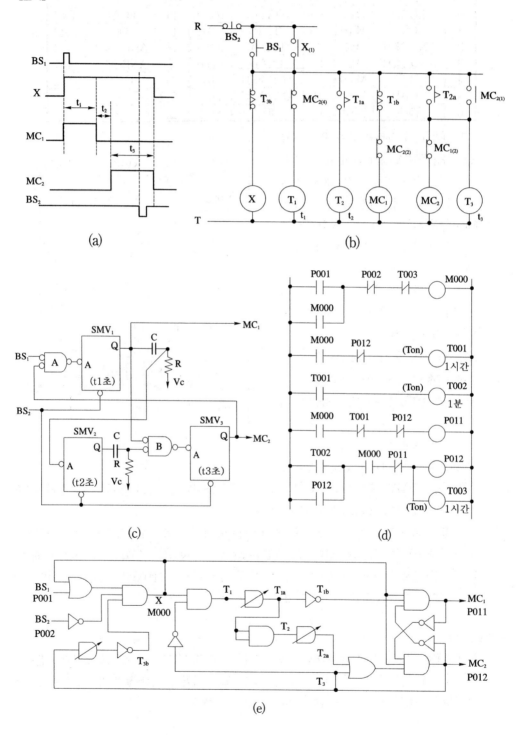

(a)

(b)

(c)

(d)

(e)

차례	명령	번지	차례	명령	번지	차례	명령	번지
0	LOAD	P001	8	⟨DATA⟩	36000	18	LOAD	T002
1	OR	M000	10	LOAD	T001	19	OR	P012
2	AND NOT	P002	11	TMR	T002	20	AND	M000
3	AND NOT	T003	12	⟨DATA⟩	00600	21	AND NOT	P011
4	OUT	M000	14	LOAD	M000	22	OUT	P012
5	LOAD	M000	15	AND NOT	T001	23	TMR	T003
6	AND NOT	P012	16	AND NOT	P012	24	⟨DATA⟩	36000
7	TMR	T001	17	OUT	P011	26	–	–

그림(a)의 타임 차트와 같이 T_1과 T_2를 분리하였고 MC_1 복구 후 1분 후에 MC_2가 동작하도록 하였다. 여기서 릴레이 X는 회로 전체를 유지하도록 하고 BS_2는 비상용으로 하였다.

그림(b)의 릴레이 회로에서 접점 T_{1a}로 T_2를 여자하고 또 T_3으로 회로 X를 정지시킨다. 즉 BS_1을 주면 X가 동작 유지하고 T_1이 여자하고 MC_1이 동작하여 전동기는 정회전 기동한다. 1시간 후에 접점 T_{1a}로는 T_2를 여자하고, T_{1b}로는 MC_1을 복구시켜 전동기를 정지시킨다. 1분 후에 타이머 T_{2a} 접점으로 MC_2가 동작하여 전동기는 역회전 기동하고 T_3이 여자되며 $MC_{2(4)}$ 접점으로 T_1, T_2가 복구된다. 1시간 후에 접점 T_{3b}로 X를 복구시키면 MC_2와 T_3이 복구되어 전동기가 정지한다. 여기서 BS_2를 주면 동작 중인 기구가 모두 복구하는 비상 정지용이다.

그림(c)의 로직 회로는 타이머 기구 3개를 사용하였다. 즉 BS_1을 주면 인터록 회로 A를 통하여 SMV_1이 셋하여 MC_1이 동작하고 1시간 후에 SMV_1이 리셋하면 MC_1이 복구하고 SMV_2가 셋한다. 1분 후에 SMV_2가 리셋하면 인터록 회로 B를 통하여 SMV_3이 셋하여 MC_2가 동작하고 1시간 후에 SMV_3이 리셋하면 MC_2가 복구한다.

그림(d), (e)와 프로그램의 PLC 회로는 내부 출력 M000로 회로를 유지하고 T003으로 복구하며 P002로 비상 정지한다. T001은 M000으로 여자하고 P012로 복구하도록 하고 T002는 T001로 여자하고 T001과 같이 복구한다. 또 P011은 M000으로 동작하고 T001로 복구하도록 하며, P012는 T002로 동작 유지하고 M000으로 복구하도록 M000을 각각 분리하였다. T003은 P012와 같이 동작하도록 하였다.

◈ 연습문제 3-10

그림은 3상 유도 전동기의 정·역회전 운전용 단선 결선도이다. 3선 결선도와 릴레이 회로를 그리시오. (단, 전원은 3상이고 버튼 스위치는 OFF 기능용 3개와 ON 기능용 2개이며 정·역회전 표시 램프를 그린다.)

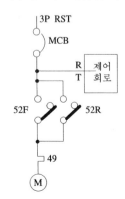

🎣 **연습문제 3-11**

그림은 L입력형 $\overline{R}\,\overline{S}$-latch를 사용한 전동기의 정·역 운전 회로의 일부이다. 물음에 HHLL 등으로 답하시오. 단, H는 전압 레벨이고 L은 접지 레벨이며 ①~④는 상태 표시(○)를 나타낸다.

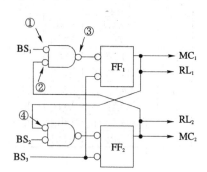

(1) BS_1을 누르고 있고 MC_1이 동작했다. ①~④의 레벨 상태를 차례로 쓰시오.

(2) MC_1이 동작 중일 때 ①~④의 레벨 상태를 차례로 쓰시오.

(3) MC_2가 동작 중일 때 ①~④의 레벨 상태를 차례로 쓰시오.

(4) MC_2가 동작 중이고 BS_1과 BS_2가 눌려져있다. ①~④의 레벨 상태를 차례로 쓰시오.

(5) BS_3을 눌렀다 놓았다. 이후 ①~④의 레벨 상태를 차례로 쓰시오.

🎣 **연습문제 3-12**

그림은 3상 유도 전동기의 정·역운전 회로의 일부를 그린 것이고 H입력형이다.

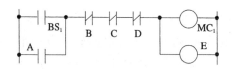

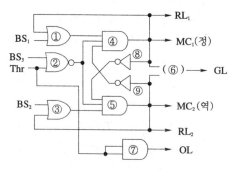

(1) 유지 회로의 기능을 갖는 논리 소자 2개를 ①~⑨번 중에서 찾아 번호로 답하시오.

(2) 인터록 회로의 기능을 갖는 논리 소자 2개를 ①~⑨번 중에서 찾아 번호로 답하시오.

(3) OL 램프가 점등중일 때 H레벨 출력이 되는 논리 소자 4개를 ①~⑨번 중에서 찾아 번호로 답하시오.

(4) Thr이 작동했을 때 동작하는 출력 기구 2개를 쓰시오.

(5) MC_1 혹은 MC_2가 동작하면 GL은 소등된다. ⑥의 논리 기호를 그리시오

(6) MC_1이 동작중이다. H레벨 출력이 되는 논리 소자 4개를 ①~⑨번 중에서 찾아 번호로 답하시오.

(7) BS₂를 누르고 있으니 MC₂가 동작중이다. H레벨 출력이 되는 논리 소자 4개를 ①~⑨번 중에서 찾아 번호로 답하시오.

(8) BS₃을 누르고 있을 때 논리 소자 ②의 출력의 레벨은 H 레벨인가? L레벨인가?

(9) 래더 회로에서 B는 BS₃, C는 Thr이다. A, D, E의 문자 기호를 쓰고 기능을 한마디로 쓰시오.

🖋 **연습문제 3-13**

그림은 전동기의 정·역 회전 회로의 일부의 미완성 회로이다.

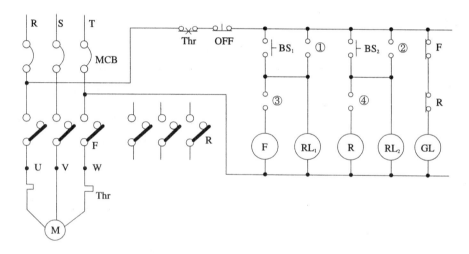

(1) 주접점 R의 결선을 완결하시오.

(2) ①~④번 접점의 기능을 한마디로 답하고 그림 기호와 문자 기호를 그리시오.

(3) 전동기의 과부하 보호용 기구는 어느 것인가?.

(4) 전동기 운전 중 OFF를 눌렀다 놓으면 어떤 램프가 점등하느냐?

(5) 정회전용 버튼 스위치는 어느 것이냐?

(6) BS₁을 ON하여 전동기가 운전 중에 BS₂를 ON하면 전동기는 어떻게 되느냐?

🖋 **연습문제 3-14**

그림은 어떤 전동기 운전 회로의 일부이다.

(1) ①,②,⑤,⑥의 기능(역활)을 각각 한마디로 쓰시오.

(2) 타이머 릴레이의 접점을 번호로 지적하고 이름을 상세히 쓰시오.

(3) 논리 회로 그대로 릴레이 회로로 바꾸시오.

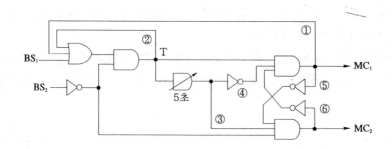

✎ **연습문제 3-15**

그림은 콘덴서 전동기의 촌동 및 정역 제어의 PLC 프로그램의 일부이다.

차례	명령	번지	차례	명령	번지	차례	명령	번지
0	STR	3	6	OUT	26	12	AND NOT	26
1	OR	171	7	OUT	171	13	AND NOT	5
2	AND NOT	6	8	STR	4	14	OUT	27
3	OR	6	9	OR	172	15	OUT	172
4	AND NOT	27	10	AND NOT	7	16	−	−
5	AND NOT	5	11	OR	7	17	−	−

(1) 릴레이 회로를 그리시오. 단 보조 릴레이는 생략한다.

(2) 논리 회로를 그리시오. 단 2입력 AND 회로, 2입력 OR 회로, NOT 회로를 사용한다. 여기서 $BS_1 \sim BS_5$: 3~7번지, MC : 26, 27번지. 내부 출력(보조 릴레이) : 171,172번지이다.

✎ **연습문제 3-16**

그림의 타임 차트는 전동기 정역 운전 회로의 일부를 그린 것이다. 릴레이 회로를 그리시오. 단, 타이머는 순시 접점이 없는 것으로 하여 유지용 보조 릴레이를 사용한다.

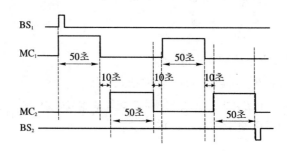

◐ **연습문제 3-17**

(1) 그림은 소형 컨덴서 전동기의 자동 정역 제어 릴레이 회로의 일부이다. BS_1, BS_2, MC, X의 타임 차트를 그리고 또 프로그램의 ( )에 알맞은 명령어나 번지를 쓰시오.

(2) 그림의 회로에서 t_1분간 정회전하고 t_2분간 역회전하는 것을 반복하는 릴레이 회로로 바꾸어 보자. 단 타이머 릴레이 1개를 추가하고 램프 회로와 기타는 생략한다.

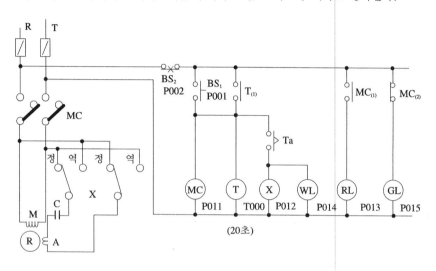

◐ **연습문제 3-18**

그림은 전동기 정역 운전 회로의 일부를 그린 것이다. 전동기가 운전 중 정역을 곧바로 바꾸면 과전류와 기계적 손상 때문에 지연 타이머로 시간 지연을 주도록 한 회로이다.

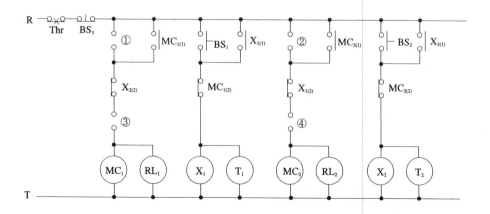

(1) ①~④에 알맞은 접점을 그리고 문자 기호를 쓰시오. 기타 조건은 무시한다.

(2) 기동용 기구, 유지용 기구, 정지용 기구(BS_3, Thr 제외)가 각각 4개씩 있다. 예와 같이 쓰시오.(예 유지용 기구 ; ①, $X_{1(1)}$, $X_{2(2)}$, $T_{1(1)}$)

(3) 2입력 OR 회로 1개, 2입력 NOR 회로 1개, 3입력 AND 회로 1개, NOT 회로 1개를 사용하여 X_1의 논리 회로를 그리시오.

2. Y-⊿ 기동 운전 회로

3상 유도 전동기의 전전압 기동(3-1장 참조)은 기동 전류가 정격 전류의 4~6배 정도로 되어 전력 계통과 기기에 영향을 주므로 극소형 이외는 입력 전압을 낮추어 기동한다. 이러한 저전압 기동법에는 Y-⊿ 기동법, 리액터 기동법, 저항 기동법, 기동 보상기법 등이 있다.

Y-⊿ 기동은 10 [kW] 정도의 전동기의 기동법으로 사용되며 전동기 권선을 Y결선으로 하여 기동하고 수초 후에 ⊿결선으로 변환하여 운전한다. 여기에는 연동 버튼 스위치를 사용한 수동 기동법과 타이머를 사용하는 자동 기동법이 있으며 유지 회로, 인터록 회로, 타이머 회로, 경보 회로 등으로 구성한다.

그림 3-16은 3상 유도 전동기의 주회로이다. 그림(a)에서

① 주접점 MC_1이 닫히면 전동기 M에 전기를 공급하는 모선이 접속된다. 여기서 MC_1은 유지 기능이므로 생략하고 보조 기구 Ⓧ로 대신하여도 된다. 그러나 MC_1을 사용하여 개방 전압을 먼저 전동기 코일 M에 가한 후 MC_2로 Y결선 기동하면 코일에 과도 전류가 줄어드는 이점이 있어 모선 접속 기능을 추가한다.

② 주접점 MC_2가 닫히면 전동기 M을 Y결선하여 기동한다.

③ 수초 후에 주접점 MC_2가 열리고 MC_3이 닫히면 전동기 M을 ⊿결선하여 정상 운전한다. 여기서 MC_2, MC_3이 동시에 동작하면 Y결선 중성점에서 전원 R, S, T 3선이 합선되므로 제어 회로에 인터록 회로를 넣어 MC_2가 열린 후 MC_3이 닫히도록 한다.

④ 주접점 MC_1과 MC_3이 열리면 전동기 M은 전기가 끊어져 정지한다.

⑤ 따라서 Y-⊿ 기동의 기본 논리는 MC_1로 모선을 접속하고 MC_2로 Y결선 기동하며 수초 후에 MC_3으로 ⊿결선 운전하는 것이다.

그림(b)는 Y결선 접속도인 데 3상의 3코일을 중성점에서 MC_2로 묶었다. 여기서 기호 Ⓜ은 3상 코일을 나타낸 것에 유의한다.

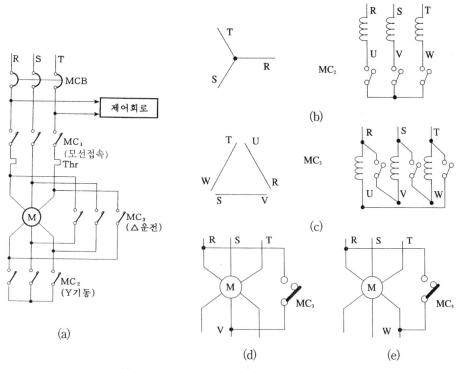

그림 3-16 Y-⊿ 기동의 주회로

그림(c)는 ⊿결선 접속도인데 3코일이 끊김없이 MC₃으로 연결되어 있다. 즉 〈R점 - MC₃접점 - V점 - 코일Ⓜ - S점 - MC₃접점 - W점 - 코일Ⓜ - T점 - MC₃접점 - U점 - 코일Ⓜ〉의 3코일을 MC₃ 접점 3개로 각각 접속하여 ⊿결선 하였다. 이 접속은 종래에는 그림(e)와 같이 MC₃의 첫 번째 접점을 R선과 W선 사이에 접속하여 ⊿결선을 하였다. 그러나 지금은 그림(d)와 같이 MC₃의 첫 번째 접점을 R선과 V선 사이에 접속하여 ⊿결선함으로서 기동 순간의 과도(돌입) 전류를 줄이고 있다.

그림 3-17은 연동 버튼 스위치를 사용한 수동 기동법의 일예이고 MC₁로 모선을 접속하고 MC₂로 Y결선 기동하며 수초 후에 MC₃으로 ⊿결선 운전한다.

그림(a), (b)에서 BS₁을 주면 MC₁이 동작하여 접점 MC₁₍₁₎이 닫혀 유지하고, 접점 MC₁₍₂₎가 열려 GL이 소등하며, 주회로에서 주접점 MC₁이 닫혀 모선을 접속하여 전동기 Ⓜ에 전기 공급을 준비한다.

〈전원 R - Thr - BS₃ - BS₁닫힘(MC₁₍₁₎닫힘 - 유지) - MC₁ 동작 - 전원 T〉

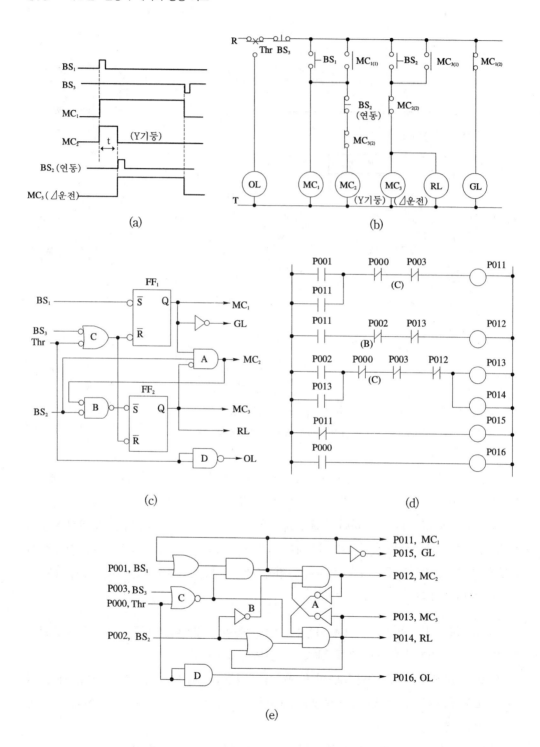

(a)

(b)

(c)

(d)

(e)

차례	명령	번지	차례	명령	번지	차례	명령	번지
0	LOAD	P001	7	AND NOT	P013	14	OUT	P013
1	OR	P011	8	OUT	P012	15	OUT	P014
2	AND NOT	P000	9	LOAD	P002	16	LOAD NOT	P011
3	AND NOT	P003	10	OR	P013	17	OUT	P015
4	OUT	P011	11	AND NOT	P000	18	LOAD	P000
5	LOAD	P011	12	AND NOT	P003	19	OUT	P016
6	AND NOT	P002	13	AND NOT	P012	20	−	−

그림 3-17 수동식 Y−⊿ 기동 회로

동시에 MC_2가 동작하여 전동기는 Y결선 기동한다. 또한 접점 $MC_{2(2)}$가 열려 MC_3에 인터록을 만든다.

〈전원 R - Thr - BS_3 - BS_1닫힘($MC_{1(1)}$닫힘 - 유지) - BS_2 - $MC_{3(2)}$ - MC_2 동작 - 전원 T〉

t초 후에 연동 스위치 BS_2를 주면 MC_2가 복구하여 그 주회로 접점 MC_2가 열려 전동기 Ⓜ이 Y결선 기동을 끝낸다. 이어 인터록 접점 $MC_{2(2)}$가 닫히면 MC_3이 동작하여 접점 $MC_{3(1)}$이 닫혀 유지되며 RL이 점등한다.

〈전원 R - Thr - BS_3 - BS_2닫힘($MC_{3(1)}$닫힘 - 유지) - $MC_{2(2)}$ - MC_3 동작 - 전원 T〉

동시에 주회로의 주접점 MC_3이 닫혀 전동기 Ⓜ이 ⊿결선 운전된다. 동시에 접점 $MC_{3(2)}$가 열려 MC_2에 인터록을 만든다. 전동기 운전 중에 동작중인 기구는 MC_1, MC_3, RL의 3개이다.

BS_3을 주면 제어 회로는 전부 복구하고 전동기도 정지하며 GL이 점등한다. 또 Thr이 트립되면 제어 회로는 복구하고 GL이 점등한다. 동시에 OL이 점등하고 Thr이 회복되면 소등한다.

그림(c)에서 BS_1을 주면 FF_1이 셋하여 MC_1이 동작하여 모선 접속한다. 이어 GL이 소등하고 인터록 A회로를 통하여 MC_2가 동작하여 Y결선 기동한다. 수초 후에 연동형 BS_2를 주면 A회로를 통하여 MC_2가 복구하여 기동이 완료되고 이어 인터록 B회로를 통하여 FF_2가 셋되어 MC_3이 동작하여 ⊿결선 운전된다. BS_3(Thr)을 주면 정지용 C회로를 통하여 FF_1과 FF_2가 리셋하여 MC_1과 MC_3이 복구하여 전동기는 정지하고 GL이 점등한다. 간추리면 아래와 같다.

BS_1↑ - FF_1↑ - MC_1↑ - GL↓, A↑ - MC_2↑

BS_2↑ - A↓ - MC_2↓, B↑ - FF_2↑ - MC_3↑, RL↑

BS_3↑ - C↑ - FF_1↓, FF_2↓ - MC_1↓, MC_3↓, RL↓ - GL↑

그림(d),(e)와 표에서 P001을 주면 P011이 동작 유지하고 이어 P012가 동작하여 Y기동하며

P015가 소등한다. 수초 후에 P002를 주면 B회로로 P012가 복구하고 다음 P013이 동작 유지하여 △운전한다. 정지용 C회로 P003(P000)을 주면 P011과 P013이 복구하여 운전이 정지되고 P015가 점등된다. 그림(d)에서 정지용 P000과 P003을 두 회로에 분리하고 또 P012와 P015를 P011에서 분리하여 회로를 단순화하여 일반 명령으로 코딩한다.

그림 3-18은 그림 3-17의 연동 스위치 대신에 타이머를 사용한 자동 기동 회로의 예이고 유지 회로에 인터록과 타이머 회로를 넣은 것과 같다.

그림(a)에서 BS_1을 주면 MC_1이 동작하여 접점 $MC_{1(1)}$이 닫혀 유지하고, 접점 $MC_{1(2)}$가 열려 GL이 소등하며, 주회로에서 주접점 MC_1이 닫혀 모선을 접속하여 전동기 Ⓜ에 전기 공급을 준비한다.

〈전원 R - Thr - BS_2 - BS_1닫힘($MC_{1(1)}$ 유지) - MC_1동작 - 전원 T〉

동시에 접점 $MC_{1(3)}$이 닫혀서 기동 운전 회로를 준비(유지)한다. 여기서 접점 $MC_{1(3)}$은 MC_1이 동작한 후에 MC_2가 동작하도록 시간차를 준다.

접점 $MC_{1(3)}$이 닫히면 MC_2가 동작하고 그 주회로 접점 MC_2가 닫혀 전동기가 Y결선 기동한다.

〈전원 R - Thr - BS_2 - $MC_{1(3)}$ - T_b - $MC_{3(2)}$ - MC_2 동작 - 전원 T〉

동시에 T가 여자된다. 또한 접점 $MC_{2(2)}$가 열려 △결선 출력 MC_3에 인터록을 만든다.

〈전원 R - Thr - BS_2 - $MC_{1(3)}$ - $MC_{3(4)}$ - T 여자 - 전원 T〉

설정 시간 t(10초) 후에 T가 동작하여 T_b가 열리면 MC_2가 복구하여 그 주회로 접점 MC_2가 열려 전동기 Ⓜ이 Y결선 기동을 끝낸다. 이어서 T_a가 닫히고 인터록 접점 $MC_{2(2)}$가 닫히면

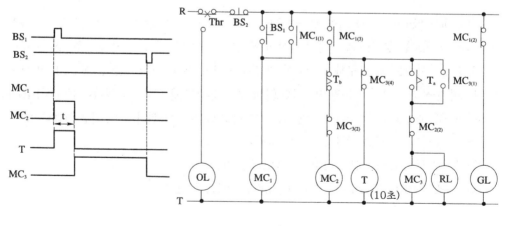

(a)

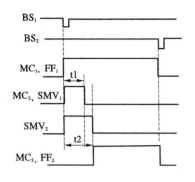

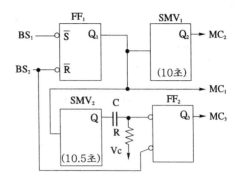

(b)

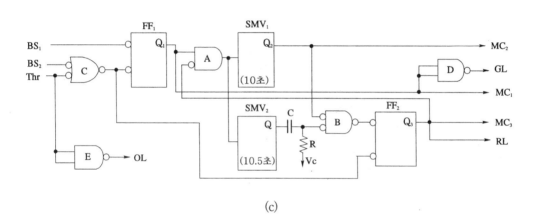

(c)

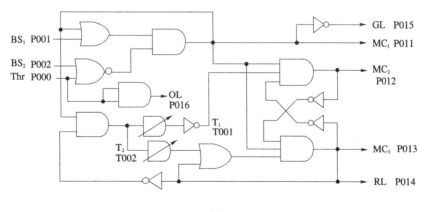

(d)

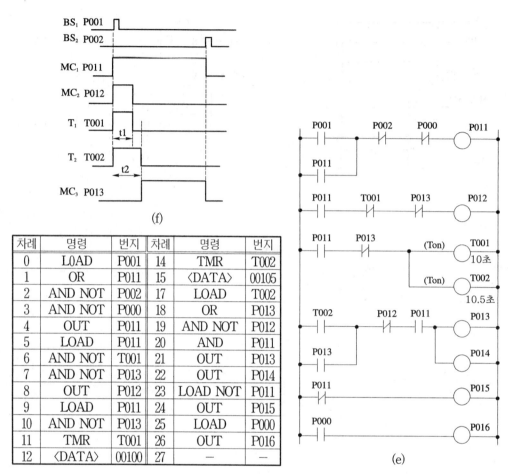

차례	명령	번지	차례	명령	번지
0	LOAD	P001	14	TMR	T002
1	OR	P011	15	〈DATA〉	00105
2	AND NOT	P002	17	LOAD	T002
3	AND NOT	P000	18	OR	P013
4	OUT	P011	19	AND NOT	P012
5	LOAD	P011	20	AND	P011
6	AND NOT	T001	21	OUT	P013
7	AND NOT	P013	22	OUT	P014
8	OUT	P012	23	LOAD NOT	P011
9	LOAD	P011	24	OUT	P015
10	AND NOT	P013	25	LOAD	P000
11	TMR	T001	26	OUT	P016
12	〈DATA〉	00100	27	—	—

그림 3-18 Y-⊿ 자동 기동 회로

MC$_3$이 동작하여 접점 MC$_{3(1)}$이 닫혀 유지되며 RL이 점등한다. 동시에 주회로의 주접점 MC$_3$이 닫혀 전동기 ⓜ이 ⊿결선 운전된다. 동시에 접점 MC$_{3(2)}$가 열려 MC$_2$에 인터록을 만들고 MC$_{3(4)}$가 열려 T가 복구한다. 전동기 운전 중에 동작중인 기구는 MC$_1$, MC$_3$, RL의 3개이다.

〈전원 R - Thr - BS$_2$ - MC$_{1(3)}$ - T$_a$(MC$_{3(1)}$ 유지) - MC$_{2(2)}$ - MC$_3$ 동작 - 전원 T〉

정지용 BS$_2$를 주면 제어 회로는 전부 복구하고 전동기도 정지하며 GL이 점등한다. 또 Thr이 트립되면 제어 회로는 복구하고 GL이 점등한다. 동시에 OL이 점등하고 Thr이 회복되면 소등한다.

그림(b)에서 L입력형 BS$_1$을 주면 FF$_1$이 set하여 MC$_1$이 동작하여 전동기를 모선에 접속한다. 동시에 SMV_1이 셋하여 MC_2가 동작하여 전동기는 Y결선 기동한다. 또 SMV_2가 셋한다. 10초 후에 SMV_1이 리셋하면 MC_2가 복구하여 Y 기동이 끝난다. 또 10.5초 후에 SMV_2가 리셋하면 FF_2가 셋하여 MC_3이 동작하여 전동기는 Δ결선 운전되며 BS_2를 주면 모두 복구한다. 여기서 로직 회로나 PLC에서는 접점 요소의 동작 시간이 〔μs〕이상이고 MC 접점의 동작 속도는 〔ms〕이하이므로 로직과 PLC의 출력으로 MC에 인터록을 할 시간적인 여유가 없으므로 타이머 T_1로 MC_2를 복구시킨 후 0.5초의 여유를 준 후에 타이머 T_2로 MC_3을 동작시켜서 인터록을 명확히 하기 위하여 타이머 기구를 2개 사용한다.

그림(c)는 그림(b)에 인터록을 첨부한 회로이다. 즉 L입력형 BS_1을 주면 FF_1이 셋하여 MC_1이 동작하여 전동기를 모선에 접속하고 D회로(NOT)를 통하여 GL이 소등한다. 동시에 인터록 A를 통하여 SMV_1이 셋하여 MC_2가 동작하여 전동기는 Y결선 기동한다. 또 SMV_2가 셋한다.

10초 후에 SMV_1이 리셋하면 MC_2가 복구하여 전동기의 Y결선 기동이 완료된다. 10.5초 후에 SMV_2가 리셋되면 미분 회로와 인터록 B를 통하여 FF_2가 셋하여 MC_3이 동작하고 전동기는 Δ결선 운전되며 RL이 점등된다. BS_2(혹은 Thr 트립)를 주면 정지용 회로 C를 통하여 동작중인 FF_1, MC_1, FF_2, MC_3이 모두 복구하고 전동기는 정지한다. Thr 트립시는 정지용 C를 통하여 동작중인 기구가 모두 복구하고 GL과 OL이 점등된다. 간추리면 아래와 같다.

$BS_1\uparrow$ - $FF_1\uparrow$ ┬$MC_1\uparrow$, $D\downarrow$ - $GL\downarrow$
　　　　　　　　└$A\uparrow$ ┬$SMV_1\uparrow$ - $MC_2\uparrow$(기동) - (10초) - $SMV_1\downarrow$ - $MC_2\downarrow$(기동완료)
　　　　　　　　　　　　└$SMV_2\uparrow$ - (10.5초) - $SMV_2\downarrow$ - $B\uparrow$ - $FF_2\uparrow$ - $MC_3\uparrow$(운전), $RL\uparrow$
$BS_2\uparrow$ - $C\uparrow$ - $FF_1\downarrow$, $FF_2\downarrow$ - $MC_1\downarrow$, $MC_3\downarrow$, $RL\downarrow$, $D\uparrow$ - $GL\uparrow$
$Thr\uparrow$ - $C\uparrow$, $E\uparrow$ - $FF_1\downarrow$, $FF_2\downarrow$, $OL\uparrow$ - $MC_1\downarrow$, $MC_3\downarrow$, $RL\downarrow$, $D\uparrow$ - $GL\uparrow$($Thr\downarrow$ - $OL\downarrow$)

그림(d), (e)의 PLC회로에서 입력 P001(BS_1)을 주면 P011(MC_1)이 동작 유지하고 P015(GL)가 소등하며 P012, P013, T000, T001의 동작을 준비한다. 또 주회로에서 주접점 MC_1이 닫혀 전동기 M에 개방 전압을 가한다. P011 번지로 P012(MC_2)가 동작하여 주회로에서 주접점 MC_2가 닫혀 전동기 M이 Y결선 기동한다. 동시에 P011로 T001(T_1, TON)과 T002(T_2, TON)가 여자된다. 설정 시간 10초 후에 타이머 T001(TON)이 동작하여 P012(MC_2)가 복구하면 주접점 MC_2가 열려 전동기 M의 Y결선 기동이 끝난다. 설정 시간 10.5초 후에 T002(TON)가 동작하면 P013(MC_3)이 동작 유지하고 P014(RL)가 점등한다. 동시에 주회로에서 주접점 MC_3이 닫혀 전동기 M이 Δ결선 운전된다. 이 때 P013 번지로 타이머 T001과 T002를 복구시킨다. 입력 P002(BS_2)을 주면 P011과 P013이 복구하고 P015가 점등한다. 동시에 주회로에서 MC_1, MC_3이 열려 전동기 M이 정지한다. P000(Thr)이 트립되면 전 기구가 복구하고 P016(OL)이 점등되고 P000이 회복되면 소등된다. 여기서 양논리 회로를 간추리면 먼저 MC_1은 유지 회로로, MC_2는 MC_1로 시작하는 3입력(MC_1, T_1, MC_3) AND 회로로, 타이머는 MC_1과 MC_3의 2입력 AND 회로로, MC_3은 MC_1을 운전 및 정지 신호로 하고 타이머 T_2를 기동 신호로 하는 유지 회로로 동작된다.

그림 3-19는 Y-Δ 기동 정·역회전 회로이다. 그림(a)에서 주회로는 전자 접촉기 4개를 사용하였다. 즉 MC_1로 정회전시키고, MC_4로 R선과 T선의 접속을 바꾸어서 역회전시키며, MC_2는 Y결선 기동용으로, MC_3은 Δ결선 운전용으로 사용하고 있다.

그림(a),(b)와 (c)의 릴레이 회로에서

① 전동기가 정지해 있을 때 BS_1을 누르면 MC_2, MC_1, MC_3의 순으로 동작하여 전동기는 정회전 기동 운전한다. 즉 BS_1을 누르면 MC_2가 동작 유지하고 T가 여자되며 주회로에서 주접점 MC_2가 닫혀 Y결선 기동 준비를 한다.

⟨전원 R - Thr - BS_3 - BS_1닫힘($MC_{2(1)}$ 유지) - T_b - $MC_{3(2)}$ - MC_2 동작 - 전원 T⟩

접점 $MC_{2(1)}$이 닫혀 유지하고, 접점 $MC_{2(3)}$이 닫히면 MC_1이 동작하여 주회로에서 주접점 MC_1이 닫혀 전동기가 정회전 Y결선 기동한다. 여기서 $MC_{1(4)}$가 열려 GL이 소등하며 $MC_{2(2)}$는 MC_3에, $MC_{1(2)}$와 연동형 b접점 BS_1은 MC_4에 인터록 회로를 만든다.

⟨전원 R - Thr - BS_3 - $MC_{2(1)}$ - $MC_{2(3)}$($MC_{1(1)}$유지) - BS_2 - $MC_{4(2)}$ - $MC_1(RL_1)$동작 - 전원 T⟩

설정 시간 후에 접점 T_b가 열리면 MC_2가 복구하여 Y결선 기동이 끝나고 인터록 접점 $MC_{2(2)}$가 닫혀서 MC_3이 동작하여 주회로에서 주접점 MC_3이 닫혀 전동기는 Δ결선 운전된다. 이 때 접점 $MC_{2(1)}$이 열려 타이머 T가 복구한다.

⟨전원 R - Thr - BS_3 - $MC_{1(3)}$ - $MC_{2(2)}$ - $MC_3(RL_3)$동작 - 전원 T⟩

정지용 BS_3을 주면 제어 회로는 전부 복구하고 전동기도 정지하며 GL이 점등한다. 또 Thr이 트립되면 제어 회로는 복구하고 GL이 점등한다. 동시에 Thr이 회복될 때까지 OL이 점등한다.

② 전동기가 정지해 있을 때 BS_2를 누르면 MC_2, MC_4, MC_3의 순으로 동작하여 역회전 기동 운전한다. 즉 BS_2를 누르면 MC_2가 동작 유지하고 T가 여자되며 주회로에서 주접점 MC_2가 닫혀 Y결선 기동 준비를 한다.

⟨전원 R - Thr - BS_3 - BS_2닫힘($MC_{2(1)}$ 유지) - T_b - $MC_{3(2)}$ - MC_2 동작 - 전원 T⟩

접점 $MC_{2(1)}$이 닫혀 유지하고, 접점 $MC_{2(3)}$이 닫혀 MC_4가 동작하여 주회로에서 주접점 MC_4가 닫혀 전동기가 역회전 Y결선 기동한다. 여기서 $MC_{4(4)}$가 열려 GL이 소등하며 $MC_{2(2)}$는 MC_3에, $MC_{4(2)}$와 연동형 b접점 BS_2는 MC_1에 인터록 회로를 만든다.

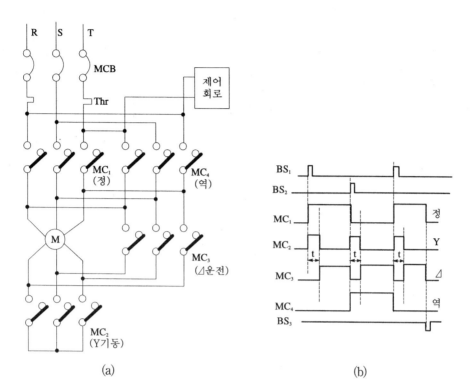

(a)　　　　　　　　　　　　　(b)

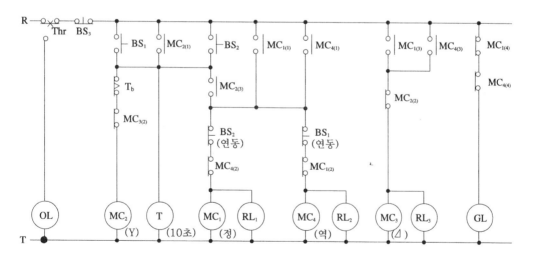

(c)

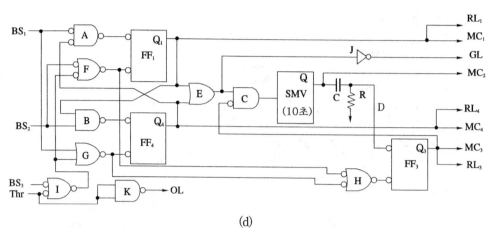

(d)

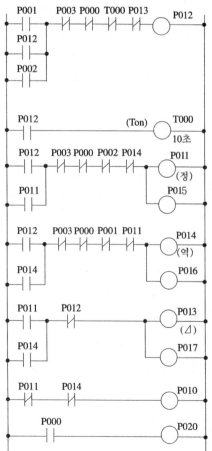

차례	명령	번지	차례	명령	번지
0	LOAD	P001	20	LOAD	P012
1	OR	P012	21	OR	P014
2	OR	P002	22	AND NOT	P003
3	AND NOT	P003	23	AND NOT	P000
4	AND NOT	P000	24	AND NOT	P001
5	AND NOT	T000	25	AND NOT	P011
6	AND NOT	P013	26	OUT	P014
7	OUT	P012	27	OUT	P016
8	LOAD	P012	28	LOAD	P011
9	TMR	T000	29	OR	P014
10	⟨DATA⟩	00100	30	AND NOT	P012
12	LOAD	P012	31	OUT	P013
13	OR	P011	32	OUT	P017
14	AND NOT	P003	33	LOAD NOT	P011
15	AND NOT	P000	34	AND NOT	P014
16	AND NOT	P002	35	OUT	P010
17	AND NOT	P014	36	LOAD	P000
18	OUT	P011	37	OUT	P020
19	OUT	P015	38	—	—

(e)

그림 3-19 Y-⊿ 기동 정·역회전 회로

〈전원 R - Thr - BS₃ - MC₂₍₁₎ - MC₂₍₃₎(MC₄₍₁₎유지) - BS₁ - MC₁₍₂₎ - MC₄(RL₂)동작 - 전원 T〉

설정 시간 후에 접점 T_b가 열리면 MC_2가 복구하여 Y결선 기동이 끝나고 인터록 접점 $MC_{2(2)}$가 닫혀서 MC_3이 동작하여 주회로에서 주접점 MC_3이 닫혀 전동기는 △결선 운전된다. 이 때 접점 $MC_{2(1)}$이 열려 타이머 T가 복구한다.

〈전원 R - Thr - BS₃ - MC₄₍₃₎ - MC₂₍₂₎ - MC₃(RL₃)동작 - 전원 T〉

정지용 BS_3을 주면 제어 회로는 전부 복구하고 전동기도 정지하며 GL이 점등한다. 또 Thr이 트립되면 제어회로는 복구하고 GL이 점등한다. 동시에 Thr이 회복될 때까지 OL이 점등한다.

③ 전동기가 역회전 운전 중에 BS_1을 누르면 연동 BS_1이 열려 MC_4가 복구하고 접점 $MC_{4(3)}$이 열려 MC_3이 복구하여 역회전 운전이 중단되고 이어서 MC_2, MC_1, MC_3의 순으로 동작하여 정회전 기동 운전됨은 위의 ①과 같다. 또 전동기가 정회전 운전 중에 BS_2를 누르면 연동 BS_2가 열려 MC_1이 복구하고 접점 $MC_{1(3)}$이 열려 MC_3이 복구하여 정회전 운전이 중단되고 이어서 MC_2, MC_4, MC_3의 순으로 동작하여 역회전 기동 운전됨은 위의 ②와 같다.

그림(a)와 (d)의 로직 회로에서

① BS_1을 누르면 정지용 G회로를 통하여 FF_4가 리셋하여 MC_4가 복구하고, 또 정지용 G,H회로를 통하여 FF_3이 리셋하여 MC_3이 복구하므로 전동기의 역회전 운전이 정지된다. 다음 순간 인터록 A를 통하여 FF_1이 셋하여 MC_1이 동작하고, 또 E와, 인터록 C를 통하여 SMV가 셋하여 MC_2가 동작하여 전동기는 Y결선 기동한다. 10초 후에 SMV가 리셋하여 MC_2가 복구하면 Y결선 기동이 끝나고 동시에 미분 회로를 통하여 FF_3이 셋하여 MC_3이 동작하면 전동기는 정회전 운전한다. 정지용 BS_3을 주면 정지용 I, F 회로를 통하여 FF_1이 리셋하여 MC_1이 복구하고 또 I, F, H회로를 통하여 FF_3이 리셋하여 MC_3이 복구하여 전동기의 정회전 운전이 정지된다.

② BS_2를 누르면 정지용 F회로를 통하여 FF_1이 리셋하여 MC_1이 복구하고, 또 정지용 F, H회로를 통하여 FF_3이 리셋하여 MC_3이 복구하므로 전동기의 정회전 운전이 정지된다. 다음 순간 인터록 B를 통하여 FF_4가 셋하여 MC_4가 동작하고, 또 E와, 인터록 C를 통하여 SMV가 셋하여 MC_2가 동작하여 전동기는 Y결선 기동한다. 10초 후에 SMV가 리셋하여 MC_2가 복구하면 Y결선 기동이 끝나고 동시에 미분 회로를 통하여 FF_3이 셋하여

MC$_3$이 동작하면 전동기는 역회전 운전한다. 정지용 BS$_3$을 주면 정지용 I, G 회로를 통하여 FF$_4$가 리셋하여 MC$_4$가 복구하고 또 I, G, H회로를 통하여 FF$_3$이 리셋하여 MC$_3$이 복구하여 전동기의 역회전 운전이 정지된다. 간추리면 아래와 같다.

BS$_1$↑ ┬ G↑ ┬ FF$_4$↓ - MC$_4$↓, E↓ - J↑ - GL↑
     │   └ H↑ - FF$_3$↓ - MC$_3$↓
     └ A↑ - FF$_1$↑ ┬ MC$_1$↑, E↑ - J↓ - GL↓
                  └ E↑ - C↑ - SMV↑ - MC$_2$↑(Y기동) - (10초) - SMV↓ ┬ MC$_2$↓(기동완료)
                                                       └ D↑ - FF$_3$↑ - MC$_3$↑(운전)

BS$_2$↑ ┬ F↑ ┬ FF$_1$↓ - MC$_1$↓, E↓ - J↑ - GL↑
     │   └ H↑ - FF$_3$↓ - MC$_3$↓
     └ B↑ - FF$_4$↑ ┬ MC$_4$↑, E↑ - J↓ - GL↓
                  └ E↑ - C↑ - SMV↑ - MC$_2$↑(Y기동) - (10초) - SMV↓ ┬ MC$_2$↓(기동완료)
                                                      └ D↑ - FF$_3$↑ - MC$_3$↑(운전)

BS$_3$(Thr)↑ - I↑ ┬ F↑ ┬ FF$_1$↓ - MC$_1$↓, E↓ - J↑ - GL↑
              │   ├ H↑ - FF$_3$↓ - MC$_3$↓
              └ G↑ ┴ FF$_4$↓ - MC$_4$↓, E↓ - J↑ - GL↑

그림(c)의 릴레이 회로를 참고하여 래더 회로를 그리면 (e)와 같고 표와 같이 프로그램된다.

P012(MC$_2$)는 P001(BS$_1$), P002(BS$_2$)와 유지용 P012(MC$_{2(1)}$)의 병렬 회로에 Thr(P000), BS$_3$(P003), T$_b$(T000), 인터록 MC$_3$ b접점(P013)의 5입력 AND 회로로 동작한다. 타이머 T000은 P012로 분리 여자하고 P012를 복구시킨다. P011(MC$_1$)과 P014(MC$_4$)는 각각 P012로 동작하고 자체 유지하며 정지용 2개, 인터록, 연동 스위치의 5입력 AND 회로로 각각 동작한다.

P013(MC$_3$)은 운전 및 정지용 P011과 P014의 병렬에 인터록의 2입력 AND 회로로 동작한다.

P001을 먼저 주면 P012가 동작 유지하여 전동기를 Y결선시키고 동시에 T000이 여자되며 또 P011이 동작 유지하여 전동기가 정회전 기동한다. 이때 P014는 연동 P001이 열려 있으므로 동작할 수 없다. 또 역회전 운전 중이라면 연동 P001로 P014가 복구하고 또한 P013도 복구하여 역회전 운전이 정지된다. 10초 후에 T000으로 P012가 복구하여 Y결선 기동이 끝나고 이어 P013이 동작하여 △결선 운전한다. 정지용 P003(P000)을 주면 모두 복구한다.

P002를 먼저 주면 P012가 유지하여 전동기를 Y결선 시키고 동시에 T000이 여자되며 또 P014가 동작 유지하여 전동기가 역회전 기동한다. 이때 P011은 연동 P002가 열려 있으므로 동작할 수 없다. 또 정회전 운전 중이라면 연동 P002로 P011이 복구하고 또한 P013도 복구하여 정회전 운전이 정지된다. 10초 후에 T000으로 P012가 복구하여 Y결선 기동이 끝나고 이어 P013이 동작하여 △결선 운전한다. 정지용 P003(P000)을 주면 모두 복구한다.

※ 로직 회로와 PLC회로는 정역 회로와 Y−△ 회로의 인터록에서 반도체 IC 회로의 인터록 시간 간격은 짧고(μs) 이에 비하여 MC 접점의 인터록 접점 동작 속도는 대단히 길므로(ms) IC 회로의 인터록 회로에 타이머를 사용하여 인터록 간격을 충분히 두어야 함은 전술한 바와 같다. 이 회로는 타이머 2개를 사용하여 인터록 간격을 둠이 옳다.

그림3−20은 전자 접촉기 2개와 보조 릴레이 1개를 사용한 회로로서 그림 3−18에서 모선 접속용 MC_1을 생략하고 유지용 X를 사용한 회로이다.

그림(a)에서 BS_1을 주면 X가 동작 유지하고 MC_1이 동작하여 Y결선 기동하고 T가 여자된다.

〈전원 R - Thr - BS_2 - BS_1닫힘($X_{(1)}$ 유지) - X 동작 - 전원 T〉

〈전원 R - Thr - BS_2 - $X_{(2)}$닫힘 - $MC_{2(4)}$ - T 여자 - 전원 T〉

〈전원 R - Thr - BS_2 - $X_{(2)}$닫힘 - T_b - $MC_{2(2)}$ - MC_1 동작 - 전원 T〉

10초 후에 T_b로 MC_1이 복구하여 Y결선 기동이 끝나고 T_a로 MC_2가 동작하여 △결선 운전된다. 또 $MC_{2(4)}$로 T가 복구한다.

〈전원 R - Thr - BS_2 - $X_{(2)}$ - T_a($MC_{2(1)}$ 유지) - $MC_{1(2)}$ - MC_2 동작 - 전원 T〉

BS_2(Thr)를 주면 X가 복구하고 MC_2가 복구하여 전동기가 정지한다.

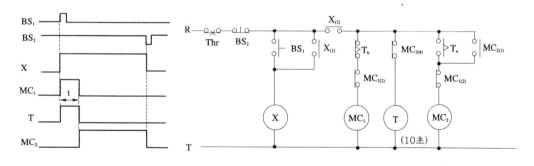

(a)

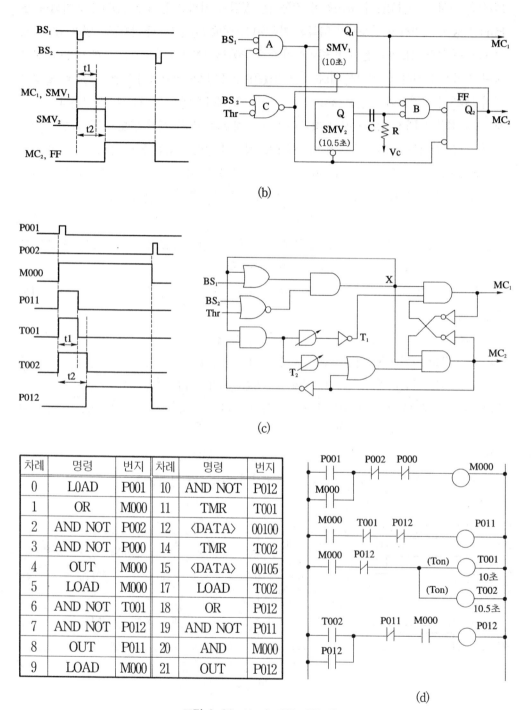

차례	명령	번지	차례	명령	번지
0	LOAD	P001	10	AND NOT	P012
1	OR	M000	11	TMR	T001
2	AND NOT	P002	12	⟨DATA⟩	00100
3	AND NOT	P000	14	TMR	T002
4	OUT	M000	15	⟨DATA⟩	00105
5	LOAD	M000	17	LOAD	T002
6	AND NOT	T001	18	OR	P012
7	AND NOT	P012	19	AND NOT	P011
8	OUT	P011	20	AND	M000
9	LOAD	M000	21	OUT	P012

그림 3-20 Y-Δ 자동 기동 회로

그림(b)에서 BS_1을 주면 인터록 A를 통하여 SMV_1이 셋하여 MC_1이 동작하여 Y결선 기동한다. 동시에 SMV_2가 셋한다. 10초 후에 SMV_1이 리셋하면 MC_1이 복구하여 기동이 끝난다. 0.5초 후에 SMV_2가 리셋하면 미분 회로와 인터록 B를 통하여 FF가 셋하여 MC_2가 동작하고 전동기는 △결선 운전된다. BS_2를 주면 C를 통하여 FF가 리셋하여 MC_2가 복구하고 전동기는 정지한다.

그림(c)에서 유지 회로 X를 그린다. MC_1은 유지 회로와 타이머 b접점 T_b 및 인터록 접점의 3입력으로 동작하고 MC_2는 유지 회로와 타이머 a접점 T_a 및 인터록 접점의 3입력으로 동작하고 유지한다. 여기서 타이머는 X로 여자하고 MC_2로 복구하도록 하며 MC_2는 T_1의 a접점 대신에 T_2의 a접점으로 동작시켜 기계적 인터록의 시간적 여유를 준다.

그림(d)에서 P001을 주면 유지용 내부 출력 M000이 동작한다. M000으로 P011이 동작하여 Y결선 기동하고 동시에 타이머 2개를 여자한다. 10초 후에 T001로 P011을 복구시켜 Y결선 기동이 끝나고 0.5초 후에 T002로 P012가 동작하여 △결선 운전한다. 이때 P012로 타이머는 복구한다. BS_2를 주면 M000이 복구하고 P012가 복구하여 전동기는 정지한다.

● **예제 3-8** ●

앞의 그림들을 참고하여 전자 접촉기 2개와 타이머 1개를 사용하여 Y-△ 기동 회로를 그리시오. 램프 등 기타는 생략한다. 또 릴레이 회로에서 Y결선용 MC_1의 유지 접점으로 타이머 순시 접점을 사용하는 이유를 생각해보자.

【풀이】

그림(a)에서 BS_1을 주면 MC_1이 동작하여 전동기는 Y결선 기동한다. 동시에 타이머가 여자되고 순시 접점 $T_{(1)}$로 유지한다. 10초 후에 T_b로 MC_1이 복구하여 Y결선 기동이 끝나고 이어 T_a로 MC_2가 동작 유지하여 △결선 운전된다. 이때 접점 $MC_{2(4)}$로 T가 복구한다. BS_2를

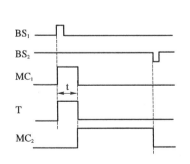

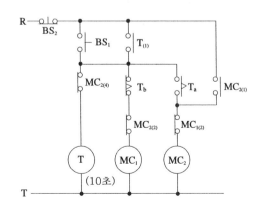

(a)

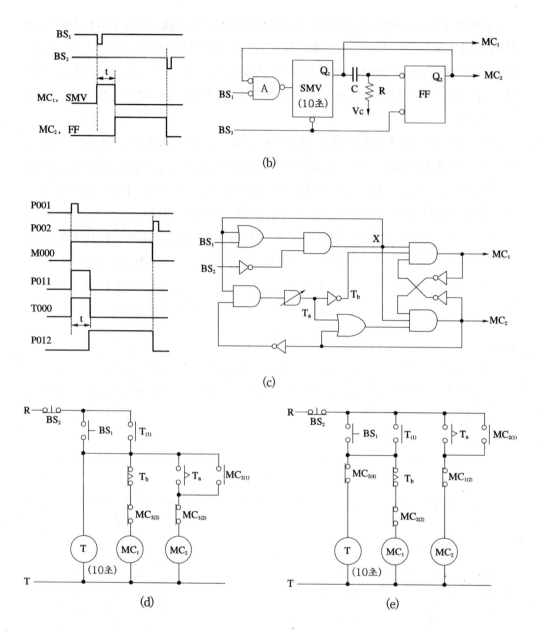

(b)

(c)

(d)

(e)

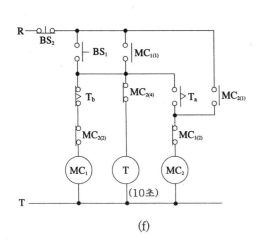

(f)

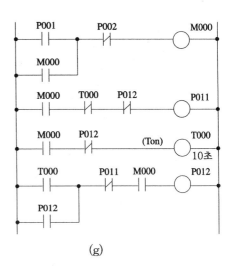

(g)

차례	명령	번지	차례	명령	번지	차례	명령	번지
0	LOAD	P001	6	AND NOT	P012	13	LOAD	T000
1	OR	M000	7	OUT	P011	14	OR	P012
2	AND NOT	P002	8	LOAD	M000	15	AND NOT	P011
3	OUT	M000	9	AND NOT	P012	16	AND	M000
4	LOAD	M000	10	TMR	T000	17	OUT	P012
5	AND NOT	T000	11	<DATA>	00100	18	—	—

주면 MC_2가 복구하여 전동기가 정지한다. 여기서 참고도 (d)는 운전 중 타이머가 계속 동작되고 참고도 (e)는 타이머 접점 T_a와 T_b의 단자를 분리하여야 한다(그림 1-14 참고). 그러나 참고도 (f)는 $MC_{1(1)}$을 유지 접점으로 사용하였는데 이 회로는 MC_1 복구후에 $MC_{1(2)}$ 접점이 닫혀서 MC_2가 동작할 때 문제가 생긴다. 즉 T_b로 MC_1이 복구하면 $MC_{1(1)}$은 열리고 $MC_{1(2)}$는 닫히므로 T의 복구와 MC_2의 동작이 동시에 행해진다. 따라서 T_a의 열림보다 $MC_{2(1)}$의 닫힘이 늦을 때 MC_2의 유지가 불확실하게 된다. 그러므로 이 회로의 유지 접점으로는 $T_{(1)}$이 타당하고 $T_{(1)}$ 접점이 없을 때는 보조 릴레이 X를 T와 병렬로 접속하여 유지 회로를 구성해야 한다.

그림(b)는 BS_1을 주면 인터록 A를 통하여 SMV가 셋하여 MC_1이 동작하고 10초 후에 SMV가 리셋하면 MC_1은 복구하고 미분 회로를 통하여 FF가 셋하여 MC_2가 동작하며 BS_2를 주면 복구한다. 여기서 로직 회로나 PLC 회로는 전술한 바와 같이 실제로는 SMV 1개를 추가하여 MC_1 복구 후 인터록의 시간적인 여유를 준 후에 MC_2가 동작하도록 하여야 한다.

그림(c)의 양논리 회로는 BS₁을 주면 유지 회로(X) 동작 후 MC₁이 동작하고 T가 여자되며 10초 후에 MC₁이 복구하고 MC₂가 동작하며 T는 복구한다. BS₂를 주면 MC₂는 복구한다. 또 래더 회로에서 P001을 주면 내부 출력 M000이 동작 유지하고 P011이 동작하며 T000이 여자된다. 10초 후에 T000으로 P011이 복구하고 P012가 동작하며 이어 T000이 복구한다. P002를 주면 P012가 복구한다. 프로그램은 표와 같다.

●예제 3-9●

그림은 유도 전동기의 Y-Δ 기동 회로의 일부를 그린 것이다. FF는 $\overline{R}\,\overline{S}$-latch이고 L입력형이다. 물음에 보기의 번호로 답하시오.

(1) BS₁을 주면 (1)과(와) (2)가(이) 동작하여 Y결선 기동하고 BS₂를 주면 (3)이(가) 복구한 후 (4)가(이) 동작하여 Δ운전된다. (1~4)에 알맞은 MC는?

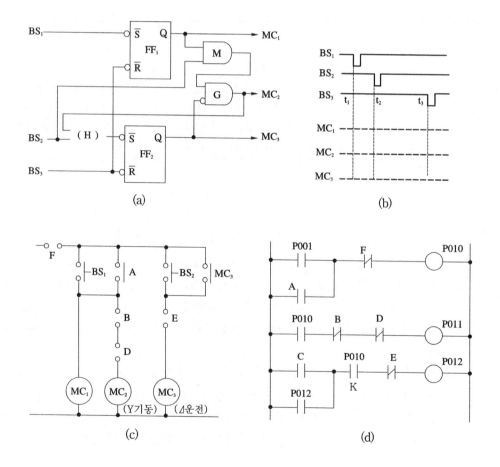

(a)

(b)

(c)

(d)

스텝	명령	번지
생략	LOAD	P001
	가	A
	AND NOT	F
	OUT	P010
	나	P010
	다	B
	AND NOT	D
	라	P011
	마	C
	OR	P012
	바	P010
	AND NOT	E
	사	P012

〔**보기**〕

(1) 문자 기호 : ① BS₁ ② BS₂ ③ BS₃ ④ MC₁ ⑤ MC₂ ⑥ MC₃

(2) 그림 기호 : ⑦ ⑧ ⑨ ⑩ ⑪ ⑫ ⑬

(3) 번 지 : ① P001 ② P002 ③ P003 ④ P010 ⑤ P011 ⑥ P012

(4) 명령어 : ⑦ LOAD ⑧ OUT ⑨ NOT ⑩ OR ⑪ OR NOT ⑫ AND ⑬ AND NOT

(5) 기능 : ① 유지 ② 정지 ③ 기동 ④ 인터록

(6) 동작 시간 : ① t₁~t₂ ② t₁~t₃ ③ t₂~t₃

(2) 그림(b)에서 각 MC의 동작 시간을 차례로 쓰시오

(3) 그림(a)에서 (G)와 (H)의 기능은? 또 (H)에 알맞은 논리 기호는?

(4) 그림(c), (d)에서 A의 기능, 문자 기호, 번지는?

(5) 그림(c), (d)에서 B는 정지 기능이다, 그림 기호, 문자 기호, 번지는?

(6) 그림(c), (d)에서 D와 E는 같은 기능이다, 각각의 그림 기호, 문자 기호, 번지는?

(7) 그림(c), (d)에서 F의 그림 기호, 문자 기호, 번지는?

(8) 그림(d)에서 C의 기능과 번지는?

(9) 그림(d)에서 K의 기능으로 가장 타당한 것 1개를 고르시오.

(10) 프로그램의 (가~사)에 알맞은 명령어는?

【**풀이**】

BS₁을 주면 MC₁, MC₂가 동작하여 Y결선 기동하고 연동형 BS₂를 주면 MC₂가 복구한 후에 MC₃이 동작하여 △결선 운전한다. 따라서 MC₁은 t₁~t₃, MC₂는 t₁~t₂, MC₃는 t₂~t₃ 동안 동작한다.

(1) 차례로 ④, ⑤, ⑤, ⑥

(2) ②, ①, ③

(3) ④, ⑪

(4) ①, ④, ④

(5) ⑧, ②, ②

(6) D-⑩, ⑥, ⑥ E-⑩, ⑤, ⑤

(7) ⑧, ③, ③

(8) ③, ②

(9) ②

(10) ⑩, ⑦, ⑬, ⑧, ⑦, ⑫, ⑧

● 예제 3-10 ●

그림의 래더 회로는 전동기의 Y-△ 기동 운전 회로의 일부이다. P010은 모선 접속, P011은 Y 기동용이며 t = 7초 후 P012로 △ 운전되고 타이머 기구는 운전 중에 복구된다.

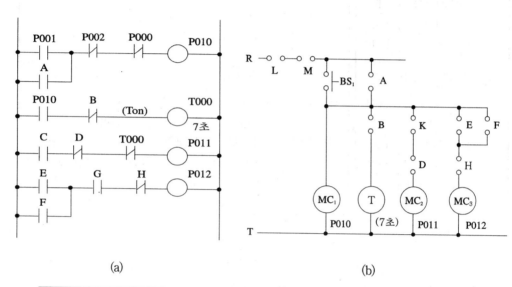

(a)   (b)

차례	명령	번지	차례	명령	번지	차례	명령	번지
0	LOAD	P001	6	AND NOT	B	13	라	P011
1	가	A	7	TMR	T000	14	LOAD	E
2	AND NOT	P002	8	⟨DATA⟩	00070	15	OR	F
3	AND NOT	P000	10	LOAD	C	16	마	G
4	OUT	P010	11	AND NOT	D	17	AND NOT	H
5	나	P010	12	다	T000	18	OUT	P012

(1) 그림(a)에서 (A~H)에 알맞은 번지를 쓰시오. 중복이 있다.

(2) 표의 (가~마)에 알맞은 명령어를 쓰시오. 중복이 있다.

(3) (A~H) 중(C 제외) 유지 기능으로만 사용된 기구 2개, 인터록 기능 기구 2개, 정지 기능 기구 2개, P001과 같은 기동 기능의 기구 1개를 각각 고르시오. 중복은 없다.

(4) 회로 전체를 정지시킬 수 있는 기능의 기구 2개의 번지를 쓰시오.

(5) 릴레이 시퀀스를 완성하시오. 여기서 M(P002)은 버튼 스위치이고 L은 Thr이다.

【풀이】

P001을 주면 P010이 동작하고 A로 유지하며 T000이 여자되고 P011이 동작된다. 7초 후에 T000으로 P011이 복구하고 이어 E로 P012가 동작하고 F로 유지한다. 이어 B로 T000이 복구한다. P002 혹은 P000으로 P010이 복구하며 G로 P012가 복구한다. 여기서 접점 MC₁

(P010)으로 회로 전체를 유지하므로 G는 P010이고 P012의 정지 기능이 된다.

(1) 차례로 P010, P012, P010, P012
　　　　T000, P012, P010, P011

(2) 차례로 OR, LOAD, AND NOT
　　　　OUT, AND

(3) 유지 기능 : A, F
　　인터록 : D, H
　　정지 기능 : B, G
　　기동 기능 : E

(4) P002, P000

(5)

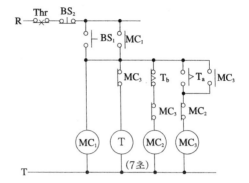

연습문제 3-19

그림의 양논리 회로는 3상 유도 전동기의 Y-⊿ 기동 운전 회로의 일부이다. BS는 H레벨 입력형이고 RL과 GL은 LED로 대체하고 입출력 회로와 기타는 생략한다. BS_1을 주면 MC_1이 동작 Y 기동하고 타이머가 여자하며 t초 후에 MC_1이 복구하면 MC_2(RL)가 동작하여 ⊿운전된다. 운전 중에는 MC_2(RL)만 작동되고 있다.

(1) ①~④의 기능을 보기에서 고르시오.

(2) LED(RL)에 흐르는 전류는 무슨 전류인가? 보기에서 고르시오

(3) ⑤에 알맞은 논리 기호를 보기에서 고르시오.

〔보기〕 기동, 유지, 정지, 인터록, 소스, 싱크, ⎓⎓ , ⎓⎓ , ⎓⎓

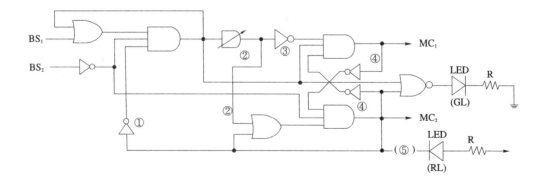

🎵 **연습문제 3-20**

아래의 PLC 프로그램은 유도 전동기의 Y-△ 기동 운전 회로의 일부를 나타낸 것이다. 2입력 AND회로, 2입력 OR 회로, NOT 회로를 사용하여 로직 회로를 그리시오. 또 Y결선 기동용과 △운전용의 MC는 각각 어느 것인가 적으시오. 단 번지 15는 연동형 BS이다.

차례	명령	번지	차례	명령	번지
51	STR	14	58	OUT	32
52	OR	31	59	STR	15
53	AND NOT	16	60	OR	33
54	OUT	31	61	AND NOT	16
55	STR	31	62	AND NOT	32
56	AND NOT	15	63	OUT	33
57	AND NOT	33	64	—	—

🎵 **연습문제 3-21**

아래의 PLC 프로그램은 유도 전동기의 Y-△ 기동 운전 회로의 일부를 나타낸 것이다. 프로그램의 차례대로 래더 회로를 그리시오. 여기서 시작 입력 LOAD, 출력 OUT, 타이머 TMR, 설정 시간 〈DATA〉(0.1초 단위), 직렬 AND, 병렬 OR, 부정 NOT의 명령을 사용하며 P010~P012는 전자 접촉기 MC를 나타내고, P001과 P002는 버튼 스위치 BS를 표시한 것이다.

차례	명령	번지	차례	명령	번지	차례	명령	번지
0	LOAD	P001	6	TMR	T000	13	LOAD	T000
1	OR	P010	7	〈DATA〉	00070	14	OR	P012
2	AND NOT	P002	9	LOAD	P010	15	AND NOT	P011
3	OUT	P010	10	AND NOT	T000	16	AND	P010
4	LOAD	P010	11	AND NOT	P012	17	OUT	P012
5	AND NOT	P012	12	OUT	P011	18	—	—

🎵 **연습문제 3-22**

아래 회로들은 Y-△기동 운전 회로의 일예 들이다. 각각의 물음에 답을 보기에서 찾아 번호로 답하시오.

(1) 그림(a)에서 ①~⑤의 접점 기호와 명칭 및 기능은?, ⑥과 ⑦의 명칭과 기능은?

(2) 그림(b)에서 ③과 ④의 접점 기호와 명칭 및 기능은?, ①과 ②의 명칭과 기능은?

(3) 그림(c)에서 ①~③의 접점 기호와 명칭 및 기능은?

(4) 그림(d)에서 ①~⑥의 명칭과 기능은?

(5) 그림(e)에서 접점 X₍₂₎를 제외한 ①~⑬의 기구의 기능은?

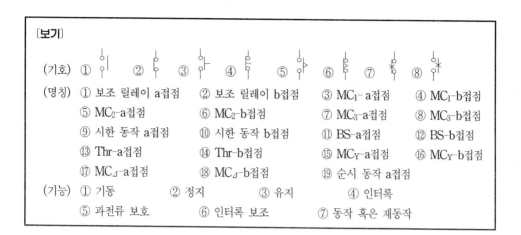

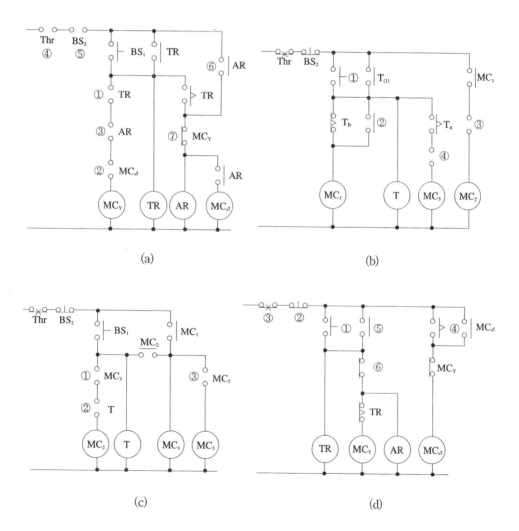

(a)   (b)

(c)   (d)

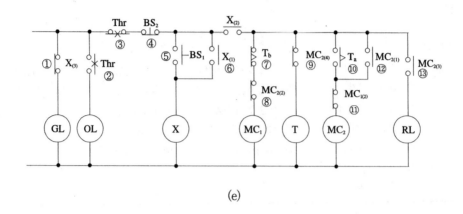

(e)

🔥 **연습문제 3-23**

그림은 Y-△ 회로의 PLC 회로의
일부를 그린것이다. 입력 P000을 주
면 출력 P011이 동작 유지하고 T000
이 여자하며 P012가 동작한다. 5초
후에 T000이 동작하여 P012가 정지
하며 T000은 P013(MC₃)으로 복구
한다. P001은 정지 신호이고 시간
단위는 0.1초이다.

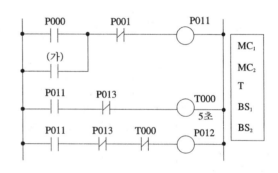

(1) 프로그램의 (가)(마)를 완성하시오.

(2) MC₁의 a접점이 1개뿐인 것으로 하고 릴레이 회로를 그리시오.

차례	명 령	번지	차례	명 령	번지	차례	명 령	번지
0	LOAD	P000	4	LOAD	P011	9	(라)	P011
1	OR	(가)	5	AND NOT	P013	10	AND NOT	P013
2	(나)	P001	6	TMR	T000	11	AND NOT	T000
3	OUT	P011	7	⟨DATA⟩	(다)	12	(마)	P012

🔥 **연습문제 3-24**

그림 3-19의 릴레이 회로에서 연동 버튼 스위치를 사용하지 않고 BS₃으로 정회전 정지 후에
역회전시키고 또 역회전 정지 후에 정회전 시키도록 릴레이 회로를 수정하시오. 또 Y-△ 회
로에 타이머(단안정 SMV 회로)를 1개 추가하여 $\overline{R}\,\overline{S}$-latch를 사용한 로직 회로를 그리시오.
단, 램프 회로와 입출력 회로, Thr 등은 생략한다.

연습문제 3-25

그림의 릴레이 회로는 Y-⊿ 기동 운전 회로의 일부이다. 이를 참고하여 $\overline{R}\,\overline{S}$-latch(FF) 기호 3개, 미분 회로를 포함한 단안정 SMV 회로 기호 2개, 인터록 회로를 사용하여 로직 회로를 그리시오. 단 인터록 여유는 0.5초로 하고 램프, Thr, 입출력 회로 등은 생략한다.

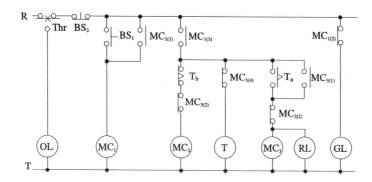

연습문제 3-26

그림은 Y-⊿ 기동 운전 회로의 결선도이다. 물음에 답하시오.

(1) Y-⊿ 기동 운전이 되고 역률이 개선될 수 있도록 MC_3과 C의 결선도를 완성하시오.

(2) BS-ON한 후 20초 후에 BS-OFF할 때 MC 3개의 동작 타임 차트를 완성하시오.

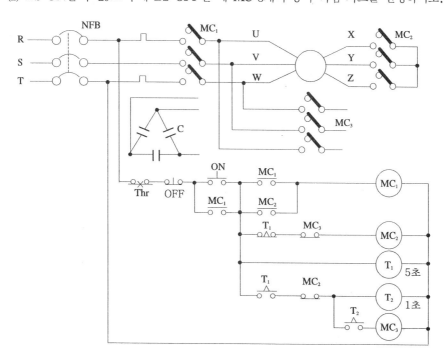

🖒 연습문제 3-27

그림은 Y-△ 기동 회로의 미완성 결선의 일부이다. 주회로 MC₂와 MC₃의 결선을 완성하고 또 양논리 회로를 참고하여 릴레이 회로를 완성하시오.

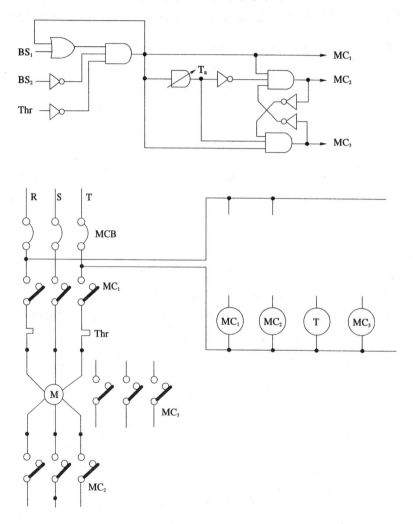

3. 리액터 · 기동 보상기 회로

리액터 기동 운전 회로는 전동기의 전원측에 직렬로 기동용 리액터 L을 접속하여 그 전압 강하로 저전압 기동을 하고 운전시에는 L을 단락 혹은 개방한다.

그림 3-21은 리액터 기동 운전 회로의 일예이다. 그림(a)에서 BS_1을 누르면 MC_1이 동작 유지하고 T가 여자되며 전동기는 주회로의 주접점 MC_1이 닫혀 리액터 L에 의한 저전압 기동한다.

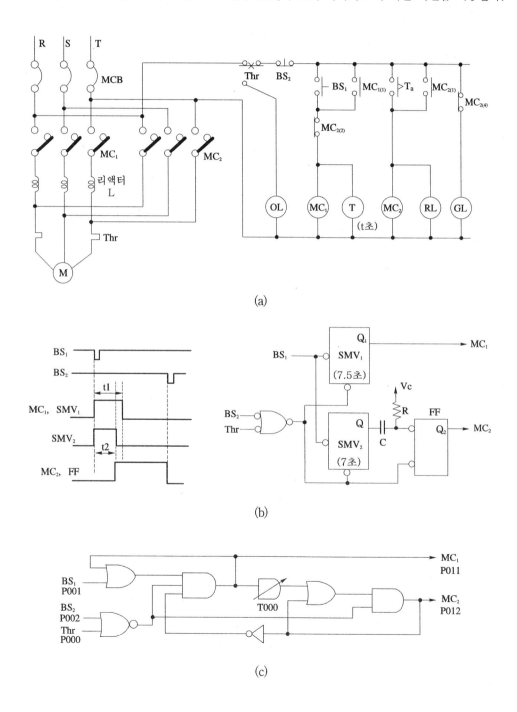

(a)

(b)

(c)

차례	명령	번지	차례	명령	번지
0	LOAD	P001	7	TMR	T000
1	OR	P011	8	⟨DATA⟩	00070
2	AND NOT	P002	10	LOAD	T000
3	AND NOT	P000	11	OR	P012
4	AND NOT	P012	12	AND NOT	P002
5	OUT	P011	13	AND NOT	P000
6	LOAD	P011	14	OUT	P012

(d)

그림 3-21 리액터 기동 회로

〈전원 R - Thr - BS₂ - BS₁닫힘(MC₁₍₁₎닫힘 - 유지) - MC₂₍₂₎ - MC₁ 동작 - 전원 T〉

t초 후에 접점 T_a가 닫히면 MC₂가 동작하여 주회로의 주접점 MC₂가 닫혀 전동기는 전전압 운전된다. 한편 접점 MC₂₍₂₎가 열려 MC₁(T)이 복구하고 리액터 L이 개방된다. BS₂를 누르면 MC₂가 복구하여 전동기가 정지한다.

〈전원 R - Thr - BS₂ - T_a닫힘(MC₂₍₁₎ 유지) - MC₂ 동작 - 전원 T〉

그림(b)에서 BS₁을 주면 SMV₁이 셋하여 MC₁이 동작하여 리액터 L을 통하여 저전압 기동하고 SMV₂가 셋한다. 7초 후에 SMV₂가 리셋하면 FF가 셋하여 MC₂가 동작하여 전동기는 전전압 운전한다. 또 0.5초 후에 SMV₁이 리셋하여 MC₁이 복구하고 리액터 L이 개방된다. BS₂(Thr)를 주면 동작중인 기구는 모두 복구한다. 여기서 타이머를 2개 사용하는 것은 MC₂ 동작 후 MC₁이 복구하여 무전압 상태(단락 상태)에서 L을 개방시켜 개방시 불꽃을 없애기 위함이다.

그림(c), (d)의 PLC 회로에서는 회로의 편의상 타이머를 1개 사용하였다. P011은 P001로 기동하고 BS₂(Thr 포함)와 MC₂로 정지하는 3입력 AND 회로로 동작 유지하며 T000은 독립 여자한다. P012는 T000으로 기동하고 BS₂(Thr 포함)로 정지하는 유지 회로로 동작 유지한다. P001을 주면 P011이 동작 유지하여 리액터 L로 저전압 기동하고 T000이 여자된다. 7초 후에 T000으로 P012가 동작 유지하여 전전압 운전되며 P012(NOT)로 P011(T000)이 복구하여 L을 개방한다. P002(P000)를 주면 P012가 복구하여 전동기가 정지한다.

그림 3-22는 80〔%〕탭을 사용한 기동 보상기에 의한 전동기의 기동 회로의 일예이다. 기동
보상기 회로는 단권 변압기를 사용하여 전동기에 가하는 전압을 낮추어 기동 전류를 줄이는
방법으로서 단권 변압기는 50〔%〕, 65〔%〕, 80〔%〕등의 탭이 있으며 15〔kW〕이상의 농형 유
도 전동기의 기동에 사용된다.

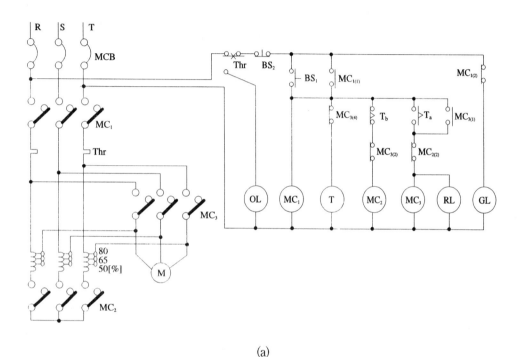

(a)

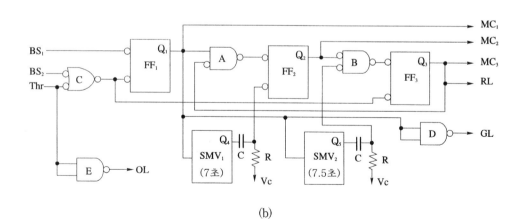

(b)

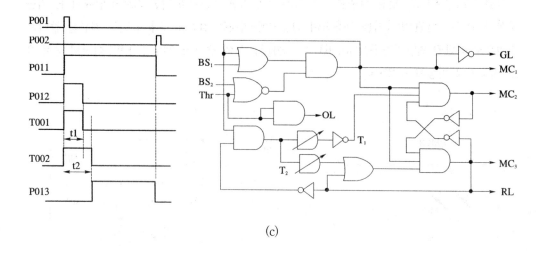

(c)

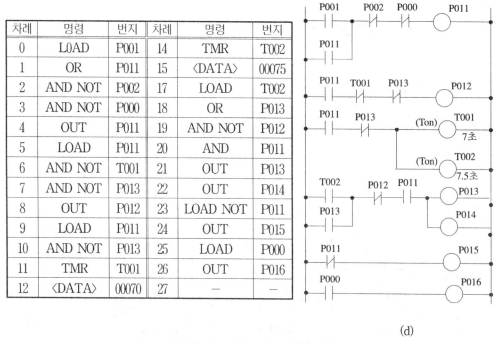

차례	명령	번지	차례	명령	번지
0	LOAD	P001	14	TMR	T002
1	OR	P011	15	⟨DATA⟩	00075
2	AND NOT	P002	17	LOAD	T002
3	AND NOT	P000	18	OR	P013
4	OUT	P011	19	AND NOT	P012
5	LOAD	P011	20	AND	P011
6	AND NOT	T001	21	OUT	P013
7	AND NOT	P013	22	OUT	P014
8	OUT	P012	23	LOAD NOT	P011
9	LOAD	P011	24	OUT	P015
10	AND NOT	P013	25	LOAD	P000
11	TMR	T001	26	OUT	P016
12	⟨DATA⟩	00070	27	—	—

(d)

그림 3-22 기동 보상기 기동 회로

그림(a)에서 BS_1을 누르면 MC_1이 동작 유지하여 모선을 접속하고 MC_2가 동작하여 전압의 80〔%〕를 전동기에 가하여 기동한다. 동시에 T가 여자된다.

〈전원 R - Thr - BS₂ - BS₁ 닫힘(MC_{1(1)} 닫힘 - 유지) - MC₁ 동작 - 전원 T〉

〈전원 R - Thr - BS₂ - BS₁ 닫힘(MC_{1(1)} 닫힘 - 유지) - T_b - MC_{3(2)} - MC₂ 동작 - 전원 T〉

〈전원 R - Thr - BS₂ - BS₁ 닫힘(MC_{1(1)} 닫힘 - 유지) - MC_{3(4)} - T 여자 - 전원 T〉

t초 후에 T_b로 MC₂가 복구하여 기동 보상기(80〔%〕 탭)는 개방되며 이어 T_a로 MC₃이 동작하여 전동기는 전전압 운전된다. 이때 T는 복구한다. 여기서 접점 MC_{2(2)}와 MC_{3(2)}는 인터록이다.

〈전원 R - Thr - BS₂ - MC_{1(1)} - T_a(MC_{3(1)} 닫힘 - 유지) - MC_{2(2)} - MC₃ 동작 - 전원 T〉

정지용 BS₂를 주면 MC₁과 MC₃ 등 동작 기구는 모두 복구하고 전동기는 정지한다.

그림(b)에서 BS₁을 주면 FF₁이 셋하여 MC₁이 동작하여 모선을 접속한다. 또 인터록 A를 통하여 FF₂가 셋하여 MC₂가 동작하여 정격 전압의 80〔%〕를 전동기에 가하여 기동한다. 또 SMV₁과 SMV₂가 셋된다. 7초 후에 SMV₁이 리셋되면 미분 회로를 통하여 FF₂가 리셋하여 MC₂가 복구하여 기동 보상기(80〔%〕 탭)는 개방되며 이어 SMV₂가 리셋하면 미분 회로와 인터록 B를 통하여 FF₃이 셋하여 MC₃이 동작하여 전동기는 전전압 운전된다. BS₂를 주면 FF₁과 FF₃이 리셋하여 MC₁과 MC₃이 복구하고 전동기는 정지한다.

그림(c),(d)에서 P011은 유지 회로로 동작 유지하고 T001과 T002는 P011로 동작하고 P013으로 복구하며 P012는 P011로 동작하고 T001로 복구하도록 한다. 또 P013은 T002로 동작하고 자체 유지하며 P011로 복구한다. 여기서 인터록과 여유 시간에 유의한다. P001을 주면 P011이 동작 유지하여 모선을 접속하고 P012가 동작하여 보상기를 접속 기동한다. 또 T001과 T002가 여자된다. 7초 후에 T001로 P012가 복구하여 보상기가 개방되고 0.5초 후에 T002로 P013이 동작하여 전동기는 정상 운전된다. 이때 T001과 T002가 복구한다. P002를 주면 P011과 P013이 복구하여 전동기는 정지한다.

●예제 3-11●

그림 3-21(a)에서 MC₁의 복구용 MC_{2(2)} 접점 대신에 타이머 접점 T_b를 사용한 릴레이 회로를 그리시오. 또 타이머 2개를 사용한 회로를 그린 후에 비교하여 보시오. 램프 회로는 생략한다.

【풀이】

MC_{2(2)} 접점 대신에 타이머 접점 T_b를 넣으면 T의 접속을 그림(a)와 같이 바꿔야 동작이 안전하다. 또 접점 T_a와 T_b는 한쪽 단자가 공통 단자이므로 MC₂의 접속도 그림(b)와 같이 바꾸든가 그림(c)와 같이 보조 릴레이 X로 회로를 유지하여야 한다. 이 회로는 MC₁이 복구한 후에 MC₂가 동작하므로 MC₁이 복구할 때 주회로의 MC₁ 접점에 불꽃이 발생한다. 그러나 그림(d)와 같이 보조 릴레이 X 대신에 타이머를 사용하고 MC₂가 동작한 후에 MC₁이 복구하여 리액터가 단락 상태에서 개방되도록 하는 것이 좋다.

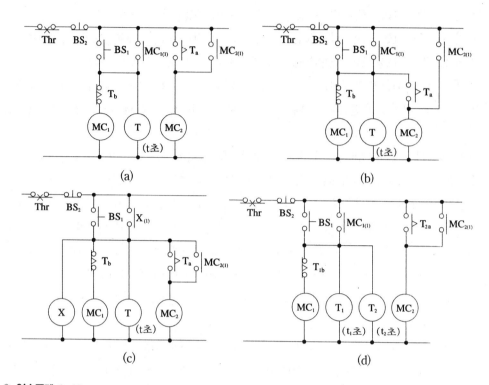

(a)

(b)

(c)

(d)

● 연습문제 3-28

그림은 리액터 기동 회로의 일부이고 서로 등가이다. (a)를 참고하여 물음에 답하시오. 여기서 그림(c)는 L입력형이고 그림(d)는 H입력형이며 FF는 $\overline{R}\,\overline{S}$-latch, SMV는 단안정 IC 소자이다. 입출력 회로와 시간 늦음 등의 기타는 무시한다.

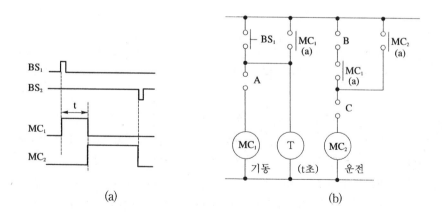

(a)

(b)

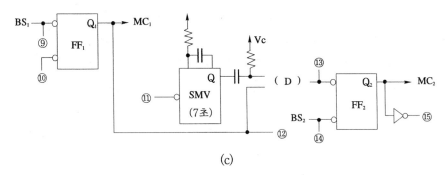

(c)

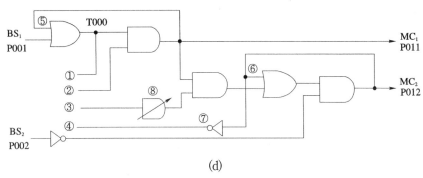

(d)

(1) 그림(b)에서 MC$_2$가 동작한 후에 MC$_1$이 복구한다. 접점 A, B, C를 예와 같이 나타내시오. (예, ─o o─ MC$_{1(a)}$)

(2) 그림(b)에서 접점 기구가 7개이다. 여기서 기동 기능은 (①-   , ②-   ), 기동 준비 기능은 (③-   ), 정지 기능은 (④-   , ⑤-   ), 유지 기능은 (⑥-   , ⑦-   )이다. ( )에 각각 예와 같이 나타내시오.(예, MC$_{1(a)}$, B 등)

(3) 그림(c)에서 MC$_1$, MC$_2$의 동작 개요는 아래와 같다. (가)~(바)에 맞은 것을 보기에서 찾아 번호를 적으시오.(중복 있음). 여기서 (↑)는 동작 표시 기호이고 (↓)는 복구 표시 기호이다.

〔보기〕 ① FF$_1$ ② FF$_2$ ③ SMV ④ MC$_1$ ⑤ MC$_2$

BS$_1$↑(↓) ┬ (가↑) - (나↑)
　　　　　 └ SMV↑ - 7초 후 - (다↓) - D↑ - (라↑) ┬ (마↑)
BS$_2$↑(↓) - FF$_2$↓ MC$_2$↓　　　　　　　　　　　└ FF$_1$↓ ─ (바↓)

(4) 그림(c)에서 (D)란에 알맞은 기호를 예와 같이 그리시오.(예 ⊐⊃⊐)

(5) 그림(c)에서 ⑨와 ⑩의 접속을 예와 같이 번호로 연결하시오.(예 ⑨ ― ⑫)

(6) SMV의 시간 상수가 0.7이고 CR = 10초이면 SMV의 동작 시간은 몇 초인가?

(7) 그림(d)에서 ①~④의 접속을 예와 같이 번호로 연결하시오.(예 ① ― ②)

(8) 그림(d)에서 ⑤~⑧과 같은 기능을 그림(b)에서 찾아 접점 이름(예, MC$_{1(a)}$, B 등)을 각각
쓰시오.

(9) 그림(e)에서 A~H에 알맞은 번지를 차례로 쓰시오.

🔥 연습문제 3-29

그림은 어떤 전동기의 리액터 기동 운전 회로의 주회로와 양논리 회로의 일부이다.

(1) 릴레이 회로를 그리시오. 단 MC$_1$은 보조 접점 (2a, 1b)를 사용하고, T는 지연 a접점 1개
를 사용한다.

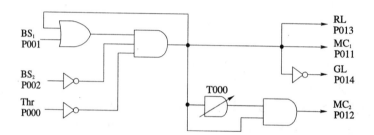

(2) 타이머와 MC 회로를 독립 회로로 하는 래더 회
로를 그리고 니모닉 프로그램을 하시오. 여기서
명령어는 LOAD, AND, OR, OUT, TMR를
사용하고 0번 스텝부터 시작하고 7번 스텝에
⟨DATA⟩ 00070을, 그리고 15번 스텝으로 끝난
다.

(3) 로직 회로를 그리시오. 단 L입력형 $\overline{R}\,\overline{S}$-latch
2개, 미분 회로 포함 단안정 특성 SMV 1개를
사용한다.

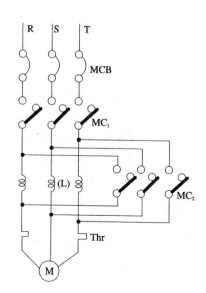

4. 저항 기동 회로

유도 전동기의 저항 기동 회로에는 2가지 유형이 있다.
　① 전동기의 1차측에 저항을 넣고 그 전압 강하를 이용하여 저전압 기동을 하는 방법으로 농
　　형과 권선형에 모두 사용된다.
　② 권선형 유도 전동기의 2차측에 저항을 넣고 비례 추이를 이용하여 기동, 혹은 속도 제어
　　를 행하는 방법이 있다.

1) 1차 저항 기동 회로

　그림 3-23은 1차측에 저항을 넣은 수동식 저항 기동 회로의 일예이다. 그림(a)와 (b)에서
BS_1을 누르면 MC_1이 동작 유지하고 전동기는 주회로의 주접점 MC_1이 닫혀 저항 R을 통하여
저전압 기동한다.
　〈전원 R - Thr - BS_3 - BS_1닫힘($MC_{1(1)}$닫힘 - 유지) - BS_2(b접점) - MC_1 동작 - 전원 T〉
　연동 버튼 스위치 BS_2를 주면 b접점으로 MC_1이 복구하여 저항 R이 개방되며 a접점으로는
MC_2가 동작 유지하여 주회로의 주접점 MC_2가 닫혀 전동기는 전전압 운전된다. 그리고 BS_3
(Thr)을 주면 MC_2가 복구하여 전동기는 정지한다.
〈전원 R - Thr - BS_3 - BS_2닫힘($MC_{2(1)}$ 유지) - MC_2 동작 - 전원 T〉

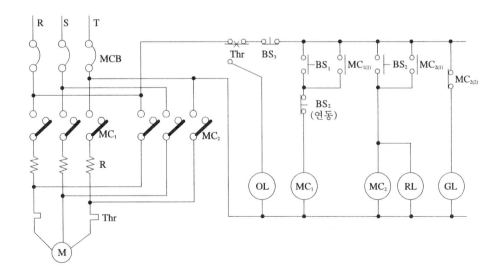

(a)

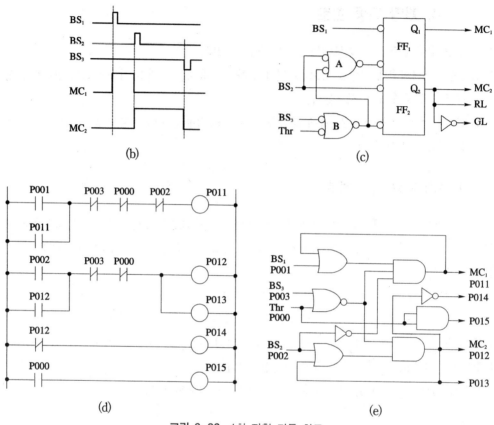

(b)

(c)

(d)

(e)

그림 3-23 1차 저항 기동 회로

차례	명 령	번지	차례	명 령	번지	차례	명 령	번지
0	LOAD	P001	6	LOAD	P002	12	LOAD NOT	P012
1	OR	P011	7	OR	P012	13	OUT	P014
2	AND NOT	P003	8	AND NOT	P003	14	LOAD	P000
3	AND NOT	P000	9	AND NOT	P000	15	OUT	P015
4	AND NOT	P002	10	OUT	P012	16	—	—
5	OUT	P011	11	OUT	P013	17	—	—

그림(c)에서 BS_1을 주면 FF_1이 셋하여 MC_1이 동작하고 주회로 접점 MC_1이 닫혀 R을 통하여 저전압 기동한다. 그 후에 BS_2를 주면 A회로를 통하여 FF_1이 리셋하여 MC_1이 복구하면 저항 R이 개방되고 기동이 끝난다. 동시에 FF_2가 셋하여 MC_2가 동작하여 전전압 운전한다. 그리고 $BS_3(Thr)$를 주면 FF_2가 리셋하여 MC_2가 복구하여 전동기는 정지한다.

그림(d), (e)와 표의 PLC 회로에서 P001을 주면 P011이 동작 유지하여 저항 R로 저전압 기동된다. 그 후 P002를 주면 P011이 복구하고 또 P012가 동작 유지하여 전전압 운전된다.

그림 3-24는 그림 3-23의 연동 버튼 스위치 BS_2 대신에 타이머를 사용한 저항 기동 회로이다. 그림(a), (b)에서 BS_1로 MC_1이 동작하여 저항 기동하고 또 T가 여자된다. t초 후에 T_a로 MC_2가 동작하여 정상 운전이 되며 $MC_{2(4)}$ 접점으로 $MC_1(T)$이 복구한다.

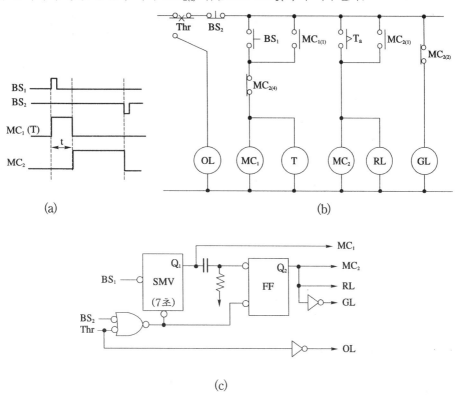

(a)

(b)

(c)

차례	명 령	번지	차례	명 령	번지	차례	명 령	번지
0	LOAD	P001	6	TMR	T000	13	OUT	P012
1	OR	P011	7	〈DATA〉	00070	14	OUT	P013
2	AND NOT	P003	9	LOAD	T000	15	LOAD NOT	P012
3	AND NOT	P000	10	OR	P012	16	OUT	P014
4	AND NOT	P012	11	AND NOT	P003	17	LOAD	P000
5	OUT	P011	12	AND NOT	P000	18	OUT	P015

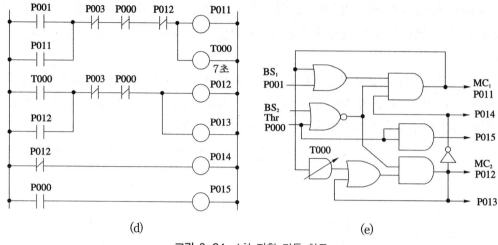

(d)　　　　　　　　　　　　　(e)

그림 3-24　1차 저항 기동 회로

그림(c)에서 BS_1을 주면 SMV가 셋하여 MC_1이 동작하고 7초 후에 SMV가 리셋하면 MC_1이 복구한다. 동시에 미분 회로를 통하여 FF가 셋하여 MC_2가 동작하여 전동기는 정상 운전한다.

그림(d), (e)와 표의 PLC 회로에서 P001을 주면 P011이 동작 유지하여 저항 R로 저전압 기동되며 T000이 여자된다. 7초 후 T000으로 P012가 동작 유지하여 전전압 운전되며 b접점용 P012로 P011(T)이 복구되고 R이 개방된다.

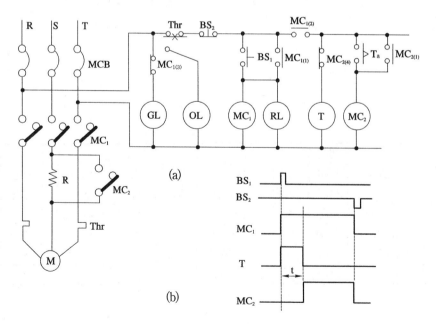

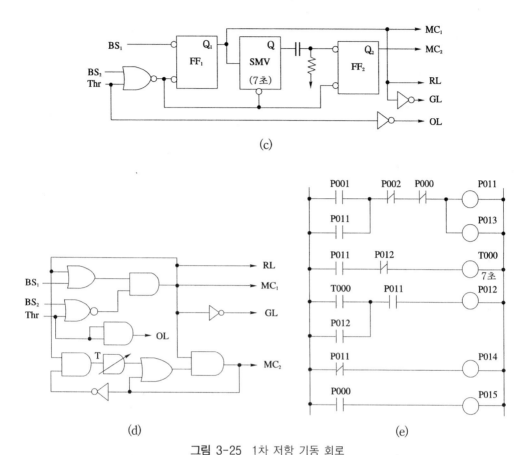

그림 3-25 1차 저항 기동 회로

차례	명령	번지	차례	명령	번지	차례	명령	번지
0	LOAD	P001	6	LOAD	P011	13	AND	P011
1	OR	P011	7	AND NOT	P012	14	OUT	P012
2	AND NOT	P002	8	TMR	T000	15	LOAD NOT	P011
3	AND NOT	P000	9	〈DATA〉	00070	16	OUT	P014
4	OUT	P011	11	LOAD	T000	17	LOAD	P000
5	OUT	P013	12	OR	P012	18	OUT	P015

그림 3-25는 S상에만 저항 R을 접속한 기동 회로(쿠사 회로)의 예이다. 그림(a), (b)에서 BS$_1$을 주면 MC$_1$이 동작 유지하여 주접점 MC$_1$이 닫혀서 S상의 직렬 저항 R에 의하여 전동기의 속도가 서서히 증가하며 기동한다. 동시에 RL이 점등하고 GL이 소등한다. 또 접점 MC$_{1(2)}$가 닫혀 타이머 T가 여자된다. 설정 시간이 지나면 접점 T$_a$가 닫혀 MC$_2$가 동작 유지하며 주

회로에서 주접점 MC_2는 저항 R을 단락하여 전동기가 정상 운전에 들어간다. 또 접점 $MC_{2(4)}$가 열려서 T가 복구한다. BS_2를 주면 MC_1과 MC_2가 복구하여 전동기는 정지하고 GL이 점등한다.

〈전원 R - Thr - BS_2 - BS_1 닫힘($MC_{1(1)}$ 닫힘 - 유지) - MC_1 동작 - 전원 T〉

〈전원 R - Thr - BS_2 - $MC_{1(2)}$ 닫힘 - $MC_{2(4)}$ - T 여자 - 전원 T〉

〈전원 R - Thr - BS_2 - $MC_{1(2)}$ - T_a 닫힘($MC_{2(1)}$ 닫힘 - 유지) - MC_2 동작 - 전원 T〉

그림(c)에서 BS_1을 주면 FF_1이 셋하여 MC_1이 동작하여 저항 기동하고 SMV가 셋한다. 7초 후에 SMV가 리셋하면 미분 회로를 통하여 FF_2가 셋하여 MC_2가 동작하여 저항을 단락하고 전동기는 정상 운전한다. BS_2(Thr)를 주면 FF_1과 FF_2가 리셋하여 MC_1과 MC_2가 복구하므로 전동기는 정지하고 GL이 점등한다.

그림(d), (e)와 표의 PLC 회로에서 P001을 주면 P011이 동작 유지하여 저항 R로 저전압 기동되며 T000이 여자된다. 7초 후 T000으로 P012가 동작 유지하고 R을 단락하여 전전압 운전되고 T000이 복구된다. P002를 주면 P011과 P012가 복구되어 전동기는 정지된다.

그림 3-26은 역회전 회로를 첨가한 회로의 예이다. 그림(a), (b)에서 BS_1을 주면 MC_1이 동작 유지하여 정회전 기동하며 접점 $MC_{1(3)}$이 닫혀 T가 여자된다. 설정 시간이 지나면 접점 T_a가 닫혀 MC_3이 동작 유지하며 주회로에서 주접점 MC_3은 저항 R을 단락하여 전동기가 정상 운전에 들어간다. 또 접점 $MC_{3(2)}$가 열려서 T가 복구한다. BS_3을 주면 MC_1과 MC_3이 복구하여 전동기는 정지하고 GL이 점등한다.

〈전원 R - Thr - BS_3 - BS_1닫힘($MC_{1(1)}$닫힘 - 유지) - BS_2(연동) - $MC_{2(2)}$ - MC_1 동작 - 전원 T〉

〈전원 R - Thr - BS_3 - $MC_{1(3)}$닫힘 - $MC_{3(2)}$ - T 여자 - 전원 T〉

〈전원 R - Thr - BS_3 - $MC_{1(3)}$ - T_a닫힘($MC_{3(1)}$닫힘 - 유지) - MC_3 동작 - 전원 T〉

정회전 운전 중에 BS_2를 주면 연동 b접점으로 MC_1이 복구하고 $MC_{1(3)}$ 접점으로 MC_3이 복구하여 정회전 운전이 정지하고 이어 접점 $MC_{1(2)}$가 닫히면 MC_2가 동작 유지하여 역회전 저항 기동하고 접점 $MC_{3(2)}$가 닫혀 타이머 T가 여자된다. 설정 시간이 지나면 접점 T_a가 닫혀 MC_3이 동작 유지하여 전동기가 역회전 정상 운전에 들어간다. 또 접점 $MC_{3(2)}$가 열려서 T가 복구한다. BS_3을 주면 MC_2와 MC_3이 복구하여 전동기는 정지하고 GL이 점등한다.

〈전원 R - Thr - BS_3 - BS_2닫힘($MC_{2(1)}$닫힘 - 유지) - BS_1(연동) - $MC_{1(2)}$ - MC_2 동작 - 전원 T〉

〈전원 R - Thr - BS_3 - $MC_{2(3)}$닫힘 - $MC_{3(2)}$ - T 여자 - 전원 T〉

〈전원 R - Thr - BS_3 - $MC_{2(3)}$ - T_a닫힘($MC_{3(1)}$닫힘 - 유지) - MC_3 동작 - 전원 T〉

역회전 운전 중에 BS_1을 주면 연동 b접점으로 MC_2가 복구하고 $MC_{2(3)}$ 접점으로 MC_3이 복구하여 역회전 운전이 정지하고 인터록 $MC_{2(2)}$가 닫히면 MC_1이 동작 유지하여 정회전 저항 기동함은 위와 같다.

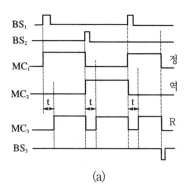

(a)

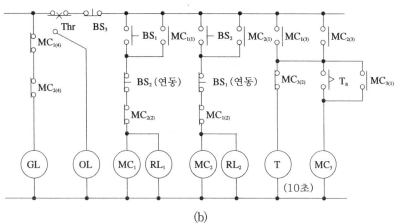

(b)

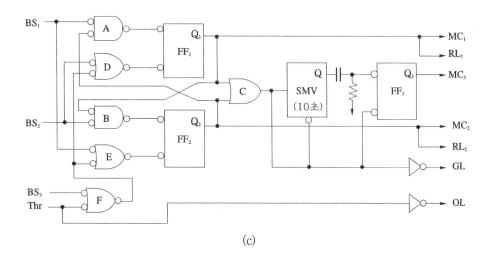

(c)

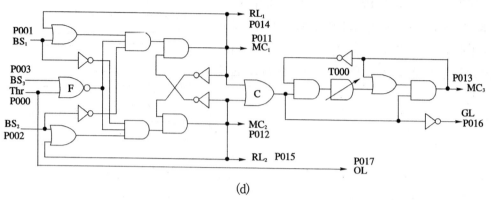

(d)

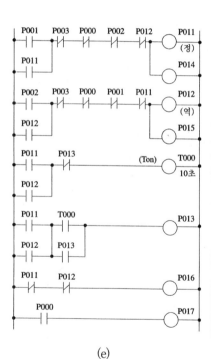

(e)

차례	명령	번지	차례	명령	번지
0	LOAD	P001	16	LOAD	P011
1	OR	P011	17	OR	P012
2	AND NOT	P003	18	AND NOT	P013
3	AND NOT	P000	19	TMR	T000
4	AND NOT	P002	20	⟨DATA⟩	00100
5	AND NOT	P012	22	LOAD	P011
6	OUT	P011	23	OR	P012
7	OUT	P014	24	LOAD	T000
8	LOAD	P002	25	OR	P013
9	OR	P012	26	AND LOAD	—
10	AND NOT	P003	27	OUT	P013
11	AND NOT	P000	28	LOAD NOT	P011
12	AND NOT	P001	29	AND NOT	P012
13	AND NOT	P011	30	OUT	P016
14	OUT	P012	31	LOAD	P000
15	OUT	P015	32	OUT	P017

그림 3-26 1차 저항 기동 정역 회로

그림(c)에서 BS_1을 주면 정지 회로 E를 통하여 FF_2가 리셋하여 MC_2가 복구하고 동시에 C 회로를 통하여 FF_3이 리셋하여 MC_3이 복구하여 역회전 정지한다. 이어 인터록 A 회로를 통하여 FF_1이 셋하여 MC_1이 동작하여 정회전 저항 기동하고 C회로를 통하여 SMV가 셋한다. 10초 후에 SMV가 리셋하면 미분 회로를 통하여 FF_3이 셋하여 MC_3이 동작하여 저항을 단락

하고 전동기는 정상 운전한다. BS₃(Thr)을 주면 정지용 F, D회로를 통하여 FF₁이 리셋하여
MC₁이 복구하고 C회로를 통하여 FF₃이 리셋하여 MC₃이 복구하므로 정회전 전동기는 정지하
고 GL이 점등한다. 또 BS₂를 주면 D회로를 통하여 FF₁이 리셋하여 MC₁이 복구하고 동시에
C회로를 통하여 FF₃이 리셋하여 MC₃이 복구하여 정회전 정지한다. 이어 인터록 B를 통하여
FF₂가 셋하여 MC₂가 동작하여 역회전 저항 기동하고 C회로를 통하여 SMV가 셋한다. 10초
후에 SMV가 리셋하면 미분 회로를 통하여 FF₃이 셋하여 MC₃이 동작하여 저항을 단락하고
전동기는 정상 운전한다. BS₃(Thr)을 주면 정지용 F, E회로를 통하여 FF₂가 리셋하여 MC₂
가 복구하고 C회로를 통하여 FF₃이 리셋하여 MC₃이 복구하므로 역회전 전동기는 정지하고
GL이 점등한다.

그림(d), (e)와 표의 PLC 회로에서 P001을 주면 P011이 동작 유지하여 저항 R로 저전압 기
동되며 T000이 여자된다. 이 때 역회전 중이라면 연동 P001로 P012가 복구하고 P013도 복구
하여 역회전 정지한다. 7초 후 T000으로 P013이 재동작 유지하고 R을 단락하여 전전압 정회전
운전되고 T000이 복구된다. P003을 주면 P011과 P013이 복구되어 전동기는 정지된다. 또 정
회전 중에 P002를 주면 연동 P002로 P011이 복구하고 P013도 복구하여 정회전이 정지한 후에
P012가 동작 유지하여 저항 R로 저전압 기동되며 T000이 여자된다. 7초 후 T000으로 P013이
재동작 유지하고 R을 단락하여 전전압 역회전 운전되고 T000이 복구된다. P003을 주면 P012
와 P013이 복구되어 전동기는 정지된다. 여기서 P013은 P011과 P012중 어느 하나로(병렬) 동
작을 준비하고 또 복구함에 유의한다. 또 프로그램의 26스텝은 두 병렬 회로의 그룹 직렬이다.

● 예제 3-12 ●

그림 3-25에서 타이머를 사용하지 않고 연동 BS₁을 누르면 MC₁이 동작하고 7초 후에 BS₁을
놓으면 MC₂가 동작하는 회로를 그려보자. 단 Thr과 각 램프 회로는 생략한다.

【풀이】

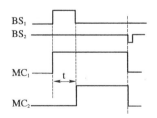
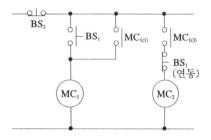

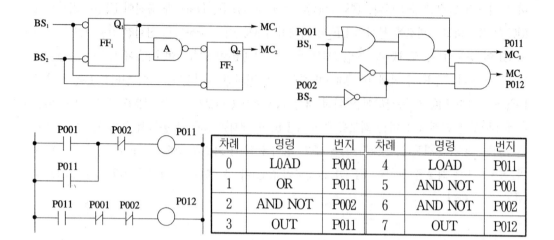

차례	명령	번지	차례	명령	번지
0	LOAD	P001	4	LOAD	P011
1	OR	P011	5	AND NOT	P001
2	AND NOT	P002	6	AND NOT	P002
3	OUT	P011	7	OUT	P012

연동 BS_1(P001)을 누르고 있으면 MC_1(P011)이 동작 유지하여 전동기는 기동한다. 7초 후에 BS_1을 놓으면 MC_2(P012)가 동작하여 저항 R을 단락하여 정상 운전된다. BS_2를 주면 모두 복구한다. 로직 회로에서 연동 BS_1을 누르고 있으면 FF_1이 셋하여 MC_1이 동작하여 전동기는 기동한다. 7초 후에 BS_1을 놓으면 A회로가 동작하여 FF_2가 셋되므로 MC_2가 동작한다.

⌖ 연습문제 3-30

그림 3-25와 3-26을 참고하여 연동 버튼 스위치 2개(1a, 2b)를 사용하고 타이머를 사용하지 않는 수동식 정·역 저항 기동(S상 접속) 회로의 릴레이 회로와 $\overline{R}\,\overline{S}$-latch 2개를 사용한 로직 회로 및 PLC 래더 회로를 각각 그리시오. 단 공통 정지 버튼 스위치 1개, 전자 접촉기 3개를 사용하고 P001~P003, P011~P013의 번지를 사용하며 램프, Thr 등 기타 조건은 생략한다.

2) 2차 저항 기동 회로

그림 3-27은 권선형 유도 전동기의 2단 제어 2차 저항 기동 회로의 일예이다. 이 회로는 그림(b)의 주회로에서와 같이 전자 접촉기 2개(MC_1, MC_2)로 2차 저항을 단계적으로 단락시키면서 기동 전류를 줄이고 기동 속도를 증가시킨다.

그림(a), (b), (c)에서 BS_1을 누르면 MC가 동작하여 기동 저항 R_1과 R_2를 접속한 상태로 전동기가 기동한다. 동시에 T_1이 여자되고 GL이 소등한다.

⟨전원 R - Thr - BS_2 - BS_1닫힘($MC_{(1)}$닫힘 - 유지) - MC 동작 - 전원 T⟩

⟨전원 R - Thr - BS_2 - BS_1닫힘($MC_{(1)}$닫힘 - 유지) - $MC_{2(2)}$ - T_1 여자 - 전원 T⟩

5초 후에 접점 T_{1a}가 닫혀 MC_1이 동작하여 기동 저항 R_1이 단락되고 전동기의 속도가 증가한다. 동시에 T_2가 여자된다.

〈전원 R - Thr - BS_2 - $MC_{(1)}$ - T_{1a}(닫힘) - MC_1 동작 - 전원 T〉

〈전원 R - Thr - BS_2 - $MC_{(1)}$ - $MC_{1(2)}$ - T_2 여자 - 전원 T〉

5초 후에 접점 T_{2a}가 닫혀 MC_2가 동작 유지하여 기동 저항 R_2가 단락되고 전동기는 정상 운전한다. 또 접점 $MC_{2(2)}$가 열리면 T_1, MC_1, T_2가 복구하며 RL이 점등된다.

〈전원 R - Thr - BS_2 - $MC_{(1)}$ - T_{2a}(닫힘)($MC_{2(1)}$ 유지) - MC_2(RL) 동작 - 전원 T〉

운전중 동작 기구는 MC, MC_2(RL)이고 BS_2를 주면 모두 복구하고 GL이 점등한다.

그림(d)에서 BS_1을 주면 FF가 셋하여 MC가 동작하여 저항 (R_1+R_2)를 통하여 저전압 기동하고 SMV_1이 셋하며 GL이 소등한다. 5초 후에 SMV_1이 리셋하면 미분 회로를 통하여 FF_1이 셋하여 MC_1이 동작하여 저항 R_1을 단락하고 전동기의 기동 속도는 증가한다. 또 SMV_2가 셋한다. 5초 후에 SMV_2가 리셋하면 미분 회로를 통하여 FF_2가 셋하여 MC_2가 동작하여 저항 R_2를 단락하고 전동기는 정상 운전한다. 동시에 정지용 B회로를 통하여 FF_1이 리셋하여 MC_1이 복구한다. BS_2(Thr)를 주면 정지용 A회로를 통하여 FF와 FF_2가 리셋하여 MC와 MC_2가 복구하고 전동기는 정지하며 GL이 점등한다.

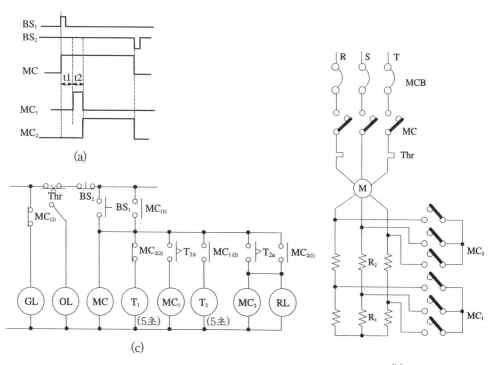

(a)

(c)

(b)

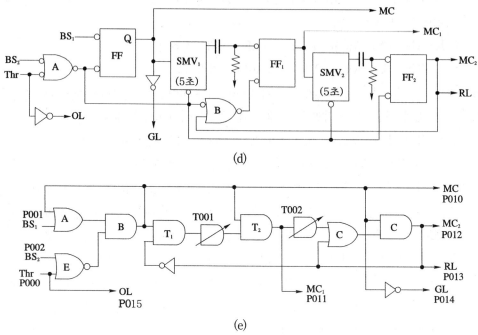

(d)

(e)

차례	명령	번지	차례	명령	번지
0	LOAD	P001	13	TMR	T002
1	OR	P010	14	⟨DATA⟩	00050
2	AND NOT	P002	16	LOAD	T002
3	AND NOT	P000	17	OR	P012
4	OUT	P010	18	AND	P010
5	LOAD	P010	19	OUT	P012
6	AND NOT	P012	20	OUT	P013
7	TMR	T001	21	LOAD NOT	P010
8	⟨DATA⟩	00050	22	OUT	P014
10	LOAD	P010	23	LOAD	P000
11	AND	T001	24	OUT	P015
12	OUT	P011	25	—	—

그림 3-27 2차 저항 기동 회로

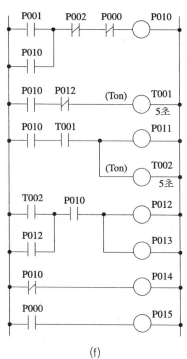

(f)

그림(e), (f)와 표의 PLC 회로에서 P001을 주면 P010이 동작 유지하여 저항 (R_1+R_2)로 저전압 기동되며 T001이 여자된다. 5초 후 T001로 P011이 동작하고 저항 R_1을 단락하여 전동기의 기동 속도는 증가한다. 또 T002가 여자된다. 5초 후 T002로 P012가 동작 유지하고 저항 R_2를 단락하여 전동기는 정상 운전한다. 동시에 정지용 P012로 T001이 복구하고 이어 P011과 T002가 복구된다. P002를 주면 P010과 P012가 복구되어 전동기는 정지된다.

그림 3-28은 권선형 유도 전동기의 정·역회로에 2단 제어 2차 저항 기동 회로를 채용한 것으로 램프와 Thr은 생략한 회로이다.

그림(a), (b)에서 BS_1을 주면 연동 b접점으로 MC_2가 복구하고 $MC_{2(3)}$ 접점으로 MC_3이 복구하여 역회전 운전이 정지하고 인터록 $MC_{2(2)}$가 닫히면 MC_1이 동작 유지하여 정회전 저항 기동하며 접점 $MC_{1(3)}$이 닫혀 T_1과 T_2가 여자된다. 설정 시간(5초)이 지나면 접점 T_{1a}가 닫혀 MC_3이 동작하여 주회로에서 주접점 MC_3은 저항 R_1을 단락하여 전동기의 기동 속도가 증가한다. 또 5초 후에 접점 T_{2a}가 닫혀 MC_4가 동작하여 주회로에서 주접점 MC_4는 저항 R_2를 단락하여 전동기가 정상 운전한다. 또 접점 $MC_{4(2)}$가 열려서 T_1과 T_2가 복구하고 MC_3이 복구한다. BS_3을 주면 MC_1과 MC_4가 복구하여 전동기가 정지한다.

BS_2를 주면 연동 b접점으로 MC_1이 복구하고 $MC_{1(3)}$ 접점으로 MC_4가 복구하여 정회전 운전이 정지하고 인터록 $MC_{1(2)}$가 닫히면 MC_2가 동작 유지하여 역회전 저항 기동하며 접점 $MC_{2(3)}$이 닫혀 T_1과 T_2가 여자된다. 설정 시간(5초)이 지나면 접점 T_{1a}가 닫혀 MC_3이 동작하여 저항 R_1을 단락하여 전동기의 기동 속도가 증가한다.

또 5초 후에 접점 T_{2a}가 닫혀 MC_4가 동작하여 저항 R_2를 단락하여 전동기가 정상 운전한다. 또 접점 $MC_{4(2)}$가 열려서 T_1과 T_2가 복구하고 MC_3이 복구한다. BS_3을 주면 MC_2와 MC_4가 복구하여 전동기가 정지한다.

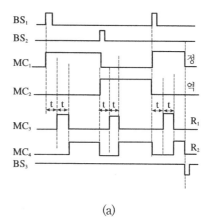

(a)

〈전원 R - Thr - BS_3 - BS_1닫힘($MC_{1(1)}$닫힘 - 유지) - BS_2(연동) - $MC_{2(2)}$ - MC_1 동작 - 전원 T〉

〈전원 R - Thr - BS_3 - BS_2닫힘($MC_{2(1)}$닫힘 - 유지) - BS_1(연동) - $MC_{1(2)}$ - MC_2 동작 - 전원 T〉

〈전원 R - Thr - BS_3 - $MC_{1(3)}$ 혹은 $MC_{2(3)}$ 닫힘 - $MC_{4(2)}$ - T_1과 T_2 여자 - 전원 T〉

〈전원 R - Thr - BS_3 - $MC_{1(3)}$ 혹은 $MC_{2(3)}$ 닫힘 - $MC_{4(2)}$ - T_{1a}닫힘 - MC_3 동작 - 전원 T〉

〈전원 R - Thr - BS_3 - $MC_{1(3)}$ 혹은 $MC_{2(3)}$닫힘 - T_{2a}닫힘($MC_{4(1)}$닫힘 - 유지) - MC_4 동작 - 전원 T〉

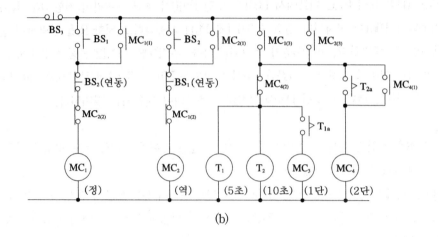

(b)

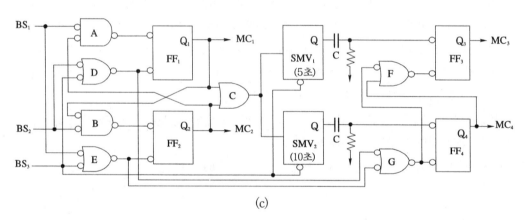

(c)

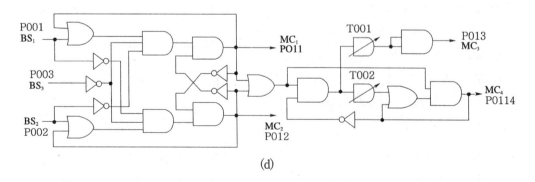

(d)

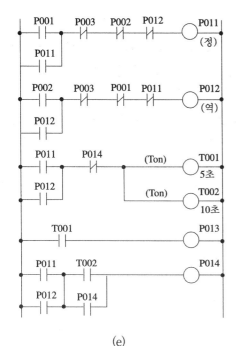

차례	명령	번지	차례	명령	번지
0	LOAD	P001	14	AND NOT	P014
1	OR	P011	15	TMR	T001
2	AND NOT	P003	16	〈DATA〉	00050
3	AND NOT	P002	18	TMR	T002
4	AND NOT	P012	19	〈DATA〉	00100
5	OUT	P011	21	LOAD	T001
6	LOAD	P002	22	OUT	P013
7	OR	P012	23	LOAD	P011
8	AND NOT	P003	24	OR	P012
9	AND NOT	P001	25	LOAD	T002
10	AND NOT	P011	26	OR	P014
11	OUT	P012	27	AND LOAD	–
12	LOAD	P011	28	OUT	P014
13	OR	P012	29	–	–

(e)

그림 3-28 2차 저항 기동 정역 회로

그림(c)에서 BS$_1$을 주면 정지 회로 E를 통하여 FF$_2$가 리셋하여 MC$_2$가 복구하고 동시에 E, G회로를 통하여 FF$_4$가 리셋하여 MC$_4$가 복구하여 역회전 정지한다. 이어 인터록 A 회로를 통하여 FF$_1$이 셋하여 MC$_1$이 동작하여 정회전 저항 기동하고 C회로를 통하여 SMV$_1$과 SMV$_2$가 셋한다. 5초 후에 SMV$_1$이 리셋하면 미분 회로를 통하여 FF$_3$이 셋하여 MC$_3$이 동작하여 저항 R$_1$을 단락한다. 다시 5초 후에 SMV$_2$가 리셋하면 미분 회로를 통하여 FF$_4$가 셋하여 MC$_4$가 동작하여 저항 R$_2$를 단락하고 정상 운전한다. 이어 F회로를 통하여 FF$_3$이 리셋하여 MC$_3$이 복구한다. BS$_3$을 주면 정지용 D회로를 통하여 FF$_1$이 리셋하여 MC$_1$이 복구하고 D, G 회로를 통하여 FF$_4$가 리셋하여 MC$_4$가 복구하므로 정회전 전동기는 정지한다. 또 BS$_2$를 주면 D회로를 통하여 FF$_1$이 리셋하여 MC$_1$이 복구하고 동시에 D, G회로를 통하여 FF$_4$가 리셋하여 MC$_4$가 복구하여 정회전 정지한다. 이어 인터록 B를 통하여 FF$_2$가 셋하여 MC$_2$가 동작하여 역회전 저항 기동하고 C회로를 통하여 SMV$_1$과 SMV$_2$가 셋한다. 5초 후에 SMV$_1$이 리셋하면 미분 회로를 통하여 FF$_3$이 셋하여 MC$_3$이 동작하여 저항 R$_1$을 단락한다. 다시 5초 후에 SMV$_2$가 리셋하면 미분 회로를 통하여 FF$_4$가 셋하여 MC$_4$가 동작하여 저항 R$_2$를 단락하고 정상 운전한다. 이어 F회로를 통하여 FF$_3$이 리셋하여 MC$_3$이 복구한다. BS$_3$을 주면 정지용 E 회로를 통하여 FF$_2$가 리셋하여 MC$_2$가 복구하고 E, G회로를 통하여 FF$_4$가 리셋하여 MC$_4$가 복구하므로 역회전 전동기는 정지한다.

그림(d), (e)와 표의 PLC 회로에서 P001을 주면 P011이 동작 유지하여 저전압 기동되며 T001과 T002가 여자된다. 이 때 역회전 중이라면 연동 P001로 P012가 복구하고 P014도 복구하여 역회전 정지한다. 5초 후 T001로 P013이 동작하고 R_1을 단락한다. 또 5초 후에 T002로 P014가 동작하여 R_2를 단락하여 전전압 정회전 운전되고 T001, T002, P013이 복구된다. P003을 주면 P011과 P014가 복구되어 전동기는 정지된다. 또 정회전 중에 P002를 주면 연동 P002로 P011이 복구하고 P014도 복구하여 정회전이 정지한 후에 P012가 동작 유지하여 저전압 기동되며 T001과 T002가 여자된다. 5초 후 T001로 P013이 동작하고 R_1을 단락한다. 또 5초 후에 T002로 P014가 동작하여 R_2를 단락하여 전전압 역회전 운전되고 T001, T002, P013이 복구된다. P003을 주면 P012와 P014가 복구되어 전동기는 정지된다. 여기서 P014는 P011과 P012중 어느 하나로(병렬) 동작을 준비하고 또 복구함에 유의한다. 또 프로그램의 27스텝은 두 병렬 회로의 그룹 직렬이다.

그림 3-29는 권선형 유도 전동기의 4단 제어 2차 저항 기동 회로의 예로서 Thr, 램프는 생략하였다. 이 회로는 타이머 2개를 교대로 2번 동작시키고 전자 접촉기 4개($MC_1 \sim MC_4$)로 2차 저항($R_1 \sim R_4$)을 단계적으로 단락시키면서 기동 전류를 줄이고 기동 속도를 증가시킨다.

그림(a)와 (d)에서 BS_1을 누르면 MC가 동작하여 기동 저항 $R_1 \sim R_4$를 접속한 상태로 전동기가 기동한다. 동시에 T_1이 여자된다.

〈전원 R - BS_2 - BS_1 닫힘($MC_{(1)}$ 닫힘 - 유지) - MC 동작 - 전원 T〉

〈전원 R - BS_2 - $MC_{(1)}$ - $MC_{4(2)}$ - $MC_{1(2)}$ - T_1 여자 - 전원 T〉

5초 후에 접점 T_{1a}가 닫혀 MC_1이 동작 유지하여 기동 저항 R_1이 단락되고 전동기의 기동 속도가 증가한다. 동시에 T_2가 여자되고 $MC_{1(2)}$로 T_1이 복구된다.

〈전원 R - BS_2 - $MC_{(1)}$ - $MC_{4(2)}$ - T_{1a}(닫힘) - $MC_{2(2)}$($MC_{1(1)}$ 유지) - MC_1 동작 - 전원 T〉

〈전원 R - BS_2 - $MC_{(1)}$ - $MC_{4(2)}$ - $MC_{1(3)}$(닫힘) - $MC_{2(4)}$ - T_2 여자 - 전원 T〉

5초 후에 접점 T_{2a}가 닫혀 MC_2가 동작 유지하여 기동 저항 R_2가 단락되고 전동기의 기동 속도가 증가한다. 또 접점 $MC_{2(4)}$로 T_2가 복구하며 릴레이 X가 동작하여 접점 $X_{(2)}$로 T_1이 재여자된다. 여기서 보조 릴레이 X는 MC_2의 보조 접점을 보충하고 MC_3의 동작에 시간차를 준다.

〈전원 R - BS_2 - $MC_{(1)}$ - T_{2a}(닫힘) - $MC_{3(2)}$($MC_{4(2)}$ - $MC_{2(1)}$ 유지) - MC_2 동작 - 전원 T〉

〈전원 R - BS₂ - MC₍₁₎ - MC₍₄₍₂₎₎ - X₍₂₎(닫힘) - T₁ 재여자 - 전원 T〉

5초 후에 접점 T₁ₐ가 닫혀 MC₃이 동작하여 기동 저항 R₃이 단락되고 전동기의 기동 속도가 증가한다. 동시에 T₂가 재여자되며 T₁은 계속 동작한다.

〈전원 R - BS₂ - MC₍₁₎ - MC₍₄₍₂₎₎ - T₁ₐ(닫힘) - X₍₁₎ - MC₃ 동작 - 전원 T〉

〈전원 R - BS₂ - MC₍₁₎ - MC₍₄₍₂₎₎ - MC₃₍₁₎(닫힘) - T₂ 재여자 - 전원 T〉

5초 후에 접점 T₂ₐ가 닫혀 MC₄가 동작 유지하여 기동 저항 R₄가 단락되고 전동기는 정상 운전된다. 동시에 접점 MC₍₄₍₂₎₎가 열려서 MC₁~MC₃, T₁, T₂, X 등이 복구하며 운전 중에는 MC와 MC₄만이 동작 중이고 BS₂를 주면 복구하여 전동기가 정지한다.

〈전원 R - BS₂ - MC₍₁₎ - T₂ₐ(닫힘) - MC₃₍₃₎(MC₄₍₁₎ 유지) - MC₃ 동작 - 전원 T〉

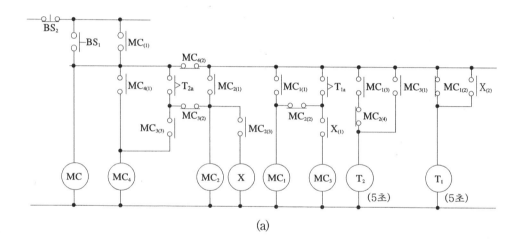

(a)

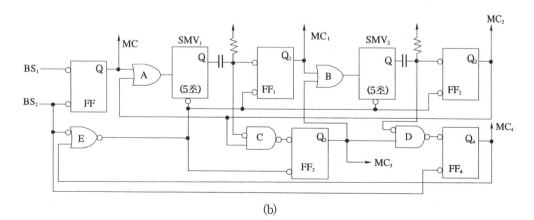

(b)

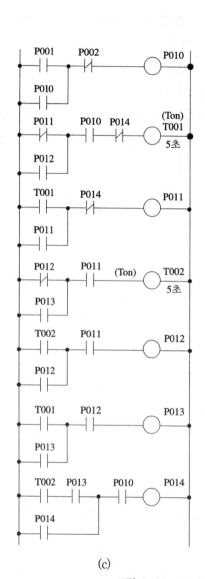

(c)

차례	명령	번지	차례	명령	번지
0	LOAD	P001	17	AND	P011
1	OR	P010	18	TMR	T002
2	AND NOT	P002	19	〈DATA〉	00050
3	OUT	P010	21	LOAD	T002
4	LOAD NOT	P011	22	OR	P012
5	OR	P012	23	AND	P011
6	AND	P010	24	OUT	P012
7	AND NOT	P014	25	LOAD	T001
8	TMR	T001	26	OR	P013
9	〈DATA〉	00050	27	AND	P012
11	LOAD	T001	28	OUT	P013
12	OR	P011	29	LOAD	T002
13	AND NOT	P014	30	AND	P013
14	OUT	P011	31	OR	P014
15	LOAD NOT	P012	32	AND	P010
16	OR	P013	33	OUT	P014

그림 3-29 4단 제어 2차 저항 기동 회로

그림(b)에서 BS_1을 주면 FF가 셋하여 MC가 동작하여 전동기가 저항 기동하고 또 A회로를 통하여 SMV_1이 셋한다. 5초 후에 SMV_1이 리셋하면 미분 회로를 통하여 FF_1이 셋하여 MC_1이 동작하여 저항 R_1을 단락한다. 동시에 B회로를 통하여 SMV_2가 셋한다. 5초 후에 SMV_2가 리셋하면 미분 회로를 통하여 FF_2가 셋하여 MC_2가 동작하여 저항 R_2를 단락한다. 동시에 A

회로를 통하여 SMV_1이 다시 셋한다. 5초 후에 SMV_1이 리셋하면 C회로를 통하여 FF_3이 셋하여 MC_3이 동작하여 저항 R_3을 단락한다. 동시에 B회로를 통하여 SMV_2가 다시 셋한다. 5초 후에 SMV_2가 리셋하면 D회로를 통하여 FF_4가 셋하고 MC_4가 동작하여 저항 R_4를 단락하여 전동기가 정상 운전한다. 동시에 E회로를 통하여 FF_1~FF_3이 리셋하여 MC_1~MC_3이 복구한다. BS_2를 주면 FF와 FF_4가 리셋하여 MC와 MC_4가 복구하고 전동기는 정지한다.

그림(c)와 표의 PLC 회로에서 P001을 주면 P010이 동작 유지하여 저전압 기동되며 T001이 여자된다. 5초 후 T001로 P011이 동작하여 R_1을 단락한다. 동시에 T001이 복구하고 T002가 여자된다. 5초 후에 T002로 P012가 동작하여 R_2를 단락한다. 동시에 T002가 복구하고 T001이 재여자된다. 5초 후에 T001로 P013이 동작하여 R_3을 단락한다. 동시에 T002가 재여자된다. 5초 후에 T002로 P014가 동작 유지하여 R_4를 단락하여 전전압 운전되고 T001, T002, P011~P013이 복구된다. P002를 주면 P010이 복구하고 이어 P014가 복구되어 전동기는 정지된다.

● 예제 3-13 ●

그림 3-27을 이용하여 4단 제어 2차 저항 기동 회로를 그려보자. 램프 Thr 등은 생략한다.

【풀이】

그림과 같이 타이머 4개, MC 4개로 차례로 저항을 단락하여 기동하는 순차 제어 회로가 된다. 그림(a), (e)에서 BS_1을 누르면 MC가 동작하여 기동 저항 R_1~R_4를 접속한 상태로 전동기가 기동한다. 동시에 T_1이 여자된다.

〈전원 R - BS_2 - BS_1닫힘($MC_{(1)}$닫힘 - 유지) - MC 동작 - 전원 T〉

〈전원 R - BS_2 - $MC_{(1)}$닫힘 - $MC_{4(2)}$ - T_1 여자 - 전원 T〉

3초 후에 접점 T_{1a}가 닫혀 MC_1이 동작하여 기동 저항 R_1이 단락되고 전동기의 속도가 증가한다. 동시에 T_2가 여자된다.

〈전원 R - BS_2 - $MC_{(1)}$ - T_{1a}(닫힘) - MC_1 동작(T_2 여자) - 전원 T〉

3초 후에 접점 T_{2a}가 닫혀 MC_2가 동작하여 기동 저항 R_2가 단락되고 전동기의 속도가 증가한다. 동시에 T_3이 여자된다.

〈전원 R - BS_2 - $MC_{(1)}$ - T_{2a}(닫힘) - MC_2 동작(T_3 여자) - 전원 T〉

3초 후에 접점 T_{3a}가 닫혀 MC_3이 동작하여 기동 저항 R_3이 단락되고 전동기의 속도가 증가한다. 동시에 T_4가 여자된다.

〈전원 R - BS_2 - $MC_{(1)}$ - T_{3a}(닫힘) - MC_3 동작(T_4 여자) - 전원 T〉

3초 후에 접점 T_{4a}가 닫혀 MC_4가 동작하여 기동 저항 R_4가 단락되고 전동기는 정상 운전한다. 또 접점 $MC_{4(2)}$가 열리면 T_1~T_4, MC_1~MC_3이 복구된다.

〈전원 R - BS₂ - MC₍₁₎ - T₄ₐ 닫힘(MC₄₍₁₎ 유지) - MC₄ 동작 - 전원 T〉
BS₂를 주면 MC, MC₄가 복구하고 전동기는 정지한다.

그림(b)에서 BS₁을 주면 FF가 셋하여 MC가 동작하여 저전압 저항(R_1+R_4) 기동하고 SMV₁이 셋한다. 3초 후에 SMV₁이 리셋하면 미분 회로를 통하여 FF₁이 셋하여 MC₁이 동작하여 저항 R_1을 단락하고 전동기의 기동 속도는 증가한다. 또 SMV₂가 셋한다. 3초 후에 SMV₂가 리셋하면 미분 회로를 통하여 FF₂가 셋하여 MC₂가 동작하여 저항 R_2를 단락하고 전동기의 기동 속도는 증가한다. 또 SMV₃이 셋한다. 3초 후에 SMV₃이 리셋하면 미분 회로를 통하여 FF₃이 셋하여 MC₃이 동작하여 저항 R_3을 단락하고 전동기의 기동 속도는 증가한다. 또 SMV₄가 셋한다. 3초 후에 SMV₄가 리셋하면 미분 회로를 통하여 FF₄가 셋하여 MC₄가 동작하여 저항 R_4를 단락하고 전동기는 정상 운전한다. 동시에 B회로를 통하여 FF₁~FF₃이 리셋하여 MC₁~MC₃이 복구한다. BS₂를 주면 FF와 FF₄가 리셋하여 MC와 MC₄가 복구하고 전동기는 정지한다.

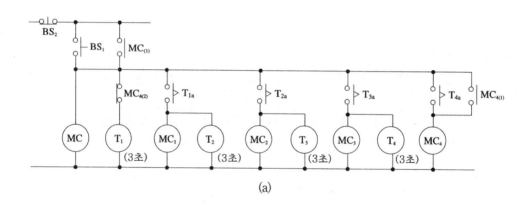

(a)

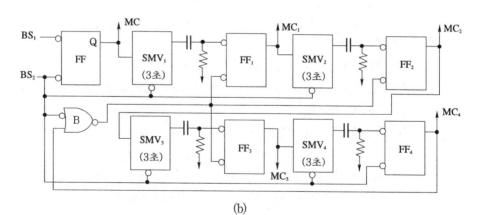

(b)

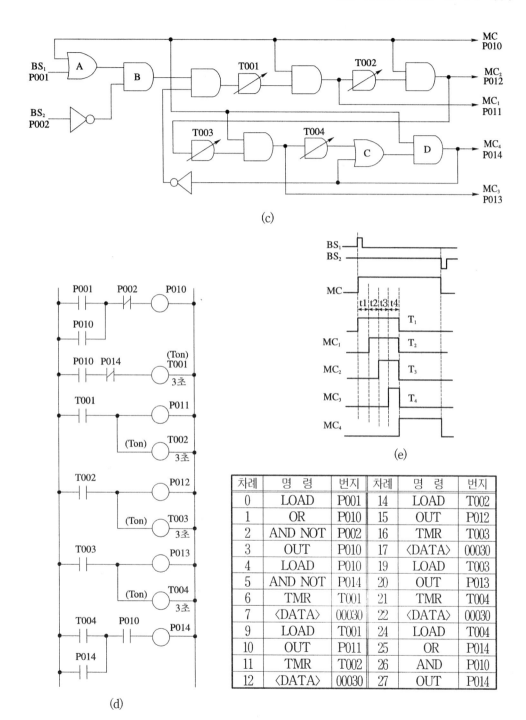

(c)

(d)

(e)

차례	명 령	번지	차례	명 령	번지
0	LOAD	P001	14	LOAD	T002
1	OR	P010	15	OUT	P012
2	AND NOT	P002	16	TMR	T003
3	OUT	P010	17	⟨DATA⟩	00030
4	LOAD	P010	19	LOAD	T003
5	AND NOT	P014	20	OUT	P013
6	TMR	T001	21	TMR	T004
7	⟨DATA⟩	00030	22	⟨DATA⟩	00030
9	LOAD	T001	24	LOAD	T004
10	OUT	P011	25	OR	P014
11	TMR	T002	26	AND	P010
12	⟨DATA⟩	00030	27	OUT	P014

그림(c), (d)와 표의 PLC 회로에서 P001을 주면 P010이 동작 유지하여 저항(R_1+R_4)로 저전압 기동되며 T001이 여자된다. 3초 후 T001로 P011이 동작하여 저항 R_1을 단락하므로 전동기의 기동 속도는 증가한다. 또 T002가 여자된다. 3초 후 T002로 P012가 동작하고 저항 R_2를 단락하여 전동기의 기동 속도는 증가한다. 또 T003이 여자된다. 3초 후 T003으로 P013이 동작하고 저항 R_3을 단락하여 전동기의 기동 속도는 증가한다. 또 T004가 여자된다. 3초 후 T004로 P014가 동작 유지하고 저항 R_4를 단락하여 전동기는 정상 운전한다. 동시에 정지용 P014로 T001, P011, T002, P012, T003, P013, T004 순으로 복구된다. P002를 주면 P010과 P014가 복구되어 전동기는 정지된다.

♪ 연습문제 3-31

그림은 그림 3-27(b)를 이용한 농형 유도 전동기의 1차 저항 제어 기동 회로의 주회로의 일예이다. 타임 차트를 그리고 릴레이 회로, 로직 회로, PLC용 래더 회로와 양논리 회로 및 니모닉 프로그램을 각각 그리시오. 램프, Thr 등은 생략한다.

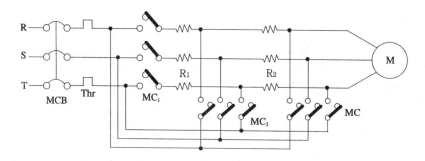

♪ 연습문제 3-32

그림은 예제 3-13의 회로를 변형한 타임 차트이다. 릴레이 회로, 로직 회로, PLC용 래더 회로와 니모닉 프로그램을 각각 그리시오. 단, 램프, Thr 등은 생략한다.

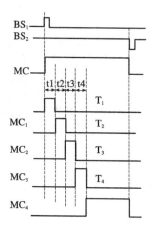

🖐 **연습문제 3-33**

그림은 저항 기동 제어 회로의 일부이다. 각 MC의 동작 타임 차트를 그리고 ( )에 동작 시간을 쓰고 운전 중에 동작되는 MC를 ★로 표시하시오. 또 OL과 RL의 동작 시간을 쓰시오. 단, BS$_1$을 준 후 20초만에 BS$_2$를 주며 타이머 이외의 시간 지연은 없다.

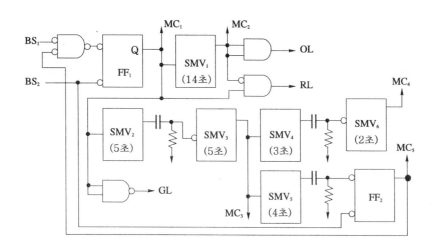

🖐 **연습문제 3-34**

그림은 저항 기동 제어 회로의 일부이다. 보조 릴레이 5개를 사용하고 기동용 BS$_1$을 5번 눌러 보조 릴레이 X$_1$을 5번 동작과 복구를 시키면서 MC를 순차적으로 동작하도록 한다. 단 BS$_1$을 누르고 있는 시간 이외의 시간 늦음은 무시한다.

(1) BS$_1$을 5번 눌렀다 놓은 후 BS$_2$를 눌렀다. 각 X와 MC의 동작 타임 차트를 완성하시오.

(2) BS$_1$을 3번 눌렀다 놓은 후에 동작되고 있는 각 X와 MC의 이름을 쓰시오.

(3) 전동기가 정상 운전 중에 동작되고 있는 기구(X, MC)를 쓰시오.

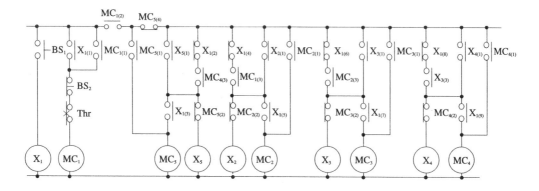

● **연습문제 3-35**

그림은 직류 전동기의 기동 회로의 주회로와 그 래더 회로의 일부이다. 릴레이 회로, 로직 회로, PLC 프로그램과 양논리 회로를 각각 그리시오. 기타 조건은 무시한다.

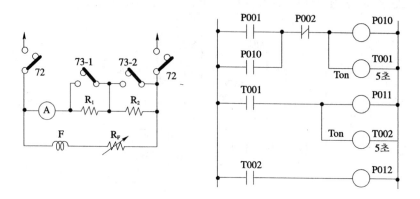

● **연습문제 3-36**

그림은 직류 전동기의 기동 회로의 일부이다.

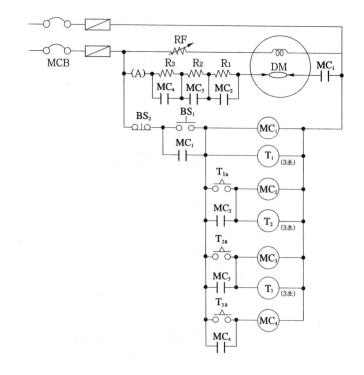

(1) 그림에서 (A)에 알맞은 접점 기호를 그리고 이름을 쓰시오.

(2) MC와 타이머의 동작 타임 차트를 완성하고 PLC 래더 회로를 그리시오.

(3) $\overline{R}\,\overline{S}$-latch 기호 4개, 단안정 SMV 3개로 로직 회로를 그리시오.

(4) 동작 중에 타이머 3개는 복구하도록 릴레이 회로를 수정하시오.

5. 속도 제어 회로

유도 전동기의 속도 제어에는 동기 속도 $N_s = 120 f/P$ 및 속도 $N = 120 f(1-s)/P\,\text{(rpm)}$ 에서 반도체 인버터에 의한 주파수 (f) 제어, 슬립 (s) 주파수의 전원을 사용하는 2차 여자 법, 자극수 (P)를 바꾸는 극수 제어가 있고 또 전압 제어, 비례 추이에 의한 2차 저항 제어가 있으며 직류 전동기에서는 전압 제어 , 계자 제어, 저항 제어 등이 있다. 여기서는 자극수를 바꾸는 방법에 대하여 몇가지 예를 들기로 한다.

극수 변환 제어에는 단일 권선의 권선 접속을 직렬, 또는 병렬로 변환하여 2 : 1의 속도 변환 을 하는 방법과 2개의 독립 권선을 설치하여 2 : 1, 4 : 1의 단계적인 속도 변환을 행하는 방법 이 있다. 정출력, 또는 정토크 제어가 되고 효율이 좋으므로 소형 권상기, 승강기, 원심 분리 기, 공작 기계 등에 사용된다. 극수 변환은 보통 단일 권선에서 4극 - 8극, 독립 권선에서 4 극 - 6극 - 8극 등의 조합이 채용된다.

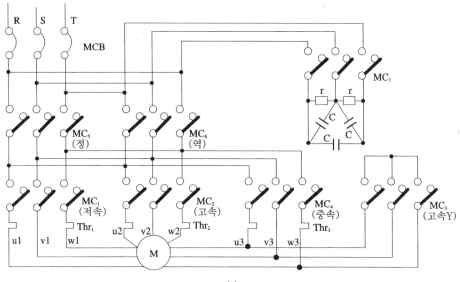

(a)

T
R
S
저속(독립권선)

(b)

T
S
R
중속(독립권선)
저속(단일권선)

(c)

T
R
S
고속

(d)

그림 3-30 극수 변환 속도 제어 주회로

그림 3-30은 정·역회전 및 3단 속도 제어의 주회로와 권선의 접속도의 일 예를 보인 것이다. 단일 권선일 때에는 MC_4의 중속용과 그림(b)의 결선은 필요없고 저속 $\triangle$결선(c)과 고속 Y결선(d)으로 사용한다. 독립 권선일 때에는 한 권선으로 저속 Y결선하고 다른 권선으로 중속 $\triangle$결선과 고속 Y결선한다. 또 역회전이 필요 없을 때에는 MC_6이 생략된다. 그리고 진상용 컨덴서 회로는 MC_7을 통하여 전원 단자에 직접 접속하여 사용한다.

그림 3-31은 단일 권선의 극수 변경에 의한 속도 제어 회로의 일예이다. 주회로는 그림 3-30에서 $MC_4 \sim MC_7$과 그림(b)가 없는 경우이다.

그림(b)에서 BS_1을 누르면 MC_1이 동작 유지하여 전동기가 $\triangle$결선 저속 기동 운전되며 GL이 소등된다. BS_3을 누르면 MC_1이 복구하여 전동기가 정지하고 GL이 점등된다.

〈전원 R - BS_3 - BS_1 닫힘($MC_{1(1)}$ 닫힘 - 유지) - $MC_{2(2)}$ - Thr_1 - MC_1 동작 - 전원 T〉

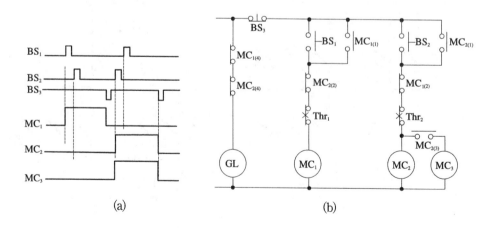

(a)

(b)

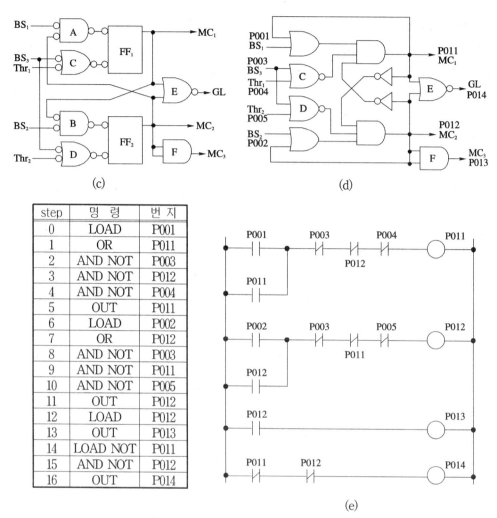

step	명 령	번 지
0	LOAD	P001
1	OR	P011
2	AND NOT	P003
3	AND NOT	P012
4	AND NOT	P004
5	OUT	P011
6	LOAD	P002
7	OR	P012
8	AND NOT	P003
9	AND NOT	P011
10	AND NOT	P005
11	OUT	P012
12	LOAD	P012
13	OUT	P013
14	LOAD NOT	P011
15	AND NOT	P012
16	OUT	P014

그림 3-31 단일 권선 극수 변경 속도 제어 회로

또 BS_2를 누르면 MC_2와 MC_3이 동작 유지하여 전동기가 Y결선 고속 기동 운전되며 GL이 소등된다. BS_3을 누르면 MC_2와 MC_3이 복구하여 전동기가 정지하고 GL이 점등된다.

〈전원 R - BS_3 - BS_2닫힘($MC_{2(1)}$닫힘 - 유지) - $MC_{1(2)}$ - Thr_2 - MC_2($MC_{2(3)}$ - MC_3)동작 - 전원 T〉

여기서 저속 운전과 고속 운전의 전동기의 출력이 다를 때가 많으므로 Thr_1과 Thr_2는 각각 정격이 다른 것으로 설치한다. 또 운전 중에 속도 변경을 할 때에는 BS_3으로 전동기를 정지시킨 후에 행하여야 한다. 그리고 이 회로를 독립된 2권선의 제어에 사용할 때에는 MC_3은 생략하고 2권선을 각각 MC_1과 MC_2로 저속(Y결선)과 고속(⊿결선)으로 운전한다.

그림(c)에서 BS$_1$을 누르면 인터록 A회로를 통하여 FF$_1$이 셋하고 MC$_1$이 동작하여 전동기가 Δ결선 저속 기동 운전되며 E회로를 통하여 GL이 소등된다. BS$_3$을 누르면 C회로를 통하여 FF$_1$이 리셋하고 MC$_1$이 복구하여 전동기가 정지하고 GL이 점등된다. 또 BS$_2$를 누르면 인터록 B회로를 통하여 FF$_2$가 셋하여 MC$_2$가 동작하고 F회로를 통하여 MC$_3$이 동작하여 전동기가 Y결선 고속 기동 운전되며 E회로를 통하여 GL이 소등된다. BS$_3$을 누르면 D회로를 통하여 FF$_2$가 리셋하여 MC$_2$(MC$_3$)가 복구하여 전동기가 정지하고 GL이 점등된다.

그림(d), (e)와 표에서 P001을 주면 P011이 동작 유지하여 저속 운전하며 P003으로 복구한다. 또 P002를 주면 P012와 P013이 동작 유지하여 고속 운전하며 P003으로 복구한다.

🧨 연습문제 3-37

그림 3-31은 저속 운전 중에 고속으로 바꾸든가, 고속 운전 중에 저속으로 바꿀 때 정지 스위치 BS$_3$을 눌러 전동기를 정지시킨 후에 속도 변경을 해야 한다. 연동 스위치를 사용하여 BS$_3$을 누르지 않고 운전 중에 곧바로 속도 변경을 할 수 있는 회로(릴레이 회로, 로직 회로, PLC 래더 회로와 프로그램 및 양논리 회로)로 바꾸어 보시오. 단, 램프 회로는 생략한다.

그림 3-32는 고속 운전시 저속으로 기동한 후에 고속으로 변환하는 회로의 예이다.

그림(b)에서 BS$_1$을 주면 MC$_1$이 동작 유지하여 전동기가 저속 기동 운전하고 BS$_3$을 주면 MC$_1$이 복구하여 전동기가 정지한다.

⟨전원 R - BS$_3$ - BS$_1$닫힘(MC$_{1(1)}$닫힘 - 유지) - T$_{1b}$ - MC$_{2(2)}$ - Thr$_1$ - MC$_1$ 동작 - 전원 T⟩

BS$_2$를 주면 X가 동작 유지하고 T$_1$과 T$_2$가 여자되며 접점 X$_{(2)}$로 MC$_1$이 동작 유지하여 전동기가 저속 기동 운전한다.

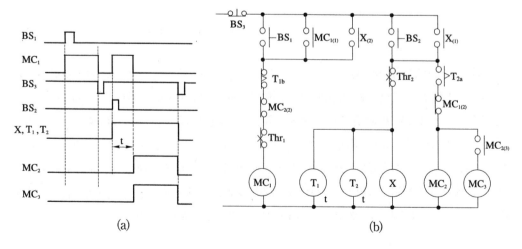

(a)　　　　　　　　　　　　　(b)

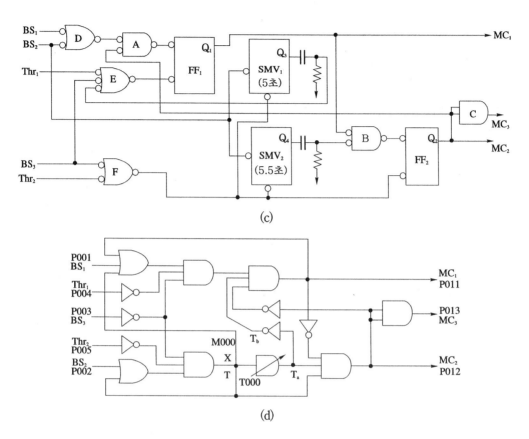

(c)

(d)

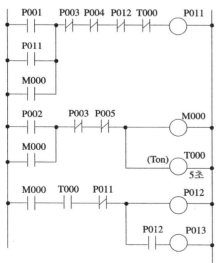

차례	명령	번지	차례	명령	번지
0	LOAD	P001	11	AND NOT	P005
1	OR	P011	12	OUT	M000
2	OR	M000	13	TMR	T000
3	AND NOT	P003	14	⟨DATA⟩	00050
4	AND NOT	P004	16	LOAD	M000
5	AND NOT	P012	17	AND	T000
6	AND NOT	T000	18	AND NOT	P011
7	OUT	P011	19	OUT	P012
8	LOAD	P002	20	AND	P012
9	OR	M000	21	OUT	P013
10	AND NOT	P003	22	—	—

(e)

그림 3-32 저 · 고속 극수 변경 회로

〈전원 R - BS$_3$ - BS$_2$닫힘(X$_{(1)}$닫힘 - 유지) - Thr$_2$ - X(T$_1$, T$_2$)동작 - 전원 T〉

〈전원 R - BS$_3$ - X$_{(2)}$닫힘(MC$_{1(1)}$닫힘 - 유지) - T$_{1b}$ - MC$_{2(2)}$ - Thr$_1$ - MC$_1$ 동작 - 전원 T〉

t초 후에 T$_{1b}$로 MC$_1$이 복구하고 T$_{2a}$로 MC$_2$와 MC$_3$이 동작하여 전동기는 고속 운전하고 BS$_3$을 주면 MC$_2$와 MC$_3$이 복구하여 전동기가 정지한다.

〈전원 R - BS$_3$ - X$_{(1)}$ - T$_{2a}$ - MC$_{1(2)}$ - MC$_2$ 동작(MC$_{2(3)}$닫힘 - MC$_3$ 동작) - 전원 T〉

이 회로는 단일 권선에 의한 극수 변경 회로이고 독립된 2권선으로 저속과 고속 운전을 할 때에는 MC$_3$이 필요없다. 또 타이머의 접점 단자가 공통 단자가 아니면 타이머는 하나면 된다.

그림(c)에서 BS$_1$을 누르면 기동용 D, 인터록 A회로를 통하여 FF$_1$이 셋하면 MC$_1$이 동작하여 전동기가 저속 운전되며 BS$_3$을 주면 E회로를 통하여 FF$_1$이 리셋하고 MC$_1$이 복구하여 전동기가 정지한다. 또 BS$_2$를 누르면 D, A회로를 통하여 FF$_1$이 셋하고 MC$_1$이 동작하여 전동기가 저속 운전한다. 동시에 SMV$_1$과 SMV$_2$가 셋한다. 5초 후에 SMV$_1$이 리셋하면 E회로를 통하여 FF$_1$이 리셋하고 MC$_1$이 복구한다. 이어 0.5초 후에 SMV$_2$가 리셋하면 인터록 B회로를 통하여 FF$_2$가 셋하여 MC$_2$가 동작하고 C회로를 통하여 MC$_3$이 동작하여 전동기가 고속 운전된다. BS$_3$을 누르면 F회로를 통하여 FF$_2$가 리셋하여 MC$_2$(MC$_3$)가 복구하고 전동기가 정지한다.

그림(d), (e)와 표에서 P001을 주면 P011이 동작 유지하여 저속 운전하며 P003으로 복구한다. 또 P002를 주면 M000이 동작 유지하고 T000이 여자되며 M000 접점으로 P011이 동작 유지하여 저속 운전한다. 5초 후에 T000으로 P011이 복구하고 이어 P012와 P013이 동작하여 고속 운전하며 P003으로 복구한다. 여기서 이 회로는 타이머 2개로 인터록함이 안전하다.

●예제 3-14●

　그림 3-32에서 고속 운전 중에 보조 릴레이 X와 타이머 T$_1$, T$_2$가 복구되도록 접점을 추가하여 릴레이 회로와 타임 차트 및 래더 회로를 그리시오.

【풀이】

　MC$_2$에 유지 접점 MC$_{2(1)}$을 넣고 MC$_{2(4)}$ 접점으로 X와 T의 회로를 끊는다.

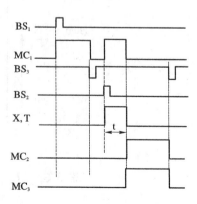

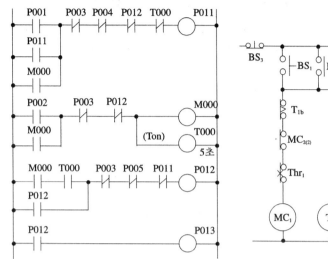

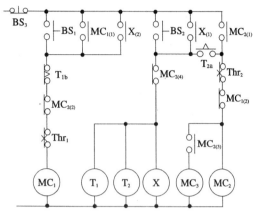

그림 3-33은 단일 권선 극수 변경 회로에 정·역 회로를 추가한 시퀀스이다.

그림(a)의 주회로에서 MC_1과 MC_2로 저속 정·역회전 운전하며, MC_3과 MC_4 및 MC_5로 고속 정·역회전 운전한다. 그림(b)의 릴레이 회로에서 BS_1을 주면 MC_1이 동작 유지하여 저속 정회전되고 BS_5로 정지하며, BS_2를 주면 MC_2가 동작 유지하여 저속 역회전되고 BS_5로 정지한다. 또 BS_3을 주면 MC_3과 MC_5가 동작하여 고속 정회전되고 BS_5로 정지하며, BS_4를 주면 MC_4와 MC_5가 동작하여 고속 역회전되고 BS_5로 정지한다.

⟨전원 R - BS_5 - Thr_1 - $MC_{3(4)}$ - $MC_{4(4)}$ - BS_1닫힘($MC_{1(1)}$닫힘 - 유지) - $MC_{2(2)}$ - MC_1 동작 - 전원T⟩

⟨전원 R - BS_5 - Thr_1 - $MC_{3(4)}$ - $MC_{4(4)}$ - BS_2닫힘($MC_{2(1)}$닫힘 - 유지) - $MC_{1(2)}$ - MC_2 동작 - 전원T⟩

⟨전원 R - BS_5 - Thr_2 - $MC_{1(4)}$ - $MC_{2(4)}$ - BS_3닫힘($MC_{3(1)}$닫힘 - 유지) - $MC_{4(2)}$ - MC_3 동작 - 전원T⟩

⟨전원 R - BS_5 - $MC_{3(3)}$ 닫힘, 혹은 $MC_{4(3)}$ 닫힘 - MC_5 동작 - 전원T⟩

⟨전원 R - BS_5 - Thr_2 - $MC_{1(4)}$ - $MC_{2(4)}$ - BS_4닫힘($MC_{4(1)}$닫힘 - 유지) - $MC_{3(2)}$ - MC_4 동작 - 전원T⟩

여기서 각 MC의 b접점은 인터록 회로임에 유의한다.

그림(c)의 로직 회로에서 BS_1을 주면 인터록 A회로를 통하여 FF_1이 셋하여 MC_1이 동작하여 저속 정회전되고 BS_5를 주면 E회로를 통하여 FF_1이 리셋하여 MC_1이 복구하여 전동기가 정지된다. BS_2를 주면 인터록 B회로를 통하여 FF_2가 셋하여 MC_2가 동작하여 저속 역회전되고 BS_5를 주면 E회로를 통하여 FF_2가 리셋하여 MC_2가 복구하여 전동기가 정지된다. 또 BS_3을 주면 C회로를 통하여 FF_3이 셋하여 MC_3이 동작하고 H회로를 통하여 MC_5가 동작하여 고속 정회전되고 BS_5를 주면 F회로를 통하여 FF_3이 리셋하여 MC_3과 MC_5가 복구하여 전동기가 정지한다. BS$_4$를 주면 D회로를 통하여 FF$_4$가 셋하여 MC$_4$가 동작하고 H회로를 통하여 MC$_5$가 동작하여 고속 역회전되고 BS$_5$를 주면 F회로를 통하여 FF$_4$가 리셋하여 MC$_4$와 MC$_5$가 복구하여 전동기가 정지한다. 여기서 회로 A, B, C, D, G, H는 인터록 회로임에 유의한다.

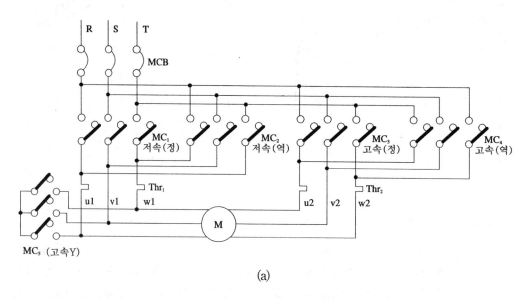

(a)

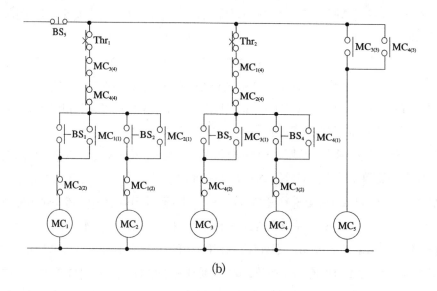

(b)

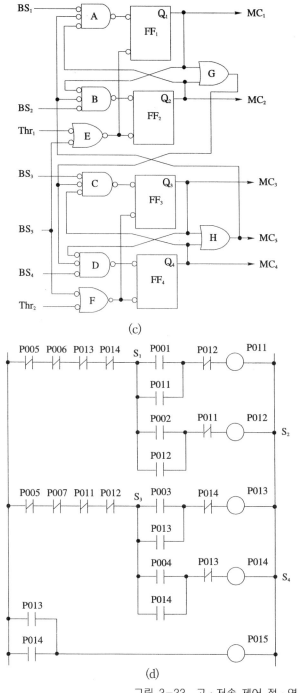

차례	명령	번지
0	LOAD NOT	P005
1	AND NOT	P006
2	AND NOT	P013
3	AND NOT	P014
4	MCS	0
5	LOAD	P001
6	OR	P011
7	AND NOT	P012
8	OUT	P011
9	LOAD	P002
10	OR	P012
11	AND NOT	P011
12	OUT	P012
13	MCS CLR	0
14	LOAD NOT	P005
15	AND NOT	P007
16	AND NOT	P011
17	AND NOT	P012
18	MCS	1
19	LOAD	P003
20	OR	P013
21	AND NOT	P014
22	OUT	P013
23	LOAD	P004
24	OR	P014
25	AND NOT	P013
26	OUT	P014
27	MCS CLR	1
28	LOAD	P013
29	OR	P014
30	OUT	P015

그림 3-33 고·저속 제어 정·역 회로

그림(d)와 표에서 P001을 주면 P011이 동작 유지하여 저속 정회전 운전하며 P005를 주면 P011이 복구되어 전동기가 정지한다. P002를 주면 P012가 동작 유지하여 저속 역회전 운전하며 P005를 주면 P012가 복구되어 전동기가 정지한다. 또 P003을 주면 P013과 P015가 동작하여 고속 정회전 운전하며 P005를 주면 P0113과 P015가 복구되어 전동기가 정지한다. P004를 주면 P014와 P015가 동작하여 고속 역회전 운전하며 P005를 주면 P014와 P015가 복구되어 전동기가 정지한다. 여기서 b접점 P011~P014는 인터록이다. 그리고 $S_1(S_3)$점은 각각 공통점 명령(MCS)이고 $S_2(S_4)$점은 각각 공통점 해제 명령(MCS CLR)이다.

그림 3-34는 그림 3-32에 리액터 기동 회로를 부가한 회로이다. 주회로는 MC_1로 리액터 기동하고, MC_2로 저속 운전하며, MC_2로 저속 운전 후 MC_3과 MC_4로 고속 운전으로 이전한다.

릴레이 회로에서 저속 운전시에는 BS_1을 주면 MC_1이 동작 유지하여 전동기가 리액터(L) 기동되고 타이머 T_1이 여자된다.

〈전원 R - BS_3 - BS_1닫힘($MC_{1(1)}$닫힘 - 유지) - $MC_{2(2)}$ - $X_{2(1)}$ - $MC_{3(4)}$ - $MC_1(T_1)$동작 - 전원 T〉

t_1초 후에 접점 T_{1a}가 닫히면 MC_2가 동작 유지하여 전동기는 저속 운전하고 접점 $MC_{2(2)}$로 MC_1이 복구하여 리액터가 개방된다. BS_3을 주면 MC_2가 복구하여 전동기가 정지한다.

〈전원 R - BS_3 - T_{1a}닫힘($MC_{2(1)}$닫힘 - 유지) - Thr_1 - T_{2b} - $MC_{3(2)}$ - MC_2 동작 - 전원 T〉

고속 운전시에는 BS_2를 주면 X_1이 동작 유지하고 T_2가 여자된다. 또 접점 $X_{1(2)}$로 MC_1이 동작 유지하여 전동기가 리액터 기동되고 타이머 T_1이 여자된다.

〈전원 R - BS_3 - BS_2닫힘($X_{1(1)}$닫힘 - 유지) - $MC_{4(2)}$ - $X_1(T_2)$동작 - 전원 T〉

〈전원 R - BS_3 - $X_{1(2)}$닫힘($MC_{1(1)}$닫힘 - 유지) - $MC_{2(2)}$ - $X_{2(1)}$ - $MC_{3(4)}$ - $MC_1(T_1)$동작 - 전원 T〉

t_1초 후에 접점 T_{1a}가 닫히면 MC_2가 동작 유지하여 전동기는 저속 운전한다. 여기서 X_2가 동시에 동작하여 $MC_{2(2)}$와 $X_{2(1)}$의 양 접점이 MC_1을 복구시켜 리액터가 개방된다.

〈전원 R - BS_3 - T_{1a}닫힘($MC_{2(1)}$닫힘 - 유지) -
Thr_1 - T_{2b} - $MC_{3(2)}$ - MC_2 동작 - 전원 T〉

〈전원 R - BS_3 - T_{1a}닫힘($MC_{2(1)}$닫힘 - 유지) -
Thr_1 - $X_{1(3)}$ - X_2 동작 - 전원 T〉

t_2초 후에 T_{2b}로 MC_2가 복구하여 저속 운전이 끝나며 T_{2a}로 MC_3과 MC_4가 동작 유지하여 전동기는 고속 운전하고 X_1과 T_2 및 X_2가 복구

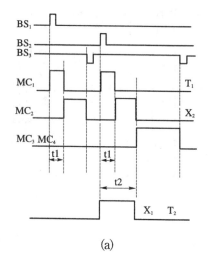

(a)

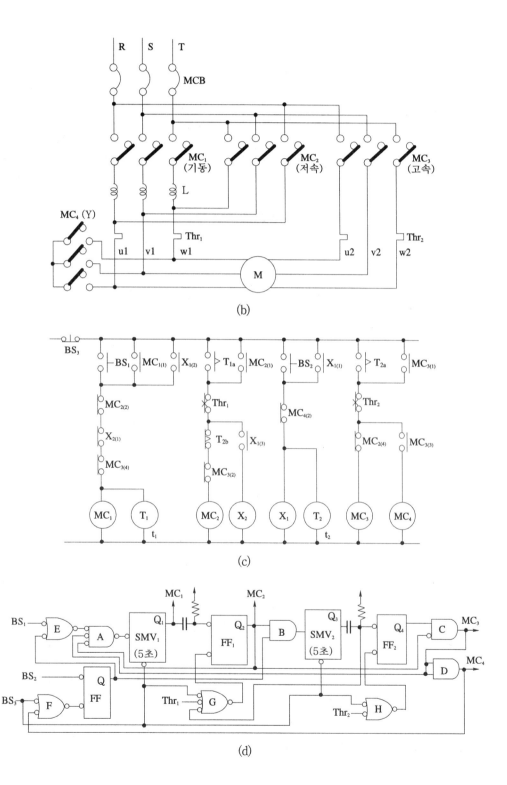

(b)

(c)

(d)

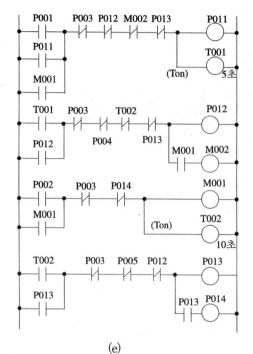

차례	명령	번지	차례	명령	번지
0	LOAD	P001	18	AND	M001
1	OR	P011	19	OUT	M002
2	OR	M001	20	LOAD	P002
3	AND NOT	P003	21	OR	M001
4	AND NOT	P012	22	AND NOT	P003
5	AND NOT	M002	23	AND NOT	P014
6	AND NOT	P013	24	OUT	M001
7	OUT	P011	25	TMR	T002
8	TMR	T001	26	〈DATA〉	00100
9	〈DATA〉	00050	28	LOAD	T002
11	LOAD	T001	29	OR	P013
12	OR	P012	30	AND NOT	P003
13	AND NOT	P003	31	AND NOT	P005
14	AND NOT	P004	32	AND NOT	P012
15	AND NOT	T002	33	OUT	P013
16	AND NOT	P013	34	AND	P013
17	OUT	P012	35	OUT	P014

(e)

그림 3-34 리액터 기동 저·고속 제어 회로

한다. 여기서 보조 릴레이 X_2는 $X_{2(1)}$ 접점으로 MC_2가 복구하고 MC_3이 동작할 때 MC_1의 재동작을 방지한다. BS_3을 주면 MC_3과 MC_4가 복구하여 전동기가 정지한다.

〈전원 R - BS_3 - T_{2a}닫힘($MC_{3(1)}$닫힘 - 유지) - Thr_2 - $MC_{2(4)}$ - MC_3 동작 - 전원 T〉

〈전원 R - BS_3 - T_{2a}닫힘($MC_{3(1)}$닫힘 - 유지) - Thr_2 - $MC_{3(3)}$ - MC_4 동작 - 전원 T〉

여기서 접점 $MC_{2(2)}$, $MC_{2(4)}$, $MC_{3(2)}$, $MC_{3(4)}$ 등은 인터록 기능이 된다.

로직 회로에서 저속 운전용 BS_1을 누르면 E, A 회로를 통하여 SMV_1이 셋하면 MC_1이 동작하여 전동기가 리액터 기동한다. 5초 후에 SMV_1이 리셋하면 MC_1이 복구하여 리액터가 개방되고 또 미분 회로를 통하여 FF_1이 셋하여 MC_2가 동작하여 전동기가 저속 운전한다. BS_3을 주면 G회로를 통하여 FF_1이 리셋하고 MC_2가 복구하여 전동기가 정지한다.

또 고속 운전용 BS_2를 누르면 FF가 셋하여 기동용 E, 인터록 A회로를 통하여 SMV_1이 셋하고 MC_1이 동작하여 전동기가 리액터 기동한다. 5초 후에 SMV_1이 리셋하면 MC_1이 복구하여 리액터가 개방되고 또 미분 회로를 통하여 FF_1이 셋하여 MC_2가 동작하여 전동기가 저속 운전한다. 이때 FF, B회로를 통하여 SMV_2가 셋한다. 5초 후에 SMV_2가 리셋하면 미분 회로를 통하여 FF_2가 셋한다. 동시에 G회로를 통하여 FF_1이 리셋하여 MC_2가 복구하므로 저속 운전이 끝나고 또 인터록 C회로를 통하여 MC_3이 동작하고 D회로를 통하여 MC_4가 동작하여 전동기가 고속 운전된다. 그리고 F회로를 통하여 FF가 리셋한다. BS_3을 주면 H회로를 통하여 FF_2가 리셋하여 $MC_3(MC_4)$이 복구하고 전동기가 정지한다.

　PLC 회로에서 저속 운전용 P001을 주면 P011이 동작 유지하여 전동기가 리액터 기동하고 T001이 여자된다. 5초 후에 T001로 P012가 동작 유지하여 전동기가 저속 운전하며 P011이 복구하여 리액터가 개방된다. 정지용 P003으로 P012가 복구하여 전동기가 정지한다.

　고속 운전용 P002를 주면 M001이 동작 유지하고 T002가 여자되며 M001 접점으로 P011이 동작 유지하여 전동기가 리액터 기동하고 T001이 여자된다. 5초 후에 T001로 P012와 M002가 동작 유지하여 전동기가 저속 운전하며 P011이 복구하여 리액터가 개방된다. 여기서 M002는 P011의 재동작 방지용이다. 다시 5초 후에 T002로 P012(M002)가 복구하여 저속 운전이 끝나고 이어 P013과 P014가 동작 유지하여 고속 운전하며 M001과 T002가 복구한다. P003을 주면 P013과 P014가 복구하여 전동기는 정지한다.

　그림 3-35는 독립 권선의 극수 변경 3단 속도 제어 회로의 일예이다. 주회로는 그림 3-30에서 $MC_5 \sim MC_7$을 생략한 회로와 같다.

　릴레이 회로에서 BS_1을 주면 MC_1이 동작 유지하여 전동기는 저속 운전(Y결선)하며 BS_4를 주면 MC_1이 복구하여 전동기가 정지한다. 같은 방법으로 BS_2를 주면 MC_2가 동작 유지하여 전동기는 중속 운전(Δ결선)하며 BS_4를 주면 MC_2가 복구하여 전동기가 정지한다. 또 BS_3을

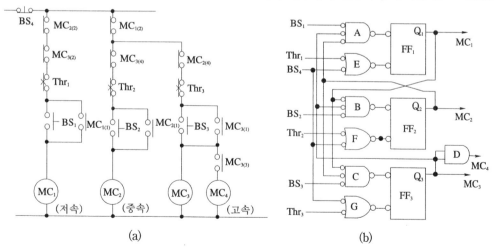

(a)　　　　　　　　　　　　　(b)

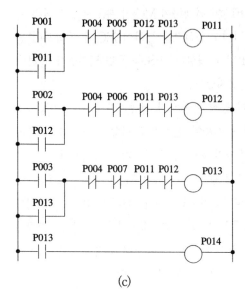

차례	명령	번지	차례	명령	번지
0	LOAD	P001	12	AND NOT	P013
1	OR	P011	13	OUT	P012
2	AND NOT	P004	14	LOAD	P003
3	AND NOT	P005	15	OR	P013
4	AND NOT	P012	16	AND NOT	P004
5	AND NOT	P013	17	AND NOT	P007
6	OUT	P011	18	AND NOT	P011
7	LOAD	P002	19	AND NOT	P012
8	OR	P012	20	OUT	P013
9	AND NOT	P004	21	LOAD	P013
10	AND NOT	P006	22	OUT	P014
11	AND NOT	P011	23	—	—

(c)

그림 3-35 단일 권선 극수 제어 회로

주면 MC_3과 MC_4가 동작 유지하여 전동기는 고속 운전(2중 Y결선)하며 BS_4를 주면 MC_3과 MC_4가 복구하여 전동기가 정지한다. 여기서 각 MC의 b접점은 인터록 접점이다.

〈전원 R - BS_4 - $MC_{2(2)}$ - $MC_{3(2)}$ - Thr_1 - BS_1닫힘($MC_{1(1)}$닫힘 - 유지) - MC_1 동작 - 전원 T〉

〈전원 R - BS_4 - $MC_{1(2)}$ - $MC_{3(4)}$ - Thr_2 - BS_2닫힘($MC_{2(1)}$닫힘 - 유지) - MC_2 동작 - 전원 T〉

〈전원 R - BS_4 - $MC_{1(2)}$ - $MC_{2(4)}$ - Thr_3 - BS_3닫힘($MC_{3(1)}$닫힘 - 유지) - MC_3 동작 - 전원 T〉

로직 회로에서 BS_1을 주면 인터록 A회로를 통하여 FF_1이 셋하여 MC_1이 동작하여 전동기는 저속 운전(Y결선)하며 BS_4를 주면 정지용 E회로를 통하여 FF_1이 리셋하여 MC_1이 복구하여 전동기가 정지한다. 또 BS_2를 주면 인터록 B회로를 통하여 FF_2가 셋하여 MC_2가 동작하여 전동기는 중속 운전(△결선)하며 BS_4를 주면 F회로를 통하여 FF_2가 리셋하여 MC_2가 복구하여 전동기가 정지한다. 같은 방법으로 BS_3을 주면 인터록 C회로를 통하여 FF_3이 셋하여 MC_3과 MC_4가 동작하여 전동기는 고속 운전(2중 Y결선)하며 BS_4를 주면 G회로를 통하여 FF_3이 리셋하여 MC_3과 MC_4가 복구하여 전동기가 정지한다.

PLC 회로에서 P001을 주면 P011이 동작 유지하여 전동기는 저속 운전하며 P004를 주면 P011이 복구하여 전동기가 정지한다. 또 P002를 주면 P012가 동작 유지하여 전동기는 중속 운전하며 P004를 주면 P012가 복구하여 전동기가 정지한다. 그리고 P003을 주면 P013과 P014가 동작 유지하여 전동기는 고속 운전하며 P004를 주면 P013과 P014가 복구하여 전동기가 정지한다. 여기서 b접점 P011~P013은 인터록이고 P004는 BS_4, P005~P007은 Thr_1~

Thr$_3$이다.

그림 3-36은 직류 전동기 제어 회로의 일예이다. 이 회로는 전기자에 직렬로 저항을 넣어 기동 전류를 단계적으로 줄이는 저항 기동, 다이리스터에 의한 전압 제어(레너드 방식)와 계자 제어, 발전 제동 및 정·역 회로를 겸한 시퀀스이다.

주회로와 릴레이 회로에서 BS$_1$을 주면 MC$_1$이 동작 유지하여 전동기에 전원을 가하며 T$_1$이 여자된다. 그리고 MC$_{1(2)}$ 접점으로 MC$_7$을 복구시켜 제동 회로를 푼다. 또 제어 정류 회로 ①에서 3상 교류를 직류로 정류하여 전기자에 직류를 공급하고 동시에 제어 정류 회로 ②에서 단상 교류를 직류로 정류하여 계자에 직류를 공급한다.

〈전원 R - BS$_4$ - BS$_1$닫힘(MC$_{1(1)}$닫힘 - 유지) - OCR - MC$_1$ 동작 - 전원 T〉

〈전원 R - BS$_4$ - BS$_1$닫힘(MC$_{1(1)}$닫힘 - 유지) - MC$_{4(2)}$ - T$_1$ 여자 - 전원 T〉

다음 BS$_2$를 주면 MC$_5$가 동작 유지하여 전동기는 정회전 기동이 되며, 혹은 BS$_3$을 주면 MC$_6$이 동작 유지하여 전동기는 역회전 기동이 된다.

〈전원 R - BS$_4$ - BS$_2$닫힘(MC$_{5(1)}$닫힘 - 유지) - MC$_{6(2)}$ - MC$_5$ 동작 - 전원 T〉

〈전원 R - BS$_4$ - BS$_3$닫힘(MC$_{6(1)}$닫힘 - 유지) - MC$_{5(2)}$ - MC$_6$ 동작 - 전원 T〉

t$_1$초 후에 접점 T$_{1a}$로 MC$_2$가 동작하여 저항 R$_1$을 단락하며 동시에 T$_2$를 여자한다.

〈전원 R - BS$_4$ - MC$_{1(1)}$ - T$_{1a}$ - MC$_2$ 동작(T$_2$ 여자) - 전원 T〉

t$_2$초 후에 접점 T$_{2a}$로 MC$_3$이 동작하여 저항 (R$_1$+R$_2$)를 단락하며 동시에 T$_3$을 여자한다.

〈전원 R - BS$_4$ - MC$_{1(1)}$ - T$_{2a}$ - MC$_3$ 동작(T$_3$ 여자) - 전원 T〉

t$_3$초 후에 접점 T$_{3a}$로 MC$_4$가 동작하여 저항 (R$_1$~R$_3$)을 단락하며 또한 접점 MC$_{4(2)}$로 T$_1$, MC$_2$, T$_2$, MC$_3$, T$_3$이 차례로 복구하여 기동이 완료된다.

〈전원 R - BS$_4$ - MC$_{1(1)}$ - T$_{3a}$(MC$_{4(1)}$닫힘 - 유지) - MC$_4$ 동작 - 전원 T〉

여기서 제어 정류 회로 ①에서 점호각 α를 조정하여 전동기의 전기자에 가하는 전압의 평균값을 조정하면 레너드 방식에 의한 속도 제어(전압 제어 레너드 방식)가 된다. 또 제어 정류 회로 ②에서 점호각 α를 조정하면 계자 자속이 조정되어 계자 제어에 의한 속도 제어가 된다. 따라서 이 회로는 전압 제어, 계자 제어의 단독, 혹은 겸용 제어가 된다. BS$_4$를 주면 MC$_1$, MC$_5$(혹은 MC$_6$), MC$_4$가 복구하고 전동기는 정지한다. 이때 MC$_7$이 동작하여 제동 저항 R$_4$에 의하여 발전 제동이 된다.

로직 회로에서 BS$_1$을 주면 FF$_1$이 셋하여 MC$_1$이 동작하여 제어 정류 회로 ①에서 3상 교류를 정류하여 전기자에 직류를 공급하고 동시에 제어 정류 회로 ②에서 단상 교류를 정류하여 계자에 직류를 공급한다. 또 제동용 MC$_7$이 복구하고 SMV$_1$이 셋한다. 이어 BS$_2$를 주면 인터록 A회로를 통하여 FF_5가 셋하여 MC_5가 동작하여 전동기는 정회전 기동이 되며, 혹은 BS_3을 주면 인터록 B회로를 통하여 FF_6이 셋하여 MC_6이 동작하여 전동기는 역회전 기동이 된다.

5초 후에 SMV_1이 리셋하면 미분 회로를 통하여 FF_2가 셋하여 MC_2가 동작하여 저항 R_1을 단락한다. 동시에 SMV_2가 셋한다. 3초 후에 SMV_2가 리셋하면 미분 회로를 통하여 FF_3이 셋하여 MC_3이 동작하여 저항 R_2를 단락한다. 동시에 SMV_3이 셋한다. 다시 3초 후에 SMV_3이

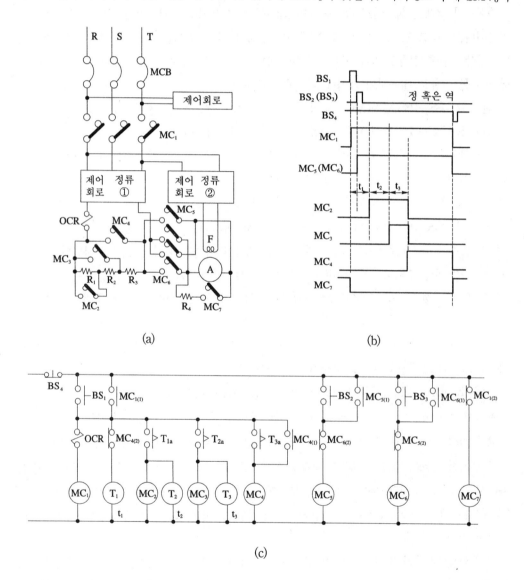

(a) (b)

(c)

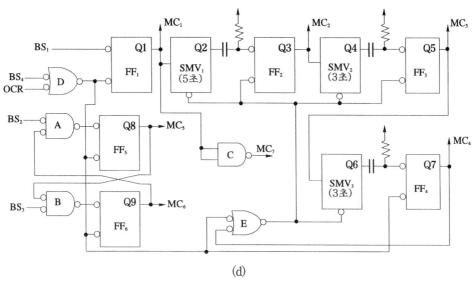

(d)

차례	명령	번지	차례	명령	번지
0	LOAD	P001	19	TMR	T003
1	OR	P011	20	⟨DATA⟩	00030
2	AND NOT	P004	22	LOAD	T003
3	AND NOT	P005	23	OR	P014
4	OUT	P011	24	AND	P011
5	LOAD	P011	25	OUT	P014
6	AND NOT	P014	26	LOAD	P002
7	TMR	T001	27	OR	P015
8	⟨DATA⟩	00050	28	AND NOT	P004
10	LOAD NOT	P011	29	AND NOT	P016
11	OUT	P017	30	OUT	P015
12	LOAD	T001	31	LOAD	P003
13	OUT	P012	32	OR	P016
14	TMR	T002	33	AND NOT	P004
15	⟨DATA⟩	00030	34	AND NOT	P015
17	LOAD	T002	35	OUT	P016
18	OUT	P013	36	—	—

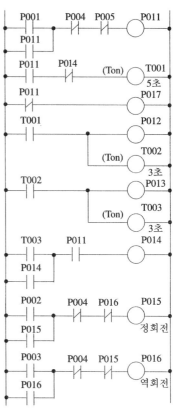

그림 3-36 직류 전동기 제어 회로

리셋하면 미분 회로를 통하여 FF_4가 셋하여 MC_4가 동작하여 저항 $(R_1 \sim R_3)$을 단락한다. 동시에 E회로를 통하여 FF_2, FF_3이 리셋하여 MC_2, MC_3이 복구하여 기동이 끝나고 정상 운전된다. 정지용 BS_4를 주면 D회로를 통하여 FF_1과 FF_4, $FF_5(FF_6)$가 리셋하여 MC_1과 MC_4, $MC_5(MC_6)$가 복구하고 전동기가 정지한다. 이때 C회로를 통하여 MC_7이 동작하여 저항 R_4에 의하여 발전 제동이 된다.

PLC 래더 회로와 프로그램에서 P001(BS_1)을 주면 P011(MC_1)이 동작 유지하고 T001(T_1)이 여자되며 P017(MC_7)이 복구한다. 이어 P002(BS_2)를 주면 P015(MC_5)가 동작 유지하여 정회전 기동한다. 혹은 P003(BS_3)을 주면 P016(MC_6)이 동작 유지하여 역회전 기동한다. 5초 후에 T001로 P012가 동작하고 T002가 여자된다. 3초 후 T002로 P013이 동작하고 T003이 여자된다. 다시 3초 후에 T003으로 P014(MC_4)가 동작 유지하여 전 저항을 단락하여 전동기가 정상 운전된다. 이때 접점 P014로 T001, P012, T002, P013, T003이 차례로 복구한다. 정지용 P004를 주면 P011, P014, P015(P016)가 복구하여 전동기가 정지하고 P017이 동작하여 전기 제동을 한다.

그림 3-37은 반도체 다이리스터 제어 회로의 일예인데 주로 전압 위상 제어에 의한 1차 전압 제어, 주파수 제어, 슬립 주파수 제어 등의 방법이 있다.

그림(a)는 농형 유도 전동기의 1차에 역병렬 SCR을 사용한 1차 전압 위상 제어에 의한 기동 및 속도 제어의 일예이고 시퀀스 제어 회로로 릴레이 회로를 사용한 예이다. BS_1을 누르면 MC

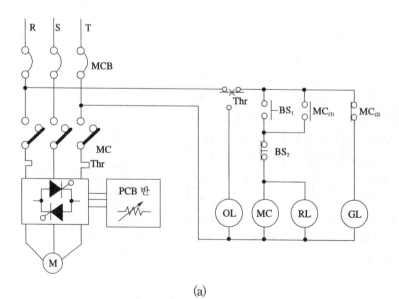

(a)

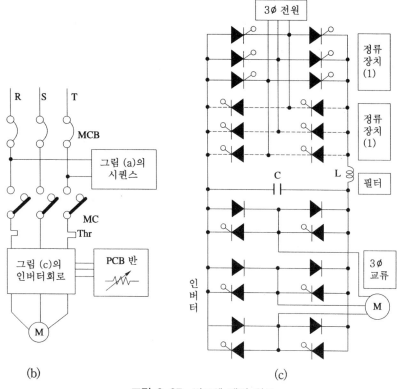

그림 3-37 반도체 제어 회로

가 동작하여 전동기가 기동한다. PCB 반에서 점호각 α를 조정하면 전동기에 걸리는 전압의 평균값이 조정되어 속도 제어가 된다. 즉 시퀀스 회로는 MC를 동작시키는 기능이 된다. 이 회로는 기동시 점호각을 크게하면 기동 장치가 필요없다. 보통 SCR 장치는 역병렬 3조와 서지 흡수기를 내장하며, PCB 반은 트리거 펄스용 트랜스와 점호각 α의 조정용 가변 저항기 등이 내장된다.

그림(b)는 3상 인버터 장치를 사용한 주파수 변환에 의한 속도 제어 회로의 일예이다. 그림 (c)에서 3상 교류를 정류 장치 1로 정류하여 직류로 변환하고 LC 필터를 통하여 인버터에 가하면 전압과 주파수가 다른 3상 교류가 얻어지며 점호각 α를 조정하면 주파수와 동시에 전압이 변화하여 속도 제어가 된다. 여기서 정류 장치 2는 전동기 감속시에 전동기의 에너지를 전원으로 환원시키는 역할을 한다.

●**예제 3-15**●

   (1) 그림 3-33의 단일 권선 극수 변경 정·역 회로를 이용하여 2개의 독립 권선의 극수 변경 정·역 회로의 릴레이 회로를 그리시오.

   (2) 그림 3-35의 회로에 역회전 회로를 추가하는 릴레이 회로를 그리시오.

【풀이】

   (1) 그림 3-33에서 MC_5를 제거한 회로이다.

   (2) 그림 3-35에서 정·역의 MC_5, MC_6를 추가한 회로이고 주회로는 그림 3-30과 같다.

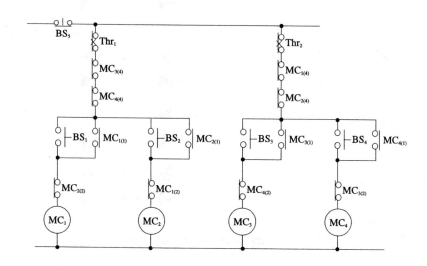

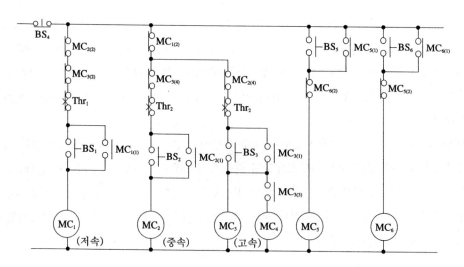

◆ **연습문제 3-38**

그림은 3단 기동과 4단 속도 제어를 겸한 2차 저항 기동 속도 제어 회로의 주회로의 일예이다. $R_1 \sim R_3$은 기동 저항이고, R_4와 R_5는 속도 제어 저항이다. 기동용 BS 5개, 정지용 BS 5개, 타이머 3개(4초용)를 사용하여 자동 기동 수동 속도 제어의 릴레이 회로를 그리고 같은 논리로 로직 회로를 그리시오. 램프, Thr 등은 생략한다.

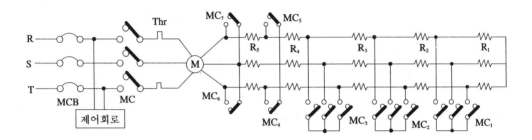

◆ **연습문제 3-39**

그림은 유도 전동기의 크래머 방식의 가변 속도 제어 회로이다.

(1) 다음 동작 설명의 ( )내에 알맞은 기구의 문자 기호를 적으시오.

  ① BS_1을 ON하면 ( )이 동작 유지하고 ( )이 소등하며 ( ), ( ), ( )이 동작하여 전동기가 기동한다. 또 ( )이 점등하고 RL이 소등하며 T_1이 여자한다.

  ② 설정 시간 5초 후에 ( )이 동작하면 ( )이 동작하고 ( )가 여자된다.

  ③ 3초 후에 ( )가 동작하면 ( )가 동작하고 ( )이 여자된다. 이때 전 저항이 단락되어 기동이 끝나고 속도 릴레이 접점 N과 직결 직류 전동기의 역전압 릴레이 접점 V가 닫힌다.

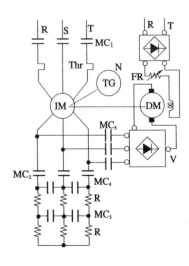

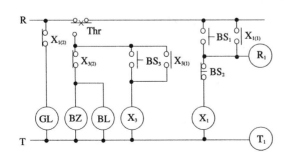

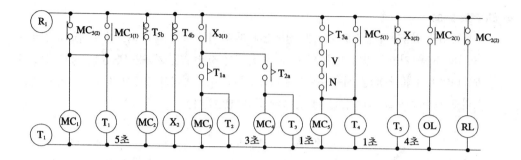

④ 1초 후에 T_3이 동작하여 ( )가 동작 유지하고 ( )이 여자된다.

⑤ 1초 후에 T_4가 동작하여 ( ), ( ), ( ), ( ), ( )가 복구하여 전동기 속도가 떨어지고 ( )가 여자된다.

⑥ 4초 후에 ( )가 동작하여 ( )가 복구하며 ( )이 소등하고 ( )이 점등하여 기동이 완료된다. 따라서 기동 저항기는 개방되어 크래머 운전에 들어가며 속도 제어는 FR로 이루어진다.

⑦ 운전 중에 Thr이 트립되면 ( ), ( )이 동작되고 ( )이 점등되며 동작중인 기구는 모두 복구하여 전동기가 정지한다. 이 때 BS_3을 ON하면 ( )이 동작 유지하고 ( ), ( )이 복구된다. 혹은 BS_2를 OFF하면 X_1이 복구하므로 동작중인 기구는 모두 복구하여 전동기가 정지하고 ( )이 점등한다.

(2) 운전 중에 동작중인 기구는 ( ), ( ), ( ), ( ), ( ), ( )의 6개이고 ( )램프가 점등하고 있다.

(3) BS_1을 누른 후 30초만에 BS_2를 눌렀다. $MC_1 \sim MC_5$의 동작 타임 차트를 그리고 끝부분에 동작 시간(초)을 쓰시오. 또 $MC_1 \sim MC_5$의 동작의 로직 회로를 그리시오. 기타는 생략한다.

✿ **연습문제 3-40**

그림은 3상 유도 전동기의 정·역운전 2중 속도 제어 회로의 일부이고 MC_3은 저속용, MC_4와 MC_5는 고속용이다. 다음에 답하시오.

(1) 플로 차트를 보기에서 가장 적당한 것을 찾아 완성하시오. 중복이 있다.

〔보기〕 Ⓐ MC_1 동작 Ⓑ MC_2 동작 Ⓒ MC_3 동작 Ⓓ MC_4 동작 Ⓔ MC_5 동작
　　　Ⓕ 정회전 저속 운전 Ⓖ 정회전 고속 운전 Ⓗ 역회전 저속 운전 Ⓘ 역회전 고속 운전
　　　Ⓙ 전동기 정지

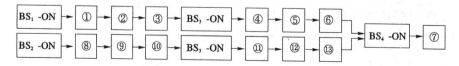

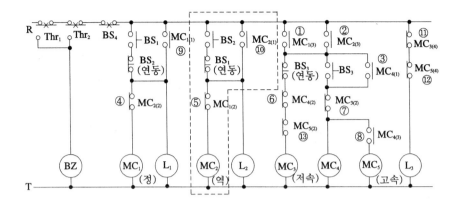

(2) BS$_1$을 눌러 저속 운전 중에 BS$_3$을 눌러 고속 운전할 때 ①~⑬의 접점 중에 개로 상태에서 폐로 상태로 되는 접점을 모두(2개) 쓰시오.

(3) 정지 상태에서 BS$_2$를 눌러 역회전 저속 운전할 때 ①~⑬의 접점 중에 개로 상태에서 폐로 상태로 되는 접점과 폐로 상태에서 개로 상태로 되는 접점을 모두(5개) 쓰시오.

(4) 정회전 저속 운전 중에 정상적으로 역회전 고속 운전을 하려고 한다. 조작 순서를 1줄 이내로 간단히 쓰시오.

(5) 접점 ④와 ⑤가 없다고 가정하고 역회전 고속 운전 중에 BS$_1$을 누르면 어떤 현상이 생기는가를 단답형으로 결과만 쓰시오.

(6) 점선으로 표시된 MC$_2$ 회로 부분을 AND, OR, NOT 기호를 사용한 회로로 표시하고 번지 기호를 사용하여 논리식을 쓰시오. 또 PLC 니모닉 프로그램을 하시오. 단, 번지는 차례로 입력 BS(P001~P004), 출력 MC(P011~P015)로 하고 명령어는 LOAD, AND, OR, NOT, OUT를 사용한다.

(7) 답지와 같이 BS$_1$ - BS$_3$ - BS$_4$ - BS$_2$ - BS$_3$ - BS$_4$의 순으로 입력을 줄 때 각 MC와 램프의 동작 타임 차트를 그리시오.

6. 전기 제동 회로

유도 전동기의 제동에는 직류 제동과 역상 제동이 있다. 그림 3-38은 역상 제동 회로의 일 예이고 급정지용으로 사용되며 주회로는 정·역 논리와 같다.

타임 차트와 릴레이 회로에서 BS$_1$을 누르면 MC$_1$이 동작 유지하여 전동기가 기동 운전된다.
〈전원 R - Thr - BS$_1$닫힘(MC$_{1(1)}$닫힘 - 유지) - 연동 BS$_2$ - MC$_{2(2)}$ - MC$_1$ 동작 - 전원 T〉

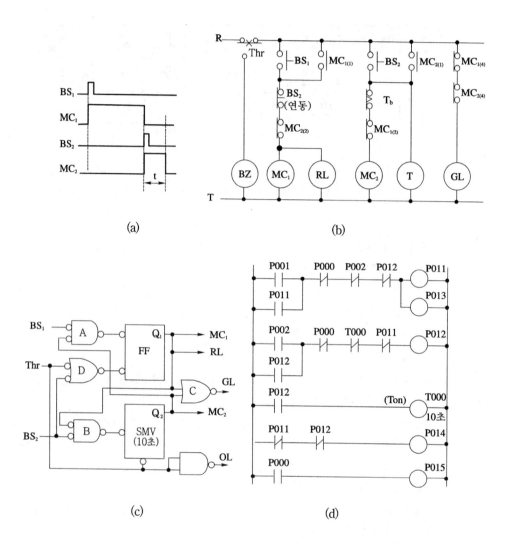

차례	명 령	번지	차례	명 령	번지	차례	명 령	번지
0	LOAD	P001	7	LOAD	P002	14	TMR	T000
1	OR	P011	8	OR	P012	15	〈DATA〉	00100
2	AND NOT	P000	9	AND NOT	P000	17	LOAD NOT	P011
3	AND NOT	P002	10	AND NOT	T000	18	AND NOT	P012
4	AND NOT	P012	11	AND NOT	P011	19	OUT	P014
5	OUT	P011	12	OUT	P012	20	LOAD	P000
6	OUT	P013	13	LOAD	P012	21	OUT	P015

그림 3-38 역상 제동 회로

BS$_2$를 누르면 MC$_1$이 복구하고 MC$_2$가 동작 유지하여 역회전의 역상 회전력을 얻어 전동기를 급정지시킨다. 이때 MC$_2$는 역회전용이 된다. 동시에 타이머 T가 여자된다.

〈전원 R - Thr - BS$_2$닫힘(MC$_{2(1)}$닫힘 - 유지) - T$_b$ - MC$_{1(2)}$ - MC$_2$(T)동작 - 전원 T〉

설정 시간(약10초)이 지나면 T$_b$가 열려 MC$_2$(T)가 복구하여 역회전이 방지된다.

로직 회로에서 BS$_1$을 주면 인터록 A를 통하여 FF가 셋하여 MC$_1$이 동작하여 전동기가 기동 운전(정회전)된다. 연동형 BS$_2$를 주면 정지용 D회로를 통하여 FF가 리셋하여 MC$_1$이 복구하고 전동기는 정지한다. 이어 인터록 B회로를 통하여 SMV가 셋하여 MC$_2$가 동작하여 역회전 제동하며 10초 후에 SMV가 리셋하면 MC$_2$가 복구한다.

PLC 회로에서 P001을 주면 P011이 동작하여 전동기가 기동 운전한다. 연동형 P002를 주면 P011이 복구하여 전동기는 정지하고 P012가 동작하여 역회전 제동하며 T000이 여자한다. 10초 후에 T000으로 P012가 복구한다.

그림 3-39는 직류 제동 회로의 일예이고 그림 3-38에 정류 장치를 부가한 것과 논리가 같다.

직류 제동은 전동기가 정지할 때 MC$_1$로 전원을 끊고 MC$_2$로 직류를 가하여 전동기의 회전력을 회전자 도체에 전력으로 바꾸어 제동 토크를 얻는다.

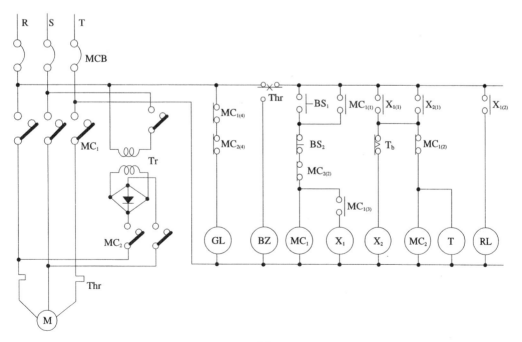

(a)

차례	명령	번지	차례	명령	번지
0	LOAD	P001	12	AND NOT	T000
1	OR	P011	13	OUT	M002
2	AND NOT	P000	14	LOAD	M002
3	AND NOT	P002	15	AND NOT	P011
4	AND NOT	P012	16	OUT	P012
5	OUT	P011	17	TMR	T000
6	OUT	P013	18	〈DATA〉	00100
7	LOAD	P011	20	LOAD NOT	P011
8	OUT	M001	21	AND NOT	P012
9	LOAD	M001	22	OUT	P014
10	OR	M002	23	LOAD	P000
11	AND NOT	P000	24	OUT	P015

(b)

그림 3-39 직류 제동 회로

릴레이 회로에서 BS_1을 누르면 MC_1이 동작 유지하여 전동기가 기동한다.

〈전원 R - Thr - BS_1닫힘($MC_{1(1)}$닫힘 - 유지) - BS_2 - $MC_{2(2)}$ - MC_1 동작 - 전원 T〉

$MC_{1(3)}$ 접점으로 보조 릴레이 X_1이 동작하고 접점 $X_{1(1)}$으로 보조 릴레이 X_2가 동작하여 MC_2의 동작 회로를 준비한다. X_1의 기능은 MC_1의 접점 보충과 $MC_{1(2)}$의 인터록(MC_1 복구후 MC_2 동작)을 확실히 하기 위함이다.

〈전원 R - Thr - $X_{1(1)}$닫힘($X_{2(1)}$닫힘 - 유지) - T_b - X_2 동작 - 전원 T〉

BS_2를 누르면 $MC_1(X_1)$이 복구하여 전동기는 정지 상태로 들어간다. 동시에 $MC_{1(2)}$ 접점으로 MC_2가 동작하여 직류 제동을 하며 T가 여자된다.

〈전원 R - Thr - $X_{2(1)}$ - $MC_{1(2)}$ 닫힘 - MC_2(T)동작 - 전원 T〉

제동 시간 10초가 지나면 T_b가 열려 X_2, MC_2, T가 복구한다.

로직 회로는 그림 3-38(c)와 같다. PLC 회로에서 P001을 주면 P011이 동작하여 전동기가 기동 운전한다. 이어 M001과 M002가 동작한다. P002를 주면 P011(M001)이 복구하여 전동기는 정지하고 P012가 동작하여 직류 제동하며 T000이 여자한다. 10초 후에 T000으로 M002가 복구하여 P012가 복구한다.

● 예제 3-16 ●

그림의 양논리 회로는 그림 3-39에서 보조 릴레이 X₁을 제거한 회로이다. 릴레이 회로와 PLC 용 래더 회로 및 그 프로그램을 하시오. Thr과 램프 회로, 기타는 생략한다.

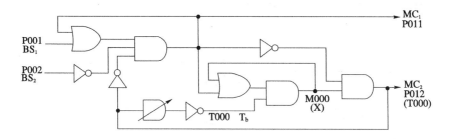

【풀이】

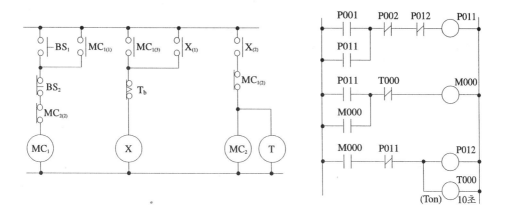

차례	명령	번지	차례	명령	번지	차례	명령	번지
0	LOAD	P001	5	LOAD	P011	9	LOAD	M000
1	OR	P011	6	OR	M000	10	AND NOT	P011
2	AND NOT	P002	7	AND NOT	T000	11	OUT	P012
3	AND NOT	P012	8	OUT	M000	12	TMR	T000
4	OUT	P011	—	—	—	13	⟨DATA⟩	00100

MC₁은 BS₁로 동작 유지하고 BS₂로 정지한다. X는 MC₁로 동작 유지하고 Tᵦ로 정지한다. MC₂(T)는 X로 동작 복구한다. 그리고 인터록에 유의한다.

● 연습문제 3-41

그림은 유도 전동기의 역상(plugging) 제동 회로의 일부이다 물음에 답하시오.

(1) 주회로의 결선을 예와 같이 번호로 완성하시오 (예 ①-③).

(2) ①, ②에 적당한 그림 기호와 문자 기호(예 MC₁ₐ)를 넣고 ③, ④에 문자 기호를 넣으시오.

(3) 릴레이 X를 사용하는 이유를 1줄 정도로 답하시오.

(4) 전동기가 운전 중에 연동 스위치 BS₂를 누른다. 동작 과정을 설명하시오.

(5) 플러깅에 대하여 간단히 설명하시오.

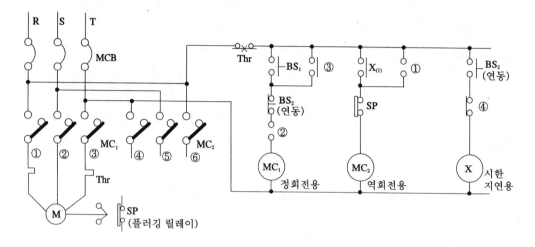

전동기 응용 회로

1. 순차 운전 제어 회로

이 장에서는 전동기 등의 부하를 차례로 기동, 운전, 정지시키는 회로의 예를 기술한다.

그림 3-40은 전동기 등의 부하 3대를 차례로 동작, 복구시키는 회로의 일부를 보인 것이다. 릴레이 회로에서 BS_1을 누르면 MC_1이 동작 유지하고 접점 $MC_{1(2)}$로 MC_2가 동작하고 또 접점 $MC_{2(1)}$로 MC_3이 동작하며 BS_2를 주면 모두 복구한다. 즉 MC_1 - MC_2 - MC_3의 순으로 동작하고 동시에 복구하는 회로이다. 그리고 로직 회로에서 BS_1을 주면 FF가 셋하여 MC_1이 동작하고 AND 회로 A로 MC_2가 동작하며 AND 회로 B로 MC_3이 동작한다. BS_2를 주면 FF가 리셋하여 MC_1이 복구하고 AND 회로 A로 MC_2가 복구하며 AND 회로 B로 MC_3이 복구한다. 또 PLC 회로에서 P001을 주면 유지 회로로 P011이 동작하고 2입력 AND 회로로 P012와 P013이 차례로 동작하며 P002를 주면 P011 - P012 - P013의 순으로 복구한다.

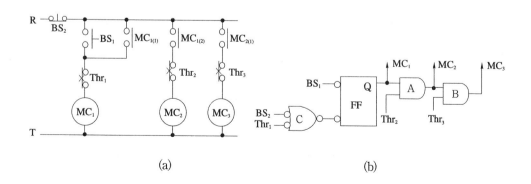

(a)   (b)

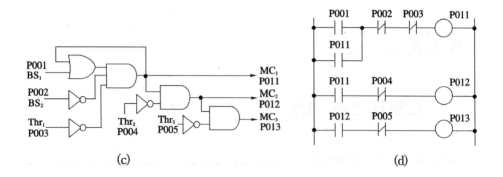

(c)

(d)

차례	명령	번지	차례	명령	번지	차례	명령	번지
0	LOAD	P001	4	OUT	P011	8	LOAD	P012
1	OR	P011	5	LOAD	P011	9	AND NOT	P005
2	AND NOT	P002	6	AND NOT	P004	10	OUT	P013
3	AND NOT	P003	7	OUT	P012	11	—	—

그림 3-40 순차 동작 회로

그림 3-41은 MC 3개와 보조 릴레이(X) 1개를 사용하여 3대의 부하를 순서에 따라 동작 및 복구시키는 회로의 일부를 보인 것이다.

그림(a)에서 BS$_1$을 누르면 보조 릴레이 X가 동작 유지한다.

〈전원 R - BS$_1$닫힘(X$_{(1)}$닫힘 - 유지) - BS$_2$ - X 동작 - 전원 T〉

X$_{(2)}$ 접점으로 MC$_1$이 동작하여 첫 번째 부하가 동작하고 MC$_{1(1)}$로 유지 회로를 준비한다.

〈전원 R - X$_{(2)}$닫힘(MC$_{1(1)}$닫힘과 MC$_{2(1)}$닫힘 - 유지) - MC$_1$ 동작 - 전원 T〉

접점 X$_{(3)}$과 MC$_{1(2)}$로 MC$_2$가 동작하여 두 번째 부하가 동작한다.

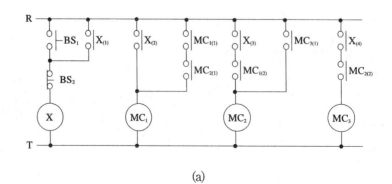

(a)

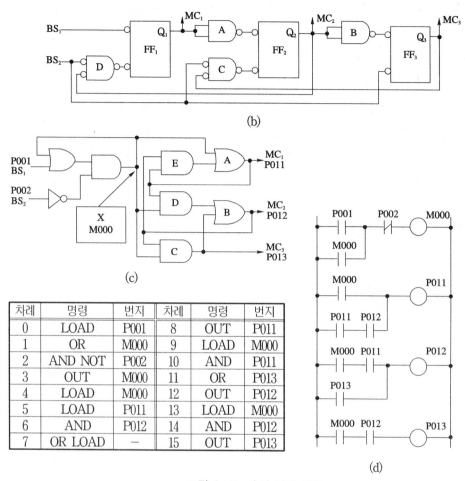

그림 3-41 순차 제어 회로

〈전원 R - $X_{(3)}$ - $MC_{1(2)}$($MC_{3(1)}$닫힘 - 유지) - MC_2 동작 - 전원 T〉

접점 $X_{(4)}$와 $MC_{2(2)}$는 MC_3을 동작시켜 세 번째 부하가 동작한다.

〈전원 R - $X_{(4)}$ - $MC_{2(2)}$ - MC_3 동작 - 전원 T〉

따라서 부하는 MC_1 - MC_2 - MC_3의 순서로 동작한다. 그리고 복구 과정은 다음과 같다. 즉 BS_2를 누르면 릴레이 X가 복구하고 접점 $X_{(4)}$로 MC_3이 복구하여 세 번째 부하가 복구한다. 접점 $X_{(3)}$과 $MC_{3(1)}$로 MC_2가 복구하여 두 번째 부하가 복구하며 접점 $X_{(2)}$와 $MC_{2(1)}$로 MC_1이 복구하여 첫 번째 부하가 복구한다. 따라서 부하는 MC_3 - MC_2 - MC_1의 순서로 복구하며 동작 순서와는 반대가 된다. 여기서 접점 $MC_{2(1)}$과 $MC_{3(1)}$은 정지 기능용이다.

그림(b)에서 BS$_1$을 누르면 FF$_1$이 셋하여 MC$_1$이 동작한다. 이어 A회로를 통하여 FF$_2$가 셋하여 MC$_2$가 동작하며 이어 B회로를 통하여 FF$_3$이 셋하여 MC$_3$이 동작한다. BS$_2$를 누르면 FF$_3$이 리셋하여 MC$_3$이 복구한다. 이어 C회로를 통하여 FF$_2$가 리셋하여 MC$_2$가 복구하며 이어 D회로를 통하여 FF$_1$이 리셋하여 MC$_1$이 복구한다.

그림(c), (d)와 표에서 BS$_1$을 누르면 유지용 M000이 동작하여 M000(A)으로 P011이 동작한다. 이어 M000과 P011의 직렬(D)로 P012가 동작하고 이어 M000과 P012의 직렬(C)로 P013이 동작한다. 또 BS$_2$를 누르면 유지용 M000이 복구하여 M000(C)으로 P013이 복구한다. 이어 M000과 P013의 복구(D, B)로 P012가 복구하고 이어 M000과 P012의 복구(E, A)로 P011이 복구한다.

표에서 7번 스텝은 M000과 (P011, P012 직렬)의 그룹 병렬 명령(OR LOAD)이다.

● 예제 3-17 ●

그림은 전동기 A, B, C 3대를 운전하는 제어 회로의 일예이다. 회로 동작을 상세히 설명하고 같은 논리의 로직 회로와 PLC 래더 회로 및 그 프로그램을 하시오. 기타 조건은 무시한다.

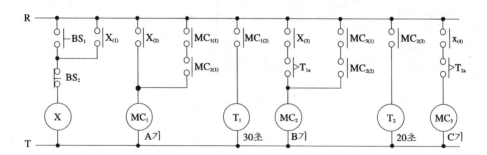

【풀이】

동작 과정은 BS$_1$을 누르면 보조 릴레이 X가 동작하고 접점 X$_{(1)}$로 유지한다. 접점 X$_{(2)}$로 MC$_1$이 동작하여 A기가 운전된다. 동시에 접점 MC$_{1(2)}$로 T$_1$이 여자된다. 30초 후에 접점 T$_{1a}$

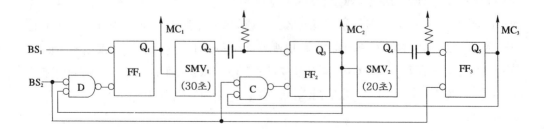

차례	명령	번지	차례	명령	번지
0	LOAD	P001	13	LOAD	M000
1	OR	M000	14	AND	T001
2	AND NOT	P002	15	LOAD	P013
3	OUT	M000	16	AND	P012
4	LOAD	M000	17	OR LOAD	－
5	LOAD	P011	18	OUT	P012
6	AND	P012	19	LOAD	P012
7	OR LOAD	－	20	TMR	T002
8	OUT	P011	21	〈DATA〉	00200
9	LOAD	P011	23	LOAD	M000
10	TMR	T001	24	AND	T002
11	〈DATA〉	00300	25	OUT	P013

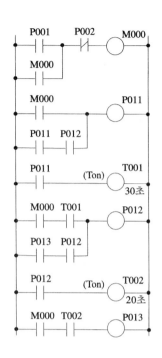

가 닫히면($X_{(3)}$은 닫혀있음) MC_2가 동작하여 B기가
운전된다. 동시에 접점 $MC_{2(3)}$으로 T_2가 여자된다.
20초 후에 접점 T_{2a}가 닫히면($X_{(4)}$는 닫혀있음) MC_3
이 동작하여 C기가 운전된다. 여기서 $MC_{1(1)}$과
$MC_{2(2)}$는 유지 접점이다. 따라서 부하는 MC_1 - 30초
- MC_2 - 20초 - MC_3의 순서로 동작한다. 그리고 복구 과정은 BS_2를 누르면 릴레이 X가 복구
하고 접점 $X_{(4)}$로 MC_3이 복구하여 C기가 정지한다. 접점 $X_{(3)}$과 $MC_{3(1)}$로 MC_2가 복구하여 B
기가 정지하며 T_2가 복구한다. 접점 $X_{(2)}$와 $MC_{2(1)}$로 MC_1이 복구하여 A기가 정지하며 T_1이
복구한다. 따라서 부하는 MC_3 - MC_2 - MC_1의 순서로 복구하며 동작 순서와는 반대가 된다.
여기서 접점 $MC_{2(1)}$과 $MC_{3(1)}$는 정지 기능용이다. 이 회로는 그림 3-41과 비교하면 MC_2와
MC_3을 타이머로 기동시키는 것이 다르다.

◆ 연습문제 3-42

(1) 그림 3-40에서 MC 3개가 동작중에 Thr_2가 트립되었다. 복구되는 MC는 어느 것이냐?

(2) 그림 3-41의 릴레이 회로에서

① 자기 유지 접점 2개를 쓰시오.

② MC_1의 정지 기능 접점을 보기에서 고르시오.

> 〔**보기**〕 $MC_{1(1)}$, $MC_{1(2)}$, $MC_{2(1)}$, $MC_{2(2)}$, $MC_{3(1)}$

③ MC_2의 기동 기능 접점과 정지 기능 접점을 각각 위의 보기에서 고르시오.

④ 각 MC의 기동 순서를 정하는 접점과 정지 순서를 정하는 접점이 각각 2개씩 있다. 위
의 보기에서 고르시오.

⑤ MC의 기동 순서와 정지 순서를 각각 차례로 적으시오.

(3) 예제 3-17의 릴레이 회로에서 타이머 이외의 시간 늦음은 없는 것으로 하여 타임 차트를 그리시오.

그림 3-42는 타이머를 이용한 순서 제어 회로의 일부를 보인 것이다. 이 회로는 타임 차트와 같이 $MC_1 \sim MC_3$으로 부하 3개를 일정한 간격(t_1, t_2)을 두고 차례로 동작시킨다.

그림(b)에서 BS_1을 누르면 MC_1이 동작 유지하여 첫 번째 부하가 동작하고 T_1이 여자된다.

〈전원 R - Thr - BS_2 - BS_1닫힘($MC_{1(1)}$닫힘 - 유지) - MC_1 동작(T_1 여자) - 전원 T〉

설정 시간 t_1초 후에 접점 T_{1a}로 MC_2가 동작하여 두 번째 부하가 동작하고 T_2가 여자된다.

〈전원 R - Thr - BS_2 - $MC_{1(1)}$ - T_{1a} 닫힘 - MC_2 동작(T_2 여자) - 전원 T〉

t_2초 후에 접점 T_{2a}로 MC_3이 동작하여 세 번째 부하가 동작한다. BS_3을 누르면 전부 복구한다.

〈전원 R - Thr - BS_2 - $MC_{1(1)}$ - T_{2a} 닫힘 - MC_3 동작 - 전원 T〉

그림(c)에서 BS_1을 누르면 FF_1이 셋하여 MC_1이 동작하고 첫 번째 부하가 동작하며 SMV_1이 셋된다. 5초 후에 SMV_1이 리셋되면 미분 회로를 통하여 FF_2가 셋하여 MC_2가 동작하고

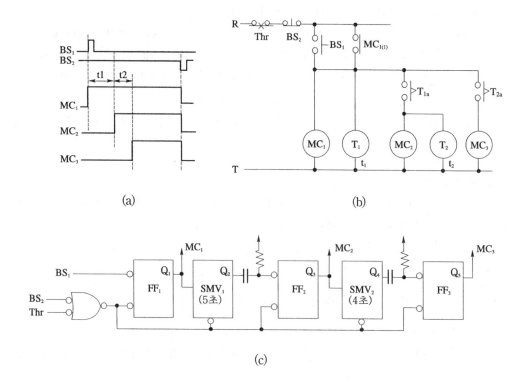

(a)

(b)

(c)

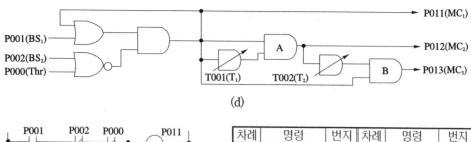

(d)

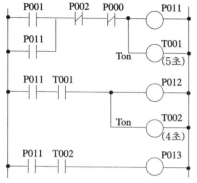

차례	명령	번지	차례	명령	번지
0	LOAD	P001	9	AND	T001
1	OR	P011	10	OUT	P012
2	AND NOT	P002	11	TMR	T002
3	AND NOT	P000	12	⟨DATA⟩	00040
4	OUT	P011	14	LOAD	P011
5	TMR	T001	15	AND	T002
6	⟨DATA⟩	00050	16	OUT	P013
8	LOAD	P011	17	—	—

(e)

그림 3-42 순차 제어 회로

두 번째 부하가 동작하며 SMV_2가 셋된다. 4초 후에 SMV_2가 리셋되면 미분 회로를 통하여 FF_3이 셋하여 MC_3이 동작하고 세 번째 부하가 동작한다. BS_2를 누르면 전부 복구한다.

그림(d), (e)와 표에서 P001을 누르면 유지 회로로 P011이 동작하여 첫 번째 부하가 동작하며 T001이 여자된다. 5초 후에 AND (A)회로로 P012가 동작하여 두 번째 부하가 동작하며 T002가 여자된다. 4초 후에 AND (B)회로로 P013이 동작하여 세 번째 부하가 동작한다. 그리고 P002를 주면 모두 복구한다.

● 예제 3-18 ●

그림 3-42의 회로에서 부하가 작동 중에 타이머가 복구되는 회로로 바꾸시오.

【풀이】

MC_2와 MC_3에 유지 접점을 넣고 T_1에 MC_2의 b접점을 넣고 또 T_2에 MC_3의 b접점을 넣으면 되고 그림(a)와 (b)는 같다. 그리고 로직 회로는 그림 3-42(c)의 회로와 같다. 래더 회로는 P012와 P013은 P011로 정지하도록 하고 T001은 독립 회로로, T002는 종속 회로로 하였다.

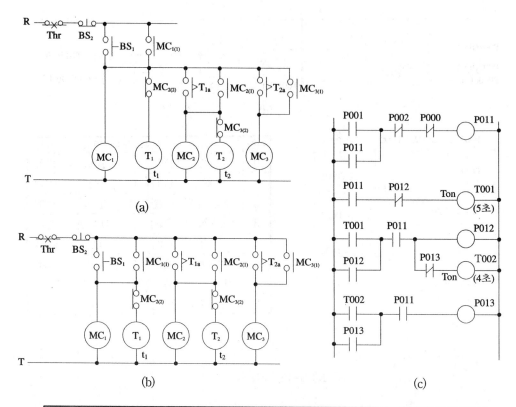

(a)

(b)

(c)

차례	명령	번지	차례	명령	번지	차례	명령	번지
0	LOAD	P001	7	TMR	T001	15	TMR	T002
1	OR	P011	8	⟨DATA⟩	00050	16	⟨DATA⟩	00040
2	AND NOT	P002	10	LOAD	T001	18	LOAD	T002
3	AND NOT	P000	11	OR	P012	19	OR	P013
4	OUT	P011	12	AND	P011	20	AND	P011
5	LOAD	P011	13	OUT	P012	21	OUT	P013
6	AND NOT	P012	14	AND NOT	P013	22	—	—

🔖 **연습문제 3-43**

　　예제 3-18의 릴레이 회로에서 MC_3이 동작한 후 t_3초 후에 $MC_1 \sim MC_3$이 전부 복구되는 회로를 타이머 1개를 추가하여 그리시오.

◆ **인습문제 3-44**

예제 3-18과 위 문제의 그림을 이용하여 타임 차트와
같이 동작되는 릴레이 회로, 로직 회로, PLC 회로
를 각각 그리시오. Thr와 기타 조건은 무시한다.

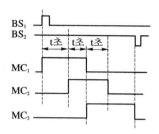

◆ **인습문제 3-45**

그림의 양논리 회로와 같은 논리의 타임 차트와 릴레이 회로, 로직 회로, PLC 래더도를 그
리고 프로그램을 완성하시오. 단 타임 차트에서 BS_2는 그리지 않는다.

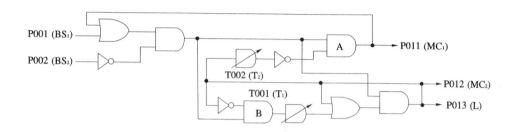

차례	명령	번지	차례	명령	번지	차례	명령	번지
0	LOAD	P001	6	⑦	⑧	13	OUT	P012
1	①	②	7	TMR	T001	14	⑬	⑭
2	③	④	8	⟨DATA⟩	00050	15	⑮	⑯
3	⑤	⑥	10	LOAD	T001	16	⟨DATA⟩	00150
4	OUT	P011	11	⑨	⑩	18	—	—
5	LOAD	P011	12	⑪	⑫	19	—	—

그림 3-43은 MC_1, MC_2의 순으로 연속 동작하며 또 MC_1이 복구하면 t초 후에 MC_2가 복구
하는 회로이다. 타임 차트와 릴레이 회로에서 BS_1을 주면 MC_1이 동작 유지하고 접점 $MC_{1(3)}$
으로 MC_2가 동작 유지한다. BS_2를 주면 MC_1이 복구한다. 이때 접점 $MC_{1(2)}$로 T가 여자한다.
t초 후에 접점 T_b로 MC_2가 복구하고 T도 복구한다.

로직 회로에서 BS_1을 주면 FF_1이 셋하여 MC_1이 동작한다. 이어 L레벨용 NOT 회로를 통
하여 FF_2가 셋하여 MC_2가 동작한다. BS_2를 주면 FF_1이 리셋하여 MC_1이 복구한다. 이때
NOT 회로와 AND 회로로 SMV가 셋한다. t초 후에 SMV가 리셋하면 미분 회로를 통하여
FF_2가 리셋하여 MC_2가 복구한다.

PLC 회로에서 P001을 주면 유지 회로로 P011이 동작하고 이어 P012가 유지 회로로 동작한
다. P002로 P011이 복구하면 AND(A)회로로 T000이 여자된다. 15초 후에 T000으로 P012가
복구한다. 이어 T000도 복구한다. 래더 회로에서 타이머 T000을 독립 회로로 하였다.

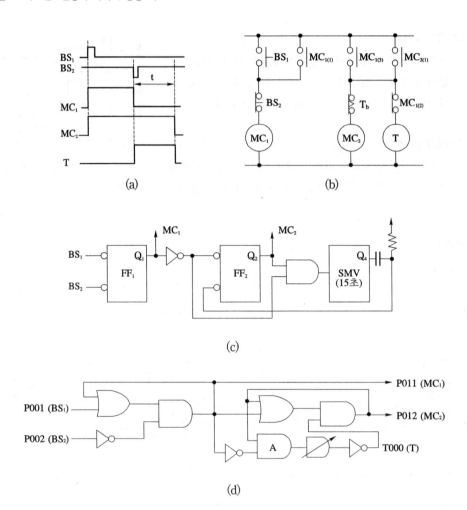

(a)

(b)

(c)

(d)

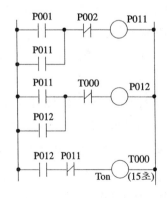

(e)

차례	명령	번지	차례	명령	번지
0	LOAD	P001	6	AND NOT	T000
1	OR	P011	7	OUT	P012
2	AND NOT	P002	8	LOAD	P012
3	OUT	P011	9	AND NOT	P011
4	LOAD	P011	10	TMR	T000
5	OR	P012	11	⟨DATA⟩	00150

그림 3-43 순차 제어 회로

◈ 연습문제 3-46

그림의 로직 회로는 전동기의 종속 운전 회로의 일부이다.

(1) BS_1을 누르면 $M_1(MC_1)$, $M_2(MC_2)$, $M_3(MC_3)$ 중 어느 전동기가 동작하는가?(2개)

(2) BS_1을 누른 후에 BS_2를 누르면 $M_1(MC_1)$, $M_2(MC_2)$, $M_3(MC_3)$ 중 어느 전동기가 동작, 혹은 동작중인가?(2개)

(3) BS_1을 누르고 30초 후에 BS_2를 누르면 전동기 $M_1(MC_1)$, $M_2(MC_2)$, $M_3(MC_3)$는 각각 몇 초 동안 동작하는가?

(4) 릴레이 회로의 접점 A, B, C를 보기 중에서 고르시오.

〔**보기**〕 MC_{1a}, MC_{2a}, MC_{3a}, MC_{1b}, MC_{2b}, MC_{3b}, BS_1, BS_2

(5) PLC용 래더 회로를 그리고 그 프로그램을 하시오. 단 MC_3 회로를 독립 회로로 하고 타이머를 여기에 병렬로 접속한다. 명령어는 LOAD, OUT, OR, AND, NOT, TMR로 하고 0번 스텝에서 시작하며 12스텝(끝 스텝)은 ⟨DATA⟩ 00400으로 한다.

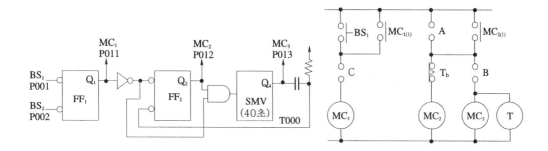

◈ 연습문제 3-47

그림과 같은 릴레이 회로의 로직 회로를 그리고 또 MC_2와 T의 프로그램을 완성하시오. 단 BS(P001~P003), MC(P011, P012), B(P013), X(M001~M003), T(T000)의 번지와 LOAD, OR, AND, NOT, OUT, TMR의 명령어를 사용한다.

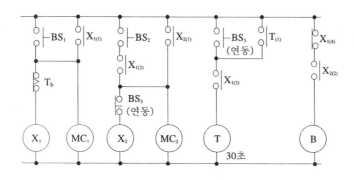

차례	명령	번지	차례	명령	번지	차례	명령	번지
5	LOAD	P002	9	③	④	13	AND	M001
6	①	②	10	OUT	⑤	14	OUT	M003
7	OR	M002	11	LOAD	P003	15	TMR	⑦
8	OUT	P012	12	OR	⑥	16	⟨DATA⟩	00300

⟐ 연습문제 3-48

그림의 로직 회로의 타임 차트와 릴레이 회로를 그리고, MC_1~MC_3과 T_1의 프로그램을 완성하시오. 단 BS(P001, P002), MC(P011~P015), T(T001, T002)의 번지와 LOAD, OR, AND, NOT, OUT, TMR의 명령어를 사용한다.

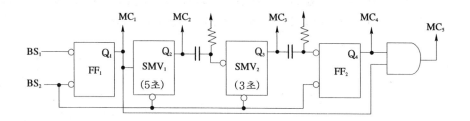

차례	명령	번지	차례	명령	번지	차례	명령	번지
15	LOAD	P001	20	⟨DATA⟩	00050	26	AND	T001
16	①	②	22	LOAD	P011	27	AND NOT	T002
17	③	④	23	AND NOT	⑤	28	OUT	⑦
18	OUT	P011	24	⑥	P012	29	–	–
19	TMR	T001	25	LOAD	P011	30	–	–

⟐ 연습문제 3-49

그림의 FF ($\overline{R}\,\overline{S}$—latch) 3개와 ─⊐◯─ 2개를 사용하여 BS_1로 MC_1이 동작하고 BS_2로 MC_2가 동작하며 BS_3으로 MC_3이 동작하되 MC_1 - MC_2 - MC_3의 순으로 동작되고 동시에 BS_4로 복구되는 회로를 그리시오. 단 BS는 L입력형이다.

⟐ 연습문제 3-50

그림은 전동기 4대를 운전하는 L입력형 로직 회로의 일부이다. FF는 $\overline{R}\,\overline{S}$-latch이고 SMV는 단안정 IC 소자(74123)이며 BS는 L레벨 입력형이다. 물음에 답하시오.

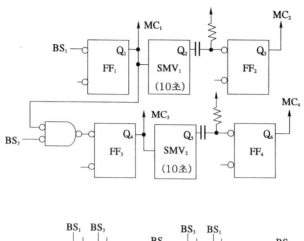

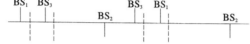

(1) BS₁을 준 후에 BS₃을 주면 동작되는 MC는 어느 것들이냐?

(2) BS₃을 준 후에 BS₁을 주면 동작되는 MC는 어느 것들이냐?

(3) 공통 정지 신호(BS₂)를 추가하여 릴레이 회로를 그리고 MC 4개의 동작 타임 차트를 그리시오. 단 타이머 시간은 각각 10초씩이고 BS를 주는 순서는 그림과 같다.

(4) PLC용 래더 회로를 그린 후 MC₁과 MC₂의 회로는 AND, OR, NOT, 타이머의 기본 논리 기호를 이용하여 양논리 회로를 그리고 또 MC₃과 MC₄의 회로는 니모닉 프로그램을 하시오. 단 번지는 BS(P001~P003), MC(P011~P014), SMV(T001~T002)이고 명령어는 LOAD, OUT, OR, AND, OUT, TMR를 사용하고 시간은 (DATA) 00100)이고 2스텝을 사용한다.

✎ 연습문제 3-51

그림은 전동기 5대를 운전하는 제어 회로의 일부이다. ( )에 알맞은 전동기(M₁~M₅) 이름을 쓰시오.(두 대 이상일 때는 전부 쓴다.) 단 M₁~M₅ 전동기는 각각 MC₁~MC₅로 제어된다.

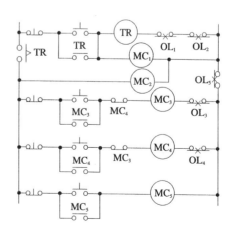

(1) M₁ 전동기가 기동하면 일정 시간 후에 ( ) 전동기가 기동하고 M₁ 전동기가 운전 중에 있는 한 ( ) 전동기도 운전된다.

(2) M_1, M_2 전동기가 운전 중이 아니면 ( ) 전동기가 기동할 수 없다.

(3) M_4 전동기가 운전 중일 때 ( ) 전동기는 기동할 수 없으며 또 M_3 전동기가 운전 중일 때 ( ) 전동기는 기동할 수 없다.

(4) M_1, M_2, M_3, M_5 전동기가 운전 중에 M_1(혹은 M_2) 전동기의 과부하 계전기가 트립되면 ( ) 전동기가 정지한다.

(5) M_1, M_2, M_4, M_5 전동기가 운전 중에 M_5 전동기의 과부하 계전기가 트립되면 ( ) 전동기가 정지한다.

(6) M_1, M_2, M_3, M_5 전동기가 운전 중에 M_3 전동기의 과부하 계전기가 트립되면 ( ) 전동기가 정지한다.

❖ **연습문제 3-52**

그림은 3상 유도 전동기 3대의 순차 운전 회로의 일부이다. 아래에 답하시오.

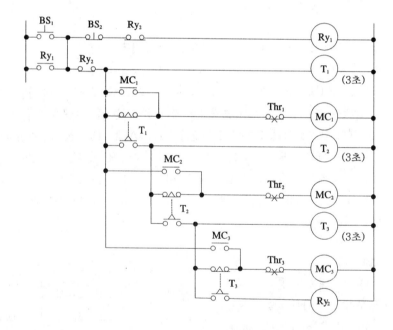

(1) BS_1을 주면 (①)이 동작 유지하고 (②)이 여자되며 (③)이 동작 유지한다. 3초 후에 접점 (④)로 (⑤)가 동작 유지하고 (⑥)가 여자된다. 다시 3초 후에 접점 (⑦)로 (⑧) 이 동작 유지하고 (⑨)이 여자된다. 또 다시 3초 후에 접점 (⑩)으로(⑪)가 동작하여 그 b접점으로 회로 전부가 복구된다. ( )에 적당한 문자 기호를 쓰시오. 또 BS_1을 줄 때 $MC_1 \sim MC_3$의 동작 타임 차트를 그리시오.

(2) Thr_1이 트립되어 있을 때 BS_1을 누르면 회로가 어떻게 동작하는가를 1줄 이내로 답하시오.

(3) 타이머 T_2의 설정 시간 후에 동작 중인 MC를 모두 쓰시오.

(4) MC_3은 BS_1을 준 후 몇초만에 동작하느냐?

(5) Ry_1 회로를 AND, OR, NOT의 기본 논리 기호를 이용하여 양논리 회로를 그리시오.

2. 교대 운전 제어 회로

그림 3-44는 전동기 등의 부하(MC)가 일정한 시간동안 동작하고 일정한 시간동안 정지하는 것을 반복하는 회로의 일부이다. 타임 차트와 릴레이 회로에서 BS_1을 누르면 X_1이 동작 유지하고 접점 $X_{1(2)}$로 MC(부하)가 동작하며 T_1이 여자한다. t_1초 후에 접점 T_{1a}로 X_2가 동작 유지하고 T_2가 여자되며 접점 $X_{2(2)}$로 MC(부하)와 T_1이 복구한다. t_2초 후에 접점 T_{2b}로 X_2가 복구하고 T_2가 복구되며 접점 $X_{2(2)}$로 MC(부하)가 재동작하고 T_1이 여자함을 반복한다. BS_2를 누르면 전부 복구한다.

로직 회로에서 BS_1을 누르면 FF_1이 셋하고 AND 회로를 통하여 MC(부하)가 동작하며 SMV_1이 셋된다. 10초 후에 SMV_1이 리셋하면 미분 회로를 통하여 FF_2가 셋하여 AND 회로를 복구시켜 부하 MC를 복구시킨다. 동시에 SMV_2가 셋된다. 10초 후에 SMV_2가 리셋하면 미분 회로와 정지용 B 회로를 통하여 FF_2가 리셋하여 A 회로를 통하여 부하 MC를 재동작시킨다. 동시에 SMV_1이 다시 셋된다. 정지용 BS_2를 누를 때까지 반복한다.

PLC 회로에서 P001을 주면 유지 회로에서 M001이 동작하고 AND 회로로 P010(부하)이 동작하며 T001이 여자한다. 10초 후에 T001로 유지 회로의 M002가 동작하여 P010(부하)을 복구시키고 또 T002가 여자된다. 10초 후에 T002로 유지 회로의 M002(T002)가 복구하여 P010(부하)을 재동작시키고 또 T001이 여자됨을 반복하며 P002를 주면 모두 복구한다. 여기서 M002의 회로는 M001의 a접점으로 복구시키도록 한다.

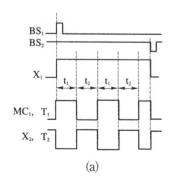

(a)

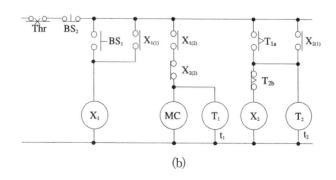

(b)

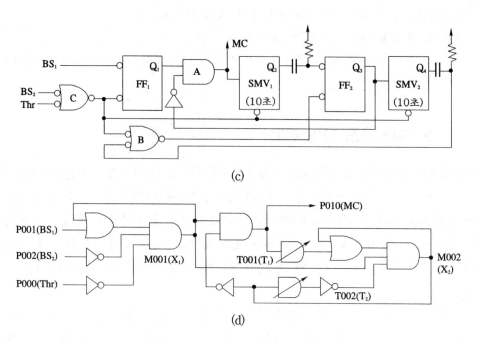

(c)

(d)

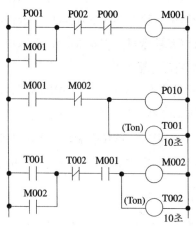

차례	명령	번지	차례	명령	번지
0	LOAD	P001	9	⟨DATA⟩	00100
1	OR	M001	11	LOAD	T001
2	AND NOT	P002	12	OR	M002
3	AND NOT	P000	13	AND NOT	T002
4	OUT	M001	14	AND	M001
5	LOAD	M001	15	OUT	M002
6	AND NOT	M002	16	TMR	T002
7	OUT	P010	17	⟨DATA⟩	00100
8	TMR	T001	19	—	—

(e)

그림 3-44 부하 1대 교대 제어

● 예제 3-19 ●

그림은 부하 2대의 교대 제어 회로의 PLC 래더 회로의 일부이다. 프로그램을 완성하고 릴레이 회로, 로직 회로를 그리시오. 명령어는 LOAD, OUT, AND, OR, AND NOT을 사용한다.

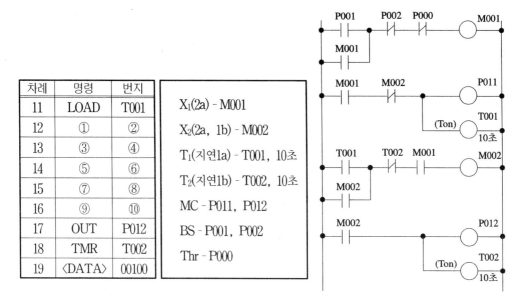

차례	명령	번지
11	LOAD	T001
12	①	②
13	③	④
14	⑤	⑥
15	⑦	⑧
16	⑨	⑩
17	OUT	P012
18	TMR	T002
19	⟨DATA⟩	00100

$X_1(2a)$ - M001

$X_2(2a, 1b)$ - M002

$T_1(지연1a)$ - T001, 10초

$T_2(지연1b)$ - T002, 10초

MC - P011, P012

BS - P001, P002

Thr - P000

【풀이】

그림 3-44에서 X_2(M002, FF_2)에 MC_2(P012)를 넣은 것이다. 로직 회로는 그림(c)와 같이 간단히 할 수도 있다. 프로그램은 차례로 OR M002, AND NOT T002, AND M001, OUT M002, LOAD M002이다.

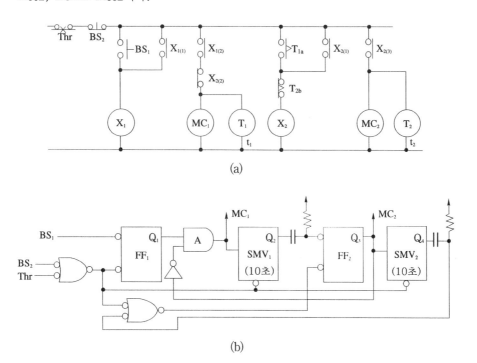

(a)

(b)

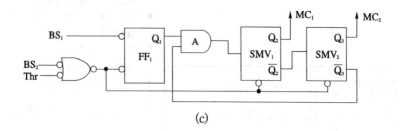

(c)

그림 3-45는 부하 2대가 교대로 운전되도록 한 회로의 일부이다. 타임 차트와 릴레이 회로에서 BS_1을 누르면 MC_1이 동작 유지하여 부하 1이 동작하고 T_1이 여자된다.

〈전원 R - BS_3 - Thr_1 - BS_1닫힘($MC_{2(2)}$ - $MC_{1(1)}$닫힘 - 유지) - MC_1 동작(T_1 여자) - 전원 T〉

t_1초 후에 접점 T_{1a}로 MC_2가 동작 유지하여 부하 2가 동작하고 T_2가 여자되며 접점 $MC_{2(2)}$로 MC_1(부하 1)과 T_1이 복구한다.

〈전원 R - BS_3 - Thr_2 - T_{1a}닫힘($MC_{1(2)}$ - $MC_{2(1)}$닫힘 - 유지) - MC_2 동작(T_2 여자) - 전원 T〉

t_2초 후에 접점 T_{2a}로 MC_1이 재동작하여 부하 1이 동작하고 T_1이 여자된다. 또 접점 $MC_{1(2)}$로 MC_2(부하 2)와 T_2가 복구한다. 이하 BS_3을 누를 때까지 반복한다.

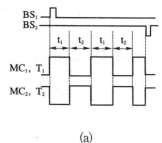

(a)

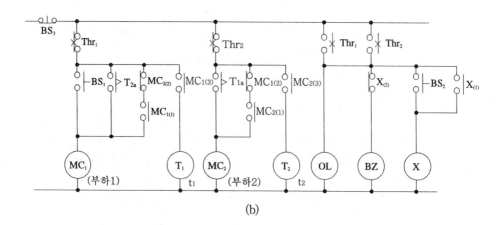

(b)

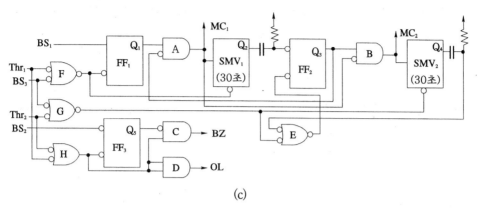

(c)

차례	명령	번지	차례	명령	번지
0	LOAD	P001	16	AND NOT	P003
1	OR	T002	17	AND NOT	P005
2	LOAD NOT	P012	18	OUT	P012
3	AND	P011	19	LOAD	P012
4	OR LOAD	–	20	TMR	T002
5	AND NOT	P003	21	⟨DATA⟩	00300
6	AND NOT	P004	23	LOAD	P004
7	OUT	P011	24	OR	P005
8	LOAD	P011	25	OUT	P013
9	TMR	T001	26	AND NOT	M000
10	⟨DATA⟩	00300	27	OUT	P014
12	LOAD	T001	28	LOAD	P002
13	LOAD NOT	P011	29	OR	M000
14	AND	P012	30	AND	P013
15	OR LOAD	–	31	OUT	M000

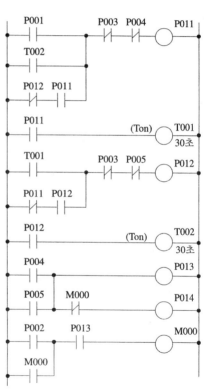

(d)

그림 3-45 부하 2대 교대 제어

〈전원 R - BS₃ - Thr₁ - T₂ₐ닫힘($MC_{2(2)}$ - $MC_{1(1)}$닫힘 - 유지) - MC₁ 재동작(T₁ 여자) - 전원 T〉

경보 회로에서는 Thr₁, 혹은 Thr₂가 트립되면 OL이 점등하고 BZ가 작동한다. BS₂를 누르면 X가 동작 유지하고 $X_{(2)}$로 BZ가 복구한다. 트립된 Thr이 회복되면 X와 OL이 복구한다.

로직 회로에서 BS₁을 누르면 FF₁이 셋하고 AND 회로 A를 통하여 MC₁(부하 1)이 동작하며 SMV₁이 셋된다. 30초 후에 SMV₁이 리셋하면 미분 회로를 통하여 FF₂가 셋하고 AND 회로 A를 통하여 MC₁이 복구하고 또 AND 회로 B를 통하여 MC₂가 동작하며 SMV₂가 셋된다. 30초 후에 SMV₂가 리셋하면 미분 회로와 정지용 E 회로를 통하여 FF₂가 리셋하여 AND 회로 B를 통하여 MC₂가 복구하고 또 A 회로를 통하여 MC₁을 재동작시킨다. 동시에 SMV₁이 다시 셋되며 정지용 BS₃을 누를 때까지 반복한다. 경보 회로에서는 Thr₁, 혹은 Thr₂가 트립되면 D회로를 통하여 OL이 점등하고 C회로를 통하여 BZ가 작동한다. BS₂를 누르면 FF₃이 셋하여 C회로를 통하여 BZ가 복구한다. 트립된 Thr이 회복되면 FF₃과 OL이 복구한다.

PLC 회로에서 P001을 주면 유지 회로에서 P011이 동작하고 T001이 여자한다. 30초 후에 T001로 유지 회로의 P012가 동작하고 T002가 여자되며 또 접점 P012로 P011(T001)을 복구시킨다. 다시 30초 후에 T002로 유지 회로의 P011이 재동작하고 T001이 여자되며 또 접점 P011로 P012(T002)가 복구됨을 반복하며 P003을 주면 운전 회로는 복구한다. 여기서 P004, 혹은 P005가 트립되면 P013과 P014가 동작하고 P002를 주면 M000이 동작하여 P014를 복구시키며 열동 계전기가 회복되면 P013과 M000이 복구한다.

연습문제 3-53

그림은 전동기 2대가 교대로 운전되는 릴레이 회로의 일부이다.

(1) 릴레이 회로에서 BS₁을 누르면 MC₁이 동작하며 30초 후에 MC₂가 동작하고 MC₁이 복구한다. 다시 30초 후에 MC₁이 동작하고 MC₂가 복구한다. 이런 동작이 BS₂를 누를 때까지 반복한다. 접점 A~D의 명칭을 ($MC_{1(2)}$, $MC_{2(2)}$, T_{1a}, T_{2a})에서 각각 고르시오.

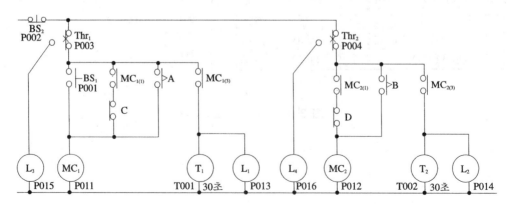

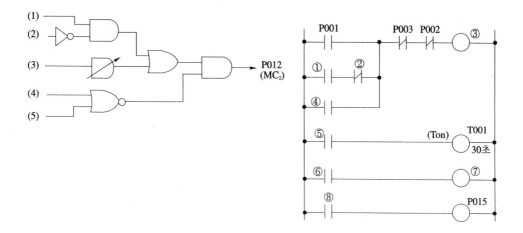

(2) MC_2의 기동 접점을 ($MC_{1(2)}$, $MC_{2(2)}$, T_{1a}, T_{2a})에서 고르시오.

(3) MC_1이 동작 중에 Thr_1이 트립되었다. 이후에 동작되든가, 동작하고 있는 기구는 어떤 것 인가?

(4) MC_2가 동작 중에 Thr_2가 어떤 원인으로 트립되었다. 이후에 동작되든가, 동작하고 있는 기구 또는 동작할 수 있는 기구는 어떤 것인가?

(5) MC_2가 동작 중에 BS_1을 누르면 MC_1, MC_2의 상태를 동작 복구로 말하시오.

(6) MC_2가 동작 중에 L_3 램프가 점등하였다면 MC_1, MC_2의 상태는 어떻게 되는가?

(7) 정지 상태에서 L_3 램프가 점등 중에 BS_1을 누르면 MC_1, MC_2의 상태는 어떻게 되는가?

(8) L_4 램프가 점등하였다면 MC_1, MC_2의 상태는 어떻게 되는가?

(9) 접점 A와 B는 ( )접점이고, 접점 C와 D는 ( )접점이며, 접점 $MC_{1(1)}$과 $MC_{2(1)}$은 ( )접 점이다. 각각의 ( )에 (기동, 유지, 정지) 중에서 골라 그 주된 기능을 나타내시오.

(10) 양논리 회로의 1~5에 각각 릴레이 회로의 접점 이름을 예와 같이 쓰시오. (예 $MC_{2(1)}$)

(11) 릴레이 회로를 참조하여 래더 회로에서 ①~⑧에 각각 번지를 쓰시오.

✎ 연습문제 3-54

그림은 어떤 전동기의 운전 회로의 일부이다.

(1) 다음의 ( )에 알맞은 번호를 그림에서 찾아 적으시오.

　ⓐ 유지 회로 접점 기능 : ( ), ( )

　ⓑ 인터록 회로 접점 기능 : ( ), ( )

　ⓒ 타이머 a접점 기능 : ( ) 및 타이머 b접점 기능 : ( ), ( )

(2) 릴레이 회로를 그리고 번호 ①~⑦의 해당 접점 이름을 보기에서 골라 표시하시오.

　〔**보기**〕 MC_{1a}, MC_{2a}, T_{1a}, MC_{1b}, MC_{2b}, T_1, T_{1b}, T_{2b}

(3) PLC용 래더 회로를 그리시오. 단 BS—P000, MC—P011~P012, T—T001~T002(각
10초)이고 X—M000의 번지를 사용한다.

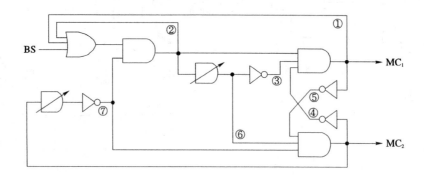

그림 3—46은 전동기 3대를 일정한 시간 동안 교대로 동작과 복구를 반복하도록 설계한 회
로의 일부이다. 타임 차트와 릴레이 회로에서 BS_1을 주면 X_1이 동작 유지하고 $MC_1(T_1)$(부하
1)이 동작한다. t_1초 후에 $MC_2(T_2)$(부하 2)가 동작하고
$MC_1(T_1)$이 복구한다. t_2초 후에 $MC_3(T_3)$(부하 3)이 동
작하고 $MC_2(T_2)$가 복구한다.

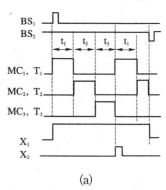

t_3초 후에 X_2가 동작하여 $MC_3(T_3)$이 복구하며 MC_1
(T_1)이 다시 동작함을 BS_2를 줄 때까지 반복한다.

〈전원 R - BS_1닫힘($X_{1(1)}$ 유지) - BS_2 - Thr - X_1 동작 -
전원 T〉

(a)

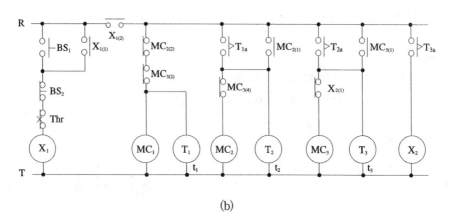

(b)

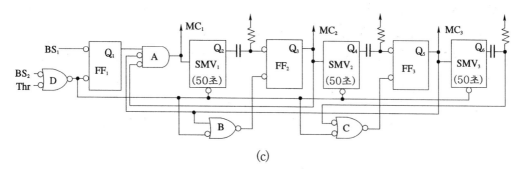

(c)

차례	명령	번지	차례	명령	번지
0	LOAD	P001	15	AND	M001
1	OR	M001	16	OUT	P012
2	AND NOT	P002	17	TMR	T002
3	AND NOT	P000	18	〈DATA〉	00500
4	OUT	M001	20	LOAD	T002
5	LOAD	M001	21	OR	P013
6	AND NOT	P012	22	AND NOT	M002
7	AND NOT	P013	23	AND	M001
8	OUT	P011	24	OUT	P013
9	TMR	T001	25	TMR	T003
10	〈DATA〉	00500	26	〈DATA〉	00500
12	LOAD	T001	28	LOAD	M001
13	OR	P012	29	AND	T003
14	AND NOT	P013	30	OUT	M002

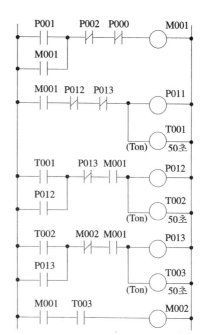

(d)

그림 3-46 부하 3대 교대 제어

〈전원 R - X_{1(2)}닫힘 - MC_{2(2)} - MC_{3(2)} - MC_1 동작(T_1 여자) - 전원 T〉

〈전원 R - X_{1(2)} - T_{1a}닫힘(MC_{2(1)} 닫힘 - 유지) - MC_{3(4)} - MC_2 동작(T_2 여자) - 전원 T〉

〈전원 R - X_{1(2)} - T_{2a}닫힘(MC_{3(1)} 닫힘 - 유지) - X_{2(1)} - MC_3 동작(T_3 여자) - 전원 T〉

〈전원 R - X_{1(2)} - T_{3a}닫힘 - X_2 동작 - 전원 T〉

이 회로는 편의상 열동 계전기 Thr_1~Thr_3을 Thr 하나로 표현하였다.

로직 회로에서 BS_1을 누르면 FF_1이 셋하고 AND 회로 A를 통하여 MC_1(부하 1)이 동작하며 SMV_1이 셋된다. 50초 후에 SMV_1이 리셋하면 미분 회로를 통하여 FF_2가 셋하여 MC_2가 동작하며 AND 회로 A를 통하여 MC_1이 복구하고 또 SMV_2가 셋된다. 50초 후에 SMV_2가 리셋하면 미분 회로를 통하여 FF_3이 셋하여 MC_3이 동작하고 SMV_3이 셋하며 정지용 B회로를 통하여 FF_2가 리셋하여 MC_2가 복구한다. 또 50초 후에 SMV_3이 리셋하면 미분 회로와 정지용 C회로를 통하여 FF_3이 리셋하여 MC_3이 복구한다. 이어 A 회로를 통하여 MC_1이 재동작된다. 동시에 SMV_1이 다시 셋되며 정지용 BS_2를 누를 때까지 반복한다.

PLC 회로에서 P001을 주면 유지 회로 M001이 동작하여 AND 회로로 P011이 동작하고 T001이 여자된다. 50초 후에 T001로 유지 회로의 P012가 동작하고 T002가 여자되며 또 접점 P012로 P011(T001)이 복구된다. 다시 50초 후에 T002로 유지 회로의 P013이 동작하고 T003이 여자되며 또 접점 P013으로 P012(T002)가 복구된다. 다시 50초 후에 T003으로 AND 회로의 M002가 동작하여 그 접점으로 P013이 복구하고 P011이 재동작하며 T001이 재여자됨을 반복하며 P003을 주면 운전 회로는 복구한다.

● **예제 3-20** ●

그림 3-45에서 전동기 1대를 추가하여 3대가 교대로 운전하는 릴레이 회로와 타임 차트, 로직 회로 및 PLC 회로를 각각 그리시오. 여기서 Thr, 램프 등은 생략한다.

【풀이】

BS_1을 주면 $MC_1(T_1)$(부하 1)이 동작한다. t_1초 후에 $MC_2(T_2)$(부하 2)가 동작하고 $MC_1(T_1)$이 복구한다. t_2초 후에 $MC_3(T_3)$(부하 3)이 동작하고 $MC_2(T_2)$가 복구한다. t_3초 후에 $MC_1(T_1)$이 다시 동작하고 $MC_3(T_3)$이 복구함을 BS_2를 줄 때까지 반복한다.

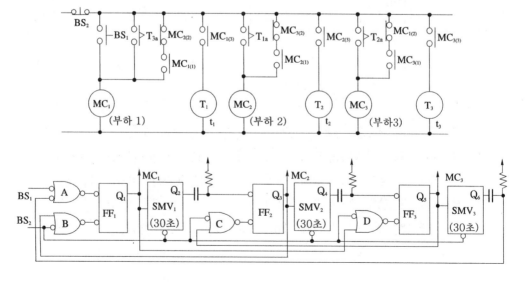

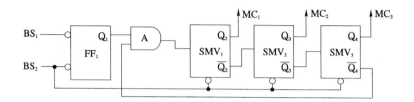

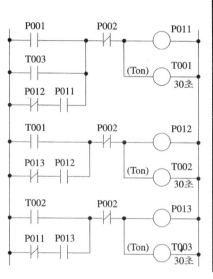

차례	명령	번지	차례	명령	번지
0	LOAD	P001	14	AND NOT	P002
1	OR	T003	15	OUT	P012
2	LOAD NOT	P012	16	TMR	T002
3	AND	P011	17	〈DATA〉	00300
4	OR LOAD	–	19	LOAD	T002
5	AND NOT	P002	20	LOAD NOT	P011
6	OUT	P011	21	AND	P013
7	TMR	T001	22	OR LOAD	–
8	〈DATA〉	00300	23	AND NOT	P002
10	LOAD	T001	24	OUT	P013
11	LOAD NOT	P013	25	TMR	T003
12	AND	P012	26	〈DATA〉	00300
13	OR LOAD	–	28	–	–

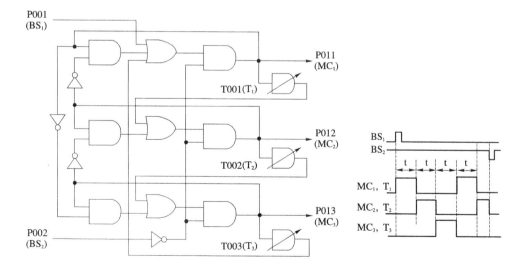

🎣 **연습문제 3-55**

타임 차트와 같이 BS_1을 주면 $MC_1(T_1)$이 t초 동작한 후 복구하면 $MC_2(T_2)$가 t초 동작한 후 복구하고, 이 어 $MC_3(T_3)$이 t초 동작한 후 복구하며 t초가 지난 후 다시 자동으로 $MC_1(T_1)$이 재동작 함을 BS_2를 줄 때 까지 반복하는 릴레이 회로를 그림 3-46과 예제 3-20 에서 타이머 T_4 (X_2)를 추가하여 각각 그리시오. 기 타는 무시한다.

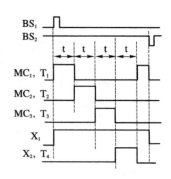

🎣 **연습문제 3-56**

그림은 3상 유도 전동기 3대의 순차 연속 교대 운전 회로의 일부이다.

(1) 접점 ①~⑫ 중에 BS_1을 누름과 동시에 개로에서 폐로로 되는 접점을 모두 쓰시오.

(2) 회로도의 접점 ①~⑫ 중에 BS_1을 누르고 T_1의 설정 시간 t_1 후에 개로에서 폐로로 되는 접점을 모두 번호로 쓰시오.

(3) 운전 중 T_2의 설정 시간 t_2 후에 동작(여자)되는 릴레이를 모두 쓰시오.

(4) 운전 중 T_3의 설정 시간 t_3 후에 운전되는 전동기와 점등되는 램프를 쓰시오.

(5) 회로 ㉮~㉰의 접점이 없고 직결되어 있다고 할 때 회로 동작 사항을 간단히 설명하시오.

(6) 다음 플로차트는 회로 동작만을 기술한 것이다. 보기에서 골라 완성하시오. 중복이 있다.

〔보기〕

　　MC_1 동작, MC_2 동작, X_1 동작, X_2 동작, X_3 동작, X_4 동작, X_5 동작, X_6 동작

　　T_1 여자, T_2 여자, T_3 여자

(7) 위 플로차트에서 각각 ⑦번, ⑪번, ⑭번 다음에 복구하는 기구 이름을 4개씩 쓰시오. 단, 램프는 생략한다.

(8) X_1 회로(T_1, BS_2 제외)를 AND, OR, NOT, 타이머 기호를 각각 1개씩 사용하여 논리 회로를 그리고 논리식을 쓰시오.

(9) 주어진(BS_1, BS_2, Thr_3, t_1, t_2, t_3)타임 차트에서 각 X와 MC의 동작과 T의 여자를 그리시오.

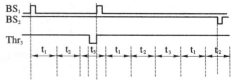

(10) MC$_2$ 회로의 PLC 래더 회로를 그리고 니모닉 프로그램 하시오. 단, 번지는 X$_3$(M003), X$_4$(M004), X$_6$(M006), T$_1$(T001), T$_2$(T002), MC$_2$(P012), Thr$_2$(P004)를 사용한다. 또 명령어는 LOAD, OUT, AND, OR, NOT, TMR을 사용하고 타이머 회로는 분리한다. 여기서 0번 스텝에 T001을 코딩하고 6번 스텝에 〈DATA〉 00100(2스텝 사용), 12번 스텝의 P012로 끝낸다.

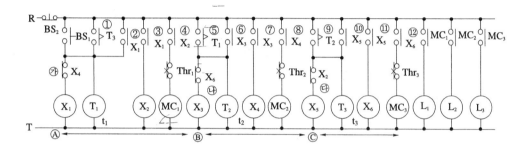

☞ 연습문제 3-57

그림은 전동기의 자동과 수동 및 교대 동작 회로의 일예이다.

(1) 회로의 동작 설명 중 ( )에 알맞은 것을 보기에서 찾아 넣으시오(중복 있음).

〔**보기**〕 MC$_1$, MC$_2$, X$_1$, X$_2$, X$_3$, X$_4$, X$_5$, X$_6$, F, L$_1$, L$_2$, L$_3$, L$_4$, BZ, Thr$_1$, Thr$_2$

ⓐ 수동 조작 : BS$_1$을 누르면 (①), (②)이 동작한다. 전환 스위치 SS$_1$을 수동(M)으로 하고 리미트 스위치 LS가 닫힐 때 전환 스위치 SS$_2$를 ㉮로 하면 (③)과 (④)가 동작한다. 또 SS$_2$를 ㉯로 하면 (⑤)와 (⑥)이 동작한다. 이 동작을 도표화하면 아래와 같다.

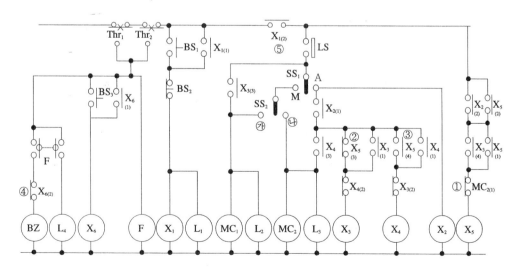

ⓑ 자동 조작 : BS₁을 누르면 (⑬), (⑭)이 동작한다. SS₁을 자동(A)으로 하고 LS가 닫히면 (⑮)가 동작한다. 이어 (⑯)이 동작하고 그 접점들로 MC₁과 L₂ 및 (⑰)가 동작한다. LS가 열리면 (⑱)와 (⑲)이 복구하여 MC₁과 L₂가 복구한다. LS가 다시 닫히면 (⑳)와 (㉑)가 동작하여 MC₂와 L₃이 동작하고 (㉒)가 복구한다. LS가 열리면 (㉓)와 (㉔)가 복구하여 MC₂와 L₃이 복구한다.

ⓒ 경보 회로 : Thr₁, 혹은 Thr₂가 동작하면 플리커 릴레이 F가 동작하여 (㉕)과 (㉖)가 교대로 동작하여 경보를 준다. BS₃을 누르면 (㉗)이 동작하여 (㉘)이 복구한다.

(2) 릴레이 X_5의 동작 기간은 전동기 $M_1(MC_1)$, $M_2(MC_2)$의 동작과 어떤 관계가 있는가? 간단히 쓰시오

(3) 전동기 $M_1(MC_1)$이 운전 중에 동작하는 릴레이는 어느 것들인가? 또 전동기 $M_2(MC_2)$가 운전 중에 동작하는 릴레이는 어느 것들인가?

(4) 유지 접점과 인터록 접점을 쓰시오.

(5) 접점 $MC_{2(1)}$, $X_{5(3)}$, $X_{5(4)}$, $X_{6(2)}$의 기능을 각각 간단히 쓰시오.

(6) $X_{1(2)}$가 단선이 될 때 동작할 수 있는 릴레이와 램프를 쓰시오.

(7) 릴레이 X_5가 동작 불능이라면 $M_1(MC_1)$, $M_2(MC_2)$의 동작은 어떻게 되는가?

3. 팬 모터 제어 회로

그림 3-47은 팬 모터용 시한 동작 운전 회로의 간단한 보기이다.

그림(a), (b)에서 BS₁을 누르면 보조 릴레이 X가 동작하고 타이머 T가 여자된다.

〈전원 R - BS₁닫힘($X_{(1)}$닫힘 - 유지) - BS₂ - Thr - X 동작(T 여자) - 전원 T〉

설정 시간 t초 후에 접점 T_a가 닫히면 MC가 동작하여 팬용 전동기가 기동 운전된다. 그리고 BS₂를 누르면 X, T, MC가 모두 복구하고 팬 전동기는 정지한다.

그림(c), (e)에서 BS₁을 누르면 SMV가 셋한다. t초 후에 SMV가 리셋하면 FF가 셋하여 MC가 동작하고 팬 모터가 운전된다. BS₂를 누르면 FF가 리셋하여 MC가 복구하고 팬 모터가 정지된다. 같은 로직 회로의 그림(d), (f)에서 BS₁을 누르면 FF가 셋한다. t초 후에 IC-555가 셋하면 MC가 동작하고 팬 모터가 운전된다. BS₂를 누르면 FF와 555가 리셋하여 MC가 복구하고 팬 모터가 정지된다. 여기서 IC-555는 시한 동작 특성을 갖는다.

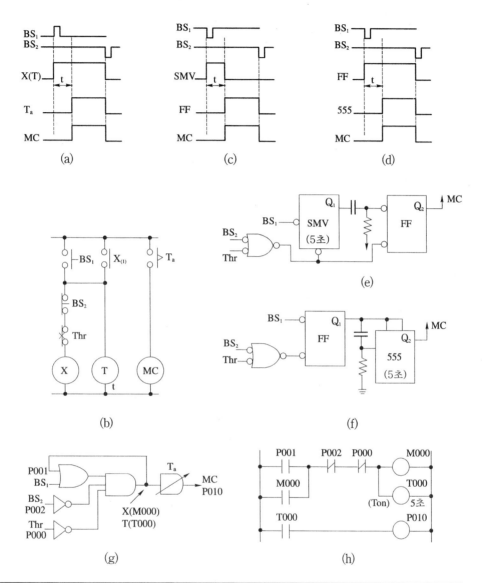

그림 3-47 시한 동작 팬모터 회로

차례	명령	번지	차례	명령	번지	차례	명령	번지
0	LOAD	P001	3	AND NOT	P000	6	〈DATA〉	00050
1	OR	M000	4	OUT	M000	8	LOAD	T000
2	AND NOT	P002	5	TMR	T000	9	OUT	P010

PLC 회로에서 P001을 누르면 유지 회로로 M000이 동작 유지하고 T000이 여자된다. 5초 후에 접점 T000으로 P010이 동작하고 MC가 동작하여 팬 모터가 운전되며 P002로 모두 복구 된다.

그림 3-48은 환기팬 운전 회로의 일예이다. 릴레이 회로에서 BS_1을 누르면 MC가 동작하여 환기팬이 기동 운전되고 BS_2를 누르면 정지한다. OCR이나 Thr이 트립되면 보조 릴레이 X가 동작 유지하고 접점 $X_{(2)}$로 팬(MC)을 정지시킨다. BS_3을 눌러 OL이 꺼지면 고장이 회복된 상 태이고 OL이 꺼지지 않으면 고장이 미회복된 상태임을 알도록 한다.

그림(b)에서 BS_1을 누르면 FF_1이 셋하여 MC가 동작한다. BS_2를 누르면 FF_1이 리셋하여 MC가 복구한다. OCR이나 Thr이 트립되면 FF_2가 셋하여 고장 표시용 OL이 켜지고 A회로

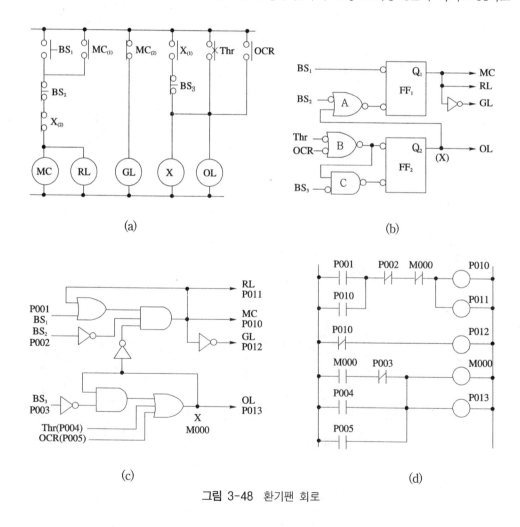

(a)

(b)

(c)

(d)

그림 3-48 환기팬 회로

차례	명령	번지	차례	명령	번지	차례	명령	번지
0	LOAD	P001	5	OUT	P011	10	OR	P004
1	OR	P010	6	LOAD NOT	P010	11	OR	P005
2	AND NOT	P002	7	OUT	P012	12	OUT	M000
3	AND NOT	M000	8	LOAD	M000	13	OUT	P013
4	OUT	P010	9	AND NOT	P003	14	–	–

를 통하여 FF_1이 리셋하고 MC가 복구한다. BS_3을 눌러 FF_2가 리셋하여 OL이 꺼지면 고장이 회복된 상태이고 FF_2가 리셋하지 않고 OL이 꺼지지 않으면 고장이 미회복된 상태임을 알도록 한다.

PLC 회로에서 P001을 주면 유지 회로 P010(P011)이 동작하고 P012가 소등한다. P002를 주면 P010이 복구한다. P004, 혹은 P005가 주어지면 M000이 동작하여 P010이 복구하고 P013이 점등한다. P003을 누를 때 M000과 P013이 복구하면 고장이 회복된 상태이고 M000과 P013이 복구하지 않으면 고장이 미회복된 상태이다.

그림 3-49는 교류 정류자 전동기의 운전 회로의 일부이다. 그림(a)에서 BS_1을 누르면 MC_1이 동작하여 팬이 기동하고 최저 속도로 운전된다.

〈전원 R - BS_1닫힘 - LS_{1b}($MC_{1(1)}$ 유지) - BS_4 - Thr - MC_1 동작 - 전원 T〉

BS_3을 누르고 있으면 MC_3이 동작하여 브러시 이동용 전동기가 동작되고 브러시가 이동하여 팬의 속도가 증가한다.

〈전원 R - BS_3닫힘 - LS_2 - $MC_{2(1)}$ - MC_3 동작 - 전원 T〉

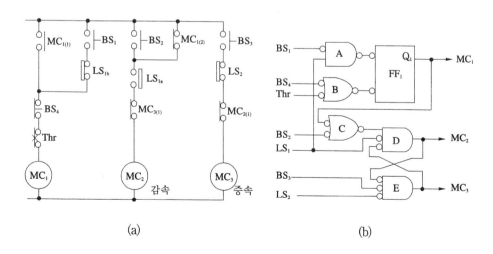

(a) (b)

차례	명령	번지	차례	명령	번지
0	LOAD	P001	8	AND	P005
1	AND NOT	P005	9	AND NOT	P013
2	OR	P011	10	OUT	P012
3	AND NOT	P004	11	LOAD	P003
4	AND NOT	P000	12	AND NOT	P006
5	OUT	P011	13	AND NOT	P012
6	LOAD	P002	14	OUT	P013
7	OR NOT	P011	15	-	-

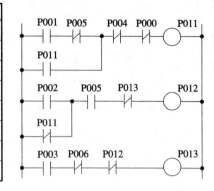

(c)

그림 3-49 교류 정류자형 팬 회로

팬의 속도가 최저 속도에서 증가하면 리밋트 스위치 LS_1이 작동하여 감속 회로(MC_2)를 준비한다. BS_3을 놓든가 최고 속도에 달하면 LS_2가 작동하여 MC_3이 복구하고 팬의 속도는 더이상 증가하지 않는다. BS_2를 누르고 있으면 MC_2가 동작하여 브러시를 반대 방향으로 이동시켜 속도를 감소시킨다.

〈전원 R - BS_2닫힘($MC_{1(2)}$ 열려 있음) - LS_{1a}(닫혀 있음) - $MC_{3(1)}$ - MC_2 동작 - 전원 T〉

BS_2를 놓든가 최저 속도에 달하면 LS_1이 복구하여 MC_2가 복구하고 브러시는 최저 속도의 위치에 있게된다. BS_4를 누르면 MC_1이 복구하여 팬이 정지한다. 만일 최저 속도 이상에서 MC_1이 복구되면 $MC_{1(2)}$의 복구로 MC_2가 동작하여 브러시의 위치를 최저 속도의 위치에 오도록하며 이때 LS_1이 복구하므로 MC_2가 복구한다.

〈전원 R - $MC_{1(2)}$닫힘(BS_2 열려 있음) - LS_{1a}(닫혀 있음) - $MC_{3(1)}$ - MC_2 동작 - 전원 T〉

여기서 LS_1은 최저 속도 이상에서 동작하고 최저 속도에서 복구하며, LS_2는 최고 속도에서 동작되고 최고 속도 이하에서 복구된다.

그림(b)는 그 로직 회로이고 (c)와 프로그램은 PLC 회로이다.

🖍 **연습문제 3-58**

(1) 그림은 그림 3-47(b)의 릴레이 회로를 수정하여 t_1 시간동안 팬이 작동하고 t_2 시간 동안 팬이 정지하는 것을 반복하는 회로의 일부이다. 각 기구의 동작 타임 차트를

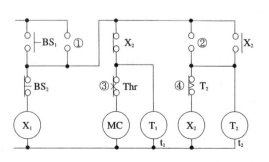

그리고, 또 ①과 ②에 접점과 명칭을 넣고, ③과 ④의 기능을 각각 단답형으로 쓰시오.

(2) 그림 3-47(b)의 릴레이 회로에서 MC 동작 중에 T가 복구하도록 회로를 수정하시오. 단 접점만 추가한다.

(3) 그림 3-48(a)에서 각 기구의 기능을 보기의 문자 기호로 ( )에 쓰시오. 중복은 없다.

〔보기〕 MC, Thr, OCR, X, BS₁, BS₂, BS₃, GL, OL, RL

① 팬 구동용 기구( )　② 고장시 팬 정지용 기구 ( )　③ 정지 표시용 기구 ( )

④ 운전 표시용 기구 ( )　⑤ 고장 표시용 기구 ( )　　⑥ 기동용 기구 ( )

⑦ 정지용 기구 ( )　　　⑧ 고장 회복 확인용 기구 ( )　⑨ 고장 검출용 기구 ( ), ( )

그림 3-50은 팬 모터 운전과 램프 회로의 일예이다. 각각 수동으로 동작하는 3대의 팬 (MC₁~MC₃)이 있고 팬의 동작에 따라 각각의 감시 램프가 점등한다.

릴레이 회로에서 BS₁로 유지 회로의 MC₁(X₁)이 동작하고 BS₂로 복구한다. 또 BS₃으로 유지 회로의 MC₂(X₂)가 동작하고 BS₄로 복구한다. 또한 BS₅로 유지 회로의 MC₃(X₃)이 동작하고 BS₆으로 복구한다. 그리고 각 램프의 동작은 논리식과 같다.

로직 회로에서 BS₁로 FF₁이 셋하여 MC₁(X₁)이 동작하고 BS₂로 FF₁이 리셋하여 MC₁(X₁)이 복구한다. 또 BS₃으로 FF₂가 셋하여 MC₂(X₂)가 동작하고 BS₄로 FF₂가 리셋하여 MC₂(X₂)가 복구한다. 또한 BS₅로 FF₃이 셋하여 MC₃(X₃)이 동작하고 BS₆으로 FF₃이 리셋하여 MC₃(X₃)이 복구한다. 그리고 각 램프의 동작은 논리식과 같다.

PLC 회로는 각 MC(X) 회로는 생략하고 램프 회로만 그린 것으로 3입력 AND 회로 형식이고 각 램프의 동작은 논리식과 같다.

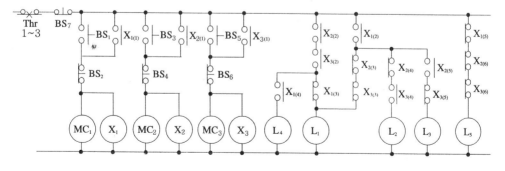

(a)

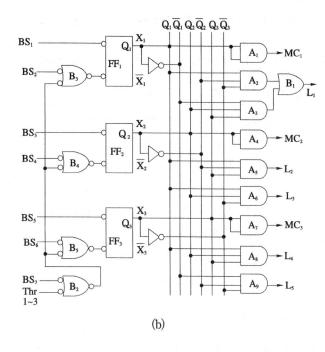

$Q_1\overline{Q}_1\,Q_2\overline{Q}_2\,Q_3\overline{Q}_3$

$BS_1\uparrow - FF_1\uparrow - MC_1\uparrow,\ X_1\uparrow$

$BS_2\uparrow - FF_1\downarrow - MC_1\downarrow,\ X_1\downarrow$

$BS_3\uparrow - FF_2\uparrow - MC_2\uparrow,\ X_2\uparrow$

$BS_4\uparrow - FF_2\downarrow - MC_2\downarrow,\ X_2\downarrow$

$BS_5\uparrow - FF_3\uparrow - MC_3\uparrow,\ X_3\uparrow$

$BS_6\uparrow - FF_3\downarrow - MC_3\downarrow,\ X_3\downarrow$

$$L_1 = X_1\overline{X_2}\,\overline{X_3} + \overline{X_1}X_2X_3$$
$$= Q_1\overline{Q_2}\,\overline{Q_3} + \overline{Q_1}Q_2Q_3$$
$$L_2 = X_1\overline{X_2}X_3 = Q_1\overline{Q_2}Q_3$$
$$L_3 = X_1X_2\overline{X_3} = Q_1Q_2\overline{Q_3}$$
$$L_4 = X_1X_2X_3 = Q_1Q_2Q_3$$
$$L_5 = \overline{X_1\,\overline{X_2}\,\overline{X_3}} = \overline{Q_1\,\overline{Q_2}\,\overline{Q_3}}$$

(b)

차례	명령	번지	차례	명령	번지
0	LOAD NOT	M001	12	LOAD	M001
1	AND	M002	13	AND	M002
2	AND	M003	14	AND NOT	M003
3	LOAD	M001	15	OUT	P013
4	AND NOT	M002	16	LOAD	M001
5	AND NOT	M003	17	AND	M002
6	OR LOAD	–	18	AND	M003
7	OUT	P011	19	OUT	P014
8	LOAD	M001	20	LOAD NOT	M001
9	AND NOT	M002	21	AND NOT	M002
10	AND	M003	22	AND NOT	M003
11	OUT	P012	23	OUT	P015

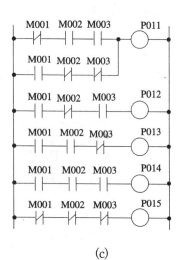

(c)

그림 3-50 팬 모터 감시 회로

◈ 연습문제 3-59

어떤 공장에 환풍기용 전동기 $M_1(MC_1, X_1)=30$ (kW), $M_2(MC_2, X_2)=20$ (kW), $M_3(MC_3, X_3)=10$ (kW)의 3대가 있다. 출력이 30 (kW), 40 (kW), 50 (kW), 60 (kW)일 때 각각 OL, GL, RL, BL의 램프가 점등하는 점등 감시반을 보조 릴레이 X_1, X_2, X_3의 접점을 사용하여 만들고자 한다. 다음 로직 회로를 참고하여 진리표를 작성하고 이의 논리식, 릴레이 회로, 래더 회로를 각각 그리시오.

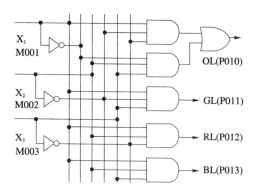

(kW)	X_1	X_2	X_3	OL	GL	RL	BL
30	1	0	0	1	0	0	0
30							
40							
50							
60							

그림 3-51은 전열기에 팬이 부착된 온풍기 회로의 일예이다. 전열 온풍기의 기본 논리는 기동시는 팬이 구동하고 t초 후에 전열기가 작동하며 또 정지시는 전열기가 복구하고 t초 후에 팬이 정지하도록 되어있다.

그림(a), (b)에서 BS_1을 주면 X_1이 동작하여 fan이 구동되고 T_1이 여자된다.

〈전원 R - BS_1닫힘($X_{1(1)}$ 유지) - T_{2b} - X_1 동작 - 전원 T〉

〈전원 R - BS_1닫힘($X_{1(1)}$ 유지) - $X_{2(2)}$ - $X_{4(2)}$ - T_1 여자 - 전원 T〉

접점 $X_{1(2)}$는 BZ 회로를 끊고 $X_{1(3)} \sim X_{1(5)}$는 $X_2 \sim X_4$의 동작 회로를 준비한다. t_1초 후에 X_2가 동작하여 히터 H_1이 가열된다. 접점 $X_{2(2)}$로 T_1이 복구하고 접점 $X_{2(3)}$으로 BZ 회로를 준비한다.

〈전원 R - $X_{4(3)}$ - T_{1a} - $X_{1(4)}$($X_{2(1)}$ 유지) - X_2 동작 - 전원 T〉

여기서 필요시 BS_2를 주면 X_3이 동작하고 히터 H_2가 가열되며 또 필요시 BS_3으로 $X_2(H_2)$가 복구된다.

〈전원 R - $X_{4(3)}$ - BS_2 - $X_{1(5)}$($X_{3(1)}$ 유지) - BS_3 - X_3 동작 - 전원 T〉

BS_4를 주면 X_4가 동작하여 접점 $X_{4(3)}$으로 X_2와 X_3이 복구하여 히터 H_1과 H_2가 복구한다. 또 T_2가 여자되고 접점 $X_{4(2)}$로 T_1의 재여자를 방지한다.

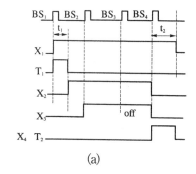

(a)

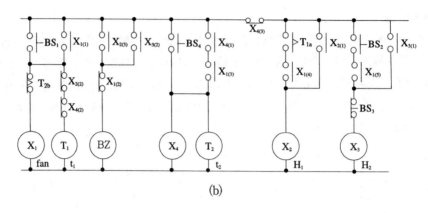

(b)

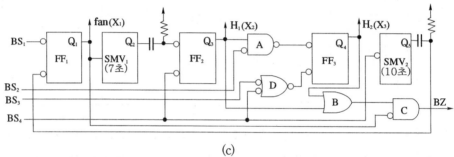

(c)

차례	명령	번지	차례	명령	번지
0	LOAD	P001	16	AND	P011
1	OR	P011	17	OR	P013
2	AND NOT	T002	18	AND NOT	P003
3	OUT	P011	19	AND NOT	M000
4	LOAD	P011	20	OUT	P013
5	AND NOT	P012	21	LOAD	M000
6	AND NOT	M000	22	AND	P011
7	TMR	T000	23	OR	P004
8	〈DATA〉	00070	24	OUT	M000
10	LOAD	T001	25	TMR	T002
11	AND	P011	26	〈DATA〉	00100
12	OR	P012	28	LOAD	P012
13	AND NOT	M000	29	OR	P013
14	OUT	P012	30	AND NOT	P011
15	LOAD	P002	31	OUT	P014

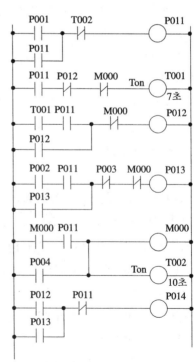

그림 3-51 팬 히터 회로

(d)

〈전원 R - BS₄(X₄₍₁₎ - X₁₍₃₎ 유지) - X₄ 동작 - (T₂ 여자) - 전원 T〉

t_2초 후에 접점 T_{2b}로 X_1이 복구하여 fan이 복구하고 접점 $X_{1(3)}$으로 X_4가 복구한다. 여기서 전열기(H_1, H_2)가 작동 중에 fan(X_1)이 정지하면 접점 $X_{1(2)}$가 복구하여 BZ가 울려 전열기의 과열 경보를 한다.

〈전원 R - $X_{2(3)}$닫힘, 혹은 $X_{3(2)}$ 닫힘 - $X_{1(2)}$ - BZ 동작 - 전원 T〉

그림(c)에서 BS_1을 주면 FF_1이 셋하여 팬이 운전되고 SMV_1이 셋한다. 7초 후에 SMV_1이 리셋하면 FF_2가 셋하여 히터 1이 가열된다. 필요시 BS_2를 주면 A회로를 통하여 FF_3이 셋하여 히터 2가 가열되며 필요시 BS_3과 D회로를 통하여 FF_3이 리셋하여 복구된다. BS_4를 주면 FF_2와 FF_3이 리셋하여 히터 1과 2가 복구하고 SMV_2가 셋한다. 10초 후에 SMV_2가 리셋되면 FF_1이 리셋하여 팬이 정지된다. 여기서 전열기(H_1, H_2)가 작동 중에 fan(X_1)이 정지하면 B, C 회로를 통하여 BZ가 울려 전열기의 과열 경보를 한다.

그림(d)와 표에서 P001을 주면 유지 회로로 P011(fan)이 동작하고 3입력 AND 회로로 T001이 여자된다. 7초 후에 T001로 유지 회로의 P012(히터 1)가 작동한다. 또 P002를 주면 유지 회로의 P013(히터 2)이 작동하고 P003으로 복구한다. P004를 주면 내부 출력 M000(X_4)이 동작 유지하고 P012와 P013을 복구시키며 T002가 여자된다. 10초 후에 P011이 복구하고 M000도 복구한다. 여기서 전열기(P012, P013)가 작동 중에 fan(P011)이 정지하면 P014가 동작하여 BZ가 울린다. 이 회로는 릴레이 회로에서 T_1만을 분리하여 그렸다.

● 예제 3-21 ●

그림 3-51을 참고하여 아래의 니모닉 프로그램 논리에 맞는 릴레이 회로, 로직 회로, 래더 회로와 타임 차트를 그리고 1번, 2번, 3번, 6번, 14번, 15번, 16번 스텝의 기능을 보기에서 골라 번호를 차례로 쓰시오(중복 있음). 단, 번지는 BS(P001, P002), MC(P011, P012), T(T001, T002), X(M000)이고 기타 조건은 무시한다.

〔보기〕 ① 기동 ② 정지 ③ 유지 ④ 재동작 방지

차례	명령	번지	차례	명령	번지	차례	명령	번지
0	LOAD	P001	7	TMR	T001	15	OR	M000
1	OR	P011	8	〈DATA〉	00070	16	AND	P011
2	AND NOT	T002	10	LOAD	T001	17	OUT	M000
3	OUT	P011	11	OR	P012	18	LOAD	M000
4	LOAD	P011	12	AND NOT	M000	19	TMR	T002
5	AND NOT	P012	13	OUT	P012	20	〈DATA〉	00010
6	AND NOT	M000	14	LOAD	P002	22	—	—

【풀이】

BS$_1$을 누르면 팬이 구동하고 t$_1$초 후에 전열기가 작동하며 운전 중에는 T$_1$은 복구한다.

BS$_2$를 누르면 전열기가 복구하고 t$_2$초 후에 팬이 정지한다.

차례로 ①③②④①③②이다.

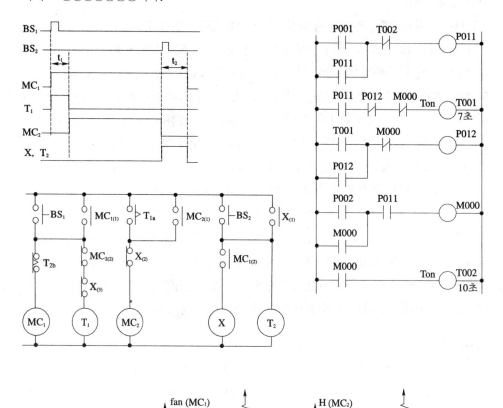

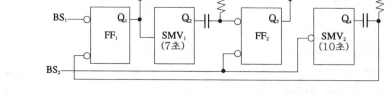

◈ 연습문제 3-60

그림은 온풍기 운전 회로의 일예이다 타임 차트를 그리고 플로차트를 보기에서 골라 완성하시오. 기타 조건은 무시한다.

〔보기〕 Ry$_1$ 동작, Ry$_2$ 동작, T$_1$ 여자, T$_2$ 여자, MC$_1$ 동작, MC$_1$ 복구,
MC$_2$ 동작, MC$_2$ 복구, 히터 동작, 히터 복구, 팬 작동, 팬 정지

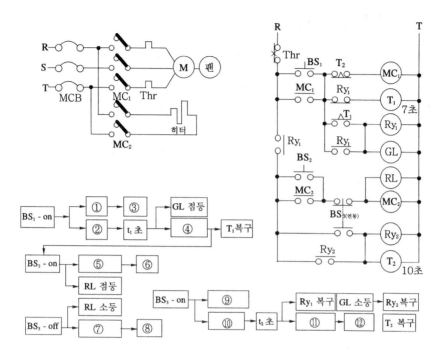

● **연습문제 3-61**

(1) 그림 3-51에서 타이머 2개를 추가하여 다음과 같이 동작하도록 회로를 바꾸시오. 단, 부저 회로, 램프 회로 등의 기타는 무시한다.

① 팬이 동작한 후 설정 시간 t_1이 지나면 히터 1이 작동한다.

② 히터 1이 작동한 후 설정 시간 t_2가 지나면 히터 2가 작동한다.

③ 정지 신호 BS_2를 누르면 히터 2가 복구하고 설정 시간 t_3이 지나면 히터 1이 복구한다. 또 $t_4 > t_3$ 시간이 경과하면 팬이 정지한다.

(2) 예제 3-21의 릴레이 회로에서 히터보다 팬이 먼저 복구하면 OL 램프와 BZ가 교대로 작동하는 플리커 회로를 첨부하시오.

4. 펌프 제어 회로

일반적으로 양수용, 혹은 배수용 펌프 전동기의 제어 회로에 액면(float) 스위치가 많이 사용된다. 액면 스위치에는 저수위에서 닫히고 수위가 증가하면 열리는 저수위용 하한 액면 스위치 L_L과 저수위에서 닫혀있고 고수위가 되면 열리는 고수위용 상한 액면 스위치 L_H가 있다.
양수 펌프 회로의 일반 논리에는 자동 회로와 수동 회로로 나눈다.

① 수동 회로 : 기동 버튼 스위치 BS를 주면 MC가 동작하여 전동기 M이 회전하고 펌프가 운전하여 양수하고 정지 버튼 스위치 BS를 주면 MC가 복구하여 전동기 M이 정지하고 펌프가 정지한다.

② 자동 회로 : 저수위에서 저수위용(기동용) 하한 액면(float) 스위치 L_L로 MC가 동작하여 전동기 M이 회전하고 펌프가 운전하여 양수하고 만수위에서 고수위용(정지용) 상한 액면 스위치 L_H로 MC가 복구하여 전동기 M이 정지하고 펌프가 정지한다.

그림 3-52는 소형 자·수동 양수 펌프용 전동기 회로의 일예이다. 자동 및 수동 교체 선택 스위치(SS)를 자동(A)으로 두면 고수위용(정지용) 상한 액면 스위치 L_H는 만수위 전까지는 닫혀있으므로 MC가 동작하여 펌프 전동기로 양수한다. 그러나 L_H는 만수위에서 열리므로 MC가 복구하여 펌프 전동기가 정지한다.

〈전원 R - SS(A) - L_H - MC 동작 - 전원 T〉

셀렉터 스위치 SS를 수동(M)으로 하고 BS_1을 누르면 MC가 동작하여 펌프 전동기로 양수하고 BS_2를 누르면 MC가 복구하여 펌프 전동기가 정지한다.

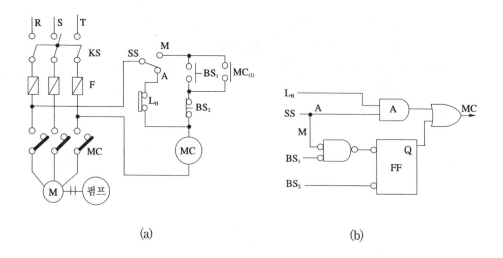

(a)   (b)

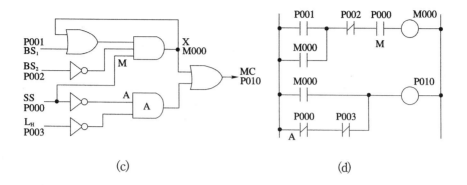

<table>
<tr><td>차례</td><td>명령</td><td>번지</td><td>차례</td><td>명령</td><td>번지</td><td>차례</td><td>명령</td><td>번지</td></tr>
</table>

차례	명령	번지	차례	명령	번지	차례	명령	번지
0	LOAD	P001	3	AND	P000	6	AND NOT	P003
1	OR	M000	4	OUT	M000	7	OR	M000
2	AND NOT	P002	5	LOAD NOT	P000	8	OUT	P010

그림 3-52 간단한 자·수동 양수 회로

〈전원 R - SS(M) - BS$_1$닫힘(MC$_{(1)}$ 유지) - BS$_2$ - MC 동작 - 전원 T〉

로직 회로는 AND 회로 A로 자동 운전하고 유지용 FF로 수동 운전한다. 또 PLC 회로는 b접점 AND 회로로 자동 운전하고 유지용 M000으로 수동 운전한다.

그림 3-53은 자수동 양수 장치의 기본 회로이다. 수동 회로는 BS$_1$을 누르면 MC가 동작하여 펌프 전동기로 양수하고 BS$_2$를 누르면 MC가 복구하여 펌프 전동기가 정지한다. 또 자동 회로는 저수위에서 저수위용(기동용) 하한 액면(float) 스위치 L$_L$이 닫혀서 MC가 동작하여 펌프 전동기로 양수하고 만수 위에서 고수위용(정지용) 상한 액면 스위치 L$_H$로 MC가 복구하여 펌프 전동기가 정지한다. 이 회로의 MC는 기동 입력 2개, 정지 입력 3개의 유지 회로로 동작된다.

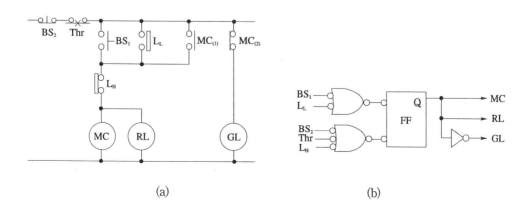

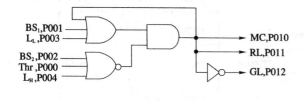

(c)

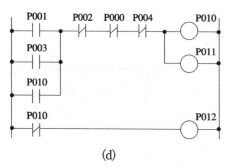

(d)

차례	명령	번지
0	LOAD	P001
1	OR	P003
2	OR	P010
3	AND NOT	P002
4	AND NOT	P000
5	AND NOT	P004
6	OUT	P010
7	OUT	P011
8	LOAD NOT	P010
9	OUT	P012

그림 3-53 자·수동 양수 기본 회로

✒ 연습문제 3-62

그림은 옥상에 설치한 탱크에 물을 양수하는 양수 펌프의 자·수동 운전 회로의 일부이다.

(1) 도면에서 ①~⑧번 기구의 명칭을 보기에서 찾아 번호로 답하시오.(중복 없음)

〔보기〕

ⓐ 전자 접촉기 보조 접점 ⓑ 열동 계전기

ⓒ 기동용 버튼 스위치 ⓓ 과부하 히터

ⓔ 상한용 액면 스위치 ⓕ 정지용 버튼 스위치

ⓖ 배선용 차단기 ⓗ 전자 접촉기 주접점

(2) 니모닉 프로그램에 따라 래더 회로를 그리시오.

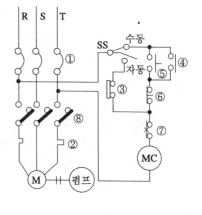

차례	명령	번지	차례	명령	번지
0	LOAD NOT	P000	5	AND LOAD	–
1	AND NOT	P003	6	AND NOT	P002
2	LOAD	P000	7	OR LOAD	–
3	LOAD	P001	8	AND NOT	P004
4	OR	P010	9	OUT	P010

(3) 회로를 참고하여 선택 스위치 SS를 삭제하고 저수위 액면 스위치 1개와 공회전 방지용 액면 스위치 1개를 추가하여 자·수동 운전 회로를 그리시오. 주회로는 생략하고 RL과 GL을 첨가한다.

그림 3-54는 자·수동 양수 펌프 회로에 경보 회로와 갈수시의 전동기의 공회전 방지 회로를 부가한 것이다.

릴레이 회로에서 양수 펌프 전동기용 MC의 수동 운전은 BS_1로 기동하고 BS_2로 정지하며 자동 운전은 액면 스위치 L_L로 기동하고 L_H로 정지한다.

〈전원 R - Thr - SS(M) - BS_2 - BS_1닫힘($MC_{(3)}$ 유지) - T_b - MC 동작 - 전원 T〉

〈전원 R - Thr - SS(A) - L_H - L_L닫힘 - $MC_{(2)}$($MC_{(1)}$ 유지) - T_b - MC 동작 - 전원 T〉

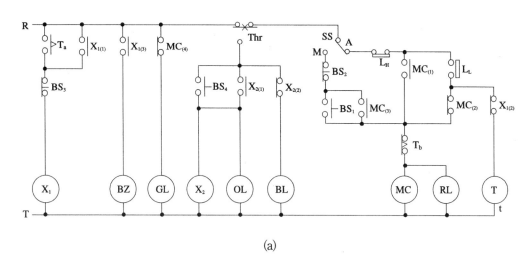

(a)

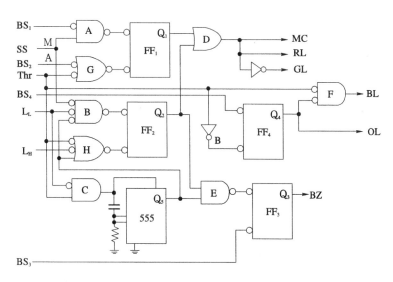

(b)

차례	명령	번지	차례	명령	번지
0	LOAD	P001	12	LOAD NOT	P000
1	OR	P010	13	AND NOT	P003
2	AND NOT	P002	14	AND	P004
3	AND	P000	15	AND NOT	M001
4	LOAD	P004	16	TMR	T000
5	AND NOT	P010	17	〈DATA〉	00200
6	OR	P010	19	LOAD	T000
7	AND NOT	P003	20	OR	M001
8	AND NOT	P000	21	AND NOT	P005
9	OR LOAD	–	22	OUT	M001
10	AND NOT	T000	23	OUT	P011
11	OUT	P010	24	–	–

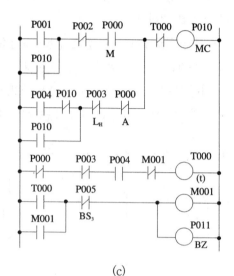

(c)

그림 3-54 자·수동 양수 회로

여기서 저수위 검출용 L_L이 닫히면 MC가 동작하여 펌프 전동기가 동작하여 양수하고 물이 조금 불어나면 L_L이 열리고 MC는 $MC_{(1)}$ 접점으로 유지되는데, 갈수시 저수조에 물이 없으면 L_L이 열리지 않으므로 전동기만 계속 운전(공회전)되고 양수는 되지 않는다. 이때 설정 시간 (t)이 경과하면 타이머 T가 동작한다.

〈전원 R - Thr - SS(A) - L_H - L_L 닫혀있음 - $X_{1(2)}$ - T 동작 - 전원 T〉

접점 T_b가 열려 MC(전동기)가 복구하고 접점 T_a가 닫혀 보조 릴레이 X_1이 동작한다.

〈전원 R - T_a닫힘($X_{1(1)}$ 유지) - BS_3 - X_1 동작 - 전원 T〉

접점 $X_{1(3)}$으로 경보 부저가 울리고 접점 $X_{1(2)}$로 T가 복구한다. 또 Thr이 트립되면 MC는 복구하고 경보 BL이 울린다. BS_4를 누르면 X_2가 동작하여 OL이 점등하고 접점 $X_{2(2)}$로 벨이 정지한다.

〈전원 R - Thr - BS_4닫힘($X_{2(1)}$ 유지) - X_2 동작 - 전원 T〉

로직 회로에서 수동 운전은 SS(M)에서 BS_1을 주면 A회로를 통하여 FF_1이 셋하고 D회로를 통하여 MC가 동작하여 펌프 전동기로 양수한다. 자동 운전은 SS(A)에서 L_L이 닫히면 B회로를 통하여 FF_2가 셋하고 D회로를 통하여 MC가 동작하여 펌프 전동기로 양수한다. 이때 물이 조금 불어나면 L_L이 열리는데 저수조에 물이 없으면 양수는 되지 않고 전동기만 계속 운전(공회전)된다. 설정 시간(t)이 지나면 C회로를 통하여 타이머 IC-555가 동작하여 E회로를 통하여 FF_3이 셋되어 BZ가 작동하며 또 H(B)회로를 통하여 FF_2가 리셋되어 MC(전동기)가 복구한다. BS_3을 주면 FF_3이 리셋되어 BZ는 복구하고, 또 L_L이 열리면 C회로를 통하여 타이머 IC-555가 복구한다. 그리고 Thr이 트립되면 H(G)회로를 통하여 $FF_2(FF_1)$가 리셋되어 MC는 복구하고 F회로를 통하여 경보 BL이 울린다. BS_4를 누르면 FF_4가 셋하여 OL이 점등하고 F 회로로 벨이 정지한다.

PLC 회로는 경보 회로와 램프는 생략한 것으로 MC(P010)는 수동으로 P001로 기동하고 P002로 정지하며, 자동으로 P004로 기동하고 P003으로 정지한다. 따라서 9스텝은 병렬 OR LOAD가 된다. T000은 4입력으로 여자되고 t초 후에 동작하여 P010이 복구되고 유지 회로 M001이 동작되어 P011이 작동한다.

● 예제 3-22 ●

다음 조건을 만족하는 배수 펌프용 전동기 회로(릴레이 회로, 로직 회로, PLC 래더 회로)를 각각 그려보시오. 기타 조건은 무시한다.

(1) 펌프 전동기(MC, P010)의 동작은 배수위가 만수위가 될 때 액면 스위치 L_H(P005)가 닫히면 보조 릴레이 $X_1(FF_1$, M001)이 동작하여 MC가 동작 유지되고 X_1이 복구한다. 저수위가 되면 액면 스위치 L_L(P006)이 열려서 MC가 복구한다. 또 수동 기동은 BS_1(P001)으로 MC가 동작 유지(FF)되고 BS_2(P002), 혹은 L_L로 복구한다. 여기에 RL(P011), GL(P012)을 넣고 BS_2는 비상 정지용을 겸한다.

(2) 열동 계전기(Thr, P000)가 트립되면 MC는 복구하고 벨(BL, P013)이 울린다. BS_3(P003)을 누르면 $X_2(FF_2$, M002)가 동작하여 OL(P015)이 점등하고 벨이 정지한다.

(3) 위험 수위에서 액면 스위치 L_S(P007)가 닫히면 부저(BZ, P014)가 울리고 BS_4(P004)를 누르면 $X_3(FF_3$, M003)이 동작하여 YL(P016)이 점등하고 부저가 정지한다.

【풀이】

〈전원 R - BS_2 - Thr - L_H닫힘($X_{1(1)}$ 유지) - $MC_{(4)}$ - X_1 동작 - 전원 T〉
〈전원 R - BS_2 - Thr - $X_{1(2)}$닫힘, 혹은 BS_1닫힘($MC_{(1)}$ 유지) - L_L - MC 동작 - 전원 T〉
〈전원 R - BS_2 - Thr - L_S - $X_{3(2)}$ - BZ 동작 - 전원 T〉
〈전원 R - BS_2 - Thr - BS_4닫힘($X_{3(1)}$ 유지) - X_3 동작 - 전원 T〉

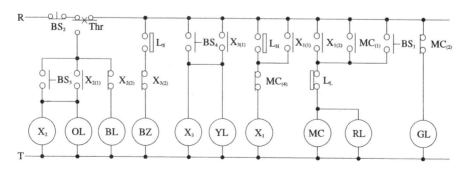

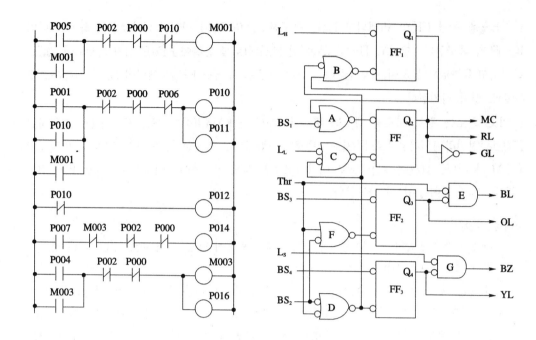

〈전원 R - BS$_2$ - Thr 트립 - X$_{2(2)}$ - BL 동작 - 전원 T〉

〈전원 R - BS$_2$ - Thr 트립 - BS$_3$닫힘(X$_{2(1)}$ 유지) - X$_2$ 동작 - 전원 T〉

　　로직 회로에서 자동으로 L$_H$가 닫히면 FF$_1$이 셋하고 A회로를 통하여 FF가 셋하여 MC가 동작하고 B회로로 FF$_1$이 리셋하며, 수동으로 BS$_1$을 누르면 A회로를 통하여 FF가 셋하여 MC가 동작한다. 그리고 L$_L$, 혹은 BS$_2$와 Thr(D회로)의 C회로로 FF가 리셋하여 MC가 복구한다. 한편 Thr이 트립되면 BL이 동작하고 BS$_3$을 누르면 FF$_2$가 셋하여 BL이 복구하고 OL이 점등하며 Thr이 회복되면 F회로를 통하여 FF$_2$가 리셋하여 OL이 소등된다. 또 L$_S$가 닫히면 BZ가 작동하고 BS$_4$를 주면 FF$_3$이 셋하여 BZ가 복구하고 YL이 점등하며 BS$_2$로 복구된다.

　　PLC 래더 회로는 경보 회로를 생략한 것으로 릴레이 회로와 비교하여 정지 기구를 각 회로에 분리하여 일반 명령으로 처리하였다.

　그림 3-55는 펌프 전동기 3대가 M$_1$ - M$_2$ - M$_3$의 순서로 교대로 운전하여 분수하는 분수 제어 회로의 일부를 보인 것이다.

　릴레이 회로에서 BS$_1$을 누르면 X$_1$(T$_1$), X$_2$, MC$_1$(L$_1$)이 동작하고 MC$_1$로 펌프 전동기 M$_1$이 기동 운전하여 분수를 시작한다.

〈전원 R - BS$_2$ - Thr - BS$_1$닫힘(X$_{1(1)}$ 유지) - X$_{4(2)}$ - X$_1$ 동작(T$_1$ 여자) - 전원 T〉

〈전원 R - BS₂ - Thr - X₁₍₂₎닫힘 - X₂ 동작 - 전원 T〉

〈전원 R - BS₂ - Thr - X₂₍₁₎닫힘 - MC₁ 동작(L₁ 점등) - 전원 T〉〈전동기 M₁ 운전〉

t₁초 후에 접점 T₁ₐ가 닫혀서 X₃(T₂), X₄, MC₂(L₂)가 동작하고 MC₂로 펌프 전동기 M₂가 기동 운전하여 분수를 시작한다. 한편 접점 X₄₍₂₎가 열려서 X₁(T₁), X₂, MC₁(L₁)이 복구하고 펌프 전동기 M₁이 정지한다.

〈전원 R - BS₂ - Thr - T₁ₐ닫힘(X₃₍₁₎ 유지) - X₆₍₂₎ - X₃ 동작(T₂ 여자) - 전원 T〉

〈전원 R - BS₂ - Thr - X₃₍₂₎닫힘 - X₄ 동작 - 전원 T〉

〈전원 R - BS₂ - Thr - X₄₍₁₎닫힘 - MC₂ 동작(L₂ 점등) - 전원 T〉〈전동기 M₂ 운전〉

t₂초 후에 접점 T₂ₐ가 닫혀서 X₅(T₃), X₆, MC₃(L₃)이 동작하고 MC₃으로 펌프 전동기 M₃이 기동 운전하여 분수를 시작한다. 한편 접점 X₆₍₂₎가 열려서 X₃(T₂), X₄, MC₂(L₂)가 복구하고 펌프 전동기 M₂가 정지한다.

〈전원 R - BS₂ - Thr - T₂ₐ닫힘(X₅₍₁₎ 유지) - X₂₍₂₎ - X₅ 동작(T₃ 여자) - 전원 T〉

〈전원 R - BS₂ - Thr - X₅₍₂₎닫힘 - X₆ 동작 - 전원 T〉

〈전원 R - BS₂ - Thr - X₆₍₁₎닫힘 - MC₃ 동작(L₃ 점등) - 전원 T〉〈전동기 M₃ 운전〉

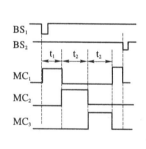

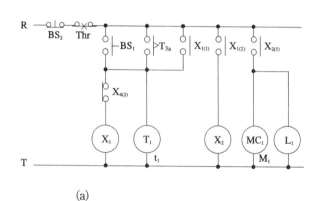

(a)

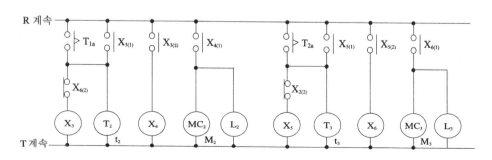

(b)

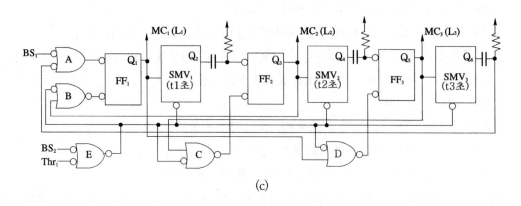

(c)

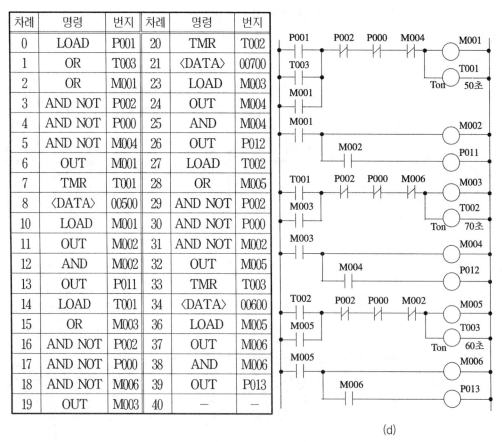

차례	명령	번지	차례	명령	번지
0	LOAD	P001	20	TMR	T002
1	OR	T003	21	〈DATA〉	00700
2	OR	M001	23	LOAD	M003
3	AND NOT	P002	24	OUT	M004
4	AND NOT	P000	25	AND	M004
5	AND NOT	M004	26	OUT	P012
6	OUT	M001	27	LOAD	T002
7	TMR	T001	28	OR	M005
8	〈DATA〉	00500	29	AND NOT	P002
10	LOAD	M001	30	AND NOT	P000
11	OUT	M002	31	AND NOT	M002
12	AND	M002	32	OUT	M005
13	OUT	P011	33	TMR	T003
14	LOAD	T001	34	〈DATA〉	00600
15	OR	M003	36	LOAD	M005
16	AND NOT	P002	37	OUT	M006
17	AND NOT	P000	38	AND	M006
18	AND NOT	M006	39	OUT	P013
19	OUT	M003	40	—	—

(d)

그림 3-55 자동 분수 제어 회로

t_3초 후에 접점 T_{3a}가 닫혀서 $X_1(T_1)$, X_2, $MC_1(L_1)$이 다시 동작하고 MC_1로 펌프 전동기 M_1이 기동 운전하여 분수를 시작한다. 한편 접점 $X_{2(2)}$가 열려서 $X_5(T_3)$, X_6, $MC_3(L_3)$이 복구하고 펌프 전동기 M_3이 정지함을 정지 신호 BS_2를 누를 때까지 반복한다.

〈전원 R - BS_2 - Thr - T_{3a}닫힘($X_{1(1)}$ 유지) - $X_{4(2)}$ - X_1 동작(T_1 여자) - 전원 T〉

로직 회로에서 BS_1을 누르면 A회로를 통하여 FF_1이 셋하여 MC_1이 동작하고 SMV_1이 셋한다.

t_1시간 후에 SMV_1이 리셋하면 미분 회로를 통하여 FF_2가 셋하여 MC_2가 동작하고 SMV_2가 셋하며 B회로를 통하여 FF_1이 리셋하여 MC_1이 복구한다. t_2시간 후에 SMV_2가 리셋하면 미분 회로를 통하여 FF_3이 셋하여 MC_3이 동작하고 SMV_3이 셋하며 C회로를 통하여 FF_2가 리셋하여 MC_2가 복구한다. t_3시간 후에 SMV_3이 리셋하면 미분 회로와 A회로를 통하여 FF_1이 다시 셋하여 MC_1이 다시 동작하고 SMV_1이 셋하며 D회로를 통하여 FF_3이 리셋하여 MC_3이 복구함을 반복한다.

PLC 회로에서 유지용 내부 출력 M001, M003, M005는 타이머로 동작하고 다음단 내부 출력으로 복구함을 반복하며 릴레이 회로와 비교된다. 타이머는 각각 내부 출력으로 여자된다. 출력 P011, P012, P013은 각각 M002, M004, M006으로 동작하고 램프는 생략하였다. 즉 P001로 M001이 동작하고 T001이 여자되며 M002가 동작하여 P011이 동작한다. 50초 후에 T001로 M003이 동작하고 T002가 여자되며 M004가 동작하여 P012가 동작한다. 또한 M004로 M001, T001, M002, P011이 복구한다. 70초 후에 T002로 M005가 동작하고 T003이 여자되며 M006이 동작하여 P013이 동작한다. 또한 M006으로 M003, T002, M004, P012가 복구한다. 60초 후에 T003으로 M001이 다시 동작하고 T001이 여자되며 M002가 동작하여 P011이 다시 동작한다. 한편 M002로 M005, T003, M006, P013이 복구함을 반복한다.

그림 3-56은 난방용 온수의 순환 펌프 전동기 제어 회로의 일부이다. 서미스터 Th_1은 온수 온도가 80 ℃ 이상에서 닫히는 a접점용이고, Th_2는 70℃ 이하에서 닫히는 b접점용이다. 또 스위치 S는 온수를 처음 가열할 때 70℃ 이상이 되면 닫힌다.

릴레이 회로에서 SS의 자동(A) 운전에서 Th_1이 붙든가, SS의 수동(M) 운전에서 BS_1을 누르면 X_1이 동작하여 그 접점으로 MC가 동작하여 펌프 전동기가 운전된다. 그리고 수동으로 BS_2를 누르든가, 자동으로 온수의 온도가 80℃ 미만으로 내려가면 Th_1이 복구하여 X_1이 복구되고 MC가 복구하여 펌프 전동기가 정지한다.

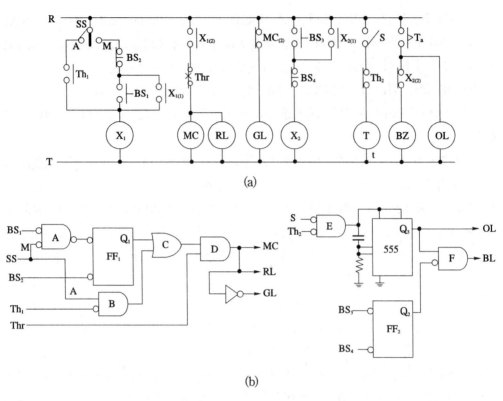

(a)

(b)

차례	명령	번지	차례	명령	번지
0	LOAD	P001	11	LOAD	P010
1	OR	M001	12	AND NOT	P006
2	AND NOT	P002	13	TMR	T000
3	AND	P000	14	⟨DATA⟩	00300
4	LOAD NOT	P000	16	LOAD	T000
5	AND	P005	17	AND NOT	M002
6	OR LOAD	−	18	OUT	P021
7	OUT	M001	19	LOAD	P003
8	LOAD	M001	20	OR	M002
9	AND NOT	P007	21	AND NOT	P004
10	OUT	P020	22	OUT	M002

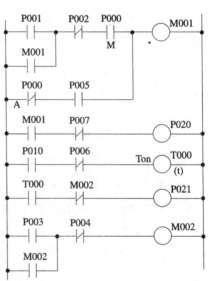

(c)

그림 3-56 온수 순환 펌프 회로

어떤 원인으로 온수가 70℃ 이하로 내려가면 T가 여자되고 일정한 시간이 지나도 온수의 온도가 상승하지 않으면 타이머가 동작하여 BZ가 작동하고 OL이 점등한다. BS_3을 눌러 X_2가 동작하면 BZ는 복구한다.

로직 회로에서 B회로(SS의 A와 Th_1의 직렬), 혹은 BS_1과 SS(M)의 직렬(A회로)로 FF_1이 셋하면 C, D회로를 통하여 MC가 동작하여 펌프 전동기가 운전되고 Th_1, 혹은 $BS_2(FF_1)$로 정지된다. 저온에서 Th_2가 닫혀 일정한 시간이 지나면 555가 동작하여 OL과 BZ가 동작하며 $BS_3(FF_3)$으로 BZ가 복구한다.

PLC 회로는 램프 회로를 생략한 것으로 P000(A)에서 P005, 혹은 P000(M)에서 P001로 내부 출력 M001이 동작하여 출력 P020이 동작하고 P005, 혹은 P002로 복구한다. 저온에서 P006으로 T000이 동작하면 P021이 동작하고 P003을 주면 M002가 동작하여 P021이 복구한다.

그림 3-57은 이상 갈수시에 경보 장치를 접속한 급수 제어 회로의 일예이다. 급수시에는 X_2와 X_3이 동작하여 MC가 동작되고 급수 펌프용 전동기가 운전된다. 만수위가 되면 액면 스위치 L_H가 닫히고 X_1이 동작하면 X_2가 복구하여 MC가 복구하므로 전동기는 정지한다. 또 이상 갈수시에는 액면 스위치 L_L이 열리고 X_3이 복구하면 X_4가 동작하여 MC는 복구하고 BZ가 울린다.

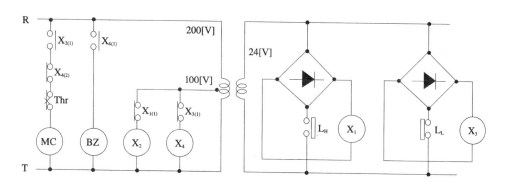

그림 3-57 급수 펌프 회로

● 예제 3-23 ●

어떤 회사에 공장 건물이 A, B, C의 3동이 있고 급수 펌프용 전동기가 M_1, M_2, M_3의 3대가 있다. 전자 개폐기 3개, 버튼 스위치 6개, 보조 릴레이(A, B, C) 3개를 사용한다.

(1) 다음 조건에 맞는 진리표와 논리식(MC와 ABC로 표시)을 작성하고 접점의 가감없이 릴레이 회로를 그리시오.

〔**조건**〕

    1) 공장 A, B, C가 휴무이든가 어느 한 공장만 가동할 때 펌프 전동기 M_1만을 작동시킨다.

    2) 공장 A, B, C 중에 두 공장만 가동할 때 펌프 전동기 M_2만을 작동시킨다.

    3) 공장 A, B, C가 모두 가동할 때 펌프 전동기 M_3만을 작동시킨다. 기타 조건은 무시한다.

(2) 논리식을 정리한 후에 각 MC의 릴레이 접점 회로와 래더 회로를 그리고 프로그램하시오. 번지는 A, B, C로 하고 명령어는 LOAD, OUT, AND, OR, NOT와 OR LOAD를 사용한다.

(3) 릴레이 회로와 래더 회로를 참고하여 $\overline{R}\,\overline{S}$-latch 3개를 사용하여 로직 회로를 그리시오.

【풀이】

(1) 공장 3동의 가동 상태는 $2^3 = 8$가지이므로 다음과 같은 진리표와 논리식이 얻어지고 표와 식①,③,⑤에서 아래의 릴레이 회로가 얻어진다.

$$MC_1 = \overline{A}\,\overline{B}\,\overline{C} + A\overline{B}\,\overline{C} + \overline{A}B\overline{C} + \overline{A}\,\overline{B}C \quad\text{.................}\ ①$$
$$= \overline{A}\,\overline{B}\,\overline{C} + \overline{A}\,\overline{B}\,C + \overline{A}\,BC$$
$$\quad + A\overline{B}\,\overline{C} + \overline{A}B\overline{C} + \overline{A}\,BC$$
$$= \overline{A}\,\overline{B}(\overline{C} + C) + \overline{B}\,\overline{C}(\overline{A} + A) + \overline{C}\,\overline{A}(\overline{B} + B)$$
$$= \overline{A}\,\overline{B} + \overline{B}\,\overline{C} + \overline{C}\,\overline{A} = \overline{A}\,\overline{B} + \overline{C}\,(\overline{B} + \overline{A}) \ \text{...}②$$
$$MC_2 = AB\overline{C} + \overline{A}BC + A\overline{B}C \quad\text{................................}\ ③$$
$$= \overline{A}BC + A(B\overline{C} + \overline{B}C) \quad\text{................................}\ ④$$
$$MC_3 = ABC \quad\text{...}\ ⑤$$

공장 상태			펌프 전동기		
A	B	C	M_1	M_2	M_3
0	0	0	1	0	0
1	0	0	1	0	0
0	1	0	1	0	0
0	0	1	1	0	0
1	1	0	0	1	0
0	1	1	0	1	0
1	0	1	0	1	0
1	1	1	0	0	1

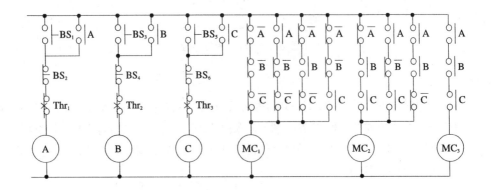

(2) 릴레이 회로는 생략하면 식 ②, ④, ⑤에서 그린다. 접점 회로의 번호는 로직 회로와 비
교하기 위한 것이고 래더 회로의 번호는 OR LOAD(병렬 접속)점 스텝이다. 프로그램에
서 b접점은 명령어(NOT)로 표시된다.

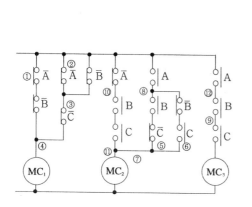

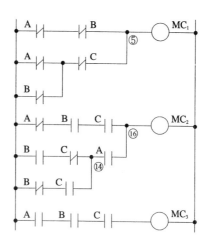

차례	명령	번지	차례	명령	번지	차례	명령	번지
0	LOAD NOT	A	7	LOAD NOT	A	14	OR LOAD	−
1	AND NOT	B	8	AND	B	15	AND	A
2	LOAD NOT	A	9	AND	C	16	OR LOAD	−
3	OR NOT	B	10	LOAD	B	17	OUT	MC₂
4	AND NOT	C	11	AND NOT	C	18	LOAD	A
5	OR LOAD	−	12	LOAD NOT	B	19	AND	B
6	OUT	MC₁	13	AND	C	20	AND	C
−	−	−	−	−	−	21	OUT	MC₃

(3) FF는 릴레이(X) 유지 회로와 같고 ① $\overline{A}\,\overline{B} = \overline{A+B}$, ② $\overline{A}+\overline{B} = \overline{AB}$ ⑥ $\overline{B}C =$
$\overline{B+\overline{C}}$ 임에 유의한다.

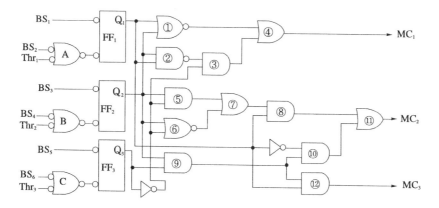

⚬ 연습문제 3-63

    (1) 그림 3-54의 릴레이 회로에서 경보 회로 BL(OL) 회로의 래더 회로를 그리고 또 이것을 AND, OR, NOT 기호를 사용한 논리 회로로 바꾼 후 NAND 기호만의 회로와 또 NOR 기호만의 회로로 각각 바꾸시오. 단, 문자 기호를 번지로 사용한다.

    (2) 그림 3-54의 래더 회로를 AND, OR, NOT, 타이머 기호를 사용한 논리 회로로 바꾸시오.

    (3) 그림 3-55의 릴레이 회로를 AND, OR, NOT, 타이머 기호를 각각 사용하여 양논리 회로를 그리시오.

    (4) 그림 3-56에서 MC(X_1) 회로만을 2입력 이하의 AND, OR, NOT 기호를 각각 사용하여 양논리 회로를 그리시오.

    (5) 그림 3-57의 급수 제어 릴레이 회로를 배수 제어 회로로 바꾸어 보시오. 여기서 정류 회로를 원래의 정류 회로로 고쳐 그리시오.

⚬ 연습문제 3-64

그림은 일정 시간 살수하면 자동적으로 정지하고 일정 시간 후에 다시 살수하는 스프링 클러의 자동 살수 장치의 양논리 회로의 일부이다.

    (1) 릴레이 회로와 PLC 래더 회로를 각각 그리고 니모닉 프로그램하시오. 명령어는 AND, OR, NOT, LOAD, OUT, TMR(DATA)을 사용하고 번지는 임의로 정한다.

    (2) 이 회로를 이용하여 펌프 전동기 2대를 일정한 간격으로 교대로 운전하는 릴레이 회로와 양논리 회로를 그리시오. 여기서 기구 수는 늘일 수는 없고 줄일 수는 있다.

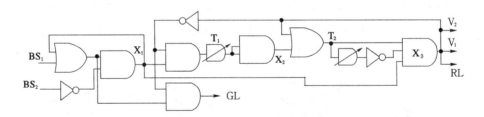

⚬ 연습문제 3-65

그림은 펌프 설비 회로의 일부들이다. 그림 (a)에서 R_1, R_2, MC의 논리식을 쓰고 , 또 그림 (a)와 (b)의 타임 차트를 각각 답지에 완성하시오.

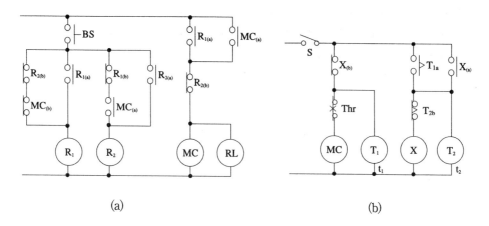

(a)   (b)

◆ 연습문제 3-66

어떤 회사의 한 부지 내에 A, B, C, D의 4동의 공장을 세워 4대의 급수 펌프 P_1(소형), P_2(중형), P_3(대형), P_4(특대형)로 다음과 같이 급수 계획을 세웠을 때 회로도를 참고하여 다음 물음에 답하시오. 기타 조건은 생략한다.

〔조건〕

　1) 공장 A, B, C, D가 휴무이거나 어느 한 공장만 가동할 때 펌프 P_1만을 작동시킨다.

　2) 공장 A, B, C, D 중에 두 공장만 가동할 때 펌프 P_2만을 작동시킨다.

　3) 공장 A, B, C, D 중에 세 공장만 가동할 때 펌프 P_3만을 작동시킨다.

　4) 공장 A, B, C, D가 모두 가동할 때 펌프 P_4만을 작동시킨다. 그 외의 조건은 무시한다.

(1) 조건에 맞는 진리표(보기 참조)와 논리식(P와 ABCD로 표시)을 작성하시오.

　〔보기〕

A	B	C	D	P_1	P_2	P_3	P_4
0	0	1	1		1		

(2) 회로도의 ①~⑥에 해당하는 그림 기호와 문자 기호를 넣으시오.

(3) 회로도에서 각 펌프 $P_1 \sim P_4$의 출력의 최소값을 말하시오.

(4) NOT 회로 4개와 4입력 이하의 AND 회로, OR 회로를 사용하여 릴레이 회로를 보기와 같이 로직 회로로 바꾸시오.

　〔보기〕

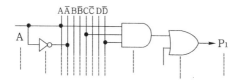

(5) P_3의 회로를 PLC 래더 회로로 그리고 프로그램 하시오. 단, 번지는 A, B, C, D, P_3으로 하고 명령어는 LOAD, OUT, AND, OR, NOT와 OR LOAD를 사용한다.

〔**회로**〕

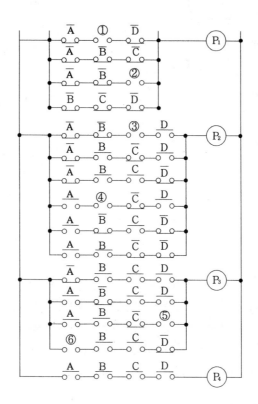

5. 권상 제어 회로

권상 제어 기구에는 호이스트(hoist), 리프트(lift), 승용과 하물용 엘리베이터(elevator) 등 10여 가지가 있고 구동용 원동기로 유도 전동기, 직류 전동기 등을 사용하여 정·역 회전 운전으로 상승 및 하강시킨다. 일반적으로 화물, 혹은 사람이 타는 승강기(cage)를 로프 줄로 그림과 같이 균형추에 연결하고 권상 전동기에 의하여 가이드 레일

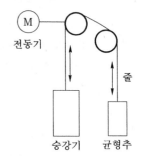

(guide rail)을 따라 위 아래로 오르내리도록 한다. 즉 권상기의 상승은 전동기의 정 회전으로 드럼에 줄을 감고, 하강은 전동기의 역회전으로 줄을 푸는 등의 로핑 방식, 또는 체인 방식이 주로 사용된다.

그림 3-58은 작업 현장에서 물건을 오르내리는데 사용되는 소형 호이스트 회로이다. 이 회로는 작업자가 버튼 스위치를 손으로 누르고 있는 동안 동작하고 손을 떼면 복구하므로 유지 회로가 필요없고 인터록 회로와 상승 한도 리밋 스위치가 필요하다. 그림에서 BS_1(P001)을 작업자가 누르고 있으면 상승용 MC_1(P011)이 동작하여 전동기가 정회전하여 호이스트는 상승하고 위쪽에서 상승 한도 리밋 스위치 LS_H(P000)가 작동하면 MC_1이 복구하여 전동기가 정지한다.

그리고 BS_2(P002)를 누르고 있으면 MC_2(P012)가 동작하여 전동기가 역회전하여 호이스트는 하강하고 BS_2를 놓으면 MC_2가 복구하여 전동기가 정지한다.

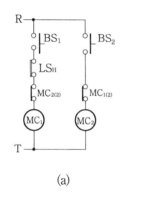

(a)

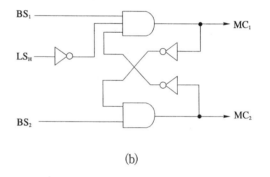

(b)

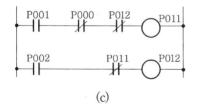

(c)

차례	명령	번지	차례	명령	번지
0	LOAD	P001	4	LOAD	P002
1	AND NOT	P000	5	AND NOT	P011
2	AND NOT	P012	6	OUT	P012
3	OUT	P011	7	—	—

그림 3-58 호이스트 회로

그림 3-59는 전동 셔터문의 자동 개폐 회로의 일예이다. 릴레이 회로에서 연동형 BS_1을 누르면 상승용 MC_1이 동작하여 전동기가 정회전하여 문이 열리고 문이 완전히 열리면 위쪽에서 상승 한도 리밋 스위치 LS_H가 작동하여 MC_1이 복구하고 전동기가 정지한다.

〈전원 R - BS₃ - BS₁닫힘(MC₁₍₁₎닫힘 - 유지) - BS₂ - MC₂₍₂₎ - LSH - MC₁ 동작 - 전원 T〉

연동형 BS₂를 누르면 하강용 MC₂가 동작하여 전동기가 역회전하여 문이 닫히고 문이 완전히 닫히면 아래쪽에서 리밋 스위치 LS_L이 작동하여 MC₂가 복구하고 전동기가 정지한다.

〈전원 R - BS₃ - BS₂닫힘(MC₂₍₁₎닫힘 - 유지) - BS₁ - MC₁₍₂₎ - LS_L - MC₂ 동작 - 전원 T〉

로직 회로에서 BS₁을 주면 인터록 A회로를 통하여 FF₁이 셋하여 MC₁이 동작하고 문이 열리면 LS_H가 열려 C회로를 통하여 FF₁이 리셋하여 MC₁이 복구한다. 또 BS₂를 주면 인터록 B회로를 통하여 FF₂가 셋하여 MC₂가 동작하고 문이 닫히면 LS_L이 열려 D회로를 통하여 FF₂가 리셋하여 MC₂가 복구한다.

PLC 회로에서 P001을 주면 유지 회로로 P011이 동작하여 문이 열리고 P004로 P011이 복구한다. 또 P002를 주면 유지 회로로 P012가 동작하여 문이 닫히고 P005로 P012가 복구한다.

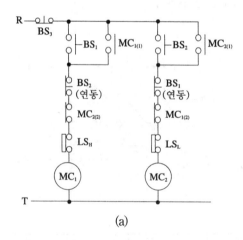

(a)

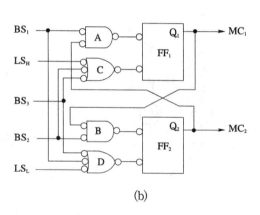

(b)

차례	명령	번지	차례	명령	번지
0	LOAD	P001	8	LOAD	P002
1	OR	P011	9	OR	P012
2	AND NOT	P002	10	AND NOT	P001
3	AND NOT	P003	11	AND NOT	P003
4	AND NOT	P004	12	AND NOT	P005
5	AND NOT	P012	13	AND NOT	P011
6	OUT	P011	14	OUT	P012

(c)

그림 3-59 전동 셔터 회로

● 예제 3-24 ●

그림은 전동 셔터문의 L입력형 로직 회로의 일부이다.

(1) MC₁의 PLC 래더 회로를 그리
고 니모닉 프로그램하시오. 스
텝은 0~5로 하고 적은 숫자부
터 먼저 입력하며 STR, OR,
AND NOT, OUT의 명령어
를 사용하고 기타는 무시한다.

(2) MC₁이 동작 중일 때 ①②③의
레벨의 짝이 옳은 것을 보기에
서 고르시오.

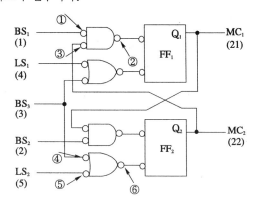

〔보기〕

㉠ LHL   ㉡ LHH   ㉢ LLH   ㉣ HLL

(3) MC₂가 동작 중일 때 ①②③의 레벨의 짝이 옳은 것을 위의 보기에서 고르시오.

(4) BS₃을 누르고 있을 때 ④⑤⑥의 레벨의 짝이 옳은 것을 위의 보기에서 고르시오.

(5) LS₂가 작동 중일 때 ④⑤⑥의 레벨의 짝이 옳은 것을 위의 보기에서 고르시오.

【답】

그림 3-59에서 연동 버튼 스위치를 삭제한 것이다.

(1)

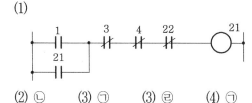

차례	명령	번지
0	STR	1
1	OR	21
2	AND NOT	3
3	AND NOT	4
4	AND NOT	22
5	OUT	21

(2) ㉡   (3) ㉠   (3) ㉣   (4) ㉠

✎ 연습문제 3-67

그림은 자동차 차고의 셔터문에 라이트가 비치면 Phs에 의하여 자동으로 문이 열리고, 또는
BS₁의 누름에 의하여 열린다. 셔터를 닫을 때는 BS₂를 누른다. 리밋 스위치 LS₁은 상한용이
고, LS₂는 하한용이다.

(1) MC₁, MC₂의 a접점은 어떤 역할을 하는 접점인가? 또 b접점은 어떤 역할을 하는 접점인
가?

(2) LS₁, LS₂는 어떤 역할을 하는가?

(3) 답지와 같이 Phs(또는 BS₁)와 BS₂를 주고 상한점과 하한점의 시간을 줄 때 점선내에 타임 차트를 완성하시오.

(4) 3입력 이하의 AND 회로, OR 회로 기호와 NOT 기호를 각각 사용하여 양논리 회로를 그리시오.

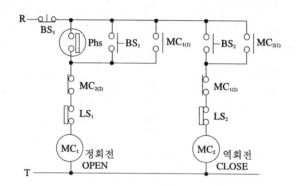

그림 3-60은 리프트의 자동 반전 제어 회로의 일부이다. 작업장에서 짐을 싣는 케이지(cage)를 로프 줄로 권상 전동기의 드럼에 연결하고 가이드 레일을 따라 1층과 2층을 오르내리도록 하고 있다.

그림(a), (b)에서 BS₁을 누르면 상승용 MC₁이 동작하여 전동기가 정회전 기동 운전하고 케이지가 상승한다.

〈전원 R - BS₂ - BS₁닫힘(MC₁₍₁₎닫힘 - 유지) - MC₂₍₂₎ - LS₁₍b₎ - MC₁ 동작 - 전원 T〉

케이지가 2층에 이르면 리밋 스위치 LS₁이 작동하여 MC₁이 복구하고 전동기와 케이지는 정지한다. 이 때 T가 LS₁에 의하여 여자된다.

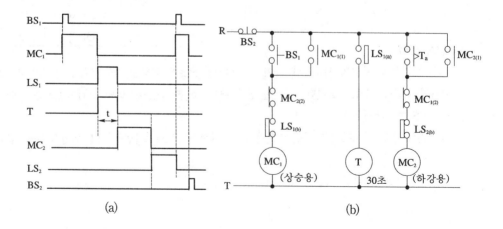

(a)　　　　　　　　　　　　(b)

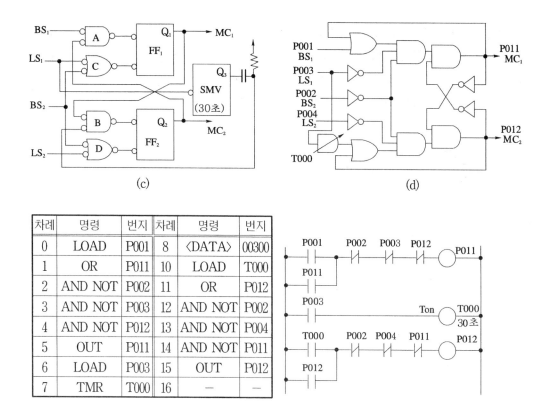

차례	명령	번지	차례	명령	번지
0	LOAD	P001	8	〈DATA〉	00300
1	OR	P011	10	LOAD	T000
2	AND NOT	P002	11	OR	P012
3	AND NOT	P003	12	AND NOT	P002
4	AND NOT	P012	13	AND NOT	P004
5	OUT	P011	14	AND NOT	P011
6	LOAD	P003	15	OUT	P012
7	TMR	T000	16	—	—

(e)

그림 3-60 리프트 자동 반전 회로

〈전원 R - BS_2 - $LS_{1(a)}$ - T 여자 - 전원 T〉

짐을 싣든가 내리는 시간(30초)이 지나면 접점 T_a가 닫혀 하강용 MC_2가 동작하여 전동기가 역회전하고 케이지는 하강한다. 이 때 T가 LS_1에 의하여 복구된다.

〈전원 R - BS_2 - T_a닫힘($MC_{2(1)}$닫힘 - 유지) - $MC_{1(2)}$ - $LS_{2(b)}$ - MC_2 동작 - 전원 T〉

케이지가 1층에 이르면 리밋 스위치 LS_2가 작동하여 MC_2가 복구하고 전동기와 케이지는 정지한다. 이 때 재상승은 BS_1을 다시 눌러야 한다.

그림(c)에서 BS_1을 주면 인터록 A를 통하여 FF_1이 셋하고 MC_1이 동작하여 케이지가 상승한다. 2층에서 LS_1이 작동하면 C를 통하여 FF_1이 리셋하고 MC_1이 복구하여 케이지는 정지하고 동시에 SMV가 셋한다. 30초 후에 SMV가 리셋하면 인터록 B를 통하여 FF_2가 셋하고 MC_2가 동작하여 케이지가 하강한다. 1층에서 LS_2가 작동하면 D를 통하여 FF_2가 리셋하고 MC_2가 복구하여 케이지는 정지한다.

　그림(d), (e)와 표에서 P001을 주면 유지 회로로 P011이 동작 유지하고 케이지가 상승한다. 2층에서 P003이 작동하여 P011이 복구하고 케이지가 정지하며 T000이 여자된다. 30초 후 T000으로 P012가 유지 회로로 동작 유지하고 케이지가 하강하며 T000이 복구한다. 1층에서 P004가 작동하여 P012가 복구하고 케이지가 정지한다.

●예제 3-25●

　그림 3-60에서 타이머 T_2를 추가하여 T_1로 하강하고 T_2로 상승하는 것을 반복하는 회로(릴레이 회로, 로직 회로, 래더 회로)를 그리시오 기타는 무시한다.

【풀이】

　리밋 스위치 $LS_{2(a)}$로 T_2를 여자하고 접점 $T_{2(a)}$를 BS_1에 병렬로 넣는다.

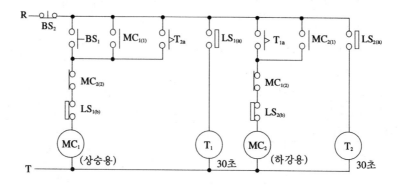

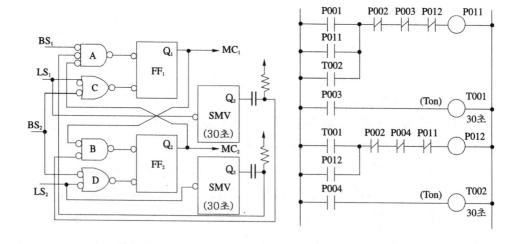

∮ **연습문제 3-68**

그림은 서로 등가이고 리프트 회로의 일부이다. 두 회로를 비교하면 P001은 BS$_1$, P002는 BS$_2$, P011은 MC$_1$, P012는 MC$_2$, T000은 T이다.

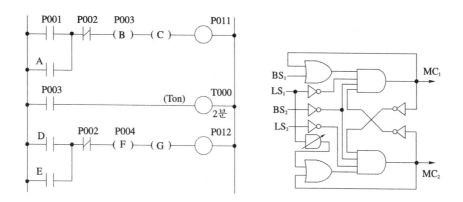

(1) 상한 리밋 스위치 LS$_1$과 하한 리밋 스위치 LS$_2$의 번지를 각각 쓰시오.

(2) A와 E, C와 G의 기능과 번지를 각각 쓰시오.

(3) D의 기능과 번지를 쓰고 이와 같은 릴레이 접점 기호를 그리시오.

(4) P011만을 프로그램하면 차례로 LOAD−P001, (　)−A, (　)−P002, (　)−P003, (　)−C, OUT−(　) 이다. (　)에 명령어, 혹은 번지를 각각 차례로 쓰시오.

∮ **연습문제 3-69**

그림은 고층 건물, 또는 고층 공사장의 하물용 권상기 회로의 일부로서 상부나 하부에서 동시에 조작할 수 있고 BS$_3$(BS$_1$, BS$_2$)으로 자동 운전과 BS$_4$(BS$_1$, BS$_2$)로 수동 운전할 수 있다.

(1) 동작 과정의 (　)에 적당한 기구(예 BS$_1$, X$_1$, T$_1$, MC$_1$ 등 램프 제외)를 쓰시오 (중복 있음).

　자동 운전은 연동형 BS$_3$을 누르면 (①)과 (②)가 동작하고 L$_1$이 점등한다. (③)을 누르면 (④)이 동작하여 권상기가 상승 운전되고 L$_6$이 점등한다. 상부 끝에서 LS$_1$이 작동하여 (⑤)이 복구하여 권상기가 정지하고 (⑥)이 동작하고 (⑦)이 여자되며 L$_3$이 점등된다. t$_1$초 후에 (⑧)가 동작하여 권상기가 하강 운전되고 L$_7$이 점등되며 (⑨), (⑩)이 복구한다. 하부 끝에서 LS$_2$가 작동하여 (⑪)가 복구하여 권상기가 정지하고 (⑫)가 동작하고 (⑬)가 여자되며 L$_4$가 점등된다. t$_2$초 후에 (⑭)이 동작하여 권상기가 다시 상승 운전되고 L$_7$이 점등되며 (⑮), (⑯)가 복구함을 반복한다. 수동 운전은 BS$_4$를 누르면 (⑰)가 동작하고 L$_2$가 점등한다. 이어 BS$_1$과 BS$_2$를 교대로 눌러 상승과 하강 운전을 한다.

(2) 자동 운전 표시 램프, 수동 운전 표시 램프, 운전 중 상승 표시 램프, 운전 중 하강 표시 램프, 고장 표시 램프를 각각 차례로 쓰시오.

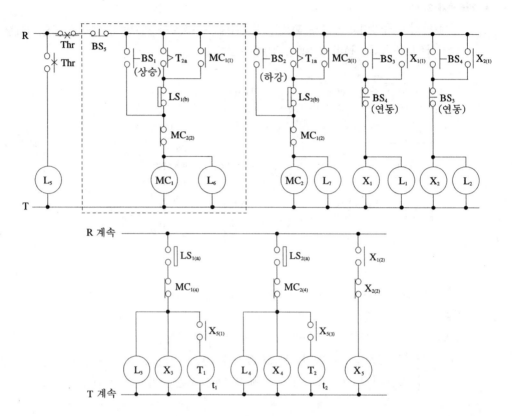

(3) 자동 운전 중 상부에서 짐을 내릴 때에만 동작하는 릴레이와 램프 및 하부에서 짐을 계속 실을 때에만 동작하는 릴레이와 램프를 각각 차례로 쓰시오.

(4) 자동 운전 중 계속 동작하는 릴레이 2개, 수동 운전 중 계속 동작하는 릴레이 1개, 수동 운전할 때에만 동작하지 않는 릴레이 4개를 각각 차례로 쓰시오.

(5) 자기 유지 접점과 인터록 접점이 각각 4개씩 있다. 차례로 쓰시오.

(6) LS_1의 용도를 1줄 이내로 쓰시오.

(7) 점선내의 MC_1 회로를 프로그램 차례대로 래더 회로로 바꾸고 니모닉 프로그램 하시오. 스텝은 1~8, 명령어는 LOAD, OR, AND NOT, OUT를, 번지는 BS(P001~P005), LS(P011, P012), MC(P021, P022), L(P031~P037), T(T001, T002)로 한다.

(8) 답지의 타임 차트의 점선내의 MC_1, MC_2, X_3, X_4를 완성하시오.

그림 3-61은 3층을 오르내리는 리프트 제어 회로의 일부이다. BS_1~BS_3은 각 층 지시용 버튼 스위치이고 각 층에 1개씩 있으며 끝의 첨자가 층을 나타낸다. 즉 BS_{32}이면 2층에 있는 3층 지시용 스위치이다. 또 BS_4와 BS_5는 회로 동작의 기동 및 정지용 버튼 스위치이고 각 층에 1

개씩 있다. $LS_1 \sim LS_3$은 해당층에 리프트가 도착하면 작동하고 리프트가 떠나면 복구하는 리밋 스위치이다. 그리고 보조 릴레이 $X_1 \sim X_3$은 각층의 지시 회로용이고 X_5와 X_6은 2층 운행용이다.

(1) 회로 준비 : 어느 층에서나 BS_4를 누르면 보조 릴레이 X_4가 동작하고 접점 $X_{4(3)}$으로 회로의 동작을 준비하며 지시 램프 $L_1 \sim L_3$이 점등한다. 그리고 BS_5를 누르면 X_4가 복구되고 전 회로의 동작을 정지시킨다.

〈전원 R - $BS_{51} \sim BS_{53}$ - $BS_{41} \sim BS_{43}$닫힘($X_{4(1)}$닫힘 - 유지) - $X_4(L_1 \sim L_3)$ 동작 - 전원 T〉

(2) 1층 → 2층 : 리프트가 1층에 있으면 LS_1이 작동하고 있고 BS_{21}을 누르면 2층 지시용 X_2가 동작하여 접점 $X_{2(1)}$로 상행용 X_5가 동작 유지한다. 접점 $X_{5(3)}$으로 상승용 MC_1이 동작하여 전동기가 정회전하여 리프트가 상승하며 이 때 LS_1이 복구한다.

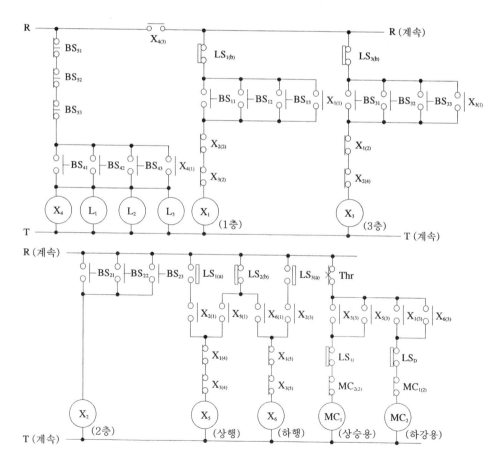

그림 3-61 리프트 제어 회로

〈전원 R - $X_{4(3)}$ - BS_{21} - X_2 동작 - 전원 T〉

〈전원 R - $X_{4(3)}$ - $LS_{1(a)}$ - $X_{2(1)}$($LS_{2(b)}$ - $X_{5(1)}$닫힘 유지) - $X_{1(4)}$ - $X_{3(4)}$ - X_5 동작 - 전원 T〉

〈전원 R - $X_{4(3)}$ - Thr - $X_{5(3)}$ - LS_U - $MC_{2(2)}$ - MC_1 동작 - 전원 T〉

리프트가 2층에 도착하면 LS_2가 작동하여 X_5가 복구한다. 접점 $X_{5(3)}$으로 MC_1이 복구하여 전동기와 리프트가 정지한다. 이때 LS_U는 3층 이상의 상승을 방지한다.

(3) 2층 → 3층 : BS_{32}를 누르면 3층 지시용 X_3이 동작 유지하고 접점 $X_{3(3)}$으로 상승용 MC_1이 동작하여 전동기가 정회전하고 리프트가 상승하며 이어 LS_2는 복구한다.

〈전원 R - $X_{4(3)}$ - $LS_{3(b)}$ - BS_{32}($X_{3(1)}$닫힘 유지) - $X_{1(2)}$ - $X_{2(4)}$ - X_3 동작 - 전원 T〉

〈전원 R - $X_{4(3)}$ - Thr - $X_{3(3)}$ - LS_U - $MC_{2(2)}$ - MC_1 동작 - 전원 T〉

리프트가 3층에 도착하면 LS_3이 작동하여 X_3이 복구한다. 접점 $X_{3(3)}$으로 MC_1이 복구하여 전동기와 리프트가 정지한다. 여기서 LS_3은 하강 회로를 준비한다.

(4) 3층 → 2층 : BS_{23}을 누르면 X_2가 동작하고 접점 $X_{2(3)}$으로 하행용 X_6이 동작 유지한다. 접점 $X_{6(3)}$으로 하행용 MC_2가 동작하여 전동기가 역회전하고 리프트가 하강하며 LS_3은 복구한다.

〈전원 R - $X_{4(3)}$ - $LS_{3(a)}$ - $X_{2(3)}$($LS_{2(b)}$ - $X_{6(1)}$닫힘 유지) - $X_{1(5)}$ - $X_{3(5)}$ - X_6 동작 - 전원 T〉

〈전원 R - $X_{4(3)}$ - Thr - $X_{6(3)}$ - LS_D - $MC_{1(2)}$ - MC_2 동작 - 전원 T〉

리프트가 2층에 도착하면 LS_2가 작동하여 X_6이 복구한다. 접점 $X_{6(3)}$으로 MC_2가 복구하여 전동기와 리프트가 정지한다.

(5) 2층 → 1층 : BS_{12}를 누르면 1층 지시용 X_1이 동작 유지하고 접점 $X_{1(3)}$으로 하강용 MC_2가 동작하여 전동기가 역회전하고 리프트가 하강하며 이어 LS_2는 복구한다.

〈전원 R - $X_{4(3)}$ - $LS_{1(b)}$ - BS_{12}($X_{1(1)}$닫힘 유지) - $X_{2(2)}$ - $X_{3(2)}$ - X_1 동작 - 전원 T〉

〈전원 R - $X_{4(3)}$ - Thr - $X_{1(3)}$ - LS_D - $MC_{1(2)}$ - MC_2 동작 - 전원 T〉

리프트가 1층에 도착하면 LS_1이 작동하여 X_1이 복구한다. 접점 $X_{1(3)}$으로 MC_2가 복구하여 전동기와 리프트가 정지한다. 여기서 LS_D는 1층 이하의 하강을 방지한다.

(6) 1층 → 3층 : BS_{31}을 누르면 X_3이 동작 유지하고 접점 $X_{3(3)}$으로 MC_1이 동작하여 전동기가 정회전하고 리프트가 상승하며 이어 LS_1은 복구한다. 이때의 동작 복구 과정은 (3)과 같다.

(7) 3층 → 1층 : BS_{13}을 누르면 X_1과 MC_2가 동작하여 전동기가 역회전하고 리프트가 하강한다. 이 때의 동작 복구 과정은 (5)와 같다.

(8) 버튼 스위치 BS_{11}, BS_{22}, BS_{33}은 일시 정전 등의 원인으로 리프트가 각층의 중간에 정지해 있을 때에 해당 층으로 운행하도록 할 때 사용된다. 여기서 리프트가 1층과 2층의 중

간에 정지해 있을 때 BS_{11}을 누르면 X_1과 X_6 및 MC_2가 동작하여 리프트가 1층으로 내려온다.

그림 3-62는 에스컬레이터(escalator) 제어 회로의 일부이다. 그림 (a)에서 BS_1을 누르면 X_1이 동작하여 접점 $X_{1(3)}$으로 회로의 동작을 준비한다. SS를 A로 하면 자동 운전이 된다. 즉 사람이 에스컬레이터 앞을 통과하면 빛이 차단되어 광전 스위치 Ph가 동작하고 접점 $Ph_{(1)}$로 MC가 동작하여 전동기가 회전하고 에스컬레이터가 이동한다.

〈전원 R - Thr - BS_2 - $X_{1(3)}$ - SS(A) - Ph 동작 - 전원 T〉

〈전원 R - Thr - BS_2 - $X_{1(3)}$ - $Ph_{(1)}$($MC_{(1)}$닫힘 유지) - T_b - $LS_{(b)}$ - MC 동작 - 전원 T〉

최종 사람이 에스컬레이터에 오르면 Ph가 복구하고 접점 $Ph_{(2)}$로 T가 여자된다.

〈전원 R - Thr - BS_2 - $X_{1(3)}$ - $MC_{(1)}$ - $Ph_{(2)}$ - $X_{2(2)}$ - T 여자 - 전원 T〉

설정 시간(최종 사람이 내릴 때) t가 지나면 접점 T_b로 MC가 복구되고 전동기와 에스컬레이터가 정지한다. 또 T도 복구된다. 다시 사람이 에스컬레이터 앞을 통과하여 빛이 차단되면 광

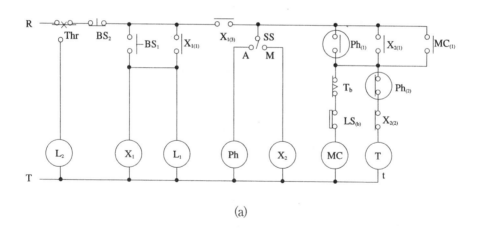

(a)

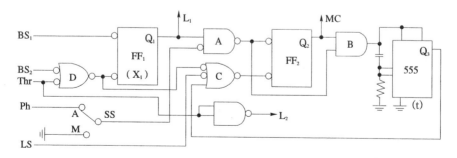

(b)

차례	명령	번지	차례	명령	번지
0	LOAD	P001	14	OR	P010
1	OR	M001	15	AND	M001
2	AND NOT	P002	16	AND NOT	T000
3	AND NOT	P003	17	AND NOT	P005
4	OUT	M001	18	OUT	P010
5	OUT	P012	19	LOAD	M001
6	LOAD	M001	20	AND	P010
7	AND NOT	P004	21	AND NOT	P011
8	OUT	P011	22	AND NOT	M002
9	LOAD	M001	23	TMR	T000
10	AND	P004	24	⟨DATA⟩	00300
11	OUT	M002	26	LOAD	P003
12	LOAD	P011	27	OUT	P013
13	OR	M002	28	–	–

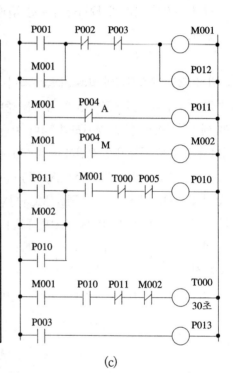

(c)

그림 3-62 에스컬레이터 회로

전 스위치 Ph가 동작하고 MC가 동작하여 전동기와 에스컬레이터가 운전되며 이러한 동작이 반복되는 자동 운전이 된다. 이 방식은 사람의 통행이 적은 장소에서 많이 사용된다. 그러나 사람의 통행이 많은 대형 백화점 등에서는 연속 운전이 필용하고 이때에는 SS를 M으로 한다.

SS(M)에서 X_2가 동작하여 접점 $X_{2(1)}$로 MC가 동작하고 전동기와 에스컬레이터가 연속 운전되며 BS_2를 누르면 정지한다. 여기서 T는 $X_{2(2)}$로 차단된다.

⟨전원 R - Thr - BS_2 - $X_{1(3)}$ - SS(M) - X_2 동작 - 전원 T⟩

⟨전원 R - Thr - BS_2 - $X_{1(3)}$ - $X_{2(1)}$(MC$_{(1)}$닫힘 유지) - T_b - $LS_{(b)}$ - MC 동작 - 전원 T⟩

또 LS는 일시 정지시키는 안전용 스위치이며 여러 곳에 여러개 직렬로 사용한다.

그림(b)에서 BS_1을 누르면 FF_1이 셋하여 L_1이 점등하여 회로 동작 준비를 한다. Ph가 작동하면 A회로의 L레벨로 FF_2가 셋하고 MC가 동작하여 전동기가 운전된다. Ph가 복구하면 A, B회로의 H레벨로 IC-555가 여자된다. 설정 시간(t)이 지나면 555가 동작하여 C회로가 L레벨로 되므로 FF_2가 리셋하여 MC가 복구하고 전동기는 정지한다. 이때 555도 복구한다. 또 SS(M)으로 하면 A회로는 항상 동작(L레벨)되므로 FF_2와 MC가 연속 동작된다. 여기서 A회로의 L레벨 상태로 B회로가 동작할 수 없으므로 555는 차단 상태가 된다.

그림(c)와 표에서 P001을 주면 유지용 M001이 동작한다. 자동용 P004(SS-A)에서 P011 (Ph)이 동작하면 P010(MC)이 동작하여 전동기가 구동된다. P011이 복구하면 T000이 여자되고 30초가 지나면 P010이 복구하여 전동기가 정지한다. 또 연속 동작은 P004(SS-M)에서 M002가 동작하면 P010(MC)이 동작하여 전동기가 구동된다. 이때 T000은 M002로 차단된다.

연습문제 3-70

그림 3-62에서 에스컬레이터가 연속 운전되고 전동기 2대가 일정 시간 교대로 구동되는 릴레이 회로와 로직 회로를 그리시오. 램프 등 기타는 무시한다.

그림 3-63은 3층용 소형 엘리베이터 회로의 일부만을 그린 것이다. 엘리베이터가 각 층에 정지해 있을 때 그 위치에 따라 해당 층 리밋 스위치 LS가 동작하고 층 정지 표시용 램프(L_1~L_3)가 점등한다. SS(셀렉터 스위치)는 자동(A)과 수동(M)의 선택용이고 A로 둔다. BS_4~BS_6은 수동 운전용이고 BS_1~BS_3과 L_4~L_6은 층 지시용이다.

(1) 1층 → 2층 : 승강기가 1층에 있으면 LS_1이 작동중이고 1층 정지 표시 램프 L_1이 점등 중이다. BS_2를 누르면 2층 지시용 X_2가 동작하고 2층 표시 램프 L_5가 점등한다. 접점 $X_{2(2)}$로 상승용 X_4가 동작 유지한다. 접점 $X_{4(3)}$으로 상승용 MC_1이 동작하여 전동기가 정회전하여 승강기가 상승하며 이 때 LS_1이 복구하므로 L_1이 소등한다.

〈전원 R - Thr - LS_{12} - L_1 점등 - 전원 T〉

〈전원 R - Thr - BS_2($X_{2(1)}$닫힘 유지) - $X_{6(2)}$ - X_2(L_5) 동작 - 전원 T〉

〈전원 R - Thr - LS_{11} - $X_{2(2)}$($X_{4(1)}$ 유지) - $X_{5(2)}$ - $X_{6(4)}$ - X_4 동작 - 전원 T〉

〈전원 R - Thr - $X_{4(3)}$ - SS(A) - LS_U - $MC_{2(2)}$ - MC_1(L_7) 동작 - 전원 T〉

2층에 승강기가 도착하면 LS_2가 작동하여 X_6이 동작하고 2층 정지 표시 램프 L_2가 점등한다.

〈전원 R - Thr - LS_{22} - L_2 점등 - 전원 T〉

〈전원 R - Thr - LS_{22} - $X_{2(4)}$ - X_6 동작 - 전원 T〉

X_6 접점으로 X_2(L_5), X_4가 복구하면 접점 $X_{4(3)}$으로 MC_1(L_7)이 복구하여 승강기가 정지한다. 이때 X_6도 복구한다. 여기서 LS_U는 승강기가 3층을 지나칠 때 작동하여 MC_1을 복구시킨다.

(2) 2층 → 3층 : 승강기가 2층에 있으면 LS_2가 작동중이고 2층 정지 표시 램프 L_2가 점등 중이다. BS_3을 누르면 3층 지시용 X_3이 동작하고 3층 표시 램프 L_4가 점등한다. 접점 $X_{3(3)}$으로 상승용 X_4가 동작 유지한다. 접점 $X_{4(3)}$으로 상승용 MC_1이 동작하여 전동기가 정회전하여 승강기가 상승함은 (1)과 같다. 이 때 LS_2가 복구하므로 L_2가 소등한다.

〈전원 R - Thr - BS₃(X₃₍₁₎닫힘 유지) - X₆₍₃₎ - X₃(L₄) 동작 - 전원 T〉

〈전원 R - Thr - LS₂₁ - X₃₍₃₎(X₄₍₁₎ 유지) - X₅₍₂₎ - X₆₍₄₎ - X₄ 동작 - 전원 T〉

〈전원 R - Thr - X₄₍₃₎ - SS(A) - MC₂₍₂₎ - LS_U - MC₁(L₇) 동작 - 전원 T〉

3층에 승강기가 도착하면 LS₃이 작동하여 X₆이 동작하고 3층 정지 표시 램프 L₃이 점등한다.

〈전원 R - Thr - LS₃₂ - L₃ 점등 - 전원 T〉

〈전원 R - Thr - LS₃₂ - X₃₍₄₎ - X₆ 동작 - 전원 T〉

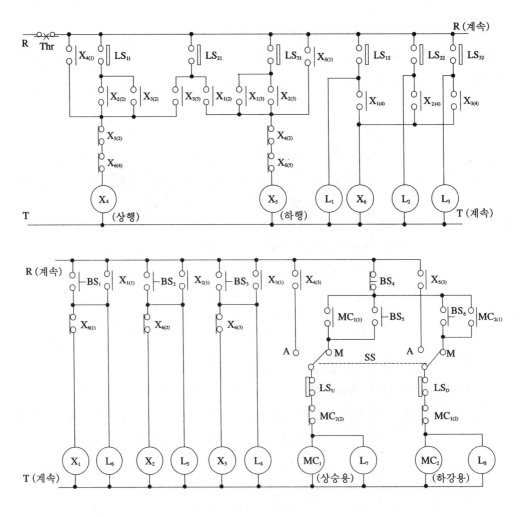

그림 3-63 승강기 제어 회로

X_6 접점으로 $X_3(L_4)$, X_4가 복구하면 접점 $X_{4(3)}$으로 $MC_1(L_7)$이 복구하여 승강기가 정지한다. 이때 X_6도 복구한다.

(3) 1층 → 3층 : 1층에서 LS_1이 작동중이고 L_1이 점등 중이다. BS_3을 누르면 $X_3(L_4)$, X_4, MC_1이 동작하여 전동기가 정회전하여 승강기가 상승한다. 승강기가 2층을 통과할 때 L_2 램프가 점등한 후 소등하며 그 외의 동작은 위와 같다. 이 때 LS_1이 복구하므로 L_1이 소등한다.

〈전원 R - Thr - LS_{11} - $X_{3(2)}$($X_{4(1)}$ 유지) - $X_{5(2)}$ - $X_{6(4)}$ - X_4 동작 - 전원 T〉

(4) 3층 → 1층 : 3층에서 LS_3이 작동중이고 L_3이 점등 중이다. BS_1을 누르면 $X_1(L_6)$, X_5, $MC_2(L_8)$가 동작하여 전동기가 역회전하여 승강기가 하강한다. 또 LS_3이 복구하므로 L_3이 소등한다.

〈전원 R - Thr - BS_1($X_{1(1)}$닫힘 유지) - $X_{6(1)}$ - $X_1(L_6)$ 동작 - 전원 T〉

〈전원 R - Thr - LS_{31} - $X_{1(3)}$($X_{5(1)}$ 유지) - $X_{4(2)}$ - $X_{6(5)}$ - X_5 동작 - 전원 T〉

〈전원 R - Thr - $X_{5(3)}$ - SS(A) - LS_D - $MC_{1(2)}$ - $MC_2(L_8)$ 동작 - 전원 T〉

승강기가 2층을 통과할 때 L_2 램프가 점등한 후 소등한다. 1층에 승강기가 도착하면 LS_1이 작동하여 X_6이 동작하고 L_1이 점등한다.

〈전원 R - Thr - LS_{12} - $X_{1(4)}$ - X_6 동작 - 전원 T〉

X_6 접점으로 $X_1(L_6)$, X_5가 복구하면 접점 $X_{5(3)}$으로 $MC_2(L_8)$이 복구하여 승강기가 정지한다. 이때 X_6도 복구한다. 여기서 LS_D는 승강기가 1층을 지나칠 때 작동하여 MC_2를 복구시킨다.

(5) 3층 → 2층 : 3층에서 LS_3이 작동중이고 L_3이 점등 중이다. BS_2를 누르면 $X_2(L_5)$, X_5, $MC_2(L_8)$가 동작하여 전동기가 역회전하여 승강기가 하강한다. 또 LS_3이 복구하므로 L_3이 소등한다.

〈전원 R - Thr - LS_{31} - $X_{2(3)}$($X_{5(1)}$ 유지) - $X_{4(2)}$ - $X_{6(5)}$ - X_5 동작 - 전원 T〉

2층에 승강기가 도착하면 LS_2가 작동하여 X_6이 동작하고 L_2가 점등한다. X_6 접점으로 $X_2(L_5)$, X_5가 복구하면 접점 $X_{5(3)}$으로 $MC_2(L_8)$이 복구하여 승강기가 정지한다. 이때 X_6도 복구한다.

(6) 2층 → 1층 : 2층에서 LS_2가 작동중이고 L_2가 점등 중이다. BS_1을 누르면 $X_1(L_6)$, X_5, $MC_2(L_8)$가 동작하여 전동기가 역회전하여 승강기가 하강한다. 또 LS_2가 복구하므로 L_2가 소등한다.

〈전원 R - Thr - LS_{21} - $X_{1(2)}$($X_{5(1)}$ 유지) - $X_{4(2)}$ - $X_{6(5)}$ - X_5 동작 - 전원 T〉

1층에 승강기가 도착하면 LS_1이 작동하여 X_6이 동작하고 L_1이 점등한다. X_6 접점으로

X₁(L₆), X₅가 복구하면 접점 X₅(₃)으로 MC₂(L₈)이 복구하여 승강기가 정지한다. 이때 X₆ 도 복구한다.

(7) 비상시, 혹은 필요시 SS(M)에서 BS₅를 누르면 MC₁이 동작하여 승강기가 상승하고, 또 BS₆을 누르면 MC₂가 동작하여 승강기가 하강하며 BS₄를 누르면 정지한다.

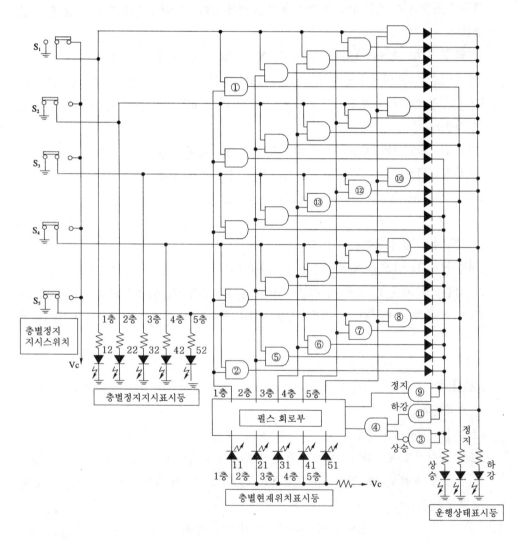

그림 3-64 소형 엘리베이터 회로

그림 3-64는 5층용 엘리베이터 제어 회로의 일부를 그린 것이다. 이 회로는 2입력 AND 회로를 행렬로 배열하고 펄스 회로를 부가하여 논리 명령에 따라 승강기(MC, 전동기)가 동작하도록 한 것이다.

예로서 승강기가 1층에 있으면 S_1이 닫혀있고 1층 정지 표시용 램프(12)와 1층 위치 표시용 램프(11)가 점등하고 있으며 AND 회로 ①에 의하여 정지 표시 램프가 점등하고 있다. 여기서 5층용 스위치 S_5를 누르면 S_1이 복구되어 정지 표시 램프가 소등되고 AND 회로 ②에 의하여 상승 표시 램프가 점등되며 또 5층 표시 램프(52)가 점등된다. 동시에 상승용 NAND 회로 ③과 AND 회로 ④에 의하여 펄스 회로가 작동되어 승강기가 상승된다. 승강기가 2층에 오면 2층 위치 표시 램프(21)가 점등하고 AND 회로 ⑤가 동작하여 승강기는 계속 상승한다. 승강기가 3층에 오면 3층 위치 표시 램프(31)가 점등하고 AND 회로 ⑥이 동작하여 승강기는 계속 상승한다. 승강기가 4층에 오면 4층 위치 표시 램프(41)가 점등하고 AND 회로 ⑦이 동작하여 승강기는 계속 상승한다. 승강기가 5층에 오면 5층 위치 표시용 램프(51)가 점등하고 AND 회로 ⑧이 동작하여 정지 표시 램프가 점등되며 정지용 AND 회로 ⑨가 동작하여 펄스 회로에 의하여 승강기가 정지한다. 또 5층에서 3층으로 갈려면 S_3을 누른다. 그러면 S_5가 복구하여 5층 표시 램프(51)가 소등되고 3층 표시 램프(32)가 점등된다. 이때 AND 회로 ⑩이 동작하여 하강 표시 램프가 점등되며 AND 회로 ⑪과 ④에 의하여 펄스 회로가 동작되어 승강기가 하강하고 5층 표시등이 소등된다. 승강기가 4층에 오면 4층 위치 표시 램프(41)가 점등하고 AND 회로 ⑫가 동작하여 승강기는 계속 하강한다. 승강기가 3층에 오면 3층 위치 표시용 램프(31)가 점등하고 AND 회로 ⑬이 동작하여 정지 표시 램프가 점등되며 정지용 AND 회로 ⑨가 동작하여 펄스 회로에 의하여 승강기가 정지한다.

6. 컨베이어 제어 회로

컨베이어(conveyor) 설비는 각종 하물을 수평 이동하는 설비로서 벨트형, 체인형 등이 있으며 주로 전동기로 구동한다. 일반적으로 여러 대의 컨베이어를 직렬로 하여 짐을 운반하는데 이때에는 후단의 컨베이어로부터 차례로 운전되어야 도중에 하물의 적체가 없게 된다. 즉 전동기 3대로 컨베이어 3대를 운전할 때 짐의 이동 방향인 공정 순서가 M_1 - M_2 - M_3의 순이면 전동기의 기동 순서는 M_3 - M_2 - M_1의 차례로 되고 정지 순서는 공정 순서와 같이 M_1 - M_2 - M_3의 차례로 된다.

그림 3-65는 전동기 3대로 벨트 컨베이어 3대를 각각 수동으로 운전하는 제어 회로의 일예이다. 기동 순서는 MC_1 - MC_2 - MC_3의 순이고 공정 순서와 정지 순서는 다같이 MC_3 - MC_2 -

MC$_1$의 순이 된다. BS$_1$을 누르면 MC$_1$이 동작하여 전동기 M$_1$이 기동 운전되고 벨트(B$_1$)이 회전한다.

〈전원 R - BS$_4$ - BS$_1$(MC$_{1(1)}$ 유지) - Thr$_1$ - MC$_1$(L$_1$) 동작 - 전원 T〉

BS$_2$를 누르면 MC$_2$가 동작하여 전동기 M$_2$가 기동 운전되고 벨트(B$_2$)가 회전한다.

〈전원 R - BS$_4$ - MC$_{1(1)}$ - BS$_5$ - BS$_2$(MC$_{2(1)}$ 유지) - Thr$_2$ - MC$_2$(L$_2$) 동작 - 전원 T〉

BS$_3$을 누르면 MC$_3$이 동작하여 전동기 M$_3$이 기동 운전되고 벨트(B$_3$)이 회전한다.

〈전원 R - BS$_4$ - MC$_{1(1)}$ - BS$_5$ - MC$_{2(1)}$ - BS$_6$ - BS$_3$(MC$_{3(1)}$ 유지) - Thr$_3$ - MC$_3$(L$_3$)동작 - 전원 T〉

정지는 BS$_6$을 누르면 MC$_3$이 복구하여 전동기 M$_3$과 벨트(B$_3$)이 정지한다. 그리고 BS$_5$를 누르면 MC$_2$가 복구하여 전동기 M$_2$와 벨트(B$_2$)가 정지한다. 다음 BS$_4$를 누르면 MC$_1$이 복구하여 전동기 M$_1$과 벨트(B$_1$)이 정지한다. 여기서 BS$_4$는 비상 정지를 겸한다.

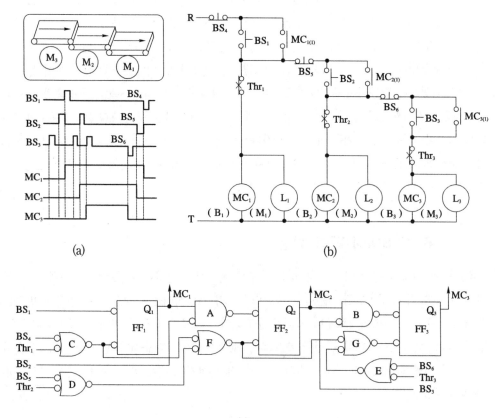

(a)　　　　　　　　　　　　　　　(b)

(c)

차례	명령	번지	차례	명령	번지
0	LOAD	P001	10	AND	P021
1	OR	P021	11	OUT	P022
2	AND NOT	P004	12	OUT	P025
3	AND NOT	P011	13	LOAD	P003
4	OUT	P021	14	OR	P023
5	OUT	P024	15	AND NOT	P006
6	LOAD	P002	16	AND NOT	P013
7	OR	P022	17	AND	P022
8	AND NOT	P005	18	OUT	P023
9	AND NOT	P012	19	OUT	P026

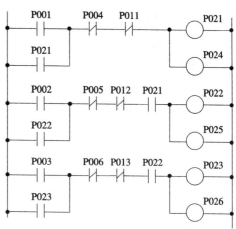

(d)

그림 3-65 소형 컨베이어 회로

로직 회로에서 BS$_1$을 누르면 FF$_1$이 셋하여 MC$_1$이 동작한다. 다음 BS$_2$를 누르면 A회로를 통하여 FF$_2$가 셋하여 MC$_2$가 동작한다. 다음 BS$_3$을 누르면 B회로를 통하여 FF$_3$이 셋하여 MC$_3$이 동작한다. BS$_6$을 누르면 E, G회로를 통하여 FF$_3$이 리셋하여 MC$_3$이 복구한다. 다음 BS$_5$를 누르면 D, F회로를 통하여 FF$_2$가 리셋하여 MC$_2$가 복구한다. 다음 BS$_4$를 누르면 C회로를 통하여 FF$_1$이 리셋하여 MC$_1$이 복구한다.

래더 회로와 프로그램에서 각 MC(P021, P022, P023)는 유지 회로로 동작한다. 그리고 P022는 P021(AND)이 동작한 후에, 또 P023은 P022(AND)가 동작한 후에 각각 동작하도록 하였다. 여기서 번지는 BS(P001~P006), Thr(P011~P013), MC(P021~P023), L(P024~P026)이다.

그림 3-66은 전동기의 정·역회전을 이용하여 컨베이어 벨트를 우회전 및 좌회전을 하도록 하는 제어 회로의 일부이다. 먼저 BS$_3$을 누르면 MC$_3$이 동작하여 전동기 M$_3$이 정회전 기동 운전되고 벨트(3)은 오른쪽으로 이동한다. 또는 BS$_4$를 누르면 MC$_4$가 동작하여 전동기 M$_3$이 역회전 기동 운전되고 벨트(3)은 왼쪽으로 이동한다.

〈전원 R - Thr$_3$ - BS$_7$ - BS$_3$(MC$_{3(1)}$ 유지) - MC$_{4(2)}$ - MC$_3$ 동작(M$_3$ 운전) - 전원 T〉

〈전원 R - Thr$_3$ - BS$_7$ - BS$_4$(MC$_{4(1)}$ 유지) - MC$_{3(2)}$ - MC$_4$ 동작(M$_3$ 운전) - 전원 T〉

BS$_2$를 누르면 MC$_2$가 동작하여 전동기 M$_2$가 기동 운전되고 벨트(2)가 이동한다.

〈전원 R - BS₂(MC₂₍₁₎ 유지) - (MC₃₍₃₎, 혹은 MC₄₍₃₎) - Thr₂ - BS₆ - MC₂ 동작 - 전원 T〉

BS₁을 누르면 MC₁이 동작하여 전동기 M₁이 기동 운전되고 벨트(1)이 이동한다.

〈전원 R - BS₁(MC₁₍₁₎ 유지) - Thr₁ - BS₅ - MC₂₍₃₎ - MC₁ 동작 - 전원 T〉

정지시에는 하물이 벨트(1)을 통과한 것을 확인한 후 BS₅를 누르면 MC₁이 복구하여 벨트(1)이 정지한다. 또 하물이 벨트(2)를 통과한 후 BS₆을 누르면 MC₂가 복구하여 벨트(2)가 정지하며 하물이 벨트(3)을 통과한 것을 확인한 후 BS₇을 누르면 MC₃(또는 MC₄)이 복구하여 벨트(3)이 정지한다. 따라서 M₃ - M₂ - M₁의 순서로 기동하고 M₁ - M₂ - M3의 순서로 정지한다. 그러나 하물이 벨트에 없을 때는 BS₇만 눌러도 MC₃(MC₄) - MC₂ - MC₁의 순으로 복구된다. 여기서 운전 중에 좌·우회전의 방향을 바꾸려면 BS₇로 전부 정지시킨 후에 BS₃ 혹은 BS₄를 눌러야 한다.

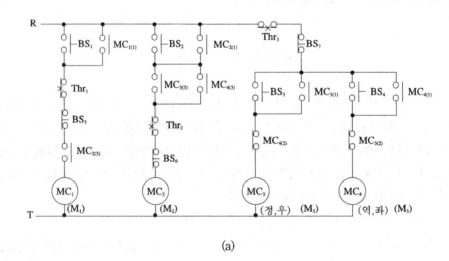

(a)

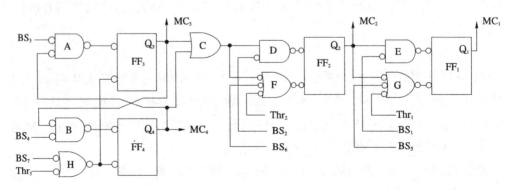

(b)

차례	명령	번지	차례	명령	번지
0	LOAD	P001	13	OUT	P022
1	OR	P021	14	LOAD	P003
2	AND NOT	P005	15	OR	P023
3	AND NOT	P011	16	AND NOT	P007
4	AND	P022	17	AND NOT	P013
5	OUT	P021	18	AND NOT	P024
6	LOAD	P002	19	OUT	P023
7	OR	P022	20	LOAD	P004
8	LOAD	P023	21	OR	P024
9	OR	P024	22	AND NOT	P007
10	AND LOAD	—	23	AND NOT	P013
11	AND NOT	P012	24	AND NOT	P023
12	AND NOT	P006	25	OUT	P024

(c)

그림 3-66 컨베이어 회로

로직 회로에서 기동시는 정·역 회로의 MC_3(혹은 MC_4)이 동작한 후 C회로와 BS_2로 D회로를 통하여 FF_2가 셋하여 MC_2가 동작하며 또 MC_2가 동작한 후 BS_1로 E회로를 통하여 FF_1이 셋하여 MC_1이 동작한다. 정지는 BS_5-BS_6-BS_7의 순으로 입력을 주면 $MC_1(FF_1)$-MC_2 (FF_2)-$MC_3(FF_3$, 혹은 MC_4-$FF_4)$의 순서로 복구한다.

PLC 회로는 각 MC(P021~P024)는 유지 회로로 동작한다. 먼저 P003(혹은 P004)로 정·역 회로의 P023(혹은 P024)이 동작하고 다음 P002를 주면 P022가, 또 다음 P001을 주면 P021이 동작한다. 정지는 반대로 P005-P006-P007의 순서로 주면 P021-P022-P023(P024)의 순서로 복구한다. 여기서 P007은 비상 정지를 겸함은 릴레이 회로와 같다.

그림 3-67은 벨트 컨베이어 감시 회로의 일예인데 벨트가 눌리거나 미끄러져 정상 운전이 되지 않을 때 회로가 차단되고 벨트가 정상 속도로만 운전될 때 전동기가 운전하게 된다.

릴레이 회로에서 BS_1을 누르면 X_1이 동작하고 T가 여자된다.

〈전원 R-BS_2-Thr-BS_1($X_{1(1)}$ 유지)-Lv-$MC_{(2)}$($X_{1(2)}$ 유지)-T_b-X_1(T) 동작-전원 T〉

접점 $X_{1(3)}$으로 X_2가 동작하고 접점 $X_{2(2)}$로 MC가 동작하여 전동기가 운전되고 벨트가 이동한다.

〈전원 R - BS₂ - Thr - X₁₍₁₎(X₂₍₁₎ 유지) - X₁₍₃₎ - X₂ 동작 - 전원 T〉

〈전원 R - BS₂ - Thr - X₁₍₁₎ 및 X₂₍₁₎ - X₂₍₂₎ - MC 동작 - 전원 T〉

전동기의 속도가 거의 정상 상태에 이르면 속도 감지기 Lᵥ가 작동하여 X₁이 복구하여도 X₂의 동작을 유지시킨다.

〈전원 R - BS₂ - Thr - X₂₍₁₎(X₁₍₁₎) - Lᵥ(X₁₍₃₎) - X₂ 동작 유지 - 전원 T〉

설정 시간(t)이 지나면 T_b가 열려 X₁(T)이 복구한다. 여기서 벨트의 속도가 정상 속도가 되지 않아서 Lᵥ가 동작하지 않든가, 또 정상 상태에서 속도가 감소될 때에는 Lᵥ가 복구되므로 X₂가 복구되어 MC가 복구되고 벨트가 정지된다. 또한 BS₂를 누르면 모두 복구한다.

로직 회로에서 BS₁을 누르면 A회로를 통하여 FF₁이 셋하고 NOT를 통하여 FF₂가 셋하여 MC가 동작한다. 또 FF₁ 출력은 SMV를 셋시키고 B회로를 복구시킨다. 벨트가 정상 속도에

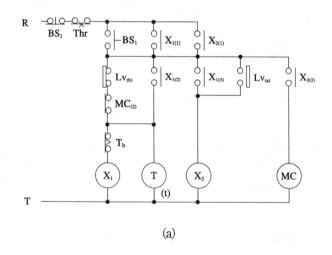

(a)

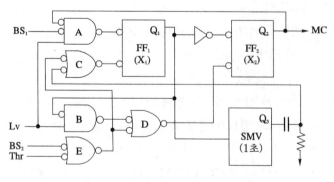

(b)

차례	명령	번지	차례	명령	번지
0	LOAD	P001	10	〈DATA〉	00500
1	OR	M001	12	LOAD	M001
2	LOAD NOT	P000	13	OR	P000
3	AND NOT	P010	14	LOAD	M001
4	OR	M001	15	OR	M002
5	AND LOAD	–	16	AND LOAD	–
6	AND NOT	T000	17	OUT	M002
7	OUT	M001	18	LOAD	M002
8	LOAD	M001	19	OUT	P010
9	TMR	T000	20	–	–

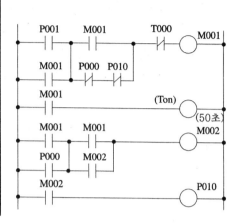

(c)

그림 3-67 컨베이어 감시 회로

달하면 감지기 L_V가 작동하여 B회로의 동작을 금지시킨다. 설정 시간이 지나면 SMV가 리셋되어 C를 통하여 FF_1이 리셋된다. 이때 벨트의 속도가 정상 속도가 되지 않아서 L_V가 동작하지 않든가, 또 정상 상태에서 속도가 감소되어 L_V가 복구하면 B회로가 동작하여 D회로를 통하여 FF_2가 리셋되고 MC가 복구되며 벨트가 정지된다. 여기서 A회로는 MC가 동작 중일 때 FF_1의 셋을 금지하고, B회로는 FF_1과 L_V의 복구 상태에서 D회로를 통하여 FF_2를 리셋시킨다. 그리고 C, D, E회로는 정지 기능이다.

래더 회로는 릴레이 회로와 비교하여 유지 회로를 분리하고 또 타이머와 출력 회로를 각각 분리하고 BS_2와 Thr은 생략하였다. 프로그램은 2스텝에 $P000(L_V)$을 먼저 입력하고 5스텝과 16스텝에 그룹 직렬 처리(AND LOAD)하였다. 여기서 MC는 출력 P010이다.

그림 3-68은 벨트 컨베이어 3대를 전동기 3대로 수평 운전하는 회로의 일부이고 타이머 4개로 순차 기동과 순차 정지를 하는 것이 특징이다. 여기서 Thr과 램프 등은 생략하였다.

릴레이 회로에서 BS_1을 누르면 MC_1이 동작하여 벨트(B_1)이 운전되고 T_1이 여자된다.

〈전원 R - $BS_1(MC_{1(1)}$ 유지) - T_{4b} - MC_1 동작 - 전원 T〉

〈전원 R - $MC_{1(1)}$ - $MC_{2(2)}$ - $X_{(4)}$ - T_1 여자 - 전원 T〉

10초 후에 T_{1a}로 MC_2가 동작하여 벨트(B_2)가 운전되고 T_2가 여자되며 $MC_{2(2)}$로 T_1이 복구된다.

〈전원 R - T$_{1a}$(MC$_{2(1)}$ 유지) - T$_{3(b)}$ - MC$_2$ 동작 - 전원 T〉

〈전원 R - MC$_{2(1)}$ - MC$_{3(2)}$ - X$_{(3)}$ - T$_2$ 여자 - 전원 T〉

10초 후에 T$_{2a}$로 MC$_3$이 동작하여 벨트(B$_3$)이 운전되고 T$_2$가 복구된다.

〈전원 R - T$_{2a}$(MC$_{3(1)}$ 유지) - X$_{(2)}$ - MC$_3$ 동작 - 전원 T〉

BS$_2$를 누르면 X가 동작하여 X$_{(2)}$로 MC$_3$이 복구하고 벨트(B$_3$)이 정지하며 T$_3$, T$_4$가 여자된다.

〈전원 R - BS$_2$(X$_{(1)}$ 유지) - MC$_{1(2)}$ - X(MC$_{2(3)}$ - T$_3$, T$_4$) 동작 - 전원 T〉

10초 후에 T$_{3b}$로 MC$_2$가 복구하여 벨트(B$_2$)가 정지된다. 다시 10초 후에 T$_{4b}$로 MC$_1$이 복구하여 벨트(B$_1$)이 정지된다. 이어 접점 MC$_{1(2)}$로 X(T$_3$, T$_4$)가 복구한다. 여기서 접점 X$_{(3)}$과 X$_{(4)}$는 T$_1$과 T$_2$의 재여자 방지용이고 MC$_{1(2)}$와 MC$_{2(3)}$은 정지기능이다.

로직 회로에서 BS$_1$을 누르면 FF$_1$이 셋하여 MC$_1$이 동작하고 SMV$_1$이 셋한다. 10초 후에 SMV$_1$이 리셋하면 미분 회로를 통하여 FF$_2$가 셋하여 MC$_2$가 동작하고 SMV$_2$가 셋한다. 10초 후에 SMV$_2$가 리셋하면 미분 회로를 통하여 FF$_3$이 셋하여 MC$_3$이 동작한다.

BS$_2$를 누르면 FF$_3$이 리셋하여 MC$_3$이 복구하고 또 SMV$_3$과 SMV$_4$가 셋한다. 10초 후에 SMV$_3$이 리셋하면 미분 회로를 통하여 FF$_2$가 리셋하여 MC$_2$가 복구한다. 다시 10초 후에 SMV$_4$가 리셋하면 미분 회로를 통하여 FF$_1$이 리셋하여 MC$_1$이 복구한다.

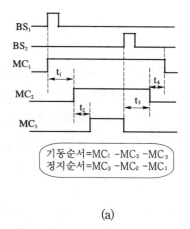

(a)

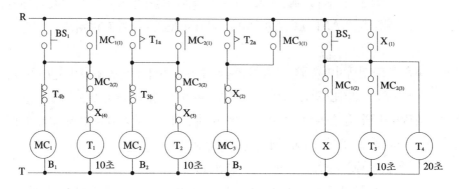

(b)

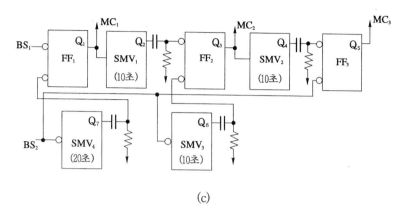

(c)

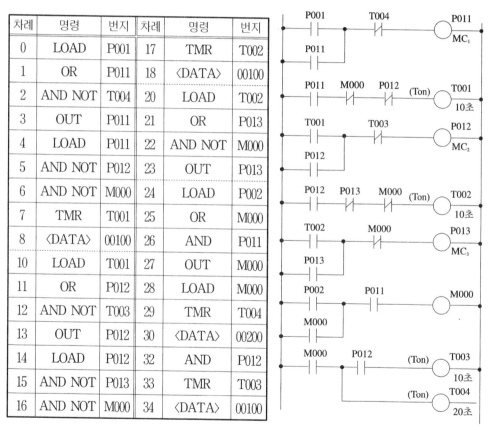

차례	명령	번지	차례	명령	번지
0	LOAD	P001	17	TMR	T002
1	OR	P011	18	〈DATA〉	00100
2	AND NOT	T004	20	LOAD	T002
3	OUT	P011	21	OR	P013
4	LOAD	P011	22	AND NOT	M000
5	AND NOT	P012	23	OUT	P013
6	AND NOT	M000	24	LOAD	P002
7	TMR	T001	25	OR	M000
8	〈DATA〉	00100	26	AND	P011
10	LOAD	T001	27	OUT	M000
11	OR	P012	28	LOAD	M000
12	AND NOT	T003	29	TMR	T004
13	OUT	P012	30	〈DATA〉	00200
14	LOAD	P012	32	AND	P012
15	AND NOT	P013	33	TMR	T003
16	AND NOT	M000	34	〈DATA〉	00100

(d)

그림 3-68 벨트 컨베이어 회로

래더 회로와 프로그램에서 릴레이 회로와 비교하여 각 MC(P011~P013)와 X(M000)는 유지 회로로 동작하고 타이머는 각각 분리하여 기본 명령으로 처리하였다.

그림 3-69는 그림 3-68과 같은 논리의 또 다른 릴레이 회로의 예이다. BS_1을 누르면 X_1이 동작하고 접점 $X_{1(2)}$로 $MC_1(X_4)$이 동작하여 벨트(B_1)이 운전되고 접점 $MC_{1(3)}$으로 T_1이 여자 된다.

〈전원 R - BS_3 - Thr_{1-3} - $BS_1(X_{1(1)}$ 유지) - $MC_{3(2)}$ - X_1 동작 - 전원 T〉

〈전원 R - BS_3 - Thr_{1-3} - $X_{1(2)}(MC_{1(1)}$ 유지) - $X_{7(1)}$ - $MC_1(X_4)$ 동작 - 전원 T〉

〈전원 R - BS_3 - Thr_{1-3} - $X_{1(1)}$ - $MC_{1(3)}$ - T_1 여자 - 전원 T〉

설정 시간(t_1) 후에 접점 T_{1a}로 X_2가 동작하고 접점 $X_{2(1)}$로 MC_2가 동작하여 벨트(B_2)가 운전 되고 접점 $MC_{2(3)}$으로 T_2가 여자된다.

〈전원 R - BS_3 - Thr_{1-3} - $X_{1(1)}$ - T_{1a} - $X_2(MC_{2(3)}$ - T_2 여자) 동작 - 전원 T〉

〈전원 R - BS_3 - Thr_{1-3} - $X_{2(1)}(MC_{2(1)}$ 유지) - $X_{6(1)}$ - MC_2 동작 - 전원 T〉

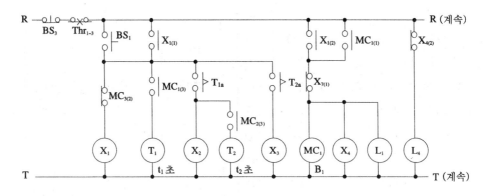

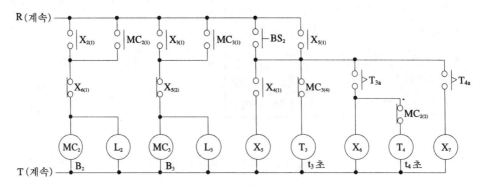

그림 3-69 컨베이어 회로

설정 시간(t_2) 후에 접점 T_{2a}로 X_3이 동작하고 접점 $X_{3(1)}$로 MC_3이 동작하여 벨트(B_3)이 운전
된다. 이어 접점 $MC_{3(2)}$로 $X_1(T_1, X_2, T_2, X_3)$ 등 기동용 보조 기구 회로가 복구한다.

〈전원 R - BS_3 - Thr_{1-3} - $X_{1(1)}$ - T_{2a} - X_3 동작 - 전원 T〉

〈전원 R - BS_3 - Thr_{1-3} - $X_{3(1)}$($MC_{3(1)}$ 유지) - $X_{5(2)}$ - MC_3 동작 - 전원 T〉

BS_2를 누르면 X_5가 동작하고 접점 $X_{5(2)}$로 MC_3이 복구한다. 이어 $MC_{3(4)}$로 T_3이 여자된다.

〈전원 R - BS_3 - Thr_{1-3} - BS_2($X_{5(1)}$ 유지) - $X_{4(1)}$ - X_5 동작 - 전원 T〉

〈전원 R - BS_3 - Thr_{1-3} - $X_{5(1)}$ - $MC_{3(4)}$ - T_3 여자 - 전원 T〉

설정 시간(t_3) 후에 접점 T_{3a}로 X_6이 동작하고 접점 $X_{6(1)}$로 MC_2가 복구하며 이어 $MC_{2(2)}$로
T_4가 여자된다.

〈전원 R - BS_3 - Thr_{1-3} - $X_{5(1)}$ - T_{3a} - X_6($MC_{2(2)}$ - T_4 여자) 동작 - 전원 T〉

설정 시간(t_4) 후에 접점 T_{4a}로 X_7이 동작하고 접점 $X_{7(1)}$로 $MC_1(X_4)$이 복구한다. 이어 접점
$X_{4(1)}$로 $X_5(T_3, X_6, T_4, X_7)$ 등 정지용 보조 기구 회로가 복구한다. 이 회로의 로직 회로와
PLC 회로는 앞의 그림과 같다.

〈전원 R - BS_3 - Thr_{1-3} - $X_{5(1)}$ - T_{4a} - X_7 동작 - 전원 T〉

● 예제 3-26 ●

버튼 스위치 6개, MC 3개를 사용하여 기동 순서가 반드시 MC_1－MC_2－MC_3이 되도록 우선
순위를 정하고 정지 순서는 임으로 되는 컨베이어 릴레이 회로를 그리고 이것을 참조하여 로
직 회로와 PLC 래더 회로를 그리고 프로그램하시오. 기타 조건은 무시한다.

【풀이】

기동 조건에 우선 접점(회로)을 넣는다.

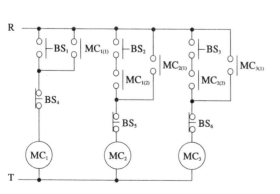
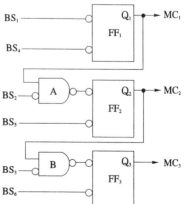

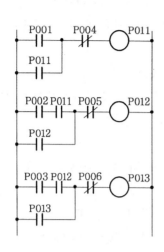

차례	명령	번지
0	LOAD	P001
1	OR	P011
2	AND NOT	P004
3	OUT	P011
4	LOAD	P002
5	AND	P011
6	OR	P012
7	AND NOT	P005
8	OUT	P012
9	LOAD	P003
10	AND	P012
11	OR	P013
12	AND NOT	P006
13	OUT	P013

예제 3-27 ●

다음 조건에 따른 간이 벨트 컨베이어 회로를 그려보자. 기타 조건은 무시한다.

(1) BS_1로 $MC_1(L_1)$과 $MC_2(L_2)$가 동작하고 t_1초 후에 $MC_3(L_3)$이 동작하며 T_1이 복구한다.

(2) BS_2로 MC_3이 복구하고 t_2초 후에 MC_1과 MC_2가 복구하며 유지용 보조 릴레이 X와 T_2가 복구한다.

【풀이】

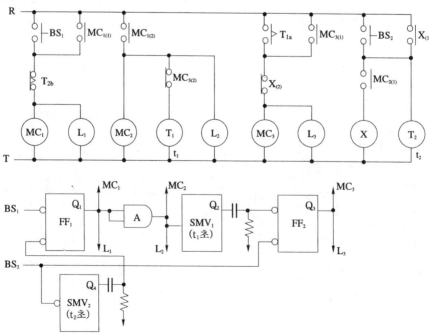

차례	명령	번지
0	LOAD	P001
1	OR	P011
2	AND NOT	T002
3	OUT	P011
4	OUT	P014
5	LOAD	P011
6	OUT	P012
7	OUT	P015
8	AND NOT	P013
9	TMR	T001
10	〈DATA〉	00300
12	LOAD	T001
13	OR	P013
14	AND NOT	M000
15	OUT	P013
16	OUT	P016
17	LOAD	P002
18	OR	M000
19	AND	P012
20	OUT	M000
21	TMR	T002
22	〈DATA〉	00300

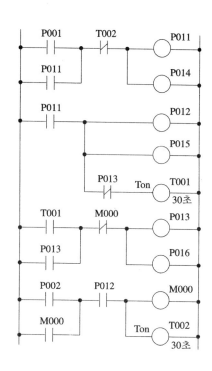

그림 3-68을 참조하면 조건외에 BS_2로 유지 회로 X가 동작하고 X로 MC_3이 복구하며 T_2가 여자된다. 또 로직 회로는 BS_1로 $MC_1(FF_1)$이 동작하고 AND 회로를 통하여 MC_2가 동작하며 SMV_1이 셋한다. t_1 후에 SMV_1이 리셋하면 $MC_3(FF_2)$이 동작한다. BS_2를 주면 $MC_3(FF_2)$이 복구하고 SMV_2가 셋하며 t_2 후에 SMV_2가 리셋하면 $MC_1(FF_1)$과 MC_2가 복구한다. 그리고 래더 회로는 릴레이 회로를 그대로 표현하였다.

연습문제 3-71

다음 조건에 따른 소형 간이 벨트 컨베이어 회로를 그려보자. 기타 조건은 무시한다.

(1) BS_1로 MC_1이 동작하고 BS_2로 MC_2가 동작하며 MC_2가 먼저 동작할 수 없다.

(2) BS_3으로 MC_2가 복구하고 t초 후에 MC_1이 복구한다.

연습문제 3-72

그림은 벨트 컨베이어 회로의 일부이다. BS는 L입력형이고 FF는 $\overline{R}\,\overline{S}$-latch이며 SMV는 단안정 IC 소자이다. BS_1로 벨트 $B_1(MC_1)$이 가동되고 t_1초 후에 벨트 $B_2(MC_2)$가 가동되며 BS_2로 벨트 $B_3(MC_3)$이 가동된다. 또 BS_3으로 벨트 B_3이 정지하고 t_2초 후에 벨트 B_2가 정지하며 BS₄로 벨트 B₁이 정지된다.

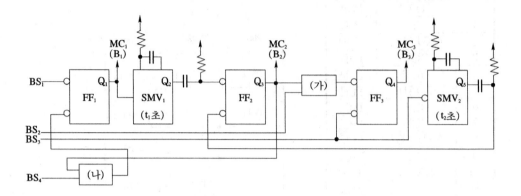

(1) 그림의 (가), (나)에 알맞은 논리 기호를 예와 같이 그리시오.(예 ⊐▷−)

(2) 공정 순서를 예와 같이 쓰시오.(예 $B_2 - B_1 - B_3$)

(3) $R_1 = 500$ [kΩ], $C_1 = 50$ [μF], 상수 0.6일 때 t_1은 몇 초인가?

(4) $\overline{R}\,\overline{S}$-latch(FF) 회로를 NAND 회로(⊐▷∘−)2개로 나타내시오.

(5) 릴레이 회로를 그리고 이것을 참조하여 MC₁(T₁)과 MC₂ 회로만의 PLC용 래더 회로를 그리고 니모닉 프로그램하시오. 번지는 문자 기호를 사용하고 명령어은 LOAD, OR, AND NOT, OUT, TMR(DATA), AND LOAD, LOAD NOT를 사용하며 0~14스텝으로 한다.

◆ 인습문제 3-73

그림은 컨베이어의 일시 정지 회로의 일부이다. 컨베이어가 소정 위치에서 정지하고 제품을 검사한 후에 재기동되는 회로이다.

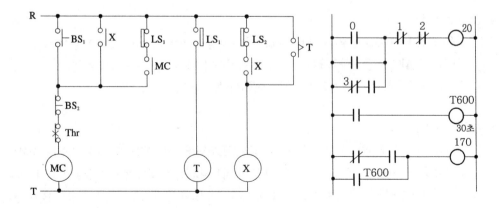

차례	명령	번지	차례	명령	번지	차례	명령	번지
00	STR	0	05	AND NOT	1	10	−	300
01	(가)	(나)	06	AND NOT	2	11	(마)	(바)
02	STR NOT	3	07	OUT	20	12	(사)	(아)
03	(다)	(라)	08	STR	3	13	OR TIM	600
04	OR STR	−	09	TIM	600	14	(자)	(차)

(1) 컨베이어는 어느 리밋 스위치의 위치에 정지되는가?

(2) 컨베이어의 정지 시간을 30초로 하려면 그림에서 어떻게 해 놓으면 되느냐?

(3) 만일 LS_1이 고장이 나서 컨베이어가 지나가도 항상 ON 상태로만 되어 있다면 회로 동작은 어떻게 되는가?

(4) 만일 타이머의 코일이 단선되어 있다면 어떤 현상이 일어나겠느냐?

(5) 컨베이어의 정지 표시 램프(GL)와 운전 표시 램프(RL)를 접속한다면 어떻게 하면 되는가를 1줄 이내로 쓰시오.

(6) PLC 래더 회로를 보고 니모닉 프로그램을 완성하시오.

🕭 연습문제 3-74

그림은 벨트 컨베이어 3대를 제어하는 회로의 일부이다.

(1) ①,②번 접점의 역할과 기동 순서를 말하시오.

(2) ③,④번 접점의 역할과 정지 순서를 말하시오.

(3) 운전 중 Thr_1이 트립될 때 점등하는 램프와 복구하는 기구(램프 포함)를 각각 쓰시오.

(4) 운전 중 L_5 램프가 점등하였다면 어떤 상태가 되는가?

(5) 운전 중 Thr_3이 트립될 때 어떤 상태가 되는가를 1줄 이내로 쓰시오.

(6) 전자 접촉기 MC_2는 접점 (A)가 닫힌 후 (B)를 누르면 동작하고 또 접점 (C)가 열린 후 (D)를 누르면 복구한다. 회로상의 문자 기호를 각각 쓰시오.

(7) 미완성 로직 회로에서 (가), (나), (다), (라)에 알맞은 기호를 보기에서 골라 번호로 답하시오.

[보기]

⑤　　　　　⑥　　　　　⑦　　　　　⑧

(8) L_6, L_3, MC_3, X_3 부분만 니모닉 프로그램하시오. 단 번지는 문자 기호를 그대로 사용하고 명령어는 LOAD, LOAD NOT, OR, AND, AND NOT, AND LOAD, OUT을 사용하며 BS_5부터 시작한다.

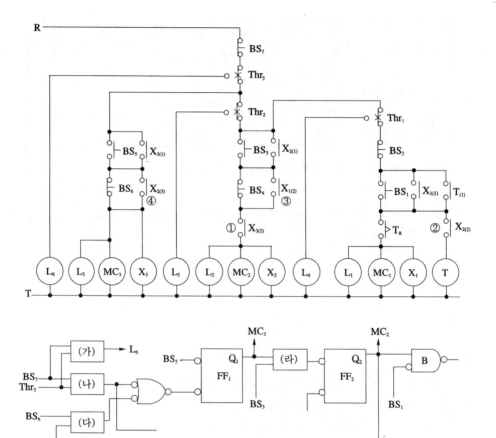

🖢 **연습문제 3-75**

그림은 벨트 컨베이어 3대를 제어하는 회로의 일부인데 BS_1로 기동하고 BS_2로 정지하며 공정 순서는 $MC_1-MC_2-MC_3$의 순이다. 물음의 답을 보기에서 1개씩 고르시오.

(1) BS_1을 눌렀을 때 MC_1, MC_2, MC_3이 동작되는 순서는?

(2) 컨베이어(1)(MC_1)이 과부하가 되어 Thr_1이 동작되었을 때 MC_1, MC_2, MC_3의 동작 상태는?

(3) 컨베이어(2)(MC_2)가 과부하가 되어 Thr_2가 동작되었을 때 MC_1, MC_2, MC_3의 동작 상태는?

(4) 컨베이어(3)(MC_3)이 과부하가 되어 Thr_3이 동작되었을 때 MC_1, MC_2, MC_3의 동작 상태는?

(5) 컨베이어(3)(MC_3)이 과부하가 되어 Thr_3이 동작되었을 때 점등되는 램프는?

(6) 컨베이어(1)(MC_1)이 과부하가 되어 Thr_1이 동작되었을 때 MC_1이 정지되고 T_2가 여자된다. 그 이후의 상태는?

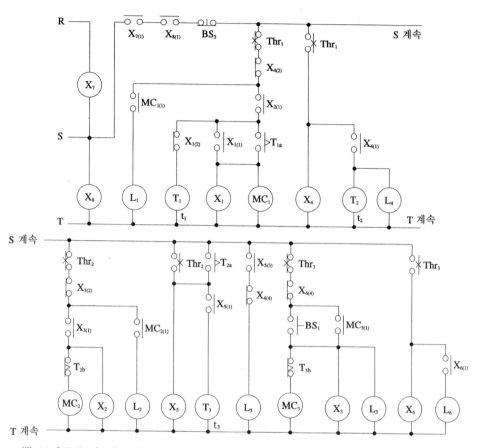

(7) 표시등 L_4가 점등되는 순간은 어떤 상태인가?

(8) 표시등 L_5가 점등되는 순간은 어떤 상태인가?

(9) 컨베이어 3대(MC_1, MC_2, MC_3)가 정상적으로 동작하고 있을 때 점등되는 표시등은?

(10) 보조 릴레이 X_7, X_8의 설치 목적은?

(11) 타이머 T_1의 역할은?

(12) 타이머 T_3의 역할은?

(13) 보조 릴레이 X_2, X_3의 회로 동작상 기능은?

(14) 자기 유지 접점은?

〔**보기**〕

① $MC_1 - MC_2 - MC_3$의 순서로 기동한다.

② $MC_3 - MC_2 - MC_1$의 순서로 기동한다.

③ $MC_2 - MC_3 - MC_1$의 순서로 기동한다.

④ MC_2는 정지하고 MC_1, MC_3은 일정 시간동안 동작하다가 정지한다.

⑤ MC$_2$, MC$_3$은 정지하고 MC$_1$은 일정 시간동안 동작하다가 정지한다.

⑥ MC$_2$, MC$_1$은 정지하고 MC$_3$은 일정 시간동안 동작하다가 정지한다.

⑦ MC$_1$은 정지하고 MC$_2$는 일정 시간동안 동작하다가 정지하며 MC$_3$은 다시 일정 시간 동안 동작하다가 정지한다.

⑧ MC$_1$, MC$_2$는 즉시 정지하고 MC$_3$은 계속 동작한다.

⑨ MC$_3$, MC$_2$는 즉시 정지하고 MC$_1$은 계속 동작한다.

⑩ MC$_3$, MC$_2$, MC$_1$의 순으로 즉시 정지한다.

⑪ Thr$_2$가 동작하여 즉시 MC$_2$가 정지한 상태

⑫ Thr$_2$가 동작하여 즉시 MC$_3$이 정지한 상태

⑬ Thr$_1$이 동작하여 즉시 MC$_1$이 정지한 상태

⑭ Thr$_1$이 동작하여 즉시 MC$_2$가 정지한 상태

⑮ 전동기 과부하 보호   ⑯ 부하 단선 보호   ⑰ 전원 결상 보호

⑱ L$_1$, L$_2$, L$_3$ ⑲ L$_1$, L$_2$ ⑳ L$_6$

㉑ 타이머 T$_2$의 동작으로 일정 시간 후 MC$_2$가 정지되고 다시 일정 시간 후 MC$_3$이 정지한다.

㉒ 타이머 T$_2$의 동작으로 일정 시간 후 MC$_1$이 정지되고 MC$_2$는 계속 동작한다.

㉓ 타이머 T$_2$의 동작으로 일정 시간 후 MC$_3$이 정지한다.

㉔ 타이머 T$_2$의 동작으로 일정 시간 후 MC$_2$, MC$_3$이 동시에 정지한다.

㉕ 전동기의 동작 순서를 정해준다.

㉖ MC$_1$의 기동 시간을 지연시킨다.

㉗ MC$_3$의 정지 시간을 지연시킨다.

㉘ MC$_1$, MC$_2$, MC$_3$ ㉙ X$_{1(1)}$, MC$_{3(1)}$ ㉚ L$_4$, L$_5$, L$_6$

✎ 연습문제 3-76

(1) 그림 3-65의 회로를 3입력 이하의 AND, OR, NOT 기호를 사용하여 양논리 회로를 그리시오.

(2) 그림 3-66의 회로를 3입력 이하의 AND, OR, NOT, NOR 기호를 사용하여 양논리 회로를 그리시오.

(3) 예제 3-27의 회로를 3입력 이하의 AND, OR, NOT, 타이머 기호를 사용하여 논리 회로를 그리시오.

(4) 그림 3-66의 회로에서 좌·우회전 변경시 BS$_7$을 누르면 MC$_1$과 MC$_2$가 복구하는데 BS$_7$을 눌러도 MC$_1$과 MC$_2$가 복구하지 않고 회전 변경이 되도록 릴레이 회로를 수정하시오.

(5) 그림 3-69의 회로에서 X₁~X₃까지 래더 회로를 그리면 아래와 같이 된다. 니모닉 프로그램하시오. 단 Thr은 생략하고 번지는 표와 같으며, 명령어는 LOAD, OR, AND, NOT, AND NOT, OUT, TMR를 사용한다. 그리고 시간 설정은 모두 (⟨DATA⟩ 00150)로 하고 0~19스텝으로 한다.

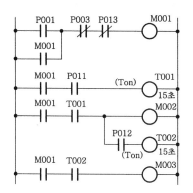

〔표〕

BS : P001~P003

MC : P011~P013

T : T001~T003

X : M001~M003

기타 제어 회로

이 장에서는 신호등 회로, 비교·선택 회로 등 앞장에 기술하지 않은 여러 가지 회로에 대하여 간단히 소개하기로 한다.

1. 신호등 제어 회로

그림 3-70은 횡단 보도에 설치하는 신호등 회로의 일부이다.

릴레이 회로에서 BS_1을 누르면 X_1이 동작하여 적색 신호등 L_1이 점등하고 T_1이 여자된다.

〈전원 R - BS_2 - $BS_1(X_{2(2)}$ - $X_{1(1)}$ 유지$)$ - X_1 동작 - 전원 T〉

〈전원 R - BS_2 - $X_{1(3)}$ - $L_1(T_1$ 여자$)$ 점등 - 전원 T〉

설정 시간(t_1)이 지나면 접점 T_{1a}로 X_2가 동작하여 청색 신호등 L_2가 점등하고 T_2가 여자된다. 또 접점 $X_{2(2)}$가 열려서 X_1이 복구되고 적색 신호등 L_1이 소등되며 T_1이 복구된다.

〈전원 R - BS_2 - $T_{1a}(X_{1(2)}$ - $X_{2(1)}$ 유지$)$ - X_2 동작 - 전원 T〉

〈전원 R - BS_2 - $X_{2(3)}$ - $T_2(T_{3b}$ - L_2 점등$)$ 여자 - 전원 T〉

설정 시간(t_2)이 지나면 접점 T_{2a}로 플리커 릴레이 T_3이 동작하며 접점 T_{3b}가 개폐 동작을 반복하여 청색 신호등 L_2가 점등과 소등을 반복하고 T_4가 여자된다.

설정 시간(t_4)이 지나면 접점 T_{4a}로 X_1이 다시 동작하여 적색 신호등 L_1이 점등하고 T_1이 여자된다. 또 접점 $X_{1(2)}$가 열려서 X_2가 복구되고 L_2가 소등되며 T_2, T_3, T_4가 복구된다.

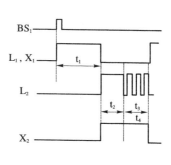

(a)

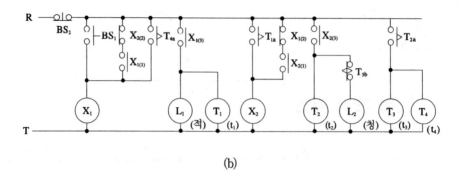

(b)

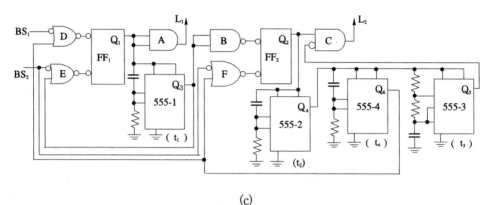

(c)

그림 3-70　횡단 보도 신호등 회로

〈전원 R - BS₂ - T₄ₐ(X₂₍₂₎ - X₁₍₁₎ 유지) - X₁ 동작 - 전원 T〉

따라서 타임 차트와 같이 BS₂를 누를 때까지 L₁과 L₂가 교대로 점등과 소등을 반복한다.

로직 회로에서 BS₁을 누르면 D를 통하여 FF₁이 셋하고 A를 통하여 L₁이 점등하며 IC-555-1이 여자된다. t_1초 후에 555-1이 셋되면 B를 통하여 FF₂가 셋하고 C를 통하여 L₂가 점등된다. 또한 Q₃ 출력으로 E를 통하여 FF₁이 리셋되고 L₁이 소등된다. 한편 Q₂ 출력으로 555-2가 여자된다. t_2초 후에 555-2가 셋되면 555-3이 셋되어 C를 통하여 L₂가 t_3초 동안 점멸되고 555-4가 여자된다. t_4초 후에 555-4가 셋되면 F를 통하여 FF₂가 리셋하고 L₂가 소등되며 동시에 D를 통하여 FF₁이 셋하고 L₁이 다시 점등되며 555-1이 다시 여자됨을 BS₂를 누를 때까지 반복한다.

그림 3-71은 3색등 회로의 일예이고 동작은 타임 차트와 같다.

릴레이 회로에서 BS₁을 누르면 X₁이 동작하여 접점 X₁₍₃₎으로 L₁이 점등하고 T₁이 여자된다.

〈전원 R - BS$_2$ - BS$_1$(X$_{3(2)}$ - X$_{1(1)}$ 유지) - X$_1$ 동작 - 전원 T〉

〈전원 R - BS$_2$ - X$_{1(3)}$ - L$_1$ 점등(X$_{2(2)}$ - T$_1$ 여자) - 전원 T〉

t$_1$초가 지나면 접점 T$_{1a}$로 X$_2$가 동작하여 접점 X$_{2(3)}$으로 L$_2$가 점등하고 T$_2$가 여자된다. 또 접점 X$_{2(2)}$로 T$_1$이 복구된다.

〈전원 R - BS$_2$ - T$_{1a}$(X$_{2(1)}$ 유지) - X$_{3(4)}$ - X$_2$ 동작 - 전원 T〉

〈전원 R - BS$_2$ - X$_{2(3)}$ - L$_2$ 점등(T$_2$ 여자) - 전원 T〉

t$_2$초가 지나면 접점 T$_{2a}$로 X$_3$이 동작하여 접점 X$_{3(3)}$으로 L$_3$이 점등하고 T$_3$이 여자된다. 동시에 접점 X$_{3(2)}$와 X$_{3(4)}$로 X$_1$(L$_1$, T$_1$), X$_2$(L$_2$, T$_2$)가 복구된다.

〈전원 R - BS$_2$ - T$_{2a}$(X$_{1(2)}$ - X$_{3(1)}$ 유지) - X$_3$ 동작 - 전원 T〉

〈전원 R - BS$_2$ - X$_{3(3)}$ - L$_3$ 점등(T$_3$ 여자) - 전원 T〉

t$_3$초가 지나면 접점 T$_{3a}$로 X$_1$이 다시 동작하여 접점 X$_{1(3)}$으로 L$_1$이 점등하고 T$_1$이 여자된다. 동시에 접점 X$_{1(2)}$로 X$_3$이 복구하며 접점 X$_{3(3)}$으로 L$_3$과 T$_3$이 복구됨을 BS$_2$를 누를 때까지 반복된다.

〈전원 R - BS$_2$ - T$_{3a}$(X$_{3(2)}$ - X$_{1(1)}$ 유지) - X$_1$ 동작 - 전원 T〉

(a)

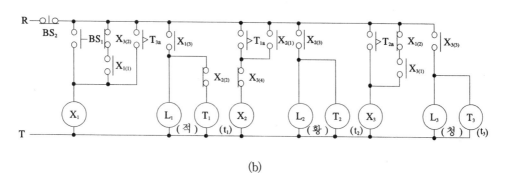

(b)

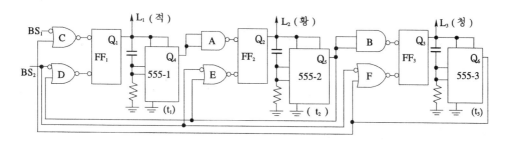

(c)

차례	명령	번지
0	LOAD	P001
1	LOAD	M001
2	AND NOT	M003
3	OR LOAD	―
4	OR	T003
5	AND NOT	P002
6	OUT	M001
7	LOAD	M001
8	OUT	P011
9	AND NOT	M002
10	TMR	T001
11	⟨DATA⟩	00250
13	LOAD	T001
14	OR	M002
15	AND NOT	M003
16	AND NOT	P002
17	OUT	M002
18	LOAD	M002
19	OUT	P012
20	TMR	T002
21	⟨DATA⟩	00050
23	LOAD	T002
24	LOAD	M003
25	AND NOT	M001
26	OR LOAD	―
27	AND NOT	P002
28	OUT	M003
29	LOAD	M003
30	OUT	P013
31	TMR	T003
32	⟨DATA⟩	00300
34	―	―

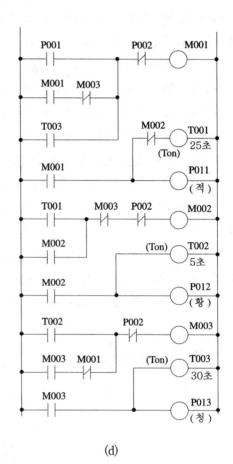

(d)

그림 3-71 3색 신호등 회로

로직 회로에서 BS_1을 누르면 C를 통하여 FF_1이 셋하고 적색등 L_1이 점등하며 IC-555-1이 여자된다. t_1초 후에 555-1이 셋되면 A를 통하여 FF_2가 셋하고 황색등 L_2가 점등되며 555-2가 여자된다. t_2초 후에 555-2가 셋되면 B를 통하여 FF_3이 셋하고 청색등 L_3이 점등하며 555-3이 여자된다. 동시에 E를 통하여 FF_2가 리셋하고 L_2가 소등되며 555-2가 복구한다. 동시에 D를 통하여 FF_1이 리셋하여 L_1이 소등되며 555-1이 복구된다. t_3초 후에 555-3이 셋되면 F를 통하여 FF_3이 리셋하고 L_3이 소등하며 555-3이 복구된다. 동시에 C를 통하여 FF_1이 셋하여 L_1이 점등되며 555-1이 여자됨을 BS_2를 누를 때까지 반복된다.

래더 회로는 BS_2를 3곳에 분리한 것이 릴레이 회로와 비교되며 프로그램은 3스텝과 26스텝에서 그룹 병렬처리(OR LOAD)하였다.

그림 3-72는 4거리에 시설하는 신호등 회로의 일부이다. 릴레이 회로에서 BS를 누르면 X_1이 동작하고 T_1이 여자되며 접점 $X_{1(2)}$로 X_2가 동작하고 접점 $X_{2(1)}$로 청색등 L_1이 점등한다.

　〈전원 R - BS($X_{1(1)}$ 유지) - $X_{4(2)}$ - X_1(T_1 여자) 동작 - 전원 T〉

t_1초가 지나면 접점 T_{1a}로 X_3이 동작하고 T_2가 여자되며 접점 $X_{3(2)}$로 X_4가 동작하고 접점 $X_{4(1)}$로 황색등 L_2가 점등한다. 동시에 접점 $X_{4(2)}$로 X_1(T_1, X_2)이 복구하고 L_1이 소등한다.

　〈전원 R - T_{1a}($X_{3(1)}$ 유지) - T_{2b} - X_3(T_2) 동작 - 전원 T〉

t_2초가 지나면 접점 T_{2a}로 X_5가 동작하고 T_3이 여자되며 접점 $X_{5(2)}$로 X_6이 동작하고 접점 $X_{6(1)}$로 적색등 L_3이 점등한다. 동시에 접점 T_{2b}로 X_3(T_2, X_4)이 복구하고 L_2가 소등한다.

　〈전원 R - T_{2a}($X_{5(1)}$ 유지) - $X_{2(2)}$ - X_5(T_3) 동작 - 전원 T〉

t_3초가 지나면 접점 T_{3a}로 X_7이 동작하고 T_4가 여자되며 접점 $X_{7(2)}$로 X_8이 동작하고 접점 $X_{8(1)}$로 좌회전용 청색등 L_4가 점등한다. 한편 접점 $X_{8(3)}$으로 X_9가 동작하고 T_5가 여자한다.

　〈전원 R - T_{3a}($X_{7(1)}$ 유지) - $X_{4(3)}$ - X_7(T_4) 동작 - 전원 T〉

　〈전원 R - $X_{8(3)}$($X_{9(1)}$ 유지) - $X_{2(3)}$ - X_9(T_5) 동작 - 전원 T〉

t_4초가 지나면 접점 T_{4a}로 X_3이 동작하고 T_2가 여자되며 접점 $X_{3(2)}$로 X_4가 동작하고 접점 $X_{4(1)}$로 황색등 L_2가 재점등한다. 한편 접점 $X_{4(3)}$으로 X_7(T_4, X_8)이 복구하고 L_4가 소등한다.

　〈전원 R - T_{4a}($X_{3(1)}$ 유지) - T_{2b} - X_3(T_2) 동작 - 전원 T〉

t_2초가 지나면 접점 T_{2b}로 X_3(T_2, X_4)이 복구하고 L_2가 소등한다. 한편 접점 T_{5a}로 X_1(T_1, X_2)이 동작하고 L_1이 재 점등함을 반복한다. 또 접점 $X_{2(2)}$로 X_5(T_3, X_6)이 복구하고 L_3이 소등하며 접점 $X_{2(3)}$으로 X_9(T_5)가 복구한다. 여기서 접점 $X_{9(2)}$는 없어도 지장이 없다.

　〈전원 R - T_{5a}($X_{1(1)}$ 유지) - $X_{4(2)}$ - X_1 동작 - 전원 T〉

로직 회로에서 BS를 눌렀다 놓으면 FF_1이 셋하여 A를 통하여 L_1이 점등하고 555-1이 여자된다. t_1후에 555-1이 동작하면 F를 통하여 SMV_1이 셋하고 B를 통하여 L_2가 점등하며 H를 통하여 FF_1이 리셋하여 L_1이 소등하고 555-1이 복구한다. t_2후에 SMV_1이 리셋하면 B를 통하여 L_2가 소등하고 미분 회로를 통하여 FF_2가 셋하면 C를 통하여 L_3이 점등하고 555-3이 여자하며 SMV_2가 셋한다. t_3후에 SMV_2가 리셋하면 미분 회로를 통하여 FF_3이 셋하여 D를 통하여 L_4가 점등하고 또 555-2가 여자한다. t_4후에 F를 통하여 SMV_1이 셋되면 B를 통하여 L_2가 재점등하고 H를 통하여 FF_3이 리셋하면 D를 통하여 L_4가 소등한다. t_2(t_5)후에 SMV_1이 리셋하면 B를 통하여 L_2가 소등한다. 또 555-3의 출력으로 E를 통하여 FF_1이 셋하면 A를 통하여 L_1이 점등하고 555-1이 여자된다. 그리고 G를 통하여 FF_2가 리셋하면 C를 통하여 L_3이 소등하고 555-3이 복구된다.

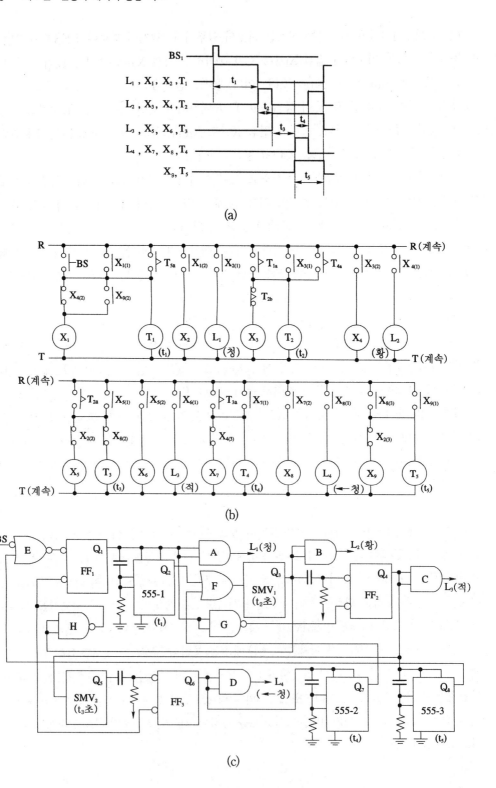

(a)

(b)

(c)

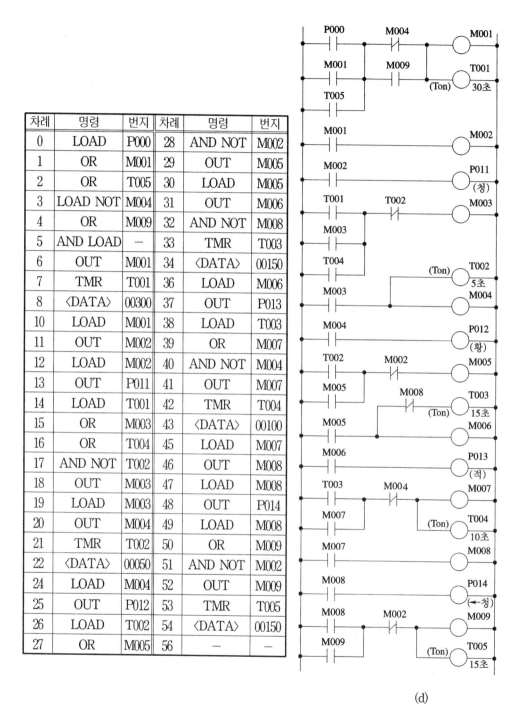

차례	명령	번지	차례	명령	번지
0	LOAD	P000	28	AND NOT	M002
1	OR	M001	29	OUT	M005
2	OR	T005	30	LOAD	M005
3	LOAD NOT	M004	31	OUT	M006
4	OR	M009	32	AND NOT	M008
5	AND LOAD	—	33	TMR	T003
6	OUT	M001	34	〈DATA〉	00150
7	TMR	T001	36	LOAD	M006
8	〈DATA〉	00300	37	OUT	P013
10	LOAD	M001	38	LOAD	T003
11	OUT	M002	39	OR	M007
12	LOAD	M002	40	AND NOT	M004
13	OUT	P011	41	OUT	M007
14	LOAD	T001	42	TMR	T004
15	OR	M003	43	〈DATA〉	00100
16	OR	T004	45	LOAD	M007
17	AND NOT	T002	46	OUT	M008
18	OUT	M003	47	LOAD	M008
19	LOAD	M003	48	OUT	P014
20	OUT	M004	49	LOAD	M008
21	TMR	T002	50	OR	M009
22	〈DATA〉	00050	51	AND NOT	M002
24	LOAD	M004	52	OUT	M009
25	OUT	P012	53	TMR	T005
26	LOAD	T002	54	〈DATA〉	00150
27	OR	M005	56	—	—

(d)

그림 3-72 교차로 신호등 회로

PLC 회로는 릴레이 회로와 비교하여 T002(T_2)는 M003(X_3)과 T002 자체의 복구용이 되므로 M003에 병렬로 접속하지 않고 M004(X_4)에 접속하였다. 또 T003은 분리하면 특수 명령이 필요없다. 여기서 t_1=30초, t_2=5초, t_4=10초로 하면 $t_3=t_5$=15초가 된다. 그리고 5스텝은 회로간 직렬(AND LOAD)이다.

그림 3-73은 동시 회전 신호를 주는 신호등 회로의 일부이다. 릴레이 회로에서 BS를 누르면 X_1이 동작하여 적색등 L_1이 점등하고 T_1이 여자된다.

〈전원 R - BS($X_{1(1)}$ 유지) - $X_{3(2)}$ - X_1 동작 - 전원 T〉

〈전원 R - $X_{1(2)}$ - L_1 점등(T_1 여자) - 전원 T〉

t_1(50초) 후에 접점 T_{1a}로 X_2가 동작하고 접점 $X_{2(2)}$와 $X_{2(3)}$으로 X_3과 X_4가 동작하여 청색등 L_2와 회전 표시등 L_3이 점등하고 T_2와 T_3이 여자된다. 동시에 접점 $X_{3(2)}$와 $X_{3(4)}$로 X_1, X_2, T_1이 복구하고 L_1이 소등된다.

〈전원 R - T_{1a}($X_{2(1)}$ 유지) - $X_{3(4)}$ - X_2 동작 - 전원 T〉

〈전원 R - $X_{2(2)}$($X_{3(1)}$ 유지) - T_{2b} - X_3 동작 - 전원 T〉

〈전원 R - $X_{2(3)}$($X_{4(1)}$ 유지) - $X_{5(2)}$ - X_4 동작 - 전원 T〉

〈전원 R - $X_{3(3)}$ - L_2 점등(T_2 여자) - 전원 T〉

〈전원 R - $X_{4(2)}$ - L_3 점등(T_3 여자) - 전원 T〉

t_3(25초) 후에 접점 T_{3a}로 X_5가 동작하여 접점 $X_{5(3)}$으로 황색등 L_4가 점등하고 T_4가 여자된다. 동시에 접점 $X_{5(2)}$로 X_4가 복구하여 L_3(T_3)이 소등된다.

〈전원 R - T_{3a}($X_{5(1)}$ 유지) - T_{4b} - X_5 동작 - 전원 T〉

〈전원 R - $X_{5(3)}$ - L_4 점등(T_4 여자) - 전원 T〉

t_4(3초) 후에 접점 T_{4b}로 X_5가 복구하여 접점 $X_{5(3)}$으로 L_4(T_4)가 소등된다. 여기서 T_{4a}가 닫혀도 $X_{3(2)}$가 열려 있으므로 X_1은 동작하지 못한다. t_2(50초) 후에 접점 T_{2a}로 X_5가 동작하여 접점 $X_{5(3)}$으로 황색등 L_4가 다시 점등하고 T_4가 여자된다. 동시에 접점 T_{2b}로 X_3이 복구하여 L_2(T_2)가 소등된다.

〈전원 R - T_{2a}($X_{5(1)}$ 유지) - T_{4b} - X_5 동작 - 전원 T〉

t_4(3초) 후에 접점 T_{4b}로 X_5가 복구하여 접점 $X_{5(3)}$으로 L_4(T_4)가 소등된다. 동시에 T_{4a}로 X_1이 동작하고 L_1이 재점등하며 이것을 반복한다.

〈전원 R - T_{4a}($X_{1(1)}$ 유지) - $X_{3(2)}$ - X_1 동작 - 전원 T〉

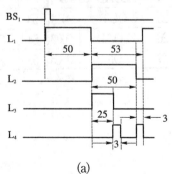

(a)

로직 회로에서 BS를 누르면 FF_1이 셋하여 L_1이 점등하고 SMV_1과 SMV_2가 셋한다. 50초 후에 SMV_1과 SMV_2가 리셋하면 FF_2와 FF_3이 셋하여 L_2와 L_3이 점등하고 SMV_3과 SMV_4가 셋한다. 한편 FF_2 출력은 E를 통하여 FF_1을 리셋시켜 L_1이 소등된다. 25초 후에 SMV_4가 리셋하면 FF_4가 셋하여 L_4가 점등하고 SMV_5가 셋한다. 한편 FF_4 출력은 F를 통하여 FF_3을 리셋시켜 L_3이 소등된다. 3초 후에 SMV_5가 리셋하면 FF_4가 리셋하여 L_4가 소등한다. 22초 후

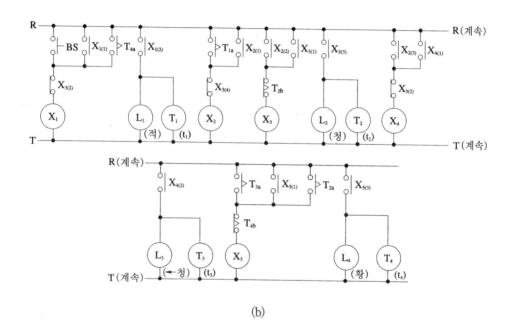

(b)

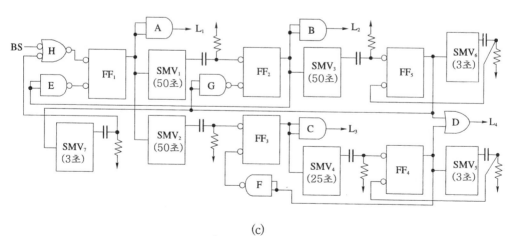

(c)

차례	명령	번지	차례	명령	번지
0	LOAD	P000	20	TMR	T002
1	OR	M001	21	〈DATA〉	00500
2	OR	T004	23	LOAD	M002
3	AND NOT	M003	24	OR	M004
4	OUT	M001	25	AND NOT	M005
5	LOAD	M001	26	OUT	M004
6	OUT	P011	27	LOAD	M004
7	TMR	T001	28	OUT	P013
8	〈DATA〉	00500	29	TMR	T003
10	LOAD	T001	30	〈DATA〉	00250
11	OR	M002	32	LOAD	T003
12	AND NOT	M003	33	OR	M005
13	OUT	M002	34	OR	T002
14	LOAD	M002	35	AND NOT	T004
15	OR	M003	36	OUT	M005
16	AND NOT	T002	37	LOAD	M005
17	OUT	M003	38	OUT	P014
18	LOAD	M003	39	TMR	T004
19	OUT	P012	40	〈DATA〉	00030

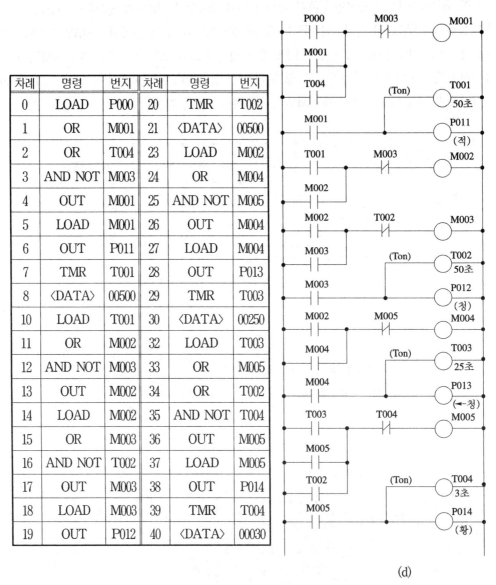

(d)

그림 3-73 4거리 신호등 회로

에 SMV_3이 리셋하면 FF_5가 셋하여 L_4가 점등하고 SMV_6과 SMV_7이 셋하며 G를 통하여 FF_2가 리셋하여 L_2가 소등한다. 3초 후에 SMV_6이 리셋하면 FF_5가 리셋하여 L_4가 소등하며 또 SMV_7이 리셋하면 H를 통하여 FF_1이 셋하여 L_1이 점등하고 SMV_1과 SMV_2가 셋함을 반복한다. 래더 회로는 릴레이 회로를 그대로 변형하였다.

● 예제 3-28 ●

유지용 FF 1개, 단안정 SMV 5개, OR 1개, AND 1개를 사용하여 그림 3-73과 같은 동작의 로직 회로를 그려보시오. 또 미분 회로 4개와 NOT 1개를 추가하여 같은 회로를 그리시오.

【풀이】

미분 회로가 없을 때에는 SMV의 $\overline{Q}$를 이용한다. 즉 BS로 FF를 셋, 리셋하고 AND 회로를 거쳐 SMV$_1$이 셋하여 L$_1$이 점등하고 50초 후 SMV$_1$이 리셋하면 L$_1$이 소등하며 $\overline{Q_1}$ 출력으로 SMV$_2$와 SMV$_3$이 셋하여 L$_2$와 L$_3$이 점등한다. 25초 후 SMV$_3$이 리셋하면 L$_3$이 소등하고 $\overline{Q_3}$ 출력으로 SMV$_4$가 셋하여 OR 회로를 거쳐 L$_4$가 점등한다. 3초 후 SMV$_4$가 리셋하면 L$_4$가 소등한다. 22초 후 SMV$_2$가 리셋하면 L$_2$가 소등하고 $\overline{Q_2}$ 출력으로 SMV$_5$가 셋하여 L$_4$가 재 점등한다. 3초 후 SMV$_5$가 리셋하면 L$_4$가 소등하며 $\overline{Q_5}$ 출력으로 AND 회로를 거쳐 SMV$_1$이 다시 셋하여 L$_1$이 재 점등함을 반복한다.

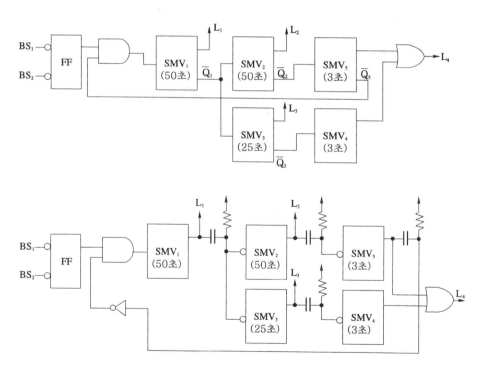

● 연습문제 3-77

그림은 시가지의 신호등 회로의 일부를 그린 것이다. 동작 설명의 (   )에 그림에서 알맞은 숫자나 문자 등의 기호를 골라 쓰시오. 또 타임 차트의 시간 t$_1$~t$_6$가 각각 몇 초인지 숫자를 (   )에 기입하시오. 여기서 타이머 회로 이외의 시간 지연은 없는 것으로 한다.

BS를 눌렀다 놓으면 D 회로를 통하여 (　)이 셋하여 (　)이 점등하고 SMV₁이 셋한다. (　)초 후에 (　)이 리셋하면 (　)가 셋하여 L₂가 점등하고 (　)이 여자된다. 5초 후에 B를 통하여 FF₃이 셋되고 (　)과 (　)가 리셋되어 L₃이 점등하고 (　)과 (　)가 소등된다. 또 FF₃ 출력으로 555-2가 여자되고 (　) 가 셋되어 L₄가 (　)초 동안만 점등된다. 35초 후에 555-2의 출력은 (　)를 재점등 시키고 (　)을 여자시킨다. 5초 후에 C를 통하여 FF₃이 리셋되어 (　)이 소등되고 555-2가 복구되어 (　)가 소등된다. 한편 (　) 회로를 통하여 (　)이 다시 셋 하여 (　)이 점등하고 (　)이 셋함을 반복 한다.

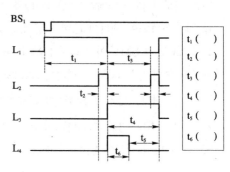

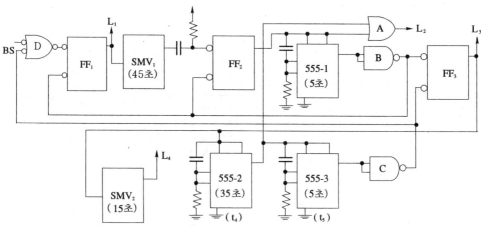

❧ 연습문제 3-78

그림은 교통 신호등의 순차 제어 회로의 일부이다.

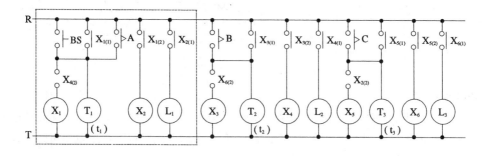

(1) 타이머 접점 A, B, C의 문자 기호를 쓰시오. $L_1-L_2-L_3$의 순으로 점등과 소등을 반복한다.

(2) 접점 $X_{2(2)}$, $X_{4(2)}$, $X_{6(2)}$는 a접점인가, b접점인가? 또 기능을 간단히 쓰시오.

(3) 설정 시간 $t_1=t_3=10$초, $t_2=5$초로 할 때 램프의 동작 타임 차트를 그리시오.

(4) 점선내의 회로를 AND, OR, NOT, 타이머 기호를 사용하여 양논리 회로를 그리고 니모닉 프로그램하시오. 번지는 P000(BS), M001(X_1), M002(X_2), M004(X_4), T001(T_1), T003(T_3), P011(L_1)이고 명령은 LOAD, OR, AND NOT, OUT, TMR, ⟨DATA⟩ 00100(2스텝 사용)이고 0~11 스텝으로 한다.

(5) L 입력형 $\overline{R}\,\overline{S}$-latch와 단안정 SMV를 사용하여 로직 회로를 그리시오.

● **연습문제 3-79**

그림은 신호등 회로의 일부이다. 릴레이 회로와 타임 차트를 그리고 니모닉 프로그램하시오. 또 L 입력형 $\overline{R}\,\overline{S}$-latch 1개와 단안정 SMV 2개, AND 회로 1개를 사용하여 로직 회로를 그리시오. 단, 명령은 LOAD, OR, AND NOT, OUT, TMR, ⟨DATA⟩ 00300을 사용하고 T_2를 분리 코딩하며 0~18 스텝으로 한다.

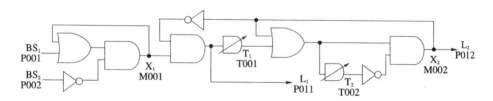

2. 비교·선택 회로

이 절에서는 배타 논리합 회로, 선택 회로, 쌍대 회로, 다이오드 행렬 등을 간단히 소개한다.

1) 배타 논리합 회로

그림 3-74의 진리표 및 타임 차트와 같이 2개의 입력이 A, B일 때 두 입력 중 하나가 H레벨일 때 출력이 H레벨이 되는 회로를 배타 논리합 회로 EOR(Exclusive OR gate)이라고 한다. 즉 두 입력의 상태가 같을 때(HH, 또는 LL)는 출력이 없는 L레벨 상태이고, 두 입력의 상태가 다를 때(HL,또는 LH)에 출력이 있는 H레벨 상태가 된다. 그림(a)는 논리 기호와 논리식이고, (d)는 IC-SN 7486의 예로서 회로 4개가 내장되어 있다.

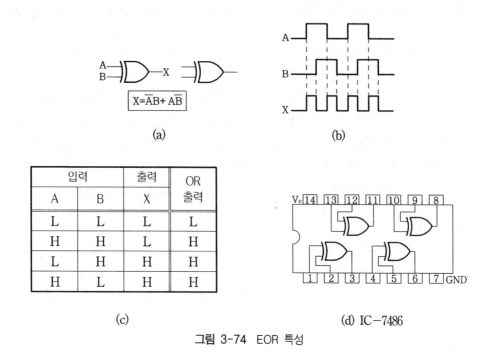

(a)

(b)

입력		출력	OR
A	B	X	출력
L	L	L	L
H	H	L	H
L	H	H	H
H	L	H	H

(c)

(d) IC–7486

그림 3-74 EOR 특성

그림 3-75에서 입력 A(P001)만 닫으면 ①(A, $\overline{B}$) 회로로, 또 입력 B(P002)만 닫으면 ②(B, $\overline{A}$) 회로로 릴레이 Ⓧ(M000)가 동작한다. 그리고 입력 A, B를 모두 닫으면 b접점 ③($\overline{A}$, $\overline{B}$)가 열리고, 또 입력 A, B를 모두 닫지 않으면 접점 ④(A, B)가 열려 있어서 릴레이 Ⓧ(M000)가 동작하지 못한다. 여기서 논리식은 아래와 같다.

$X = A\overline{B} + \overline{A}B = A \oplus B$ 이고($\oplus$는 ring sum 으로 읽는다), 혹은

$X = (A + B)(\overline{A} + \overline{B}) = (A + B)\overline{AB} = A\,\overline{B} + \overline{A}B$

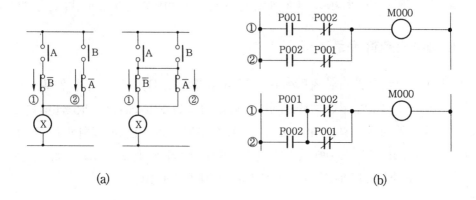

(a)

(b)

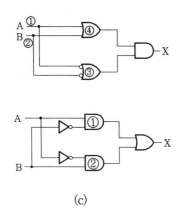

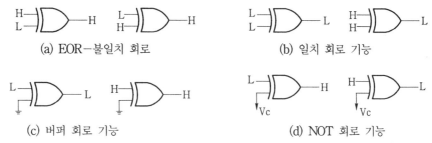

(c)

그림 3-75 EOR 회로

그림 3-76은 EOR 회로의 동작 레벨 상태를 나타낸 것이다.

(a) EOR-불일치 회로

(b) 일치 회로 기능

(c) 버퍼 회로 기능

(d) NOT 회로 기능

그림 3-76 회로 기능과 레벨 표시

그림(a)에서 두 입력이 H-L, 혹은 L-H로 다르면(불일치하면) 출력이 H레벨이 되고 또 출력이 H 레벨이면 두 입력이 H-L, 혹은 L-H로 불일치한다. 그림(b)에서 두 입력이 L-L, 혹은 H-H로 같으면(일치하면) 출력이 L레벨이 되고 또 출력이 L 레벨이면 두 입력이 L-L, 혹은 H-H로 일치한다. 따라서 입력의 일치 여부를 판정하는 기능이 있으며 일치 회로, 불일치 회로로 사용할 수 있다.

그림(c)에서 입력 B(아래쪽)를 제어 입력으로 하고 L레벨로 하면(접지에 접속) 입력 A가 L 레벨일 때 출력은 L레벨이 되고, 입력 A가 H 레벨일 때 출력은 H 레벨이 되어 버퍼의 기능을 갖는다. 또 그림(d)에서 입력 B(아래쪽)를 제어 입력으로 하고 H레벨로 하면(V_c에 접속) 입력 A가 H레벨일 때 출력은 L레벨이 되고 입력 A가 L레벨일 때 출력은 H레벨이 되어 NOT 회로의 기능을 갖는다. 따라서 2 입력 중 1입력을 제어 입력으로 사용하면 Buffer 혹은 NOT 회로로 변환하여 사용할 수 있다.

● **예제 3-29** ●

그림의 A, B의 펄스 입력에서 EOR 출력 파형을 그려보자.

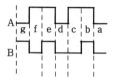

【풀이】

A가 L레벨, B가 H레벨인 구간은 g이고, A가 H레벨, B가
L레벨인 구간은 c, f이므로

EOR 출력이 H레벨인 구간은 c, f, g가 된다. 여기서 A가 H
레벨 혹은 B가 H레벨인 OR 출력 구간은 b, c, e, f, g이다.

🖎 **연습문제 3-80**

그림은 배타 논리합 회로를 나타낸 회로이다.

(1) 입력이 A, B일 때 Y의 논리식을 X로 표시하
시오.

(2) AND 2개, NOT 2개, OR 1개를 사용하여
무접점 회로를 그리시오.

(3) 답란의 진리표(X)와 타임 차트(Y)를 완성하
시오.

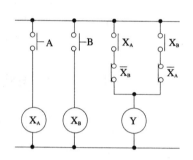

🖎 **연습문제 3-81**

그림은 반가산기의 논리 회로이다.

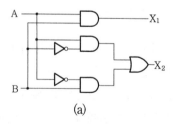

(a)

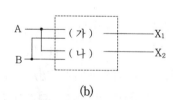

(b)

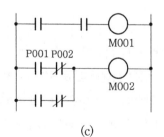

(c)

차례	명령	번지	차례	명령	번지
0	LOAD	P001	5	⑨	⑩
1	①	②	6	AND NOT	P001
2	③	④	7	OR LOAD	—
3	⑤	⑥	8	OUT	M002
4	⑦	⑧	9	—	—

(1) 그림(a)의 출력 X_1, X_2의 논리식을 쓰고 그림 (b)란에 논리 기호 2개를 사용하여 논리 회로를 완성하시오.

(2) 그림(c)의 PLC 래더 회로를 참고하여 프로그램을 완성하시오.

(3) 위 그림들을 참고하여 답란의 점선안에 릴레이 회로와 타임 차트를 완성하시오.

🖊 연습문제 3-82

논리식 $X = (A + B + \overline{C})(A\,\overline{B}C + AB\overline{C})$를 가장 간단한 식으로 변환하고 그 식에 따라 논리 기호 2개를 사용하여 논리 회로를 그리시오.

🖊 연습문제 3-83

그림의 릴레이 회로를 보고 물음에 답하시오.

(1) 답란에 래더 회로를 그리고 프로그램을 완성하시오.

(2) 2입력의 AND 회로, OR 회로, EOR 회로를 각 1개씩 사용하여 논리 회로를 그리시오.

(3) 논리식을 쓰고 간단히 한 후 결과를 논리 회로로 그리시오. 또 진리표를 완성하시오.

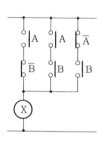

차례	명령	번지	차례	명령	번지
0	STR	171	5	⑥	⑦
1	AND NOT	172	6	AND	⑧
2	①	②	7	OR STR	—
3	③	④	8	OUT	173
4	⑤	—	9	—	—

2) 배타 논리합 부정 회로

그림 3-77에서 2개의 입력이 A, B일 때 두 입력의 논리 상태가 같을 때에만 출력이 생기는 회로를 배타 논리합 부정 회로 NEOR이라고 하고 배타 논리합 회로 EOR을 부정한 회로가 된다. 즉 두 입력이 모두 H레벨 혹은 L레벨일 때 출력이 H레벨이 되고 입력의 일치 여부를 판정하는 일치 회로에 이용된다.

이 회로는 두 입력이 전부 없을 때 즉 A가 L레벨, B가 L레벨이면 AND 회로 ②를 통하여 출력은 H레벨이 되고 또 두 입력이 전부 있을 때 즉 A가 H레벨, B가 H레벨이면 AND 회로 ①을 통하여 출력은 H레벨이 되며 논리식은 $X = AB + \overline{A}\,\overline{B} = \overline{A \oplus B}$이 된다.

입력		출력	
A	B	NEOR	EOR
② L	L	H	L
① H	H	H	L
L	H	L	H
H	L	L	H

(a)

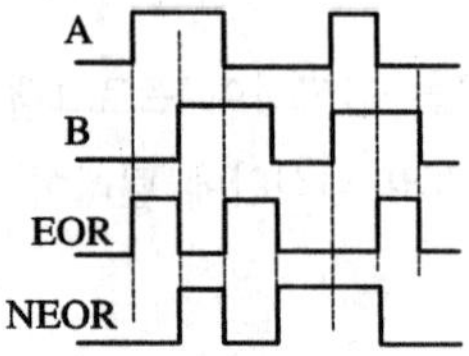

(b)

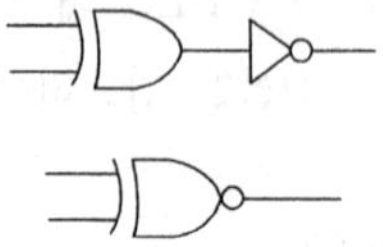

(c)

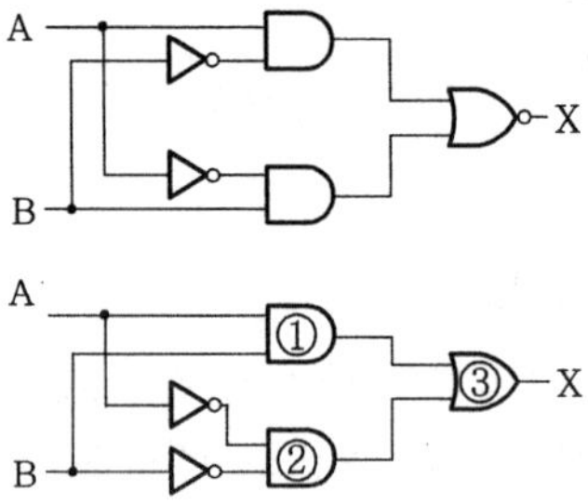

(d)

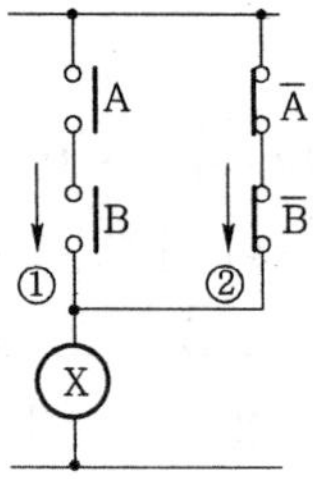

(e)

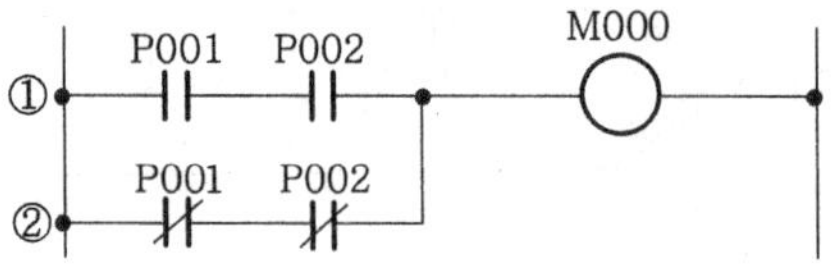

차례	명령	번지
0	LOAD	P001
1	AND	P002
2	LOAD NOT	P001
3	AND NOT	P002
4	OR LOAD	—
5	OUT	M000

그림 3-77 배타 논리합 부정 회로

그림 3-78은 NEOR 회로의 레벨 표시이다.

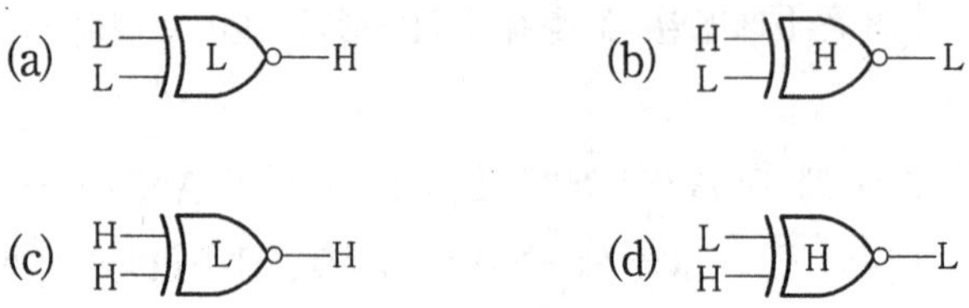

(a) $\begin{matrix} L \\ L \end{matrix}$)L)o— H   (b) $\begin{matrix} H \\ L \end{matrix}$)H)o— L

(c) $\begin{matrix} H \\ H \end{matrix}$)L)o— H   (d) $\begin{matrix} L \\ H \end{matrix}$)H)o— L

그림 3-78 레벨 표시

●예제 3-30●

아래 기호의 명칭을 쓰고 점선속의 기호로 등가 회로 2개를 완성하시오.

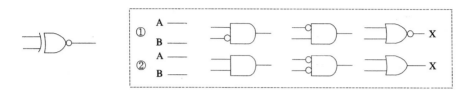

【풀이】

배타 논리합 부정 회로(NEOR)

3) 선택 회로

그림 3-79와 같이 금지 입력 S가 있으면 출력 X가 나타나지 않는 회로를 금지 회로(inhibit circuit)라고 하고 입력 S의 유무에 따라 출력의 유무가 결정된다. 즉 금지 입력이 없어야만 출력이 생기는 회로가 된다. 그림에서 입력 A가 주어진 상태(A - H 레벨일 때)에서 금지 입력 S가 없으면(S - L레벨) 출력이 생기고(X - H레벨), 금지 입력 S가 있으면 (S - H레벨) 출력이 없는(X - L레벨) 상태가 된다.

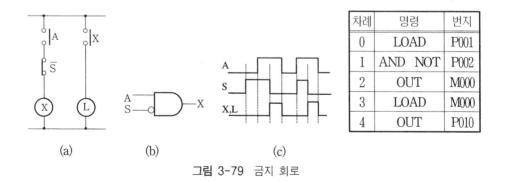

그림 3-79 금지 회로

그림 3-80과 같이 선택 입력 S에 따라 입력 A, 혹은 B를 출력으로 선택할 수 있는 회로를 선택 회로(multiplexer)라고 한다. 즉 선택입력 S가 없으면 AND 회로①과 OR 회로가 동작하

여 입력 A를 출력으로 선택하고 선택입력 S가 있으면 AND 회로②와 OR 회로가 동작하여 입력 B를 출력으로 선택한다.

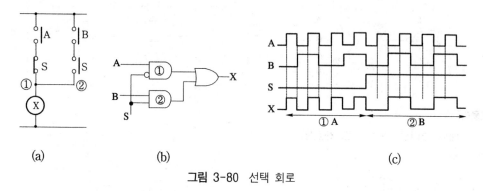

(a)   (b)   (c)

그림 3-80 선택 회로

●예제 3-31●

그림의 AND 회로에서 입력 A를
주고 선택 입력 S를 그림과 같이 줄
때 선택 출력 X는 어느 구간을 선택
하느냐? 점선내의 X에 그리시오.

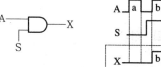

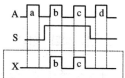

【풀이】

AND 회로 출력이므로 b, c 구간이 된다.

그림 3-81과 같이 분배 입력 D에 따라 입력 A를 출력 X_1, 혹은 X_2로 나타내는(분배하는) 회로를 분배 회로(demultiplexer)라고 한다. 즉 분배 입력 D가 없으면 AND 회로①이 동작하여 입력 A를 출력 X_1로 분배하고 분배 입력 D가 있으면 AND 회로②가 동작하여 입력 A를 출력 X_2로 분배한다.

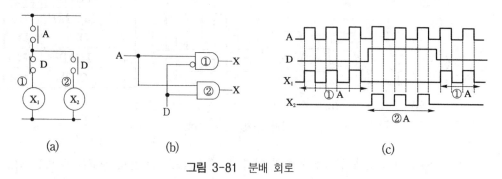

(a)   (b)   (c)

그림 3-81 분배 회로

✎ 연습문제 3-84

그림 (a), (b)의 출력 $X_1 \sim X_4$의 논리식을 쓰고 타임 차트를 점선 내에 그리시오.

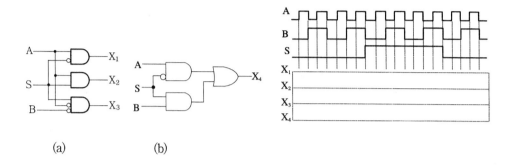

(a)   (b)

그림 3-82와 같이 한개의 입력 신호(A)를 두개의 전환 신호(B, C)에서 두개의 출력 (X_1, X_2) 중 하나를 출력하는 회로를 전환 회로라고 한다. 즉 입력 A를 준 후 전환 입력 B를 주면 릴레이 X_1이 동작하여 출력이 생기므로 입력 A가 출력($X_1 = AB$)로 전환한다. 또 전환 입력 C를 주면 릴레이 X_2가 동작하여 출력이 생기므로 입력 A가 출력($X_2 = AC$)로 전환한다.

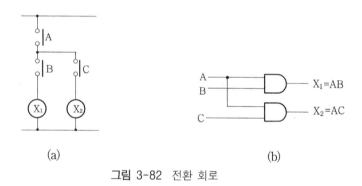

(a)   (b)

그림 3-82 전환 회로

4) 쌍대 회로

복잡한 직병렬 회로를 간단한 직병렬 회로로 등가 변환할 때 이들 회로를 서로 쌍대 회로(dual circuit)라고 하며 전기 회로에서 전압과 전류, 비례와 반비례, 직렬과 병렬, 입력과 출력, 긍정과 부정 등은 서로 쌍대가 되고 두번 쌍대를 하면 원래의 것이 된다.

쌍대 회로의 변환 방법은 그림 3-83과 같이 접점 회로 (a)와 (b)에서 직렬은 병렬로, 병렬은 직렬로 바꾸며 또 a접점은 b접점으로, b접점은 a접점으로 바꾸면 된다. 또 논리 회로 (c)와 (d)에서 AND는 OR로, OR는 AND로 바꾸고 또 입·출력단에 NOT(b접점) 회로가 있으면 제거하고 NOT가 없으면 NOT를 접속한다.

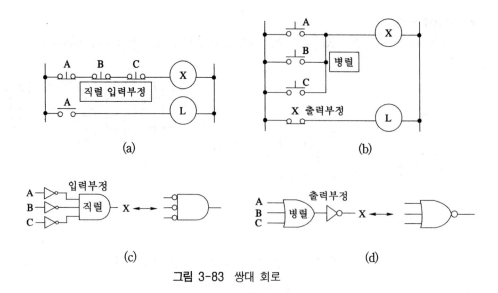

그림 3-83 쌍대 회로

드 몰간(de Morgan) 정리는 NAND 회로와 NOR 회로에서 쌍대 회로 원리와 같다. 즉 AND 기능 회로와 OR 기능 회로는 서로 쌍대 회로이다.

① NAND 회로($X = \overline{AB} = \overline{A} + \overline{B}$) :

$$AND + NOT(출력\ 부정) \leftrightarrow NOT(입력\ 부정) + OR$$

② NOR 회로($X = \overline{A + B} = \overline{A}\,\overline{B}$) :

$$OR + NOT(출력\ 부정) \leftrightarrow NOT(입력\ 부정) + AND$$

●예제 3-32●

다음 회로들의 쌍대 회로를 그려보자.

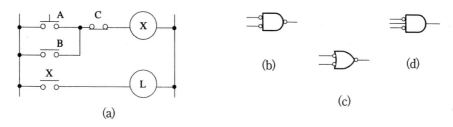

(a)
(b)
(c)
(d)

【풀이】

직렬(AND)과 병렬(OR) 변환 및 부정(NOT, b접점)과 긍정(a접점) 변환으로 회로를 그린다.

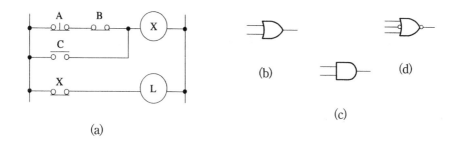

(a)
(b)
(c)
(d)

✎ 연습문제 3-85

그림의 논리 회로에서 A, B, C, D는 릴레이 접점이고 X는 릴레이, L은 부하이다.

(1) 논리식을 쓰고 릴레이 회로로 고치시오.

(2) 쌍대 회로의 릴레이 회로, 논리 회로를 각각 그리고 논리식을 쓰시오.

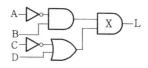

✎ 연습문제 3-86

그림의 논리 회로에서 A, B, C, D, E는 릴레이 접점이고 X는 릴레이, L은 부하이다. (a) 논리식, (b) 릴레이 회로, (c) 니모닉 프로그램을 작성하시오. 그리고 쌍대 회로의 (d) 논리식, (e) 릴레이 회로, (f) 니모닉 프로그램, (g) 논리 회로를 작성하시오. 단, 명령어는 LOAD, LOAD NOT, AND, AND NOT, OR, OR NOT, OUT를 사용하고 0~7스텝으로 하며 번지는 문자 기호를 사용하기로 한다.

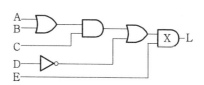

🎯 **연습문제 3-87**

그림 (a)에서 A, B, C, D는 릴레이 접점이고 X는 릴레이, L은 부하이다.

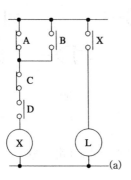

차례	명령	번지
0	LOAD NOT	M001
1	①	M002
2	②	M003
3	AND	③
4	OUT	M000
5	LOAD	④
6	⑤	P010

(1) 답지의 그림 (b)란에 쌍대 회로를 완성하고 그림 (a), (b)의 논리식을 각각 쓰시오.

(2) 답지의 그림 (c)란에 논리 회로(2 입력 AND, OR와 NOT 기호 사용)를 완성하시오.

(3) 그림 (a)를 참조하여 표의 니모닉 프로그램의 ①~⑤에 알맞은 명령어나 번지를 적으시오. 단, A~D는 M001~M004, X는 M000, L은 P010의 번지를 사용하고 LOAD, OR, AND, NOT, OUT의 명령을 사용한다.

5) 신호 검출 회로

신호 검출 회로에는 기동 신호 검출 회로와 정지 신호 검출 회로가 있다.

그림 3-84는 기동 신호 검출 회로의 예이다. 시각 t_1에 입력 A(P000)를 주면 시한 동작용 T(T000)가 여자되고 X(M000)가 동작하며 부하 L(P010)이 작동한다. 설정 시간($t_2 \sim t_1$)에 T_b가 열리면 X와 L이 복구한다. 즉 기동 검출 신호(X)는 ($t_2 \sim t_1$)시각만 나타난다.

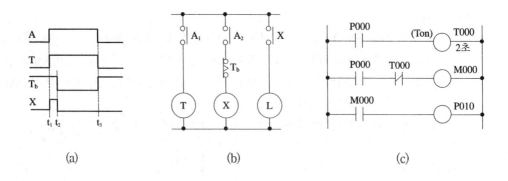

(a)   (b)   (c)

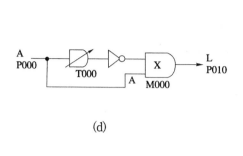

차례	명령	번지
0	LOAD	P000
1	TMR	T000
2	⟨DATA⟩	00020
4	LOAD	P000
5	AND NOT	T000
6	OUT	M000
7	LOAD	M000
8	OUT	P010

그림 3-84 기동 신호 검출 회로

그림 3-85는 정지 신호 검출 회로의 예이다. 시각 t_1에 입력 A(P000)를 주면 시한 복구용 T(T000)가 여자한다. 시각 t_2에 입력 A를 복구시키면 T가 복구하고 X와 L이 동작한다. 설정 시간($t_3 \sim t_2$)에 T_a가 열리면 X와 L이 복구한다. 즉 정지 검출 신호(X)는 ($t_3 \sim t_2$) 시각만 나타난다. 프로그램에서 시한 복구용 Toff 타이머의 명령어는 TMR TMR이다.

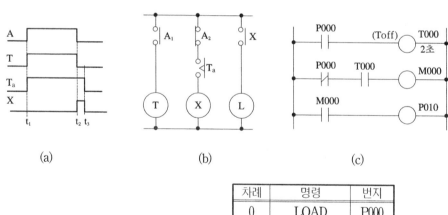

(a)   (b)   (c)

차례	명령	번지
0	LOAD	P000
1	TMR TMR	T000
2	⟨DATA⟩	00020
4	LOAD NOT	P000
5	AND	T000
6	OUT	M000
7	LOAD	M000
8	OUT	P010

(d)

그림 3-85 정지 신호 검출 회로

6) 다이오드행렬

그림 3-86 (a)와 같이 그리드 모양의 도체가 만나는 점을 다이오드로 접속 단락하여 구성하는 회로를 다이오드 행렬이라고 하며 신호 변환 회로의 조립이 간단하고 쉬우므로 많이 사용된다.

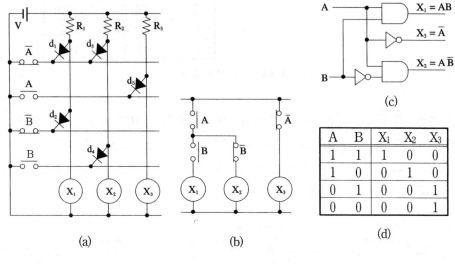

A	B	X_1	X_2	X_3
1	1	1	0	0
1	0	0	1	0
0	1	0	0	1
0	0	0	0	1

(a)   (b)   (d)

그림 3-86   AND 행렬

(1) 릴레이 회로와 로직 회로에서 A AND B이면 X_1(=AB)이 동작한다. 다이오드 행렬에서 $\overline{A}$와 $\overline{B}$가 다이오드 d_1과 d_2를 통하여 전원을 단락하고 있으므로 X_1은 동작하지 못하지만 접점 A와 B가 동작하여 $\overline{A}$와 $\overline{B}$가 열리면 저항 R_1을 통하여 전원이 접속되므로 X_1이 동작한다.

(2) 출력 X_2는 접점 A가 닫히면 동작한다. 즉 $X_2 = A\overline{B}$이다. 다이오드 행렬에서 $\overline{A}$가 열리면 d_3으로 단락된 회로가 해제되어 저항 R_2를 통하여 전원을 공급받아 X_2가 동작한다.

(3) 출력 X_3은 접점 A가 동작하지 않은 상태($\overline{A}$)에서 동작한다. 여기서 X_1, X_2는 X_1=AB, $X_2 = A\overline{B}$로 동작하므로 다이오드 AND 행렬이 된다. 그리고 접점이 열리는 경우를 기준으로 하였으므로 릴레이 회로와는 동작 상태가 반대로 된다.

그림 3-87 (a)는 다이오드의 OR 행렬을 보인 것으로 각 X출력은 두 접점의 병렬로 동작한다.

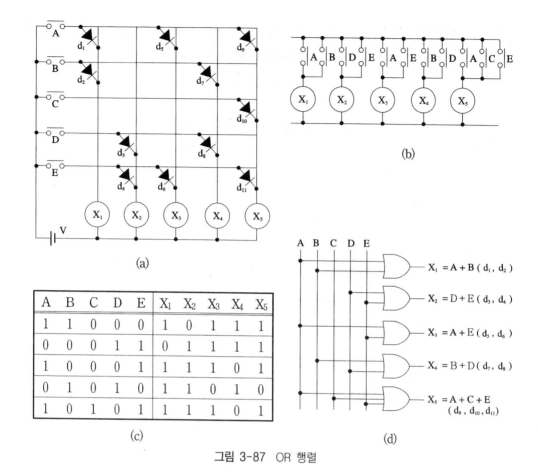

그림 3-87 OR 행렬

🔹 연습문제 3-88

그림과 같은 직류 전동기 3
대의 조건 제어 차트를 보고
물음에 답하시오.

(1) 릴레이 회로를 그리시오.
(2) AND 회로 3개로 논리
회로를 그리고 $M_1 \sim M_3$
의 식을 쓰시오.
(3) 다이오드 행렬을 그리시
오.
(4) 진리표를 작성하시오.

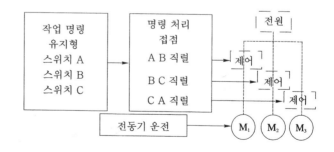

그림 3-88은 디지털 양의 표현에서 10진수를 2진수 또는 BCD(8421)수로 변환하는 엔코더 (encoder) 회로의 일예이다. 이 회로는 0의 입력선이 없는 것이 특징이다.

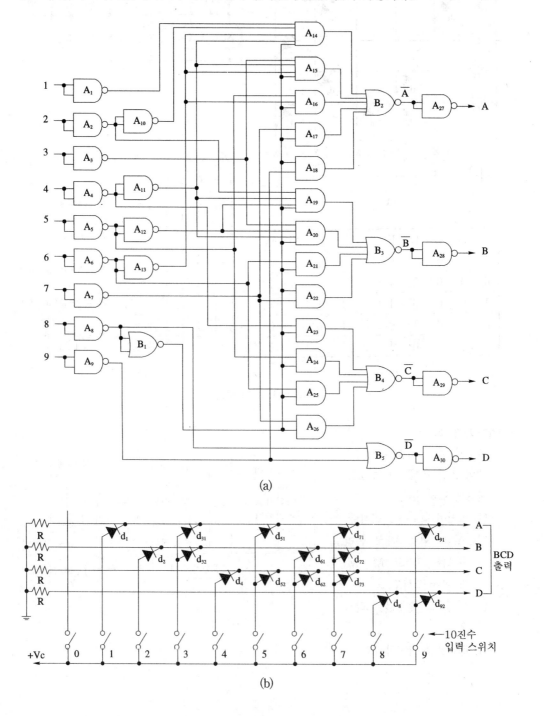

(a)

(b)

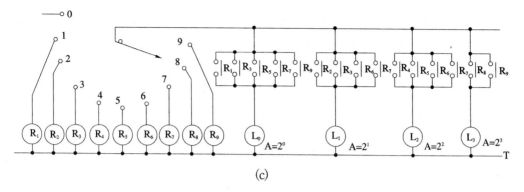

(c)

수	DCBA	Diode 동작	로직 동작	릴레이 동작
0	0000	—	—	—
1	0001	d_1	$A_1-A_{14}-B_2-A_{27}$	R_1
2	0010	d_2	$A_2-A_{19}-B_3-A_{28}$	R_2
3	0011	d_{31}, d_{32}	$A_3-A_{20}-B_3-A_{28}$, $A_3-A_{15}-B_2-A_{27}$	R_3
4	0100	d_4	$A_4-A_{23}-B_4-A_{29}$	R_4
5	0101	d_{51}, d_{52}	$A_5-A_{24}-B_4-A_{29}$, $A_5-A_{16}-B_2-A_{27}$	R_5
6	0110	d_{61}, d_{62}	$A_6-A_{25}-B_4-A_{29}$, $A_6-A_{21}-B_3-A_{28}$	R_6
7	0111	d_{71}, d_{72}, d_{73}	$A_7-A_{26}-B_4-A_{29}$, $A_7-A_{22}-B_3-A_{28}$, $A_7-A_{17}-B_2-A_{27}$	R_7
8	1000	d_8	$A_8-B_5-A_{30}$,	R_8
9	1001	d_{91}, d_{92}	$A_9-B_5-A_{30}$, $A_9-A_{18}-B_2-A_{27}$	R_9
	A	$d_1, d_{31}, d_{51}, d_{71}, d_{91}$	—	R_1,R_3,R_5,R_7,R_9
—	B	$d_2, d_{32}, d_{61}, d_{72}$	—	R_2,R_3,R_6,R_7
	C	$d_4, d_{52}, d_{62}, d_{73}$	—	R_4,R_5,R_6,R_7
	D	d_8, d_{92}	—	R_8,R_9

그림 3-88 엔코더 회로

논리 회로는 L레벨의 입력을 가하면 L레벨 출력($\overline{DCBA}$)이 생기고 이를 다시 인버터를 통하여 H레벨 출력(DCBA)으로 변환한 것이다. 그림 (b)는 다이오드 메트릭스(diode matrix)형 엔코더 회로이며 스위치에 의하여 전원을 가하면 해당 다이오드가 통전하여 H레벨의 출력을 얻는다.

그림(c)는 릴레이 동작의 DCBA 회로이다. 표는 이들의 동작을 간추린 것이며 6의 예를 들면 그림 (a)에서 L입력을 6번에 주면 A_6을 통하여 A_{25} - B_4 - A_{29}와 A_6 - A_{21} - B_3 - A_{28}의 회로로 H출력 CB가 생기므로 BCD 출력은 0110이 된다. 그림 (b)에서 스위치 6을 누르면 H입력이 다이오드 d_{61}, d_{62}가 통전하여 H출력 CB 즉 BCD 출력 0110이 생긴다. 그림 (c)에서 릴레이 R_6이 동작하면 접점 R_6으로 L_1과 L_2가 동작하여 CB 즉 BCD 출력 0110을 얻는다. 또 그림 (a)에서 L입력을 5번에 주면 A_5를 통하여 $A_5 - A_{24} - B_4 - A_{29}$와 $A_5 - A_{16} - B_2 - A_{27}$의 회로로 H 출력 CA가 생기므로 BCD 출력은 0101이 된다. 그림 (b)에서 스위치 5를 누르면 H입력이 다 이오드 d_{51}, d_{52}가 통전하여 H출력 CA 즉 BCD 출력 0101이 생긴다. 그림 (c)에서 릴레이 R_5 가 동작하면 접점 R_5로 L_0과 L_2가 동작하여 CA 즉 BCD 출력 0101을 얻는다.

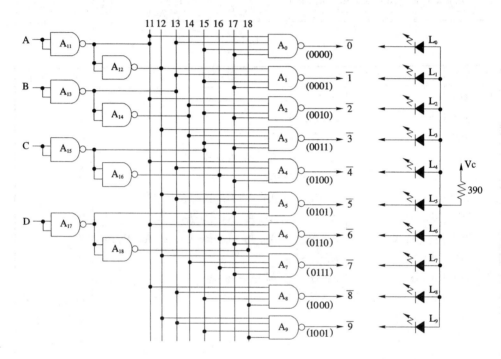

수	DCBA	로직 동작	램프
0	0000	$A_{11}-A_{13}-A_{15}-A_{17}-A_0-L_0$	L_0
1	0001	$A_{12}-A_{13}-A_{15}-A_{17}-A_1-L_1$	L_1
2	0010	$A_{11}-A_{14}-A_{15}-A_{17}-A_2-L_2$	L_2
3	0011	$A_{12}-A_{14}-A_{15}-A_{17}-A_3-L_3$	L_3
4	0100	$A_{11}-A_{13}-A_{16}-A_{17}-A_4-L_4$	L_4
5	0101	$A_{12}-A_{13}-A_{16}-A_{17}-A_5-L_5$	L_5
6	0110	$A_{11}-A_{14}-A_{16}-A_{17}-A_6-L_6$	L_6
7	0111	$A_{12}-A_{14}-A_{16}-A_{17}-A_7-L_7$	L_7
8	1000	$A_{11}-A_{13}-A_{15}-A_{18}-A_8-L_8$	L_8
9	1001	$A_{12}-A_{13}-A_{15}-A_{18}-A_9-L_9$	L_9

그림 3-89 디코더 회로

그림 3-89는 BCD 코드를 10진수로 변환하는 디코더(decoder) 회로의 일예이다. DCBA는 H입력이고 10진수는 L출력이며 LED를 그림과 같이 접속하면 표와 같이 동작한다. 여기서 10진수의 출력을 H레벨로 하려면 $A_0 \sim A_9$에 각각 인버터를 접속하면 된다. 6의 동작 과정을 보면 A와 D가 L입력이고 B와 C가 H입력이므로 $A_{11}-A_{14}-A_{16}-A_{17}$의 H출력을 입력으로 한 A_6에 L출력 6(0110)이 생기고 LED L_6이 점등한다. 또 7의 동작 과정은 D가 L입력이고 A, B, C가 H입력이므로 $A_{12}-A_{14}-A_{16}-A_{17}$의 H출력을 입력으로 한 A_7에 L출력 7(0111)이 생기고 LED L_7이 점등한다.

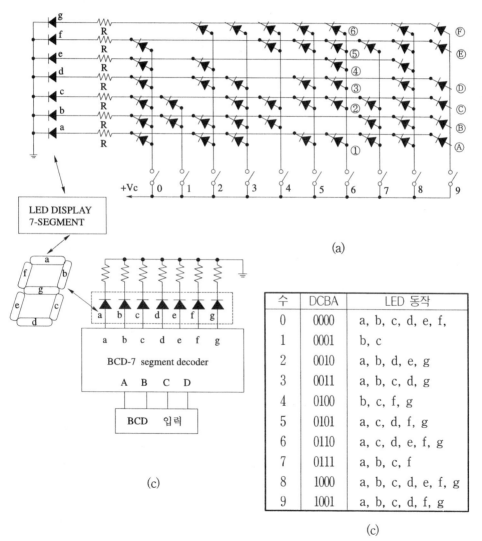

(a)

(c)

수	DCBA	LED 동작
0	0000	a, b, c, d, e, f,
1	0001	b, c
2	0010	a, b, d, e, g
3	0011	a, b, c, d, g
4	0100	b, c, f, g
5	0101	a, c, d, f, g
6	0110	a, c, d, e, f, g
7	0111	a, b, c, f
8	1000	a, b, c, d, e, f, g
9	1001	a, b, c, d, f, g

(c)

그림 3-90 LED 표시기 회로

그림 3-90은 BCD 코드의 출력에 LED를 숫자의 모양으로 배열한 BCD 7 세그먼트(seg-ment) 디코더, 즉 LED 표시기(display) 회로이다. 그림 (a)는 다이오드 메트릭스 회로이고 (b)는 IC 소자 회로이며 (c)는 동작 과정을 보인 것이다. 여기서 6을 누르면 BCD 입력은 0110이 들어가고 다이오드 ①~⑥이 통전되어 LED acdefg가 점등하여 숫자 6을 나타낸다. 또 9를 누르면 BCD 입력은 1001이 들어가고 다이오드 Ⓐ~Ⓕ가 통전되어 LED abcdfg가 점등하여 숫자 9를 나타낸다.

● 예제 3-33 ●

그림은 10진-2진 엔코더 회로의 일예이다.

(1) 7을 누르면 ABCD 중 어느것에 H출력이 생기는가?

(2) B에만 H출력이 생긴다면 10진수는 어떤 수인가?

【풀이】

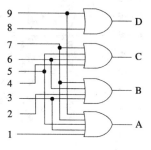

(1) 7을 누르면 CBA가 동작(H출력)하여 2진수 0111이 된다.

(2) B에만 H출력이 생기면 DCBA=0010이고 10진수 2이다.

✎ 연습문제 3-89

그림은 엔코더-디코더 회로의 일예이다. BS가 off 상태에서 모든 LED는 소등 상태이다. BS_1을 누르면 ( )이 점등하고 BS_2를 누르면 ( )와 ( )가 점등하며 BS_3을 누르면 ( )과 ( )이 점등한다. 그리고 BS_4를 누르면 ( )와 ( )와 ( )이 점등한다. ( )에 램프 L_1~L_6 중에서 골라 넣으시오. 중복이 있다.

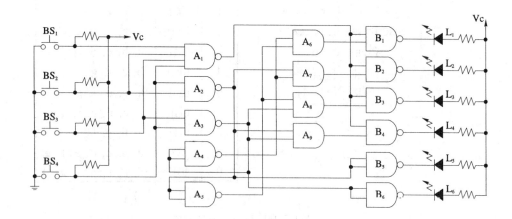

3. 기타 제어 회로

이 절에서는 앞에서 언급하지 않았든 각종 램프 회로, 공작 기계 회로 등의 회로와 출제 가능한 문제 등에 대하여 간단히 기술한다.

그림 3-91은 순차 점등 회로의 일예이다. BS_1을 누르면 X_1이 동작하고 T_1이 여자되며 접점 $X_{1(2)}$로 RL이 점등하고 $X_{1(3)}$으로 GL이 소등된다.

〈전원 R - BS_1($X_{1(1)}$ 유지) - BS_2 - X_1 동작(T_1 여자) - 전원 T〉

50초가 지나면 접점 T_{1a}로 X_2가 동작하여 접점 $X_{2(1)}$로 T_2가 여자되고 $X_{2(2)}$로 OL이 점등된다.

〈전원 R - $X_{1(1)}$ - T_{1a} - X_2 동작($X_{2(1)}$ - T_2 여자) - 전원 T〉

50초가 지나면 접점 T_{2a}로 X_3이 동작하고 접점 $X_{3(1)}$로 YL이 점등된다.

〈전원 R - $X_{1(1)}$ - T_{2a} - X_3 동작 - 전원 T〉

BS_2를 누르면 X_1이 복구하여 X_2, X_3, T_1, T_2, RL, OL, YL이 복구하고 GL이 점등된다.

로직 회로에서 BS_1을 누르면 FF_1이 셋하여 RL이 점등하고 GL이 소등하며 SMV_1이 셋한다. 50초 후에 SMV_1이 리셋하면 FF_2가 셋하여 OL이 점등하고 SMV_2가 셋한다. 50초 후에 SMV_2가 리셋하면 FF_3이 셋하여 YL이 점등한다. BS_2를 누르면 FF_1~FF_3이 리셋하여 RL, OL, YL이 소등하고 GL이 점등한다.

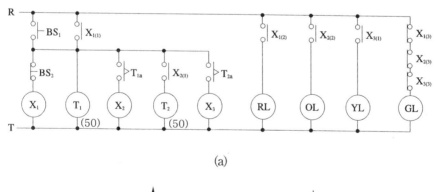

(a)

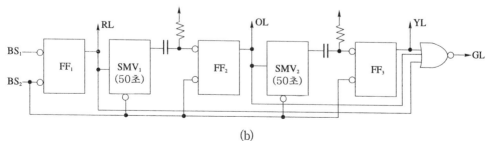

(b)

차례	명령	번지	차례	명령	번지
0	LOAD	P001	15	LOAD	M001
1	OR	M001	16	AND	T002
2	AND NOT	P002	17	OUT	M003
3	OUT	M001	18	LOAD	M001
4	TMR	T001	19	OUT	P011
5	〈DATA〉	00500	20	LOAD	M002
7	LOAD	M001	21	OUT	P012
8	AND	T001	22	LOAD	M003
9	OUT	M002	23	OUT	P013
10	LOAD	M001	24	LOAD NOT	M001
11	AND	M002	25	AND NOT	M002
12	TMR	T002	26	AND NOT	M003
13	〈DATA〉.	00500	27	OUT	P014

그림 3-91 순차 점등 회로

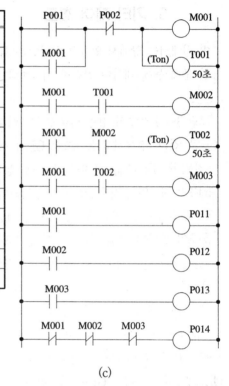

(c)

래더 회로는 릴레이 회로를 그대로 변형하되 X_2(M002), T_2(T002), X_3(M003) 회로는 X_1 릴레이 접점(M001)으로 분리하고 T_1(T001)만 종속 처리하였다.

그림 3-92는 GL과 RL 및 OL이 순차적으로 점등하고 OL이 점등하면 GL과 RL이 소등하는 회로의 일예이다.

BS_1을 누르면 T_1이 여자되며 접점 $T_{1(1)}$로 유지된다.

〈전원 R - BS_1($T_{1(1)}$ 유지) - $X_{3(4)}$ - T_1 여자 - 전원 T〉

t_1초가 지나면 접점 T_{1a}로 X_1이 동작하고 T_2가 여자되고 $X_{1(1)}$로 GL이 점등된다.

〈전원 R - T_{1a} - X_1 동작(T_2 여자) - 전원 T〉

t_2초가 지나면 접점 T_{2a}로 X_2가 동작하고 T_3이 여자되며 접점 $X_{2(1)}$로 RL이 점등된다.

〈전원 R - T_{1a} - T_{2a} - X_2 동작($X_{3(2)}$ - T_3 여자) - 전원 T〉

t_3초가 지나면 접점 T_{3a}로 X_3이 동작하고 $X_{3(1)}$로 유지하며 접점 $X_{3(3)}$으로 OL이 점등된다.

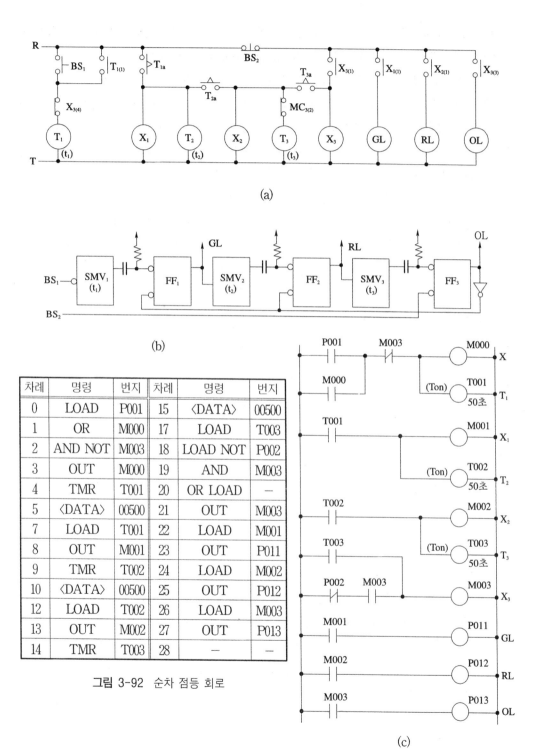

(a)

(b)

(c)

차례	명령	번지	차례	명령	번지
0	LOAD	P001	15	⟨DATA⟩	00500
1	OR	M000	17	LOAD	T003
2	AND NOT	M003	18	LOAD NOT	P002
3	OUT	M000	19	AND	M003
4	TMR	T001	20	OR LOAD	—
5	⟨DATA⟩	00500	21	OUT	M003
7	LOAD	T001	22	LOAD	M001
8	OUT	M001	23	OUT	P011
9	TMR	T002	24	LOAD	M002
10	⟨DATA⟩	00500	25	OUT	P012
12	LOAD	T002	26	LOAD	M003
13	OUT	M002	27	OUT	P013
14	TMR	T003	28	—	—

그림 3-92 순차 점등 회로

동시에 접점 $X_{3(4)}$로 T_1이 복구되며 X_1, T_2, X_2가 복구하고 또 접점 $X_{3(2)}$로 T_3이 복구되며 GL과 RL이 소등된다. 그리고 BS_2를 누르면 X_3이 복구하여 OL이 소등된다.

〈전원 R - T_{1a} - T_{2a} - T_{3a} - X_3 동작(BS_2 - $X_{3(1)}$ 유지) - 전원 T〉

로직 회로에서 BS_1을 누르면 SMV_1이 셋되고 t_1초 후 리셋되면 FF_1이 셋하여 GL이 점등하고 SMV_2가 셋한다. t_2초 후에 SMV_2가 리셋하면 FF_2가 셋하여 RL이 점등하고 SMV_3이 셋한다. t_3초 후에 SMV_3이 리셋하면 FF_3이 셋하여 OL이 점등하고 NOT 회로를 통하여 FF_1, FF_2가 리셋하여 GL과 RL이 소등한다. BS_2를 누르면 FF_3이 리셋하여 OL이 소등한다.

래더 회로는 릴레이 회로를 조금 변형하였다. 즉 P001(BS_1)을 주면 유지용 M000(X)이 동작하고 T001이 여자된다. 50초 후에 T001로 M001(X_1)이 동작하여 P011(GL)이 점등하고 T002가 여자된다. 50초 후에 T002로 M002(X_2)가 동작하여 P012(RL)가 점등하고 T003이 여자된다. 50초 후에 T003으로 M003(X_3)이 동작 유지하여 P013(OL)이 점등하고 접점 M003으로 M000이 복구하면 차례로 T001, M001, T002, M002, T003이 복구하고 P011과 P012가 소등한다. P002를 누르면 M003이 복구하여 P013이 소등한다.

그림 3-93은 윙크 회로의 일예인데 T_1과 T_2가 교대로 동작과 복구를 반복하여 L_1과 L_2가 교대로 점등과 소등을 반복한다. BS_1을 누르면 T_1이 여자하고 L_1이 점등한다.

〈전원 R - BS_2 - BS_1($T_{1(1)}$ - T_{1b} 유지) - L_1 점등(T_1 여자) - 전원 T〉

t_1초 후에 T_{1a}로 T_2가 여자하고 L_2가 점등한다. 동시에 T_{1b}로 T_1과 L_1이 복구한다.

〈전원 R - BS_2 - T_{1a}($T_{2(1)}$ - T_{2b} 유지) - L_2 점등(T_2 여자) - 전원 T〉

t_2초 후에 T_{2a}로 T_1이 여자하고 L_1이 다시 점등한다. 동시에 T_{2b}로 T_2와 L_2가 복구함을 BS_2를 누를 때까지 반복한다.

〈전원 R - BS_2 - T_{2a}($T_{1(1)}$ - T_{1b} 유지) - L_1 재점등(T_1 재여자) - 전원 T〉

로직 회로에서 BS_1을 주면 OR를 통하여 SMV_1이 셋하여 L_1이 점등한다. t_1초 후에 SMV_1이 리셋하면 L_1이 소등하고 또 SMV_2가 셋하여 L_2가 점등한다. t_2초 후에 SMV_2가 리셋하면 L_2가 소등하고 또 OR 회로를 통하여 SMV_1이 셋하여 L_1이 재점등함을 반복한다.

PLC 회로는 유지용 내부 출력 M001(X_1), M002(X_2)가 필요함이 릴레이 회로와 다르다.

그림 (e)와 (f)는 그림 (b)와 (c)의 변형으로 플리커(타이머) 릴레이와 IC-555를 사용한 회로이다. 그림 (e)에서 BS_1을 누르면 X가 동작하고 플리커 릴레이 F가 동작하여 t_1, t_2의 간격으로 L_1과 L_2가 점등과 소등을 반복하며 BS_2를 주면 정지한다. 그림 (f)에서 BS_1을 누르면 FF가 셋하고 비안정 특성의 555가 동작하여 AND 회로 B, A를 통하여 L_1, L_2가 교대로 점멸한다.

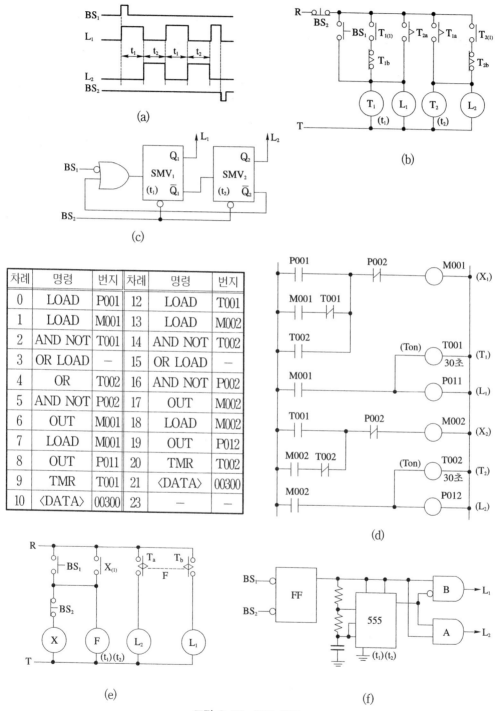

그림 3-93 윙크 회로

그림 3-94는 조광 제어 회로의 일부이다. 저녁에 주위가 어두어지면 조광 센서 Ph가 닫히고 X와 MC_1이 동작하여 조광 간판등 L_1이 점등하며 T_1이 여자된다.

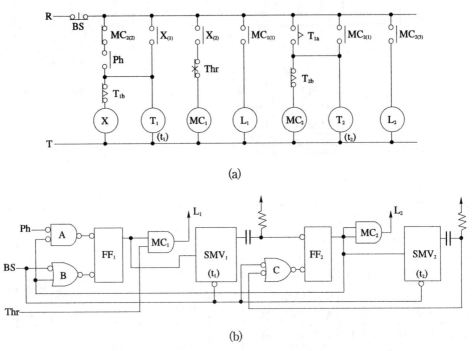

(a)

(b)

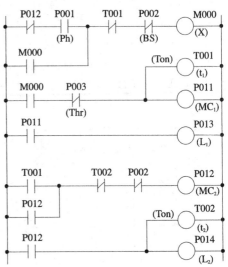

차례	명령	번지	차례	명령	번지
0	LOAD NOT	P012	12	LOAD	P011
1	AND	P001	13	OUT	P013
2	OR	M000	14	LOAD	T001
3	AND NOT	T001	15	OR	P012
4	AND NOT	P002	16	AND NOT	T002
5	OUT	M000	17	AND NOT	P002
6	LOAD	M000	18	OUT	P012
7	AND NOT	P003	19	LOAD	P012
8	OUT	P011	20	OUT	P014
9	TMR	T001	21	TMR	T002
10	⟨DATA⟩	t_1	22	⟨DATA⟩	t_2

(c)

그림 3-94 조광 제어 회로

〈전원 R - BS - MC$_{2(2)}$ - Ph(X$_{(1)}$ 유지) - T$_{1b}$ - X 동작(T$_1$ 여자) - 전원 T〉

〈전원 R - BS - X$_{(2)}$ - Thr - MC$_1$ 동작(L$_1$ 점등) - 전원 T〉

심야에 상점을 닫을 때, 즉 설정 시간 t$_1$이 지나면 접점 T$_{1b}$로 X(T$_1$)와 MC$_1$이 복구하여 L$_1$이 소등된다. 동시에 T$_{1a}$로 MC$_2$(T$_2$)가 동작하여 상점등 L$_2$가 점등한다.

〈전원 R - BS - T$_{1a}$(MC$_{2(1)}$ 유지) - T$_{2b}$ - MC$_2$ 동작(L$_2$ 점등, T$_2$ 여자) - 전원 T〉

이 때 접점 MC$_{2(2)}$가 열려 있으므로 X가 다시 동작하지 못하며 아침에 날이 밝을 때, 즉 설정 시간 t$_2$가 지나면 T$_{2b}$로 MC$_2$(T$_2$)가 복구하여 상점등 L$_2$가 소등한다. 또 Ph도 복구한다.

로직 회로에서 Ph를 주면 A를 통하여 FF$_1$이 셋하여 MC$_1$이 동작하고 L$_1$이 점등하며 SMV$_1$이 셋된다. t$_1$이 지나 SMV$_1$이 리셋하면 FF$_2$가 셋하여 MC$_2$가 동작하고 L$_2$가 점등하며 SMV$_2$가 셋한다. 동시에 B를 통하여 FF$_1$이 리셋하여 MC$_1$이 복구하고 L$_1$이 소등한다. t$_2$가 지나 SMV$_2$가 리셋하면 FF$_2$가 리셋하여 MC$_2$가 복구하고 L$_2$가 소등한다.

래더 회로는 릴레이 회로에서 BS를 2곳에 분리하고 타이머를 각각 X와 MC$_2$에서 분리 여자하여 동작을 안전하게 하였다.

● **예제 3-34** ●

그림은 야간(어두울 때)에 점등(MC)하고 심야(설정 시간)에 자동 소등하는 회로의 일부이고 Ph는 조광 센서(어두울 때 닫히고 밝을 때 열린다)이다. 그림 3-94를 이용하여 릴레이 회로를 그리고 이것을 참조하여 니모닉 프로그램하시오.

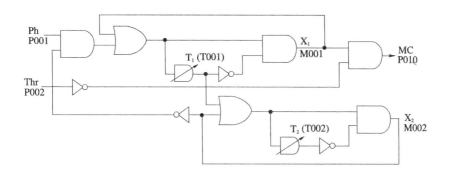

【풀이】

그림 3-94에서 MC$_1$=MC, MC$_2$=X$_2$이고, L$_1$, L$_2$가 없는 경우이다.

차례	명령	번지	차례	명령	번지
0	LOAD	P001	10	AND NOT	P002
1	AND NOT	M002	11	OUT	P010
2	OR	M001	12	LOAD	T001
3	AND NOT	T001	13	OR	M002
4	OUT	M001	14	AND NOT	T002
5	LOAD	M001	15	OUT	M002
6	TMR	T001	16	LOAD	M002
7	〈DATA〉	t_1	17	TMR	T002
9	LOAD	M001	18	〈DATA〉	t_2

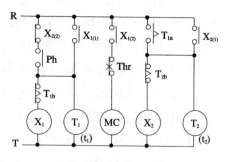

◈ 연습문제 3-90

타임 차트와 같이 램프 3개를 점등시키는 릴레이 회로와 로직 회로를 그리시오. 단, 로직 회로는 FF 2개, SMV 1개를 사용하고 릴레이는 X_1(2a), X_2(2a, 2b), T(Ton, 1a, 1b)를 사용하며 기타는 무시한다.

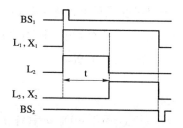

◈ 연습문제 3-91

그림의 타임 차트를 완성하고 램프 L의 동작을 1줄 이내로 쓰시오.

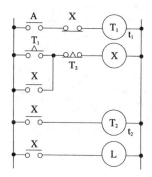

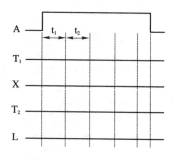

◈ 연습문제 3-92

다음 논리식에 의한 램프 L의 점등용 릴레이 회로를 그리시오. 단 타이머는 지연 동작형이다.

$$X_1 = (BS \cdot \overline{X_{2B}} + X_{1A})\overline{T_{2B}}$$

$$X_2 = T_2 = T_{1A}$$

$$T_1 = BS \cdot \overline{X_{2B}} + X_{1A}$$

$$L = X_{2A}$$

☞ 연습문제 3-93

그림은 램프 회로를 임의로 조합한 회로이다. BS는 20초 동안 누르고 접점 F는 전원 투입 3초 후에 동작하여 10초 동안 유지한다. 부저와 램프의 타임 차트를 완성하고, 또 주어진 기호를 사용하여 논리 회로를 그리고 논리식을 써넣으시오. 기타는 무시한다.

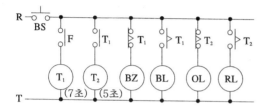
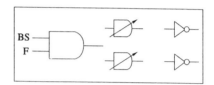

☞ 연습문제 3-94

그림은 플리커 회로의 일부이다.

(1) 타임 차트를 완성하시오.

(2) 논리 회로를 완성하고 논리식을 ( )에 쓰시오.

(3) 보기를 참조하여 프로그램의 07~17 스텝을 완성하시오.

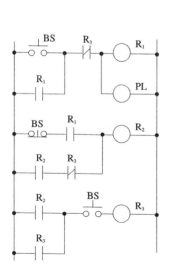

[보기]

1. STR : 입력 a접점(신호)
2. STRN : 입력 b접점(신호)
3. OR : OR gate
4. AND : AND gate
5. ORN : OR b접점
6. ANDN : AND b접점
7. OB : 병렬 접속점
8. OUT : 출력
9. X : 외부 신호(접점)
10. Y : 내부 신호(접점)
11. END : 끝
12. W : 각 번지 끝

번지	명령어	데이터	비고
01	STR	BS, X	W
02	OR	R_1, Y	W
03	OB		W
04	ANDN	R_3, Y	W
05	OUT	R_1	W
06	OUT	PL	W
07			W
08			W
09			W
10			W
11			W
12			W
13			W
14			W
15			W
16			W
17			W
18	END		W

그림 3-95는 비서실 등에서 기관장의 근무 상태를 나타내는 표시등 회로의 일예이다. L_1, L_2는 회로 동작 표시등이고 $L_3 \sim L_6$이 근무 상태 표시등이다. 기관장이 근무중일 때에는 $X_1(FF_1, M001)$과 $X_2(FF_2, M002)$가 동작하여 L_3이 점등하고, 회의중일 때에는 $X_1(FF_1, M001)$만이 동작하여 L_4가 점등한다. 또 외출중일 때에는 $X_2(FF_2, M002)$만이 동작하여 L_5가 점등하고, 사내의 순시와 귀가 등일 때에는 X_1, X_2 모두 부동작 상태에서 L_6이 점등한다.

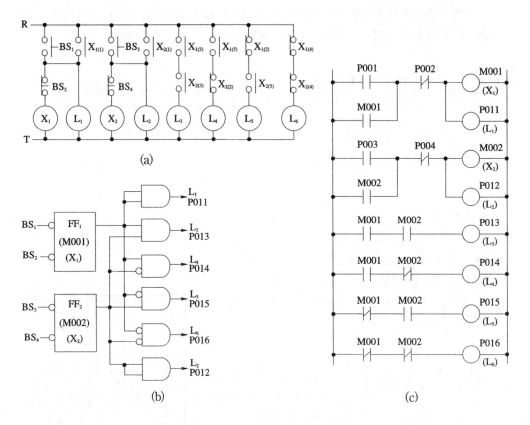

(a)

(b)

(c)

차례	명 령	번지	차례	명 령	번지	차례	명 령	번지
0	LOAD	P001	8	OUT	M002	16	LOAD NOT	M001
1	OR	M001	9	OUT	P012	17	AND	M002
2	AND NOT	P002	10	LOAD	M001	18	OUT	P015
3	OUT	M001	11	AND	M002	19	LOAD NOT	M001
4	OUT	P011	12	OUT	P013	20	AND NOT	M002
5	LOAD	P003	13	LOAD	M001	21	OUT	P016
6	OR	M002	14	AND NOT	M002	22	–	–
7	AND NOT	P004	15	OUT	P014	23	–	–

그림 3-95 표시등 회로

●예제 3-35●

　사무실 등에 설치하는 야간 침입자 경보 장치의 릴레이 회로를 다음 조건으로 그리고 이것을 참조하여 로직 회로($\overline{R}\,\overline{S}$-latch 2개 사용)를 그리시오.

(1) 문이 열리면 광전 스위치 혹은 리밋 스위치가 동작하여 벨이 울리고 램프가 소등한다.

(2) 버튼 스위치를 누르면 벨이 정지하고 램프가 점등한다.

(3) 리밋 스위치(LS)와 광전 스위치(OP) 1a용 각 1개, 부저(BL)와 램프(GL) 각 1개, 버튼 스위치(BS) 1a용과 1b용 각 1개, 릴레이 X_1(2a, 1b), X_2(1a, 1b)를 사용한다.

【풀이】

　OP와 LS를 병렬 입력으로 하는 유지 회로 X_1과 BS_1, BS_2를 입력으로 하는 유지 회로 X_2로 회로를 구성한다.

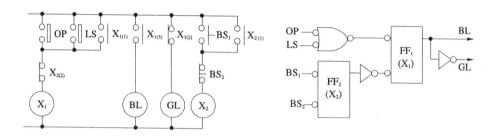

❖ 연습문제 3-95

　그림은 예제 3-35의 양논리 회로의 일부를 수정한 회로이다. X_1, X_2, BL, GL의 논리식을 쓰고, 래더 회로를 그린 후 니모닉 프로그램하시오. 명령어는 LOAD, LOAD NOT, AND NOT, OR, OUT만을 사용하고 0~12스텝으로 한다.

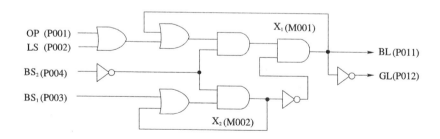

❖ 연습문제 3-96

　버튼 스위치 BS_1, BS_2, BS_3의 3개 중 3개를 접속하되 2개만 누르면 램프 L이 점등하는 릴레이 회로를 조합하여 그리고 양논리 회로와 니모닉 프로그램하시오. 여기서 유지용 X(M000)

를 사용하고 정지 신호는 생략한다. 번지는 문자 기호를 사용하고 명령은 LOAD, AND, AND NOT, OR LOAD, LOAD NOT, OUT만을 사용하며 0~12스텝으로 한다.

✎ 연습문제 3-97

그림은 화재 경보기의 양논리 회로의 일부이다. 화재 탐지기 FA_1, FA_2의 동작, 또는 화재 발견자에 의한 BS_1, BS_2의 조작으로 X_1, X_2가 동작하여 표시등 L_1, L_2가 소등하고 X_3, X_4가 동작하여 벨(BL)이 울리고 L_3, L_4가 점등하여 장소를 나타낸다. 타임 차트를 완성하고, 논리식을 ( )에 쓰고, 또 릴레이 회로를 그리시오.(FA의 기호 ─╲╱─)

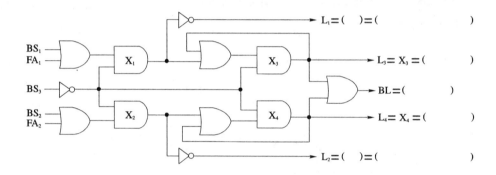

$L_1 = ($ $) = ($ $)$

$L_3 = X_3 = ($ $)$

$BL = ($ $)$

$L_4 = X_4 = ($ $)$

$L_2 = ($ $) = ($ $)$

✎ 연습문제 3-98

그림은 시보나 사이렌을 울리는 양논리 회로의 일부이고 t_1초 후에 사이렌(MC)이 울리고 t_2초 후에 정지하는 것을 반복한다. 릴레이 회로를 그리고 이것을 참조하여 니모닉 프로그램을 하시오. 단 명령은 LOAD, OR, AND, NOT, OUT, TMR를 사용하고 7스텝은 (〈DATA〉 t_1), 13스텝은 (〈DATA〉 t_2)로 하며 0~14스텝으로 한다.

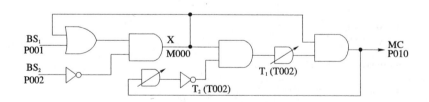

✎ 연습문제 3-99

그림은 압력 스위치(PS)를 이용한 경보 회로로 PS가 닫히면 BZ가 울리고 T에 의하여 BZ가 정지한다. 논리식을 쓰시오. 또 릴레이 회로를 그리고 이것을 참조하여 니모닉 프로그램을 하시오. 단 명령은 LOAD, OR, AND, NOT, OUT, TMR를 사용하고 6스텝은 (〈DATA〉 t)로 하며 0~9스텝으로 한다.

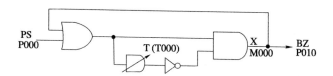

그림 3-96은 놀이터의 오락용 기기 회로의 일부이다. 동전 1개를 투입하면 LS_1이 동작하여 X_1이 동작한다.

〈전원 R - $LS_1(X_{1(1)}$ 유지) - $MC_{(2)}$ - X_1 동작 - 전원 T〉

동전 1개를 다시 투입하면 LS_2가 동작하여 X_2가 동작하고 T_1이 여자되며 YL이 점등한다.

〈전원 R - $X_{1(1)}$ - $LS_2(X_{2(1)}$ 유지) - X_2 동작(T_1 여자) - 전원 T〉

t_1초 후에 접점 T_{1a}로 MC가 동작하여 오락용 기기가 작동하고 T_2가 여자되며 RL이 점등한다. 또 접점 $MC_{(2)}$로 X_1, X_2, T_1, YL이 복구한다.

〈전원 R - $T_{1a}(MC_{(1)}$ 유지) - T_{2b} - Thr - MC 동작(T_2 여자) - 전원 T〉

t_2초 후에 접점 T_{2b}로 MC가 복구하여 오락용 기기가 정지하고 RL과 T_2가 복구한다.

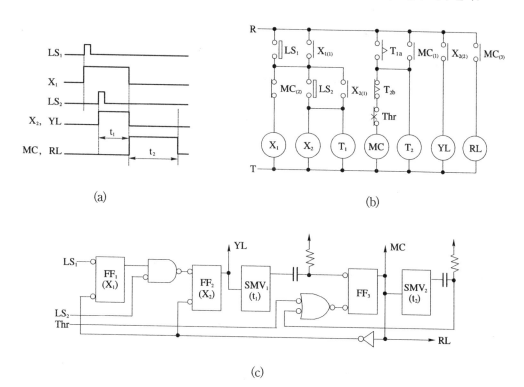

(a) (b)

(c)

차례	명 령	번지	차례	명 령	번지
0	LOAD	P001	10	⟨DATA⟩	t_1
1	OR	M001	12	LOAD	T001
2	AND NOT	P010	13	OR	P010
3	OUT	M001	14	AND NOT	T002
4	LOAD	P002	15	AND NOT	P000
5	OR	M002	16	OUT	P010
6	AND	M001	17	LOAD	P010
7	OUT	M002	18	OUT	P012
8	OUT	P011	19	TMR	T002
9	TMR	T001	20	⟨DATA⟩	t_2

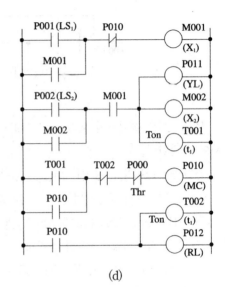

(d)

그림 3-96 놀이 기구 회로

로직 회로에서 동전 1개를 투입하면 LS_1이 동작하여 FF_1이 셋한다. 동전 1개를 다시 투입하면 LS_2가 동작하여 AND 회로를 통하여 FF_2가 셋하고 YL이 점등하며 SMV_1이 셋한다. t_1초 후에 SMV_1이 리셋하면 미분 회로를 통하여 FF_3이 셋하여 MC가 동작하고 오락용 기기가 작동하며 RL이 점등하고 SMV_2가 셋한다. 동시에 NOT 회로를 통하여 FF_1과 FF_2가 리셋하며 YL이 소등한다. t_2초 후에 SMV_2가 리셋하면 미분 회로와 OR 회로를 통하여 FF_3이 리셋하여 MC가 복구하고 오락용 기기가 정지하며 RL이 소등한다.

래더 회로에서 X_2는 X_1 접점으로 회로를 분리하고 또 T_2도 MC 접점으로 분리한 것이 릴레이 회로와 비교된다.

✍ **연습문제 3-100**

타임 차트와 같이 동전 2개를 투입하면 일정한 시간동안 오락 기구(MC)가 작동한다. 릴레이 회로, 로직 회로를 그리시오. 단 Thr이 트립되면 MC가 복구되며 그 외는 생략한다.

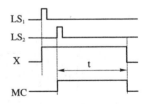

✍ **연습문제 3-101**

그림은 어린이 놀이터의 전동기 운전 회로의 일부이다. BS를 누르면 일정 시간 후에 전동기가 일정 시간 동안 운전된다. 릴레이 회로를 그리고 이것을 참조하여 니모닉 프로그램을 하시오. 단 타이머는 분리 코딩하고 6스텝에 (〈DATA〉30), 15스텝에 (〈DATA〉500)으로 하며 명령어는 LOAD, OUT, TMR, OR, AND NOT만을 사용한다.

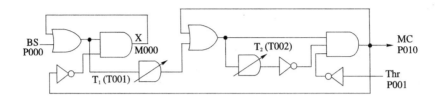

그림 3-97은 시간 제어 열처리로 회로의 일부이다. 근무자가 전원을 투입하고 BS_1을 누르면 X_1이 동작하고 T_1이 여자되며 GL이 소등되고 WL이 점등된다.

〈전원 R - $BS_1(X_{1(1)}$ 유지) - T_{2b} - X_1 동작(T_1 여자) - 전원 T〉

시간 t_1후 T_{1a}로 X_2가 동작하고 T_2가 여자된다.

〈전원 R - T_{1a} - X_2 동작(T_2 여자) - 전원 T〉

접점 $X_{2(1)}$로 MC가 동작하여 로가 가열된다. 또 WL이 소등되고 RL이 점등된다.

〈전원 R - Thr - $X_{2(1)}$ - MC 동작 - 전원 T〉

시간 t_2후 T_{2b}로 $X_1(T_1)$이 복구하고 T_{1a}로 $X_2(T_2)$가 복구하므로 접점 $X_{2(1)}$로 MC가 복구하여 로의 가열이 중지된다. 또 RL이 소등되고 GL이 점등된다. 가열 도중에 Thr이 트립되면 OL이 점등하고 BZ가 울리며 BS_2를 누르면 X_3이 동작하여 접점 $X_{3(2)}$로 BZ만 정지한다.

로직 회로에서 BS_1을 누르면 SMV_1이 셋하고 WL이 점등하며 GL이 소등한다. t_1후 SMV_1이 리셋하면 FF_1이 셋하고 MC가 동작하여 로가 가열된다. 또 SMV_2가 셋한다. t_2후 SMV_2가 리셋하면 FF_1이 리셋하여 MC가 복구하고 로의 가열이 중단된다. Thr이 트립되면 OL이 점등하고 BZ가 울린다. BS_2를 누르면 FF_2가 셋하여 BZ가 복구한다.

래더 회로와 프로그램은 MC의 동작 회로만 그리고 감시 회로와 경보 회로는 생략하였다.

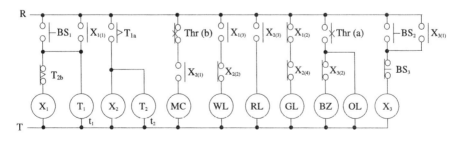

(a)

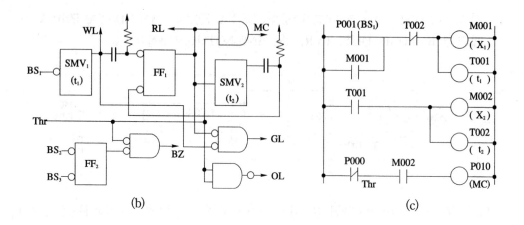

(b)   (c)

차례	명 령	번지	차례	명 령	번지	차례	명 령	번지
0	LOAD	P001	5	⟨DATA⟩	t_1	12	LOAD NOT	P000
1	OR	M001	7	LOAD	T001	13	AND	M002
2	AND NOT	T002	8	OUT	M002	14	OUT	P010
3	OUT	M001	9	TMR	T002	15	—	—
4	TMR	T001	10	⟨DATA⟩	t_2	16	—	—

그림 3-97 열처리로 제어 회로

그림 3-98은 경보 장치가 있는 전기로의 온도 제어 릴레이 회로의 일부이다.

전기로 내의 온도가 온도 스위치 TS_1의 설정 온도 이상이 되면 TS_1이 열리고 MC가 복구하여 가열을 중지한다. 또 로내의 온도가 내려가면 TS_1이 닫히므로 MC가 동작하여 히터 등으로 재가열하여 로의 온도가 어느 범위 내를 유지한다.

⟨전원 R - Thr - TS_1 - $X_{1(3)}$ - MC 동작(RL) - 전원 T⟩

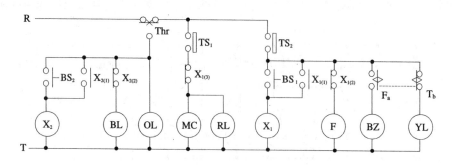

그림 3-98 전기로의 온도 제어 회로

TS$_1$이나 Thr이 동작하지 않고 이상 온도 즉 경보점 온도에 이르면 온도 스위치 TS$_2$가 작동하여 플리커 릴레이 F가 동작하고 BZ와 YL이 교대로 작동한다.

〈전원 R - Thr - TS$_2$ - X$_{1(2)}$ - F 동작(YL, BZ 작동) - 전원 T〉

BS$_1$을 누르면 X$_1$이 동작하여 접점 X$_{1(2)}$로 F가 복구하고 BZ만 정지한다. 동시에 접점 X$_{1(3)}$으로 MC가 복구하여 가열을 중지한다.

〈전원 R - Thr - TS$_2$ - BS$_1$(X$_{1(1)}$ 유지) - X$_1$ 동작 - 전원 T〉

TS$_2$가 복구하면 경보 회로는 복구되고 접점 X$_{1(3)}$으로 MC가 다시 동작하여 가열을 계속한다. 또 Thr이 트립되면 OL이 점등하고 BL이 울리며 MC가 복구하여 가열이 중단된다. BS$_2$를 누르면 X$_2$가 동작하여 접점 X$_{2(2)}$로 BL만 정지한다. Thr이 회복되면 경보 회로는 복구되고 MC가 다시 동작하여 가열을 계속한다.

◈ 연습문제 3-102

그림은 어떤 공장에서 작업원 없이 밤중에 자동으로 열처리를 하는 열처리로의 양논리 회로의 일부이다. 프로그램의 ( )를 완성하시오.

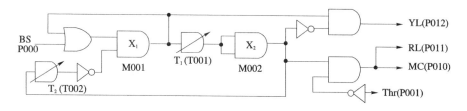

차례	명 령	번지	차례	명 령	번지	차례	명 령	번지
0	LOAD	P000	7	LOAD	T001	14	OUT	P010
1	( )	( )	8	OUT	M002	15	( )	( )
2	( )	( )	9	( )	( )	16	LOAD	M001
3	( )	( )	10	〈DATA〉	30000	17	( )	( )
4	TMR	T001	12	LOAD	M002	18	OUT	P012
5	〈DATA〉	00300	13	( )	( )	19	—	—

◈ 연습문제 2-103

그림은 온도 제어 회로의 일부이다. 노의 온도가 TS$_1$에 의하여 자동 조정되는데 TS$_1$이나 Thr이 동작하지 않고 경보점 온도에 이르면 TS$_2$가 동작하여 BZ가 울린다. LOAD, LOAD NOT, AND, AND NOT, OR, OUT의 명령을 사용하여 0~7스텝으로 프로그램하시오. 번지는 문자 기호를 사용한다. 또 AND, OR, NOT 기호를 1개씩 사용하여 BZ(X)의 양논리 회로를 그리시오.

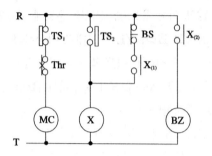

● 연습문제 3-104

그림은 온도 제어 회로의 일부이다. 노의 온도가 TS_1에 의하여 자동 조정되는데 TS_1이나 Thr이 동작하지 않고 경보점 온도가 되면 TS_2가 동작하여 BZ가 울린다. BS를 누르면 BZ는 정지하고 RL이 점등한다. LOAD, LOAD NOT, AND, AND NOT, OR, OUT의 명령을 사용하여 0~10 스텝으로 프로그램하시오. 또 릴레이 회로를 그리시오. 이 때 X는 (2a, 1b)로 한다.

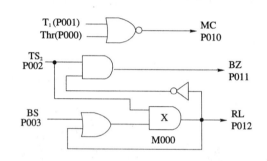

● 연습문제 3-105

그림의 로직 회로는 지하철역의 무인 개찰 회로의 일부이다.

(1) 다음 동작 개요의 ( )에 보기 중에서 골라 넣으시오.

　(가) 차표를 넣으면 Ph_1이 검출하여 (①)이 셋되고 (②)가 동작하여 차표 투입구를 닫는다. 동시에 SMV가 셋된다. t초 후 차표가 배출구로 나오면 Ph_2가 검출하여 (③)이 리셋되고 (④)가 복구하여 투입구를 연다.

　(나) 차표를 넣은 후 T(T > t)초가 되어도 차표가 나오지 않으면 (⑤)의 H레벨과 (⑥)의 리셋 순간의 L레벨로 (⑦) 회로가 동작하고 그 (⑧) 레벨로 (⑨)가 셋하여 부저가 울린다. 이때 BS를 누르면 승차표가 나오고 또 (⑩)과 (⑪)가 리셋하고 MC와 BZ가 복구한다.

[보기]
　　AND, NOT, H, L, MC, SMV, FF_1, FF_2(중복 있음)

차례	명 령	번지
0	LOAD	P001
1	( )	( )
2	( )	( )
3	AND NOT	P000
4	OUT	P010
5	TMR	T000
6	⟨DATA⟩	00040
8	( )	( )
9	AND	P010
10	( )	( )
11	( )	P000
12	( )	M000
13	OUT	P011

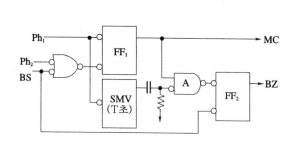

(2) AND 기능 회로(A)의 용도를 1줄 이내로 쓰시오.

(3) 타임 차트를 정상 동작($Ph_1$①)과 고장($Ph_1$②)을 구분하여 그리고 고장 신호가 나오는 순간을 (★)로 표시하시오. 단 t=3초, T=4초로 한다.

(4) 릴레이 회로를 그리고 이것을 참조하여 래더 회로를 그린 후 양논리 회로를 그리고 니모닉 프로그램을 완성하시오. 여기서 MC(2a), X(1a), T(지연 1a)이고 기타는 무시한다.

⚬ 연습문제 3-106

그림은 릴레이 동작 체크 회로의 일예이다. 물음에 답하시오.

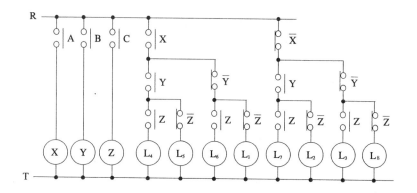

(1) 램프 출력 $L_1 \sim L_8$의 논리식을 쓰고 또 a접점은 1, b접점은 0으로 표시하시오(예 001).

(2) 논리식 $L_1 + L_2 + L_3 + L_4 + L_5 + L_6 + L_7 + L_8$을 계산하시오.

(3) 릴레이 X, Y, Z가 동시에 동작하면 어떤 램프가 켜지는가?

(4) 릴레이 X, Y가 동시에 동작하면 어떤 램프가 켜지는가?

(5) 램프 L_3이 켜지면 어떤 릴레이가 동작하는가?

(6) 램프 L_6이 켜지면 어떤 릴레이가 동작하는가?

(7) 릴레이 X, Y, Z 중 하나만 동작하는 경우와 모두 동작하는 경우 논리 회로를 완성하시오.

(8) 릴레이 X, Y, Z 중 2개가 동시에 동작하던가 하나도 동작하지 않는 경우의 논리 회로를 완성하시오.

(9) 위 7번의 출력을 1, 8번의 출력을 0 으로 할 때 진리표(P)를 완성하고 램프(L)를 쓰시오.

(10) 릴레이 회로를 참고하여 L_2와 L_6을 프로그램하시오. 명령은 LOAD, LOAD NOT, AND, AND NOT, OUT를 사용하고 번지는 문자를 사용하며 각각 4스텝으로 한다.

✆ 연습문제 3-107

그림은 릴레이 동작 검출 회로의 일부이고 X, Y, Z는 릴레이이다. 물음에 답하시오.

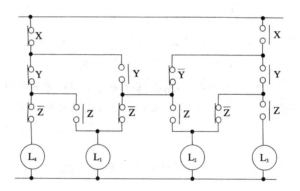

(1) 릴레이 X, Y, Z 중 하나만 동작할 때 점등하는 램프를 논리식으로 표시하시오.

(2) 릴레이 X, Y, Z 중 어느 2개가 동작할 때 점등하는 램프를 논리식으로 표시하시오.

(3) 릴레이 3개가 모두 동작할 때 점등하는 램프를 논리식으로 표시하시오.

(4) 릴레이 3개가 하나도 동작할지 않을 때 점등하는 램프를 논리식으로 표시하시오.

(5) 릴레이 X만 동작할 때 점등하는 램프를 논리식으로 표시하시오.

(6) 램프 L_1, L_2가 켜지는 경우는 몇 가지인가? 논리식을 쓰시오.

(7) 출력 $L = X\overline{Y}Z$이면 어떤 램프가 켜지는가?

(8) 진리표의 $L(L_1{\sim}L_4)$과 논리 회로$(L_1{\sim}L_4)$를 완성하시오.

(9) L_2의 래더 회로를 그리고 프로그램 하시오. 명령은 LOAD, LOAD NOT, OR LOAD, AND, AND NOT, OUT를 사용하고 번지는 문자를 사용하며 12스텝으로 한다.

✆ 연습문제 3-108

그림은 수전 설비의 진상 콘덴서를 병렬로 2회로 접속한 것이다.

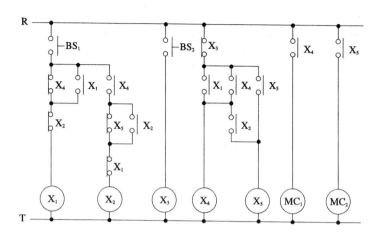

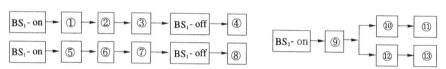

〔보기〕

X₁ 동작, X₁ 복구, X₂ 동작, X₂ 복구, X₃ 동작, X₃ 복구, X₄ 동작

X₄ 복구, X₅ 동작, X₅ 복구, MC₁ 동작, MC₁ 복구, MC₂ 동작, MC₂ 복구

(1) BS₁을 첫 번째 눌렀다 놓은 후에 동작하고 있는 릴레이와 MC를 모두 쓰시오.

(2) BS₁을 두 번째 눌렀다 놓은 후에 동작하고 있는 릴레이와 MC를 모두 쓰시오.

(3) 답란에 릴레이와 MC의 동작 타임 차트를 완성하시오.

(4) 플로차트의 동작 사항을 보기에서 골라 넣으시오.

(5) X₄와 X₅의 래더 회로를 그리고 9스텝으로 프로그램하시오. 단 번지는 문자 기호를 사용하고 LOAD, OR, AND, AND NOT, OUT의 명령만을 사용한다.

🔥 연습문제 3-109

그림은 어떤 전동기 운전 회로이다.

(1) BS₁을 첫 번째 눌렀다 놓은 후에 동작하고 있는 릴레이, MC와 램프를 모두 쓰시오.

(2) BS₁을 두 번째 눌렀다 놓은 후에 동작하고 있는 릴레이, MC와 램프를 모두 쓰시오.

(3) 답란에 릴레이와 MC의 동작 타임 차트를 완성하시오.

(4) 플로차트의 동작 사항을 보기에서 골라 넣으시오.

(5) X₂와 X₃의 래더 회로를 그리고 11스텝으로 프로그램하시오. 단 번지는 문자 기호를 사용하고 LOAD, OR, OR LOAD, AND, AND NOT, OUT의 명령만을 사용한다.

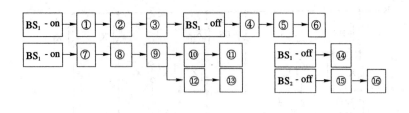

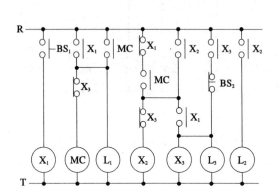

〔보기〕

X_1 동작, X_1 복구, X_2 동작

X_2 복구, X_3 동작, X_3 복구

L_1 점등, L_1 소등, L_2 점등

L_2 소등, L_3 점등, L_3 소등

MC 동작, MC 복구

◆ **연습문제 3-110**

그림은 전동기 운전의 일부이다. MC의 동작 설명의 ( )에 알맞은 문자 기호를 쓰시오.

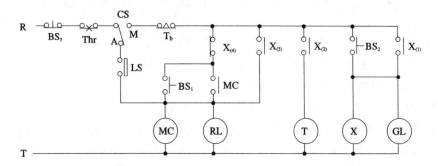

(1) 자동(A) 운전은 (②)를 주면 된다. 즉

　〈전원 R - BS_3 - (①) - CS(A) - (②) - MC(RL) 동작 - 전원 T〉

(2) 수동(M) 운전 1은 BS_1을 주면 된다. 즉

　〈전원 R - BS_3 - (③) - (④) - T_b - (⑤) - BS_1(MC 접점 유지) - MC 동작 - 전원 T〉

(3) 수동(M) 운전 2는 (⑥)를 누르면 (⑦)가 동작하고 (⑧)가 여자되며 접점 $X_{(3)}$으로 MC가 동작한다. 그러나 T시간 후에 타이머 접점 (⑨)가 열리므로 MC가 복구한다. 즉 T시간 동안만 운전된다. 즉

　〈전원 R - (⑩) - Thr - CS(M) - (⑨) - (⑪) - MC 동작 - 전원 T〉

그림 3-99는 실린더의 피스톤 로드가 연속적으로 왕복하는 제어 회로의 일부이다.

BS$_1$을 누르면 X$_1$이 동작하고 접점 X$_{1(2)}$로 X$_2$가 동작하며 접점 X$_{2(1)}$로 솔레노이드 sol이 작동하여 피스톤 로드(piston rod)가 전진한다.

〈전원 R - BS$_1$(X$_{1(1)}$ 유지) - BS$_2$ - X$_1$(RL) 동작 - 전원 T〉

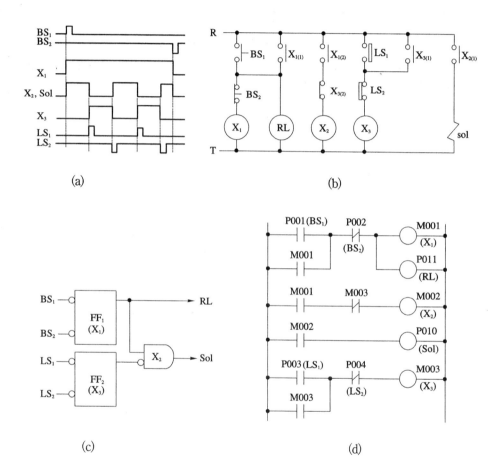

| (a) | (b) |
| (c) | (d) |

차례	명 령	번지	차례	명 령	번지	차례	명 령	번지
0	LOAD	P001	5	LOAD	M001	10	LOAD	P003
1	OR	M001	6	AND NOT	M003	11	OR	M003
2	AND NOT	P002	7	OUT	M002	12	AND NOT	P004
3	OUT	M001	8	LOAD	M002	13	OUT	M003
4	OUT	P011	9	OUT	P010	14	—	—

그림 3-99 실린더 제어 회로

전진단에서 리밋 스위치 LS_1이 닫히면 릴레이 X_3이 동작하고 접점 $X_{3(2)}$로 X_2와 sol이 복구하여 피스톤 로드가 후퇴한다.

〈전원 R - LS_1($X_{3(1)}$ 유지) - LS_2 - X_3 동작 - 전원 T〉

후퇴단에서 LS_2가 열리면 X_3이 복구하고 접점 $X_{3(2)}$의 복구로 X_2가 동작하여 sol이 작동하므로 피스톤 로드가 다시 전진한다. 즉 LS_1과 LS_2로 sol의 동작 복구가 반복된다.

로직 회로에서 BS_1로 FF_1이 셋하면 AND 회로로 Sol이 동작하여 로드가 전진한다. 전진단에서 LS_1이 작동하면 FF_2가 셋하여 Sol이 복구하고 로드가 후퇴한다. 후퇴단에서 LS_2가 작동하면 FF_2가 리셋하여 Sol이 동작하고 로드가 다시 전진함을 BS_2를 줄 때까지 반복한다.

래더 회로와 프로그램은 릴레이 회로와 같다.

그림 3-100은 전자 벨브에 의한 실린더의 교대 운전 회로의 일부이다.

BS_1을 누르면 X_1이 동작하고 접점 $X_{1(2)}$로 Sol_1이 작동하여 피스톤이 전진한다.

〈전원 R - BS_2 - BS_1($X_{1(1)}$ 유지) - $PS_{1(b)}$ - X_1 동작 - 전원 T〉

전진단에서 PS_1이 작동하면 X_1이 복구하고 Sol_1이 복구하여 피스톤이 후퇴하며 T가 여자된다.

〈전원 R - BS_2 - $PS_{1(a)}$($T_{(1)}$ 유지) - $X_{2(2)}$ - T 여자 - 전원 T〉

t시간 후 접점 T_a로 X_2가 동작하고 접점 $X_{2(3)}$으로 Sol_2가 작동하여 두 번째 피스톤이 전진한다. 또 T가 복구한다.

〈전원 R - BS_2 - T_a($X_{2(1)}$ 유지) - PS_2 - $X_{1(3)}$ - X_2 동작 - 전원 T〉

전진단에서 PS_2가 작동하면 X_2가 복구하고 Sol_2가 복구하여 피스톤이 후퇴한다. 여기서 BS_2는 비상 정지용이고 접점 $X_{1(3)}$은 인터록이다.

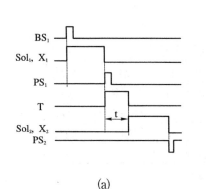

(a)

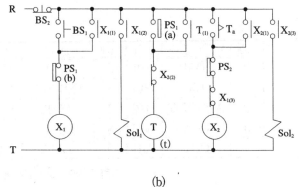

(b)

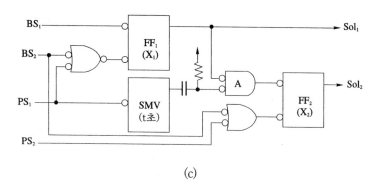

(c)

차례	명 령	번지	차례	명 령	번지
0	LOAD	P001	9	TMR	T000
1	OR	M001	10	〈DATA〉	t
2	AND NOT	P003	12	LOAD	T000
3	OUT	M001	13	OR	M002
4	OUT	P011	14	AND NOT	P004
5	LOAD	P003	15	AND NOT	M001
6	OR	M003	16	OUT	M002
7	AND NOT	M002	17	OUT	P012
8	OUT	M003	18	—	—

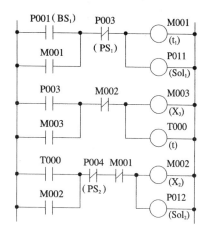

(d)

그림 3-100 실린더 교대 제어 회로

로직 회로는 BS_1을 주면 FF_1이 셋하여 Sol_1이 작동하여 피스톤이 전진한다. 전진단에서 PS_1이 작동하면 FF_1이 리셋하여 Sol_1이 복구하고 피스톤이 후퇴하며 한편 SMV가 셋된다. t 시간 후 SMV가 리셋되면 AND를 통하여 FF_2가 셋하고 Sol_2가 작동하여 두 번째 피스톤이 전진한다. 전진단에서 PS_2가 작동하면 FF_2가 리셋하고 Sol_2가 복구하여 피스톤이 후퇴한다.

래더 회로는 타이머 여자용 내부 출력(보조 릴레이) M003이 릴레이 회로와 다르고 회로 편의상 BS_2를 생략하고 Sol을 종속 회로로 하였다.

● 예제 3-36 ●

그림은 솔레노이드에 의한 직선 운동 기구의 릴레이 회로의 일부이다.

(1) L입력형 $\overline{R}\,\overline{S}$-latch 2개, AND 회로 1개, NOT 회로 1개를 사용하여 로직 회로를 그리시오.

(2) 프로그램을 완성하고 래더 회로를 그리시오. 단 2스텝, 10스텝은 공통 접속점 명령이다.

(3) OR 회로 2개, AND 회로 3개, NOT 회로 2개를 사용하여 H입력형 논리 회로를 그리시오.

차례	명 령	번지	차례	명 령	번지
0	LOAD	P001	6	( )	P010
1	( )	( )	7	( )	( )
2	MCS	0	8	OR	M002
3	LOAD NOT	P003	9	( )	( )
4	OUT	M001	10	MCS CLR	0
5	( )	M002	11	—	—

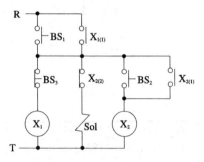

【풀이】

(1)

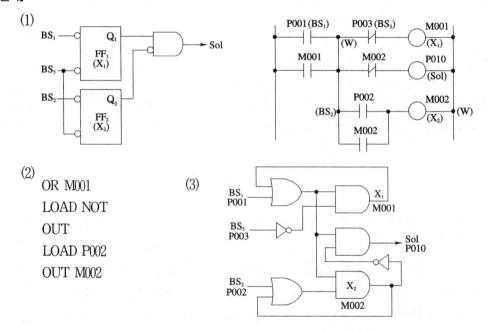

(2)
OR M001
LOAD NOT
OUT
LOAD P002
OUT M002

(3)

◈ 연습문제 3-111

그림의 로직 회로는 실린더 기구의 제어 회로의 일부이다. FF$_1$이 셋하면 Sol이 작동하고 전진단에서 LS가 작동하면 FF$_2$가 셋하여 Sol이 복구한다. 여기서 FF는 L입력형 $\overline{R}\overline{S}$−latch 회로이다.

(1) (가)와 (나)에 알맞은 기호를 보기에서 번호를 찾으시오.

(2) FF는 NAND 회로 2개로 구성된다. 회로를 그리시오.

(3) X_1(3a), X_2(1a, 1b)를 사용하여 릴레이 회로를 그리시오.

(4) 릴레이 회로를 참고하여 니모닉 프로그램 하시오. 단 BS_2는 2곳에 분리 코딩하고 LOAD, OR, AND, AND NOT, OUT의 명령만을 사용하며 0~11스텝으로 한다.

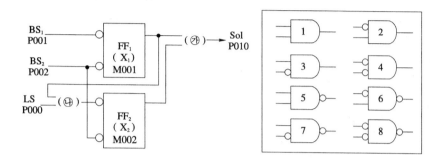

🖐 연습문제 3-112

그림 3-99 (d)를 이용하여 AND 회로 3개, OR 회로 2개, NOT 회로 3개를 사용하여 H입력형 양논리 회로를 그리시오. 단 RL은 생략한다.

🖐 연습문제 3-113

그림은 체인에 의한 직선 운동 기구를 전동기(MC)로 구동하는 제어 회로의 일부이다.

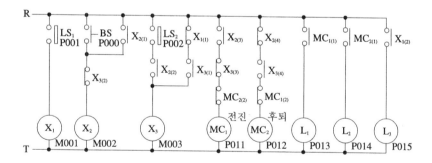

(1) 회로의 동작 과정 설명의 ( )에 적당한 말을 보기에서 찾아 쓰시오.

BS를 누르면 ( )가 동작하고 그 접점으로 ( )이 동작하여 직선 기구가 전진하고 ( )이 점등한다. 전진단에서 LS_2가 작동하면 ( )이 동작하여 ( )와 ( )이 복구하고 이어 ( )가 동작하여 직선 기구가 후퇴하고 ( )가 점등한다. 이때 LS_2가 복구한다. 후퇴단에서 LS_1이 작동하면 ( )이 동작하여 ( )과 ( )가 복구한다.

〔보기〕

　　BS, LS₁, LS₂, MC₁, MC₂, L₁, L₂, L₃, X₁, X₂, X₃

　　MC₁₍₂₎, MC₂₍₂₎, X₁₍₁₎, X₂₍₁₎, X₂₍₂₎, X₃₍₁₎, X₃₍₂₎, (중복 있음)

(2) 다음의 ( )에 적당한 릴레이 접점이나 입력 기구 이름을 위의 보기에서 찾아 쓰시오.
X_2의 기동용 ( ), 유지용 ( ), 정지용 ( ) 및 X_3의 기동 준비용 ( ), 기동용 ( ), 유지용
( ), 정지용 ( ) 접점이다.

(3) 인터록 접점 2개를 위의 보기에서 찾아 쓰시오.

(4) 램프 L_3의 점등과 용도(기능)를 2줄 이내로 쓰시오.

(5) X_3과 MC_1 두 회로만 니모닉 프로그램 하시오. 명령어는 LOAD, AND, AND NOT,
OUT, OR LOAD만을 사용하고 6~15 스텝으로 한다.

그림 3-101은 전동기의 정·역회전으로 프레스 기기 등의 왕복 운전용 제어 회로의 일부이
다. BS_1을 누르면 MC_1이 동작하여 전동기를 정회전시켜서 재료를 가공한다.

〈전원 R - BS_2 - Thr - BS_1($MC_{1(1)}$ 유지) - $LS_{1(b)}$ - $MC_{2(2)}$ - MC_1(L_1) 동작 - 전원 T〉

재료의 가공이 끝나면 LS_1이 작동하여 MC_1이 복구하고 전동기가 정지되며 T가 여자된다.

〈전원 R - BS_2 - Thr - LS_{1a} - T 여자 - 전원 T〉

t초 후에 접점 T_a로 MC_2가 동작하여 전동기가 역회전되고 프레스기가 원위치로 되돌아온
다. 이 때 LS_1이 복구된다.

〈전원 R - BS_2 - Thr - LS_{1a}($MC_{2(1)}$ 유지) - T_a - LS_2 - $MC_{1(2)}$ - MC_2(L_2) 동작 - 전원 T〉

프레스기가 원위치로 돌아오면 LS_2가 작동하여 MC_2(T)가 복구하고 전동기는 정지한다.

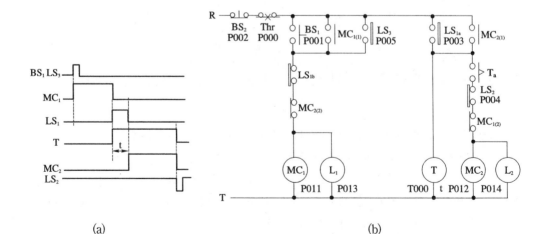

(a)　　　　　　　　　　　　　　　　　　(b)

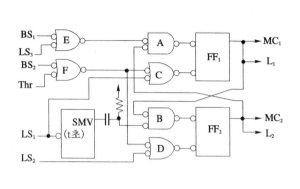

(c)

차례	명 령	번지
0	LOAD	P001
1	OR	P011
2	OR	P005
3	AND NOT	P003
4	AND NOT	P012
5	AND NOT	P002
6	AND NOT	P000
7	OUT	P011
8	OUT	P013
9	LOAD	P003
10	OR	P012
11	TMR	T000
12	〈DATA〉	t
14	AND	T000
15	AND NOT	P004
16	AND NOT	P011
17	AND NOT	P002
18	AND NOT	P000
19	OUT	P012
20	OUT	P014

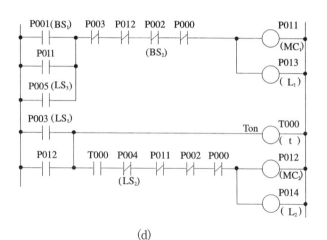

(d)

그림 3-101 왕복 운전 회로

BS_1을 다시 누르든가 가공할 재료가 운반되어오면 LS_3이 작동하여 MC_1이 재동작하며 전동기는 정회전하고 재료를 가공함을 반복한다.

〈전원 R - BS_2 - Thr - $LS_{3}(MC_{1(1)}$ 유지) - $LS_{1(b)}$ - $MC_{2(2)}$ - $MC_1(L_1)$ 재동작 - 전원 T〉

로직 회로에서 BS_1(혹은 LS_3)을 누르면 E와 인터록 A를 통하여 FF_1이 셋하여 MC_1이 동작하고 전동기가 정회전하여 재료를 가공한다. 재료의 가공이 끝나면 LS_1이 작동하여 C를 통하여 FF_1이 리셋하여 MC_1이 복구하고 전동기가 정지된다. 또 SMV가 셋된다. t초 후에 SMV가 리셋되면 미분 회로와 인터록 B를 통하여 FF_2가 셋하고 MC_2가 동작하여 전동기가 역회전되고 프레스기가 원위치로 되돌아온다. 이 때 LS_1이 복구된다. 프레스기가 원위치로 돌아오면 LS_2가 작동하여 D를 통하여 FF_2가 리셋하여 MC_2가 복구하고 전동기는 정지한다.

래더 회로는 정지용 BS_2와 Thr을 두 MC 회로에 분리 코딩한 것이 릴레이 회로와 비교된다.

∮ 연습문제 3-114

그림은 플라스틱 사출 성형기의 양논리 회로의 일부이다. 주입용 밸브 V_1에 일정한 시간동안 원료를 주입하고 냉각시킨 후 성형하고 V_2 밸브로 꺼내며 다시 V_1이 열리는 동작을 되풀이한다. 니모닉 프로그램을 완성하시오.

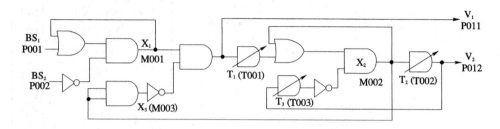

차례	명 령	번지	차례	명 령	번지	차례	명 령	번지
0	LOAD	P001	7	TMR	T001	15	⟨DATA⟩	t_2
1	OR	M001	8	⟨DATA⟩	t_1	17	LOAD	M002
2	AND NOT	P002	10	( )	( )	18	OUT	M003
3	OUT	M001	11	OR	M002	19	( )	( )
4	LOAD	( )	12	( )	( )	20	OUT	P012
5	( )	( )	13	( )	( )	21	TMR	T003
6	( )	( )	14	TMR	T002	22	( )	( )

∮ 연습문제 3-115

그림은 밀링 머신용 전동기 제어의 양논리 회로의 일부이다. 니모닉 프로그램을 완성하시오.

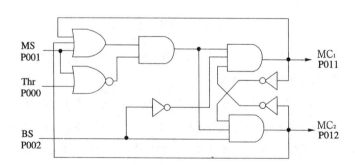

차례	명 령	번지	차례	명 령	번지	차례	명 령	번지
0	LOAD NOT	P000	5	AND LOAD	—	10	( )	( )
1	( )	( )	6	MCS	0	11	AND NOT	P011
2	LOAD	P011	7	LOAD NOT	P002	12	OUT	P012
3	( )	( )	8	( )	( )	13	MCS CLR	0
4	OR	P001	9	( )	( )	14	—	—

◐ 연습문제 3-116

그림은 공기 압축 콤프레서 회로의 일부이다.

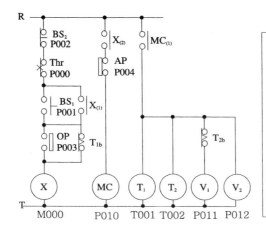

① OP는 윤활유 압력 스위치이
고 압력이 낮으면 off된다.
② AP는 공기 압력 스위치이고
규정 압력 이상에서 off, 이
하에서 on된다.
③ V₁은 un-load valve이고 기
동시 압축 공기를 줄인다.
④ V₂는 냉각수 밸브이다.

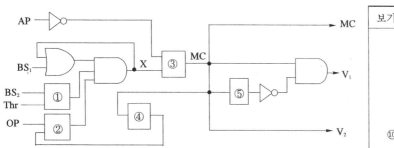
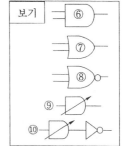

(1) BS₁을 누르면 ( )가 동작하고 ( )가 동작하여 콤프레서 전동기를 운전시킨다. 기동이 쉽
도록 ( )로 압축 공기를 줄이고 기동되면 ( )접점으로 밸브를 닫는다. 또 ( )은 윤활유
압력이 오를 때까지 X의 회로를 유지한다. 여기서 ( )는 컴프레서 운전시에만 동작하여
냉각시킨다. ( )에 알맞은 기구의 문자 기호(X, MC, T₂, T₁, V₁, V₂, 중복 없음)를 쓰
시오.

(2) X와 MC 회로 그대로 니모닉 프로그램 하시오. 명령은 LOAD, LOAD NOT, AND
NOT, AND LOAD, OR, OR NOT, OUT만을 사용하고 0~11 스텝으로 한다.

(3) 양논리 회로의 (①~⑤)에 알맞은 논리 기호를 보기의 번호(⑥~⑩)로 답하시오

◐ 연습문제 3-117

그림은 보조 오일 펌프 회로의 일부이다.

(A) 수동 동작은 선택 스위치(SS-M)에서 BS₃을 누르면 ( )가 동작하여 오일 펌프용 전동기
가 운전되며 BS₄를 누르면 정지한다.

(B) 자동 동작에서 윤활유 압력 스위치 OP는 저압에서 닫혀 있으므로 ( )이 동작한다. 또 주기가 동작하면 LS가 단히므로 ( )이 동작한다. 따라서 ( )과 ( )의 접점으로 MC가 동작하여 전동기가 운전된다. 이 때 $(T_{2b}-MC_{(3)}-T_{1b})$는 MC의 유지 회로가 된다. 압력 이 높아지면 OP가 열리므로 ( )이 복구하고 ( )이 여자되며 t_1초 후에 접점 T_{1b}로 ( )가 복구하여 전동기가 정지된다.

(C) 별도 운전의 경우는 BS_1을 누르면 ( )가 동작하여 전동기가 운전된다. BS_2를 누르면 ( )가 동작하고 ( )가 여자된다. t_2초 후에 접점 T_{2b}로 ( ), ( ), ( )가 복구하고 전 동기가 정지된다.

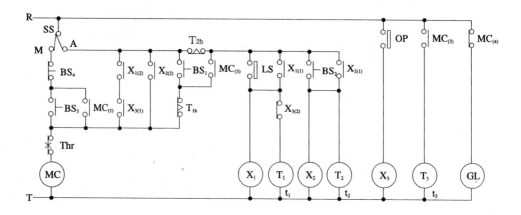

차례	명 령	번지	차례	명 령	번지	차례	명 령	번지
0	LOAD NOT	P000	6	OR LOAD	—	12	AND NOT	M003
1	MCS	0	7	AND NOT	P003	13	TMR	T001
2	LOAD	M001	8	OUT	P010	14	⟨DATA⟩	t_1
3	( )	( )	9	( )	( )	16	MCS CLR	0
4	( )	( )	10	( )	( )	17	( )	( )
5	( )	( )	11	( )	( )	18	( )	( )

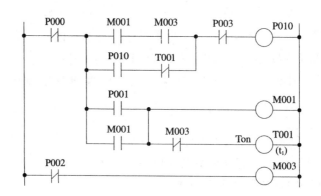

(1) 위의 동작 설명 (A), (B), (C)의 ( )에 기구의 문자 기호(MC, X_1, X_2, X_3, T_1, T_2)를 쓰시오.

(2) 위의 동작 설명 (A)의 회로를 각각 2입력 AND, OR, NOR 기호 1개씩을 사용하여 양논리 회로를 그리시오. 단 SS(M)은 생략한다.

(3) 위의 동작 설명 (B)의 래더 회로가 그림과 같다. 프로그램을 완성하시오.

(4) 타이머 접점 T_{1b}와 T_{2b}의 기능(동작 차이점)을 1줄 정도로 설명하시오.

연습문제 3-118

그림은 전동기 2대를 사용한 왕복 운동 기구 회로의 일부이다. BS_1 혹은 BS_2를 누르면 MC_1 과 MC_2가 교대로 동작하고 LS_1과 LS_2에 의하여 자동으로 왕복 운전이 된다.

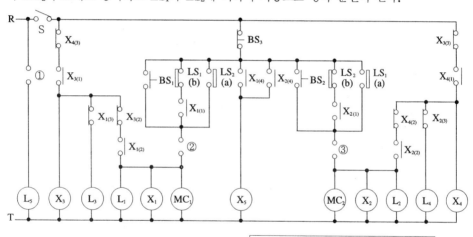

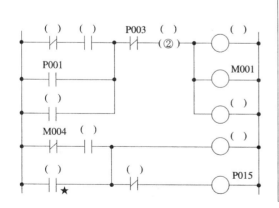

〔번지〕

$BS_1 \sim BS_3$: P001~P003

$LS_1 \sim LS_2$: P004~P005

$MC_1 \sim MC_2$: P011~P012

$L_1 \sim L_5$: P013~P017

$X_1 \sim X_5$: M001~M005

〔명령〕

LOAD NOT, OR

AND, AND NOT, OUT

(1) 동작 설명의 ( )에 아래의 적당한 기구를 쓰시오 (중복 있음).

〔기구 보기〕

MC_1, MC_2, X_1, X_2, X_3, X_4, X_5, L_1, L_2, L_3, L_4, L_5, LS_1, LS_2, BS_1, BS_2, BS_3

먼저 BS_1을 누르면 ( )과 ( )이 동작하여 전동기가 정회전하여 전진한다. 이때 ( )이 점등하고 ( )가 동작하여 L_5가 소등되며 또 ( )이 동작한다. 전진 도중에 BS_3을 누르던가, 혹은 어떤 원인으로 $MC_1(X_1)$이 복구하여 전동기가 정지하면 진행 방향 표시등 ( )이 점등하며 기기가 다시 전진하면 소등한다. 전진단에서 ( )이 작동하면 $MC_1(X_1, X_5)$이 복구하여 전동기가 정지하며 이어 ( )와 ( )가 동작하여 전동기가 역회전하여 후퇴한다. 이때 ( )가 점등하고 ( )가 다시 동작하여 L_5가 소등된다. 또 ( )가 동작하여 방향 표시등 ( )의 점등 회로를 준비하고 이어 ( )이 복구된다. 후퇴단에서 ( )가 작동하면 $MC_2(X_2, X_5)$가 복구하여 전동기가 정지하며 이어 ( )과 ( )이 동작하여 전동기가 정회전하여 전진한다. 이때 ( )이 동작하여 방향 표시등 ( )의 점등 회로를 준비하고 이어 ( )가 복구된다.

(2) 그림의 ①에는 알맞은 릴레이 접점(예, $X_5(a)$, $X_1(b)$)을, ②, ③에는 알맞은 MC 접점(예, $MC_1(a)$, $MC_2(b)$)을 각각 답란에 쓰고 그 기능을 단답형으로 쓰시오.

(3) 릴레이 X_3의 기동접점, 유지접점, 정지접점을 차례로 쓰고, 또 용도를 단답형으로 쓰시오.

(4) 왕복 운동 표시등과 왕복 방향 표시등을 차례로 쓰시오.

(5) MC_1 동작 중 BS_3을 눌렀다 놓으면 점등되는 램프는 어느 것이냐? 또 MC_2 동작 중 BS_3을 눌렀다 놓으면 점등되는 램프는 어느 것이냐? 차례로 쓰시오.

(6) 릴레이 X_4는 언제 동작하고 언제 복구되는가? 또 용도를 단답형으로 쓰시오.

(7) 릴레이 X_1, X_2, X_5의 용도를 단답형으로 쓰시오.

(8) 접점 $X_{3(2)}$와 $X_{4(2)}$는 같은 기능을 가지고 있는데 그 역할을 각각 간단히 쓰고, 이 접점들을 사용하지 않고 회로 중의 어떤 접점들을 이동하여 회로를 수정하면 전체 회로의 동작에는 변함이 없다. 수정 방법을 각각 1줄 이내로 쓰시오.

(9) 래더 회로는 회로(MC_1, X_1, L_1, X_3, L_3)을 수정한 것이다. 차례로 15 스텝으로 프로그램을 하시오.

⚙ 연습문제 3-119

그림은 시공이 끝난 선반의 정·역회전과 2단 속도 운전을 시험하기 위한 회로도의 일부이다.

(1) 정지상태에서 정회전 저속운전을 하고자 한다. 눌러야할 버튼 스위치의 번호와 이때 동작하는 기구 3개를 예(예, ③, MC_1, OL_1 등)와 같이 쓰시오.

(2) 정지상태에서 역회전 저속운전을 하고자 한다. 눌러야할 버튼 스위치의 번호와 이때 동작하는 기구 3개를 예(예, ③, MC_1, OL_1 등)와 같이 쓰시오.

(3) 정지상태에서 정회전 고속운전을 하고자 한다. 눌러야할 버튼 스위치의 번호와 이때 동작하는 기구 5개를 예(예, ③, MC_1, OL_1 등)와 같이 쓰시오.

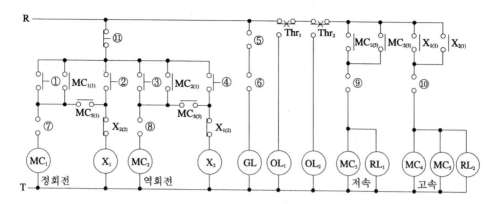

〔번지〕

    BS₁~BS₅ : P001~P005

    Thr₁~Thr₂ : P006~P007

    MC₁~MC₅ : P011~P015

    X₁~X₂ : M001~M002

〔명령〕

    LOAD, OUT, OR

    AND, AND NOT

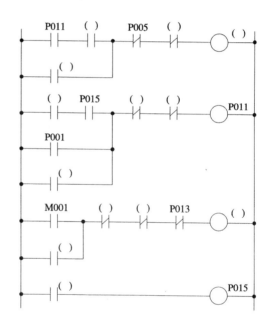

(4) 정지상태에서 역회전 고속운전을 하고자 한다. 눌러야할 버튼 스위치의 번호와 이때 동작하는 기구 5개를 예(예 ③, MC₁, OL₁ 등)와 같이 쓰시오.

(5) 역회전 고속운전 중에 정회전 저속운전을 하고자 한다. 조작을 1줄 이내로 쓰시오.

(6) 정회전 고속운전 중에 열동 계전기 2개가 모두 트립되었다. 이때 ⑪을 눌렀다. 점등하고 있는 램프를 쓰시오.

(7) GL은 정회전이나 역회전에 관계없이 소등된다. ⑤와 ⑥에 알맞은 MC 접점(예, MC₁(a), MC₂(b))을 각각 답란에 쓰시오.

(8) ⑦, ⑧, ⑨, ⑩에 알맞은 MC 접점(예, MC₁(a), MC₂(b))을 각각 답란에 쓰시오.

(9) 보조 릴레이 X₂의 기동접점과 동작 유지접점을 차례로 쓰시오.(예, ④, X₂(₂), MC₁(₁) 등)

(10) 인터록 접점을 모두 쓰시오.(예, ④, X₂(₂), MC₁(₁) 등).

(11) 자기 유지접점을 10번의 예와 같이 쓰시오.

(12) $MC_{5(1)}$ 접점의 기능 2가지를 쓰시오.(예, MC_2 정지용).

(13) 래더 회로는 고속 정회전 회로(X_1, MC_1, MC_4, MC_5의 순서)를 수정한 것이다. 차례로 21 스텝으로 프로그램을 하시오. 차례가 필요하면 번지의 숫자가 적은 것부터 코딩한다.

연습문제 해답

【3-1】

MC는 유지 회로에 정지 신호 X가 추가된 회로이다. OL은 유지용 X로 점등하고 X는 Thr과 OCR의 병렬 기동의 기동 우선 유지 회로이다. P003(BS₃)을 먼저 프로그램 하였으므로 12스텝은 유지 접점 직렬 AND M000이고 13, 14스텝은 기동 입력 2개 병렬이므로 OR P004, OR P005이며 결과 내부 출력 OUT M000(X)이 된다.

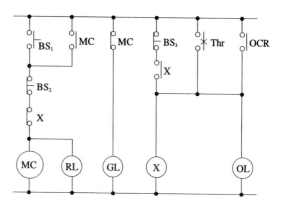

【3-2】

로직 회로의 정지 회로 동작의 예이다. (1) HHLLLHL   (2)LHHLHLL   (3) HLLHHLL

(1) L입력형이므로 A, B점은 H레벨이고 NOT 회로를 통한 C, D점은 L레벨이며 OR 출력 E는 복구 L레벨, NOT를 통한 NOR 출력 F는 H레벨이고 FF 리셋 상태로 G는 L레벨이 된다.

(2) BS₂를 누르고 있으면 A점이 L레벨이고 C점이 H레벨이므로 OR 회로 E가 동작하여 H레벨이 되어 F점이 L레벨이 된다. 따라서 FF가 리셋하여 G점이 L레벨이 되어 MC가 복구한다.

(3) Thr을 누르고 있으면 B점이 L레벨이고 D점이 H레벨이므로 OR 회로 E가 동작하여 H레벨이 되어 F점이 L레벨이 된다. 따라서 FF가 리셋하여 G점이 L레벨이 되어 MC가 복구한다.

【3-3】

(1) HLLHLLL   (2) LLHHHHH   (3) LHHLLHH

(1) L입력형이므로 A점은 H레벨이고 NOT 회로를 통한 C, F, G점은 L레벨이다. FF 리셋 상태에서 B점은 L레벨이고 D점은 H레벨이며 AND 출력 E는 L레벨이다.

(2) Thr이 트립 중이므로 A점은 L레벨이고 NOT 회로를 통한 C, G점은 H레벨이 되며 또 F점이 H레벨이 되어 OL이 점등중이다. BZ가 동작 상태이므로 FF가 리셋 상태이고 B점은 L레벨이며 D점은 H레벨이 되어 AND 출력 E는 H레벨이 된다.

(3) BS를 눌렀다 놓으면 FF가 셋하여 B점이 H레벨이 되고 D점이 L레벨이 되어 AND 회로 E가 복구하여 L레벨이 되며 BZ는 복구한다. 그외는 (2)번과 같다.

【3-4】

(1) X₁은 접점 X₂(₃)부터 프로그램하고 X₂는 접점 MC(₃)부터 프로그램하며 BS를 X₁, X₂ 회로에 분리하였다.

| ① AND NOT | ⑦ P010 | ② OR | ⑧ M001 | ③ AND | ⑨ M001 |
| ④ AND NOT | ⑩ M001 | ⑤ OR | ⑪ M002 | ⑫ P000 | ⑥ OUT |

(2) BS를 누르고 있으면 (X₁)이 동작 유지하고 X₁₍₂₎ 접점으로 (MC)가 동작 유지하며 (RL)이 점등하고 (GL)이 소등한다. BS를 놓으면 (X₁)이 복구한다. BS를 다시 누르고 있으면 접점 MC₍₃₎이 닫혀 있으므로 (X₂)가 동작 유지하고 X₂₍₂₎ 접점으로 (MC)가 복구하며 (RL)이 소등하고 (GL)이 점등한다. 이 때 MC₍₂₎가 열려 있으므로 X₁은 동작할 수 없다. BS를 놓으면 (X₂)가 복구한다.

【3-5】

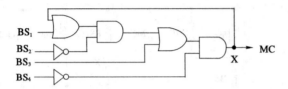

【3-6】

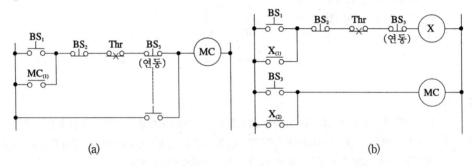

그림(a)에서 BS₃을 눌렀다 놓는 순간에 BS₃의 b접점은 닫히고 접점 MC₍₁₎은 열리는데 BS₃의 b접점이 먼저 닫히고 MC₍₁₎ 접점이 늦게 열리면 MC₍₁₎ 접점이 열리기 전에 MC가 다시 동작하는 현상이 생길 수 있다. 따라서 (b)와 같이 유지용 보조 릴레이 X를 사용하여 운전 회로를 구성하고 BS₃으로 촌동 운전을 하면 안전하다.(그림 3-8(c) 참조) 즉 운전 회로와 촌동 회로를 구분하는 것이 좋다.

【3-7】

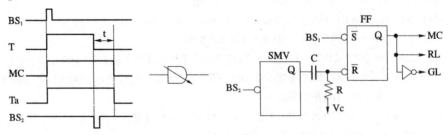

타임 차트에서 BS₁을 누르면 T가 동작하여 접점 Tₐ로 MC가 동작하고 BS₂를 누르면 T는 복구하지만 접점 Tₐ는 일정 시간이 지난 후에 복구하며 이때 MC가 복구한다. 또 로직 회로에서는 BS₁을 누르면 FF가 셋하여 MC가 동작하고 BS₂를 누르면 SMV가 셋하고 일정 시간이 지난 후에 리셋하면 FF가 리셋하여 MC가 복구한다.

【3-8】

BS를 주면 T_1이 여자되고 유지된다. t_1초 후에 T_{1a} 접점으로 MC가 동작 유지하고 T_2가 여자되며 T_1이 복구된다. t_2초 후에 T_{2b}가 열려서 MC와 T_2가 복구한다.

(1) A ② B ① C ④ D ③ E ② F ⑤ G ⑧

(2) 접점 D는 타이머의 순시 동작 a접점이고 F는 타이머의 지연 동작 a접점이다.

(3) PLC 래더 회로에서 타이머는 순시 접점이 없으므로 유지용으로 내부 출력을 사용하고 또 타이머 회로를 독립 회로로 분리 코딩한다. 여기서 번지는 BS-P000,
MC-P010, T-T001, T002로 한다.

차례	명령	번지	차례	명령	번지
0	LOAD	P000	8	LOAD	T001
1	OR	M000	9	OR	P010
2	AND NOT	P010	10	AND NOT	T002
3	OUT	M000	11	OUT	P010
4	LOAD	M000	12	LOAD	P010
5	TMR	T001	13	TMR	T002
6	〈DATA〉	00050	14	〈DATA〉	00200

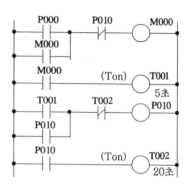

【3-9】

BS(A, P000)를 주면 X(M000)가 동작 유지(C, M000)하고 T_1이 여자(D, M000)된다. t_1초 후에 T_{1a} 접점(E, T001)으로 MC(P010)가 동작 유지(G, P010)하고 T_2(T002)가 여자(H, P010)되며 X와 T_1이 복구(B, P010)된다. t_2초 후에 T_{2b}(F, T002)가 열려서 MC와 T_2가 복구한다.

(1) B P010   C M000   D M000   E T001   F T002   G P010   H P010

차례	명령	번지	차례	명령	번지	차례	명령	번지
0	LOAD	P000	5	TMR	T001	11	OUT	P010
1	OR	M000	6	〈DATA〉	00050	12	LOAD	P010
2	AND NOT	P010	8	LOAD	T001	13	TMR	T002
3	OUT	M000	9	OR	P010	14	〈DATA〉	00200
4	LOAD	M000	10	AND NOT	T002	16	—	—

(2)   (3)

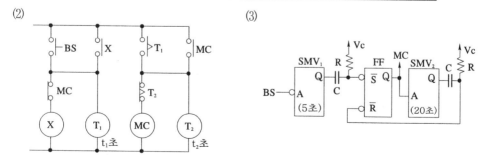

(4) 기동 기구 ; A, E   유지 기구 ; C, G   정지 기구 ; B, F

【3-10】

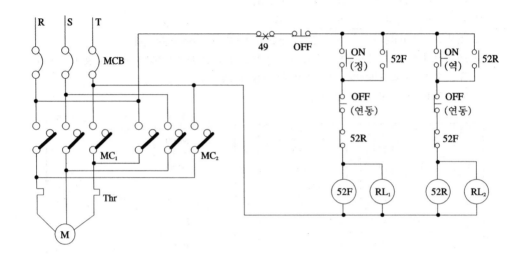

【3-11】

L입력형이므로 평시 H레벨, 버튼 스위치를 누르고 있으면 L레벨, 놓으면 H레벨이 된다. 또 MC는 동작되면 H레벨, 복구중이면 L레벨이다. 그리고 상태 표시(○)는 NOT임에 유의한다.

(1) HHLL   (2) LHHL   (3) LLHH   (4) HLHH   (5) LHHH(정지 상태)

【3-12】

(1) ①, ③　　　　　　　　(2) ⑧, ⑨　　　　　　　　(3) ⑥, ⑦, ⑧, ⑨(Thr 작동중 상태이다)

(4) OL, GL　　　　　　　(5) 　　　　　(6) ①, ②, ④, ⑨

(7) ②, ③, ⑤, ⑧　　　　(8) L레벨(정지)

(9) A-MC₁, 유지,　　D-MC₂, 인터록　　E-RL₁ 동작 표시 램프

【3-13】

(1) R선과 T선의 접속을 바꾼다.　　　　　(2) ①②는 유지,　③④는 인터록

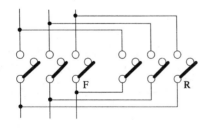

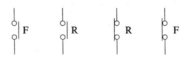

(3) Thr(열동 계전기)
(4) GL(정지용)
(5) BS₁
(6) 계속 정회전한다.

【3-14】

(1) ① MC₁ 유지 회로

② 타이머 유지 회로

⑤와 ⑥은 인터록 회로

(2) ② 순시 동작 a접점

③ 지연 동작 순시 복구 a접점

④ 지연 동작 순시 복구 b접점

(3) 타이머의 지연 a, b접점은 공통 단자이므로 MC₂ 회로를 ⓐ점에 접속하지 않고 ⓑ점에 접속한다.

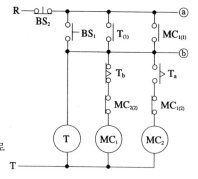

【3-15】

그림 3-8을 참조한다.

(0, 1), (8, 9)번 스텝은 기동과 유지 회로, (2, 3), (10, 11)번 스텝은 촌동용 버튼 스위치, (4, 12)번 스텝은 인터록, (5, 13)번 스텝은 정지용 버튼 스위치, (6,14)번은 출력이고 릴레이 회로에서는 내부 출력(보조 릴레이) 171과 172를 생략하면 그림과 같다.

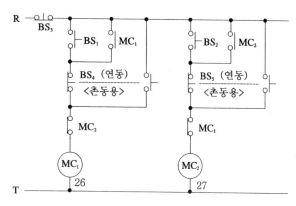

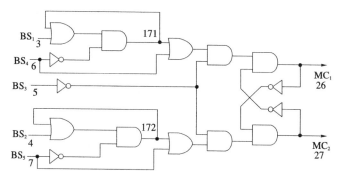

【3-16】

BS_1을 주면 MC_1이 동작 유지하고 T_1이 여자된다. 50초 후에 접점 T_1로 $MC_1(T_1)$이 복구하고 X_1이 동작 유지하며 T_2가 여자된다. 10초 후에 접점 T_2로 MC_2가 동작 유지하고 T_3이 여자되며 접점 MC_2로 $X_1(T_2)$이 복구한다. 50초 후에 접점 T_3으로 $MC_2(T_3)$가 복구하고 X_2가 동작 유지하며 T_4가 여자된다. 10초 후에 접점 T_4로 MC_1이 재동작 유지하고 T_1이 여자되며 접점 MC_1로 $X_2(T_4)$가 복구한다. 즉 50초간 정회전, 10초간 정지, 50초간 역회전, 10초간 정지를 BS_2를 줄 때까지 반복한다. 여기서 별표는 인터록이고 T_1과 T_3의 시한 접점은 독립 단자로 한다.

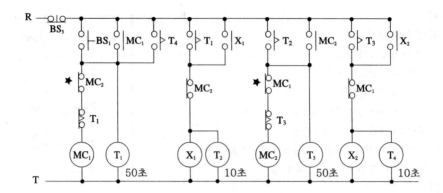

【3-17】

(1) PLC 회로에서 타이머는 순시 접점이 없으므로 1스텝은 P011이 된다.

차례	명령	번지	차례	명령	번지
0	LOAD	P001	8	OUT	P012
1	(OR)	(P011)	9	(OUT)	(P014)
2	(AND NOT)	P002	10	LOAD	P011
3	(OUT)	P011	11	(OUT)	(P013)
4	TMR	(T000)	12	(LOAD NOT)	(P011)
5	〈DATA〉	00200	13	OUT	P015
7	AND	T000	14	—	—

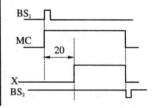

(2)

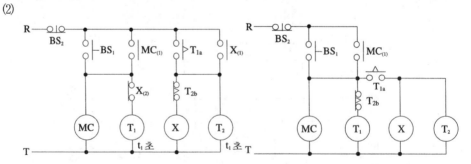

그림(a)에서 BS₁을 누르면 MC가 동작하여 정회전하고 T_1이 여자된다. t_1초 후에 접점 T_{1a}가 닫히면 X가 동작하여 전동기는 역회전하고 T_2가 여자된다. 또 접점 $X_{(2)}$가 열리면 T_1이 복구한다. t_2초 후에 접점 T_{2b}가 열리면 X가 복구하여 전동기는 다시 정회전하게 되며 T_2가 복구된다. 또 접점 $X_{(2)}$가 닫혀서 T_1이 여자된다. 따라서 T_1과 T_2가 교대로 동작하여 X가 동작과 복구를 반복하도록 하여 정·역회전을 반복하며 BS₂를 누를 때까지 계속된다.

그림(b)는 릴레이 X의 보조 접점이 없을 때의 회로로서 동작 과정은 위와 같으나 T_1의 동작 시간이 (t_1+t_2)가 되고 복구 시간은 순간적이 된다. 즉 BS₁을 누르면 MC가 동작하여 정회전하고 T_1이 여자된다. t_1초 후에 접점 T_{1a}가 닫히면 X가 동작하여 전동기는 역회전하고 T_2가 여자된다. t_2초 후에 접점 T_{2b}가 열리면 접점 T_{1a}가 열려 X가 복구하고 전동기는 다시 정회전하게 되며 T_2가 복구된다. 이어 접점 T_{2b}가 닫혀서 T_1이 다시 여자되며 이런 동작을 반복하게 된다.

【3-18】

BS₁을 주면 X₁이 동작 유지하고 T₁이 여자된다. t₁초 후에 접점 ①T₁로 MC₁이 동작하여 전동기는 정회전 운전하고 접점 MC₁으로 X₁(T₁)이 복구한다. BS₂를 주면 X₂가 동작 유지하고 T₂가 여자되며 접점 X₂로 MC₁이 복구한다. t₂초 후에 접점 ②T₂로 MC₂가 동작하여 전동기는 역회전 운전하고 접점 MC₂로 X₂(T₂)가 복구된다. 다시 BS₁을 주면 X₁이 동작 유지하고 T₁이 여자되며 접점 X₁로 MC₂가 복구한다. 이하 같다. 여기서 ③과 ④는 인터록 접점이다.

(1)

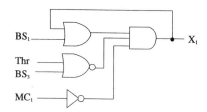

(2) 기동용 기구 : ①, BS₁, ②, BS₂

유지용 기구 : $MC_{1(1)}$, $X_{1(1)}$, $MC_{2(1)}$, $X_{2(1)}$

정지용 기구 : $MC_{1(2)}$, $X_{2(2)}$, $X_{1(2)}$, $MC_{2(2)}$

(3) BS₁과 $X_{1(1)}$의 병렬 OR에 Thr과 BS₃의 b접점 직렬 NOR 및 정지용 b접점 $MC_{1(2)}$의 3입력 직렬 AND로 X₁이 생긴다.

【3-19】

(1) 차례로 정지, 기동, 정지, 인터록

(2) 싱크 전류

(3) ─▷○─ 싱크 전류를 흘리기 위하여 ⑤에 NOT 회로를 넣는다.

【3-20】

기동 입력 14(BS₁)를 주면 유지 회로 출력 31(MC₁)이 동작 유지하고 Y기동용 32(MC₂)가 동작한다. 기동 입력 15(BS₂)를 주면 32는 복구하고 이어 △운전용 33(MC₃)이 유지 회로로 동작 유지한다. 정지용 16(BS₃)을 주면 31과 33이 복구한다.

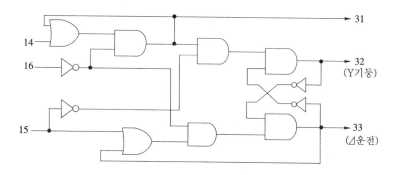

【3-21】

P001을 주면 P010이 동작 유지하고 T000이 여자되며 P011이 동작한다. 7초 후에 접점 T000으로 P011이 복구하고 이어 P012가 동작 유지한다. 정지용 P002를 주면 P010이 복구하고 접점 P010으로 P012가 복구한다. 인터록에 유의한다.

【3-22】

(1) ①-⑥, ⑩, ②   ②-②, ⑱, ④
　　③-②, ②, ⑥   ④-⑦, ⑭, ⑤
　　⑤-④, ⑫, ②   ⑥-①, ③   ⑦-⑯, ④
(2) ①-⑪, ①   ②-⑦, ⑦
　　③-②, ⑧, ④   ④-②, ⑥, ④
(3) ①-②, ⑧, ④   ②-⑥, ⑩, ②
　　③-②, ⑥, ④
(4) ①-⑪, ①   ②-⑫, ②
　　③-⑭, ⑤   ④-⑨, ①
　　⑤-①, ③   ⑥-⑱, ④
(5) ①-②   ②-⑦   ③-⑤
　　④-②   ⑤-①   ⑥-③
　　⑦-②   ⑧-④   ⑨-②
　　⑩-①   ⑪-④   ⑫-③
　　⑬-⑦

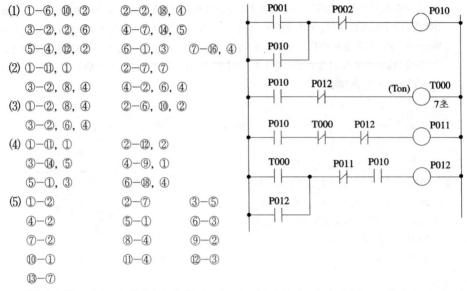

그림(a)에서 BS₁로 MC_Y가 동작하여 Y기동하고 TR이 여자하여 회로를 유지한다. t초후 MC_Y가 복구하고 MC_⊿가 동작하여 ⊿운전된다.

그림(b)에서 ①을 주면 T가 여자되고 순시 접점으로 회로를 유지하며 MC₁로 모선을 접속하고 MC₂로 Y결선 기동한다. t초 후에 T_b가 열려 MC₁이 복구하면 MC₂가 복구하여 Y결선 기동이 끝나고 이어 T_a로 MC₃이 동작하고 ②로 MC₁이 다시 동작하여 ⊿결선 운전된다.

그림(c)에서 BS₁로 MC₂가 동작하여 Y결선하고 MC₁이 동작하여 기동하며 T가 여자된다. t초후 MC₂가 복구하고 MC₃이 동작하여 ⊿운전된다.

그림(d)에서 ①로 AR이 동작 유지하고 MC_Y가 동작하여 Y결선 기동하며 TR이 여자된다.

t초 후 MC_Y가 복구하고 MC_⊿가 동작하여 ⊿운전된다. 이 회로는 T의 시한 접점이 독립 단자로 되어 있다. 그림(e)는 그림 3-20과 같다.

【3-23】

(1) 차례로 P011, AND NOT, 00050(50), LOAD, OUT　(2)

【3-24】

정역 회로 MC₁과 MC₄는 유지 회로와 인터록 회로로 한다. Y-⊿ 회로 MC₂와 MC₃은 MC₁과 MC₄의 병렬 회로로 동작하도록 하며 로직 회로에서는 타이머 2개로 인터록의 인터벌을 준다.

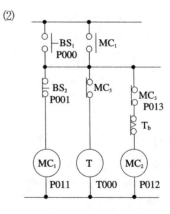

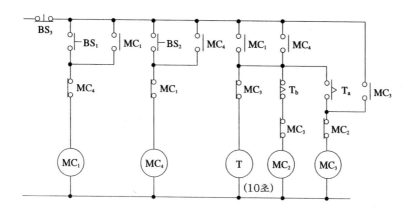

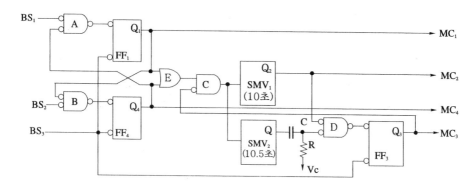

【3-25】

BS₁을 주면 FF₁이 셋하여 MC₁이 동작하여 모선 접속한다. 또 인터록 A를 통하여 FF₂가 셋하면 MC₂가 동작하여 Y기동한다. 또 SMV₁과 SMV₂가 셋한다. 10초 후에 SMV₁이 리셋하면 미분 회로를 통하여 FF₂가 리셋하여 MC₂가 복구한다. 0.5초 후에 SMV₂가

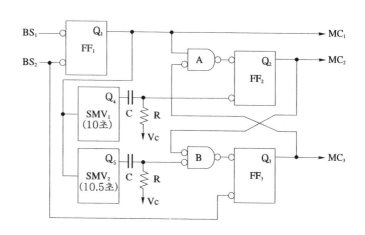

리셋하면 미분 회로와 인터록 B를 통하여 FF₃이 셋하여 MC₃이 동작하여 ⊿운전한다. BS₂를 주면 FF₁과 FF₃이 리셋하여 MC₁과 MC₃이 복구한다.

【3-26】

　　△결선은 U-Y, V-Z, W-X로 접속하고 역률 개선용 컨덴서는 전원에 그대로 접속한다. BS-ON하면 MC$_2$가 동작하여 Y결선하고 MC$_1$이 동작하여 기동한다. 동시에 T$_1$이 여자하여 5초 후에 MC$_2$가 복구하고 T$_2$가 여자되어 1초 후에 MC$_3$으로 △결선 운전된다.

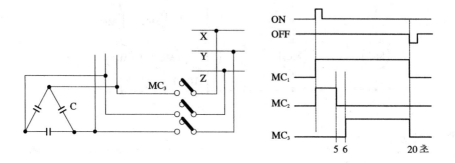

【3-27】

　　MC$_1$은 기동 BS$_1$과 정지 BS$_2$, Thr의 유지 회로로 모선 접속과 회로를 유지하고 MC$_2$는 MC$_1$과 인터록 및 타이머 지연 b접점의 3입력 회로로 동작하여 Y결선 기동하며 MC$_3$은 MC$_1$과 인터록 및 타이머 지연 a접점의 3입력 회로로 동작하여 △결선 운전한다.

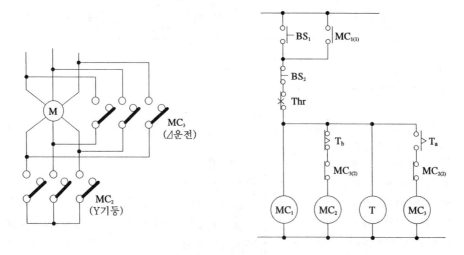

【3-28】

　　(1) MC$_2$ 동작 후에 MC$_1$이 복구하므로 A-MC$_2$(b)(─o o─)이고, MC$_2$는 타이머로 동작하므로 B-T(T$_a$) (─o͡o─)이며 MC$_2$는 BS$_2$로 복구하므로 C-BS$_2$(─o̶lo─)이다.

　　(2) ①과② BS$_1$, B(T$_a$)　③ MC$_{1(a)}$　④와⑤ A(MC$_{2(b)}$), C(BS$_2$),　⑥과⑦ MC$_{1(a)}$, MC$_{2(a)}$

　　(3) BS$_1$을 주면 FF$_1$이 셋하여 MC$_1$이 동작하고 또한 SMV가 셋한다. 7초 후에 SMV가 리셋하면 미분 회로와 D회로를 통하여 FF$_2$가 셋하여 MC$_2$가 동작하고 또 FF$_1$이 리셋하여 MC$_1$이 복구한다. BS$_2$를 주면 FF$_2$가

리셋하여 MC$_2$가 복구한다. 따라서 차례로 ①④③②⑤④이다.

(4) 미분 회로의 L레벨과 MC$_1$의 H레벨로 FF$_2$가 셋하므로 ⎯⎤▭⎤⎯ 이다.

(5) ⑨ − ⑪, ⑩ − ⑮   (6) t = kCR = 0.7×10 = 7초

(7) ①은 타이머 여자 단자이므로 ① − ③이고 ②는 정지 단자이므로 ② − ④ 이다.

(8) ⑤ − 유지 기능 MC$_{1(a)}$ ⑥ − 유지 기능 MC$_{2(a)}$ ⑦ − 정지 기능 A(MC$_{2(b)}$)   ⑧ 기동 기능 B(T$_a$)

(9) P001(BS$_1$),   P012(A−MC$_{2(b)}$),   P011(MC$_{1(a)}$),   P011(MC$_{1(a)}$),   T000(B−T$_a$),

P011(MC$_{1(a)}$),   P002(C−BS$_2$),   P012(MC$_{2(a)}$)

【3−29】

주회로와 양논리 회로에서 MC$_1$은 BS$_1$로 동작하고 BS$_2$(Thr)로 복구하는 유지 회로이다.

릴레이 회로에서 BS$_1$을 주면 MC$_1$이 동작 유지하고 전동기를 리액터 기동한다. 동시에 타이머가 여자된다. 7초 후에 타이머 지연 접점 T$_a$로 MC$_2$가 동작하여 리액터 L을 단락시켜 전전압으로 전동기가 운전된다.

로직 회로에서 BS$_1$을 주면 FF$_1$이 셋하여 MC$_1$이 동작 유지하고 전동기를 리액터 기동한다. 동시에 SMV가 셋된다. 7초 후에 SMV가 리셋되면 미분 회로와 우선 요소 A를 통하여 FF$_2$가 셋하여 MC$_2$가 동작하여 리액터 L을 단락시켜 전전압 운전된다.

래더 회로에서 P011(MC$_1$)을 회로 전체의 유지 회로로 하고 T000, P012, P013, P014를 분리 코딩하였다.

(1)   (2)

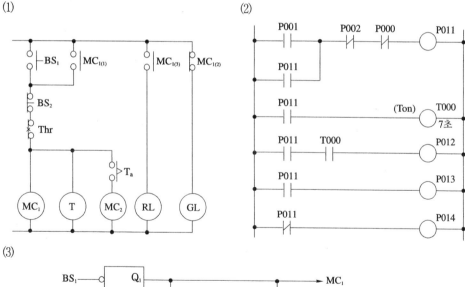

(3)

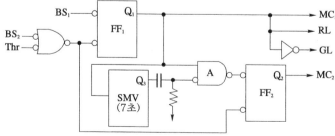

차례	명령	번지	차례	명령	번지	차례	명령	번지
0	LOAD	P001	5	LOAD	P011	11	OUT	P012
1	OR	P011	6	TMR	T000	12	LOAD	P011
2	AND NOT	P002	7	〈DATA〉	00070	13	OUT	P013
3	AND NOT	P000	9	LOAD	P011	14	LOAD NOT	P011
4	OUT	P011	10	AND	T000	15	OUT	P014

【3-30】

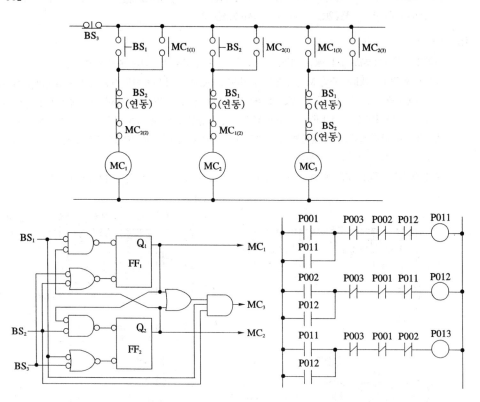

연동 버튼 스위치를 사용하므로 BS_1을 누르면 MC_2와 MC_3이 복구하고 이어 MC_1이 동작하며 BS_1을 놓으면 MC_3이 재동작한다. 또 BS_2를 누르면 MC_1과 MC_3이 복구하고 이어 MC_2가 동작하며 BS_2를 놓으면 MC_3이 재동작하며 BS_3으로 모두 복구하도록 한다.

【3-31】

릴레이 회로에서 BS_1을 주면 MC_1이 동작 유지하고 T_1이 여자되며 전동기는 저항 기동한다. 5초 후에 접점 T_{1a}로 MC_2가 동작하여 저항 R_1을 단락하고 T_2가 여자한다. 다시 5초 후에 T_{2a}로 MC가 동작 유지하고 저항 R_2를 단락하여 전동기는 정상 운전한다. 동시에 $MC_{(2)}$ 접점으로 MC_1, T_1, MC_2, T_2가 차례로 복구한다. BS_2를 주면 MC가 복구하여 전동기는 정지한다.

로직 회로에서 BS$_1$을 주면 FF$_1$이 셋하여 MC$_1$이 동작하여 저항 기동하고 SMV$_1$이 셋한다. 5초 후에 SMV$_1$이 리셋하면 FF$_2$가 셋하여 MC$_2$가 동작하고 SMV$_2$가 셋한다. 5초 후에 SMV$_2$가 리셋하면 FF가 셋하여 MC가 동작하여 두 저항을 단락하여 전동기는 전전압 운전한다. 동시에 FF$_1$, FF$_2$, MC$_1$, MC$_2$가 복구한다. BS$_2$를 주면 FF와 MC가 복구하여 전동기는 정지한다.

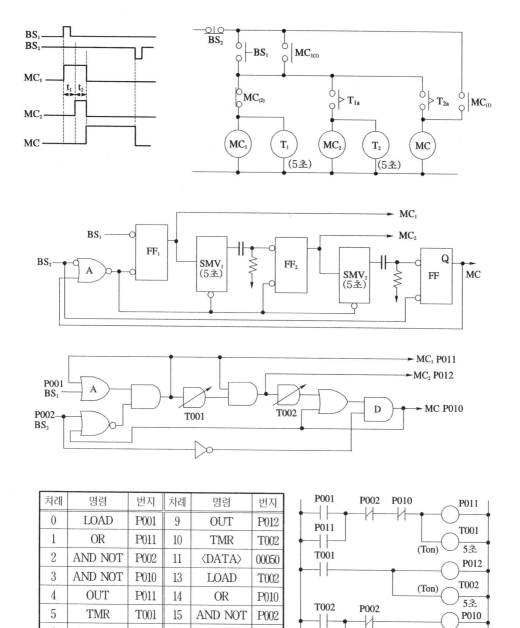

차례	명령	번지	차례	명령	번지
0	LOAD	P001	9	OUT	P012
1	OR	P011	10	TMR	T002
2	AND NOT	P002	11	〈DATA〉	00050
3	AND NOT	P010	13	LOAD	T002
4	OUT	P011	14	OR	P010
5	TMR	T001	15	AND NOT	P002
6	〈DATA〉	00050	16	OUT	P010
8	LOAD	T001	17	—	—

PLC 회로에서 P001을 주면 P011이 동작 유지하여 저항 기동하고 T001이 여자된다. 5초 후에 T001로 P012
가 동작하여 저항 R_1을 단락하고 T002가 여자된다. 5초 후에 T002로 P010이 동작하여 저항 R_2를 단락하고
전전압 운전한다. 동시에 b접점형 P010으로 P011, T001, P012, T002가 차례로 복구된다. P002를 주면
P010이 복구하여 전동기가 정지한다.

【3-32】

BS$_1$을 주면 MC가 동작 유지하여 전동기가 기동하고 T_1이 여자된다. 3초 후에 T_{1a}로 MC_1이 동작 유지하고
T_2가 여자되며 T_1이 복구한다. 3초 후에 T_{2a}로 MC_2가 동작 유지하고 T_3이 여자되며 $MC_{2(2)}$로 MC_1과 T_2가
복구한다. 3초 후에 T_{3a}로 MC_3이 동작 유지하고 T_4가 여자되며 $MC_{3(2)}$로 MC_2와 T_3이 복구한다. 3초 후에
T_{4a}로 MC_4가 동작 유지하여 전동기가 전전압 운전되고 $MC_{4(2)}$로 MC_3과 T_4가 복구한다. BS$_2$를 주면 MC와
MC_4가 복구하여 전동기가 정지한다.

로직 회로에서 BS$_1$을 주면 FF가 셋하여 MC가 동작하고 SMV_1이 셋된다. 3초 후에 SMV_1이 리셋되는 순간
FF_1이 셋하여 MC_1이 동작하고 SMV_2가 셋된다. 3초 후에 SMV_2가 리셋되는 순간 FF_2가 셋하여 MC_2가 동
작하고 SMV_3이 셋되며 동시에 FF_1이 리셋되어 MC_1이 복구된다. 3초 후에 SMV_3이 리셋되는 순간 FF_3이
셋하여 MC_3이 동작하고 SMV_4가 셋되며 동시에 FF_2가 리셋되어 MC_2가 복구된다. 3초 후에 SMV_4가 리셋
되는 순간 FF_4가 셋하여 MC_4가 동작하고 동시에 FF_3이 리셋되어 MC_3이 복구된다. BS$_2$를 주면 FF와 FF_4
가 리셋되어 MC와 MC_4가 복구한다.

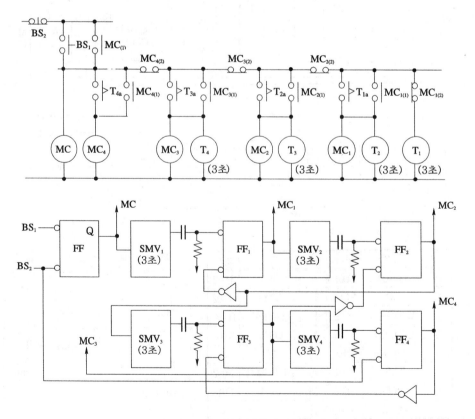

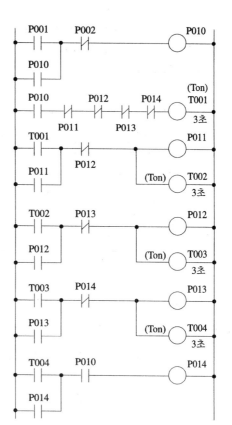

차례	명령	번지	차례	명령	번지
0	LOAD	P001	19	LOAD	T002
1	OR	P010	20	OR	P012
2	AND NOT	P002	21	AND NOT	P013
3	OUT	P010	22	OUT	P012
4	LOAD	P010	23	TMR	T003
5	AND NOT	P011	24	〈DATA〉	00030
6	AND NOT	P012	26	LOAD	T003
7	AND NOT	P013	27	OR	P013
8	AND NOT	P014	28	AND NOT	P014
9	TMR	T001	29	OUT	P013
10	〈DATA〉	00030	30	TMR	T004
12	LOAD	T001	31	〈DATA〉	00030
13	OR	P011	33	LOAD	T004
14	AND NOT	P012	34	OR	P014
15	OUT	P011	35	AND	P010
16	TMR	T002	36	OUT	P014
17	〈DATA〉	00030	37	—	—

PLC 회로에서 P001을 주면 P010이 동작 유지하고 T001이 여자된다. 3초 후에 T001로 P011이 동작 유지하고 T002가 여자되며 T001이 복구한다. 3초 후에 T002로 P012가 동작 유지하고 T003이 여자되며 P012로 P011과 T002가 복구한다. 3초 후에 T003으로 P013이 동작 유지하고 T004가 여자되며 P013으로 P012와 T003이 복구한다. 3초 후에 T004로 P014가 동작 유지하고 P014로 P013과 T004가 복구한다. P002를 주면 P010과 P014가 복구한다. 여기서 T001 회로는P011~P014가 동작 중에는 재여자할 수 없도록 b접점으로 차단한다.

【3-33】

BS₁을 주면 FF₁이 셋하여 MC₁이 동작한다. 동시에 SMV₁이 셋하여 MC₂와 OL이 동작한다. 14초 후에 SMV₁이 리셋하면 MC₂와 OL이 복구하며 RL이 점등한다. 또 SMV₂가 5초 동안 셋한후 리셋하면 SMV₃이 5초 동안 셋하여 MC₃이 5초 동안

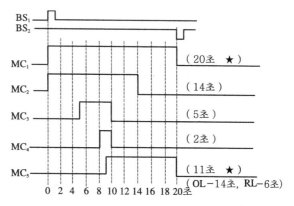

동작한다. 동시에 SMV_4와 SMV_5가 셋한다. 3초 후 SMV_4가 리셋하면 SMV_6이 2초 동안 셋하여 MC_4가 2초 동안 동작한다. 또 4초 후 SMV_5가 리셋하면 FF_2가 셋하여 MC_5가 동작한다. BS_2를 주면 FF_1과 FF_2가 리셋 하여 MC_1과 MC_5가 복구한다.

【3-34】

(1)

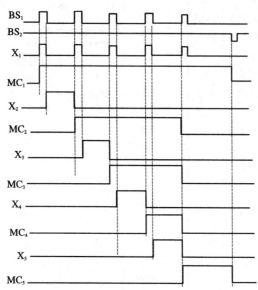

(2) MC_1, MC_2, MC_3, X_4

(3) MC_1, MC_5

① $BS_1\uparrow - X_1\uparrow - MC_1\uparrow - BS_1\downarrow - X_1\downarrow - X_2\uparrow$

〈전원 R - $X_{1(1)}\uparrow(MC_{1(1)}\uparrow$유지$) - BS_2 - Thr - MC_1\uparrow -$ 전원 T〉

〈전원 R - $MC_{1(2)}\uparrow - MC_{5(4)} - X_{1(4)}\downarrow - MC_{1(3)}\uparrow(X_{2(1)}\uparrow$유지$) - MC_{2(2)} - X_2\uparrow -$ 전원 T〉

② $BS_1\uparrow - X_1\uparrow - MC_2\uparrow - X_2\downarrow - BS_1\downarrow - X_1\downarrow - X_3\uparrow$

〈전원 R - $MC_{1(2)}\uparrow - MC_{5(4)} - X_{2(1)}\uparrow - X_{1(5)}\uparrow(MC_{2(1)}\uparrow$유지$) - MC_2\uparrow -$ 전원 T〉

〈전원 R - $MC_{1(2)}\uparrow - MC_{5(4)} - X_{1(6)}\downarrow - MC_{2(3)}\uparrow(X_{3(1)}\uparrow$유지$) - MC_{3(2)} - X_3\uparrow -$ 전원 T〉

③ $BS_1\uparrow - X_1\uparrow - MC_3\uparrow - X_3\downarrow - BS_1\downarrow - X_1\downarrow - X_4\uparrow$

〈전원 R - $MC_{1(2)}\uparrow - MC_{5(4)} - X_{3(1)}\uparrow - X_{1(7)}\uparrow(MC_{3(1)}\uparrow$유지$) - MC_3\uparrow -$ 전원 T〉

〈전원 R - $MC_{1(2)}\uparrow - MC_{5(4)} - X_{1(8)}\downarrow - MC_{3(3)}\uparrow(X_{4(1)}\uparrow$유지$) - MC_{4(2)} - X_4\uparrow -$ 전원 T〉

④ $BS_1\uparrow - X_1\uparrow - MC_4\uparrow - X_4\downarrow - BS_1\downarrow - X_1\downarrow - X_5\uparrow$

〈전원 R - $MC_{1(2)}\uparrow - MC_{5(4)} - X_{4(1)}\uparrow - X_{1(9)}\uparrow(MC_{4(1)}\uparrow$유지$) - MC_4\uparrow -$ 전원 T〉

〈전원 R - $MC_{1(2)}\uparrow - MC_{5(4)} - X_{1(2)}\downarrow - MC_{4(3)}\uparrow(X_{5(1)}\uparrow$유지$) - MC_{5(2)} - X_5\uparrow -$ 전원 T〉

⑤ $BS_1\uparrow - X_1\uparrow - MC_5\uparrow - X_5\downarrow,\ MC_2\downarrow,\ MC_3\downarrow,\ MC_4\downarrow - BS_1\downarrow - X_1\downarrow$

〈전원 R - $MC_{1(2)}\uparrow - MC_{5(4)} - X_{5(1)}\uparrow - X_{1(3)}\uparrow(MC_{5(1)}\uparrow$유지$) - MC_5\uparrow -$ 전원 T〉

⑥ $BS_2\uparrow - MC_1\downarrow - MC_5\downarrow - BS_2\downarrow$

【3-35】

BS$_1$을 주면 MC-72가 동작하여 기동하고 동시에 타이머 2-1이 여자된다. 5초 후에 MC-73-1이 동작하여 R$_1$을 단락하며 2-2가 여자된다. 5초 후에 MC-73-2가 동작하여 R$_2$를 단락하여 정상 운전한다. BS$_2$를 주면 모두 복구하고 전동기는 정지한다.

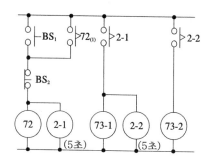

차례	명령	번지	차례	명령	번지
0	LOAD	P001	7	LOAD	T001
1	OR	P010	8	OUT	P011
2	AND NOT	P002	9	TMR	T002
3	OUT	P010	10	⟨DATA⟩	00050
4	TMR	T001	12	LOAD	T002
5	⟨DATA⟩	00050	13	OUT	P012

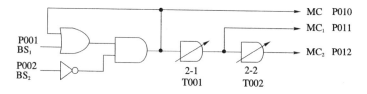

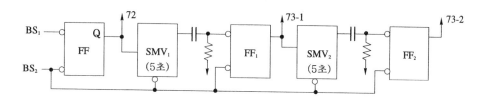

【3-36】

BS$_1$을 주면 MC$_1$이 동작 유지하여 전동기가 기동하고 T$_1$이 여자된다. 3초 후에 T$_{1a}$로 MC$_2$가 동작 유지하고 R$_1$을 단락한다. 동시에 T$_2$가 여자된다. 3초 후에 T$_{2a}$로 MC$_3$이 동작 유지하고 R$_2$를 단락한다. 동시에 T$_3$이 여자된다. 3초 후에 T$_{3a}$로 MC$_4$가 동작 유지하고 R$_3$을 단락하여 전동기가 전전압 운전되며 BS$_2$를 주면 전부 복구하여 전동기가 정지한다.

(1) A는 MC$_1$ 접점이다. ⊣⊢MC$_1$

(3)

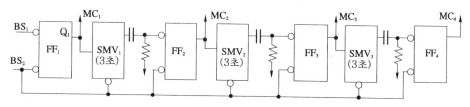

(2)

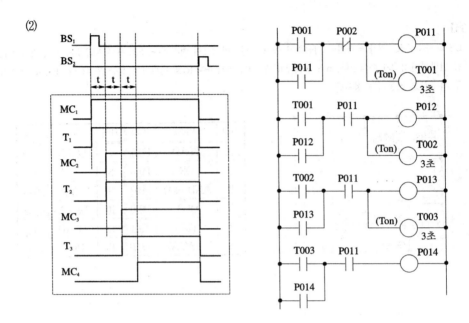

(4)

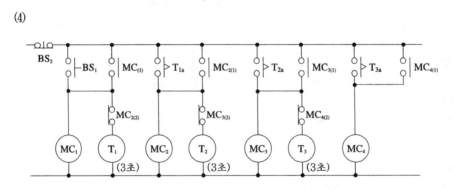

【3-37】

　　BS₁을 누르면 MC₁이 동작하여 전동기가 저속 운전된다. BS₂를 누르면 MC₁이 복구하고 이어 MC₂와 MC₃이 동작하여 전동기가 고속 운전된다. 다시 BS₁을 누르면 MC₂와 MC₃이 복구하고 MC₁이 동작하여 전동기가 저속 운전되며 BS₃을 누르면 전부 복구하여 전동기가 정지된다.

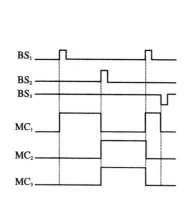

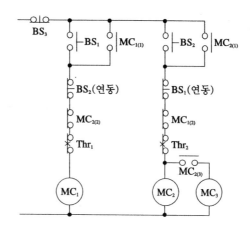

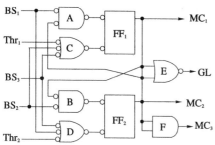

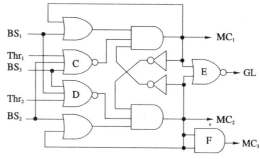

step	명 령	번 지
0	LOAD	P001
1	OR	P011
2	AND NOT	P002
3	AND NOT	P003
4	AND NOT	P004
5	AND NOT	P012
6	OUT	P011
7	LOAD	P002
8	OR	P012
9	AND NOT	P001
10	AND NOT	P003
11	AND NOT	P005
12	AND NOT	P011
13	OUT	P012
14	LOAD	P012
15	OUT	P013

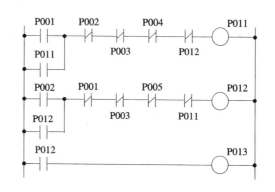

【3-38】

BS$_1$로 MC가 동작 유지하여 기동하고 t$_1$초 후에 MC$_1$이 동작하여 R$_1$을 단락하고 t$_2$초 후에 MC$_2$가 동작하여 R$_2$를 단락하며 t$_3$초 후에 MC$_3$이 동작 유지하여 R$_3$을 단락하여 기동을 완료하고 T$_1$, MC$_1$, T$_2$, MC$_2$, T$_3$을 복구시킨다. 속도 제어는 필요시 BS$_2$로 MC$_4$가 동작하여 R$_4$를 단락하고, BS$_3$으로 MC$_5$가 동작하여 R$_4$를 단락하며 BS$_4$로 MC$_6$이 동작하여 R$_5$를 단락하고 BS$_5$로 MC$_7$이 동작하여 R$_5$를 단락하며 각각 BS$_7$~BS$_{10}$으로 복구시킨다. BS$_6$으로 전체를 정지시킨다.

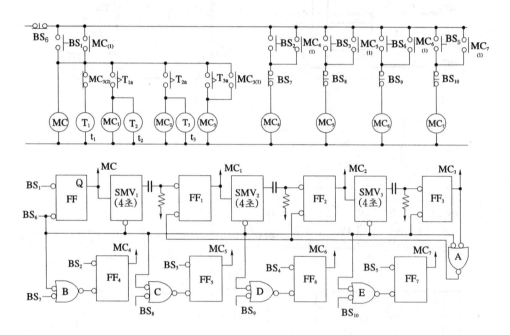

【3-39】

(1) ① X$_1$, GL, MC$_1$, MC$_2$, X$_2$, OL   ② T$_1$, MC$_3$, T$_2$

     ③ T$_2$, MC$_4$, T$_3$ ④ MC$_5$, T$_4$

     ⑤ X$_2$, MC$_3$, T$_2$, MC$_4$, T$_3$, T$_5$ ⑥ T$_5$, MC$_2$, OL, RL

     ⑦ BZ, BL, GL, X$_3$, BZ, BL, GL

(2) X$_1$, MC$_1$, T$_1$, MC$_5$, T$_4$, T$_5$, RL

(3) AND 회로는 인터록 기능이다.

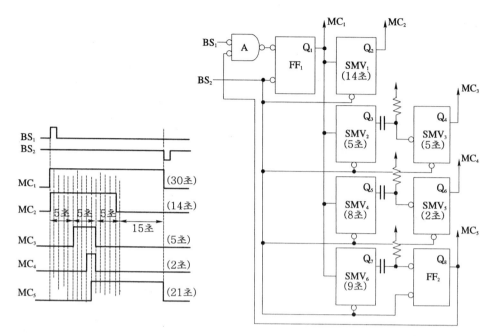

【3-40】

BS₁을 주면 MC₁이 동작하고 MC₁₍₃₎ 접점으로 MC₃이 동작하여 전동기는 정회전 저속 운전한다. 이어 BS₃을 주면 MC₄와 MC₅가 동작하여 전동기는 정회전 고속 운전하고 BS₄로 정지한다.

BS₂를 주면 MC₂가 동작하고 MC₂₍₃₎ 접점으로 MC₃이 동작하여 전동기는 역회전 저속 운전한다. 이어 BS₃을 주면 MC₄와 MC₅가 동작하여 전동기는 역회전 고속 운전하고 BS₄로 정지한다.

(1) ①-Ⓐ, ②-Ⓒ, ③-Ⓕ, ④-Ⓓ, ⑤-Ⓔ, ⑥-Ⓖ, ⑦-Ⓙ
　　⑧-Ⓑ, ⑨-Ⓒ, ⑩-Ⓗ, ⑪-Ⓓ, ⑫-Ⓔ, ⑬-Ⓘ

(2) ③, ⑧

(3) ②, ④, ⑦, ⑩, ⑪

(4) BS₄를 눌러 전동기를 정지시킨 후에 BS₂를 누르고 수초 후에 BS₃을 누른다.

(5) 3상 단락 상태가 된다.(두 접점은 인터록 회로이다)

(6) P012 = (P002 · $\overline{P001}$ + P012) · $\overline{P011}$
　　차례로 LOAD P002, AND NOT P001, OR P012, AND NOT P011, OUT P012

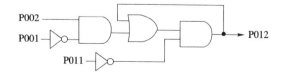

(7)

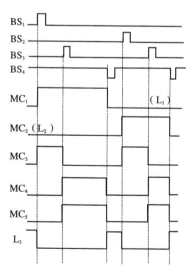

【3-41】

BS$_1$을 주면 MC$_1$이 동작 유지하여 전동기가 운전(정회전)된다. 연동 BS$_2$를 주면 MC$_1$이 복구하여 전동기는 정지하며 이어 X가 동작하여 그 접점으로 MC$_2$가 동작 유지하여 역회전 제동(플러깅) 즉 급정지시킨다. 전동기가 정지한 후에 역회전할 때 플러깅 릴레이가 동작하여 MC$_2$가 복구하여 역회전을 방지한다. 여기서 ①, ③은 유지 접점이고 ②, ④는 인터록이다.

(1) ①-④, ②-⑤, ③-⑥

(2) ①   MC$_{2a}$ ②   MC$_{2b}$ ③ MC$_{1a}$ ④ MC$_{1b}$

(3) 인터록의 시간 지연과 제동 순간의 과전류를 방지하는 시간적 여유를 주기 위한 것으로 타임 래그(time lag) 릴레이라고 한다.

(4) 위 해설

(5) 전동기가 정지할 때 역회전시켜 급정지시키는 방법이다.

【3-42】

(1) MC$_2$, MC$_3$

(2) ① X$_{(1)}$, MC$_{1(1)}$

     ② MC$_{2(1)}$

     ③ 차례로 MC$_{1(2)}$, MC$_{3(1)}$

     ④ 차례로 MC$_{1(2)}$, MC$_{2(2)}$, MC$_{2(1)}$, MC$_{3(1)}$

     ⑤ 차례로 MC$_1$ － MC$_2$ － MC$_3$, MC$_3$ － MC$_2$ － MC$_1$

(3) 동작은 MC$_1$ － 30초 － MC$_2$ － 20초 － MC$_3$의 순서이고 복구는 MC$_3$ － MC$_2$ － MC$_1$의 순서이다.

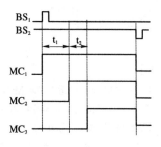

【3-43】

그림(a)에서 그리면 아래와 같다.

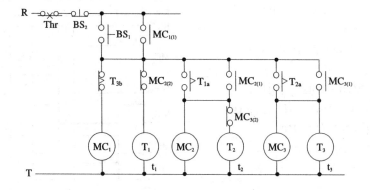

【3-44】

BS$_1$로 MC$_1$이 동작 유지하고 T$_1$이 여자된다. t$_1$초 후에 T$_{1a}$로 MC$_2$가 동작 유지하고 T$_2$가 여자되며 T$_1$이 복구된다. t$_2$초 후에 T$_{2a}$로 MC$_3$이 동작 유지하고 T$_3$이 여자되며 T$_2$가 복구된다. 또 T$_{2b}$로 MC$_1$이 복구한다. t$_3$초 후에 T$_{3b}$로 MC$_2$가 복구하고 T$_3$도 복구된다. BS$_2$로 MC$_3$ 또는 모두 복구한다.

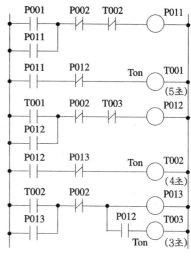

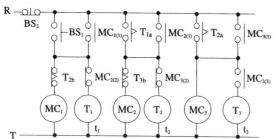

차례	명령	번지	차례	명령	번지	차례	명령	번지
0	LOAD	P001	10	LOAD	T001	20	LOAD	T002
1	OR	P011	11	OR	P012	21	OR	P013
2	AND NOT	P002	12	AND NOT	P002	22	AND NOT	P002
3	AND NOT	T002	13	AND NOT	T003	23	OUT	P013
4	OUT	P011	14	OUT	P012	24	AND	P012
5	LOAD	P011	15	LOAD	P012	25	TMR	T003
6	AND NOT	P012	16	AND NOT	P013	26	⟨DATA⟩	00030
7	TMR	T001	17	TMR	T002	28	—	—
8	⟨DATA⟩	00050	18	⟨DATA⟩	00040	29	—	—

【3-45】

BS$_1$을 주면 MC$_1$이 동작 유지하고 T$_1$이 여자된다. 5초 후에 T$_{1a}$로 MC$_2$, L이 동작하고 T$_2$가 여자되며 또 T$_1$이 복구된다. 15초 후에 T$_{2b}$로 MC$_1$이 복구하며 이어 MC$_2$, L, T$_2$가 복구한다.

프로그램은 차례로 OR P011, AND NOT P002,
　　　　　　　　　　 AND NOT T002, AND NOT P012,
　　　　　　　　　　 OR P012, AND P011, OUT P013,
　　　　　　　　　　 TMR T002

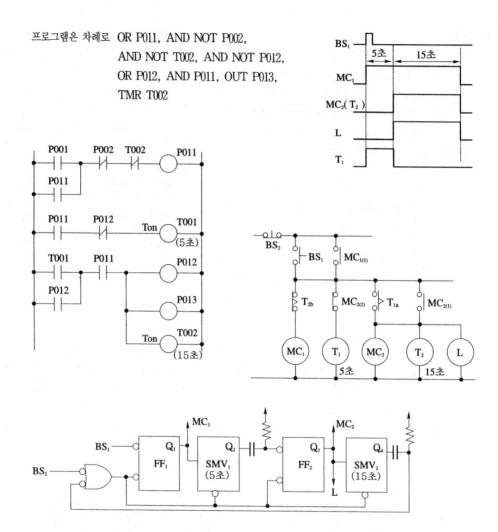

【3-46】

　BS₁을 누르면 FF₁이 셋하여 MC₁이 동작하고 이어 FF₂가 셋하여 MC₂가 동작한다. BS₂를 누르면 FF₁이 리 셋하여 MC₁이 복구하고 또 SMV가 셋하여 MC₃이 동작한다. 40초 후에 SMV가 리셋하면 MC₃이 복구하고 또 FF₂가 리셋하여 MC₂가 복구한다.

(1) $M_1(MC_1)$, $M_2(MC_2)$

(2) $M_2(MC_2)$, $M_3(MC_3)$

(3) $M_1(MC_1)$ − 30초, $M_2(MC_2)$ − 70초, $M_3(MC_3)$ − 40초

(4) A − MC_{1a}　　B − MC_{1b}　　C − BS_2

(5)

차례	명령	번지	차례	명령	번지
0	LOAD	P001	7	OUT	P012
1	OR	P011	8	LOAD	P012
2	AND NOT	P002	9	AND NOT	P011
3	OUT	P011	10	OUT	P013
4	LOAD	P011	11	TMR	T000
5	OR	P012	12	⟨DATA⟩	00400
6	AND NOT	T000	14	—	—

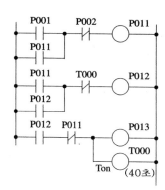

【3-47】

BS$_1$을 누르면 X$_1$(FF$_1$)과 MC$_1$이 동작한다. 이후 BS$_2$를 누르면 X$_2$(FF$_2$)와 MC$_2$가 동작한다. BS$_3$을 누르면 X$_2$(FF$_2$)와 MC$_2$가 복구하며 동시에 T(SMV)가 여자한다. 30초 후에 타이머로 X$_1$(FF$_1$)과 MC$_1$이 복구하고 이어 T(SMV)도 복구한다. B는 X$_1$(FF$_1$)은 복구하고 X$_2$(FF$_2$)가 복구하지 않을 때에만 동작한다. 프로그램은 차례로 AND, M001, AND NOT, P003, M002, M003, T000이고 PLC에서 타이머는 순시 접점이 없으므로 유지용 보조 릴레이(X$_3$, M003)가 필요함에 유의한다.

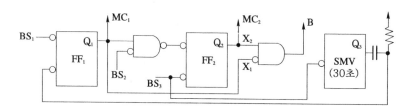

【3-48】

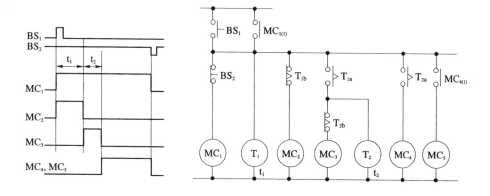

BS₁을 주면 FF₁이 셋하여 MC₁이 동작하고 SMV₁이 셋하며 MC₂가 동작한다. 5초 후에 SMV₁이 리셋하면 MC₂가 복구하고 SMV₂가 셋하며 MC₃이 동작한다. 3초 후에 SMV₂가 리셋하면 MC₃이 복구하고 FF₂가 셋하여 MC₄와 MC₅가 동작한다. BS₂를 주면 FF₁과 FF₂가 리셋하여 MC₁과 MC₄와 MC₅가 복구한다. 프로그램은 MC₁~MC₃의 동작 회로이고 차례로 OR, P011, AND NOT, P002, T001, OUT, P013이다.

【3-49】

회로 A, B가 우선 동작 순서를 정해준다.

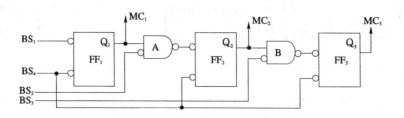

【3-50】

BS₁을 먼저 주면 MC₁이 동작하고 t₁초 후에 MC₂가 동작하며 이후 BS₃을 주어도 우선 요소인 AND(MC₁의 b접점 열림)회로가 동작하지 않는다. BS₃을 먼저 주면 우선 요소인 AND(MC₁의 b접점 닫혀있음)회로를 통하여 MC₃이 동작하고 t₂초 후에 MC₄가 동작하며 이후 BS₁을 주면 MC₁이 동작하고 t₁초 후에 MC₂가 동작한다.

(1) MC₁, MC₂   (2) MC₁, MC₂, MC₃, MC₄

(3)

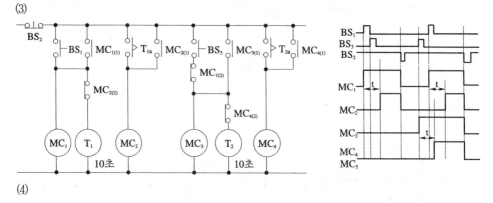

(4)

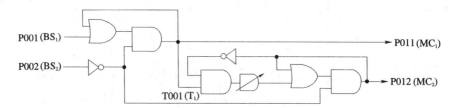

차례	명령	번지	차례	명령	번지
12	LOAD	P003	18	TMR	T002
13	AND NOT	P011	19	〈DATA〉	00100
14	OR	P013	21	LOAD	T002
15	AND NOT	P002	22	OR	P014
16	OUT	P013	23	AND NOT	P002
17	AND NOT	P014	24	OUT	P014

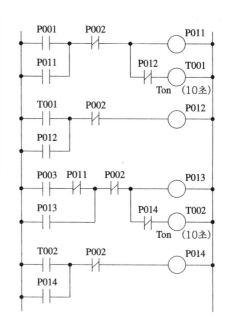

【3-51】

OL$_1$, 혹은 OL$_2$가 트립되면 TR이 복구하므로 회
로 전부가 복구한다.

OL$_5$가 트립되면 M$_3$ M$_4$ M$_5$가 동작할 수 없다.

M$_3$과 M$_4$는 인터록이 있다.

(1) M$_2$ M$_2$　　　　(2) M$_3$ M$_4$ M$_5$　　　(3) M$_3$ M$_4$

(4) M$_1$ M$_2$ M$_3$ M$_5$　　(5) M$_4$ M$_5$　　(6) M$_3$

【3-52】

(1) 차례로 Ry$_1$, T$_1$, MC$_1$, T$_1$, MC$_2$, T$_2$, T$_2$, MC$_3$, T$_3$, T$_3$, Ry$_2$

(2) (1)번에서 MC$_1$만 동작하지 않고 MC$_2$, MC$_3$이 순차 동작 후 정지한다.

(3) MC$_1$, MC$_2$, MC$_3$　　　　　　(4) 6초

(5)

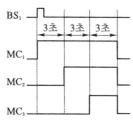
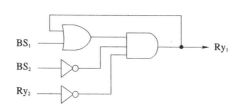

【3-53】

(1) A−T$_{2a}$　B−T$_{1a}$　C−MC$_{2(2)}$　D−MC$_{1(2)}$　　(2) B−T$_{1a}$　　　(3) L$_3$

(4) L$_4$ 동작, BS$_1$로 MC$_1$, T$_1$, L$_1$ 동작 가능　　(5) MC$_1$ 동작, MC$_2$ 복구(D)

(6) MC$_1$은 동작 불가, MC$_2$는 계속 동작　　　(7) MC$_1$, MC$_2$ 모두 동작 불가

(8) MC$_1$은 동작 가능, MC$_2$는 복구　　　　(9) 기동, 정지, 유지

(10) 1 : MC$_{2(1)}$, 2 : MC$_{1(2)}$, 3 : T$_{1a}$, 4~5 : BS$_2$와 Thr$_2$

(11) 차례로 P011, P012, P011, T002, P011, P011, P013, P000

【3-54】

BS로 MC₁이 동작하고 T₁이 여자된다. t₁초 후에 T₁b로 MC₁이 복구하고 이어 T₁a로 MC₂가 동작하며 T₂가 여자된다. t₂초 후에 T₂b로 MC₂와 T₂가 복구한다.

(1) ⓐ-①②,   ⓑ-④⑤,   ⓒ-⑥③⑦

(2),(3) 로직이나 PLC에서 타이머는 순시 접점이 없으므로 보조 릴레이를 사용하여 유지한다.

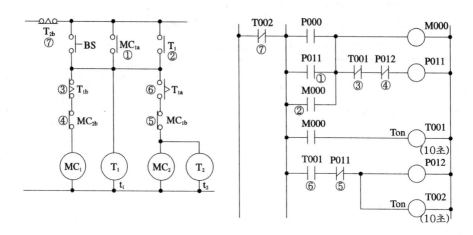

【3-55】

두 그림은 등가이다.

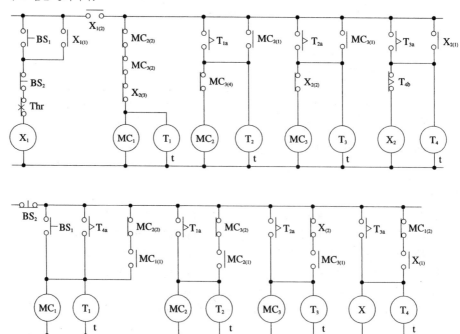

【3-56】

BS_1을 누르면 X_1, T_1, X_2, $MC_1(M_1$ 전동기)이 동작하고 t_1 시간 후에 X_3, T_2, X_4, $MC_2(M_2$ 전동기)가 동작하며 X_1, T_1, X_2, $MC_1(M_1$ 전동기)이 복구한다. t_2 시간 후에 X_5, T_3, X_6, $MC_3(M_3$ 전동기))이 동작하고 X_3, T_2, X_4, $MC_2(M_2$ 전동기)가 복구한다. t_3 시간 후에 X_1, T_1, X_2, $MC_1(M_1$ 전동기)이 동작하고 X_5, T_3, X_6, $MC_3(M_3$ 전동기))이 복구하는 순차 동작 연속 교대 운전 회로가 되고 BS_2를 누르면 정지한다.

(1) ②~④　　　　(2) ⑤~⑧　　　　(3) T_3, X_5, X_6, MC_3　　　　(4) $M_1(MC_1)$, L_1

(5) BS_1을 누르면 $MC_1(M_1$ 전동기)이 동작하고 t_1 시간 후에 $MC_2(M_2$ 전동기)가 동작하며 t_2 시간 후에 MC_3 (M_3 전동기))이 동작하는 순차 동작 회로가 되고 BS_2를 누르면 정지한다.

(6) ①②-X_1 동작, T_1 여자　③-X_2 동작　④-MC_1 동작　⑤⑥-X_3 동작, T_2 여자　⑦-X_4 동작
　　⑧-MC_2 동작　⑨⑩-X_5 동작, T_3 여자　⑪-X_6 동작　⑫⑬-X_1 동작, T_1 여자　⑭-X_2 동작

(7) ⑦번 다음-X_1, T_1, X_2, MC_1　　⑪번 다음-X_3, T_2, X_4, MC_2　　⑭번 다음-X_5, T_3, X_6, MC_3

(8) $X_1 = (BS_1 + T_3 + X_1) \cdot \overline{X_4}$　　　　(9)

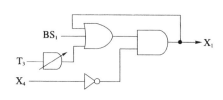

(10)

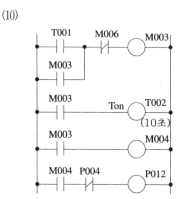

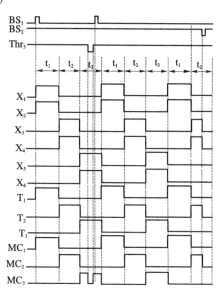

차례	명령	번지	차례	명령	번지	차례	명령	번지
0	LOAD	T001	4	LOAD	M003	9	OUT	M004
1	OR	M003	5	TMR	T002	10	LOAD	M004
2	AND NOT	M006	6	〈DATA〉	00100	11	AND NOT	P004
3	OUT	M003	8	LOAD	M003	12	OUT	P012

【3-57】

(1) ⓐ X_1, L_1, MC_1, L_2, MC_2, L_3, Thr_1, Thr_2, MC_1, L_2, MC_2, L_3

ⓑ X_1, L_1, X_2, X_3, X_5, X_2, X_3, X_2, X_4, X_5, X_2, X_4

ⓒ L_4, BZ, X_6, BZ

(2) MC_1과 동시에 동작하고 MC_2가 동작하면 $MC_{2(1)}$ 접점으로 복구한다.

(3) MC₁ 운전 중 : X_1, X_2, X_3, X_5 MC₂ 운전 중 : X_1, X_2, X_4

(4) 유지 접점 : $X_{1(1)}$, $X_{3(1)}$, $X_{4(1)}$, $X_{5(1)}$, $X_{5(2)}$, $X_{6(1)}$ 인터록 접점 : $X_{3(2)}$, $X_{4(2)}$

(5) $MC_{2(1)}$: X_5 복구용 $X_{5(3)}$: MC₁ 복구 후 X_3 재동작 방지용

 　　$X_{5(4)}$: LS가 다시 닫힐 때 X_4 동작용 $X_{6(2)}$: BZ 복구용

(6) X_1, L_1, F, X_6, L_4, (BZ)

(7) LS가 닫힐 때마다 MC₁만 동작하고 MC₂(X_4, X_5)는 동작하지 못한다.

【3-58】

(1) ① 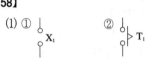   ③ 과전류로 트립되어 MC를 복구시킨다.

 　　　　　　　　　　　　　　　④ t_2초 후에 X_2를 복구시킨다.

(2)

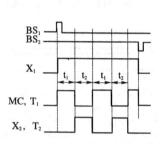

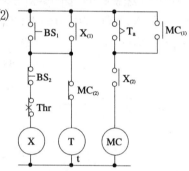

(3) 차례로 MC, X, GL, RL, OL, BS₁, BS₂, BS₃, Thr, OCR

【3-59】

$OL = X_1\overline{X_2}\,\overline{X_3} + \overline{X_1}X_2X_3$

$GL = X_1\overline{X_2}X_3$

$RL = X_1X_2\overline{X_3}$

$BL = X_1X_2X_3$

[kW]	X_1	X_2	X_3	OL	GL	RL	BL
30	1	0	0	1	0	0	0
30	0	1	1	1	0	0	0
40	1	0	1	0	1	0	0
50	1	1	0	0	0	1	0
60	1	1	1	0	0	0	1

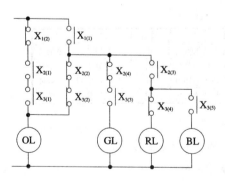

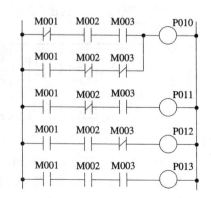

【3-60】

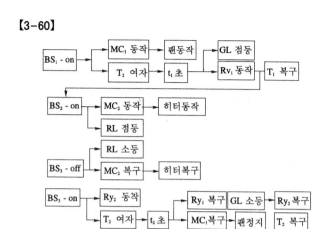

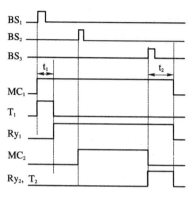

【3-61】

(1)

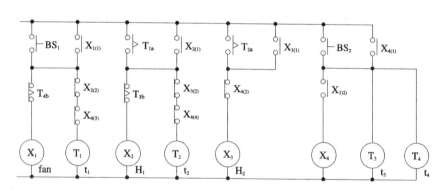

(2)

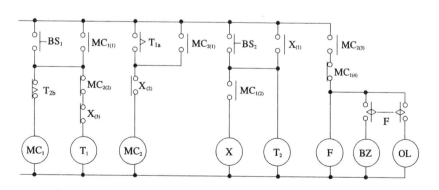

【3-62】

(1) 차례로 ⓖ, ⓓ, ⓔ, ⓐ, ⓒ, ⓕ, ⓑ, ⓗ

(2)

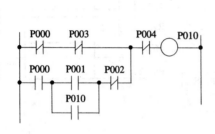

(3)

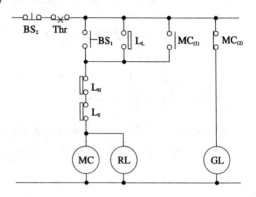

【3-63】

(1)

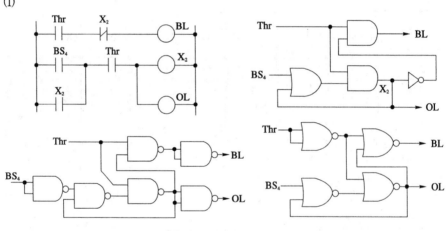

(2)

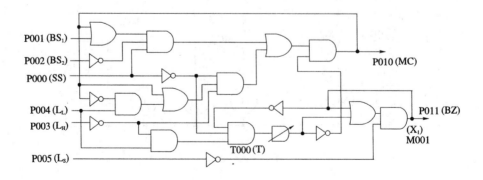

(3)

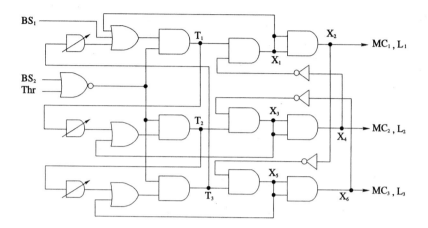

(4)

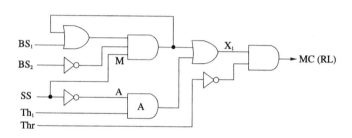

(5)

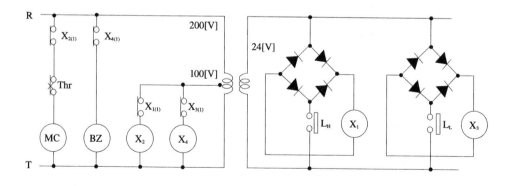

【3-64】

(1)

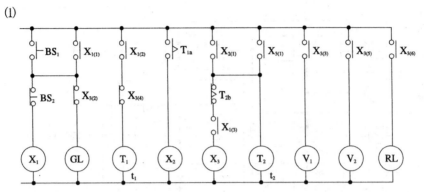

차례	명령	번지	차례	명령	번지
0	LOAD	P001	13	OR	M003
1	OR	M001	14	AND NOT	T002
2	AND NOT	P002	15	AND	M001
3	OUT	M001	16	OUT	M003
4	LOAD	M001	17	LOAD	M003
5	AND NOT	M003	18	TMR	T002
6	OUT	P014	19	〈DATA〉	00500
7	TMR	T001	21	OUT	P013
8	〈DATA〉	00500	22	LOAD	M003
10	LOAD	T001	23	OUT	P011
11	OUT	M002	24	OUT	P012
12	LOAD	M002	25	—	—

BS : P001, P002
X : M001, M002, M003
T : T001, T002
V : P011, P012
RL, GL : P013, P014

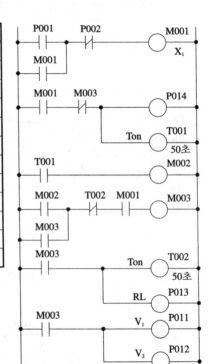

(2)

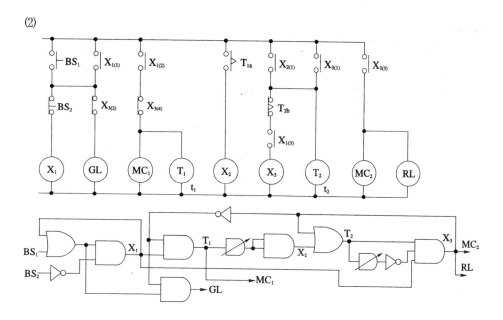

【3-65】

그림 (a)는 BS를 누르면 R_1이 동작하여 MC(펌프 전동기)가 동작하고 BS를 놓으면 R_1만이 복구한다. 다시 BS를 누르면 R_2가 동작하여 MC(펌프 전동기)가 복구하고 BS를 놓으면 R_2도 복구한다.

$$R_1 = BS(\overline{R_{2(b)}} \cdot \overline{MC_{(b)}} + R_{1(a)}) \qquad R_2 = BS(\overline{R_{1(b)}} \cdot MC_a + R_{2a}) \qquad MC = (R_{1(a)} + MC_a) \cdot \overline{R_{2(b)}}$$

그림 (b)는 S를 넣으면 MC(펌프 전동기)가 동작하고 T_1이 여자된다. t_1초 후에 X가 동작하여 MC와 T_1이 복구하고 또 T_2가 여자된다. t_2초 후에 $X(T_2)$가 복구하면 다시 $MC(T_1)$가 동작함을 반복한다.

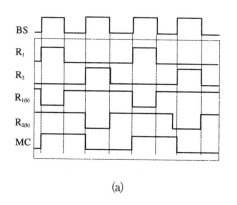

(a)

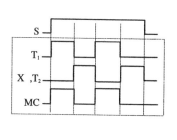

(b)

【3-66】

(1)

A	B	C	D	P₁	P₂	P₃	P₄	A	B	C	D	P₁	P₂	P₃	P₄
0	0	0	0	1				0	1	1	0		1		
1	0	0	0	1				0	1	0	1		1		
0	1	0	0	1				0	0	1	1		1		
0	0	1	0	1				1	1	1	0			1	
0	0	0	1	1				1	1	0	1			1	
1	1	0	0		1			1	0	1	1			1	
1	0	1	0		1			0	1	1	1			1	
1	0	0	1		1			1	1	1	1				1

$$P_1 = \overline{A}\,\overline{B}\,\overline{C}\,\overline{D} + A\overline{B}\,\overline{C}\,\overline{D} + \overline{A}B\overline{C}\,\overline{D} + \overline{A}\,\overline{B}C\overline{D} + \overline{A}\,\overline{B}\,\overline{C}D$$

$$= \overline{A}\,\overline{C}\,\overline{D} + \overline{A}\,\overline{B}\,\overline{C} + \overline{A}\,\overline{B}\,\overline{D} + \overline{B}\,\overline{C}\,\overline{D}$$

$$P_2 = \overline{A}\,\overline{B}CD + \overline{A}B\overline{C}D + \overline{A}BC\overline{D} + A\overline{B}C\overline{D} + AB\overline{C}\,\overline{D} + A\overline{B}\,\overline{C}D$$

$$P_3 = \overline{A}BCD + A\overline{B}CD + ABC\overline{D} + ABC\overline{D}$$

$$P_4 = ABCD$$

ABCD난에 전부 0인 난과 1이 하나인 난은 P_1이 1이 되고 ABCD난에 1이 두개인 난은 P_2가 1이 된다. 또 ABCD난에 1이 세개인 난은 P_3이 1이 되며 ABCD난에 모두 1인 난은 P_4가 1이 되며 위의 식과 같이 된다.

(2) 위의 식에서 찾는다.

① $\overline{C}$ —o o— ② $\overline{D}$ —o o—

③ C —o o— ④ $\overline{B}$ —o o—

⑤ D —o o— ⑥ A —o o—

(3) P_1의 출력은 공장 ABCD 중 급수를 가장 많이 사용하는 곳의 1개소의 용량.

P_2의 출력은 공장 ABCD 중 급수를 가장 많이 사용하는 곳의 2개소의 용량.

P_3의 출력은 공장 ABCD 중 급수를 가장 많이 사용하는 곳의 3개소의 용량.

P_4의 출력은 공장 ABCD 의 용량의 합계.

(4)

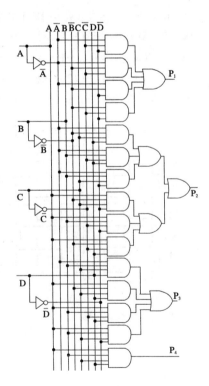

(5)

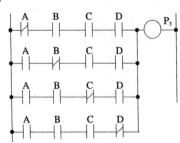

차례	명령	번지	차례	명령	번지	차례	명령	번지
0	LOAD NOT	A	7	AND	D	14	LOAD	A
1	AND	B	8	OR LOAD	—	15	AND	B
2	AND	C	9	LOAD	A	16	AND	C
3	AND	D	10	AND	B	17	AND NOT	D
4	LOAD	A	11	AND NOT	C	18	OR LOAD	—
5	AND NOT	B	12	AND	D	19	OUT	P₃
6	AND	C	13	OR LOAD	—	20	—	—

【3-67】

(1) a접점은 자기 유지 접점이고 b접점은 인터록 접점이다.

(2) LS₁은 셔터의 상한을 검출하여 MC₁을 복구시켜 전동기를 정지시킨다.

　　LS₂는 셔터의 하한을 검출하여 MC₂를 복구시켜 전동기를 정지시킨다.

(3)　　　　　　　　　　　　　　　　　　　　　(4)

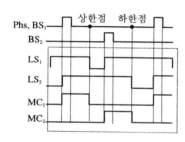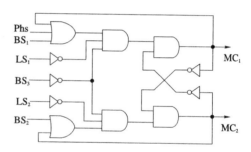

【3-68】

(1) LS₁−P003,　LS₂−P004

(2) A−P011, E−P012 이고 유지 기능이며, C−P012, G−P011이고 인터록 기능이다.

(3) D−T000의 기동 기능이고 타이머 지연 a접점(─○△○─)이다.

(4) 차례로 LOAD−P001, (OR)−A(P011), (AND NOT)−P002, (AND NOT)−P003
　　(AND NOT)−C(P012), OUT−(P011)

【3-69】

(1) ① X₁ ② X₅ ③ BS₁ ④ MC₁ ⑤ MC₁ ⑥ X₃ ⑦ T₁ ⑧ MC₂ ⑨ X₃ ⑩ T₁
　　⑪ MC₂ ⑫ X₄ ⑬ T₂ ⑭ MC₁ ⑮ X₄ ⑯ T₂ ⑰ X₂

(2) L₁, L₂, L₆, L₇, L₅　　　　　　　　　　　(3) X₃, T₁, L₃, X₄, T₂, L₄

(4) X₁, X₅, X₂, X₁, X₅, T₁, T₂

(5) MC₁₍₁₎, MC₂₍₁₎, X₁₍₁₎, X₂₍₁₎, MC₁₍₂₎, MC₂₍₂₎, MC₁₍₄₎, MC₂₍₄₎

(6) 상부 끝 정지 신호용 스위치이고 MC₁ 복구 및 X₃, T₁ 동작용이다.

(7) T002부터 프로그램하면 1~8스텝 차례로 LOAD T002, OR P021, AND NOT P011, OR P001, AND
　　NOT P022, AND NOT P005, OUT P021, OUT P036 이 된다.

(8)

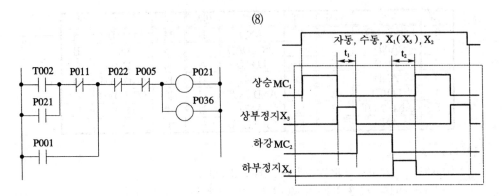

【3-70】

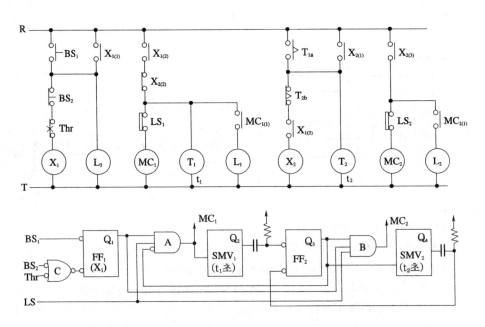

【3-71】

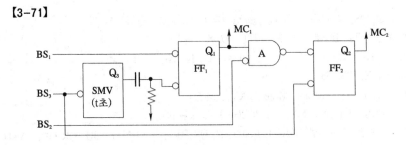

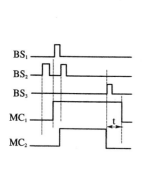

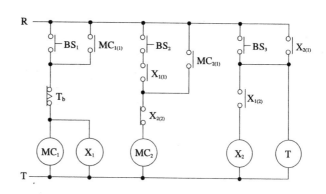

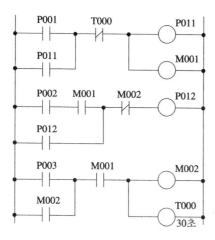

차례	명령	번지	차례	명령	번지
0	LOAD	P001	8	AND NOT	M002
1	OR	P011	9	OUT	P012
2	AND NOT	T000	10	LOAD	P003
3	OUT	P011	11	OR	M002
4	OUT	M001	12	AND	M001
5	LOAD	P002	13	OUT	M002
6	AND	M001	14	TMR	T000
7	OR	P012	15	〈DATA〉	00300

릴레이 회로는 예제 26과 27을 참고한다. 여기서 MC_1의 보조 a접점은 2개뿐이므로 X_1을 접점 보조용으로 사용한다. 로직 회로는 시한 복구 회로와 우선 회로(A)를 적용한다.

【3-72】

(가)는 MC_2 동작(H레벨) 후에 BS_2를 누르면(L레벨) $MC_3(FF_3)$이 동작하는 우선(AND) 회로이다. (나)는 정지 회로이고 MC_2 복구(L레벨) 후에 BS_4를 누르면(L레벨) FF_1이 리셋(L레벨)하여 MC_1이 복구한다. 따라서 릴레이 회로와 래더 회로는 BS_4에 병렬로 $MC_2(X_1)$를 접속해야 한다. 래더 회로에서 X_1은 필요없고 T_1은 MC_1로 여자하고 MC_2로 복구하므로 2입력 AND 회로이며 프로그램의 4스텝은 두 병렬 회로의 직렬(AND LOAD)이다.

(1) (가) ⟩D⟩∘ (나) ⟩D⟩∘　(2) $B_3 - B_2 - B_1$(정지 순서=공정 순서)

(3) $t = kCR = 0.6 \times 500 \times 10^3 \times 50 \times 10^{-6} = 15$ 〔초〕　(4)

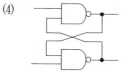

(5)

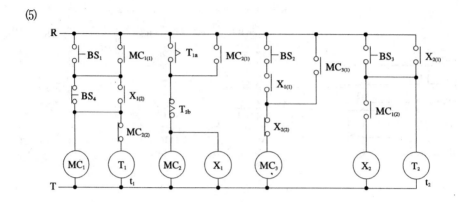

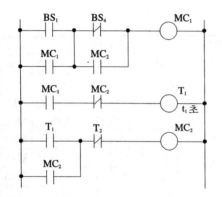

차례	명령	번지	차례	명령	번지
0	LOAD	BS₁	7	AND NOT	MC₂
1	OR	MC₁	8	TMR	T₁
2	LOAD NOT	BS₄	9	〈DATA〉	t₁
3	OR	MC₂	11	LOAD	T₁
4	AND LOAD	—	12	OR	MC₂
5	OUT	MC₁	13	AND NOT	T₂
6	LOAD	MC₁	14	OUT	MC₂

【3-73】

BS₁을 누르면 MC가 동작하여 전동기가 기동 운전되고 컨베이어가 이동한다. LS₁의 장소에서 LS₁의 작동으로 MC가 복구하여 전동기는 정지하고 컨베이어의 이동도 멈춘다. 또 T가 여지된다. 설정 시간 후 X가 동작하여 MC가 재동작하고 전동기가 구동되며 컨베이어가 이동한다. 이때 LS₁이 복구하여 T가 복구하여 MC의 유지 회로가 구성된다. 이어 LS₂가 작동하여 X가 복구하고 LS₂도 복구한다. BS₂를 누르면 MC가 복구한다.

(1) LS₁   (2) 타이머의 설정 시간을 30초로 한다.

(3) MC가 복구되지 않으므로 컨베이어는 계속 동작한다.

(4) 컨베이어가 정지된 채로 재 기동되지 않는다.

(5) MC-a접점으로 RL을 점등시키고 MC-b접점으로 GL을 소등시킨다.

(6) 차례로 OR, 170, AND, 20, STR NOT, 4, AND, 170, OUT, 170

【3-74】

BS₅를 누르면 MC₃(X₃)이 동작하고, 접점 X₃(₂)가 닫힌 후 BS₃을 누르면 MC₂(X₂)가 동작하며, 접점 X₂(₂)가 닫힌 후 BS₁을 누르면 T가 여자되고 t초 후 MC₁(X₁)이 동작한다. 또 BS₂를 누르면 MC₁(X₁)이 복구하고, 접점 X₁(₂)가 열린 후 BS₄를 누르면 MC₂(X₂)가 복구하며, 접점 X₂(₃)이 열린 후 BS₆을 누르면 MC₃(X₃)이 복구한다. 따라서 기동 순서는 MC₃-MC₂-MC₁의 순이고 정지 순서는 MC₁-MC₂-MC₃의 순이다.

(1) 기동 순서를 정해주며 MC₃-MC₂-MC₁의 순이다.

(2) 정지 순서를 정해주며 $MC_1-MC_2-MC_3$의 순이다.

(3) L_4, MC_1, X_1, L_1, T   (4) Thr_2가 트립된 상태이고 MC_1, X_1, L_1, MC_2, X_2, L_2가 복구된다.

(5) L_6만 점등하고 그 외 모두 복구한다.   (6) 차례로 $X_{3(2)}$, BS_3, $X_{1(2)}$, BS_4

(7) (가) ⑤   (나) ⑦   (다) ⑧   (라) ⑥

(8) 차례로 LOAD$-BS_5$, OR$-X_{3(1)}$, LOAD NOT$-BS_6$, OR$-X_{2(3)}$, AND LOAD$-$, AND NOT$-BS_7$
　　AND NOT$-Thr_3$, OUT$-MC_3$, OUT$-X_3$, OUT$-L_3$, LOAD NOT$-BS_7$, AND$-Thr_3$, OUT$-L_6$

【3-75】

BS_1을 주면 $MC_3(X_3, L_3)$이 동작하고 $X_{3(1)}$로 $MC_2(X_2, L_2)$가 동작하며 $X_{2(1)}$로 T_1이 여자되고 t_1초 후에 MC_1 (X_1, L_1)이 동작하여 기동이 끝난다. BS_2, 혹은 3상 결상용 X_7, X_8이 동작하면 전부 복구한다.

Thr_3이 트립되면 $MC_3(X_3, L_3)$이 복구하고 $X_{3(1)}$로 $MC_2(X_2, L_2)$가 복구하며 $X_{2(1)}$로 $MC_1(X_1, T_1, L_1)$이 복구한다. 또 X_6이 동작하여 L_6이 점등한다.

Thr_2가 트립되면 $MC_2(X_2, L_2)$가 복구하고 $X_{2(1)}$로 $MC_1(X_1, T_1, L_1)$이 복구한다. 또 X_5가 동작하여 L_5가 점등하며 T_3이 여자되고 t_3초 후에 $MC_3(X_3, L_3)$이 복구한다.

Thr_1이 트립되면 $MC_1(X_1, T_1, L_1)$이 복구하고 X_4가 동작하여 L_4가 점등하며 T_2가 여자된다. t_2초 후에 MC_2 (X_2, L_2)가 복구하고 X_5가 동작하며 T_3이 여자되고 t_3초 후에 $MC_3(X_3, L_3)$이 복구한다.

(1) ②   (2) ⑦   (3) ⑥   (4) ⑩   (5) ⑳   (6) ㉑   (7) ⑬   (8) ⑪   (9) ⑱   (10) ⑰

(11) ㉖   (12) ㉗   (13) ㉕   (14) ㉙

【3-76】

(1)은 3개의 유지 회로로 구성되고 (2)는 정·역의 인터록 회로와 유지 회로로 구성된다.

(3)에서 MC_2와 T_1은 AND 출력으로 분리하였고 (4)는 유지 회로 접점을 변경시킨다.

(5) 유지 접점 $X_{1(1)}$을 분리 코딩한 것이다.

　　(0 $-$ LOAD P001, 1 $-$ OR M001, 2 $-$ AND NOT P003, 3 $-$ AND NOT P013,

　　4 $-$ OUT M001,) (5 $-$ LOAD M001, 6 $-$ AND P011, 7 $-$ TMR T001, 8 $-$ 〈DATA〉 00150)

　　(10 $-$ LOAD M001, 11 $-$ AND T001, 12 $-$ OUT M002, 13 $-$ AND P012, 14 $-$ TMR T002,

　　15 $-$ 〈DATA〉 00150), (17 $-$ LOAD M001, 18 $-$ AND T002, 19 $-$ OUT M003).

(1)

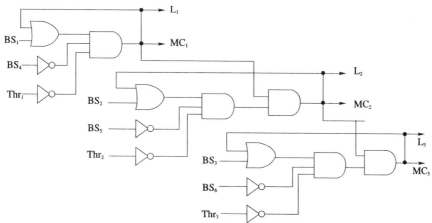

(2)

(3)

(4)

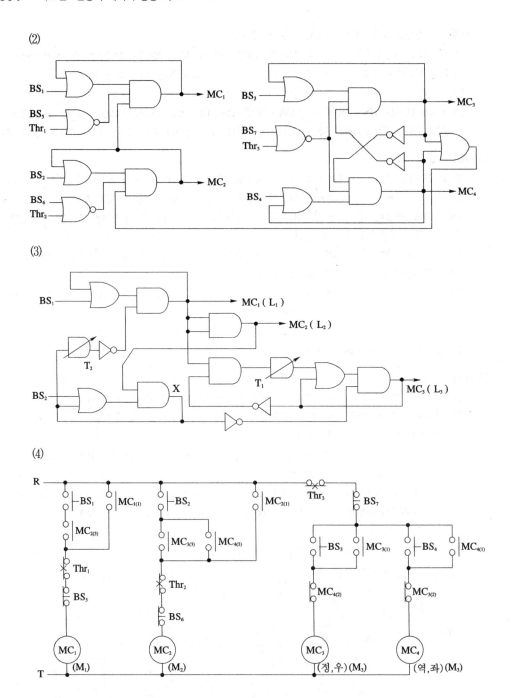

【3-77】

그림 3-73과 유사하다. 차례로 FF$_1$, L$_1$, 45, SMV$_1$, FF$_2$, 555-1, FF$_1$, FF$_2$, L$_1$, L$_2$, SMV$_2$, 15, L$_2$, 555-3, L$_3$, L$_2$, D, FF$_1$, L$_1$, SMV$_1$, (50, 5, 35, 40, 25, 15)

【3-78】

BS를 누르면 X_1이 동작하고 T_1이 여자하며 X_2가 동작하여 L_1이 점등한다. 10초 후에 $B(T_1)$로 X_3이 동작하고 T_2가 여자하며 X_4가 동작하여 L_2가 점등하고 b접점 $X_{4(2)}$로 $X_1(T_1, X_2)$이 복구하여 L_1이 소등한다. 5초 후에 $C(T_2)$로 X_5가 동작하고 T_3이 여자하며 X_6이 동작하여 L_3이 점등하고 b접점 $X_{6(2)}$로 $X_3(T_2, X_4)$이 복구하여 L_2가 소등한다. 10초 후에 $A(T_3)$로 X_1이 동작하고 T_1이 여자하며 X_2가 동작하여 L_1이 다시 점등하고 b접점 $X_{2(2)}$로 $X_5(T_3, X_6)$가 복구하여 L_3이 소등함을 반복한다.

(1) A, B, C 차례로 T_3, T_1, T_2이다.

(2) b접점이고 정지(앞의 출력 정지) 기능이다.

(3) 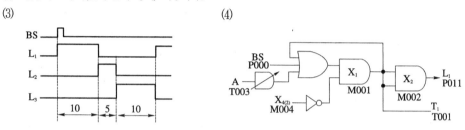 (4)

릴레이 회로를 참조하고 논리 회로에서 차례로 LOAD P000, OR M001, OR T003, AND NOT M004, OUT M001, TMR T001, ⟨DATA⟩ 00100, LOAD M001, OUT M002, LOAD M002, OUT P011.

(5)

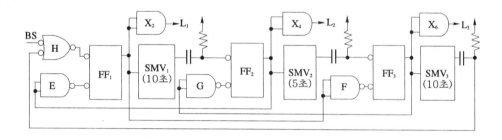

【3-79】

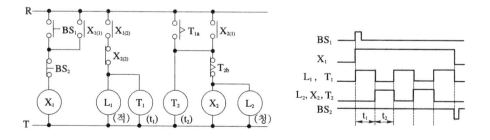

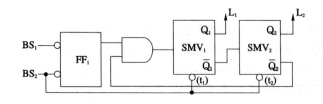

차례	명령	번지	차례	명령	번지	차례	명령	번지
0	LOAD	P001	6	OUT	P011	13	OUT	M002
1	OR	M001	7	TMR	T001	14	OUT	P012
2	AND NOT	P002	8	〈DATA〉	00300	15	LOAD	M002
3	OUT	M001	10	LOAD	T001	16	TMR	T002
4	LOAD	M001	11	OR	M002	17	〈DATA〉	00300
5	AND NOT	M002	12	AND NOT	T002	19	—	—

【3-80】

(1) 두 직렬 회로의 병렬 회로이다. $Y = X_A \overline{X_B} + X_B \overline{X_A}$

(2)

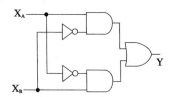

(3)

A	B	X
0	0	(0)
0	1	(1)
1	0	(1)
1	1	(0)

【3-81】

X_1은 A와 B가 모두 있을 때 출력이 생기는 AND 회로이고,

X_2는 A, 혹은 B 중 하나만 있을 때 출력이 생기는 배타 논리합 EOR 회로이다

(1) $X_1 = AB$

(가) ⟩⎓⎓ (나) ⟩⎓⎓

$X_2 = A\overline{B} + \overline{A}B = A \oplus B$

(2) ① AND   ② P002   (3)

　　③ OUT   ④ M001

　　⑤ LOAD   ⑥ P001

　　⑦ AND NOT   ⑧ P002

　　⑨ LOAD   ⑩ P002

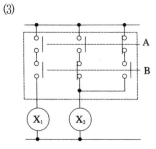

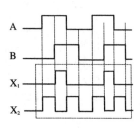

【3-82】

$$X = (A+B+\overline{C})(A\,\overline{B}C + AB\,\overline{C})$$

$$= AA\overline{B}C + AAB\overline{C} + BA\overline{B}C + BAB\overline{C} + \overline{C}A\overline{B}C + \overline{C}AB\overline{C}$$

$$= A\overline{B}C + AB\overline{C} + 0 + AB\overline{C} + 0 + AB\overline{C}$$

$$= A\overline{B}C + AB\overline{C} = A(\overline{B}C + B\overline{C}) = A(B\oplus C)$$

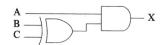

【3-83】

X는 A와 B가 모두 있을 때 출력이 생기는 AND 회로와 A, 혹은 B 중 하나만 있을 때 출력이 생기는 배타 논리합 EOR 회로의 합이므로 OR 회로가 된다.

(1)

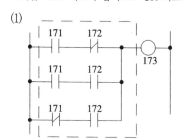

① STR ② 171 ③ AND ④ 172 ⑤ OR STR

⑥ STR NOT ⑦ 171 ⑧ 172

(2)

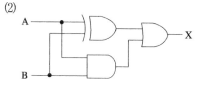

(3) $X = A\overline{B} + AB + \overline{A}B = A(\overline{B}+B) + \overline{A}B$

$\qquad = A + \overline{A}B = (A+\overline{A})(A+B)$

$\qquad = A + B \leftarrow$ 즉 OR 회로(⟝⟞)

A	B	X
L	L	(L)
L	H	(H)
H	L	(H)
H	H	(H)

【3-84】

$X_1 = A\overline{S}$: A→H레벨, S→L레벨에서 출력이 생긴다(H레벨).

$X_2 = AS$: A→H레벨, S→H레벨에서 출력이 생긴다.

$X_3 = \overline{A}\,\overline{B}S$: A→L레벨, B→L레벨, S→H레벨에서 출력이 생긴다.

$X_4 = A\overline{S} + SB$: A→H레벨, S→L레벨 혹은 S→H레벨, B→H레벨에서 출력이 생긴다.

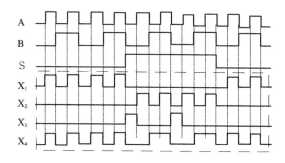

【3-85】

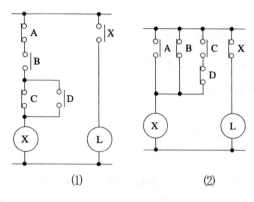

(1) $L = X = \overline{A}B(\overline{C} + D)$

(2) $L = \overline{X} = \overline{A + \overline{B} + C\overline{D}}$

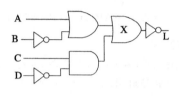

(1)   (2)

【3-86】

(a) $L = X = [(A + B)C + \overline{D}]E$ (d) $L = \overline{X} = \overline{(\overline{A}\,\overline{B} + \overline{C})D + \overline{E}}$

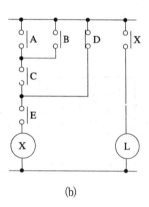

(b)

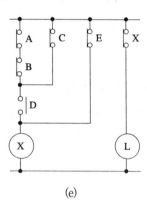

(e)

차례	명령	번지
0	LOAD	A
1	OR	B
2	AND	C
3	OR NOT	D
4	AND	E
5	OUT	X
6	LOAD	X
7	OUT	L

(c)

차례	명령	번지
0	LOAD NOT	A
1	AND NOT	B
2	OR NOT	C
3	AND	D
4	OR NOT	E
5	OUT	X
6	LOAD NOT	X
7	OUT	L

(f)

(g)

【3-87】

(1) $L = X = (\overline{A} + B)\overline{C}D$

$L = \overline{X} = \overline{A\overline{B} + C + \overline{\overline{D}}}$

(2)

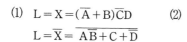

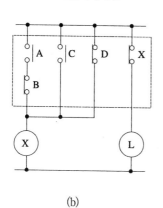

(b)

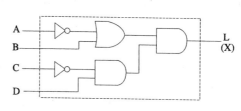

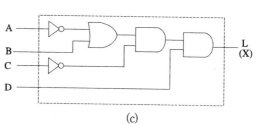

(c)

(3) ① OR ② AND NOT ③ M004 ④ M000 ⑤ OUT

【3-88】

(1)

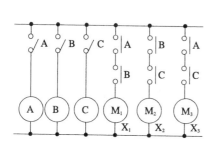

(3)

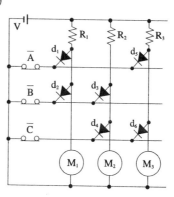

(2)

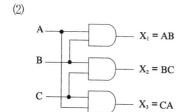

$X_1 = AB$

$X_2 = BC$

$X_3 = CA$

(4)

A	B	C	X_1	X_2	X_3
1	1	0	1	0	0
0	1	1	0	1	0
1	0	1	0	0	1

【3-89】

　　$BS_1 : L_1$　　$BS_2 : L_2, L_5$　　$BS_3 : L_3, L_6$　　　$BS_4 : L_4, L_5, L_6$

【3-90】

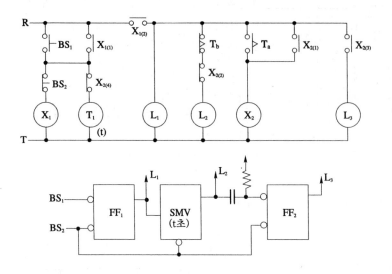

【3-91】

　　램프 L은 t_1 동안 소등하고 t_2 동안 점등함을 반복한다.

【3-92】

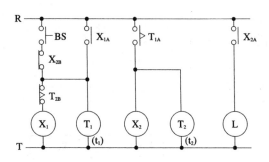

【3-93】

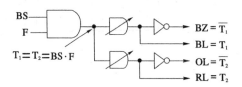

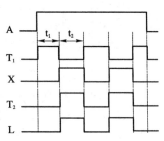

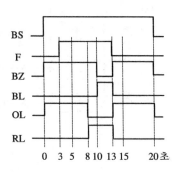

BS를 주면 BZ와 OL이 점등한다. 3초 후 F를 주면 T_1과 T_2가 여자된다. 5초 후(시간 8초) T_2 접점으로 OL이 소등되고 RL이 점등되며 이어 2초(시간 10초, 여자후 7초)후에 T_1 접점으로 BZ이 복구되고 BL이 점등된다. 이어 3초(시간 13초)후에 F가 열리면 BL, RL은 소등되고 BZ, OL은 점등(동작)된다.

【3-94】

BS를 눌렀다 놓으면 PL이 점등하고 BS를 다시 눌렀다 놓으면 PL이 소등함을 반복한다.

(1)

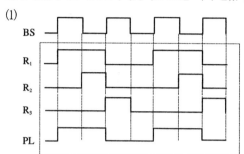

(3)

07 : STRN BS, X	08 : AND R_1, Y
09 : STR R_2, Y	10 : ANDN R_3, Y
11 : OB	12 : OUT R_2
13 : STR R_2, Y	14 : OR R_3, Y
15 : OB	16 : AND BS, X
17 : OUT R_3	

(2)

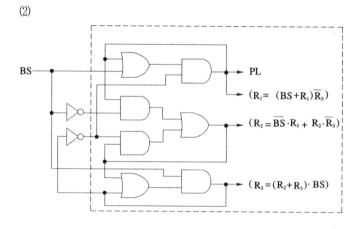

$R_1 = (BS + R_1)\overline{R_3}$

$R_2 = \overline{BS} \cdot R_1 + R_2 \cdot \overline{R_3}$

$R_3 = (R_2 + R_3) \cdot BS$

【3-95】

$BL = X_1 = (OP + LS + X_1) \cdot \overline{BS_2} \cdot \overline{X_2}$

$GL = \overline{X_1}$ $X_2 = (BS_1 + X_2) \cdot \overline{BS_2}$

차례	명령	번지	차례	명령	번지
0	LOAD	P001	7	LOAD	P003
1	OR	P002	8	OR	M002
2	OR	M001	9	AND NOT	P004
3	AND NOT	P004	10	OUT	M002
4	AND NOT	M002	11	LOAD NOT	M001
5	OUT	M001	12	OUT	P012
6	OUT	P011	13	—	—

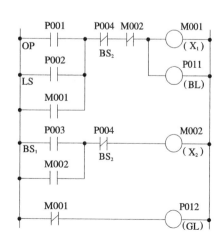

【3-96】

3개중 2개를 누르면 점등하므로 1개가 b접점용인 3개 직렬의 3조 병렬이 된다.

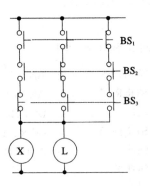
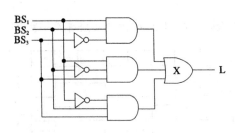

차례	명 령	번지	차례	명 령	번지	차례	명 령	번지
0	LOAD	BS₁	5	AND	BS₃	10	OR LOAD	—
1	AND	BS₂	6	OR LOAD	—	11	OUT	X
2	AND NOT	BS₃	7	LOAD NOT	BS₁	12	OUT	L
3	LOAD	BS₁	8	AND	BS₂	13	—	—
4	AND NOT	BS₂	9	AND	BS₃	14	—	—

【3-97】

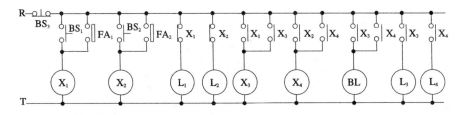

$$L_1 = \overline{X_1} = \overline{\overline{BS_3}(BS_1 + FA_1)}$$

$$L_2 = \overline{X_2} = \overline{\overline{BS_3}(BS_2 + FA_2)}$$

$$L_3 = X_3 = (X_1 + X_3)\overline{BS_3}$$

$$L_4 = X_4 = (X_2 + X_4)\overline{BS_3}$$

$$BL = X_3 + X_4$$

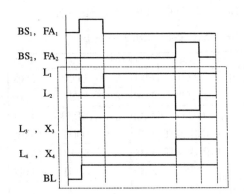

【3-98】

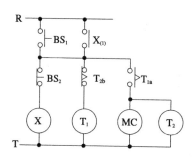

차례	명령	번지	차례	명령	번지
0	LOAD	P001	7	⟨DATA⟩	t_1
1	OR	M000	9	LOAD	M000
2	AND NOT	P002	10	AND	T001
3	OUT	M000	11	OUT	P010
4	LOAD	M000	12	TMR	T002
5	AND NOT	T002	13	⟨DATA⟩	t_2
6	TMR	T001	15	—	—

【3-99】

$$BZ = X \quad X = (PS + X)\overline{T} \quad T = PS + X \,(\text{혹은 } T = X)$$

차례	명령	번지	차례	명령	번지
0	LOAD	P000	5	TMR	T000
1	OR	M000	6	⟨DATA⟩	t
2	AND NOT	T000	8	LOAD	M000
3	OUT	M000	9	OUT	P010
4	LOAD	M000	10	—	—

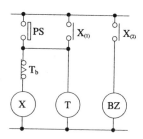

【3-100】

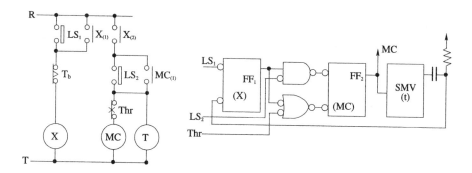

【3-101】

차례	명령	번지	차례	명령	번지
0	LOAD	P000	9	OR	P010
1	OR	M000	10	AND NOT	T002
2	AND NOT	P010	11	AND NOT	P001
3	OUT	M000	12	OUT	P010
4	LOAD	M000	13	LOAD	P010
5	TMR	T001	14	TMR	T002
6	⟨DATA⟩	00030	15	⟨DATA⟩	00500
8	LOAD	T001	17	—	—

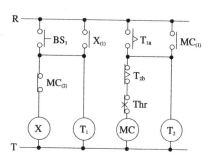

【3-102】

차례로 OR M001, AND NOT T002, OUT M001,
　　　　TMR T002, AND NOT P001, OUT P011, AND NOT M002

【3-103】

차례	명령	번지	차례	명령	번지
0	LOAD NOT	TS_1	4	AND	X
1	AND NOT	Thr	5	OR	TS_2
2	OUT	MC	6	OUT	X
3	LOAD NOT	BS	7	OUT	BZ

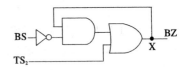

【3-104】

차례	명령	번지	차례	명령	번지
0	LOAD NOT	P001	6	LOAD	P003
1	AND NOT	P000	7	OR	M000
2	OUT	P010	8	AND	P002
3	LOAD	P002	9	OUT	M000
4	AND NOT	M000	10	OUT	P012
5	OUT	P011	11	—	—

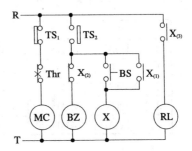

【3-105】

(1) ① FF_1, ② MC, ③ FF_1, ④ MC, ⑤ FF_1, ⑥ SMV, ⑦ AND, ⑧ L, ⑨ FF_2, ⑩ FF_1, ⑪ FF_2
(2) FF_1이 리셋되지 않을 때 FF_1과 SMV에 의하여 고장 신호를 FF_2에 보내어 FF_2를 셋시킨다
(3)

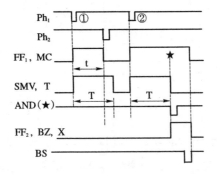

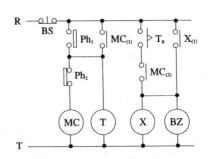

(4) 차례로 OR P010, AND NOT P002, LOAD T000, OR M000, AND NOT, OUT

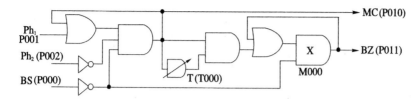

【3-106】

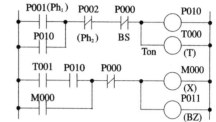

(1) $L_1 = X\overline{Y}\,\overline{Z} = 100$　　　$L_2 = \overline{X}\,Y\,\overline{Z} = 010$

　　$L_3 = \overline{X}\,\overline{Y}\,Z = 001$　　　$L_4 = XYZ = 111$

　　$L_5 = XY\overline{Z} = 110$　　　$L_6 = X\overline{Y}\,Z = 101$

　　$L_7 = \overline{X}\,Y\,Z = 011$　　　$L_8 = \overline{X}\,\overline{Y}\,\overline{Z} = 000$

(2) $(L_1 + L_8) + (L_2 + L_7) + (L_3 + L_6) + (L_4 + L_5)$

　　$= \overline{Y}\,\overline{Z}(X + \overline{X}) + \overline{X}\,Y(\overline{Z} + Z) + \overline{Y}\,Z(\overline{X} + X) + XY(Z + \overline{Z})$

　　$= \overline{Y}\,(\overline{Z} + Z) + Y(\overline{X} + X) = \overline{Y} + Y = 1$

(3) L_4 램프 즉 릴레이 a접점 3개 직렬이고 $L_4 = XYZ = 111$ 이다.

(4) L_5 램프 즉 릴레이 Z가 부동작 b접점이고 $L_5 = XY\overline{Z} = 110$ 이다.

(5) Z만 동작한다. 즉 $L_3 = \overline{X}\,\overline{Y}\,Z = 001$ 이다.

(6) X와 Z가 동작한다. 즉 $L_6 = X\overline{Y}\,Z = 101$ 이다.

(7) 그림의 $L_1 \sim L_4$

(8) 그림의 $L_5 \sim L_8$

(9)

X	Y	Z	P	L
1	0	0	1	L_1
0	1	0	1	L_2
0	0	1	1	L_3
1	1	1	1	L_4
1	1	0	0	L_5
1	0	1	0	L_6
0	1	1	0	L_7
0	0	0	0	L_8

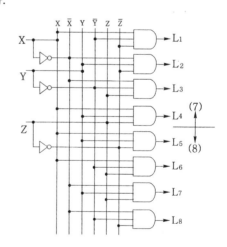

(10) 차례로

　　LOAD NOT X, AND Y, AND NOT Z, OUT L_2

　　LOAD X, AND NOT Y, AND Z, OUT L_6.

【3-107】

(1) $L_1 = X\overline{Y}\,\overline{Z} + \overline{X}\,Y\,\overline{Z} + \overline{X}\,\overline{Y}\,Z$　　　(2) $L_2 = XY\overline{Z} + X\,\overline{Y}\,Z + \overline{X}\,Y\,Z$

(3) $L_3 = XYZ$　　　　(4) $L_4 = \overline{X}\,\overline{Y}\,\overline{Z}$　　　　(5) $L_1 = X\overline{Y}\,\overline{Z}$

(6) 3가지 즉 $L_1 = X\overline{Y}\,\overline{Z} + \overline{X}Y\,\overline{Z} + \overline{X}\,\overline{Y}Z$,　　$L_2 = XY\overline{Z} + X\,\overline{Y}Z + \overline{X}YZ$

(7) X, Z가 동작하므로 L_2가 점등한다. 즉 $L_2 = XY\overline{Z} + X\,\overline{Y}Z + \overline{X}YZ$ 이다.

(8)

X	Y	Z	L_1	L_2	L_3	L_4
0	0	0	0	0	0	1
1	0	0	1	0	0	0
0	1	0	1	0	0	0
0	0	1	1	0	0	0
1	1	0	0	1	0	0
1	0	1	0	1	0	0
0	1	1	0	1	0	0
1	1	1	0	0	1	0

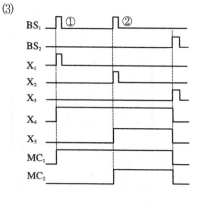

(9)

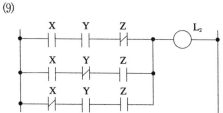

　　차례로 LOAD X, AND Y, AND NOT Z, LOAD X, AND NOT Y, AND Z, OR LOAD,
　　LOAD NOT X, AND Y, AND Z, OR LOAD, OUT L_2.

【3-108】

(1) X_4, MC_1　(2) X_4, MC_1, X_5, MC_2　　　　(3)

(4) ① X_1 동작, ② X_4 동작, ③ MC_1 동작, ④ X_1 복구,
　　⑤ X_2 동작, ⑥ X_5 동작, ⑦ MC_2 동작, ⑧ X_2 복구,

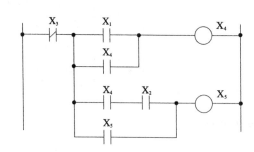

　　⑨ X_3 동작, ⑩ X_4 복구, ⑪ MC_1 복구, ⑫ X_5 복구, ⑬ MC_2 복구

(5) LOAD X_1, OR X_4, AND NOT X_3, OUT X_4, LOAD X_4, AND X_2, OR X_5, AND NOT X_3,
　　OUT X_5(X_3을 분리 코딩한다.)

【3-109】

(1) MC, L₁, X₂, L₂, (2) X₃, L₃,

(4) ① X₁ 동작, ② MC 동작, ③ L₁ 점등, ④ X₁ 복구, ⑤ X₂ 동작, ⑥ L₂ 점등, ⑦ X₁ 동작,
　　⑧ X₃ 동작, ⑨ L₃ 점등, ⑩ MC 복구, ⑪ L₁ 소등, ⑫ X₂ 복구, ⑬ L₂ 소등, ⑭ X₁ 복구,
　　⑮ X₃ 복구, ⑯ L₃ 소등.

(5) LOAD MC, AND NOT X₁, OR X₂, AND NOT X₃, OUT X₂, LOAD X₂, AND X₁, LOAD X₃,
　　AND NOT BS₂, OR LOAD, OUT X₃(MC부터 코딩하고 또 X₂를 분리 코딩한다.)

(3)

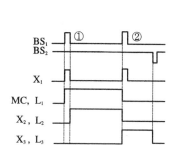
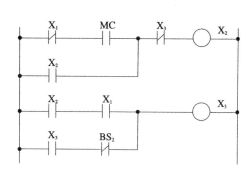

【3-110】

① Thr ② LS ③ Thr ④ CS(M) ⑤ X₍₄₎ ⑥ BS₂ ⑦ X ⑧ T ⑨ Tb ⑩ BS₃ ⑪ X₍₃₎

〈전원 R - BS₃ - Thr - CS(A) - LS - MC(RL) 동작 - 전원 T〉

〈전원 R - BS₃ - Thr - CS(M) - Tb - X₍₄₎ - BS₁(MC 접점 유지) - MC 동작 - 전원 T〉

〈전원 R - BS₃ - Thr - CS(M) - Tb - X₍₃₎ - MC 동작 - 전원 T〉

〈전원 R - BS₃ - Thr - CS(M) - Tb - X₍₂₎ - T 여자 - 전원 T〉

〈전원 R - BS₃ - Thr - CS(M) - Tb - BS₂(X₍₁₎ 유지) - X(GL) 동작 - 전원 T〉

【3-111】

(1) ㉮-3, ㉯-7

(2)
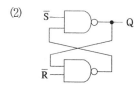

(3)
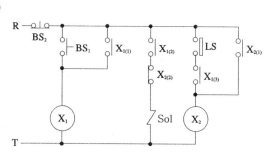

(4)

차례	명 령	번지	차례	명 령	번지	차례	명 령	번지
0	LOAD	P001	4	LOAD	M001	8	AND	M001
1	OR	M001	5	AND NOT	M002	9	OR	M002
2	AND NOT	P002	6	OUT	P010	10	AND NOT	P002
3	OUT	M001	7	LOAD	P000	11	OUT	M002

【3-112】

유지 회로(X) 2개의 AND 회로이다.

【3-113】

(1) X_2, MC_1, L_1, X_3, X_2, MC_1, MC_2, L_2, X_1, X_3, MC_2

(2) BS, $X_{2(1)}$, $X_{3(2)}$, $X_{2(2)}$, LS_2, $X_{3(1)}$, $X_{1(1)}$

(3) $MC_{1(2)}$, $MC_{2(2)}$

(4) 시작점(후퇴단, MC_2 복구 때)에서 점등하고 전진하면(MC_1 동작 후) 소 등하는 운동 기구의 정지 표시 램프 이다.

(5) 6−LOAD P002, 7−AND M002, 8−LOAD M003, 9−AND NOT M001, 10−OR LOAD, 11−OUT M003, 12−LOAD M002, 13−AND NOT M003, 14−AND NOT P012, 15−OUT P011

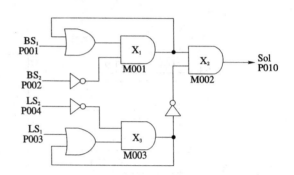

【3-114】

차례로 M001, AND NOT M003, OUT P011, LOAD T001, AND NOT T003, OUT M002, LOAD T002, 〈DATA〉 t_3

【3-115】

차례로 AND NOT P001, OR P012, AND NOT P012, OUT P011, LOAD P002

【3-116】

(1) X, MC, V_1, T_2, T_1, V_2

(2) LOAD NOT P002, AND NOT P000, LOAD P001, OR M000, AND LOAD, LOAD P003, OR NOT T001, AND LOAD, OUT M000, LOAD M000, AND NOT P004, OUT P010.

(3) ①−⑧, ②−⑦, ③−⑥, ④−⑩, ⑤−⑨

【3-117】

(1) 차례로 (A) MC

　　　　(B) X_3, X_1, X_1, $\overline{X_3}$, X_3, T_1, MC

　　　　(C) MC, X_2, T_2, MC, X_2, T_2

(3) 차례로 AND M003, LOAD P010, AND NOT T001, LOAD P001, OR M001, OUT M001, LOAD NOT P002, OUT M003

(4) T_{1b}는 OP에 의한 자동 정지 복구용이고, $\quad$ (2)
$\quad$ T_{2b}는 BS_2에 의한 수동 정지 복구용이다.

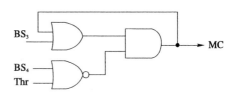

【3-118】

(1) MC_1, X_1, L_1, X_5, X_3, L_3, LS_1, MC_2, X_2, L_2, X_5, X_4, L_4, X_3, LS_2, MC_1, X_1, X_3, L_3, X_4,

(2) ① $X_5(b)$, L_6 소등용,$\quad$② $MC_2(b)$, 인터록$\quad$③ $MC_1(b)$, 인터록

(3) $X_{1(2)}$, $X_{3(1)}$, $X_{4(3)}$, L_3 점등용

(4) L_1, L_2, L_3, L_4

(5) L_3, L_4(X_3, X_4 릴레이 동작으로 방향 표시등이 점등된다.)

(6) L_4 점등용으로 후퇴 운전 때 동작하고 전진 운전 때 복구한다.

(7) X_1은 MC_1 접점 보충용, X_2는 MC_2 접점 보충용이며 X_5는 정지 표시용 L_6의 점등용이다.

(8) 접점 $X_{3(2)}$는 LS_1(혹은 BS_3)로 MC_1이 복구되도록 $X_{4(3)} - X_{3(1)} - X_{3(2)} - X_{1(2)}$ 회로를 차단한다. 또 $X_{4(2)}$는 LS_2(혹은 BS_3)로 MC_2가 복구되도록 $X_{3(3)} - X_{4(1)} - X_{4(2)} - X_{2(2)}$ 회로를 차단한다.
$\quad$ 래더 회로(★)와 같이 접점 $X_{3(2)}$는 삭제하고 $X_{1(2)}$를 ($X_{4(3)} - X_{3(1)}$)에 병렬로 접속하고, 또 접점 $X_{4(2)}$는 삭제하고 $X_{2(2)}$를($X_{3(3)} - X_{4(1)}$)에 병렬로 접속하면 된다.

(9) LOAD NOT P004, AND M001, OR P001, OR P005, AND NOT P003, AND NOT P012, OUT P011, OUT M001, OUT P013, LOAD NOT M004, AND M003, OR M001, OUT M003, AND NOT M001, OUT P015.

【3-119】

(1) ①, MC_1, MC_3, RL_1

(2) ③, MC_2, MC_3, RL_1

(3) ②, MC_1, X_1, MC_4, MC_5, RL_2

(4) ④, MC_2, X_2, MC_4, MC_5, RL_2

(5) ⑪을 눌러 정지시킨 후에 ①을 누른다.

(6) GL, OL_1

(7) ⑤, ⑥ 순서없이 $MC_1(b)$, $MC_2(b)$

(8) ⑦ — $MC_2(b)$,$\quad$⑧ — $MC_1(b)$,$\quad$⑨ — $MC_5(b)$,$\quad$⑩ — $MC_3(b)$

(9) ④, $MC_{2(1)}$, $MC_{5(3)}$

(10) $X_{2(2)}$, $X_{1(2)}$, ⑦, ⑧, ⑨, ⑩

(11) $MC_{1(1)}$, $MC_{2(1)}$

(12) MC_1 기동과 X_1 동작 유지

(13) LOAD P011, AND P015, OR P002, AND NOT P005, AND NOT M002, OUT M001.
LOAD P002, AND P015, OR P001, OR P011, AND NOT P005, AND NOT P012, OUT P011.
LOAD M001, OR M002, AND NOT P006, AND NOT P007, AND NOT P013, OUT P014.
LOAD P014, OUT P015.

━━━━━ 부 록 ━━━━━

⊙ 시퀀스 제어 회로의 표현

1. 각 기기, 기구는 전기용 그림 기호를 사용한다.

2. 그림 기호는 전원을 접속하지 않은 상태이고 수동 조작의 것은 손을 뗀 상태로, 복귀를 요하는 것은 복귀한 상태로 나타낸다.

3. 도면 작성은 실제 기기 구조 및 기기 배치에 관계없이 최소한의 약호를 사용하며 동작 순서에 따라 기구를 여러 곳으로 분리 작성한다.

4. 신호의 흐름은 세로 도면과 가로 도면에 관계없이 위에서 아래로, 왼쪽에서 오른쪽으로 흐르며 ON, OFF 접점 기구는 위쪽 또는 왼쪽의 전원측에 접속하고 릴레이 램프 등의 기기 기구는 아래쪽의 접지측 또는 오른쪽에 접속한다.

5. 기기의 표시는 기능 기호와 기기 기호의 차례로 쓰고 규정, 또는 일반적으로 통용되는 기호와 부호를 사용한다.

6. 제어 회로 외의 주 회로와 입출력 회로는 편의상 생략하는 때가 많다.

7. 로직 시퀀스에서 종속 회로의 AND 회로는 생략하고, 또 NOT 회로를 이용한 등가 회로를 사용하여 소자수를 줄인다.

8. 동작 순서에 따라 주 동작 기구의 타임 차트를 그리고, 동작 논리에 따라 SMV, FF 등의 소자를 사용하여 회로를 간단히 한다.

9. PLC 회로는 복잡한 경우를 제외하고 공통 신호와 타이머 등을 분리하여 특수 명령의 사용을 줄인다.

10. 자동 제어의 기구 번호 등은 아래와 같이 구성하고 각종 기호, 부호는 표와 같다.

   ① 기본 번호만으로 구성한다.

     〔보기〕 52 ·········· 교류 차단기 또는 접촉기

   ② 기본 번호와 기본 번호의 조합으로 구성한다.

     〔보기〕 3-52 ······· 교류 차단기(52)용 조작 개폐기(3)

   ③ 기본 번호와 보조 부호의 조합으로 구성한다.

     〔보기〕 88WG ··· 가스(G) 냉각수(W) 펌프용 전자 접촉기(88)

⊙ 자동제어 기구의 번호, 부호, 문자 기호

〔표 1〕 자동제어 기구의 기본 번호

번호	기 구 명 칭	번호	기 구 명 칭	번호	기 구 명 칭
1	주 제어 개폐기·계전기	34	전동 순서 제어기	67	지락 방향 계전기
2	기동·폐로 지연 계전기	35	슬립·링 단락 장치	68	혼입 검출기
3	조작 개폐기	36	극성 계전기	69	플로 계전기
4	주 제어 회로용 접촉기·계전기	37	부족 전류 계전기	70	가감 저항기
5	정지 개폐기·계전기	38	축받이 온도 계전기	71	정류소자 고장 검출 장치
6	기동 차단기·접촉기·계전기	39	(예비 번호)	72	직류 차단기·접촉기
7	조정 개폐기	40	계자 전류·계자 상실 계전기	73	단락용 차단기·접촉기
8	계자 전원 개폐기·계전기	41	계자 차단기·접촉기·개폐기	74	조정 밸브
9	계자 전극 개폐기·계전기	42	운전 차단기·접촉기·개폐기	75	제동 장치
10	순서 개폐기·프로그램 조정기	43	제어 회로 전환 접촉기·개폐기	76	직류 과전류 계전기
11	시험 개폐기·계전기	44	거리 계전기	77	부하 조정 장치
12	과속도 개폐기·계전기	45	직류 과전압 계전기	78	반송 보호 위상 비교 계전기
13	동기 속도 개폐기·계전기	46	역상·상 불평형 전류 계전기	79	교류 재폐로 계전기
14	저속도 개폐기·계전기	47	결상·역상 전압 계전기	80	직류 부족 전압 계전기
15	속도 조정 장치	48	정체 검출 계전기	81	조속기 구동 장치
16	표시선 감시 계전기	49	회전기 온도 계전기	82	직류 재폐로 계전기
17	표시선 계전기	50	단락·지락 선택 계전기	83	선택 접촉기·계전기
18	가속·감속 접촉기	51	교류 지락 과전류 계전기	84	전압 계전기
19	기동·운전 전환 접촉기	52	교류 차단기·접촉기	85	신호 계전기
20	보기밸브	53	여자 계전기·여호 계전기	86	폐쇄 계전기
21	주기밸브	54	직류 고속도 차단기	87	전류 차동 계전기
22	(예비 번호)	55	역률 계전기	88	보기용 접촉기·개폐기
23	온도 조정 계전기	56	동기 이탈 검출 계전기	89	단로기
24	탭 전환 기구	57	전류 계전기	90	자동 전압 조정기
25	동기 검출 장치	58	(예비 번호)	91	자동 전력 조정기
26	정지기 온도 계전기	59	교류 과전압 계전기	92	도어(문)
27	교류 부족 전압 계전기	60	전압 평형 계전기	93	(예비 번호)
28	경보장치	61	전류 평형 계전기	94	자유 트립 접촉기·계전기
29	소화장치	62	정지·폐로 지연 계전기	95	자동 주파수 조정기
30	기기의 상태·고장 표시장치	63	압력 계전기	96	정기 유도기 내부 고장 검출 장치
31	계자 변경 차단기·접촉기	64	지락 과전압 계전기	97	런너
32	직류 역류 계전기	65	조속 장치	98	연결 장치
33	위치 개폐기·위치 검출 장치	66	단속 계전기	99	자동 기록 장치

[표 2] 보조 부호

부 호	내	용	부 호	내	용
A	교류	Alternating Current	K	음극	Kathode
	자동	Automatic		3차측	—
	양극	Anode	L	램프	Lamp
	공기	Air		저	Low
	전류	Ampere		누설	Leakage
	증폭	Amplifier		리미트	Limit
		Actuator	M	계기	Meter
	보조	Auxiliary		주	Main
B	단선	Broken wire		전동기	Motor
	벨	Bell		수동	Manual
	측로	By-Pass	N	중성	Neutral
	전지	Battery		(—)극	Negative
	모선	Bus	O	외부	Outer
	제동	Brake		열다	Open
	평형	Balance	P	펌프	Pump
	축받이	Bearing		(+)극	Positive
C	공통	Common		전력	Power
	냉각	Cooling		1차	Primary
	투입코일	Closing Coil		압력	Pressure
	제어	Control	Q	기름, 무효전력	
	전환	Change over	R	복귀	Reset
	콘덴서	Condenser, Capacitor		저항	Resistor
D	직류	Direct Current		계전기	Relay
	차동	Differential		원방	Remote
	하강	Down		오른쪽	Right
E	비상	Emergency		역방향	Reverse
	여자	Excitation	S	단락	Short
F	플루트	Float		2차	Secondary
	퓨즈	Fuse		솔레노이드	Solenoid
	플리커	Flicker		동작	Sequence
	고장	Fault	T	변압기	Transformer
	주파수	Frequency		시한	Time
	팬	Fan		트립	Trip
G	지락	Ground Fault		온도	Temperature
	가스	Gas	U	사용	Use
	발전기	Generator	V	전압	Voltage
H	고	High		밸브	Valve
	소내	House	W	물	Water
	전열	Heater	X	보조	—
	유지	Hold	Y	보조	—
I	내부	Internal	Z	부저	Buzzer
	인터록	Inter-Lock		보조	—
J	결합	Joint			

'[표 3] 제어 문자 기호

분류	명 칭	기 호		명 칭	기 호	
지 능 기 호	자동	AUT	automatic	수동	MA	manual
	개로	OFF	off	폐로	ON	on
	기동	ST	start	운전	RN	run
	정지	STP	stop	복귀	RST	reset
	정	F	forward	역	R	reverse
	좌	L	Left	우	R	right
	고	H	high	저	L	low
	전	FW	forward	후	BW	backward
	개	OP	open	폐	CL	close
	증	INC	increase	감	DEC	decrease
	보조	AUX	auxiliary	세트	SET	set
	전환	CO	change-over	인터록	IL	inter-lock
	촌동	ICH	inching	비상	EM	emergency
	상승	U	up	하강	D	down
전 원	교류	AC	alternating current	직류	DC	direct current
	고압	HV	high-voltage	저압	LV	low-voltage
	3상	3φ	three-phase	단상	1φ	single-phase
	접지	E	Earth	지락	G	ground-fault
전 기 기 기	발전기	G	Generator	전동기	M	motor
	직류 발전기	DG	DC-generator	직류 전동기	DM	DC-motor
	동기 전동기	SM	synchronous motor	유도 전동기	IM	induction motor
	전동 발전기	MG	motor-generator set	속도계	TG	Tacho-generator
	변압기	T	transformer	승압기	BST	booster
	변류기	CT	current transformer			
	영상 변류기	ZCT	zero-phase-sequence current transformer			
	계기용 변압기	PT	potential transformer			
	계기용 변압 변류기	PCT	potential current transformer			
	접지 변압기	GT	grounding transformer			
	유도 전압 조정기	IR	induction voltage Regulator			
	전자 크래치	MCL	electro-Magnetic clutch			
	전자 밸브	SV	solenoid valve	트립 코일	TC	trip coil
	전동 밸브	MOV	motor-operated valve	유지 코일	HC	holding coil
	송풍기	BL	blower	폐로 코일	CC	closing colil
	표시등	SL	signal lamp	전자 브레이크	MB	electro-magnetic brake
릴 레 이	릴레이	R	relay	과전류 릴레이	OCR	over current relay
	지락 릴레이	GR	ground relay	과전압 릴레이	OVR	over voltage relay
	주파수 릴레이	FR	frequency relay	결상 릴레이	OPR	open-phase relay
	압력 릴레이	PRR	presure relay	시한 릴레이	TLR	time-lag relay
	열동 릴레이	THR	thermal relay	부족 전압 릴레이	UVR	under voltage relay
계 기 류	전류계	A	Ammeter	전압계	V	voltmeter
	전력계	W	wattmeter	전력량계	WH	watt-hour meter
	주파수계	F	frequency meter	온도계	TH	thermometer
	압력계	PG	pressure gauge	유량계	FL	flow meter

스 위 치 및 차 단 기	스위치	S	switch	텀블러 스위치	TS	tumbler switch
	제어 스위치	CS	control switch	로타리 스위치	RS	rotary switch
	비상 스위치	EMS	Emergency switch	레벨 스위치	LVS	level switch
	변환 스위치	COS	Selector switch	플로트 스위치	FLTS	float switch
	전자 접촉기	MC	Magnetic contactor	나이프 스위치	KS	knife switch
	전류 전환 스위치	AS	Ammeter-change-over switch	리미트 스위치	LS	limit switch
	전압 전환 스위치	VS	Voltmeter-change-over switch	단로기	DS	disconnection switch
	속도 스위치	SPS	speed sw	계자 스위치	FS	field switch
	발딛음 스위치	FTS	foot sw	전력 퓨즈	PF	power fuse
	퓨즈	F	fuse	압력 스위치	PRS	presure switch
	차단기	CB	circuit breaker	제어기	CTR	controller
	유 차단기	OCB	oil-circuit breaker	고속도 차단기	HSCB	high-speed cct breaker
	기중 차단기	ACB	air cct breaker	버튼 스위치	BS	button switch
	배선용 차단기	MCB	molded case cct breaker	기동기	STT	starter
	Y-△ 기동기	YDS	Y-△ starter			
디 지 털 회 로	논리 부정	NOT	not, reverse, Inverter	부정 논리합	NOR	not-or
	논리적	AND	and	플립 플롭	FF	flip-flop
	부정 논리적	NAND	not-and	멀티 바이브레이터	MLV	multi-vibrator
	이진 카운터	BC	binary counter	단안정	SSM	single-shot
	증폭기	AMP	amplifier	멀티 바이브레이터	(MM)	multi-vibrator
	슈미트 트리거	SMT	schmidt trigger	동작 시간 지연	TDE	time delay energizing
	복귀 시간 지연	TDD	time delay De-energizing	시간 지연	TDB	time delay(Both)
	시프트 레지스터	SFR	shift resister	메모리	MEM	memory
	복귀 기억	ORM	off return memory	영구 기억	RM	retentive memory
	논리합	OR	or			

시퀀스 제어 회로

발   행 / 2021년 4월 12일
저   자 / 윤 대 용
펴 낸 이 / 정 창 희
펴 낸 곳 / 동일출판사
주   소 / 서울시 강서구 곰달래로31길7 (2층)
대표전화 / (02) 2608-8250
팩   스 / (02) 2608-8265
등록번호 / 제109-90-92166호
값 / 25,000원

판 권
소 유

ISBN 978-89-381-0922-4-93560